室内设计
资料图集

[美国]考齐·宾格利（Corky Binggeli） 编

大连市建设工程集团有限公司　王明肖　译

周　博　胡文荟　丁朝辉　校订

江苏凤凰科学技术出版社·南京

Interior Graphic Standards: Student Edition, 2nd Edition by Corky Binggeli

ISBN: 978-0-470-88901-5

江苏省版权著作权合同登记：图字10-2024-146

图书在版编目（CIP）数据

室内设计资料图集 / (美) 考齐·宾格利编；大连
市建设工程集团有限公司，王明肖译. -- 南京：江苏凤
凰科学技术出版社，2025.1. -- ISBN 978-7-5713-4688-
1

Ⅰ. TU238.2-64

中国国家版本馆CIP数据核字第202439VQ04号

室内设计资料图集

编　　　者	[美国] 考齐·宾格利（Corky Binggeli）	
译　　　者	大连市建设工程集团有限公司　王明肖	
校　　　订	周　博　胡文荟　丁朝辉	
项 目 策 划	刘立颖　李少君　郑亚男	
责 任 编 辑	赵　研	
责任设计编辑	蒋佳佳	
特 约 编 辑	刘立颖	

出 版 发 行	江苏凤凰科学技术出版社
出版社地址	南京市湖南路1号A楼，邮编：210009
出版社网址	http：//www.pspress.cn
总 经 销	天津凤凰空间文化传媒有限公司
总经销网址	http：//www.ifengspace.cn
印　　　刷	北京博海升彩色印刷有限公司

开　　　本	889 mm×1194 mm　1/16
印　　　张	39.5
插　　　页	4
字　　　数	1 008 000
版　　　次	2025年1月第1版
印　　　次	2025年1月第1次印刷

标 准 书 号	ISBN 978-7-5713-4688-1
定　　　价	398.00元（精）

图书如有印装质量问题，可随时向销售部调换（电话：022-87893668）。

前言

　　《室内设计资料图集》旨在为室内设计专业的学生、初入行的室内设计师提供有关设计的基础而全面的指导。本书可用作设计教学体系核心课程的参考资料，它涵盖施工方法和材料、家具选择、声学、照明、机械、电气以及施工翻样、施工文件编制和人为因素等方面。

　　室内设计不仅需要锤炼技能，还要获得必要的知识和资源，以便真正投入启发性设计实践。希望《室内设计资料图集》成为室内设计师在其具体实践中的"出发点"和"试金石"。

　　《室内设计资料图集》以收入更多住宅和商业建筑室内设计方面的信息为目的。全书分为两部分：

　　第一部分"设计原则和过程"，介绍学生和初入行的室内设计师将在各研究领域中用到的相关知识，包括环境和行为问题、声学原理、可持续设计基础等相关知识。

　　第二部分"建筑构件"，通过简洁的文字和清晰的线条图来描绘建筑结构和外壳、室内构造、设备和家具、室内设计项目类型这四个主题。"建筑结构和外壳"主题包括底层结构、上部结构、地面施工组件、屋顶结构、楼梯和坡道、外部直立围护结构以及屋顶窗和天窗等相关基础知识。"室内构造"主题包括耐火构造、抗震考量、室内构造部件、室内装饰以及建筑服务等方面的相关基础知识。"设备和家具"主题包括设备以及室内陈设的基础知识。本部分最后章节"室内设计项目类型"，涵盖商业空间、住宅空间、卫生保健设施、零售空间、招待性空间和教育设施，同时述及表演空间、博物馆、运动和健身空间以及动物护理设施。读者可参阅对应章节获取特定设计项目的相关信息。

考齐·宾格利
于马萨诸塞州阿林顿市

目录

第一部分
设计原则和过程

环境和行为问题

声学原理

可持续设计基础

第一章　环境和行为问题

人因学

人因学信息指环境中影响人类生理和心理状态等表现的变量。人因学这一多学科领域整合了工程学、生物学、心理学和人类学等领域长期积累的相关数据。

适应式设计（Fit）描述了一种创新性设计，该设计旨在利用人因信息创造一个刺激但无压力的环境，以供人类使用。Fit 涉及生理、心理和文化等领域。

人体测量学和人体工程学

通过人体测量可以得到人体尺寸和功能能力相关信息。静态人体测量指测量人体静止状态下各部位的尺寸，动态人体测量指测量人体在进行某项"工作"时各部位的尺寸。由于人类的多样性，人体测量数据存在差异。为有效利用人体测量图，设计师必须确定目标用户群体与前述变量的关系。造成人体尺寸差异的因素有性别、年龄、种族。受人类文化影响的生长模式也会造成人体测量数据差异。依据出现频率描述人体测量图所示尺寸差异的百分位数：平均百分位数（50%）、小极端百分位数（2.5%）和大极端百分位数（97.5%）。

● 运动发展   ■ 社会发展   ▲ 语言发展里程碑   ○ 认知发展

2.5—3 岁

● 无法突然或快速转弯、停止
● 跳跃距离可达 381~610 mm
● 可双脚交替自行上楼梯

■ 开始尝试对话，更加关注沟通

▲ 几乎每天都会学到新单词；理解
   能力很强，虽然在语法方面仍会
   犯许多错误

4 岁
女孩比男孩高

● 可更有效地控制停止、起动和转弯动作
● 跳跃距离可达 610~838 mm
● 可在外力协助下双脚交替下楼梯（包括长楼梯）

○ 儿童会认为其观点是唯一可能的   6 岁

▲ 词汇量可达 1000 个单词，可
   理解其中的 80% 左右；语法
   接近成人水平，语法错误更少

○ 逻辑思维基础；儿童可通过心理表征凭空想象物、人或事，但其还无法操纵这类表征   6 岁

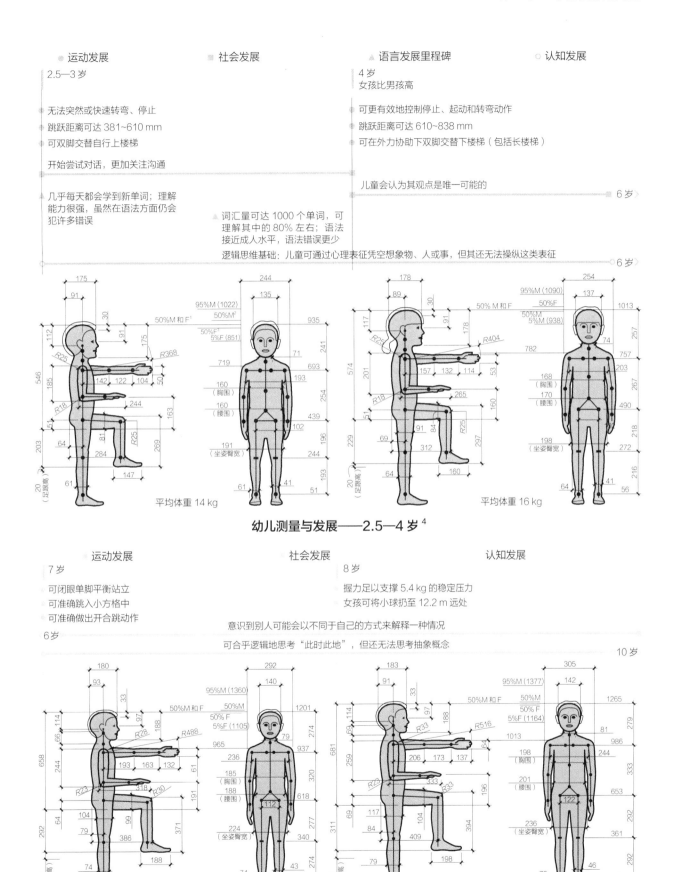

平均体重 14 kg   平均体重 16 kg

幼儿测量与发展——2.5—4 岁 4

　　运动发展   社会发展   认知发展

7 岁
● 可闭眼单脚平衡站立
● 可准确跳入小方格中
● 可准确做出开合跳动作
6 岁

8 岁
● 握力足以支撑 5.4 kg 的稳定压力
● 女孩可将小球扔至 12.2 m 远处

■ 意识到别人可能会以不同于自己的方式来解释一种情况

○ 可合乎逻辑地思考"此时此地"，但还无法思考抽象概念   10 岁

少年测量与发展——7—8 岁

1 M 和 F 是英文 male and famale（男与女）的缩写。
2 M 是英文 male（男性）的缩写。
3 F 是英文 famale（女性）的缩写。
4 本书图中所注尺寸除注明外，单位均为毫米。

99%（男性）
20—65 岁平均体重 111 kg
臂距 2007 mm
双手叉腰 1067 mm

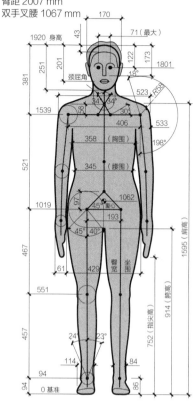

50%（男性）
20—65 岁平均体重 78 kg
臂距 1811 mm
双手叉腰 955 mm

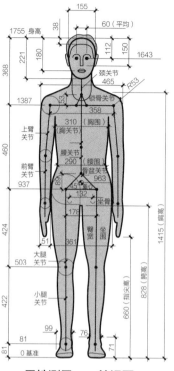

1%（男性）
20—65 岁平均体重 45.5 kg
臂距 1615 mm
双手叉腰 843 mm

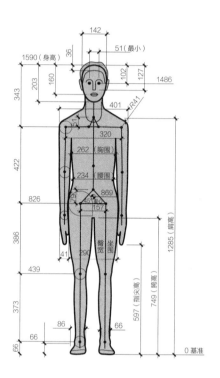

男性测量——前视图

99%（男性）
身体松垮状态：
站姿 33 mm
坐姿 8~66 mm

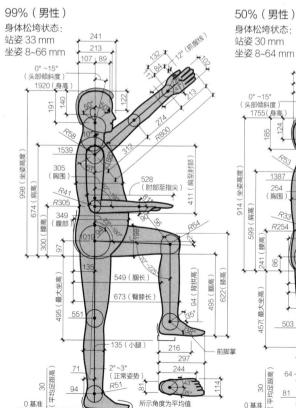

50%（男性）
身体松垮状态：
站姿 30 mm
坐姿 8~64 mm

1%（男性）
身体松垮状态：
站姿 28 mm
坐姿 8~61 mm

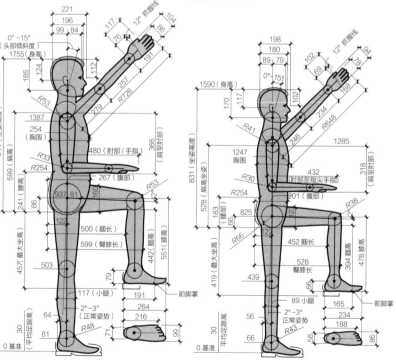

男性测量——侧视图

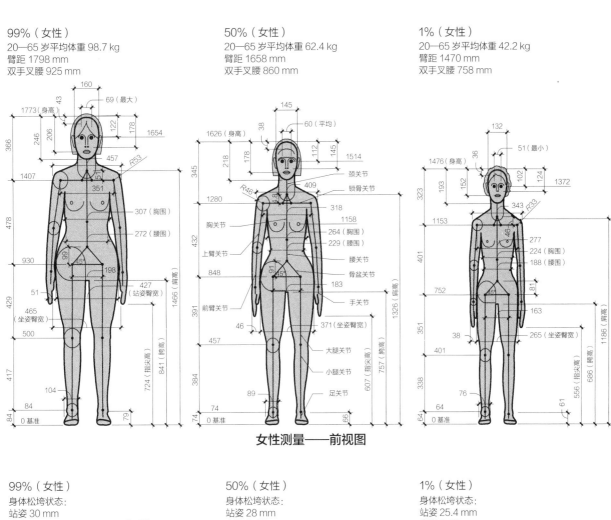

99%（女性）
20—65 岁平均体重 98.7 kg
臂距 1798 mm
双手叉腰 925 mm

50%（女性）
20—65 岁平均体重 62.4 kg
臂距 1658 mm
双手叉腰 860 mm

1%（女性）
20—65 岁平均体重 42.2 kg
臂距 1470 mm
双手叉腰 758 mm

女性测量——前视图

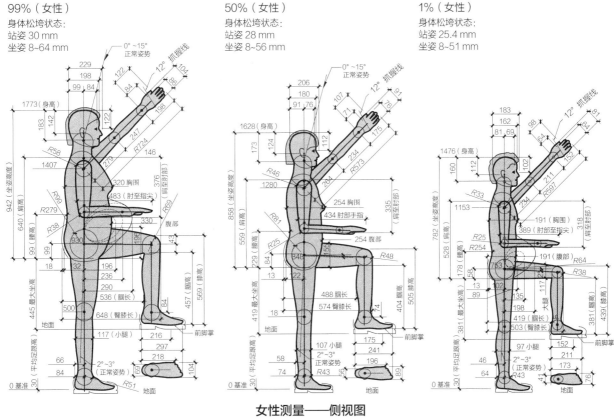

99%（女性）
身体松垮状态：
站姿 30 mm
坐姿 8~64 mm

50%（女性）
身体松垮状态：
站姿 28 mm
坐姿 8~56 mm

1%（女性）
身体松垮状态：
站姿 25.4 mm
坐姿 8~51 mm

女性测量——侧视图

人体工程学将人因数据应用于设计。"人体工程学"这一术语由美国陆军创造。当时美国陆军正着手设计适合人类使用的机器，而非为机器选配合适人员。

人类行为

人类行为是由先天属性（如五官感觉等）和后天文化属性所驱动的。人类生来便有收集感官信息的独特能力。但对这类信息的理解因个人和文化经验而异。

空间关系学旨在研究人类行为，其与后天文化行为有关。人类行为源于遗传基因，因后天经验而变化。

需求层次

心理学家亚伯拉罕·马斯洛（Abraham Maslow）创建了一个旨在描述人类需求和动机的理论模型。马斯洛认为人类需求层次是一个不断发展的过程，一种需求得到满足后，另一种需求就会出现，进而驱使人类满足这类新需求，如此循环往复。

马斯洛需求层次理论以金字塔形式描述了人类心理和生理需求的层次。金字塔的两个基本需求层次（生理和安全需求）是在恶劣环境中生存所必需满足的。生理需求包括空气、食物、水、性、睡眠和其他维持生命和健康的动力。安全需求包括保障个人人身、家庭和财产安全所必需的秩序和稳定。

金字塔顶端的三个需求层次（归属感、自尊和自我实现需求）通常为室内空间规划的重点考量因素。归属感与爱、友谊、家庭生活和性关系相关。自尊与自信、成就和相互尊重相关。金字塔顶端的最后一层是自我实现，这包括实现个人最高需求并发挥作为一个人所能发挥的最大潜能；它与道德、创造力、问题解决能力和其他开放行为相关。

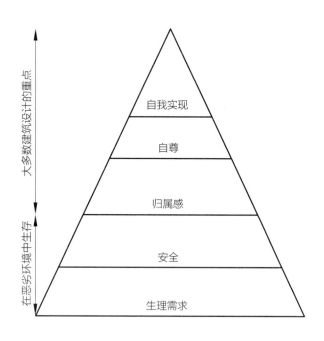

马斯洛人类需求层次

距离关系

领域性相关人类行为的某些方面是文化性的。物与物之间的空间有固定形态，但人与人之间的空间却是动态的。人类领域性维度因文化力量而异。

· 当设计形式加强了对用户的意义，且边界和所有权在公共空间可见时，防卫空间便随之出现。

· 亲密空间为仅允许情侣、家人、小孩和密友进入之处。

· 个人距离为受保护区域，陌生人谢绝入内。

· 社交距离为大部分公共互动发生的空间范围。在该距离内语言表达清晰，沟通高效准确。

· 公众距离为允许对某人"视而不见"但不允许互动的空间范围。

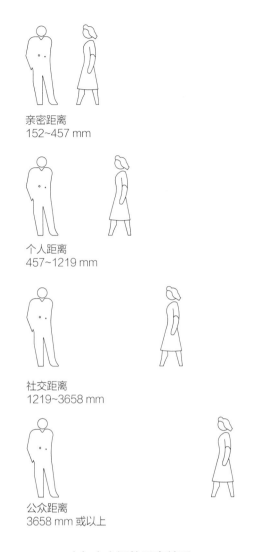

亲密距离
152~457 mm

个人距离
457~1219 mm

社交距离
1219~3658 mm

公众距离
3658 mm 或以上

人与人之间的距离关系

寻路[1]

　　寻路指人们在特定环境中自我定位并找到目的地。自我定位能力建立在许多信息的基础上，包括视觉线索、记忆、对某地的了解以及推理能力等。环境心理学称之为获取、编码、存储、回忆和解码物理环境，认知制图信息的能力。成功寻路指在环境中自然定位自身并轻松定位目的地的能力。

制图

　　环境成像分析包括以下三部分：

　・身份，或背景中的物体。

　・结构，或相互关联的物体。

　・意义，或个人、社会、比喻性信念。

　　高度可成像空间的构件通常相互关联，且整体结构良好。不同人相应的空间制图方式各不相同。某些图像和视觉线索会被一群有着相似背景、活动或惯例的人以相似方式感知，并在其环境中反复出现。例如，同一所学校的一群学生可能年龄相近，一起参加学校组织的学习和游戏活动，且均能觉察到学校建筑的物理特征。

制图要素

　　人们可用以描绘环境的五种元素是：

　・道路：移动通道。

　・边缘：打破包含环境形态或与之平行的边界。

　・区域：可识别身份的区域。

　・节点：活动密集场所。

　・地标：视觉上可区分的参考点。

认知图

　　认知图是个人对其据以实现自我定位的空间和组织要素的理解的心理印象或表征。认知图通常整合数种制图要素。空间三维特征、材料选择以及颜色和照明等要素均可影响边缘、区域或节点的形成。

　　在区域边界相交处可形成边缘，给人一种从某区域进入另一区域的心理感觉。节点可能出现于活动交叉点或活动集中道路沿线。设计者可利用地标标示入口或景点。

寻路与年龄[2]

　　学习包括个人在成长过程中细节感知力的增强。成人面临的日常环境广阔且复杂，而儿童面临的环境则相对有限，且往往以参考点为感知依据。

　　儿童环境设计者应意识到，儿童天然会依据自身位置进行定位。儿童眼中的世界总是与其自

1　作者：布拉福德·珀金斯，《中小学建筑》。
2　作者：凯文·林奇，《城市意象》。

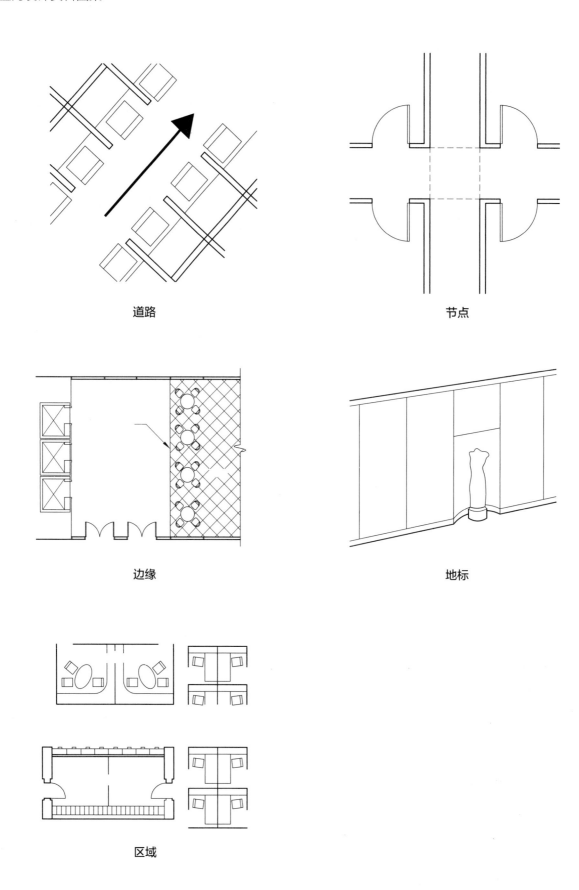

道路

节点

边缘

地标

区域

制图要素

身相关。例如，操场上一件特别有趣的设备与儿童在操场使用的厕所设施之间的关系，可能成为儿童组织和理解其所处环境的要素。儿童认知图需要包含其所处空间的细节。

青少年定位系统可能会基于当地活动场所、家庭和学校之间的路线、社区内的地标和其他类似参考点。

成人倾向于依赖地图、图表和其他更抽象的信息在陌生区域内定位、寻路。前往陌生城市时，成人通常会利用城市地图来到达目的地。

标识和寻路线索[1]

标识是引导人们穿越空间的重要元素。建筑标识包括建筑识别标识、建筑布局说明、方向标识和场所标识。

同一设施所有标识应在设计和布设方面保持一致。应避免过度或使用标识混乱导致标识无效。标识应策略性地置于决策区域。

除了标识，用户还可利用视觉线索进行定位。大堂、楼梯、电梯和特殊用途区域等建筑元素可用以创建一种允许用户辨认其自身位置的框架。以下常用于美学效果的室内处理手段也可帮助设计者创建一种易于理解的环境：

- 改变墙壁颜色、类型或纹理。
- 改变地面材料。
- 借助灯光凸显或缩小区域。
- 改变天花板处理方式。
- 改变家具布局或类型。

就引入寻路线索的范围而言，公共空间和私人空间环境应有所不同。公共区域需提供更多信息，以帮助访客定位目的地。而私密的空间，由于内部人员对环境较为熟悉，因此不需要那么多线索。

1　作者：盖里·T.摩尔，"环境认知的发展：交互建构主义理论概述及个体内部发展变化相关数据"，收录于《心理学与建筑环境》。

第二章　声学原理

声学设计基础

声音

声音是由振动物体产生并以波的形式通过弹性介质传播的能量。前述介质可以是空气（空气传声）或任何常见固体建筑材料，如钢、混凝土、木材、管道和石膏板等（结构传声）。声波有振幅和频率两个要素。

声波振幅以分贝（dB）计量。分贝刻度是基于声压与参考声压（可听阈值）之比相应的对数刻度。

对声级变化的主观反应

声级变化（用分贝表示）	明显响度变化
1~2	觉察不到
3	勉强觉察
5~6	明显觉察
10	明显变化——响度增加一倍（或降至一半）
20	剧烈变化——响度增加三倍（或降至四分之一）

频率

声波频率以赫兹（Hz，也称为每秒周数）计量，分为八度；倍频带用几何中心频率标记。一个倍频带所涉频率范围为一倍频率至两倍频率（f~2f）。人类听觉的频率范围为20~16000 Hz。人类听觉在1000~4000 Hz倍频带最为灵敏。

人耳可借助声级计 A 计权滤波器（以调整分贝或 A 计权分贝计量）辨别低频声音。这是就人类对声音反应而言接受度最广的单数值评级方式。

材料吸声性能

所有材料和表面都会吸收一些声音。将材料吸收的入射声能除以100，即得吸声系数，其范围为0~0.99。系数随频率（以赫兹计量）变化（作为频率的函数）而变化。

材料吸声系数会因材料厚度、支撑或安装方式、后方空气间层的深度及前方饰面等因素而变化。一般来说，多孔材料厚度越大，吸声能力越强。材料后方的空气间层可提高吸声效率，特别是对低频声音吸收效果明显。薄饰面会降低对高频声音的吸收效率。

声能吸收机制

声能在撞击表面时可通过多孔、面板、空腔三种机制被吸收或耗散。在所有情况下，声能均可转化为热能，尽管所能感受的热度并不强烈。

多孔吸收必须使用柔软、多孔、带绒毛的材料，如玻璃纤维、矿棉和地毯等。声波在空气中的压力波动可促使材料纤维移动，进而通过纤维摩擦耗散声能。

面板吸收必须安装轻质薄面板，如石膏板、玻璃和胶合板等。声波可使面板振动。面板在其固有频率下引起共振对声音的吸收效果最好。

空腔吸收必须使气压波动并流经密闭气腔的窄颈部，如穿孔板或开槽混凝土砌体装置（亦称为亥姆霍兹共振器）的后方空间。共振的空气分子与颈壁之间的摩擦可使声能转化为热能。若腔内也填充了保温材料，则可通过多孔吸收机制吸收额外能量。

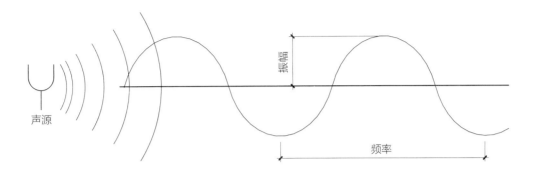

振幅

频率

声源

声音与频率

声学测量术语

- 传声等级（ASTC）：覆盖空间之间所有声音传输路径的现场测量。
- 清晰度指数（AI）：测量材料对办公室语音清晰度的影响。
- 房间平均吸声系数：房间总吸声量除以总表面积。
- 吸声系数：材料所吸收声能占入射声能的百分比。
- 分贝（dB）：测量声压（相对响度）。
- 赫兹（Hz）：测量频率（高音或低音）。
- 冲击隔声等级（IIC）：测量穿过地板构件的冲击声。
- 噪声标准（NC）：用以描述测定噪声的标准光谱曲线。
- 降噪（NR）：测量沿声音路径任意两点声压级的实际差值。
- 赛宾混响时间公式：吸声量计算公式。
- 平均吸声系数（SAA）：吸声系数的平均值。
- 吸声系数：测量材料在特定频段的吸声特性。

- 传声等级（STC）：评估常见隔声情形下所用隔声物的性能。
- 传声损失（TL）：测量空气传声穿过建筑构件后的衰减情形。
- 语音吸收系数（SAC）：用以评估天花板材料吸声效果的工具。

吸声测量

所有表面的平均吸声系数是测量房内声音质量的一个指标。房内声音质量可利用平均吸声系数予以确定，具体可评定为0.1、0.2或0.3。平均吸声系数为0.1的房间通常噪声很大，很嘈杂，令人不舒服；平均吸声系数为0.2的房间则拥有良好的噪声控制性能，令人感到舒适；而平均吸声系数为0.3的房间通常密不透声，适用于那些需要扩声、电子回放或用于电话会议现场使用麦克风的空间。

平均吸声系数是吸声量的一种单值测量指标。它指材料吸声系数的平均值，声频范围为200~2500 Hz。

各种材料的吸声系数

材料	125 Hz	250 Hz	500 Hz	1000 Hz	2000 Hz	40 000 Hz	降噪系数
大理石	0.01	0.01	0.01	0.01	0.02	0.02	0.00
石膏板，13 mm 厚	0.29	0.10	0.05	0.04	0.07	0.09	0.05
木材，25 mm 厚，后方有空气间层	0.19	0.14	0.09	0.06	0.06	0.05	0.10
覆盖混凝土的厚地毯	0.02	0.06	0.14	0.37	0.60	0.65	0.30
吸顶安装式吸声砖	0.34	0.28	0.45	0.66	0.74	0.77	0.55
悬吊式吸声砖	0.43	0.38	0.53	0.77	0.87	0.77	0.65
涂漆式吸声砖（预估）	0.35	0.35	0.45	0.50	0.50	0.45	0.45
观众区：空置，设硬座	0.15	0.19	0.22	0.39	0.38	0.30	0.30
观众区：在用，设软座	0.39	0.57	0.80	0.94	0.92	0.87	0.80
玻璃纤维，25 mm 厚	0.04	0.21	0.73	0.99	0.99	0.90	0.75
玻璃纤维，100 mm 厚	0.77	0.99	0.99	0.99	0.99	0.95	1.00
薄织物，贴墙布设	0.03	0.04	0.11	0.17	0.24	0.35	0.15
厚织物，距墙 100 mm 处成束布设	0.14	0.35	0.55	0.72	0.70	0.65	0.60

室内声学

赛宾被用于计量吸声量。1 m²100% 吸声材料所吸收的声量值为1米制赛宾。该单位以声学设计之父华莱士·克莱门特·赛宾（Wallace Clement Sabine）的名字命名。

室内吸声总量可通过把所有表面相应吸声量相加来确定。吸声总量随频率变化（作为频率函数）而变化。由于大多数材料所吸收的高频声波要多于低频声波，所以在室内，高频情形下的吸声量要高于低频情形。

未被吸收的声能通常会被反射。因此，适当时，可使用吸声系数较低的表面来促进声音反射。

声音特性

距离和时间是声音特性的两个决定性因素。在室外，与声源的距离每增加一倍时，声音就会下降6 dB（平方反比定律）。在室内，房间里反射的声能可达到一个恒定水平（作为吸声单位赛宾的函数）。

在室外，声源停止振动时声音也将随之停止。在室内，声源停止振动时，声音将随之衰减，但仍可保留一段时间，这种声音衰减现象称为混响。混响时间（RT）被定义为声音衰减60 dB 所需时长，以秒为单位。混响时间与空间体积成正比，与吸声量（赛宾）成反比。

较短的混响时间可显著提高语音清晰度。对听障人士以及装配电话会议用直播麦克风的房间而言，必须确保较短的混响时间。较长的混响时间可增加音乐会和仪式音乐的丰富性。

吸声材料的使用

为控制或降低噪声水平或缩短混响时间，可在房间内添加吸声材料如吸声砖、玻璃纤维、墙板、地毯、窗帘等。当噪声源分布在体育馆、教室或自助餐厅等房间周围时，噪声控制尤为重要。

虽然房间的任何表面都可以添加吸声材料，但通常天花板可覆盖的区域范围最大。此外，鉴于许多柔软的多孔材料易碎，不应将其置于表面上。由于这些原因，通常将吸声材料安装于天花板上。然而，将吸声限制在单一表面或两个平行表面所产生的变化可能不会像计算出的变化那么明显，因为混响和降噪公式的前提是假设吸声材料均匀分布于空间所有表面。

吸声材料使用指南

房间类型	处理
教室、走廊和大堂、病房、实验室、商店、工厂、图书馆、私人和开放式办公室、餐厅	天花板或等效区域；若房间较高，可增加壁面处理
董事会会议室、电话会议室、体育馆、竞技场、娱乐空间、会议室	天花板或等效区域；增加壁面处理，以进一步降低噪声、控制混响并消除颤振或回声
礼堂、声音敏感空间	特殊考量及复杂应用

传声

材料或构造系统阻止声能从一端传至另一端的特性称为传声损失（TL），以分贝计量。具体来说，传声损失是指在实验室测试过程中，空气传声在穿过某建筑构造时的衰减情形。

"传声损失"的取值范围一般为0~70 dB。TL值越高，建筑构造或材料屏蔽声音的能力越强。换言之，若某材料的TL值较高，当声波穿过该材料时，声能损失（转换为热能）便较大。

传声等级（STC）是一种单值评级系统，旨在整合多种频率相应的TL值。对现场建造的结构，其传声等级取值范围一般从10级（几无隔声可能，如打开的门道）到65级或70级（只有通过特殊施工技术才可达到如此高的性能）不等。一般结构传声等级可在30~60级的范围内减低噪声。

由于绕射路径较多，且条件不规范，在现场很难测量单层墙壁或单层门的STC性能。现场性能可通过视在传声等级（ASTC）予以衡量。ASTC综合考虑了房间之间所有传声路径对传声的影响。

传声损失

对传声损失较高的结构和材料，其设计通常基于以下三个原则：质量、分离和吸声。

质量：轻质材料无法屏蔽声音。墙壁、地板和天花板传声损失会随声音频率、结构质量（或质量）和刚度以及空腔吸声等因素而变化。

分离：可通过分离材料在不过度增加质量的前提下改进空间TL性能。就TL性能而言，带独立不相连构件的双层墙要优于等重单层墙（依据质量定律预测结果）。将表面弹性蒙皮附着于立柱或结构表面的效果与将烟囱隔板分离开相类似。

吸声：在烟囱隔板之间的空腔中使用柔软且富有弹性的吸声材料，特别是就轻型交错式或双立柱结构而言，可明显增加传声损失。

若用一空气间层将两个密致材料层隔开（而非连续布设），它们就会形成两堵独立的墙。传声损失能否改进取决于空气间层的大小和声音的频率。

降噪

降噪（NR）效果取决于房间的特性，反映空间之间的实际声压级差。NR指被房间之间所有声音路径（包括普通墙壁、地板、天花板、外部路径、门和其他绕射路径）所屏蔽的声音量。

降噪效果也取决于房间的相对大小。若噪声源位于某大型受声室附近的一个小房间（如健身房隔壁的办公室），则相应降噪性能要优于单独依靠墙壁的传声损失性能，因为在这样大的空间里，透过办公室和体育馆共用隔墙而发出的声音会被驱散。另一方面，若噪声源位于某小型房间附近的一个大房间（如办公室隔壁的健身房），则相应降噪性能要远低于单独依靠墙壁的传声损失性能，因为两者共用的隔墙（可散射声音）在该小型房间内所占面积过大。

隔声

隔声结构设计中最常见的目标之一，是实现不受邻居干扰的隔声隐私。这种隐私取决于对邻居发出的信号，其噪声级是否高于环境中的普通背景噪声级，以致可被他人听到和理解。对降噪性能，需在现场予以测量和评估并给出 STC 值。隐私指数等于降噪量与掩盖说话人语音的背景噪声量之和。

正常隐私的隐私指数通常大于或等于 68，是会受邻居活动干扰但不会因此而过度分心的隐私级别。机密隐私的隐私指数通常大于或等于 75，是完全不受邻居干扰的隐私级别。

连续性背景噪声级，如暖通空调（HVAC）系统或电子屏蔽系统相应噪声级，对所选结构的质量有重大影响，必须与其他设计参数相协调。

冲击噪声降低

脚步声噪声造成的最大烦扰是其产生的低频声能，因为这类声能已超出标准测试的频率范围，有时可接近或达到建筑结构的共振频率。如果可能，可在住宅建筑内使用带有填充物的地毯（置于地板上）和具有空腔隔声功能的弹性悬吊式天花板，以吸收过多的声能。

冲击噪声的其他来源包括摔门或砰地关上橱柜抽屉。如果可能，应避免将带抽屉的写字台直接靠墙放置。闭门器或门挡可用来缓冲来自门的能量冲击，从而防止冲击噪声直接传入建筑结构。常识性安排有助于减少多户住宅相关噪声问题。例如，橱柜不应置于与邻居卧室所共用的隔墙旁。

隔声标准

区域类型	声源室	相邻区域	声源室背景噪声级	
			安静（传声等级）	正常（传声等级）
学校建筑	教室	相邻教室	42 级	40 级
		走廊或公共区域	40 级	38 级
		厨房和用餐区	50 级	47 级
		商店	50 级	47 级
		娱乐区	45 级	42 级
		音乐室	55 级	50 级
		机械设备室	50 级	45 级
		厕所区	45 级	42 级
	音乐练习室	相邻练习室	55 级	50 级
		走廊和公共区域	45 级	42 级
行政区域、医生套房、机密隐私	办公室	相邻办公室	50 级	45 级
		综合办公区	48 级	45 级
		走廊或大堂	45 级	42 级
		洗手间和厕所区	50 级	47 级
常规办公室（需满足常规隐私要求）或团队会议室	办公室	相邻办公室	40 级	38 级
		走廊、大堂和外部	40 级	38 级
		洗手间、厨房和用餐区	42 级	40 级
	会议室	其他会议室	45 级	42 级
		相邻办公室	45 级	42 级
		走廊或大堂	42 级	40 级
		外部	40 级	38 级
		厨房和用餐区	45 级	42 级
大型办公室、计算机工作区和银行楼层等	大型综合办公区	走廊、大堂和外部	48 级	35 级
		数据处理区	40 级	38 级
		厨房和用餐区	40 级	38 级
汽车旅馆、城市旅馆、医院和宿舍	卧室	相邻卧室	52 级	50 级
		相邻独立卫生间	50 级	45 级
		相邻客厅	45 级	42 级
		用餐区	45 级	42 级
		走廊、大堂或公共区域	45 级	42 级

资料来源：改编自本杰明·斯坦、约翰·S.雷诺兹、沃尔特·T.格朗兹克和艾莉森·G.夸克，《建筑机电设备》，第十版。

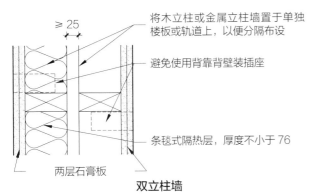

≥ 25

将木立柱或金属立柱墙置于单独楼板或轨道上，以便分隔布设

避免使用背靠背壁装插座

条毯式隔热层，厚度不小于 76

两层石膏板

双立柱墙

≥ 25

混凝土砌块（CMU）墙

抹灰板条

弹性槽钢

石膏板

隔声立柱墙

石膏板

双层墙——混凝土砌块和立柱墙

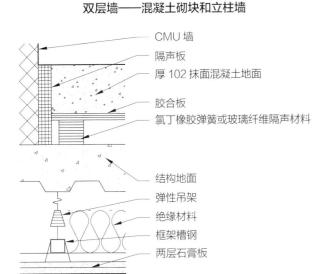

CMU 墙

隔声板

厚 102 抹面混凝土地面

胶合板

氯丁橡胶弹簧或玻璃纤维隔声材料

结构地面

弹性吊架

绝缘材料

框架槽钢

两层石膏板

地面或天花板构造——混凝土

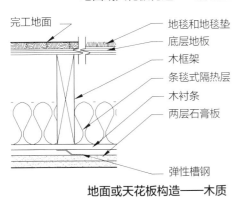

完工地面

地毯和地毯垫

底层地板

木框架

条毯式隔热层

木衬条

两层石膏板

弹性槽钢

地面或天花板构造——木质

典型高隔声结构

隔声隔断

　　空气传声（如正常谈话和其他办公室噪声）的降低量用传声等级予以标识。但冲击或振动噪声的降低量无法以传声等级标识，可按冲击隔离等级（IIC）等级分类。

建议传声等级

受声室	声源室	传声等级
有隐私要求的办公室（如医生或高管办公室）	大堂或走廊	50 级
	综合办公室	45 级
	相邻办公室	50 级
	盥洗室	55 级
其他办公区	大堂或走廊	45 级
	厨房或餐厅	45 级
会议及培训室	相邻办公室	50 级
	综合办公室	50 级
	大堂或走廊	50 级
	盥洗室	55 级
	其他会议室	50 级
酒店卧室	相邻卧室、客厅或浴室	55 级
	大堂或走廊	55 级
教室（K-12）	相邻教室	45 级
	实验室	50 级
	大堂或走廊	50 级
	厨房或餐厅	50 级
	职业商店	55 级
	音乐室	≥55 级
	盥洗室	50 级
全部区域	机械房	60 级

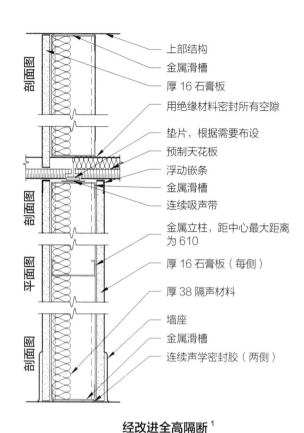

剖面图 上部结构
金属滑槽
厚 16 石膏板

用绝缘材料密封所有空隙

剖面图 垫片，根据需要布设
预制天花板
浮动嵌条
金属滑槽
连续吸声带

金属立柱，距中心最大距离
为 610

平面图 厚 16 石膏板（每侧）

厚 38 隔声材料

剖面图 墙座
金属滑槽
连续声学密封胶（两侧）

经改进全高隔断[1]

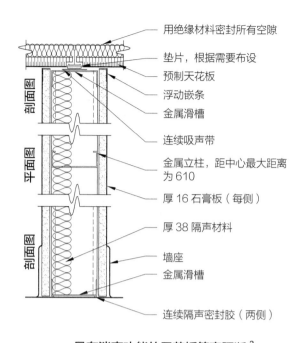

用绝缘材料密封所有空隙

剖面图 垫片，根据需要布设
预制天花板
浮动嵌条
金属滑槽

连续吸声带

平面图 金属立柱，距中心最大距离
为 610

厚 16 石膏板（每侧）

剖面图 厚 38 隔声材料
墙座
金属滑槽

连续隔声密封胶（两侧）

具有消声功能的天花板等高隔断[3]

连续隔声密封胶（两侧）

单元格密封件；
封闭开放式单元格

剖面图

平面图 预制天花板上厚 13 的角钢收边条

宽 92 金属立柱，距中心最大距
离为 610

双层厚 16 石膏板（每侧）

至少厚 76 隔声材料

剖面图 弹性槽钢，距中心 610

墙座

连续隔声密封胶（两侧）

171

双层石膏板隔断[2]

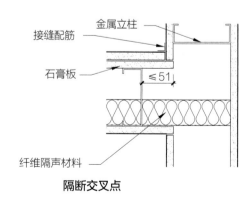

厚 38 槽钢
金属副龙骨弹片
密封剂

纤维隔声材料，在隔断
每侧外的延伸长度至
少为 1.2 m

角加强件

石膏板

与金属龙骨相接的隔断天
花板滑槽紧固螺栓

间断式天花板

金属立柱

接缝配筋

石膏板

≤51

纤维隔声材料

隔声总成

1 装隔断前先安装天花板。该细节有助于改善声学质量，并满足安装的经济性要求。但配备全高隔断，一直延展至上方结构的立柱，这种构造具有更高的稳定性。STC 等级为 40~44 级。

2 该图所示为可借助 X 形石膏板实现耐火极限为 2 h 的无等级隔断。双层石膏板可提高设计的安全性。弹性信道则可提升声音控制性能。隔声密封剂的传声等级评级必须达 55~60 级。

3 该图所示为商业和高品质住宅构造常用的无等级隔断。装隔断前先安装天花板。隔断可阻隔正常谈话声，但对较大声响无效。传声等级为 40~44 级。

声音控制[1]

空气传声穿过墙壁、地板或天花板后的降低量用传声等级（STC）予以标识。声学影响着日常生活的各个方面，包括办公室工作人员的工作效率、剧院和礼堂的表演质量，以及公寓、托管公寓和独栋住宅的市场价值等。此外，医疗保健和金融等行业必须严格遵守相关法规，要求服务供应商作出合理努力，以保护患者或客户咨询区域的语音隐私。根据房间用途，主要声学要求包括空间之间以及空间内的声音控制或听音效率等。

根据 ASTM（美国材料实验协会）程序，在受控实验室条件下进行的测试，可用以测量最大性能潜力。然而，隔断和总成在实际应用中控制声音的实际能力取决于其具体设计和安装方法。

隔断的传声等级取决于其以下特性：

· 质量；

· 弹性（或隔声性）；

· 消声性；

· 吸声性。

多层隔断的隔声效果要好于单层隔断。木立柱比钢立柱弹性小，且能传输更多声音。隔声隔断具有良好的消声隔声能力。

必须在隔声隔断总成边缘（通常是顶部和底部）以及石膏板开口处（如电气箱、机械管道和其他渗透部位）涂上密封剂。

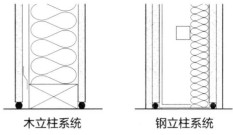

木立柱系统　　　　钢立柱系统

设置于隔断上下方的柔性密封胶

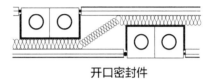

开口密封件

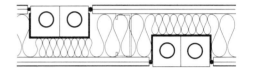

偏移一个立柱空间放置的电气箱和开口密封件

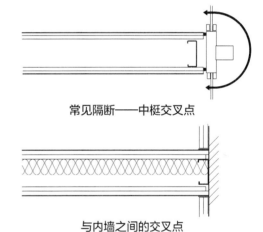

常见隔断——中梃交叉点

与内墙之间的交叉点

声学构造[2]

1　作者：吉姆·约翰逊，赖特森、约翰逊、哈登和威廉姆斯公司，道格·斯图兹和卡尔·罗森博格，美国建筑师协会（AIA），埃森泰克声学顾问公司（Acentech, Inc.）。
2　箭头所示为绕射路径。

第三章　可持续设计基础

可持续设计原则

地球上的资源是有限的，随着全球人口和发展速度的不断增长，我们利用地球上有限的资源来适应这种增长的速度也在加快。这种增长对气候变化也有直接或间接的影响，而直到最近几年，人类才开始理解此等影响对我们生活方式的重要性，以及对设计、建造和管理建筑及建筑内部构造方式的重要意义。

自然资源的损耗

与有限自然资源损耗相关的三个重要领域是能源、水和材料。

能源：当今世界生产的大部分能源来自有限的化石燃料。资源日益稀缺，燃料价格也随之上涨，从而进一步促使人们节约能源，并转向风能、太阳能和地热等可再生能源。

水：淡水储备的消耗速度要快于其补给速度。净化水源并将水泵送至使用点需消耗大量能源。因此，近年来，人们越来越重视节水以及水处理和回用技术，特别是在气候干旱地区。

材料：我们正在以不可持续的速度消耗有限的自然资源，如木材、石头和矿物等。而我们仍不清楚现在的开采方式究竟会造成怎样的影响。我们正在破坏生态系统，导致树木在大气中释放的氧气量减少，并通过土壤侵蚀污染水体。

照明控制
日光调光系统和分区照明控制

混合式通风
室外条件适宜时，可通过活动窗和自然通风设施予以通风

日光
在所有常用空间中，其中90%可获得日光

健康材料和饰面
无毒饰面，挥发性有机化合物（VOC）含量低

个人舒适感
与人体工程学相符的工作场所设计和个人控制装置

可回收物质含量
使用含可回收物质的材料

灵活性
将可拆卸隔断纳入智空间规划，天花板照划需考虑多房平面配置

生产力增长
主要得益于整体更加康舒适的工作环境

地板下送风
旨在提高室内空气量、热舒适性和能效

室内构造集成

气候变化

为获取能源而燃烧化石燃料会产生二氧化碳等温室气体，进而加剧气候变化。为获取木材和纸张而破坏森林也会加剧气候变化。我们不仅应关注室内装修的碳足迹，还应关注空间中每个产品整个生命周期所涉及的碳足迹。这包括采收、制造、运输和安装产品的足迹，以及与产品维护及其使用寿命结束时的解构和处理等相关的足迹。

原则

可持续设计以指导决策的基本原则为基础。

三重顶线：寻求人、植物和经济发展之间的平衡。综合考虑初始成本以及所有权、环境管理和人为因素等相应的长期成本（例如，每个决定都要考虑健康和舒适度）。

最清洁的能源即可直接使用且不排放污染物的能源。选择可通过自身功能支持节能的产品。

减少生命周期碳足迹。选择生命周期碳足迹相对较低的产品，目标是实现零碳足迹。选择可在生产和运输过程中通过节能、提效和使用可再生能源等方式使化石燃料能源消耗降到最低的产品。总碳足迹包括与产品制造及其使用寿命内的维护相关的碳足迹。

减少、再利用、回收——严格遵循这一顺序。首先，寻找减少所需空间及空间内所需材料的方法。而后研究（在现有建筑中工作时）对空间现有构件（如隔断、家具、门、五金等）进行再利用的可能性。当对新建筑进行室内设计时，可对来自其他建筑、废品回收场或古董商的相关物品进行再利用。一旦确定已无可能再减少材料消耗量或对材料进行再利用时，即应考虑选择回收率较高或在使用寿命结束后容易回收的材料。

设计考量

作为前述原则在实践中的例证，某些设计考量是可持续室内设计项目取得成功的关键。

减少空间面积：所用空间面积越小，留给设施的空间便越多，进而节省租金和建设费用以及长期租赁和能源成本。

找到合适建筑：例如某些国家及地区可通过"能源之星"网站查看潜在场所的能源表现。评估其公共交通可及性以及空间规划可能性（例如，地板是否考虑到自然光透射因素？）。

关注内部能源载荷：建筑整体能源消耗量中，几乎75%来自租户的耗电量。重新考虑照明用电和插座用电。

关注空气流通状况，以提高舒适性、能效和灵活性：置换通风是气流组织的一个应用实例。它包括地板下送风及沿墙低点送风（侧墙送风）。

关注工作空间：在设计早期关注空间形态和人为因素，以实现整栋办公楼中开放办公室、封闭办公室及协作空间的平衡。工作站下部面板需考虑日光和视野因素，为所有员工提供清晰的视野和充足的日光日益成为人们的共识。

考虑拆卸设计：这意味着要为空间构件制订用后回收计划。能被回收吗？制造商有回收计划吗？是粘连在一起还是可以轻松拆分成不同部分？可使用可拆卸、易调节的墙板吗？

衡量成功及吸取教训：采取用后评估以及关注人为表现影响的其他持续反馈手段。通过实时测量能源和水的实际使用状况实现资源使用管理。

可持续性策略

能源

室内设计往往不注重通过简单有效的策略来减少空间日常能耗。照明、热舒适和通风以及设备载荷是三个最为关键的考量因素。

高效照明：使用日光响应调光装置，不用白炽灯，推荐使用紧凑型荧光灯（CFL）或发光二极管（LED）装置。对于环境和作业照明，将照明控件连接至占用传感器和日光传感器。

节能热舒适和通风：认识到机械系统不仅可提供热舒适，还可提供生命所需的氧气。采用定时恒温器设置，以进一步了解室内用户的舒适范围。

设备载荷：设计团队难以充分控制室内空间的插座用电，但可通过主要电器的选择来帮助创造积极的能源足迹。

照明和日光

照明设计要以"照亮表面而非空间"这一原则为出发点。照明设计需反映设计规划及其一整天的运行状况和空间的方向朝向。周边区域可借助控件设置电气照明，以充分利用日光。室内区域需探索如何将日光反射至空间，以及如何利用占用传感器关闭电气照明。

人因学研究越来越注重通过光源位置和光照水平来实现更好的工作实践。年龄较大的空间用户可采用作业照明，以便根据其在工作台上开展的具体工作来调整灯光。计算机工作特别容易受到眩光或过高环境光的干扰。家具饰面、吊顶的反光性以及光源周边墙壁的颜色均可能加强光的漫射，或者反过来产生眩光问题。前述各种元素的搭配旨在确保为整个室内环境提供有效照明。

水

室内环境还可启用一些用水方面的装置和功能。淡水资源日益受到重视，保护水资源最基本的途径是非必要不使用饮用水。喷泉和水槽设计可采用配备曝气水龙头的免提式传感器控件。卫生间或私人厕所设施可采用双抽水或低流量坐便器和便池。也可采用免冲洗或超低流量便池。

非饮用水源可用于满足室内需要。雨水和中央空调设备冷凝水现多用于灌溉，偶尔用于清除厕所垃圾。

可持续材料

标准的产品选择过程涉及对美学、性能和成本等准则的权衡。对环境和健康的影响也是材料选择过程中的考量因素。应意识到，某些情况下，两个或更多考量因素之间需要权衡取舍，但有些情况下，它们之间也可能产生协同效应。

原材料：

· 产品是用纯净原材料生产的吗？

· 如果是，采收这类原材料会对当地生态系统造成什么影响？这类材料是有限的还是可再生的？

回收、翻新或再利用的材料：

· 产品是回收或翻新的材料吗？

· 如果是，翻新材料时是否会对环境产生影响？

可回收物质含量：

· 产品在消费前和（或）消费后是否含有可

回收的物质？

· 如果有，每种物质的百分含量是多少？

森林管理委员会（FSC）认证木材：

· 产品是否已通过相关认证？

· 询问产品的产销监管链编号。

当地材料：通常指在项目地内采集或生产的材料。

· 材料是在哪里采收的？

· 材料是在哪里生产的？

可快速再生材料：可快速再生材料通常被定义为可以通过快于传统采收方式的速度实现大量补给的材料。此外，采收这类材料不会导致显著的生物多样性丧失，也不会加剧侵蚀或空气质量变化。按照一般经验，这类材料的再生周期一般在10年以内。

低排放材料：

· 安装这种材料是否会对安装人员的健康构成危险？

· 这种产品是否支持微生物生长？支持微生物生长的材料不得用于可滋生霉菌或其他微生物的场所。

· 用于系统家具和座椅时，该产品是否被国家认证，或由其他第三方测试？若有，测试方是谁，依据什么标准？

制造过程：

· 制造商是否在其生产设施中采用了最佳实践，以减少能源、水和原材料的消耗？

· 制造商是否消除了有害排放，包括二氧化碳（CO_2）、硫氧化物（SO_x）和氮氧化物（NO_x）等温室气体？有害排放的减少都将对产品的总体碳足迹和生命周期评估产生积极影响。

· 制造商是否在物料运输中采用了节能策略？例如，是否仅满载装运？

· 制造商是否使用节能和（或）替代燃料运输车辆运输产品？使用何种运输方式？

废物最少化：优化设计，以最大限度地减少安装废物和（或）送往填埋场的材料。

· 制造商在产品生产、包装和安装过程中是否实施了任何形式的计划来减少废物？

· 安装废弃物（若有）是否容易被制造商或当地工厂回收？

耐用性和柔韧性：选择适用且耐用的产品。使用方形地毯，因为它们易于维护，并可以有选择地更换。

内含能：内含能计算量化了特定材料从原材料获取、加工制造到运输至使用点等各环节的总能耗。加工程序越多，材料内含能就越大。

· 制造商是否计算了产品的内含能，若有，具体是在哪些参数范围内计算的？

生命周期评估（LCA）：生命周期评估旨在审查产品"从摇篮到坟墓"（即从原材料获取到用后回收）各阶段对环境和健康的影响。采用"从摇篮到摇篮"方法闭合原料采购循环。

· 制造商是否对产品进行过任何类型的生命周期评估？若有，向其获取生命周期评估报告。

生命周期分析——闭环模型 [1]

资料来源：改编自西吉·科科，《脚踏实地》（Down to Earth），由根斯勒（Gensler）补充。

---

1 回收用后材料，用作新产品的原料。

室内空气质量

室内空气质量（IAQ）指人们工作或生活所在建筑物内的空气质量。空气质量对舒适度和生产力至关重要；最重要的是，良好的空气质量可促进健康。以下四种情况会影响室内空气质量：

· 通风不良，以致无法引入足量的室外空气。
· 建筑物内清洁和办公用品类化学物质过多。
· 进入并滞留在建筑物内的室外污染物过多。
· 通过暖通空调系统生长、繁殖并散播有害颗粒的霉菌或其他微生物。

环境质量术语

以下术语与建筑物及其他地方所用产品的环境质量相关：

· 可生物降解：完全分解成良性有机成分的能力。
· 致癌物质：确认可引发癌症的物质。根据试验研究数据，致癌物质可分为"已知""可能""推测"或"可疑"致癌物。
· 降级回收：回收后的产品比原产品价值或耐用性更低的回收。
· 放气：化合物气化至周围空气中的过程。
· 消费后：已在消费市场上发挥预定用途的废物。
· 消费前：制造过程中进入消费市场前产生的废物。
· 毒性：一种物质对或可能对生物体健康造成不利影响的程度，以接触限值表示。
· 挥发性有机化合物（VOC）：VOC指一种含碳化合物，可在标准室温下部分气化。VOCs指一组毒性和影响程度不同的化学物质。

目前人们已将室内污染造成的重大健康危害作为严重问题处理。美国环境保护局（EPA）宣布，糟糕的室内空气质量及其在病态建筑综合症（SBS）和建筑相关疾病（BRI）中扮演的角色是美国面临的头号环境健康问题。

病态建筑综合症

病态建筑综合症描述了一系列身体不适症状，这些症状大多类似于轻微的过敏反应，通常是因接触室内空气中的污染物而引起的（尽管噪声和其他环境因素也可能是原因之一）。具体原因尚不清楚，但这些症状的出现时间与患者在特定建筑中停留的时间相吻合。一旦患者离开，症状就会消失。建筑相关疾病描述的是相同范围的疾病，从轻微的过敏反应到肺炎等更严重的感染，但其适用于已知具体病因的情况。病态建筑综合症和建筑相关疾病在很大程度上都是由糟糕的室内空气质量造成的。

需特别留意的室内空气有害成分包括以下内容：

微生物、灰尘和花粉：尽管细菌和真菌在室内外环境中无处不在，但办公大楼尤其容易受其侵害，因为这类建筑的循环和空调管道、天花板、保温层甚至制冰机等处往往伴有高湿度和积水区域。敏感人群，如老年人、婴儿、儿童或免疫系统较弱的人，可能面临严重感染风险。

可吸入颗粒物的定义是直径小于 10 μm 的颗粒物（人类头发的直径约为 100 μm）。然而，由于可吸入颗粒物体积很小，它们很容易通过鼻腔进入肺部，导致咳嗽、气喘甚至呼吸道感染。在办公室里，从人体皮肤到复印机产生的细微炭颗粒，很多物质均可释放出可吸入颗粒物。

挥发性有机化合物（VOC）：在室温下，合成有机化学品可释放出挥发性有机化合物（VOCs）。室内挥发性有机化合物的含量往往较高。该化合物有多种来源，包括建筑材料以及汽车发动机和加热系统等燃烧源等。强力清洁用品、油漆、胶水和复印机等的使用会加剧这一问题。虽然并非所有挥发性有机化合物都会对健康造成严重危害，但其中有许多确实会让人感到不适，而且其在办公室里几乎随处可见。甲醛是挥发性有机化合物中的主要刺激物之一。甲醛是一种存在于近3000种不同产品中的刺激性气体，这类产品包括某些地板黏合剂、墙纸、刨花板和家具等。

　　一氧化碳（CO）是一种无色无味气体，多是由燃料驱动式发动机（如汽车发动机）释放出来的，若无适当通风，可能会污染邻近建筑物。长时间接触一氧化碳会降低人血液的携氧能力，使

人出现呼吸短促、疲劳和恶心的症状。若车库通风不良，汽车排放的一氧化碳可能会流入室内，进而造成健康问题，甚至导致死亡。

人为控制 [1]

　　空间使用者可通过一定程度的人为控制使空间适应自身需要，进而提高工作效率。具体控制包括对温度或通风控制（通过带有恒温器的较小的暖通空调区域来实现）、高架地板分布控制（通过独立控制的地板扩散器或活动窗来实现）、环境或作业照明控制以及外窗眩光控制。

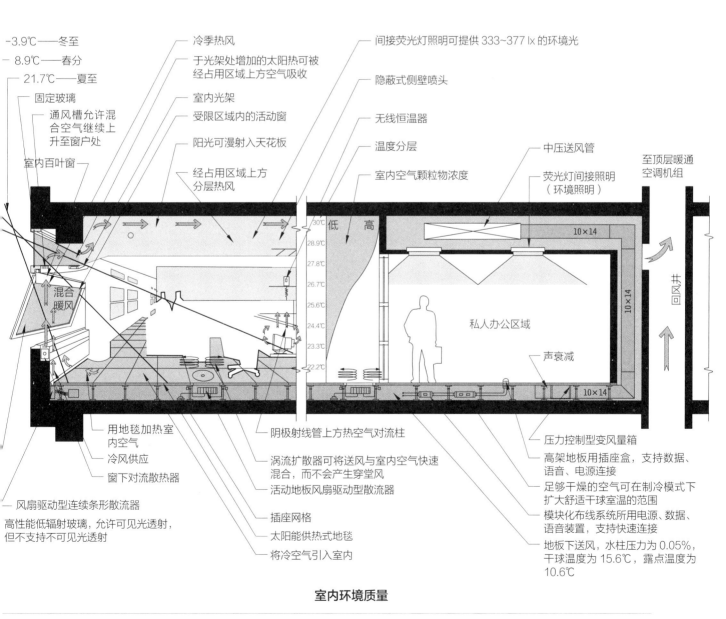

室内环境质量

1　由里夫斯·泰勒和内莉·里德改编，内容基于汤姆·雷夫尔的《人体尺寸》。

第二部分
建筑构件

建筑结构和外壳

室内构造

设备和家具

室内设计项目类型

第四章　建筑结构和外壳

底层结构

墙基

　　基础墙一般用于无地下室需求且土壤足以支撑有限载荷之处。开挖深度通常低于霜冻深度或根据岩土工程师的要求确定。基础墙壁厚通常为203 mm，但可加厚以支撑较厚的墙体。需要少量钢筋来抑制墙体开裂。钢筋需求随墙体高度的增加而增加。

　　在寒冷天气，地基内表面和平板下的保温层有助于阻挡寒气入侵。

　　一般需在板墙界面处设置隔离缝，以确保板、墙可独立沉降。

　　标准基础墙可用混凝土、砌块或木材建造。与砌体材料直接接触的木材应做压力处理或自然防腐。

　　用于经处理木基础的木材和胶合板时必须打上基础使用等级印记。美国林务局提供了一份木材防腐剂替代品清单，需要时可以参考。

　　用于基础施工的经处理木制品需比用于筑栅、铺板或其他类似用途的经处理木材含有更多的防腐剂。在处理或使用经压力处理的木制品时，应避免皮肤接触以及长期或频繁吸入锯末。

地基围护结构

混凝土地下室墙

　　混凝土地下室墙可现浇筑，也可预制。现浇筑混凝土地下室墙是一种经济有效的支撑地板和抵抗土压的方法，可用于商业和住宅建筑。模板可轻松置于基础开挖处，将钢筋置于墙模内。

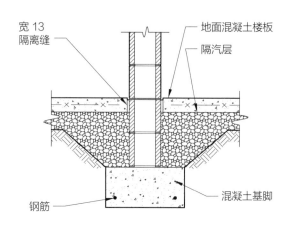

室内承重混凝土砌块（CMU）基础墙

资料来源：依据美国混凝土砌体协会（NCMA）《混凝土砌体设计和施工细节注释》，图3E.8。由美国混凝土砌体协会提供。

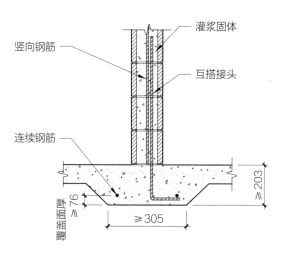

室内非承重墙

资料来源：依据美国混凝土砌体协会（NCMA）《混凝土砌体设计和施工细节注释》，图8B.2。由美国混凝土砌体协会提供。

相比常规现浇混凝土，预制混凝土地下室墙所需施工时间更短。预制混凝土施工允许使用注重极限强度而非固化时间和温度的混凝土外加剂。

地下室砌体墙

长期以来，砌体墙一直用作结构基础。大多数地下室砌体墙由单一实心或空心混凝土砌块构成，这具体取决于所需的承载能力。墙壁需加固以抵抗侧向载荷。

地下室墙应可防暑防寒、防虫（特别是白蚁）、防火，并可防止水和土壤气体的渗透。

建筑砌块可用来改善墙体外观。面向室内、带建筑饰面的砌块可用于建造已处理完毕的地下室空间。

砌体可完美契合任何平面图的需求，且其回弹和转角可增加墙体的结构性能，以抵抗侧向载荷。

地下室保温

保温要求与热负荷成正比。基础保温性能通常不佳，这可能是热损失的主要原因。地下室的理想保温水平取决于地下室空间的使用、地下室温度和建筑其他部分的保温水平。外保温可使墙体保持温暖，同时消除冷凝和热桥。地下室温度随季节变化而降低时，上层建筑相对地下室的热损失会增加，因此地下室顶板热阻值（R 值）应相应增加。

地面混凝土楼板

地面混凝土楼板设计和施工过程中需考虑的因素包括：楼板或其截面的预期用途，均匀地基的状况和制备，混凝土的质量，结构能力的适当性，接缝的类型和间距、修整、养护，特殊表面的应用等。

混凝土板的耐磨性与其上部状况有直接关系。可用特殊添加剂或表面硬化剂来保证表面硬度和耐磨性。混凝土板整体质量可通过适当的

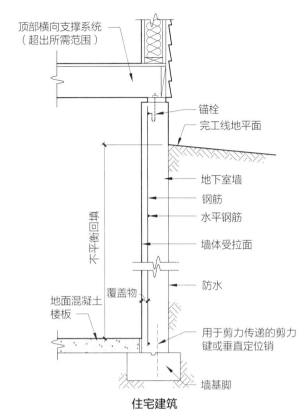

住宅建筑

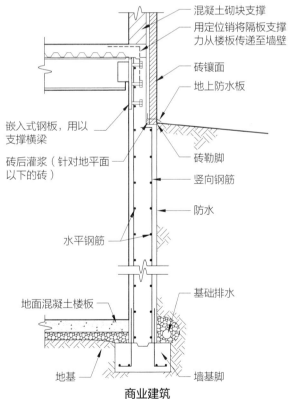

商业建筑

混凝土地下室墙

资料来源：根据 ACI 332《住宅混凝土施工要求及评注》，图 R7.1。经美国混凝土协会许可转载。

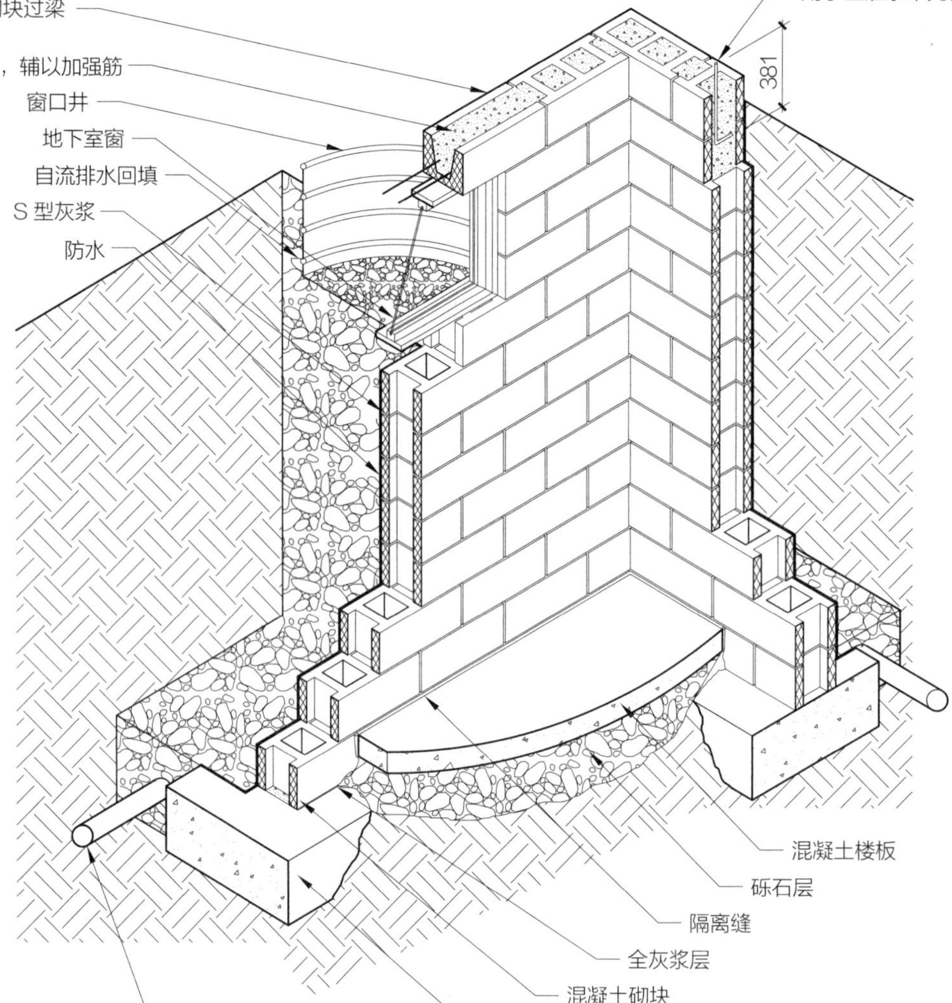

混凝土砌块过梁

固体浆液填料，辅以加强筋

窗口井

地下室窗

自流排水回填

S型灰浆

防水

用于全灌浆单元格中的锚栓

381

混凝土楼板

砾石层

隔离缝

全灰浆层

混凝土砌块

混凝土墙基脚

基础排水

典型地下室砌体墙

水灰比、合理的坍落度控制，通过级配良好的骨料（粗骨料的粒径应为确保其正常放置的最大粒径）予以提高。

在接缝间距频繁使用处，无须将钢筋置入混凝土板中。在接缝间距不常使用处，应将钢筋置于混凝土板中，放置于中深或以上位置（通常在自顶面向下三分之一处），作为裂缝控制手段。常见收缩缝间距为4.6~7.2 m，具体取决于板厚和施工类型。在面积较大区域，建议采用条状而非棋盘状放置方式。

混凝土板接缝

施工缝有利于混凝土浇筑。安装伸缩缝以适应建筑移动。

· 两个连续混凝土浇筑点之间的施工缝通常用键合或销钉钉固等方式予以固定，以确保可稳定横跨接缝。

· 建筑或结构两部分之间的伸缩缝允许热胀或湿胀而不会损坏任何一部分。伸缩缝也可用作隔离缝和控制缝。

- 隔离缝可将结构的两个部分分开，以在平板和建筑固定件（如柱、墙和机械基座）之间实现差异移动或沉降。
- 控制缝是通过成型处理、锯切或工具加工等手段在混凝土中形成的连续性沟槽或隔断，其目的是形成一个薄弱面，用以调节干燥收缩或热应力所造成开裂的位置和数量。
- 结构之间的收缩缝主要用于对任何一部分的收缩进行补偿。

混凝土板饰面

混凝土楼板整体表面处理的一般程序是通过浮动和抹光处理来获得光滑致密的面层。ACI（American Concrete Institute，美国混凝土协会）302 为据以控制可实现地板平整度的表面处理程序提供了具体指导。ACI 302、ACI 360 和 ACI 117 为平面度的选择以及平面度和水平度的生成和测量技术提供了指导。地面光洁度的测量方法是在楼板表面放置一个 3 m 的独立式直尺，或者使用 F 号系统予以测量，后者效果更好。

可采用特殊饰面来改善外观和表面性能。这类饰面中的喷涂（振动）饰面或高强度面层，可用作整体或单独式两级楼板表面。

上部结构

建筑结构体系的设计和构造是为了支撑施加于建筑上的载荷，并在不损害建筑情形下将载荷安全传递至地面。有些结构体系基于单一材料，如沉重的木结构；而另一些结构体系则整合多种材料。一栋建筑可拥有多种结构体系。

室内空间可见的结构构件包括墙、柱等竖向支撑构件，梁、桁架、水平地板和天花板等水平结构构件。

接触结构构件时，必须谨记，结构任一部分的变化均会导致其他部分承受载荷的变化。重现所涉材料的结构特性，并在理解其结构特性后予以谨慎使用。应尽可能避免重大的结构变更，因为这类变更很昂贵，也可能很复杂。

抗震考量[1]

地震是因板块沿断层线的突然运动而产生的地壳振动。它会以三维波的形式向外扩散。建筑结构体系必须设计得足以承受来自任何方向的地震力。建筑已经被设计得足以承受与重力相关的竖向载荷。因此，抗震设计中最为关键的应当是承受水平载荷。

载荷通常从横隔板通过连接件传递至垂直构件，并通过其他连接件传递至基础。该路径应当是直接且连续性的。根据规范要求，抗震设计通常始于建立一个连续性载荷路径。

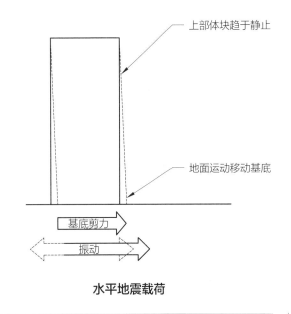

水平地震载荷

1　作者：理查德·艾斯纳，美国建筑师协会会员（FAIA），州长紧急服务办公室。

上部结构框架 [1]

混凝土框架

混凝土框架要么利用混凝土搅拌机或搅拌车现浇筑，要么在工厂控制条件下预制。施工用混凝土通常用钢筋或焊接钢丝网予以加固。

预制混凝土框架

预制混凝土框架体系是高度重复结构的理想选择，这类结构框架常用于停车场和多种住宅（酒店、公寓、宿舍）等。

双向剪力墙是抗侧向载荷最常用的方法。楼梯和电梯的核心构件以及住宅单元之间的分隔墙也可使用剪力墙。

预制混凝土结构构件通常在场外浇筑并进行蒸汽养护，而后运至现场，用起重机安装到位。可对其加固或施加预应力以增加强度或减少厚度。

预制混凝土结构构件包括：

· 实心无梁楼板：用于短跨度均布载荷的板材。

· 空心板：可减轻质量的空心板材，适用于中跨至大跨度均布载荷。

· 单、双三通：宽平单（双）杆 T 形板。

· 花篮梁：可利用突出壁架支撑搁栅或平板末端的梁，L 形或倒 T 形。

预制混凝土墙板用于可支撑现浇混凝土或钢地面以及屋顶系统的承重墙，通常为 2.4 m 宽，但宽度至多可达 3.7 m。

预制混凝土柱通常按以下标准支撑相应区域：

· 每根 254 mm×254 mm 的预制混凝土柱可支撑面积为 186 m² 的区域。

· 每根 305 mm×305 mm 的预制混凝土柱可支撑面积为 255 m² 的区域。

· 每根 406 mm×406 mm 的预制混凝土柱可支撑面积为 418 m² 的区域。

预制混凝土构件通常需要先张拉。先张法是一种对混凝土做预应力处理的方法，钢筋应在混凝土浇筑前拉伸，并在混凝土固化前保持拉伸状态。而后，钢筋外部张力被释放，进而压缩混凝土。右页图预制混凝土框架示例采用了预应力柱、倒 T 梁、花篮梁和双 T 形梁，所有长度和设计均是相同的。地面和屋顶横梁设置妥当后，于其表面覆盖薄混凝土面层，这一面层提供了已加工的表面和水平的结构横隔板。预制构件在场外装配，并由起重机吊装到位。可采用各种已加工表面，而材料的统一也为构件的外观整合提供了可能。薄砖或瓦也可用作表面材料。

双 T 形梁，一般为 2.4 m 或 3.7 m 宽，457~914 mm 深，具体视跨度要求而定。受构件装运和吊装限制，跨度最大为 18.3 m，但更大的跨度或更深的截面也是可能的。

平板和后张拉混凝土构造

平板混凝土构造由现浇混凝土柱和双向等厚混凝土板组合而成。双向平板混凝土板是最简单的混凝土结构之一，用于加固、模板和细部设计等。

后张法是将混凝土结构浇筑养护后，通过拉伸钢筋来压紧混凝土的一种方法。这种预应力可减少或消除在使用载荷情形下混凝土的拉应力，并在不增加板厚或由其他钢筋引入的恒载的情形下加固楼板。当板厚对经济或功能性设计方面很重要时，或当集中荷载较高且建筑高度必须严格控制时，后张法便可发挥作用。当项目条件要求楼层高度最小但天花板高度最大且天花板上方需留出宽敞空间时，后张法也很有效。

后张拉混凝土构造实际上等同于平板混凝土构造。其主要区别在于混凝土板的厚度。后张法可略微降低板厚。

相比于其他任何系统，平板混凝土构造允许在给定建筑高度上安装更多的楼层。这是因为其楼板结构仅需达到最小厚度，特别是后张拉时。

---

1 作者：理查德·J. 维图洛，美国建筑师协会（AIA），橡树叶工作室（Oak Leaf Studio），参考了理查德·D. 拉什，美国建筑师协会（AIA），《建筑系统集成手册》。
蒂莫西·B. 麦克唐纳。

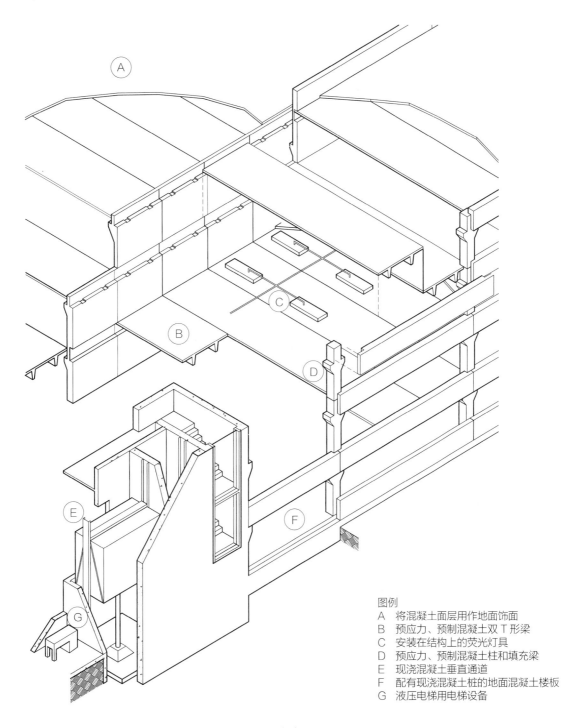

图例
A　将混凝土面层用作地面饰面
B　预应力、预制混凝土双 T 形梁
C　安装在结构上的荧光灯具
D　预应力、预制混凝土柱和填充梁
E　现浇混凝土垂直通道
F　配有现浇混凝土桩的地面混凝土楼板
G　液压电梯用电梯设备

预制混凝土框架

图例
A　组合屋面或单层硬质保温膜
B　钢筋混凝土板
C　带有扩散器的管道，悬挂于天花板
　　静压箱内的结构上
D　天花板上的荧光灯具
E　悬吊式吸声瓷砖天花板
F　弹性地板
G　活动隔断
H　金属立柱和石膏墙板构件
I　窗组件
J　混凝土构件
K　硬质保温砖和混凝土砌体
L　地面混凝土楼板和混凝土基础
M　板下防潮层
N　基础防水防护板

平板和后张拉混凝土构造

由于高层建筑存在浇筑材料和劳动力相关的成本和困难，因此平板混凝土构造通常用于低层至中高层建筑。特别适用于公寓、宾馆、宿舍等无需悬吊式天花板的场所。在这些应用中，可通过将楼板底面用作已加工天花板来使楼层高度最小化。

对现浇混凝土板，可按是否有钢筋从一个、两个或三个方向对其加强来分类。加固模式可影响楼板如何承载由载荷施加至其他结构构件或地面的应力。楼板通常与支撑梁浇筑在一起。

平板混凝土构造通常留有一个用于垂直通道和设施的中央核心区。中央核心区还允许加固垂直服务立管，并通过减少或消除办公区域的楼层穿透口来增强火灾防护。集中式核心区允许电力、管道、照明和机械系统以相对统一的方式短距离水平运行。

可在墙柱周围钉有板条的区域以及走廊隔墙处以不太显眼的方式布设与天花板等高的电力和通信杆，以服务无隔断室内办公室的工作台。办公室工作台需保证日光充足、视野清晰。中央核心区距离周边区域最远，因此可在其边界范围内最大限度地使用建筑面积。在受限制的城市场地上，中央核心区可靠在未穿孔墙体上，以保持前述优势。

木框架

轻型框架建筑的上部结构可封闭内部空间，并将载荷传递至地面。许多原本为家庭住宅设计的木结构建筑可在商业建筑中焕发新生。住宅和商业建筑的规范要求有所不同，必须加以考虑。

轻型木框架结构由均匀切割的规格材组成。重型木构造用大树做横梁。木框架构造中也使用带封闭和开放式空间（用以减重）的间隔梁，以及由胶合木片制成的叠层梁。轻钢框架常用于布设现有木框架的建筑内部。

木桁架

预制楼板和屋顶桁架是根据工程规范在工厂完成的。层压木桁架的构件为由小块木材黏合成的大桁架。空腹木桁架允许穿接电线、管道系统和风管网路，无须现场钻孔或切割。

屋顶桁架有各种形状和尺寸。上弦可用作屋面椽条，下弦可用作天花板搁栅。

木柱

木柱可为实木材质，也可由木块黏合层压或机械紧固而成。

间隔式木柱由多个结构构件组成，内部有阻塞设置和空间。

西式（木质）框架和平台框架

木框架最常见的类型是西式（木质）和平台框架。在任何上层结构建立之前，应将一楼框架和底层地板放下，以形成一个用于墙壁和隔断装配的平台。由于楼板框架和墙壁框架并不联锁，因此必须提供足量覆板作为支撑并提供必要的侧向阻力。若需额外刚度或支撑，可使铁箍或 25 mm × 25 mm 木条以 45° 角进入立柱外表面，并于顶部和底部固定于立柱上。在建筑每一层重复前述过程。

屋面框架可为水平或工字形搁栅或桁架。地板搁栅可为以下任何类型的梁：大木梁、单板层积材（LVL）梁、平行胶合材（PSL）梁、胶合层压梁、组合梁、组合板梁或箱形梁。

平台框架基本上取代了轻骨构造。除了在两层空间和女儿墙等特殊位置以及需要墙体结构悬臂的类似情形下，一般很少使用从木窗台一直延伸至顶板的含立柱轻骨构造。

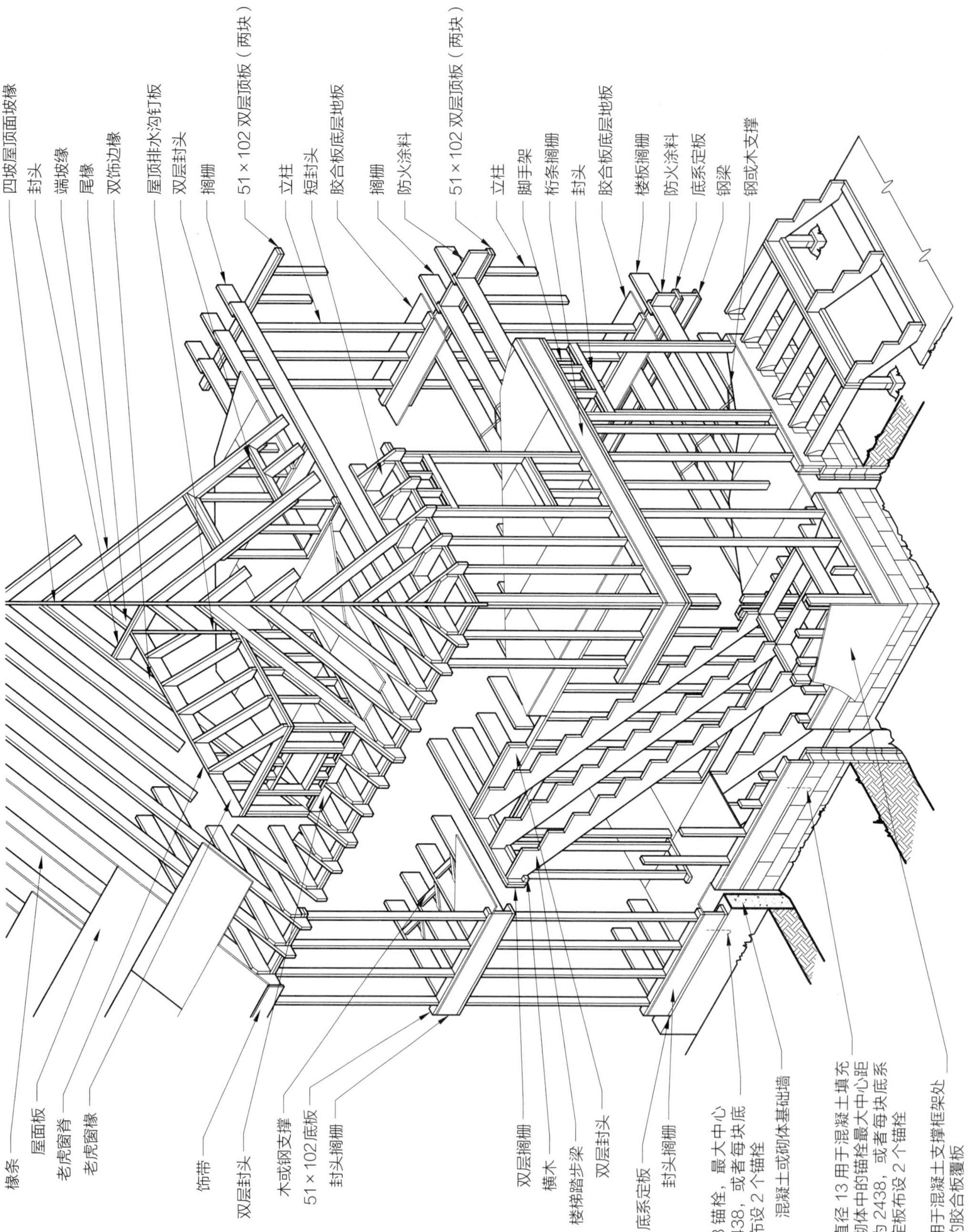

椽条
屋面板
老虎窗肩
老虎窗椽

凹坡屋顶面坡椽
封头
端坡缘
尾椽
双饰边椽
屋顶排水沟钉板
双层封头
搁栅
51×102 双层顶板（两块）
立柱
短封头
胶合板底层地板
搁栅
防火涂料
51×102 双层顶板（两块）
立柱
脚手架
桁条搁栅
封头
胶合板底层地板
楼板搁栅
防火涂料
底系定板
钢梁
钢或木支撑

饰带
双层封头
木或钢支撑
51×102 底板
封头搁栅
双层封头
51×102 底系定板

双层搁栅
横木
楼梯踏步梁
双层封头

直径 13 锚栓，最大中心
距为 2438，或者每块底
系定板布设 2 个锚栓
混凝土或砌体基础墙

直径 13 用于混凝土填充
砌体中的锚栓最大中心距
为 2438，或者每块底系
定板布设 2 个锚栓

用于混凝土支撑框架处
的胶合板覆板

平台框架

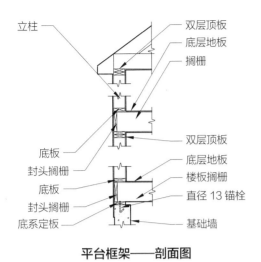

立柱
双层顶板
底层地板
搁栅
底板
双层顶板
封头搁栅
底层地板
底板
楼板搁栅
封头搁栅
直径 13 锚栓
底系定板
基础墙

平台框架——剖面图

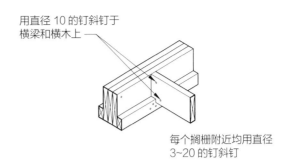

用直径 10 的钉斜钉于
横梁和横木上

每个搁栅附近均用直径
3~20 的钉斜钉

置于横木上方的切口搁栅

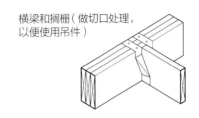

横梁和搁栅（做切口处理，
以便使用吊件）

用搁栅吊件固定的搁栅

木梁支撑的木搁栅

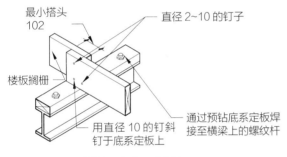

最小搭头
102
直径 2~10 的钉子

楼板搁栅

用直径 10 的钉斜
钉于底系定板上
通过预钻底系定板焊
接至横梁上的螺纹杆

搭接于木底系定板上

每侧每端使用 2~10 的钉斜钉；
其他钉以 406 的间距交
错设置

用直径 10 钉斜钉于
每侧立柱上

两部分组合梁

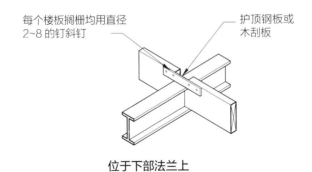

每个楼板搁栅均用直径
2~8 的钉斜钉

护顶钢板或
木刮板

位于下部法兰上

钢梁支撑的木搁栅

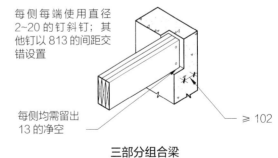

每侧每端使用直径
2~20 的钉斜钉；其
他钉以 813 的间距交
错设置

每侧均需留出
13 的净空

≥ 102

三部分组合梁

梁

轻骨架构

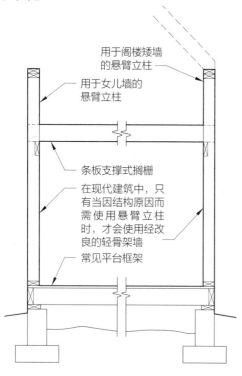

用于阁楼矮墙的悬臂立柱

用于女儿墙的悬臂立柱

条板支撑式搁栅

在现代建筑中，只有当因结构原因而需使用悬臂立柱时，才会使用经改良的轻骨架墙

常见平台框架

轻骨架构

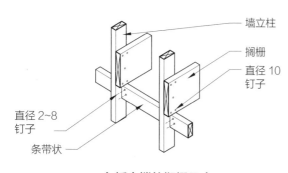

墙立柱

搁栅

直径 10 钉子

直径 2~8 钉子

条带状

条板支撑的搁栅承座

重型木结构

重型木结构的特点是露天大木柱、木梁和其他结构构件通过传统榫卯或类似接头连接在一起。重型木材使用的矩形实木框架构件，共有两种尺寸，标称尺寸至少 127 mm。重型预制木架模块被称为排架。排架与屋脊垂直，包含柱、梁、大梁、椽和角支撑等构件。排架中心间距通常为 3~4.9 m。

重型木结构通常用应力表层保温板予以封闭，同时使框架完全暴露在内部。重型木结构目前多用胶合层压构件和专用隐蔽式金属连接件等新型材料予以更新。

胶合层压结构

胶合层压板（多层胶合木料结构）指一种精心设计并获应力等级认证的产品，用由胶黏剂黏合的木片制成，其纹理在纵向上基本呈平行走势。层压件可端接成任意长度，也可以通过边对边黏结增加宽度，也可由弯曲件在层压过程中弯曲而成。

标准宽度

标称宽度（mm）	净成品宽度（mm）
76	54
102	79（南方松材质为 76）
152	130（南方松材质为 127）
203	171
254	222（南方松材质为 216）
305	273（南方松材质为 267）
356	309
406	362

消防安全

胶合层压结构与重型木结构性质相似，其自隔热特性可防止构件快速燃烧。良好的结构细节、隐蔽空间的消除以及垂直防火挡板的使用等，都有助于提高胶合层压结构的防火性能，并使其防火强度持续时间长于不受保护的金属。

因此，如果满足一定的最小尺寸要求，那么建筑规范一般将胶合层压结构划归为重型木结构。规范还允许计算露天胶合层压构件的 1 h 耐火极限。

梁柱结构

梁柱结构虽在历史上曾用于较大的建筑，但现在一般仅用于三层或层数更少的建筑。梁柱结构的主要优点是构件和细部比较简单，颇具视觉整合潜力，且结构和建筑形式较为大胆。

a. 层压榫槽接合板的底面暴露在内部视野中，应注明其外观等级。

b. 防潮层应朝向被占用一侧放置，空隙用棉絮或硬质保温材料填充。

c. 外部覆以胶合板，并饰以斜纹材壁板。

d. 对厨房、盥洗室和其他既需要除臭设备又需要大量新鲜空气之处，应用墙壁予以隔开，并用悬吊式天花板或贴条天花板予以覆盖。

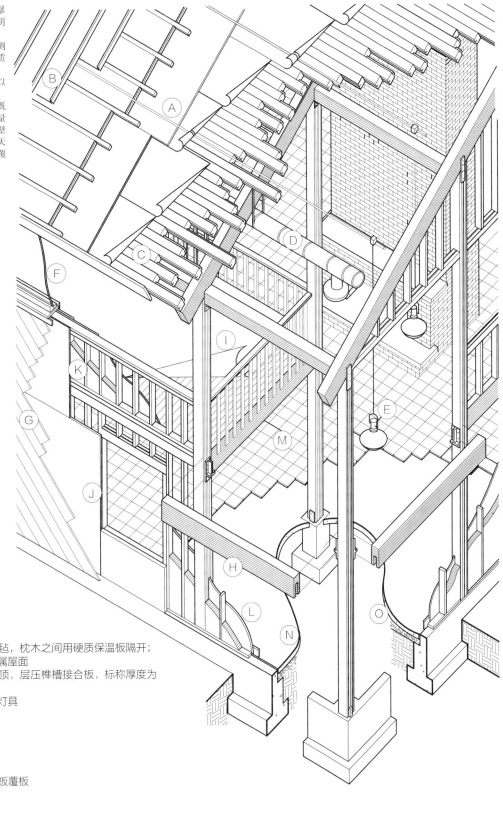

图例

A　刚性导管穿过铺板

B　屋顶板覆盖防水毛毡，枕木之间用硬质保温板隔开；枕木上的立接缝金属屋面

C　胶合板覆板和木屋顶，层压榫槽接合板，标称厚度为57，铺设在横梁上

D　送风、回风管道及灯具

E　照明灯具

F　窗组件

G　木板外墙

H　重型胶合层压木梁

I　地毯

J　外露木框架和胶合板覆板

K　木立柱框架

L　干式墙

M　黏土瓦地面

N　地面混凝土楼板和混凝土基础

O　板下防潮层

层压木梁柱

结构与建筑内部所用梁柱结构要保持统一。由于梁柱结构体系中的结构构件均可见，如同机械系统的组成部分，因此要特别注意这些构件的视觉整合以及木材构件连接用硬件的设计和外观。机械系统的某些部分可隐藏在内部隔断和外墙内。相比所涉载荷和应力条件，结构构件和连接细部的尺寸可能更多地受视觉比例和外观等考量因素的影响。

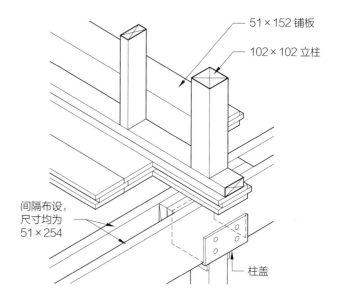

内柱上的间隔梁承座

厂房结构

这类结构的特色包括有开阔的楼面空间以及透过大窗户射入的足量日光。虽然这类结构如今已很少使用，但其仍存在于许多采用此类结构的建筑中，这类建筑大多已被改建为办公空间、艺术家住宅和工作室以及博物馆等。

钢框架

钢铁及合金通常是结构应用中最具成本效益的选择。钢是一种黑色金属。有色金属一般具有良好的耐蚀性，且无磁性。有色金属包括铜和铝。可把不同金属混合在一起形成合金，从而获得些新的性能。

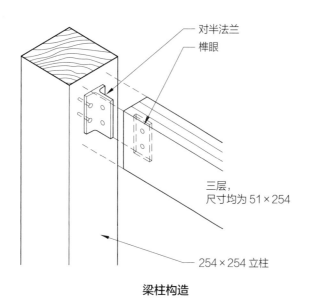

梁柱构造

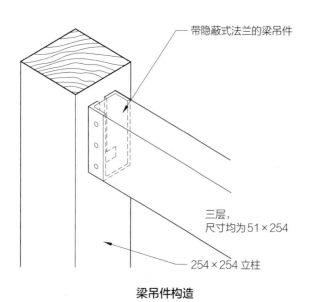

梁吊件构造

梁柱连接

金属

黑色金属（含铁）	有色金属
钢	铜
不锈钢	铝
	锡
	镍
铁	青铜和黄铜
	铅
	锌
	钛

钢的种类

钢是铁和碳的合金。成品钢材的碳钢含量达90%以上。

- 碳钢：较高的碳含量可增加金属的强度和硬度，但亦会降低其延展性和可焊性。强度适中，但耐腐蚀性差。用于结构用型材，如焊接制品或铸件、金属立柱和搁栅、紧固件、墙壁格栅以及天花板悬吊系统等。
- 镀锌钢：在碳钢或钢合金表面涂锌，以防止腐蚀；做热浸或电镀处理。
- 高强度低合金（HSLA）钢：比碳钢具有更好的耐腐蚀性；是考虑质量因素且强度需求较高时的理想选择。

最常用的钢结构框架系统包括空腹钢搁栅、刚性框架、框架筒、支撑核心筒、空间框架以及抗力矩框架。

空腹钢搁栅

以钢结构、空腹搁栅和承重墙的结合为特色的建筑，通常有较大的内部净跨和灵活的内部布局。搁栅的空腹构造可提供一个易于被机械系统穿过的轻型结构。搁栅下弦用于悬挂完工区域内的内部饰面、灯具和空气扩散器，尽管它们可能未被覆盖。

空腹钢搁栅通常在钢面板上覆盖64~76 mm厚的混凝土。可增加混凝土厚度以适应电气管道或电气及通信电缆管道。预制混凝土、石膏板或胶合板也可用于楼面系统。

天花板支架可悬挂或直接安装在搁栅下弦上，但由于搁栅实际深度会发生变化，因此建议采用悬吊式系统。

装配式防火钢柱

装配式防火钢柱（拉莱柱）是由用混凝土填充的承重钢柱组成的结构单元，可在不大于标准柱的空间中实现更大的承载能力。当结构柱被防火材料包裹时，装配式防火钢柱会产生耐火性。其耐火极限一般为2~4 h。

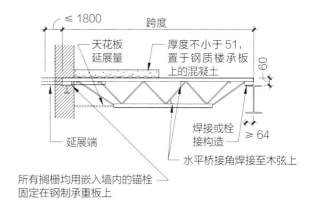

穿过搁栅承座的截面

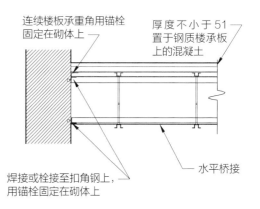

穿过钢搁栅的截面

带幕墙钢架

钢框架和幕墙施工允许在场外制造框架和围护结构组件，并可在制造完成后轻松运至现场，予以快速组装。

围护结构独立于钢框架，可在质量、尺寸和围护系统配置方面提高灵活性。幕墙单元一般在工厂预装。

机械系统隐藏在地板或天花板静压箱内，可通过天花板或地板系统的可移动面板进入。悬吊式天花板可为内部服务提供空间，但其往往主要用于顶部照明和管道系统。

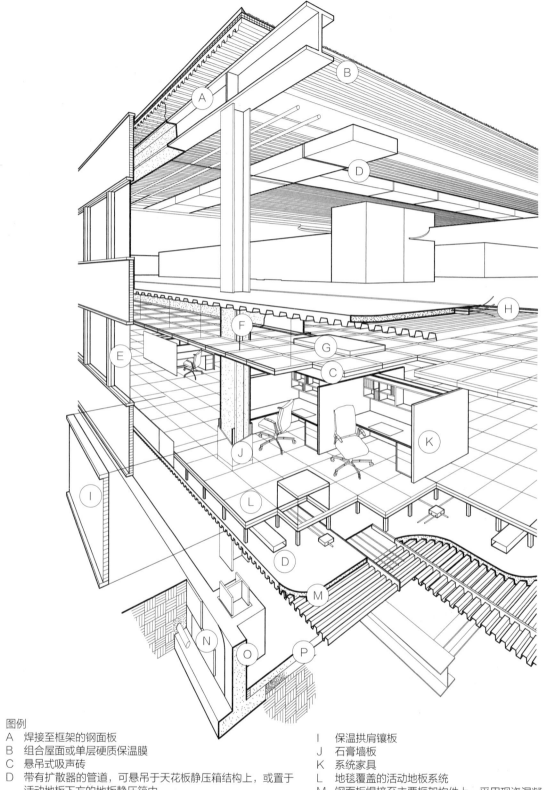

图例
A　焊接至框架的钢面板
B　组合屋面或单层硬质保温膜
C　悬吊式吸声砖
D　带有扩散器的管道，可悬吊于天花板静压箱结构上，或置于
　　活动地板下方的地板静压箱中
E　幕墙单元
F　焊接和螺栓连接钢结构
G　天花板上的荧光灯具
H　置于混凝土地面上的电线和电缆

I　保温拱肩镶板
J　石膏墙板
K　系统家具
L　地毯覆盖的活动地板系统
M　钢面板焊接至主要框架构件上，采用现浇混凝土面层
N　支持基础排水的防水防护板
O　带混凝土基础的地面楼板
P　板下防潮层

带幕墙钢架

刚性框架

刚性框架结构将柱和梁或大梁焊接在一起，以实现刚性连接。这类框架可承载垂直载荷并抵抗水平力，无论这类载荷和力的来源是风还是地震。刚性框架建筑通常是单层的。屋顶通常是倾斜的，倾斜度一般至少为1/12。

刚性框架结构能够以较低的成本实现较长的跨距，并将宽度保持在9.1~39.6 m，常用于休闲建筑、仓库、轻工业建筑以及商业建筑，如超市、汽车经销商展厅和车库等。跨度通常为6~7.3 m，但也可扩展至9.1 m。屋顶通常配置对称山墙，但就结构而言，此类并非必要选项。一些制造商提供预制混凝土和砌体壁板。用预制件建造的建筑通常采用刚性框架来支撑屋顶和墙壁。

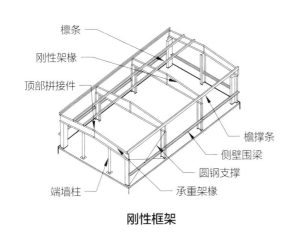

刚性框架

框架式钢筒

在框筒体系中，结构钢构件可构成承重外围墙；这种墙的设计使整个建筑实际上变成了一根结构钢筒。

框筒体系对于超高层建筑而言是最经济的。纽约世贸中心大楼即采用的框筒结构。芝加哥西尔斯大厦（Sears Tower）是这种结构体系最引人注目的现存例证。西尔斯大厦的结构体系及其他类似结构体系通常由3×3排列的9根框筒组合而成，有时也其称为束筒。

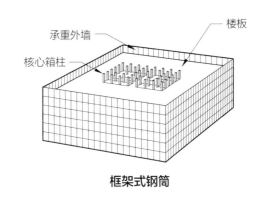

框架式钢筒

支撑核心筒

在支撑核心筒体系中，电梯井和楼梯井周围的墙体被设计成通过悬臂从基础向上延展的垂直桁架。所有桁架弦均为以楼板梁为纽带的建筑柱。以K形（偶尔以X形）放置的斜撑使桁架得以最终成型。支撑核心筒可设置于单层建筑以及超过50层的建筑。支撑框架颇具成本效益，但若围绕楼梯、竖井和盥洗室等的典型核心筒构件未能妥善放置，就会破坏楼面平面图。

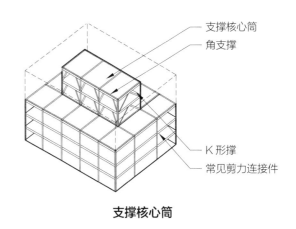

支撑核心筒

空间框架

空间框架是一种三维桁架，其线性构件可构成一系列三角形多面体。可将空间框架视作一种深度固定的平面，可用以维持相当长的跨度和不同的空间造型。空间框架结构体系的主要特征包括较轻的质量、固有的刚性，以及不尽相同的形状、大小和跨度还有它与其他建筑支撑体系（主要是暖通空调系统）的兼容性。

图例
A　组合屋面和硬质保温
B　空间框架和金属板
C　悬挂于框架中心的管道
D　灯具
E　玻璃砖壁
F　混凝土砌块（CMU）承重墙
G　砖镶面和硬质保温
H　木地板
I　混凝土楼板和混凝土基础
J　防潮层

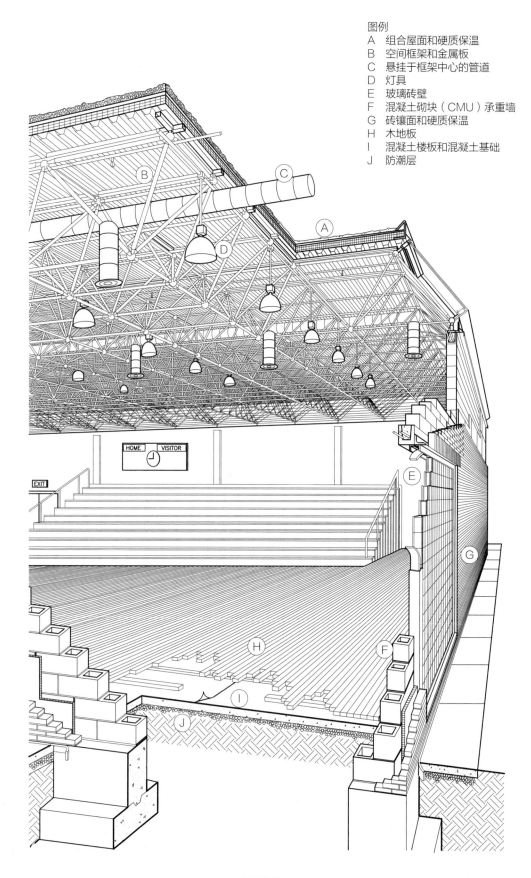

空间框架

金属空间框架属于非燃结构，通常在距地面6 m处外露。但是，这类框架结构必须配备自动灭火系统或耐火天花板。

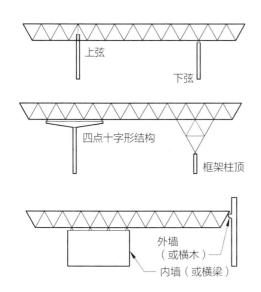

空间框架支撑类型

轻钢框架

轻钢框架承重墙结构常用于低层商业和住宅建筑。这类框架体系具有施工速度快、不易燃、质量相对轻等主要优势。立柱之间的空间可容纳管道和配电系统。

轻量冷弯型钢构件可承重，梁、柱、槽钢、横梁和其他构件可由标准型钢及截面组成。框架刚度取决于交叉支撑、外转角之间的距离以及所用紧固件的类型和布局等因素。框架两侧的覆板也可提供一些横向稳定性。

冷弯型钢框架的优点包括质量轻、尺寸稳定、易于快速装配、防潮防腐，在某些情况下比木框架构件更易获取。此外，钢框架构件通常由回收的废料制成，并可不断回收利用。

在立柱上预先打孔有助于铺设管道和电线。大多数规范要求使用预穿孔立柱开口的电气导管或覆板，以免导线穿过时剥离绝缘。

内部石膏板应与外部覆板一起设置在钢立柱上，以提供额外的横向支撑。

交错钢桁架

交错桁架结构最常用于双载荷住宅型设施，包括酒店、高层公寓、疗养院和医院，最适合7~30层的多单元住宅或酒店建筑。这类建筑的平面图通常具有高度重复性，且可从整合了结构、内部单元分隔、防火分区和声学隐私等目标的系统中获益。该体系允许部署较长的结构隔间，并可使单元内部保持高度灵活性。此外，其底层没有桁架和内柱，因此适合用作停车场或零售商业场所。该体系因质量较轻，因此可缩减基础尺寸。

桁架从地面一直延伸至天花板，仅走廊和电梯门设有开口，这使得管道、布线和风管网路难以水平运行或展开。因此，建议为每单元单独提供供暖和空调系统。公用设施通常沿外墙挡板和立管布置，服务或供应单元常置于每层两侧；端墙楼梯间也用于这个目的。喷水灭火系统也大多以这种方式布置。若需要，可将混凝土面板的光滑表面用作室内天花板饰面。

砌体结构

砌体结构由天然或人造产品的建筑单元组成，通常用砂浆黏合在一起。砌体承重墙通常是单层结构。一般可实现的屋顶跨度在18.3 m以内。

砌体建筑单元包括以下类型：

· 混凝土砌块。

· 砖。

· 玻璃砌块。

· 石料和铸石。

砌块可组装成实心墙、空心墙或镶面墙。它们可以不用加固，或在灌浆空腔和接缝内用金属墙栓或钢筋予以加固。砌体墙由实心或空心砌块构成，接缝用砂浆填充。砌体墙通常并行建造，用于支撑钢、木或混凝土的跨越体系。空腹钢搁

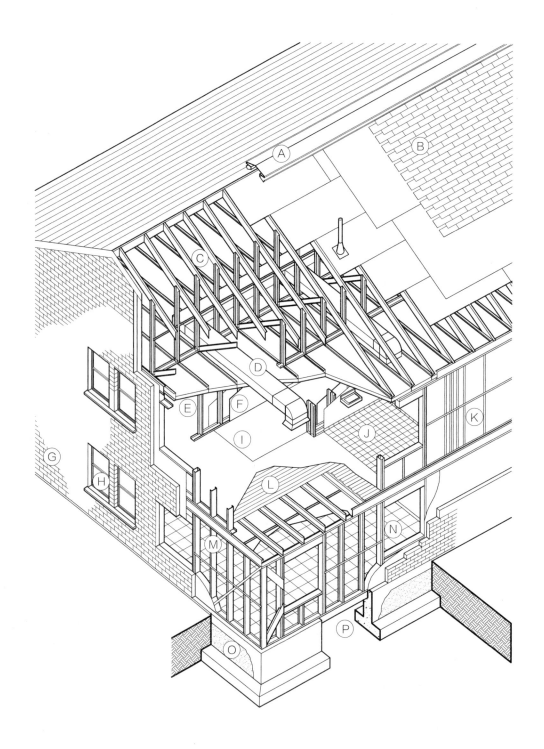

图例
A 屋脊金属盖片
B 木瓦和屋面油毡
C 金属屋顶框架（C形立柱支撑、椽、槽、搁栅）
D 带扩散器管道
E 悬吊式吸声砖
F 石膏板
G 砖镶面
H 窗组件

I 地毯
J 陶瓷地砖
K 条毯式隔热层
L 金属地板框架（C形搁栅）、钢面板和混凝土面层
M C形立柱，穿墙布线组件
N 弹性地砖
O 防潮
P 带混凝土基础的地面楼板

轻钢框架和砖镶面

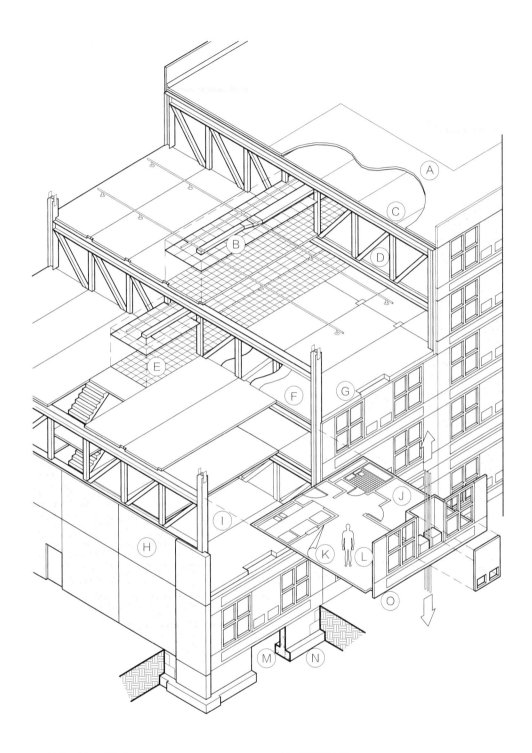

图例
A　单层屋面和压载物下的硬质保温
B　带扩散器管道和喷水灭火系统；混凝土板底面喷漆或用吸声
　　天花板瓷砖覆盖
C　预制空心混凝土面板
D　交错层高钢桁架
E　瓷砖
F　石膏板
G　窗组件

H　预制剪力板
I　钢柱
J　穿过外墙垂直通道的管道
K　已灌浆地面接缝，已铺地毯顶部
L　在上弦和下弦处支撑楼板的预制外墙板
M　带混凝土基础的地面楼板
N　带防水防护板的防潮层
O　预制加劲肋梁

交错钢桁架

栅、木梁或钢梁、混凝土板均可跨越砌体墙。

砌体材料会随温度和含水量的变化而膨胀和收缩。黏土砌块吸水会膨胀。混凝土砌块干燥后会收缩。

移动接缝可用来控制上述变化。移动接缝沿砌体墙长度按30.5~38.1 m的间隔设置。它们还分布于墙体高度或厚度变化处，以及柱、壁柱和墙的交叉点处。此外，它们也分布于宽度超过1.8 m的开口两侧以及宽度不足1.8 m的开口一侧。

砌体承重墙或剪力墙的最小厚度通常为203 mm，但可通过加固减少至152 mm。单层建筑152 mm厚实心砌体墙高度一般被限制在2.7 m。在许多应用中，单砖厚墙需要加固。非加固单砖厚墙用于不承受载荷（包括横向载荷和竖向荷载）或其他外力的室内构造。

带钢筋搁栅的砌体承重墙

砌体承重墙和金属搁栅屋面是最简单、最容易设计和建造的。若不借助侧向支撑，砌体承重墙可建造的高度是有限的，因此其最常用于单层结构。

承重墙和钢筋搁栅屋面建筑体系采用置于斜坡翻板或传统扩展基脚上的砌体墙承座。墙壁支撑着由空腹钢筋搁栅构成的屋面结构。机械分配系统穿过该屋面结构。

屋顶跨度一般18 m以内。搁栅的间距和深度与屋面板材料的跨越能力和对屋面结构载荷的要求有关。

空腹钢筋搁栅和承重墙结构可赋予建筑较大的内部净跨和灵活的内部布局。搁栅的空腹构造可提供一个易于被机械系统穿过的轻型结构。搁栅下弦用于悬挂区域内的内部饰面、灯具和空气扩散器，尽管它们可能未被覆盖。

悬吊式室内天花板几乎总是比直接连接式理想。直接连接至搁栅下弦的成品天花板不仅难以变更，而且必须设计成能够适应天窗需要达到的高挠度。若风管网路安装在搁栅深度范围内，则必须通过与跨越方向垂直的搁栅腹板输送集箱或其分支结构。

砌体承重墙和金属搁栅屋面

砌体承重墙和金属搁栅屋面是最简单、最容易设计和建造的。该体系较低的成本使其对投机性项目颇具吸引力，因为承包商通常较为熟悉这种施工方法且易于将其付诸实施。零售商业设施通常需要灵活的照明、分区、机械系统和大面积的无柱和无墙空间，所选围护和结构系统通常要满足这些需求。

若不借助侧向支撑，砌体承重墙可建造的高度是有限的，因此其最常用于单层结构。一般可达到18.3 m以内的屋顶跨度。搁栅的间距和深度与屋面板材料的跨越能力和对屋面结构载荷的要求有关。

悬吊式室内天花板比直接连接式更理想。直接连接至搁栅下弦的成品天花板不仅难以变更，而且必须设计成能够适应天窗需要达到的高挠度。

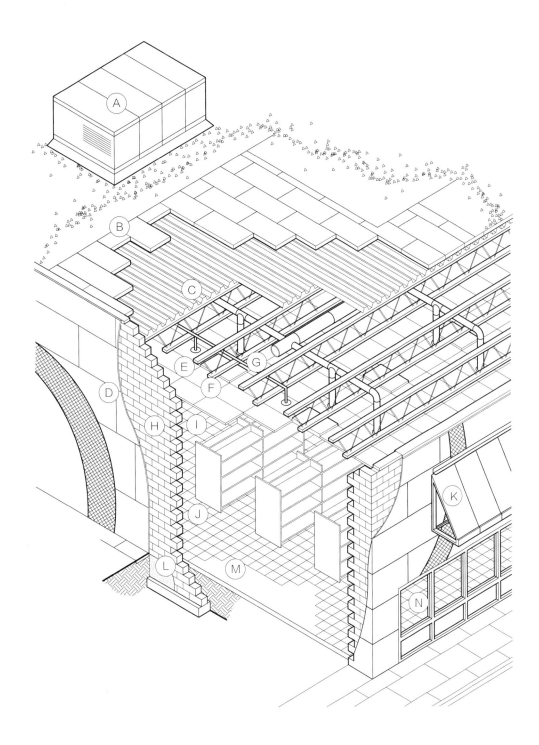

图例
A　屋顶机械装置
B　组合屋面和硬质保温
C　钢面板和空腹钢搁栅
D　外保温和饰面系统（EIFS）
E　悬吊式吸声砖，悬吊于天花板静压箱结构上的喷水灭火系统
F　天花板上的荧光灯具
G　风管网路

H　混凝土砌体承重墙和混凝土基础
I　混凝土砌块内部釉面
J　弹性地砖
K　雨棚装配
L　防潮层
M　地面混凝土楼板
N　窗组件

带承重墙的钢筋搁栅

地面施工组件

木楼板框架

在一个带有预制屋顶、木地板桁架和外部覆板的标准木质框架系统中，桁架一般根据工程规范在工厂内建造。

空腹桁架允许在无须现场钻孔或切割的情况下穿过电线、管道系统和风管网路，从而显著加快和简化供暖、管道和电气系统的安装。空腹木桁架允许比传统木框架有更长的净跨，从而为无需承重的内部隔墙的定位提供更大的灵活性。

预制屋顶和木地板桁架可省去大量的现场劳动，从而加快现场施工进度，同时还有助于确保尺寸稳定性，并能够消除对中间承重隔墙的需求。与一般尺寸的木材相比，木地板桁架可提供更长的净跨。用于预制桁架的较小木材构件更容易取自可持续生长的树木，而较大的标准木材则需取自生长年限较长的树木。

木楼板框架构件

框架构件类型	适用跨度	构成（标称尺寸）
规格材	小跨度，小于 7.3 m	规格材（51 mm×203 mm，51 mm×254 mm，51 mm×305 mm）
单板层积材	中短长度跨度，4.9~9.1 m	44 mm 厚层压搁栅
工字形木搁栅	中小规模跨度，6~18.3 m	轻质 10 mm 刨片层积材、定向刨花板或胶合板腹板；38 mm、51 mm、76 mm 宽单板层积材或木制法兰
车间预制木桁架	中等跨度，12.2~18.3 m	桁架（51 mm×102 mm）、木弦和腹板以及钢板连接件
金属腹板木搁栅	中长跨度，12.2~18.3 m	木弦，0.91 mm（标准厚度）钢腹板
	中长跨度，12.2~18.3 m	木弦，直径 25~38 mm 管状腹板，深度 1016 mm
	长至很长的跨度，18.3~30.4 m	双弦（51 mm×152 mm），直径 51 mm 腹板，深度 1600 mm

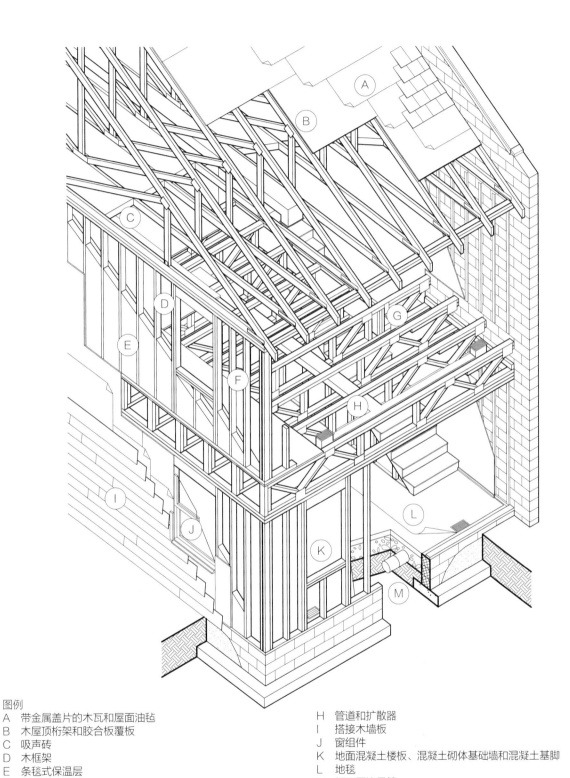

图例
A 带金属盖片的木瓦和屋面油毡
B 木屋顶桁架和胶合板覆板
C 吸声砖
D 木框架
E 条毯式保温层
F 石膏板
G 木地板桁架和胶合板底层地面

H 管道和扩散器
I 搭接木墙板
J 窗组件
K 地面混凝土楼板、混凝土砌体基础墙和混凝土基脚
L 地毯
M 板下周边导管

木屋顶桁架和木地板桁架

小跨度，小于 7.3 m
规格材（51×203，51×254，51×305）

规格材

中短长度跨度，4.9~9.1 m
44 厚层压搁栅

单板层积材

中小规模跨度，6~18.3 m
轻质 10 刨片层积材、定向刨花板或胶合板腹板；38、51 或 76
宽单板层积材或木制法兰

工字形木搁栅

51×102 桁架

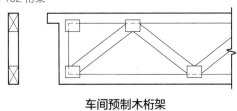

车间预制木桁架

中等跨度，12.2~18.3 m
木弦和腹板以及钢板连接件

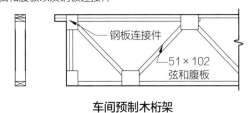

钢板连接件

51×102
弦和腹板

车间预制木桁架

中长跨度，12.2~18.3 m

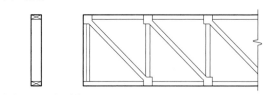

木弦，0.91 钢腹板

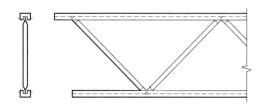

木弦，直径 25~38 的管状腹板；深度可达 1016

长至很长的跨度，18.3~30.5 m

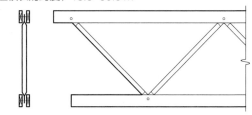

两条 51×152 木弦，直径 51 的腹板；深度可达 1600

金属腹板木格栅

装配式桁架的类型

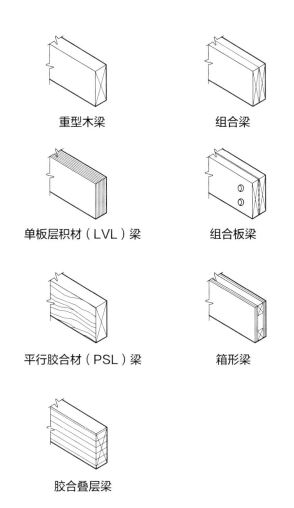

重型木梁

组合梁

单板层积材（LVL）梁

组合板梁

平行胶合材（PSL）梁

箱形梁

胶合叠层梁

楼板框架木梁

将工字形木搁栅用作封头搁栅，通常用长度为 63.5 的钉将其以 152 的中心距钉固至下方顶板上

需要时在各侧布设腹板加劲肋

墙宽必须足以为搁栅提供所需承重面

下方承重墙

工字形木搁栅

工字形木搁栅楼板框架细部

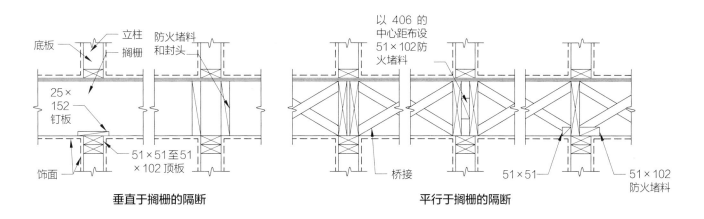

立柱

底板

搁栅

防火堵料和封头

25×152 钉板

以 406 的中心距布设 51×102 防火堵料

51×51至51×102 顶板

饰面

桥接

51×51

51×102 防火堵料

垂直于搁栅的隔断　　　　平行于搁栅的隔断

承重内隔断地板细部

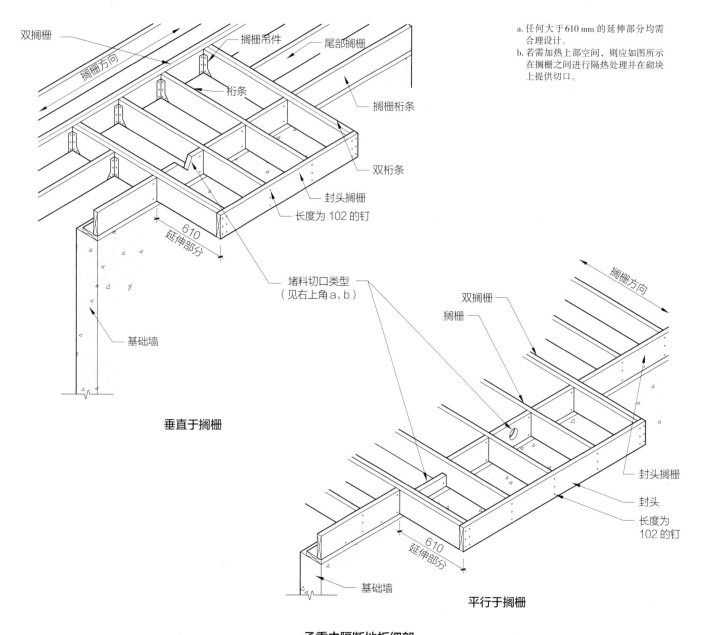

a. 任何大于 610 mm 的延伸部分均需
   合理设计。
b. 若需加热上部空间，则应如图所示
   在搁栅之间进行隔热处理并在砌块
   上提供切口。

双搁栅

搁栅方向

搁栅吊件

尾部搁栅

桁条

搁栅桁条

双桁条

封头搁栅

长度为 102 的钉

610

延伸部分

堵料切口类型
（见右上角 a、b）

基础墙

垂直于搁栅

搁栅方向

双搁栅

搁栅

封头搁栅

封头

长度为
102 的钉

610

延伸部分

基础墙

平行于搁栅

承重内隔断地板细部

钢搁栅楼板框架[1]

　　搁栅可在工厂冲压穿孔，洞孔位于中间位
置，尺寸约为 38 mm × 102 mm。

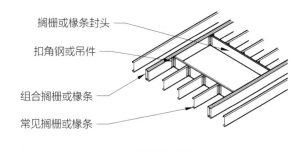

搁栅或椽条封头

扣角钢或吊件

组合搁栅或椽条

常见搁栅或椽条

楼板孔框架

1　作者：蒂莫西·B. 麦克唐纳。
　　约瑟夫·A. 威尔克斯，威尔克斯和福克纳建筑事务所。
　　小约翰·雷·霍克，美国建筑师协会会员（FAIA）。

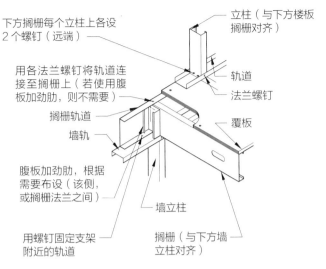

外墙楼板框架

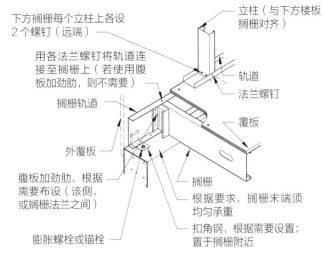

基础上楼板搁栅承座

a. 梁上各搁栅间需要连续桥接。可使用其他空间的实心砌块替代桥接。
b. 承重墙在上方时，立柱必须与下方搁栅对齐。

楼承板和板

混凝土地面系统[1]

混凝土板

板类型	用途	优点	缺点
平板	中等跨度，多用于旅馆、汽车旅馆、宿舍和托管公寓	最经济的楼面系统；结构厚度最小；模板成本廉价，天花板可外露，支持快速安装，柱子位置灵活	需避免通过柱子附近楼板穿透管道系统或风管网路，需使用外墙托梁；跨度较长，抗剪能力较低，挠度较大时消耗大量混凝土
无梁楼板	用于支撑较重载荷的建筑物，如仓库、工业结构和停车场结构	当活荷载超过 7.182 kPa 时，无梁楼板是目前最经济的	模板较昂贵
带状板	高层建筑；若飞模可使用 10 次以上，也可使用平板	拥有平板所有优点；在同一方向上允许更长跨度；可沿横梁方向承受更大的横向荷载；通常后张法处理，确保板厚最小	为节约成本，需多次重复使用模板
搁栅板	它是平板长度不够且结构未外露情形下的最佳方案；接缝间板厚根据防火要求确定；它是梁与搁栅等深时最经济的选择；适用建筑类型：学校、办公室、医院、公共机构建筑以及中等载荷和跨度的建筑	混凝土和钢材需求量最小；质量最小，可减小柱和基脚尺寸；单向跨度长；可容纳穿透式电气系统	不适用于外露天花板，模板比平板贵
跨搁栅板	与搁栅板用途相同，尤其适用于耐火极限较高的建筑或结构；在大型工程中，比搁栅板便宜	混凝土用量低于搁栅板，钢筋安装成本较低，搁栅空间可用于机械系统，允许灯具和设备嵌入搁栅之间	与搁栅板类似，搁栅必须设计为横梁，模板或需特别订购

1　作者：美国钢铁协会。
　　肯尼斯·D. 弗兰奇，专业工程师，美国建筑师协会（AIA），Aguirre 有限公司。
　　查尔斯·M. 奥尔特，Setter, Leach & Lindstrom 有限公司，建筑师和工程师。

板类型	用途	优点	缺点
单向梁板	停车场，尤其是对后张单向梁板而言	单一方向跨度较长	跨度达 18.3 m 左右时，必须施加预应力，除非梁深足够；浅梁会导致过度偏转；横梁会干扰机械服务，模板比平板更昂贵
双向肋板	含外露天花板结构的突出建筑物；也可用于无梁楼板适用的建筑物类型，但其跨度更长	双向跨度更长，天花板外露，可承载较重载荷；托板形状可以是菱形、正方形或长方形	相比搁栅板，模板成本更高，混凝土和钢材用量更大；柱间距应为跨距的倍数，以确保托板在各柱间均匀分布
双向梁板	因其他原因而需要双向梁式框架的建筑部分，集中荷载较大的工业建筑	双向跨度较长，挠度较小，可承受集中荷载	模板成本较高，结构对机械系统干扰程度也较高

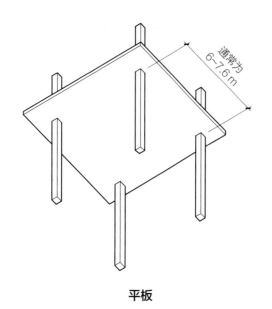

通常为 6~7.6 m

平板

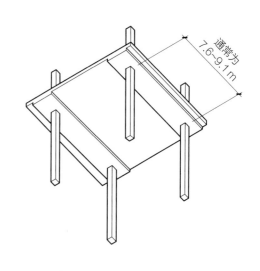

通常为 7.6~9.1 m

带状板

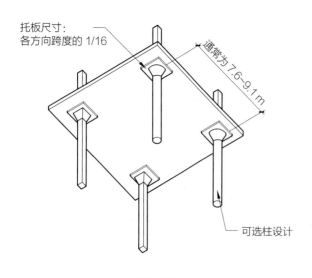

托板尺寸：各方向跨度的 1/16

通常为 7.6~9.1 m

可选柱设计

无梁楼板

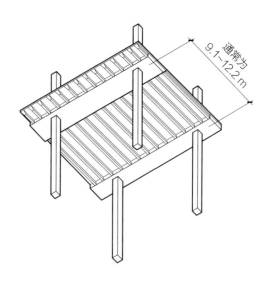

通常为 9.1~12.2 m

搁栅板

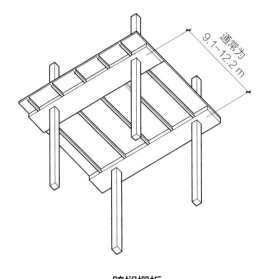

跨搁栅板

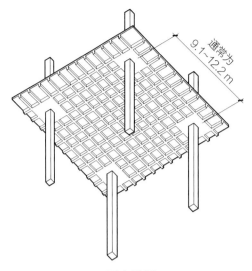

双向肋板

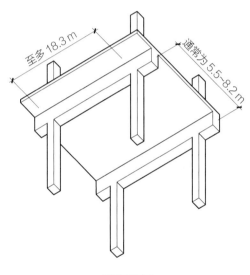

单向梁板

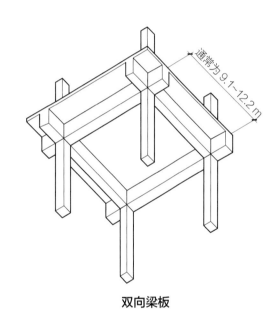

双向梁板

预制混凝土楼板和面层

在标准预制混凝土楼板施工中，通常使用自重混凝土（单位重量约 732 kg/m²）或轻质混凝土（单位重量约 561 kg/m²）。混凝土覆盖层通常采用强度为 20.68 MPa 的常重混凝土。

金属楼承板

金属楼承板可提供工作平台，避免在高层使用临时木板。复合楼承板可为混凝土板提供正钢筋。非复合和复合楼承板均可作为混凝土模板，如此便可省去成型和剥离工序。需做声学处理。可在楼板内安装线槽。金属楼承板可提供相对低价的地板组件。

电缆沟管

可使用空心板或与普通板混合的特殊装置将线槽置于楼板中。可使用成直角横跨空心板的电缆沟管来实现双向分布。

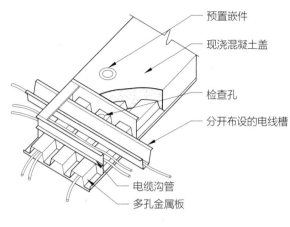

电缆沟管

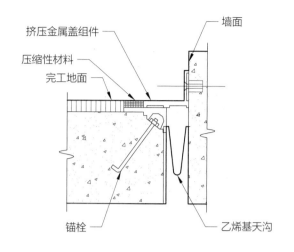

地面和墙壁上的伸缩缝盖

楼承板配件[1]

　　支撑轻型吸声天花板的一种便捷、经济的方法是将一悬吊系统接至侧搭处的吊架上，而后刺穿楼承板并穿入签条，或在屋顶板上预穿孔并穿入签条。不得使用这种签条和金属板结合的形式支撑石膏天花板、管道系统、风管网路、电气设备或其他重物。这类构件必须直接悬挂在结构构件或辅助框架上。

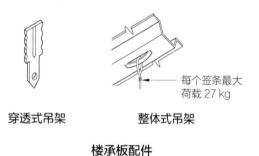

楼承板配件

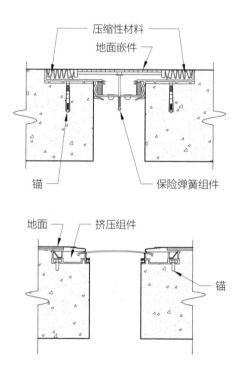

带地面嵌件的抗震缝盖

楼面结构伸缩控制[2]

　　可选用大量预制构件来覆盖内部伸缩缝。耐火屏障型嵌件适用于大多数组件。

　　伸缩缝盖可对侧向和横向差异运动做出反应。应在可能发生地震作用或不均匀沉降的结构接缝处设置伸缩缝盖。

1　作者：唐纳德·纽鲍尔，专业工程师，纽鲍尔咨询工程师（Neubauer Consulting Engineers）。
2　作者：沃尔特·D. 皮罗，专业工程师，Tor, Shapiro & Associates 联合事务所。
　　保罗·邦萨尔和罗伯特·D. 阿伯纳西。

屋顶结构

屋顶类型及框架

　　在放置或移除内隔墙以及安装天花板和连接天花板的设备时，室内设计和施工可与屋顶框架相互作用。室内空间通常由屋顶形式塑造，结构构件或可外露。

　　天窗需与屋顶框架妥善结合。查看与封阻腹板通风孔尺寸相关的规范和制造商要求。

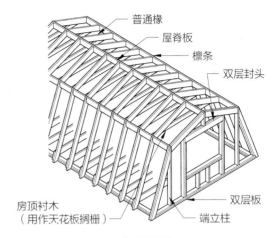

复斜屋顶

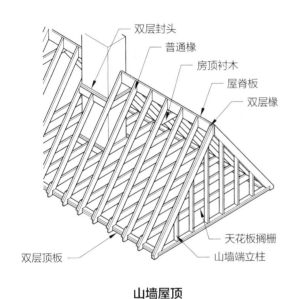

山墙屋顶

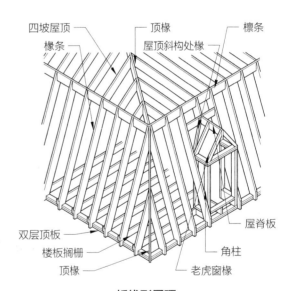

折线形屋顶

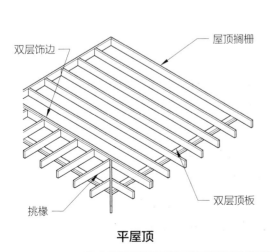

平屋顶

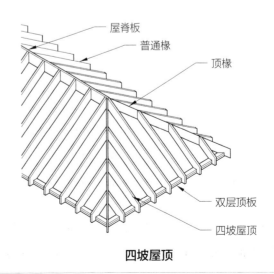

四坡屋顶

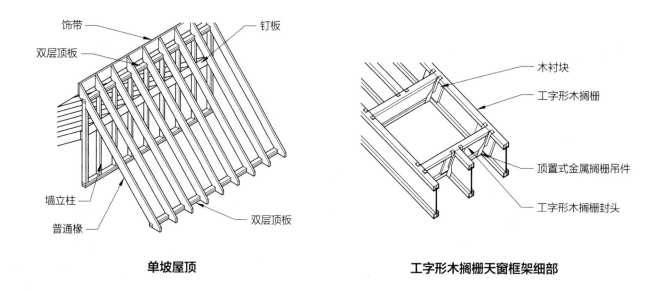

单坡屋顶

工字形木搁栅天窗框架细部

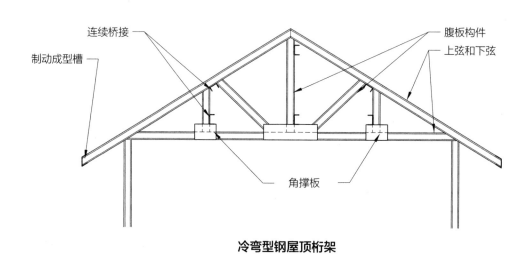

冷弯型钢屋顶桁架

车间预制木桁架[1]

自1953年金属连接板被发明以来，车间预制木桁架一直用于建筑施工中。可用与木桁架相钩连的倒钩在金属板上穿孔，以减少制作结构所需的手工钉合工作。

该结构系统主要用于带斜弦桁架或平行弦桁架的屋顶。单个桁架由尺寸51 mm×102 mm 或 51 mm×152 mm 的规格材切割而成，其中心距可为610 mm 或1219 mm。对典型住宅建筑，前述中心距应为610 mm。车间预制木桁架可能具有超长跨度，可提供宽敞、无阻碍的室内空间，以满足商业、农业和其他非住宅建筑的需求。

桁架弦和腹板构件应始终沿铅垂线竖直放置，以在结构整个使用寿命内抵抗载荷。

1 作者：蒂莫西·B.麦克唐纳 。
　　理查德·J.维图洛，美国建筑师协会（AIA），橡树叶工作室（Oak Leaf Studio）。
　　美国钢铁协会。

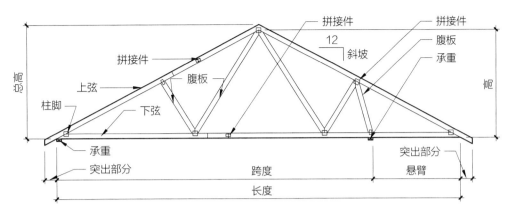

典型斜弦屋顶桁架

胶合层压结构[1]

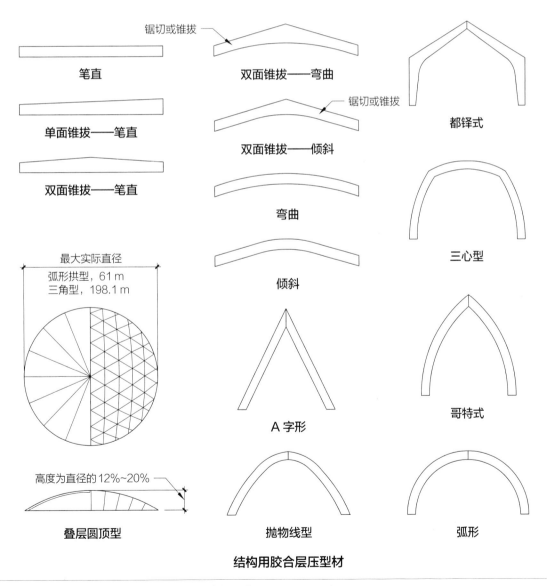

结构用胶合层压型材

1　作者：理查德·J.维图洛，美国建筑师协会（AIA），橡树叶工作室（Oak Leaf Studio）。

屋顶桥面板

屋顶结构组件

类型	图示	深度（mm）	构件尺寸（mm）	跨度（m）	所需天花板	维修静压箱	热容量	冲击声	空气传声
木椽	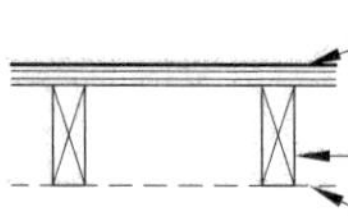 覆板 木椽 天花板	127~330	搁栅标称尺寸：宽2，长有6、8、10、12	至多6.7	出于视觉或消防目的	木椽之间：单向	低	差	正常
车间预制木桁架	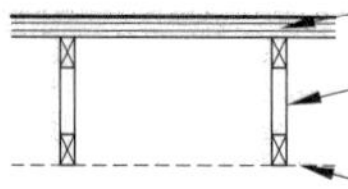 覆板 车间预制木桁架 天花板	305~3048不等	—	9.1~15.2	出于视觉或消防目的	桁架之间	低	差	正常
冷弯金属桁架	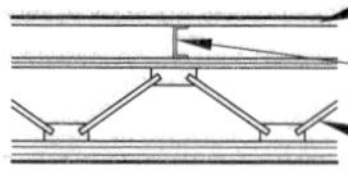 覆板 檩条 冷弯金属桁架	不等	—	30.5~61	出于视觉或消防目的	桁架之间	低	正常	正常
钢搁栅（混凝土）	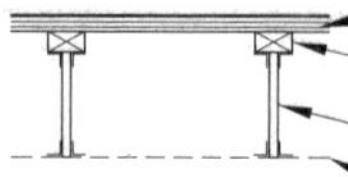 底层地面 木钉板 钢搁栅 天花板	279~1905	钢搁栅，203~1829	至多29.3	出于视觉或消防目的	搁栅之间	中等	正常	正常
钢搁栅（木屋顶）	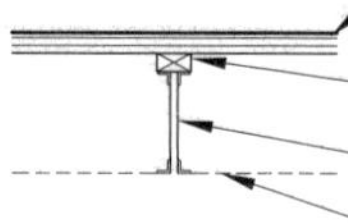 木制屋顶板 木钉板 钢搁栅 天花板	254~813	钢搁栅，203~762	至多29.3 m	出于视觉或消防目的	搁栅之间	低	差	正常
钢框架	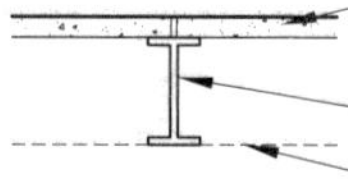 预制混凝土板 钢梁 天花板	102~305梁深	混凝土板	6.1~18.3，一般小于10.7	出于视觉或消防目的	结构下	高	正常	正常
预制混凝土	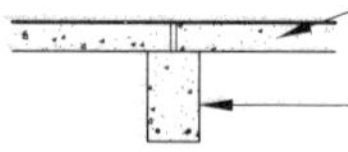 预制混凝土板 混凝土梁	102~305梁深	混凝土板，宽度为406~1219，直径为102~305	6.1~18.3，一般小于10.7	不需要；提供已加工平顶天花板	结构下	高	正常	正常
单向混凝土板	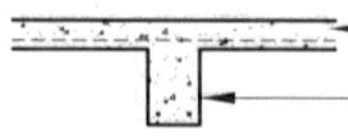 混凝土板 混凝土梁	102~254梁深	—	3~7.6，后张拉情形下跨度更大	不需要	结构下	高	良好	良好
双向混凝土肋板	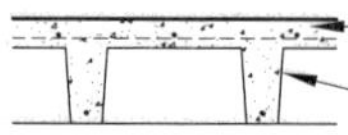 混凝土板 肋条（搁栅）	203~610	标准圆顶模板，尺寸为483×483、762×762，直径为152~508	7.6~18.3，预应力情形下跨度更大	不需要	结构下	高	良好	良好
混凝土无梁楼板	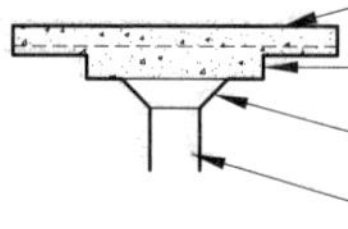 混凝土板 托板 柱顶 柱	127~406	无托板时最小板厚为127，有一个托板时最小板厚为102	至多12.2，预应力情形下跨度更大	不需要	结构下	高	良好	良好

资料来源：改编自罗杰·K.刘易斯，美国建筑师协会会员（FAIA），及其合伙人建筑师穆罕默德·T.埃尔盖内的资料。

金属屋顶板包括以下类型：

- 屋顶板。
- 复合桥面板。
- 自支撑混凝土板永久性模板。
- 电缆管道（复合或非复合型）。
- 隔声金属面板。
- 隔声空心板（复合或非复合型）。
- 通风屋顶板（与轻质隔热混凝土填料搭配使用）。

通常可在不加固屋顶板情形下于屋顶或地面上凿出尺寸最大为 152 mm × 152 mm 或直径为 152 mm 的小开口。但对尺寸最大为 254 mm × 254 mm 或直径为 254 mm 的开口，则需加强屋顶板，方法是在开口周围焊接加强板，或提供与屋顶板跨度平行的槽形集箱和（或）补充加强筋。较大的开口应装配补充钢构件，以使屋顶板所有自由边均得到支撑。

阁楼通风 [1]

若设计和建造不够细致，阁楼通风系统所造成的问题将多于其解决的问题。对阁楼内部热量、空气和湿气（热量、空气和湿气合称 HAM）的控制以及将 HAM 转移至建筑内部相关问题的最佳理解表明，最好如处理窄小空间那般将阁楼视作室内环境的一部分。当暖通空调（HVAC）设备和管道系统位于阁楼上时，尤应如此。

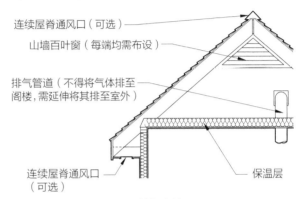

带空置阁楼的山墙屋顶

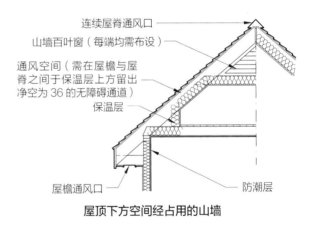

屋顶下方空间经占用的山墙

阁楼通风

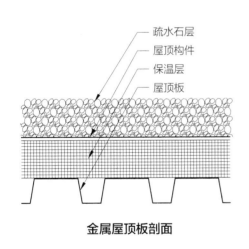

金属屋顶板剖面

金属屋顶板类型

类型	图示	备注	跨度(m)	宽度(mm)	最大长度(m)
经济型		对短跨距而言最为经济的屋顶板；绝缘材料厚度至少为 25.4 mm	0.8~2.4	813~838	12.8
窄肋（25.4 mm 宽）		保温材料厚度至少为 12.7 mm；顶部表面积应达到最大，以满足保温要求	1.2~3.4	914	12.8

1　作者：蒂纳德·纽鲍尔，专业工程师，纽鲍尔咨询工程师（Neubauer Consulting Engineers）。
沃尔特·D. 夏皮罗，专业工程师，Tor，Shapiro & Associates 联合事务所。
理查德·J. 维图洛，美国建筑师协会（AIA），橡树叶工作室（Oak Leaf Studio）。
埃里克·K. 比奇，里皮托建筑师事务所（Rippeteau Architects）。
大卫·布莱斯特，美国建筑师协会会员（FAIA），建筑研究咨询（Architectural Research Consulting）。

楼梯和坡道

楼梯

楼梯类型

楼梯类型指其设计及平面布局的类型。楼梯类型不尽相同,以规范要求为准。楼梯类型的选择取决于可用空间、楼梯起点和终点相关要求以及期望外观等因素。根据建筑规范要求,疏散楼梯必须封闭,但设计师可改变非疏散楼梯的开放程度。

楼梯布局指满足功能和建筑规范要求的整体水平和垂直尺寸。这包括确定楼梯宽度、总升程、梯段的水平距离以及楼梯休息平台空间等。

楼梯尺寸

踏板和立板尺寸成一定比例。踏板和立板的比例或间距,会影响楼梯使用的安全性和便捷性。规范要求是最低要求。

建筑和无障碍规范定义的最小楼梯宽度是以占用率、踏板和立板尺寸、扶手尺寸和位置、净空要求和楼梯平台之间的距离为依据的。

施工细节包括踏板和立板的支撑方式、扶手的外形和构造、使用的材料以及包括防滑在内的其他装修考量。

避免使用少于3个台阶的梯段,以减少绊倒风险。若仅有一到两个台阶,则需增加踏板深度,并清晰标记高度变化。

建议使用门洞,以防止楼梯门阻塞疏散通道。

最小宽度

当占用者数量小于50人时,直梯最小宽度为914 mm。当占用者数量为50人或以上时,直梯最小宽度为1118 mm。扶手每侧所占空间不得超过114 mm。当楼梯用作疏散协助区时,扶手之间的最小净宽不得小于1219 mm。

在住宅中,楼梯越宽,便越容易搬运家具。在商业场所,当两人协力传递或搬运物品时,楼梯越宽,他们的移动自然也就越便捷。

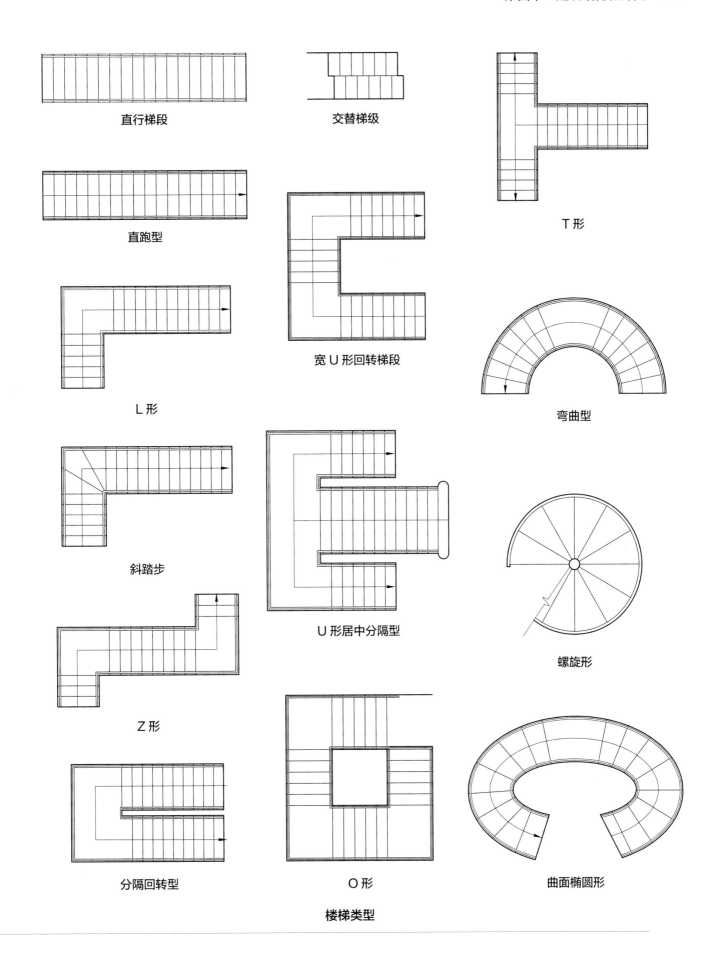

直行梯段

交替梯级

T 形

直跑型

宽 U 形回转梯段

L 形

弯曲型

斜踏步

U 形居中分隔型

螺旋形

Z 形

分隔回转型

O 形

曲面椭圆形

楼梯类型

楼梯水平布局

以下是确定楼梯水平布局的几个步骤：

1.确定立板高度：根据所需台阶数可确定所需踏板数。

- 对于标准直梯，首先用楼梯总升程（以毫米为单位）除以179mm。这种台阶高度会让人感到舒适，也是大多数商业楼梯允许的最大高度。

- 若结果并非整数，即选择下一个最大整数，并用总升程除以该数。若如此，所选台阶高度便小于179mm，而所得整数即所需台阶数。

- 直跑型楼梯踏板数比这个数字少1，而回转式楼梯或L形楼梯的踏板数比这个数字少2（楼梯平台代替一个踏板）。

- 对规范允许的住宅用直梯，用总升程除以197mm。这是R-3[1]组场所和R-2[2]组场所涉及住宅单元内允许的最大台阶高度。

2.确定立板与踏板尺寸的比例：楼梯尺寸以人在上下楼梯时的正常步幅为依据：

- 多年来，人们提出了多个有关立板和踏板的公式，但其中最常用的是：

$$2R + T = 25 \text{ 或 } T = 25 - 2R$$

其中R为立板高度，T为踏板深度。

- 对于直跑型、L形、T形和宽U形楼梯，其总梯段长为踏板数与踏板深度的乘积。

- 对于回转式楼梯，建议为上下两梯段配备不同数目的台阶和踏板，以使平台上楼梯比下楼梯少一个踏板深度。因此，扶手无须垂直偏移即可利落地改变角度。

楼梯设计指南

1. 楼梯宽度设计：
- 住宅楼梯：踏板宽度至少为914mm。
- 公共出口楼梯：踏板宽度至少为1118mm。
- 救援协助区域：扶手之间至少为1219mm。

2. 踏板设计：
- 住宅：至少254mm（前缘之间）。
- 其他：至少279mm（前缘之间）。
- 同一梯段内的深度要一致。

3. 台阶高度设计：
- 住宅：至多197mm。
- 其他：至少102mm；至多178mm。
- 同一梯段内的高度要一致。

4. 前缘：

前缘下斜面与水平线成60°，最大为32mm；边缘半径最大为13mm。

1　R-3：美国建筑规范中住宅建筑的一种用途分类。
2　R-2：美国建筑规范中住宅建筑的一种用途分类。

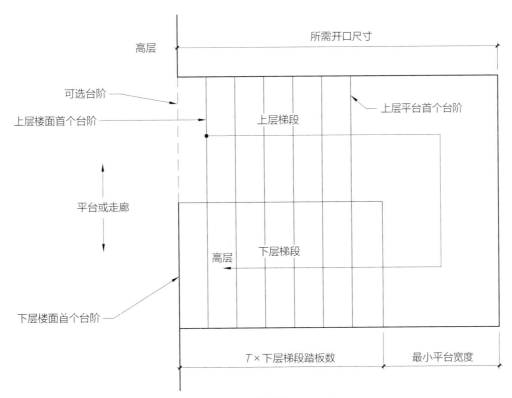

回转式楼梯平面布局

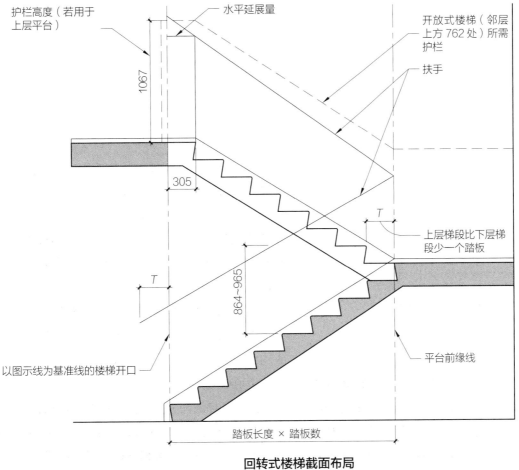

回转式楼梯截面布局

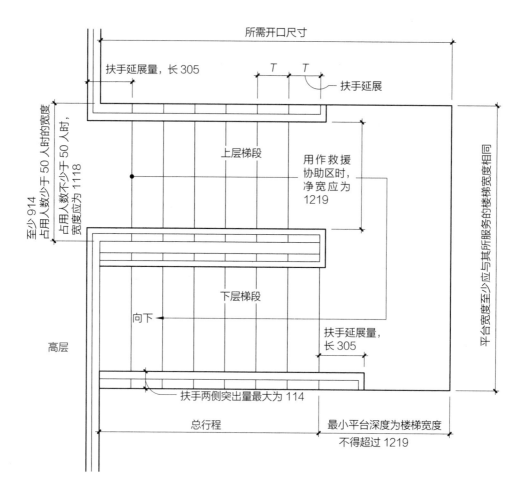

水平布局

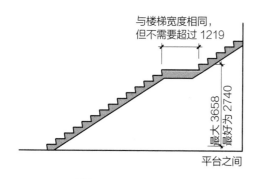

楼梯平台——剖面图

扶手、栏杆和护栏[1]

扶手设计要求以建筑规范和无障碍规范为准。楼梯两侧一般都需设置扶手，住宅单元和私人住宅除外。因为此等情形下，住宅单元和私人住宅仅需一个扶手。对 R–2 组和 R–3 组场所涉及的住宅单元和睡眠单元，若房间标高变化相当于三个或三个以下台阶的高度，则不需要扶手。R–3 组场所的入口或出口门处仅有一个台阶时，也不需要扶手。扶手握持面必须是连续的，不能被楼梯端柱或其他障碍物隔断。住宅单元的扶手允许在楼梯平台上安装端柱，并在最低踏板处安装卷柱。

对作为疏散设施的宽楼梯，须设置中间扶手，以确保楼梯宽度范围内所有部分距扶手的距离均在 762 mm 以内。巨型楼梯的扶手必须沿最直接的疏散通道设置。

扶手距梯级前缘垂直高度应为 864~965 mm。

对高于地面 762 mm 以上的开放式楼梯，除扶手外，还需设置高 1067 mm 的设置护栏。

1　作者：大卫·布莱斯特，美国建筑师协会会员（FAIA），建筑研究咨询（Architectural Research Consulting）；马克·J.麦兹，美国建筑师协会（AIA）；理查德·J.维图洛，美国建筑师协会（AIA），橡树叶工作室（Oak Leaf Studio）；珍妮特·B.兰金，美国建筑师协会（AIA）；安妮卡·S.米尔森，里皮托建筑师事务所（Rippeteau Architects）；鲍姆加德纳建筑师事务所（Baumgardner Architects）；克鲁姆霍克 / 麦基翁及其同事；卡尔斯伯格公司（Karlsberger and Companies）。

在大多数商业建筑中，护栏高度至少应为1067 mm。在 R-3 组（住宅）场所中，侧边敞开的行走面上需设置914 mm 高的护栏。在 R-3 组场所和 R-2 组场所个别住宅单元内，楼梯开口侧的护栏高度至少应为864 mm（从梯级前缘开始测量）。在 R-3 组场所和 R-2 组场所个别住宅单元内，对顶部同时用作楼梯开口侧扶手的护栏，其高度至少应为864 mm，但不得超过965 mm。

扶手应便于抓握，并贴合人手。圆形扶手的截面直径推荐为32~38 mm，椭圆形或圆形方边截面的尺寸与其类似。扶手的结构设计应同时考虑向下（垂直）和横向（水平）推力载荷。

楼梯顶部和底部扶手的延伸可能会影响所需总长度。在设计楼梯时，应明确本地规范或《美国残疾人法案》（ADA）无障碍设计标准在扶手延伸方面的任何要求。

扶手要超出顶部和底部踏板。在回转式楼梯内侧拐弯处，扶手须保持其连续性。扶手两端必须返回至墙壁、护栏或地面上，或与相邻梯段的下一个扶手相连。

扶手内侧与墙面之间的间隙小于或等于38 mm。一些研究表明，51 mm 的间隙效果更好。除保证一般性抓握需求外，还使扶手更便于戴手套者抓握。可为儿童额外提供一个直径为29~32 mm 的扶手，安装在梯级前缘线上方559~710 mm 处。

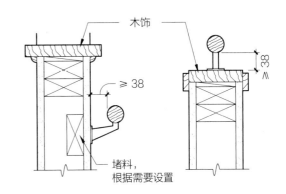

墙体围栏

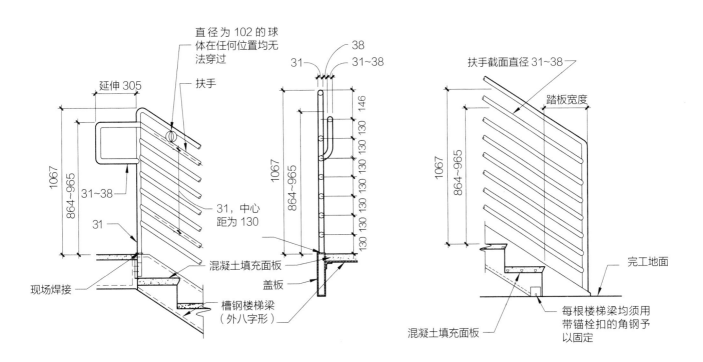

钢制楼梯扶手

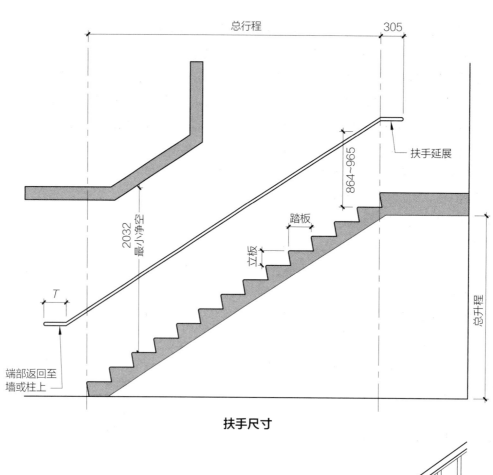

总行程

305

扶手延展

864~965

踏板

立板

2032 最小净空

T

总升程

端部返回至
墙或柱上

扶手尺寸

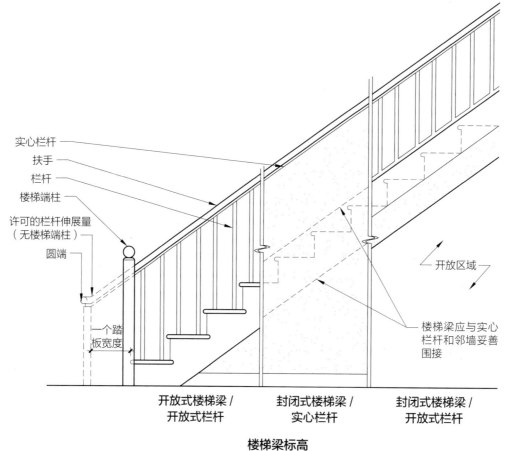

实心栏杆

扶手

栏杆

楼梯端柱

许可的栏杆伸展量
（无楼梯端柱）

圆端

一个踏
板宽度

开放区域

楼梯梁应与实心
栏杆和邻墙妥善
围接

开放式楼梯梁 /
开放式栏杆

封闭式楼梯梁 /
实心栏杆

封闭式楼梯梁 /
开放式栏杆

楼梯梁标高

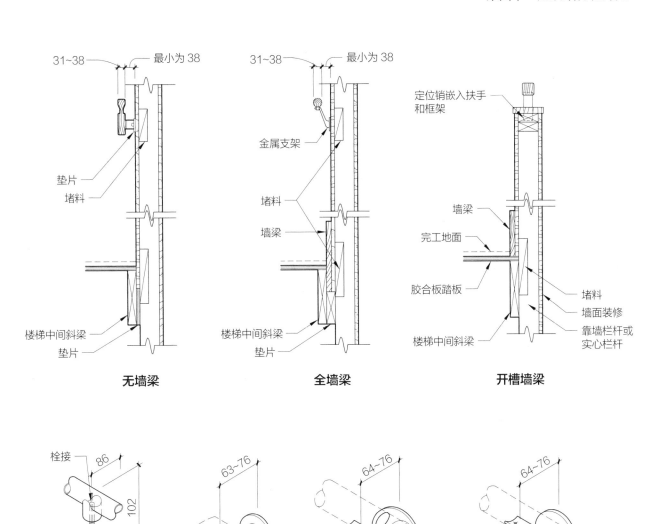

31~38   最小为 38

31~38   最小为 38

定位销嵌入扶手
和框架

垫片
堵料

金属支架

堵料

墙梁

墙梁

完工地面

胶合板踏板

堵料
墙面装修

楼梯中间斜梁
垫片

楼梯中间斜梁
垫片

楼梯中间斜梁

靠墙栏杆或
实心栏杆

无墙梁　　　　　　　**全墙梁**　　　　　　　**开槽墙梁**

栓接   86

102

钢芯
尼龙

63~76

25

64~76

38~51

64~76

38~51

钢芯尼龙　　　　　**铝**　　　　　**青铜**　　　　　**不锈钢**

墙装托架

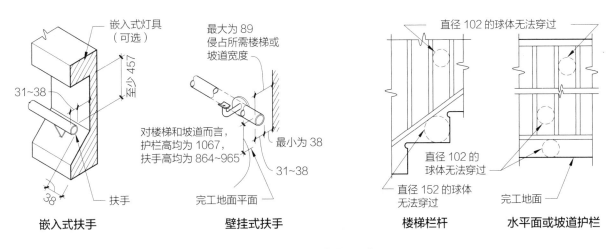

嵌入式灯具
（可选）

至少 457

31~38

38

扶手

最大为 89
侵占所需楼梯或
坡道宽度

对楼梯和坡道而言，
护栏高均为 1067,
扶手高均为 864~965

最小为 38

31~38

完工地面平面

直径 102 的球体无法穿过

直径 102 的
球体无法穿过

直径 152 的球体
无法穿过

完工地面

嵌入式扶手　　　　　**壁挂式扶手**　　　　　**楼梯栏杆**　　　　　**水平面或坡道护栏**

无障碍扶手和护栏尺寸

如果扶手为圆形截面，其直径为 31~38 mm。若周长为 102~165 mm，且最大横截面长轴长不超过 57 mm，则允许使用其他形状截面。

扶手要易于抓握，并允许使用两类扶手，即Ⅰ类扶手和Ⅱ类扶手。大多数建筑装Ⅰ类扶手，但 R–3 组（住宅）场所、R–2 组场所住宅单元或 R–2 组场所个别住宅单元的附属设施，也可安装Ⅱ类扶手。边缘半径至少为 0.25 mm。

扶手沿其长度连续延展，且其顶部和侧面不得受阻。扶手底部受阻部分不得超过其长度的 20%。

扶手在楼梯梯段斜坡处的水平延伸距离至少为最后一个立板前缘的一个踏板深度。

金属楼梯栏杆、扶手设计准则

1. 楼梯栏杆：

· 住宅内高度：914 mm。

· 出口楼梯处高度：1067 mm。

· 栏杆设置以直径 102 mm 的球体无法通过为标准。

· 栏杆设置还需考虑如何防止攀爬。

· 非同时施加的集中荷载 1156 N，无论是垂直向下还是沿水平方向施加。试验荷载适用于支座间隔不超过 2.4 m 的栏杆。

2. 扶手：

· 住宅：仅需在一侧设置。

· 其他：两侧均须设置。

· 高度：864~965 mm。

· 抓握面直径：31~38 mm。

· 距墙间隙：38 mm。

· 突出或隐藏式。

· 在梯段顶部延伸：305 mm。

· 在梯段底部延伸：踏板水平深度。

· 当使用高超过 965 mm 的护栏时，必须单独安装扶手。

· 确保扶手的连续性。

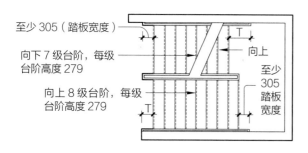

扶手延伸示意图

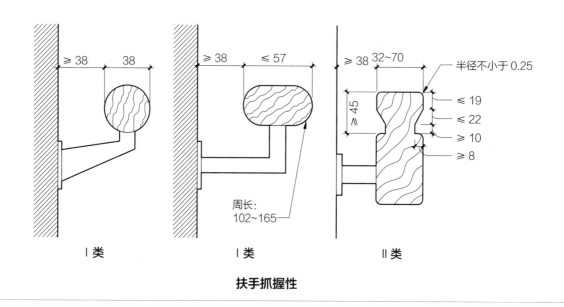

扶手抓握性

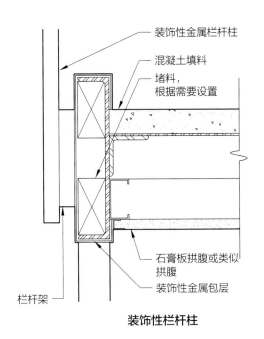

装饰性金属栏杆柱

混凝土填料

堵料，
根据需要设置

石膏板拱腹或类似
拱腹

装饰性金属包层

栏杆架

装饰性栏杆柱

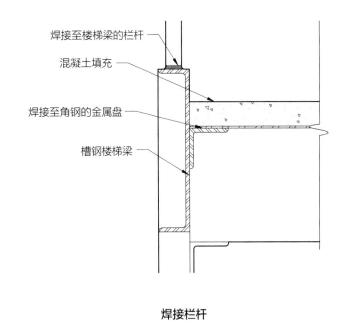

焊接至楼梯梁的栏杆

混凝土填充

焊接至角钢的金属盘

槽钢楼梯梁

焊接栏杆

楼梯梁细部

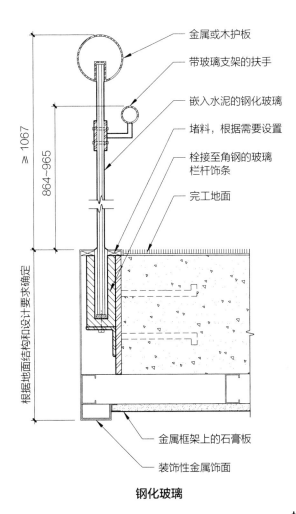

金属或木护板

带玻璃支架的扶手

嵌入水泥的钢化玻璃

堵料，根据需要设置

栓接至角钢的玻璃
栏杆饰条

完工地面

≥1067

864~965

根据地面结构和设计要求确定

金属框架上的石膏板

装饰性金属饰面

钢化玻璃

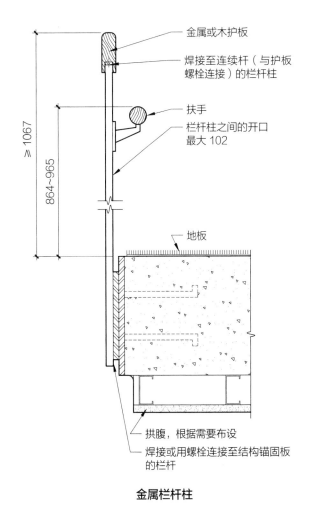

金属或木护板

焊接至连续杆（与护板
螺栓连接）的栏杆柱

扶手

栏杆柱之间的开口
最大 102

地板

≥1067

864~965

拱腹，根据需要布设

焊接或用螺栓连接至结构锚固板
的栏杆

金属栏杆柱

栏杆细部

踏板、立板和前缘

踏板

楼梯踏板的最小深度为254 mm。研究表明，若空间允许，将踏板深度设置为略大于最小深度，可使踏板使用起来更为舒适、安全。踏板材料应防滑，但不得太过粗糙，以免脚被前缘卡住。

立板

带前缘的踏板对使用者来说更为舒适。踏板设计必须符合要求，避免有尖锐或突兀的边缘，因为这可能会伤害使用者的脚，进而造成安全隐患。一般不使用开放式立板。

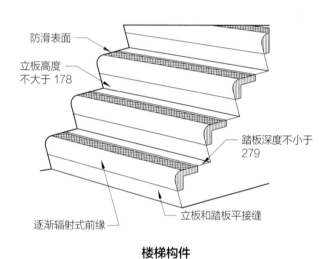

楼梯构件

前缘

前缘外伸量一般25 mm就足够了。踏板前缘的最大半径为13 mm。

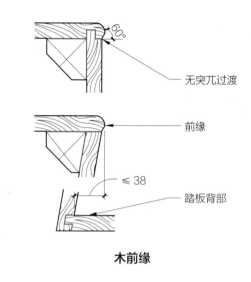

木前缘

救援协助区

救援协助区尺寸指为便于救援人员和残疾人行动而设置的楼梯净宽，以及楼梯平台上特定区域（用作轮椅使用者等候区）的净尺寸。

台阶设计

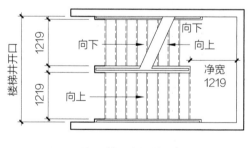

救援协助区平面图

木楼梯

一般而言，室内楼梯的宽度至少应为914 mm。

最低净空为2032 mm，即从踏板前缘到已加工天花板或楼梯梯段正上方楼梯平台的底面的垂直距离，建议净空为2134 mm。

仅扶手和楼梯梁可以突入楼梯所需宽度内。须遵循以下使用指南：

- 扶手最大突出量为114 mm。
- 楼梯最小宽度不包含任何突出部分。

- 平台宽度至少应与楼梯宽度相同。
- 楼梯平台之间的最大垂直高度为3658 mm。
- 台阶高度最小为102 mm，最大为178 mm。
- 踏板最小深度应为279 mm，一般测量立板之间的距离。
- 相邻踏板或立板之间的差异不应超过5 mm。同一梯段内踏板深度或立板高度所允许的最大差异为10 mm。保证所用踏板和立板的统一性。
- 前缘至多突出31 mm。

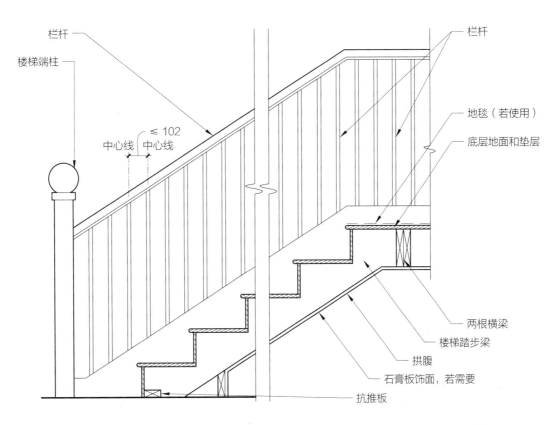

木楼梯剖面图

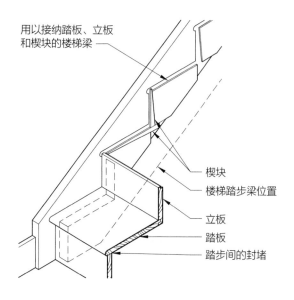

用以接纳踏板、立板
和楔块的楼梯梁

楔块
楼梯踏步梁位置
立板
踏板
踏步间的封堵

封闭式楼梯梁处的踏板和立板

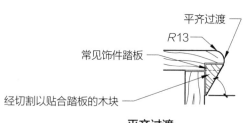

平齐过渡
R13
常见饰件踏板

经切割以贴合踏板的木块

平齐过渡

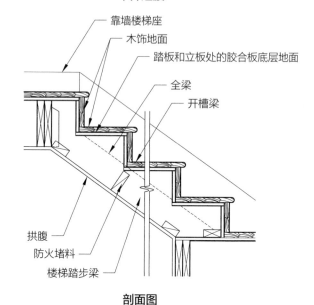

靠墙楼梯座
木饰地面
踏板和立板处的胶合板底层地面
全梁
开槽梁

拱腹
防火堵料
楼梯踏步梁

剖面图

立板封闭式楼梯——木饰面

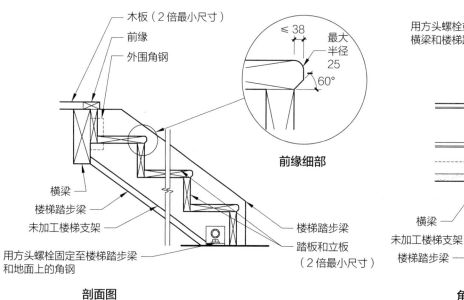

木板（2倍最小尺寸）
前缘
外围角钢

≤ 38
最大半径25
60°

前缘细部

横梁
楼梯踏步梁
未加工楼梯支架

用方头螺栓固定至楼梯踏步梁
和地面上的角钢

楼梯踏步梁
踏板和立板
（2倍最小尺寸）

剖面图

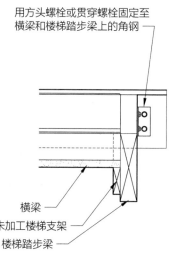

用方头螺栓或贯穿螺栓固定至
横梁和楼梯踏步梁上的角钢

横梁
未加工楼梯支架
楼梯踏步梁

角钢细部

规格材楼梯

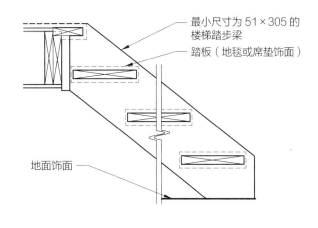

立管封闭式楼梯——地毯饰面

立板开放式楼梯

金属楼梯

金属楼梯通常由钢材构成，并在车间预制，以满足其拟安装区域的尺寸要求。

踏板和楼梯平台通常填充 38~51 mm 厚的混凝土，然后再在混凝土上使用饰面材料。栏杆通过焊接方式或利用螺栓或螺丝固定在楼梯梁上。玻璃栏杆固定在一个特殊的 U 形通道内，并与楼梯梁边缘连接。玻璃栏杆也可使用类似细部。

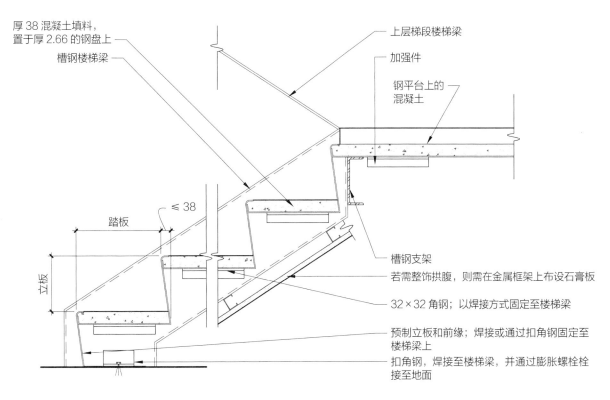

金属盘式楼梯截面

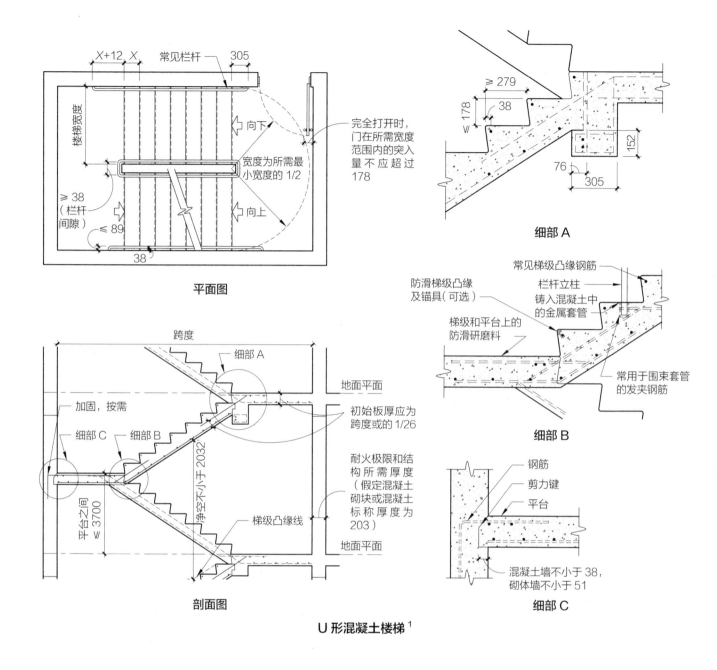

平面图

剖面图

U 形混凝土楼梯[1]

细部 A

细部 B

细部 C

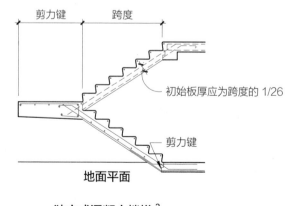

独立式混凝土楼梯[2]

地面平面

1　a. 向结构工程师咨询钢筋安装事宜。
　　b. 核实尺寸和间隙是否符合规范要求。
2　根据楼梯要求限制连接尺寸。

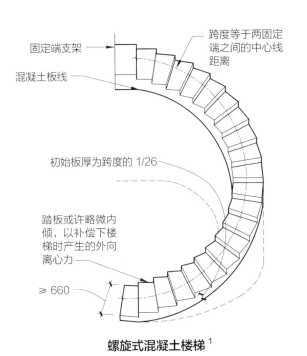

固定端支架

跨度等于两固定端之间的中心线距离

混凝土板线

初始板厚为跨度的 1/26

踏板或许略微内倾，以补偿下楼梯时产生的外向离心力

≥ 660

螺旋式混凝土楼梯[1]

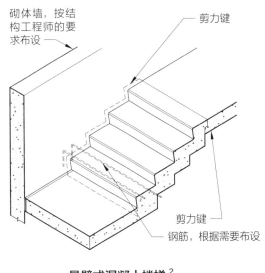

砌体墙，按结构工程师的要求布设

剪力键

剪力键

钢筋，根据需要布设

悬臂式混凝土楼梯[2]

备用楼梯类型

备用楼梯类型包括旋梯、弧形楼梯和旋转楼梯。除私人住宅单元外，一般不将这类楼梯用作疏散设施。旋转楼梯也可在面积不超过 23 m² 的空间内用作疏散设施，但服务对象不超过 5 人。

在允许使用这类楼梯的环境中，楼梯必须满足规范的最小尺寸要求。弧形楼梯和旋梯的立板高度必须满足规范要求，即在住宅内最大为 197 mm，而商业建筑内最大为 178 mm。旋转楼梯的台阶上方须保证 1981 mm 的净空，但在任何情况下，台阶高度均不得超过 241 mm。

旋转楼梯

旋转楼梯由中心柱及其支撑的楔形踏板组成，中心柱直径通常为 102 mm。预制旋转楼梯通常由钢制成。

旋转楼梯可定制尺寸。为满足建筑规范的要求，对用作疏散设施的楼梯，假定由直径 102 mm 的中心柱作支撑，其直径至少为 1.5 m，以满足 660 mm 的净宽要求。增大直径可提高楼梯舒适度、使用性和安全性。

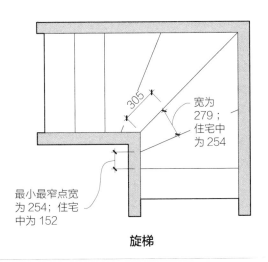

305

宽为 279；住宅中为 254

最小最窄点宽为 254；住宅中为 152

旋梯

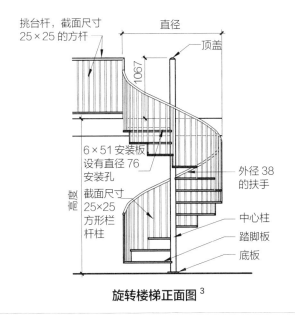

挑台杆，截面尺寸 25×25 的方杆

直径

顶盖

1067

6×51 安装板设有直径 76 安装孔

截面尺寸 25×25 方形栏杆柱

外径 38 的扶手

中心柱

踏脚板

底板

旋转楼梯正面图[3]

1 螺旋式混凝土楼梯的使用依赖于固定端支座和小支座的挠度。
2 a. 钢筋在砌体墙中必须被充分黏结，在混凝土墙中必须保证充分的伸展长度。
  b. 剪力键细部类似于第 76 页 "U 形混凝土楼梯" 中的细部 C。
3 为清晰起见，图中每个踏板仅对应一个栏杆。

旋转楼梯可采用呈27°和30°角倾斜的踏板。最常见的踏板角度为27°和30°，因为这样可在距中心柱305 mm处保持至少190 mm的踏板深度。踏板选择取决于预期立板高度、总升程和净空尺寸以及顶部和底部立板位置等方面的要求。

最小净空尺寸临界值的计算应以楼梯四分之三的转弯幅度为限，即使其可在整个升程中保持360°转弯。

弧形楼梯

弧形楼梯的设计考量与旋转楼梯类似。将踏板焊接或用螺栓固定至用作一体式楼梯梁装配式钢管上。立板可以是开放式的或封闭式的。

当弧形楼梯满足以下尺寸要求时，可用作疏散设施的一部分：

- 楼梯内半径须至少为踏板宽度的两倍。
- 踏板在狭窄端的尺寸至少为254 mm，在距窄端305 mm处测量的尺寸至少为279 mm。
- 在住宅内，踏板在窄端的尺寸至少为52 mm。

不得将错步踏板用作疏散设施，除非是空间非常有限的储存或生产场所（空间面积不足23 m²）。

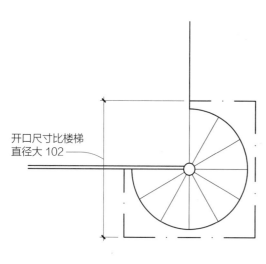

旋转楼梯平面图

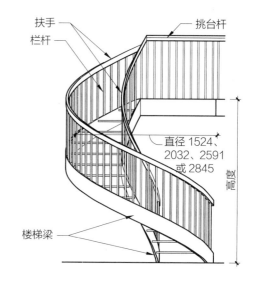

弧形楼梯正面图

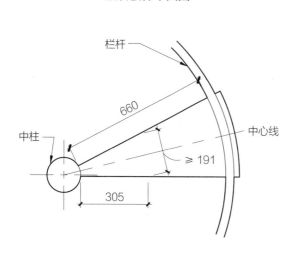

旋转楼梯细部

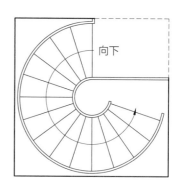

弧形楼梯细部

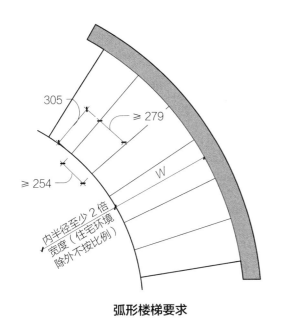

弧形楼梯要求

坡道

无障碍坡道

无障碍通道上的坡道必须符合无障碍设计标准。坡道坡度不得超过1∶12（高度比长度），但

现有场地、建筑物和设施相关空间限制除外。

为方便最广泛的用户群体，建议尽量降低斜坡坡度。若可能，可将坡道与楼梯结合起来，以供那些认为长坡道比楼梯障碍更大的人（如患有心脏病或耐力有限者）使用。

坡道横坡指与通行方向垂直的表面坡度，采用"高度比长度"计量方式。

在坡道上仅可改变行坡和横坡的高度。坡道表面必须稳定、牢固、防滑。所用地毯或地毯块必须紧固在一起，并在其下方放置耐用衬垫。可接受的绒毛纹理包括：平齐毛圈、花式毛圈、平割毛圈或毛圈绒头。最大允许绒头高为13 mm。地毯外露边必须固定在地面表面，并沿其整个长度修整。

除一些例外情况，坡道及坡道平台每一侧均须进行边缘保护。在已加工地板或地面不超过102 mm之处，必须设置路缘石或其他障碍来防止直径102 mm球体通过。

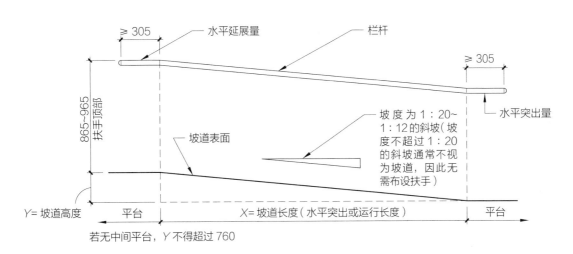

坡道构件

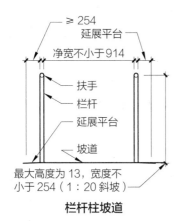

栏杆柱坡道

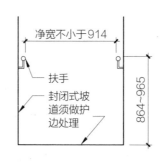

前缘细部

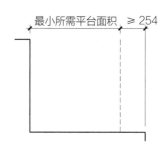

角钢细部

坡道及坡道平台边缘

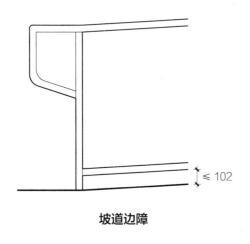

坡道边障

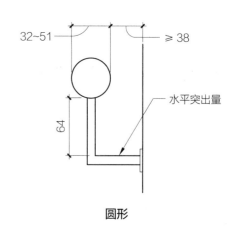

圆形

坡道扶手

在坡道两侧以及"之"字形坡道或急转弯坡道的扶手内侧设置连续扶手。若扶手未能在底部、顶部或楼梯平台处连续伸展，应对扶手进行延伸。扶手末端必须平稳回至地面、墙壁或柱子上。

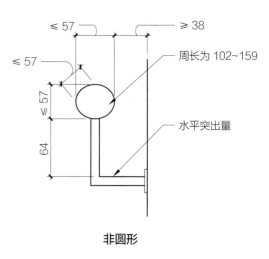

非圆形

扶手设计

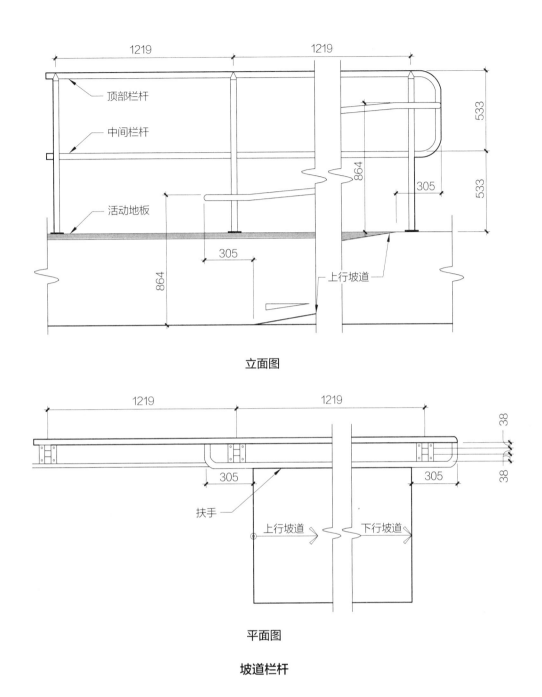

立面图

平面图

坡道栏杆

外部直立围护结构

外墙耐候屏障

气候与能源

对建筑外壳而言，最重要的是确保内外部环境之间的协调。建筑围护结构及其细部的设计，须基于对所需室内环境的具体特征以及对宏观和微观尺度上具体外部环境条件的了解。

相关术语定义

· 气障：可在空调空间四周形成一个连续性围护结构以阻止空气通过的材料。气障不一定是隔汽层。

- 防潮层和隔汽层：两个术语可交替使用。它们指的是抗蒸汽扩散性能较高的材料。将这类材料置于围护结构总成中，可影响总成的润湿状况，更能影响其干燥状况。
- 保温材料：可减缓热传导速度的材料。
- 辐射屏障：可反射辐射热能的材料，通常是金属或闪光材料。
- 耐候或防水屏障：可抵抗液态水渗透或具有防水性能的材料。不一定是气障或隔汽层。耐候屏障的表面有时也被称为排水平面。
- 隔墙：防止所吸收湿气渗透至室内的墙。

室内气候影响

建筑内部环境条件也会影响壳体的设计。有以下要求的建筑须特别注意系统选择和细部设计，同时考虑外部气候对其的影响：

- 湿度过高或过低。
- 温度公差较严格。
- 外部存在压差。
- 高可靠性外壳。
- 隔声。
- 防止爆炸或强行进入。
- 室内空气质量高。
- 其他特别要求。

热量、空气和湿气

除明显结构荷载外，建筑围护结构还需抵抗热量、空气和湿气的传递。根据物理定律，热量总是从热处流向冷处。根据气压差，空气可通过多孔材料或非多孔材料的孔洞和缝隙穿过建筑围护结构。

室内气候区考量因素

所有气候

- 可利用高可靠性围护结构系统控制所有气候区的热量、空气和湿气，即HAM，无须依靠建筑机械系统干燥室内空气。
- 若使用金属立柱作为备用系统，则不得在立柱之间放置隔热层。
- 室内饰面允许采用任何油漆或墙纸。

寒冷气候

- 室内饰面允许采用任何油漆或墙纸。
- 无须依靠机械系统干燥室内空气。

炎热气候

- 机械系统须具备除湿功能，以便干燥室内空气。
- 避免使用任何不透气的室内饰面，如乙烯基墙纸等，以免湿气留滞不散。
- 可将防辐射屏障层并入墙身空腔内。
- 覆板或隔热板处的胶接缝可提供气障。
- 气障可有效防止湿气透过隔汽层缺陷处渗入室内。

混合气候

- 因为热量流动和蒸汽驱动方向会随季节而变化，故所有材料均须具有相对蒸汽渗透性，以确保可沿两个方向进行干燥处理。

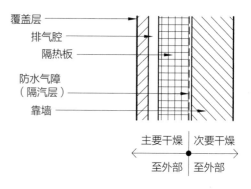

所有气候

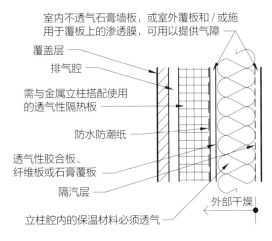

室内不透气石膏墙板，或室外覆板和／或施用于覆板上的渗透膜，可用以提供气障

覆盖层

排气腔

需与金属立柱搭配使用的透气性隔热板

防水防潮纸

透气性胶合板、纤维板或石膏覆板

隔汽层

立柱腔内的保温材料必须透气

外部干燥

寒冷气候

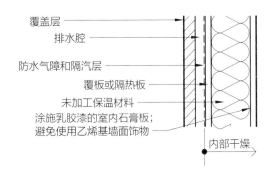

覆盖层

排水腔

防水气障和隔汽层

覆板或隔热板

未加工保温材料

涂施乳胶漆的室内石膏板；避免使用乙烯基墙面饰物

内部干燥

湿热气候

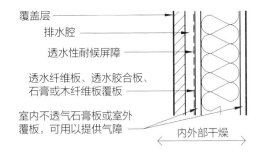

覆盖层

排水腔

透水性耐候屏障

透水纤维板、透水胶合板、石膏或木纤维板覆板

室内不透气石膏板或室外覆板，可用以提供气障

内外部干燥

混合气候

可持续性与能源

　　建筑外壳是可持续发展战略的重要组成部分。建筑外壳至少应具有以下特性：

- ·协助降低能耗。
- ·采用环境敏感型材料。
- ·确保室内空气质量良好，使内部人员倍感舒适。
- ·经久耐用。

　　对高性能建筑项目，围护结构可帮助产生能量，将有益于环境的物质释放到环境中，并过滤污染物。建筑是重要能耗者，所以应将围护结构纳入能耗降低策略。事实上，打造性能良好的围护结构已被视为降低能耗的第一步，也是采用高性能机械系统和其他复杂策略的基础。彻底了解内外部环境至关重要。

　　对寒冷气候下的住宅建筑，因热量穿过围护结构而产生的热损失可能是能耗最大的部分。对温和气候下的大型商业建筑，合理的采光方案可能会节省更多能源，即使这可能会致使围护结构热阻较低。

外围护墙

外墙组件基本类型

外墙组件可分为三类：

- 隔墙；
- 排水墙；
- 均压墙。

隔墙

大多数隔墙依靠防水材料来吸收湿气，然后在降水停止时进行干燥。典型组件包括：

- 现浇混凝土；
- 预制混凝土；
- 混凝土砌块。

表面密封型隔墙依赖于外墙完美的连续性密封。常见组件包括：

- 外墙外保温及饰面系统（EIFS）；
- 带单一密封胶珠的窗户。

排水墙

排水墙依靠可阻挡大量降水的外层及其内部防水层来抵抗湿气的渗透。在排水空腔壁，排水平面前设有一个 19 mm 或以上厚的空腔。若防水层并非气障，墙壁组件的另一层必须作为气障。

常见排水空腔壁包括：

- 砖镶面；
- 一些金属板。

常见内排水平面墙包括：

- 设置于板条和耐候屏障上的硅酸盐水泥；
- 木质或乙烯基壁板；
- 排水用 EIFS。

均压墙

均压式雨幕墙内设排水腔，腔内空气压力近似于外部空气压力。常见均压式雨幕墙包括一些组合式石板或金属板以及许多幕墙系统。

预制混凝土建筑墙板

务必仔细区分更专业的建筑墙板和结构墙板，后者是地面系统的衍生物。

模板衬垫模具可提供各种光滑饰面和纹织状饰面。浇筑后（但硬化前）饰面包括浮露骨料、面扫、镘抹、找平、抹光和点画饰面。硬化后饰面包括酸蚀、喷砂、搪磨、抛光和锤琢饰面。

习惯上要选择一个颜色范围，因为不能保证颜色完全一致。白水泥可提供最好的均匀度；灰水泥的颜色会发生变化，即便来源相同，亦是如此。细骨料要求控制混合料的级配，粗骨料可提供最佳耐久性和外观。

外墙组件

外墙组件	标称墙厚（mm）	无支高度	传热系数 [W/(m²·K)]	HAM（热量、空气和湿气）控制	空气传声阻力
混凝土彻块	203	≤ 4 m	0.56	HAM 很差	良好
混凝土彻块（保温）	304 及以上	≤ 6 m	0.20	A 和 M 很差，H 一般	良好
混凝土彻块和砖镶面（内保温）	101 及以上 50 及以上 101 及以上	空腔填充后，≤ 4 m	0.19	A 和水传输较差	极好
木立柱	152	≤ 6 m，且 L/d < 15.2	0.04	HAM 一般	差至正常
金属立柱	127	≤ 4 m	0.10	A 和 M 一般；增强覆板保温性，以提高热性能	差至正常
金属立柱砖镶面	101 及以上 50 及以上 152	≤ 4.6 m	0.10	A 和 M 一般；增强覆板保温性，以提高热性能	良好
保温夹层板	127	详见制造商说明书	0.05（详见制造商说明书）	现场装配系统通常性能较低，工厂保温系统性能一般	差至良好（详见制造商说明书）
混凝土（保温）	203 及以上	≤ 4 m（有钢筋情形下可达 5.2 m）	0.13	M 较差，H 和 A 一般	良好
混凝土和砖镶面（保温）	101 及以上 50 及以上 203 及以上	≤ 4 m（有钢筋情形下可达 5.2 m）	0.13	HAM 一般	极好
预制混凝土	102 及以上	≤ 3.7 m	0.85	HAM 一般	良好

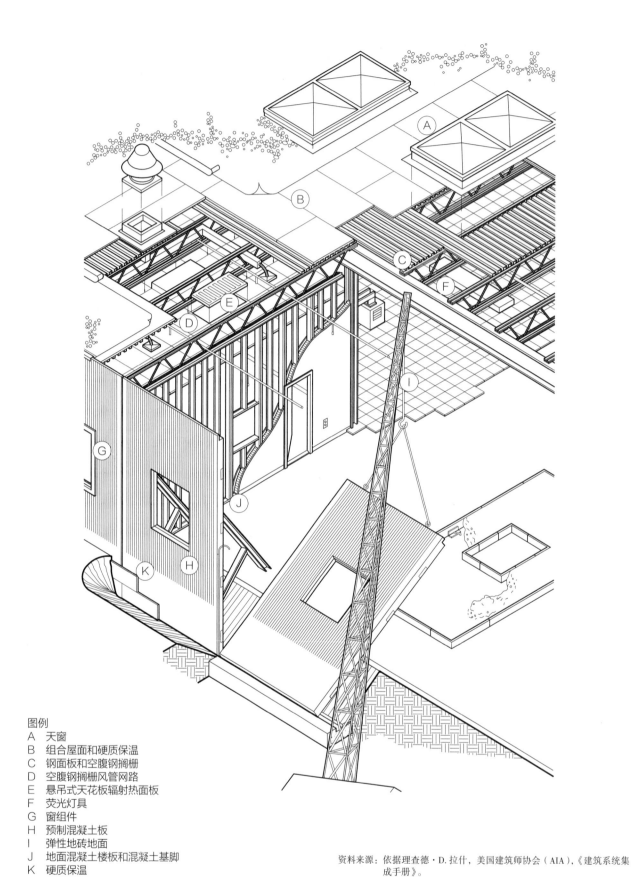

图例
A 天窗
B 组合屋面和硬质保温
C 钢面板和空腹钢搁栅
D 空腹钢搁栅风管网路
E 悬吊式天花板辐射热面板
F 荧光灯具
G 窗组件
H 预制混凝土板
I 弹性地砖地面
J 地面混凝土楼板和混凝土基脚
K 硬质保温

资料来源：依据理查德·D.拉什，美国建筑师协会（AIA），《建筑系统集成手册》。

倾卧式混凝土

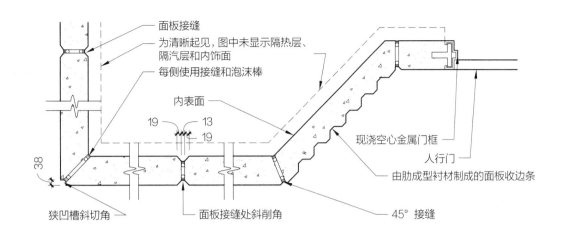

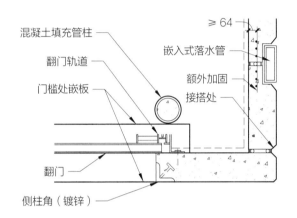

倾卧式混凝土板细部

砌体外墙

混凝土砌块外墙[1]

　　单砖厚混凝土砌块（CMU）墙可以是承重墙，也可以是由建筑框架支撑的非承重墙。CMU墙体初始会因干燥而收缩，而后会因温度和含水量变化而持续变化，这类变化均比较明显。

　　砌块可以是结构性的，尽管建筑单元可提供多种设计选择。建筑单元包括分面单元、拉毛单元、整体着色单元和面地单元以及形状特殊或尺寸固定类单元。也可以使用釉面CMU和结构黏土瓦，其优势在于吸附性较差。

　　单砖厚砌体墙可用作大块隔墙。它们可在降水时吸收湿气，然后将其干化。热流控制通常是通过在内部增添保温材料或将保温材料插入CMU核心区来实现的。

1　作者：海恩斯·惠利联合公司（Haynes Whaley Associates），结构工程师。
　　罗伯特·P.弗利，专业工程师，康斯蒂尔倾斜式混凝土系统（Con/Steel Tilt-Up Systems）。
　　西德尼·弗里德曼，预制/预应力混凝土研究所（Precast/Prestressed Concrete Institute）。

隔热毯

直径 51 的垫圈（常见）

直径 13，以 152 中心距布设的 381 锚具（常见）

内饰面（可选）

通风口

浆料填充芯材

用以抑制灌浆料的金属板条

窗楣密封件上方防水板，与过梁相接

预制混凝土过梁

饰面不尽相同

喷涂型泡沫密封胶，用于室内空气密封

接缝密封胶

门楣

饰面不尽相同

门边框

接缝密封胶

衬条和隔热板

预制混凝土门槛

防水板

室内装饰

门槛

防水板

混凝土地面

阶梯

用浆料填充芯材

石基

隔离缝（常见）

隔热板（若需要）

单砖厚砌体墙截面

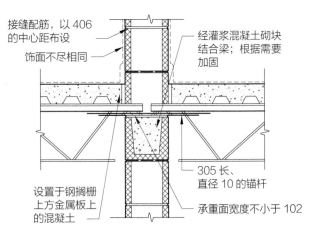

接缝配筋，以 406 的中心距布设

饰面不尽相同

经灌浆混凝土砌块结合梁；根据需要加固

305 长、直径 10 的锚杆

设置于钢搁栅上方金属板上的混凝土

承重面宽度不小于 102

与钢搁栅锚具相接的混凝土砌块墙

墙壁锚定装置细部

黏土砌体墙

黏土砌体，包括用于镶面墙的砖，可提供一些最具成本效益的高性能外墙组件。砖镶面必须依靠结构支撑，最典型的支撑结构为 CMU、木立柱或冷弯钢框架，但也可以用结构混凝土或预制混凝土予以支撑。

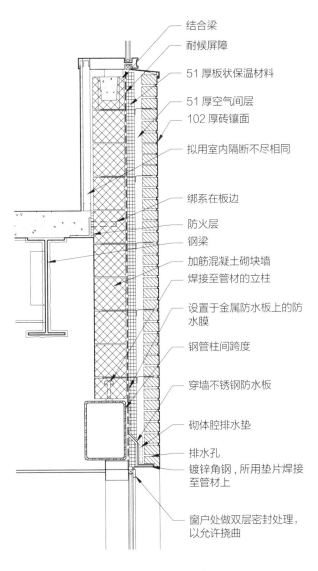

混凝土砌块支撑[1]

资料来源：由美国建筑师协会会员汤姆·范·迪恩提供。

结合梁
耐候屏障
51 厚板状保温材料
51 厚空气间层
102 厚砖镶面
拟用室内隔断不尽相同
绑系在板边
防火层
钢梁
加筋混凝土砌块墙
焊接至管材的立柱
设置于金属防水板上的防水膜
钢管柱间跨度
穿墙不锈钢防水板
砌体腔排水垫
排水孔
镀锌角钢，所用垫片焊接至管材上
窗户处做双层密封处理，以允许挠曲

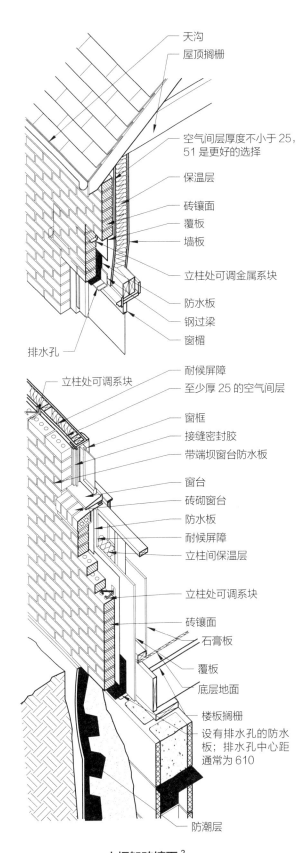

木框架砖镶面[2]

天沟
屋顶搁栅
空气间层厚度不小于 25，51 是更好的选择
保温层
砖镶面
覆板
墙板
立柱处可调金属系块
防水板
钢过梁
窗楣
排水孔
立柱处可调系块
耐候屏障
至少厚 25 的空气间层
窗框
接缝密封胶
带端坝窗台防水板
窗台
砖砌窗台
防水板
耐候屏障
立柱间保温层
立柱处可调系块
砖镶面
石膏板
覆板
底层地面
楼板搁栅
设有排水孔的防水板；排水孔中心距通常为 610
防潮层

1 作者：格雷斯他·S. 李，里皮托建筑师事务所（Rippeteau Architects）。
  斯蒂芬·S. 索克，专业工程师，美国混凝土砌体协会（National Concrete Masonry Association）。
2 作者：布莱恩·F. 特林布尔，砖业协会（Brick Industry Association）。

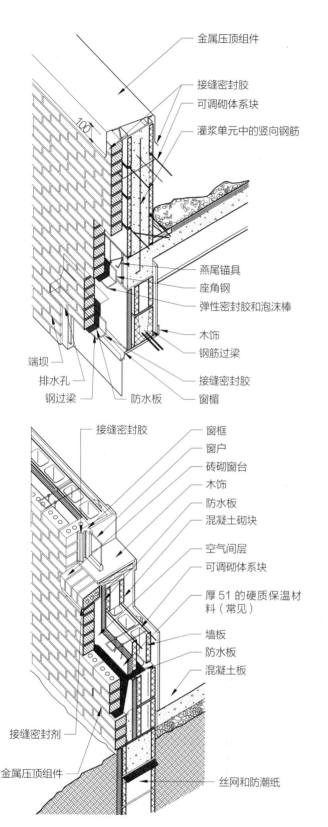

CMU 砖镶面

薄砖镶面

薄砖镶面，又称粘贴镶面，是将 38~ 44 mm 厚的薄砖镶面单元设置于背衬系统上。薄砖可粘贴在立柱或混凝土砌体背衬上，浇筑在混凝土面板上或铺设在预制模块面板上。可根据工程大小和复杂程度预制或就地铺设薄砖板。

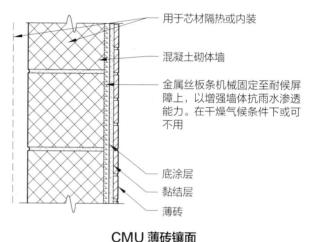

CMU 薄砖镶面

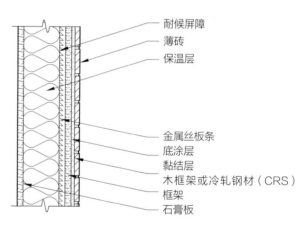

木制或冷弯金属框架薄砖镶面

冷弯金属框架和支撑

轻钢框架系冷弯成型，这意味着其构件是通过弯曲成型和冲压镀锌和薄板制造而成的。冷弯框架构件由两类截面呈 C 形的基本组件组成：其中一类配有厚度为 6 mm 的向内折叠式法兰，另一类没有法兰。立柱、搁栅和椽子均用法兰加固，以便保持直立。无法兰组件（称为轨架）配有未穿孔的实心腹板。轨架尺寸略大于法兰构件，以便增加强度，同时确保轨架可作为底板或顶板，或作为柱子或集箱的一部分与这类构件恰当贴合。

　　冷弯金属框架比较坚固，且用途广泛。构件的强度和承载能力可简单地通过增加其厚度来增加，而不一定要增加其尺寸或间距。对钢结构构件的长度并无太多限制；搁栅或立柱的制作长度可达12.2 m。

　　冷弯金属框架的缺点包括保温性能不佳，比木质框架切割困难，边缘锋利、危险。

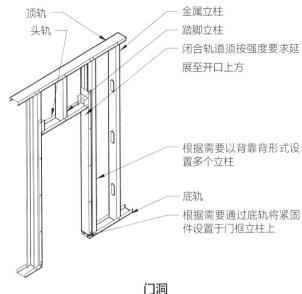

顶轨
头轨
金属立柱
踏脚立柱
闭合轨道须按强度要求延展至开口上方
根据需要以背靠背形式设置多个立柱
底轨
根据需要通过底轨将紧固件设置于门框立柱上

门洞

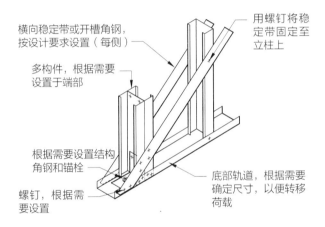

横向稳定带或开槽角钢，按设计要求设置（每侧）
用螺钉将稳定带固定至立柱上
多构件，根据需要设置于端部
根据需要设置结构角钢和锚栓
螺钉，根据需要设置
底部轨道，根据需要确定尺寸，以便转移荷载

对角稳定支撑锚固

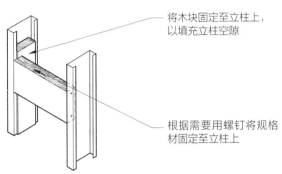

将木块固定至立柱上，以填充立柱空隙
根据需要用螺钉将规格材固定至立柱上

重型装置附件

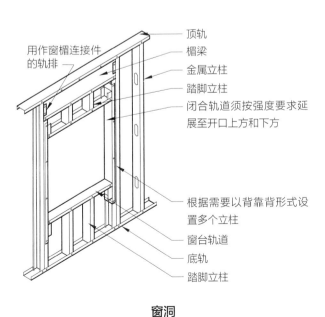

用作窗楣连接件的轨排
顶轨
楣梁
金属立柱
踏脚立柱
闭合轨道须按强度要求延展至开口上方和下方
根据需要以背靠背形式设置多个立柱
窗台轨道
底轨
踏脚立柱

窗洞

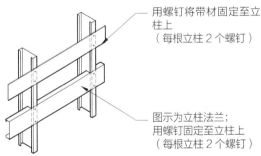

用螺钉将带材固定至立柱上（每根立柱2个螺钉）
图示为立柱法兰；用螺钉固定至立柱上（每根立柱2个螺钉）

橱柜支撑

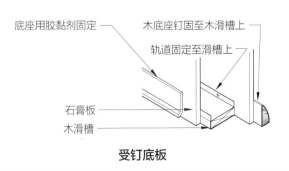

底座用胶黏剂固定
木底座钉固至木滑槽上
轨道固定至滑槽上
石膏板
木滑槽

受钉底板

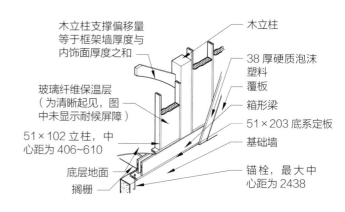

根据需要用立柱角钢或扣角钢连接立柱

常见钢立柱

螺钉，根据需要设置

墙体交叉框架

木立柱支撑偏移量等于框架墙厚度与内饰面厚度之和

玻璃纤维保温层（为清晰起见，图中未显示耐候屏障）

51×102 立柱，中心距为 406~610

底层地面

搁栅

木立柱

38 厚硬质泡沫塑料

覆板

箱形梁

51×203 底系定板

基础墙

锚栓，最大中心距为 2438

填充式木立柱组件

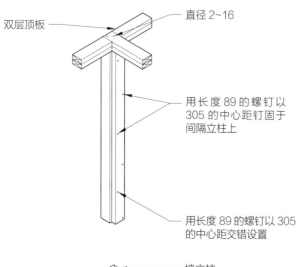

双层顶板

直径 2~16

用长度 89 的螺钉以 305 的中心距钉固于间隔立柱上

用长度 89 的螺钉以 305 的中心距交错设置

石膏板和耐候屏障（清晰起见，图中未显示）设置于钉板前方框架的外部

将谷仓长钉以 1219 的间隔插入木材中

51×102 立柱，中心距为 610

底层地面

保温层

箱形梁

搁栅

木立柱

隔热板

覆板

51×203 底系定板

51×305 底系定板

基础墙

锚栓，最大中心距为 2438

外部木立柱

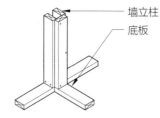

墙立柱

底板

隔断与墙体连接

重型木墙体结构[1]

重型木结构通常用应力表层保温板予以封闭，同时使框架完全暴露在内部。重型木结构目前正用胶合层夹构件和专用隐蔽式金属连接件等材料予以更新。

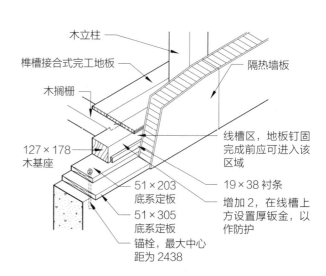

木立柱

榫槽接合式完工地板

木搁栅

127×178 木基座

51×203 底系定板

51×305 底系定板

锚栓，最大中心距 2438

隔热墙板

线槽区，地板钉固完成前应可进入该区域

19×38 衬条

增加 2，在线槽上方设置厚钣金，以作防护

重型木墙体线槽细部

1　作者：约瑟夫·A. 威尔克斯，美国建筑师协会会员（FAIA），威尔克斯和福克纳建筑事务所（Wilkes and Faulkner）。
　　美国钢铁协会。
　　泰德·班森和本·布朗格雷伯，本森木工有限公司（Benson Wood-working Company, Inc.）。
　　理查德·J. 维图洛，美国建筑师协会（AIA），橡树叶工作室（Oak Leaf Studio）。

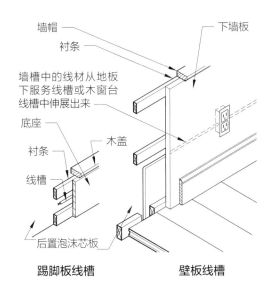

泡沫芯板吸顶式线槽

踢脚板线槽　　　　壁板线槽

常见面板线槽位

结构保温板

结构建筑板主要有以下两种类型：

- 应力蒙皮板：应力蒙皮板是将胶合板蒙皮胶合并钉固在木框架两侧，最终形成一个类似于工字梁的构件。应力蒙皮板并非一定要具备保温性。

- 结构泡沫芯板：结构泡沫芯板可分为夹芯板和未抛光板。夹芯板为刚性泡沫板，表面有两块结构级蒙皮，通常由定向刨花板（OSB）或胶合板制成。未抛光板看起来像用构件之间的保温取代保温毡保温的棒框板。内外部饰面均现场设置于这类面板。

结构建筑板的蒙皮可抵抗拉伸和压缩力，而木框架或芯可抵抗剪力并防止蒙皮屈曲。

所有结构泡沫芯板都用发泡聚苯乙烯泡沫（EPS）、挤塑聚苯乙烯或聚氨酯泡沫芯隔热，厚度89~292 mm 不等。

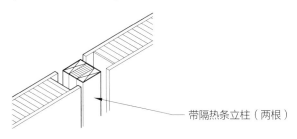

常见中间面板样条细部

嵌板型墙面覆盖层

可对主要墙体组件进行嵌板处理。面板宽度通常为一个结构开间的宽度，而高度通常为一个楼层（若设计包括穿孔窗）或一个拱肩（若设计包括水平长窗）的高度。

嵌板处理可提供多种益处。如可使围护结构安装更快、更安全，且可在恶劣天气下进行，同时工厂预制可提高质量控制水平并使公差更为严格。

面板总成构件

- 结构支架：结构支架通常被设计成横跨结构柱的桁架，一般用结构钢型材或冷弯金属框架制作。

- 覆板：镀锌钢板有助于提供结构刚度，石膏覆板也经常用于这一目的。

- 气障 / 隔汽层：石膏覆板必须搭配气障或隔汽层使用。

- 保温材料：保温材料通常安装在空气间层内。在某些气候条件下，在立柱之间也可安装保温毡，但不推荐。

- 雨幕面板：几乎所有用于排水腔或均压墙组件内的覆盖层都是嵌板的理想选择。这些包括砖、铸石和石材，以及铝复合材料、板式建筑金属板、成型金属板、陶瓦、树脂板和 EIFS 等。

- 室内装饰：石膏板一般安装于工程现场的抹灰板条或立柱上。

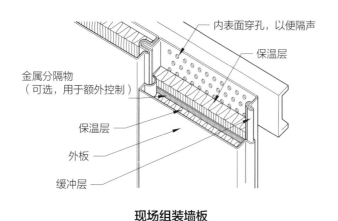

现场组装墙板

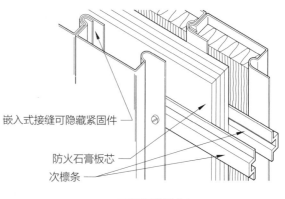

工厂预组装墙板

保温金属墙板组件

金属墙板主要分为两类：现场组装类和工厂预组装类。金属墙板跨度为1.2~4.6 m，具体根据金属厚度、面板厚度和风荷载而定。金属面板饰面可以是原始镀锌板饰面或任何数量的工厂应用饰面，从烤漆到高性能聚偏氟乙烯（PVDF）涂层等均可采用。

屋顶窗和天窗 [1]

天窗可为室内空间提供日光，并降低对电气照明的依赖。在被动式太阳能设计中，天窗被用来吸收直接太阳辐射，从而增强空间加热能力。此外，若通风合理，其还可诱生对流气流，进而通过自然通风减少冷负荷。

天窗可作为运至现场准备安装的结构单元或预制完成准备现场组装的库存组件的框架构件。固定天窗和铰链式天窗均是在工厂制造的。铰链式天窗可手动或通过遥控装置打开通风。框架通常安装于组合预制式或现场修建的护栏上，并设有一体式泛水帽盖；安装或不安装保温材料均可。

自防水天窗单元有无护栏均可。无护栏天窗仅可用于斜屋顶组件，不建议用于下方有完工空间的屋顶组件。

天窗框架组件系由厂家定制设计而成，以满足必要的通风需求以及屋顶和组件本身的恒载需求。若天窗倾斜超过一定角度，其设计必须确保其可以像幕墙组件一般抵抗环境因素影响。天窗尺寸会因屋顶雨水排水系统而受限。许多天窗可通过表面密封而成为屏障系统，但也有一些可用作均压雨幕系统。

在确定天窗单元或组件的形式和尺寸时，应考虑：

- 环境条件，包括场地朝向和冬、夏季阳光的穿透角度。
- 盛行风向及风型。
- 降水量及降水模式。
- 附近地形和景观（如遮荫树木等）。
- 与暖通空调（HVAC）系统相协调。
- 遮阳、遮光、光线反射或反弹装置的使用。
- 相对于视线障碍物和路灯的理想视野。

1 作者：理查德·J.维图洛，美国建筑师协会（AIA），橡树叶工作室（Oak Leaf Studio）。
　埃里克·K.比奇，里皮托建筑师事务所（Rippeteau Architects）。

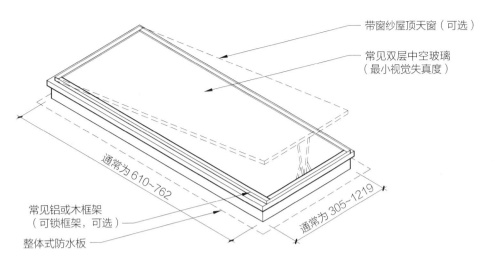

带窗纱屋顶天窗（可选）

常见双层中空玻璃
（最小视觉失真度）

通常为610~762

通常为305~1219

常见铝或木框架
（可锁框架，可选）

整体式防水板

平板单元天窗——斜屋顶

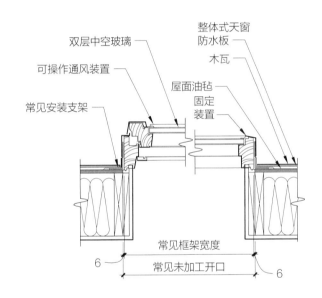

双层中空玻璃

整体式天窗
防水板

可操作通风装置

木瓦

常见安装支架

屋面油毡

固定
装置

常见框架宽度

6

常见未加工开口

6

平板单元天窗——剖面图

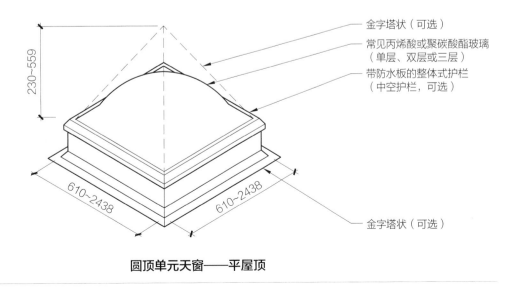

金字塔状（可选）

常见丙烯酸或聚碳酸酯玻璃
（单层、双层或三层）

带防水板的整体式护栏
（中空护栏，可选）

230~559

610~2438

610~2438

金字塔状（可选）

圆顶单元天窗——平屋顶

第五章　室内构造

耐火构造

建筑构造材料须按以下四项标准开展防火性能测试：

- 耐火性，衡量材料在保持结构完整性的同时耐火的能力。
- 火焰蔓延性，衡量火焰沿材料表面蔓延的速度。
- 燃料贡献量，衡量材料在火灾中"贡献"的可燃物质量。
- 烟雾产生量，衡量材料表面燃烧特性。

耐火极限用小时表示，通过精确的实验室测试予以确定。安装时，测试用所有构件均须与受测构件相匹配。

可通过几种方法来保护建筑结构使其免受火灾影响，包括喷水灭火装置等主动性方法以及相关被动性方法。防火设计或可将建筑物划分为由耐火门道、电气管道和风管等有限穿插其中的独立模块。各模块可根据其使用或占用情况、接触恶劣环境及为个人所滥用的可能性以及管辖当局的要求，选用防火材料或喷水灭火装置。

木材阻燃处理

当前木材阻燃处理（FRT）通常先利用各种有机和无机化学品的水溶液对材料进行压力处理，然后再进行窑干以降低其含水量。

室内阻燃剂须符合垂直出口和特殊区域防火规范的一级防火要求。水平出口须满足二级防火要求，但未经处理的木材很少能达到这个等级。

阻燃剂有室内和室外两种类型。室内阻燃剂用于木桁架和螺栓。添加室内阻燃剂的 A 型木材适用于相对湿度小于95%的室内和露天保护应用。

不同于实木锯材，FRT 室内木制品常用于建造内核经处理但饰面（厚度至多0.08 mm）未经处理的构件。在确定木材的火焰蔓延指数时，大多数规范都不考虑前述饰面，因此允许在占墙面和天花板总表面积约10%的范围内使用未经处理的木材。

FRT 木材和胶合板可在处理后用砂纸略加打磨，以用于装饰品清洁。涂漆和染色也可用于装饰品清洁，但有时效果不好。需要在设置饰面前先测试其兼容性。

耐火组件

耐火极限是指构造组件在继续发挥防火屏障作用并将火焰蔓延范围限制在火源地区域情形下的耐火时长。当屏障出现开口，或通过屏障传导的热量超出规定的温度限制时，屏障将会坍塌，进而导致火焰从一个区域蔓延至另一区域。耐火极限用小时表示。

特定用途的建筑规范规定了各类耐火隔断及其相应的耐火极限。耐火隔断有以下类型：

- 无耐火极限：包括无耐火极限的室内净高（从地面到天花板）隔断和全高（从地面到上部结构的底面）隔断。全高隔断所用石膏板（若有）可面向天花板设置或延伸至天花板上方，或完全包围全高立柱。
- 耐火1h：用以分隔不同用途或占用情形区域的隔断，如将办公大楼的租户空间和公共走廊相隔离的隔断，或建筑规范规定的关隔断。耐火 1 h 隔断用于建筑物内的防烟分隔。

· 耐火 2 h：用以封闭电梯和机械井、出口楼梯井以及机电室等建筑物内垂直开口的隔板。耐火 2 h 隔断用于建筑物内的防火或防烟分隔。

· 耐火 3 h：用以隔离和封闭高危险区的隔断。

· 耐火 4 h：用以封闭极高危区的隔断。

耐火 1 h 全高隔断

耐火 1 h 全高隔断通常用于分隔不同的占用类型。

耐火 2 h 隔断

耐火 2 h 隔断常用于机械室、电气柜和建筑规范要求的其他区域。

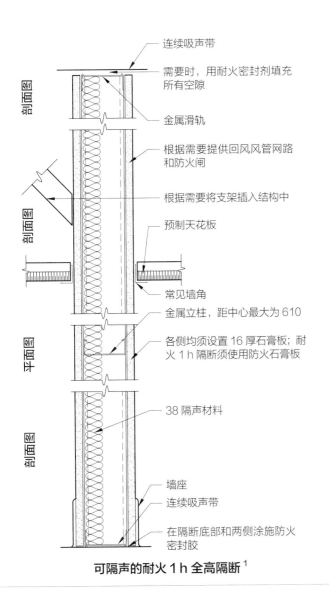

剖面图

连续吸声带

需要时，用耐火密封剂填充所有空隙

金属滑轨

根据需要提供回风风管网路和防火闸

剖面图

根据需要将支架插入结构中

预制天花板

常见墙角

金属立柱，距中心最大为 610

平面图

各侧均须设置 16 厚石膏板；耐火 1 h 隔断须使用防火石膏板

38 隔声材料

剖面图

墙座

连续吸声带

在隔断底部和两侧涂施防火密封胶

可隔声的耐火 1 h 全高隔断[1]

剖面图

金属滑轨须固定在结构底面

根据需要用防火密封胶填充所有空隙

支架，根据需要设置

平面图

天花板

金属立柱，距中心最大为 610

13 厚石膏板，每侧两层，芯材应符合防火规范

剖面图

38 厚半硬质隔声和防火绝缘材料

金属滑槽，固定于槽钢上，距中心最大为 610

在隔断两侧涂施防火密封胶

带两层石膏板的耐火 2 h 全高隔断[2]

1　a. 95 mm 厚隔断或无法容纳接线盒等背对背装置。
　　b. 传声等级（STC）达 45 级的隔声材料可提高声学性能。
2　a. 当该构件用作耐火隔断时，须用防火密封胶密封其所有接缝、穿透处和开口。
　　b. 在管道穿透隔断处安装防火阀。
　　c. 当须增加安全性和隔声性时，该组件可用作无耐火极限隔断。传声等级范围为 50~54 级。

天花板、横梁和拱腹处的石膏板

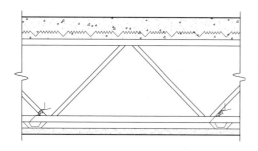

耐火 2 h 空腹钢搁栅[1]

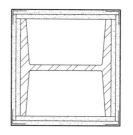

耐火 1 h 柱[4]

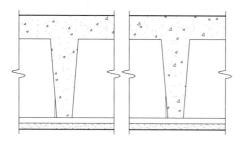

耐火 2 h 预制混凝土[2]

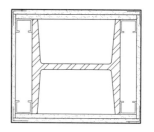

耐火 2 h 柱[5]

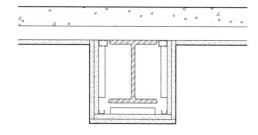

耐火 2 h 天花板或柱[3]

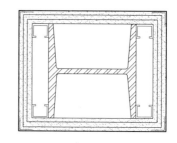

耐火 3 h 柱[6]

耐火开口

用于防止火或烟蔓延的耐火开口构件，由配有框架、五金件和配件（包括垫圈）的防火门或防火窗组成。每个部件都对防火屏障构件的整体性能至关重要。防火墙开口围护结构相关选择包括：

- 耐火墙要求。
- 开口尺寸。
- 疏散设施，包括设施尺寸、数量、位置、疏散流向、围护结构操作、硬件要求以及窗口疏散要求等。
- 材料和饰面。

- 安全性。
- 可见性与玻璃装配。

相关术语定义

以下术语常用于耐火开口：

- 自动化：在无人工干预情形下启用相关功能。
- 防火屏障：一种按规定耐火极限设计制造的垂直或水平连续分隔结构（如墙壁、地板或天花板组件），可用以抑制火势蔓延和烟雾飘移。
- 耐火极限：根据材料或组件耐火时长划分，用分钟或小时表示。

1　13 mm 厚 X 形石膏板或石膏层板基底可按 610 mm 的中心距应用于石膏板副龙骨上。
2　16 mm 厚 X 形石膏板或石膏层板基底可按 610 mm 的中心距用螺钉紧固至石膏板副龙骨上。
3　a. 可在横梁周围布设两层 16 mm 厚 X 形石膏板或石膏层板基底。
　　b. 石膏板面层外角可用压接或钉接的护角钢条（厚度为 0.5 mm）予以保护。
4　a. 13 mm 厚石膏板或石膏层板基底可以 380 mm 的中心距用直径 1.02 mm 的线固定在柱子上。

- 贴标签：贴有产品评估相关组织的标签、符号或其他识别标志并为地方管辖当局所接受的设备或材料。这类组织必须定期检查贴标签设备的生产情况。制造商可通过按规定方式为产品贴标签，来表明产品符合标准或性能要求。
- 不燃：在预期使用形式和条件下不会助燃或提供热量以增强周围火势的材料。
- 自闭合：适用于防火门或其他保护性开口，表示前述设施处于常闭状态，并配有经认可的装置，可确保在其打开后实现自动关闭。
- 挡烟垂壁：设计制造的一种垂直或水平连续模（如墙壁、地板或天花板组件），用以抑制烟雾飘移。挡烟垂壁也可无耐火极限。

防火标准

它适用于防火门和其他保护性开口，其为安装和维护用以保护墙壁、天花板和地板开口免受火灾和烟雾蔓延影响的构件和设备建立了最低标准。

防火门和防火窗制造商常将金属标签置于可触及的隐蔽处，如门的铰链边等。这类标签须始终妥善存放，不得上漆、外露或变更。

开口类型

开口的耐火极限取决于屏障的使用——是否

用作出口围护结构、建筑物垂直开口、建筑物隔离墙、走廊墙、挡烟垂壁或用于危险场所。在大多数规范中，耐火极限均已用小时表示来取代名称分类。

- 耐火4h和耐火3h开口：位于防火墙或将单个建筑物划分为不同防火区的墙中。
- 耐火1~0.5h和耐火1h开口：位于纵向连通的多层围护结构以及提供水平防火分隔的耐火2h隔断中。
- 耐火0.75h和耐火20min开口：位于房间和走廊之间的墙壁或隔断中，耐火极限不超过1h。

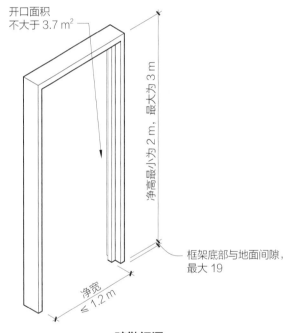

疏散门洞

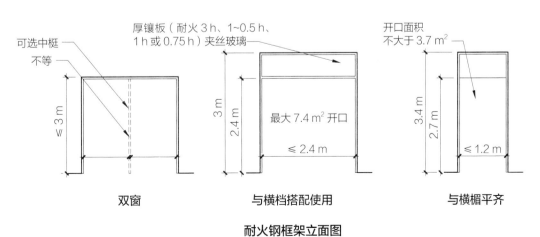

双窗　　与横档搭配使用　　与横楣平齐

耐火钢框架立面图

b. 13 mm 厚石膏板或石膏层板基底的面层须在整个接触面上涂覆层压复合材料。
5　a. 13 mm 厚石膏板或石膏层板基底的基层须紧固至直径为41 mm 厚的金属龙骨上。
　　b. 13 mm 厚 X 形石膏板或石膏层板基底的面层在与立柱连接时，须在法兰上各板之间提供一个空腔。
　　c. 跨腹板开口的面层须平铺在基层上。
6　将三层16 mm X 形石膏板或石膏层板基底用螺钉紧固至位于各角的41 mm 厚的金属龙骨上。

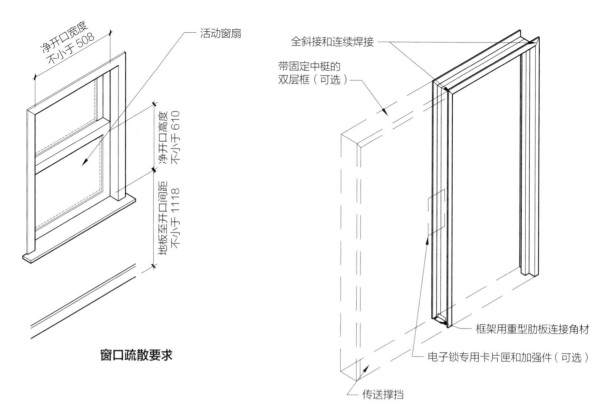

净开口宽度
不小于 508

活动窗扇

净开口高度
不小于 610

地板至开口间距
不小于 1118

窗口疏散要求

全斜接和连续焊接

带固定中梃的
双层框（可选）

框架用重型肋板连接角材

电子锁专用卡片匣和加强件（可选）

传送撑挡

窗口疏散要求

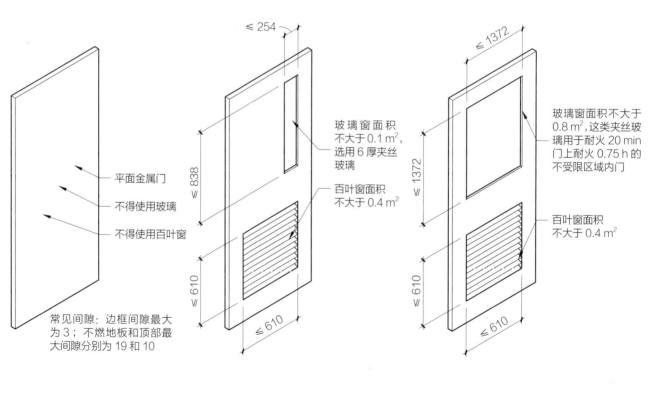

平面金属门

不得使用玻璃

不得使用百叶窗

常见间隙：边框间隙最大
为 3；不燃地板和顶部最
大间隙分别为 19 和 10

≤ 254

≤ 838

≤ 610

≤ 610

玻璃窗面积
不大于 0.1 m²，
选用 6 厚夹丝
玻璃

百叶窗面积
不大于 0.4 m²

≤ 1372

≤ 1372

≤ 610

≤ 610

玻璃窗面积不大于
0.8 m²，这类夹丝玻
璃用于耐火 20 min
门上耐火 0.75 h 的
不受限区域内门

百叶窗面积
不大于 0.4 m²

耐火 4~3 h

耐火 0.5~1 h

耐火 0.3~0.75 h

耐火门分类[1]

1　作者：美国消防协会。
　丹尼尔・F.C. 海耶斯，美国建筑师协会（AIA）。

耐火墙上的釉面开口必须符合尺寸限制规定，并满足耐火玻璃和其他经批准材料相关要求。耐火墙可配设多个嵌板，但所有嵌板和开口的总面积不得超过墙壁表面积的25%。详情请参阅特定规范。

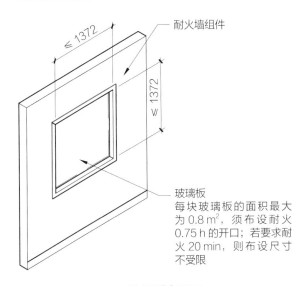

耐火墙组件

≤ 1372

≤ 1372

玻璃板
每块玻璃板的面积最大为 0.8 m²，须布设耐火 0.75 h 的开口；若要求耐火 20 min，则布设尺寸不受限

釉面耐火开口

最大门尺寸¹

门类型	尺寸及说明
单门	1.2 m × 3 m，带已贴标单点或三点闭锁装置
	1.2 m × 2.4 m，带安全出口五金件
双门	2.4 m × 3 m 活动门扉，带已贴标单点或三点闭锁装置
	2.4 m × 3 m 固定门扉，带已贴标两点闭锁装置或顶部和底部螺栓
	2.4 m × 2.4 m，带安全出口五金件

防火喷涂料

防火喷涂料可用以保护隐蔽和外露应用中的结构钢。这类涂料包括多用于隐蔽处的低密度胶凝产品和纤维喷雾产品，以及多用于外露处的各种中高密度产品。相比隐蔽处，外露处对外观精度以及抗物理损坏、空气侵蚀、高湿度、恶劣天气、紫外线和化学物质腐蚀等方面有着更高的要求。

相比隐蔽应用，外露应用对防火喷涂料在密度、抗压强度、黏结强度和硬度等方面的要求更高。建议将高密度产品用于受雨淋喷水灭火系统保护的外露内部区域，以及可能接触危险物质、湿度较高或常遭受物理损坏、高冲击和易受化学物质腐蚀和空气侵蚀等的区域。

例如，停车场、码头、货运设施、仓库、制造厂、机房、电梯机房、竖井、空气处理中压室、楼梯井、无尘室、体育馆和游泳池等场所均须喷涂高密度防火材料。

以下产品适于外露应用：

· 外露喷胶防火材料；
· 外露喷纤维防火材料；
· 泡沫型氯氧镁防火材料；
· 膨胀厚浆型防火涂料，包含水基配方、非水基配方和薄膜。

与防火喷涂材料相关的室内空气质量问题包括颗粒物吸入、眼睛和皮肤刺激、挥发性有机化合物（VOC）排放和生物制剂污染。敏感环境可能对室内空气颗粒物含量、VOC 排放以及潜在病原体等的控制有较为严格的要求。防火喷涂料的清除和更换可能是室内空气污染的一个重要来源。

防火板

防火板包括硅酸钙和渣棉纤维板，用于钢柱、钢梁、金属–木结构墙和实心墙等的防火。这类材料可构成各种耐火构件的包覆材料。矿物防火纤维板的另一个用途是保护暖通空调（HVAC）管道。

使用防火板而非防火喷涂料，可避免对因使用喷涂材料而导致的湿残留物的清理以及可能由此导致的干燥延迟。防火板也不太可能腐蚀金属基板。

---

1 表中列出了各类空心金属门的最大尺寸。木门的尺寸要求与金属门类似。

渗透挡火系统

在选择渗透挡火系统时，设计师必须了解当地建筑规范的要求以及主管当局如何解释和执行这类要求。挡火系统应用所需耐火极限是基于对建筑规范要求的分析。若分析未能提供明确答案，须向主管当局寻求解释。

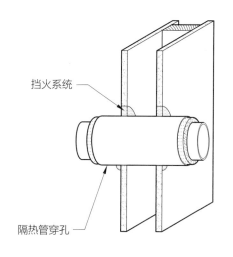

穿墙挡火（石膏板墙穿孔）

挡火系统

隔热管穿孔

抗震考量

基础抗震设计

板块构造

根据板块构造理论，地壳是由不断移动的板块构成的。板块间缓慢积累压力，当地面沿地质断层面或附近板块边界突然滑动时，地震就会发生。由此产生的地球内部振动波可造成地表地面运动，进而诱发建筑物运动。地面运动的频率、幅度和持续时间、建筑物的物理特性以及场地的地质情况，决定了这类"运动"力对建筑物的影响程度和方式。

在地震中，按最低标准规范要求设计的建筑物往往会遭受破坏。应在施工前尽早与业主探讨在地震中降低财产损失的必要性，以及试图确保在震后立即继续施工的可取性。为实现这类结果，或有必要根据场地抗震条件而非规范要求来作出设计决定。

地震类型

在小震中，结构须抵抗轻微的地面运动，这不会造成结构损坏，而仅会对玻璃、建筑饰面和悬吊式天花板等非结构构件造成轻微损坏。在建筑物整个经济寿命期间，此等地面运动可能会发生多次，通常仅持续几秒钟。

在中度地震中，建筑物须抵抗中等程度的地面运动，但结构可能会遭受可修复的轻微损害，同时可能伴有广泛的非结构损坏。在建筑物整个经济寿命期间，这类地面运动可能会发生1~2次。

在大地震中，建筑物须抵抗较强水平的地面运动，其强度等同于建筑所在地已经历或预测的未造成建筑倒塌但可能产生一些重大结构损坏和广泛非结构损坏的最强强度。在建筑物整个经济寿命期间，此等级地面运动可能会发生，也可能不会发生。

抗震设计 [1]

传力路径

传力路径指地震力从屋顶传递至结构基础的路径。通常情况下，荷载首先从横隔板处通过连接件传递至垂直横向抗力构件，而后通过其他连接件传递至基础。该路径应当是直接且持续性的。抗震设计也是从建立连续性传力路径开始的。

生命安全

抗震设计旨在减少人员伤亡，而非减少财产损失。这类标准被认为是审慎严谨的，在保护生命安全方面具有经济合理性。

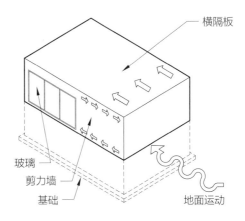

剪力墙和横隔板

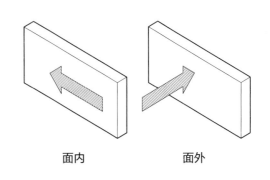

震力图

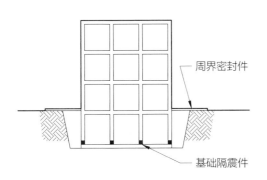

基础隔震

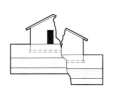

地裂

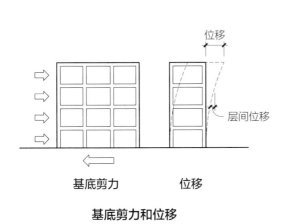

基底剪力和位移

地面振动

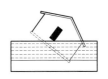

液化

1　作者：格雷斯建筑产品（Grace Construction Products）。

抗震细部设计（针对设计师）

对建筑和机械抗震构件进行细部设计时，设计师首先要关注如何降低坠落危险，并确保疏散通道正常使用。砌体烟囱、女儿墙、灯具、悬吊式机械设备、大型管道系统和重型管道等建筑构件均是潜在坠落危险源。橱柜和书柜等倒下时，会挡住出口。对在地震多发区工作的设计师来说，另一个需要考虑的问题是，建筑在地震后需能使用。

地震荷载传递

建筑物中每个横隔板均须同时在两个方向上抵抗其上方所有质量及其自身质量所产生的地震效应。屋顶质量引起的地震荷载必须传递到墙体上。墙体设计须能同时承受屋顶质量和墙体质量。而后，这类组合荷载均须传递至下方楼板上。楼板设计须能承受其自身质量以及上方墙体所施加的荷载。反过来，下方墙体须能承受这类荷载，直至力传递至基础。基础须能够承受来自建筑其余部分的组合荷载。

地面和屋顶横隔板[1]

横隔板（即屋顶、地面和墙体中的剪力板）设计须能承受由结构恒载质量和外部施加的地震荷载所产生的力。在木框架结构中，横隔板通常为结构面板。这类结构面板由在肋条（如 57 mm × 102 mm 木构件）上拉伸固定的蒙皮（覆板）制造而成。由此产生的结构非常坚韧，足以将力传递至基础等承受系统。连接件设计须能确保传递横向力和抑制倾覆运动。

横向力可垂直或平行于结构。建筑物因地面运动而晃动时，其每部分产生的荷载均须传递至相邻构件，比如，从屋面板传递至椽子、顶板和墙面板，从立柱传递至底板、地板覆板和框架等，以此类推，直至传递至最低层，而后荷载从该层转移至基础。在地面混凝土楼板构造中，荷载最终从墙面板和立柱移至底板。

屋顶横隔板由屋面板、屋顶框架（椽子、桁架上弦等）和挡块组成。天花板横隔板由天花板饰面材料（如石膏墙板）和天花板框架（搁栅、桁架下弦等）组成。

屋顶与墙体锚固装置由抗拔固定锚和抗剪力钉组成。墙体横隔板由墙面板、墙体框架和墙面板紧固件组成。

楼板横隔板由地板覆面板、楼板框架（搁栅、桁架等）和挡块等组成。墙体与地面锚固装置由固定锚和抗剪连接件（如钉子）组成。

地面基础锚固装置由抗倾覆力固定锚和抗剪力锚栓组成。锚栓直径为 13 mm，长度为 1.8 m。

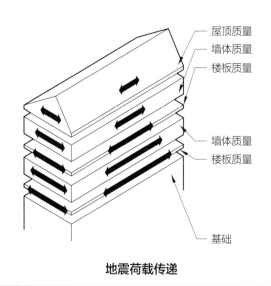

地震荷载传递

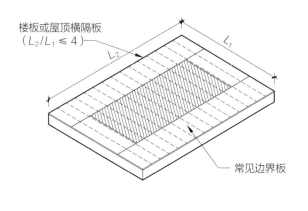

楼板或屋顶横隔板

1　作者：简·克拉克，美国建筑师协会（AIA），齐默冈苏尔弗拉斯卡合伙企业（Zimmer GunsulFrasca Partnership）。
　　丹·芬顿，专业工程师，EQE 有限公司。

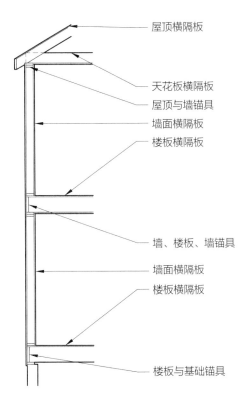

常规木框架墙体部分

屋顶横隔板
天花板横隔板
屋顶与墙锚具
墙面横隔板
楼板横隔板
墙、楼板、墙锚具
墙面横隔板
楼板横隔板
楼板与基础锚具

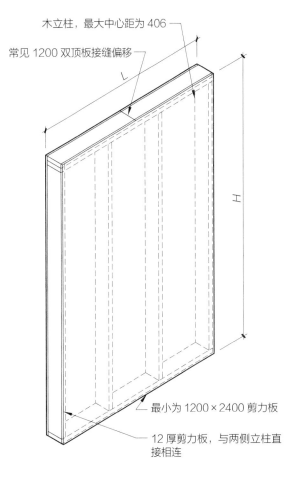

木立柱，最大中心距为 406
常见 1200 双顶板接缝偏移
最小为 1200×2400 剪力板
12 厚剪力板，与两侧立柱直接相连

木墙剪力板

木墙剪力板[1]

由框架构件和覆面板或斜纹覆面板构件组成的剪力板，可提供抗剪切荷载的主要横向阻力。

覆面板为结构板用胶合板或定向刨花板（OSB）以及石膏覆面板或纤维板制成。也可采用斜纹木质覆面板或金属套板。

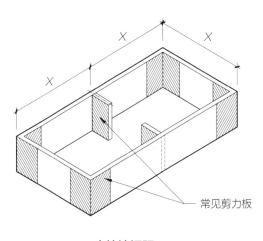

常见剪力板

支护墙间距

1　作者：简·克拉克，美国建筑师协会（AIA），齐默冈苏尔弗拉斯卡合伙企业（Zimmer GunsulFrasca Partnership）。
　　大卫·S. 柯林斯，美国建筑师协会会员（FAIA），美国林业及纸业协会（American Forest and Paper）。

室内构造部件

石膏板组件

　　石膏板组件由石膏板和与之相连的木材或金属支撑系统组成。这类系统包含结构性和非结构性室内隔断和天花板组件。

　　石膏板组件设计涉及以下关键因素：

- ·耐火性：墙体防火、隔烟和作为热屏障的能力。
- ·声学特性：减弱或吸收声音的能力。
- ·防潮性：避免受潮或发霉的能力。
- ·抗机械损伤性：材料越坚固耐用，其维护和维修需求便越低。
- ·美观性：突显细节和饰面的能力。
- ·可持续性：使用可回收及可再生原料。

　　石膏板通常通过螺丝接合 (有时也可采用钉合) 安装在立柱或副龙骨上。也可直接粘贴在砌体或混凝土上。

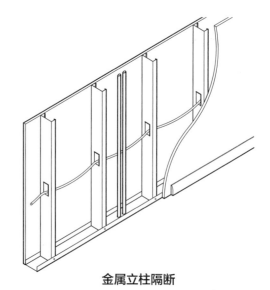

金属立柱隔断

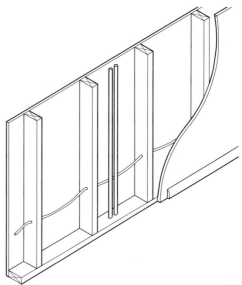

木立柱隔断

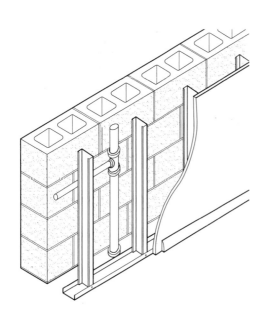

带管道管槽和金属立柱隔断的 CMU 墙

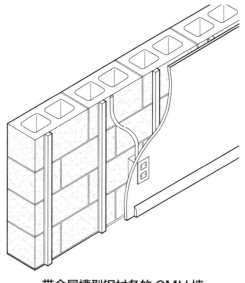

带金属槽型钢衬条的 CMU 墙

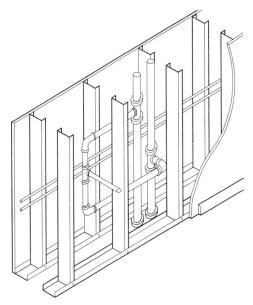

双立柱管道管槽

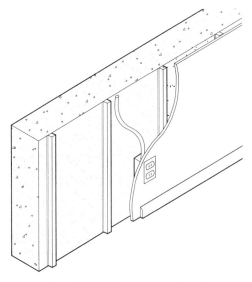

带金属槽型钢衬条的混凝土墙

石膏板

石膏板（也称石膏灰胶纸夹板）是一系列板材产品的通用名称，由不燃石膏板芯和纸质表面组成。某些石膏板组件具有不同程度的耐火和减声效果。石膏板可采用油漆或其他适用饰面材料（如墙纸、木材或瓷砖等）进行表面处理。

对具有吸收特性和容易霉变的材料，霉菌和水分动力学在其相关设计和规范中的重要性与日俱增。必须正确安装石膏板，妥善处理石膏板表面，同时为其配备经适当设计并易于操作的气候控制系统，以免产生上述问题。

石膏工业已就自然资源再生和保护、回收和废物管理以及其他环境保护问题形成了负责任的环保意识和态度。所用石膏板纸中90%以上来自回收材料。业内愈加频繁地使用合成石膏来制造石膏板。合成石膏是由其他制造过程以及化石燃料发电厂烟气脱硫过程中产生的副产品或废物制成。

石膏板类型

现已针对特定用途开发了一些专用型石膏板产品和石膏板：

· 内墙和天花板用石膏墙板。

· 室内天花板用石膏板，12.7 mm 厚，拥有与 15.9 mm 墙板相当的抗流挂性。

· 耐火建筑用 X 形石膏板。

· 内外墙、天花板和瓷砖底座用纤维增强石膏板。

· 外墙和屋顶用石膏覆面板。

· 用于外墙和天花板覆面板的玻璃垫石膏基板。

· 外拱腹和天花板用石膏拱腹板。

· 用作瓷砖底座或用于间歇湿润的潮湿区域（视建筑规范限制而定）的防水石膏背衬板（绿板）。

· 用于瓷砖底座或潮湿区域以及水流存续处（视建筑规范限制而定）的玻璃垫防水石膏背衬板。

· 用作多层系统基础的石膏背衬板。

· 用作石膏灰泥基础的石膏板条，宽度可达 406 mm。

· 用作贴面石膏基础的石膏基板（蓝板）。

· 竖井、楼梯和管道附件用石膏竖井衬板。

· 高光墙、办公室和活动隔断用预装饰石膏板。

· 用作隔汽层的铝箔衬背石膏板。

· 住宅地面施工用石膏纤维衬底。

· 纤维增强面板，6~9 mm 厚。

石膏板常见用途和尺寸

厚度（mm）	常见用途	宽度（mm）	长度（mm）
6.4	改造、双层墙、曲面和声衰减	1220	2440、2745、3050
7.9	预制房屋墙壁和天花板	1220	2440、2745、3050、3660
9.5	改建、刚性面板基础、双层墙壁和天花板以及曲面	1220	2440、2745、3050
12.7	任何内部用途和一些受保护外部用途	1220 3660 也可以 1370	2440、2745、3050、3660、4270、4880
15.9	任何内部用途和一些受保护外部用途	1220 3660 也可以 1370	2440、2745、3050、3660、4270、4880
19.0	内墙、竖井墙、区域隔墙、共用墙、防火墙、楼梯和管道围护结构	610、1220	2440、2745、3050、3660
25.4	内墙、竖井墙、区域隔墙、共用墙、防火墙、楼梯和管道围护结构	610	2440、2745、3050、3660

石膏板边缘有以下类型：

· 方边；

· 锥形边；

· 圆锥形边；

· 斜边；

· 双斜边；

· V 形榫槽边。

石膏板压条和边饰配件

纸面金属压条和边饰

纸面金属压条和边饰采用固定型、胶黏型或通用型填缝混合料而非通过钉合将压条与石膏板表面相黏合。

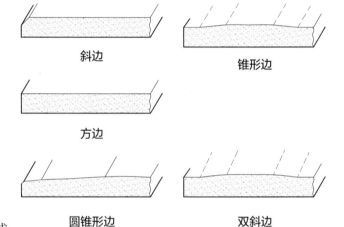

石膏板边缘类型

纸面金属石膏板配件

类型	用途	说明
外角胶黏压条	90° 外角	任何墙板厚度
内角胶黏边饰	90° 内角	任何墙板厚度
偏移外角胶黏压条	135° 外角	任何墙板厚度；压条高度越低，填缝混合料填充量越少
偏移内角胶黏压条	90° 以上内角	任何墙板厚度
19 mm 外圆角胶黏压条	19 mm 圆角半径，90° 拐角	6 mm 或 16 mm 厚石膏板
内凹圆胶黏边饰	19 mm 圆角半径，90° 内角	6 mm 或 16 mm 厚石膏板

续表

类型	用途	说明
偏移外圆角胶黏压条	135° 偏移外圆角	用于凸窗和类似应用
偏移内凹圆胶黏压条	135° 内角	形成光滑凹圆
38 mm 外圆角（丹麦）胶黏压条	比半径 19 mm 的外圆角更宽、更柔和的角	6 mm 或 16 mm 厚石膏板
固角带	适用于直角和任何锐角的柔性胶带	用于假平顶、拱门及凸窗周边；也可用于改建时连接石膏板隔断与抹灰墙，或修补破损墙角
L 形胶黏边饰	用于墙板与其他表面连接处	用于悬吊式天花板、梁、抹灰墙、砌体墙和混凝土墙的接缝，以及尚未装饰的门框和窗框
J 形胶黏边饰	用于装饰石膏板粗糙端部	用于门窗开口和窗扉处
外角微型压条	降低高度可减少填缝混合料的消耗	超宽法兰，可最大限度地覆盖板角
解蔽用胶黏边饰	解决拱腹、墙体偏移、天花板、灯箱和其他建筑要素的外露问题	两条边饰腿均设有纸法兰，无须用填料填补外露细部的边缘，进而提供更干净、更直的线条

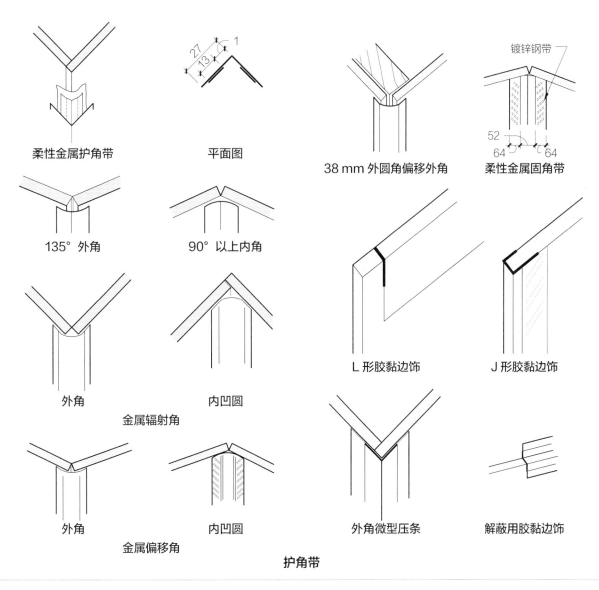

柔性金属护角带　　　平面图　　　38 mm 外圆角偏移外角　　　柔性金属固角带

镀锌钢带

135° 外角　　　90° 以上内角

L 形胶黏边饰　　　J 形胶黏边饰

外角　　　内凹圆

金属辐射角

外角　　　内凹圆

金属偏移角

外角微型压条　　　解蔽用胶黏边饰

护角带

金属压条

金属压条通常用螺丝、钉或其他固定工具穿过面板固定在框架上，并用填缝混合料予以隐藏。外露压条前缘可保护外角免受冲击损坏，并整齐地装饰边缘。请参阅制造商说明书，以确保正确使用和安装。

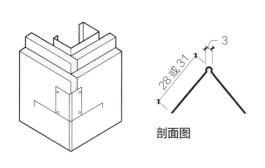

剖面图

镀锌钢筋外角防护

资料来源：美国石膏公司（USG Corporation）版权所有，《USG 石膏施工手册》，第六版，第24页，R.S.Means 公司。

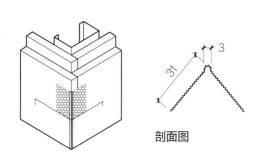

剖面图

膨胀法兰护角条

资料来源：美国石膏公司（USG Corporation）版权所有，《USG 石膏施工手册》，第六版，第25页，R.S.Means 公司。

金属边饰

金属边饰的应用方式与金属压条类似，旨在为石膏板提供保护以及整洁的饰边。请参阅制造商说明书，以确保正确使用和安装。

有以下多种金属或塑料框架和衬条配件可供选择：

- 由 0.635 mm 厚镀锌钢制成的金属角钢，用于固定地面和天花板处层压石膏板隔断内的 25 mm 厚芯板或内衬板。

- 由 1.6 mm 厚钢制成冷轧槽钢，用于混水墙壁和悬吊式天花板。

- 由 0.635 mm 厚钢制成的 Z 形副龙骨，用以将保温毡、硬质保温材料和石膏板机械固定至混凝土或砌体墙上。

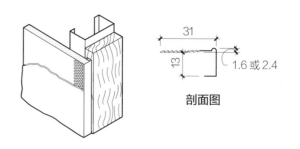

剖面图

套管开口处贴面石膏金属边饰

资料来源：美国石膏公司（USG Corporation）版权所有，《USG 石膏施工手册》，第六版，第241页，R.S.Means 公司。

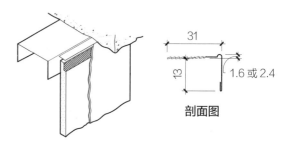

剖面图

天花板交叉点处贴面石膏金属边饰

资料来源：美国石膏公司（USG Corporation）版权所有，《USG 石膏施工手册》，第六版，第26页，R.S.Means 公司。

控制缝

控制缝连接件通常被钉固在板面上，由冷弯锌制成，用于减少（而非消除）干墙和贴面石膏中因膨胀和收缩而引起的大面积天花板和墙壁开裂。在防火和控声为主要考量因素处，必须于控制缝后安装密封装置。

控制缝系有意标绘的"缺陷"线，该线周边易发生开裂。通过提供直线控制模式，控制缝可减轻有可能导致随机开裂的应力，进而避免开裂。

控制缝应设置在平面图或规范标注位置，通常为几何间断处（如拐角处、表面高度或宽度变化处、开口处）和大面积不间断表面处。

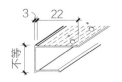

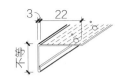

用螺钉紧固的金属边饰　　　用螺钉紧固的 L 形金属边饰

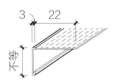

L 形金属边饰　　　　　　　预加工角

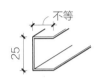

Z 形副龙骨　　　　　　　　冷轧槽钢

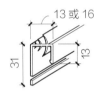

乙烯基边饰　　　　　　　　预加工分隔物

石膏板配件

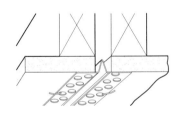

控制缝

资料来源：美国石膏公司（USG Corporation）版权所有，《USG 石膏施工手册》，第六版，第 216 页，R.S.Means 公司。

框架和衬条配件

· 金属角钢：用于将 25 mm 厚芯板或衬板固定在地面和天花板上。

· 冷轧槽钢：用于混水墙和悬吊式天花板。

· 弹性槽钢：用于抑制穿过隔断和天花板的声传输。

· Z 形副龙骨：用于将保温材料和石膏板固定至混凝土或砌体墙内侧。

· 金属副龙骨：帽型钢用于通过螺丝将石膏板与墙壁和天花板相连。

· 副龙骨弹片：用于将金属副龙骨与冷轧槽钢相连。

· 可调节墙板条支架：用于将冷轧槽钢和金属副龙骨固定在砌体外墙内侧。

合缝带

合缝带可与填缝混合料一并用于加固和遮蔽平缝与阴角。合缝带宽 51~64 mm，各种辊长范围在 23~152 m。

合缝带一般可分为两类：

· 一类是用于处理填缝混合料的纸胶带。该产品可手动嵌入或借助机械胶黏工具设置；在用胶带黏结之前，须在接缝处填充薄薄一层混合料。

· 另一类是用于贴面石膏饰面的玻璃纤维胶带。该产品带有压敏胶背或平背，以便钉固。常用于需要当天完成接缝饰面处理的场合。

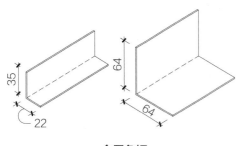

金属角钢

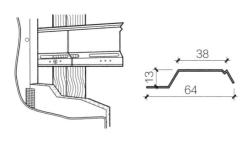

弹性槽钢

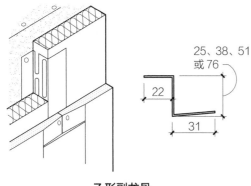

Z 形副龙骨

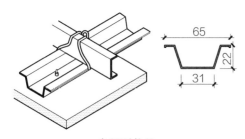

金属副龙骨

框架和衬条配件

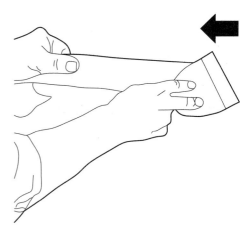

手动嵌入合缝带

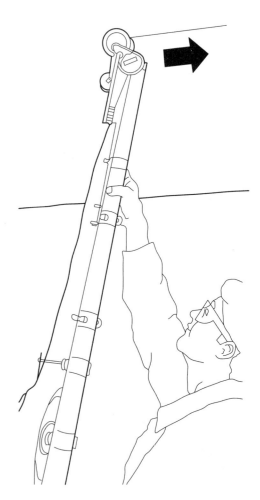

用机械胶黏工具设置

合缝工具

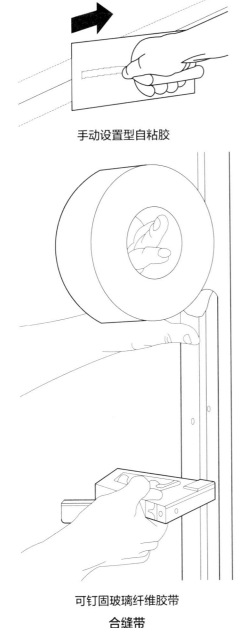

手动设置型自粘胶

可钉固玻璃纤维胶带

合缝带

资料来源：美国石膏公司（USG Corporation）版权所有，《USG石膏施工手册》，第六版，第54页，R.S.Means公司。

表面处理 [1]

石膏板面板常用合缝带以及石膏板胶黏、面层或通用型混合料完成表面处理。产品有现场拌合或预拌合配方。

胶黏混合料主要用于嵌入胶带。它们具有优良的黏结性和抗裂性，但在打磨和表面处理方面要难于顶饰或通用型混合料。

通用型填缝混合料适用于胶黏、顶饰和修补裂缝。其用途广泛，适于胶黏、表面处理、纹理处理、层压或撇渣面层等相关应用场合。

顶饰混合料具有低收缩性，且易于设置和砂磨，最适用于涂抹第二、三层。

框架

通用要求

石膏板可设置于木框架、钢框架或衬条上。设置质量在很大程度上取决于与石膏板相连的框架或衬条是否可精准对齐。

木框架

木立柱隔断适用于规范允许采用可燃框架的住宅和轻型商用建筑。相关设计包括单层或双层石膏板饰面、单列或双列立柱以及带有保温毡或弹性附件的饰面或立柱。在性能方面，耐火极限可达2 h，而传声等级可达58级。

框架的选择和安装涉及许多因素。就木框架而言，需考虑所用木材的种类、尺寸和等级等因素。墙高、框架间距以及表层材料的最大跨度等因素同样重要。

钢立柱框架

钢立柱隔断适用于各类构造。相关设计包括单层或多层石膏板饰面、单列或双列立柱、带声衰减材料或灭火毡以及带弹性附件的饰面或立柱。在性能方面，耐火极限可达4 h，而传声等级可达65级。

钢立柱通常有两种不同的制造方式：

- 一种是专为非承重室内干墙隔断设计的立柱，两侧法兰宽度至少为31 mm。腹板设计包含一个用于支撑以及用于电气线、通信线和管道管线的开口。
- 另一种是专为承重干墙隔断设计的立柱，两侧法兰宽度均为41 mm。腹板上的开口用于安装支撑设施、公用服务设施和机械附件。

请参阅制造商说明书，以确保正确使用和安装。

1　作者：德尔·舒福德，美国建筑师协会（AIA），甘斯勒建筑事务所（Gensler）。

最大框架间距——石膏板结构，直接设置[1]

设置	板厚（mm）	位置	设置方法	最大框架中心距（mm）
单层	9.5	天花板	垂直	406
			平行	406
	12.7	天花板	垂直	610
			平行	406
		侧墙	平行或垂直	610
			平行	406
	15.9	天花板	垂直	610
		侧墙	平行或垂直	610
双层	9.5	天花板	垂直	406
		侧墙	平行或垂直	610
	12.7 和 15.9	天花板	平行或垂直	610
		侧墙	垂直	—

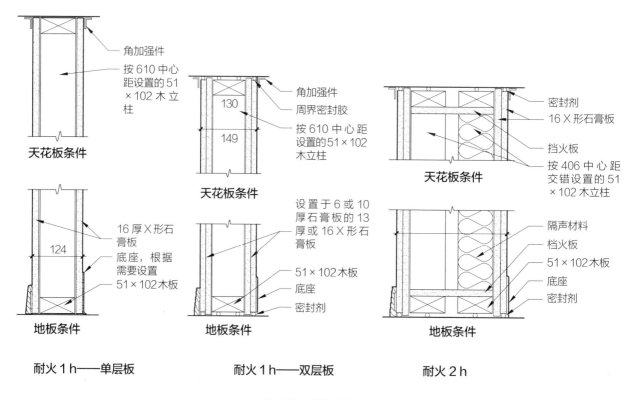

防火墙木框架剖面图

天花板框架

　　可用常规框架材料或干墙悬吊系统构成悬吊式干墙和石膏天花板的框架。

　　金属框架通常使用吊架线悬吊的槽形支承材以及副龙骨或槽型钢。

　　钢立柱框架通常使用吊架线悬吊的金属立柱。

　　悬吊系统框架是一种预制式框架，可取代常规框架，主要用于平顶或曲面石膏板天花板和拱腹。该框架的网格系统由一些可用于各种天花板应用场合的主三通和十字三通组成。这类系统包括一些可节省劳力的附件。这些附件可减少控制缝、灯具和公用设施框架等吊架线和速度设计细部。

1　a. 板厚：
　　·对用于质量最好的单层构造中的面板，建议将板厚设为 15.9 mm，以增强防火性和传声阻隔性。
　　·对用于住宅构造新建或改建中的单层面板，建议将板厚设为 12.7 mm。
　　·对用于现有表面修复和改造中的面板，建议将板厚设为 9.5 mm。

b. 若对耐火极限有要求，双层面板的最大框架中心距将在以下情形下为 406 mm：
　　·板厚 9.5 mm，垂直或平行设置于侧壁上。
　　·板厚 12.7 mm 和 15.9 mm，垂直设置于侧壁上。
　　·板厚 12.7 mm 和 15.9 mm，垂直或平行设置于天花板上。

热浸镀锌钢系统适用于通过螺丝将石膏板直接固定至内外部特定位置。

石膏板筒形拱、拱门、圆顶及相关谷形、波浪形和蛇形构件，均可灵活转换为平顶天花板、拱腹和吸声天花板悬吊系统。所有主三通（无论直弯）均可在现场轻松切割至特定长度。

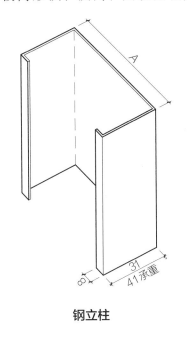

钢立柱

资料来源：美国石膏公司（USG Corporation）版权所有，《USG 石膏施工手册》，第六版。

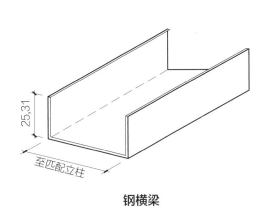

钢横梁

资料来源：美国石膏公司（USG Corporation）版权所有，《USG 石膏施工手册》，第六版。

内部框架极限高度[1]

立柱深度 （mm）	立柱间距 （mm）	设计限制 （kg/m）	容许挠度	25Ga.（最小） （mm）	20Ga.（最小） （mm）
41	610	24.4	L/120	2970	3350
			L/240	2410	2670
			L/360	2160	2030
	406	24.4	L/120	3230	3680
			L/240	2540	2950
			L/360	2490	2570
64	610	24.4	L/120	3610	4520
			L/240	3230	3530
			L/360	2820	3050
	406	24.4	L/120	4040	5000
			L/240	3430	3910
			L/360	3000	3400
92	610	24.4	L/120	4190	5640
			L/240	4090	4500
			L/360	3530	3890
	406	24.4	L/120	4670	6300
			L/240	4370	5000
			L/360	3760	4340

1　a. 极限高度数据来自 ASTM C 754。
　　b. 极限高度适用于用至少 12.7 mm 厚的石膏板建造且立柱框架两侧至少各有一层全高石膏板的墙壁。
　　c. 25Ga. 等于 0.455 mm；20Ga. 等于 0.812 mm。

续表

立柱深度 （mm）	立柱间距 （mm）	设计限制 （kg/m）	容许挠度	25Ga.（最小） （mm）	20Ga.（最小） （mm）
102	610	24.4	$L/120$	4600	6330
			$L/240$	4320	5000
			$L/360$	3760	4340
	406	24.4	$L/120$	5230	7040
			$L/240$	4670	5590
			$L/360$	4060	4850
152	610	24.4	$L/120$	5110	8280
			$L/240$	5110	6580
			$L/360$	5110	5740
	406	24.4	$L/120$	6020	9400
			$L/240$	6020	7470
			$L/360$	5770	6500

资料来源：美国石膏公司（USG Corporation）版权所有，《USG 石膏施工手册》，第六版，第 27 页，R.S.Means 公司。

单层隔断　　双层隔断　　单层衬条

钢立柱框架

资料来源：美国石膏公司版权所有，USG SA923，《石膏板 / 钢框架系统》。

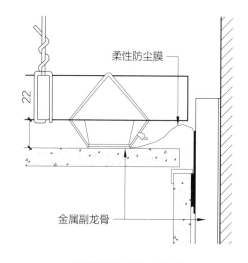

柔性防尘膜

金属副龙骨

天花板与外墙交叉点

资料来源：美国石膏公司（USG Corporation）版权所有，《USG 石膏施工手册》，第六版。

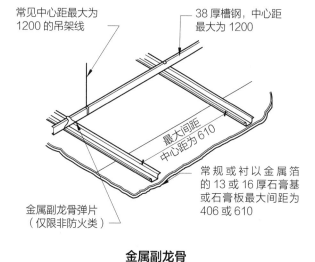

常见中心距最大为 1200 的吊架线

38 厚槽钢，中心距最大为 1200

最大间距中心距为 610

常规或衬以金属箔的 13 或 16 厚石膏基或石膏板最大间距为 406 或 610

金属副龙骨弹片（仅限非防火类）

金属副龙骨

资料来源：美国石膏公司（USG Corporation）版权所有，《USG 石膏施工手册》，第六版。

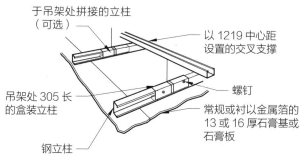

于吊架处拼接的立柱（可选）

以 1219 中心距设置的交叉支撑

吊架处 305 长的盒装立柱

螺钉

常规或衬以金属箔的 13 或 16 厚石膏基或石膏板

钢立柱

钢立柱框架系统

资料来源：美国石膏公司（USG Corporation）版权所有，《USG 石膏施工手册》，第六版。

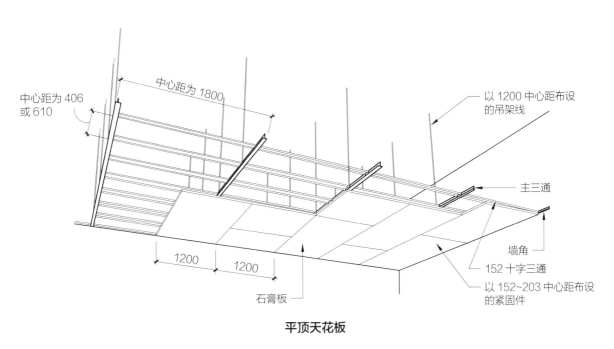

带十字三通的干墙悬吊系统

资料来源：美国石膏公司（USG Corporation）版权所有，《USG 安装和应用指南》《干墙悬吊系统用户指南》。

平顶天花板

资料来源：美国石膏公司（USG Corporation）版权所有，《USG 石膏施工手册》，第六版。

石膏板组件设计考量

防火

耐火性指墙壁、地板或天花板系统发挥防火屏障作用，将火焰限制在火源区域的能力。

耐火极限指根据 ASTM 程序，组件在受控实验室条件下经受火灾而不坍塌的时长。

隔断组件须能保持直立，且能长时间控制或减缓火焰、烟雾和热量的蔓延，以确保内部人员可撤离建筑物。

特定用途建筑规范规定了各类耐火隔断的耐火极限。

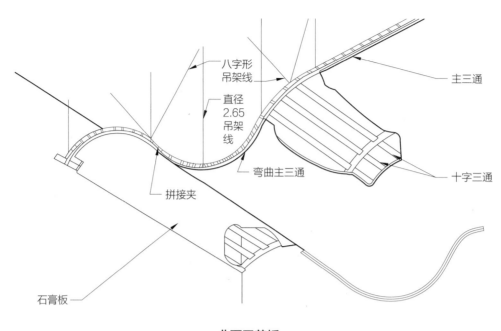

曲面天花板

资料来源：美国石膏公司（USG Corporation）版权所有，《USG 石膏施工手册》，第六版，第80页，R.S. Means 公司。

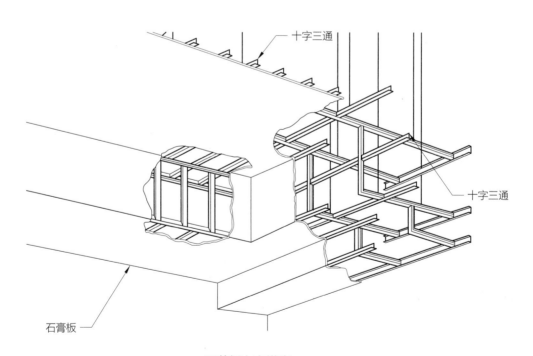

天花板上方拱腹

资料来源：美国石膏公司（USG Corporation）版权所有，《USG 石膏施工手册》，第六版，第80页，R.S. Means 公司。

1　作者：德尔·舒福德，美国建筑师协会（AIA），甘斯勒建筑事务所（Gensler）。

常见耐火隔断类型

- 无耐火极限：包括无耐火极限的室内净高（从地板到天花板）隔断和全高（从地板到上部结构的底面）隔断。全高隔断所用石膏板（若有）可一直铺设至天花板上，略高于天花板，或延伸至上部结构的底面。
- 耐火1h：用以分隔不同用途或占用情形的隔断，如将办公大楼的租户空间和公共走廊相分隔或按建筑规范要求布设的隔断。
- 耐火2h：用以封闭电梯和机械井、出口楼梯井以及机电室等建筑物内垂直开口的隔断。
- 耐火3h：用以分隔和封闭高危危险区域或按建筑规范要求用于其他用途的隔断。
- 耐火4h：用以分隔和封闭极高危域或按建筑规范要求用于其他用途的隔断。

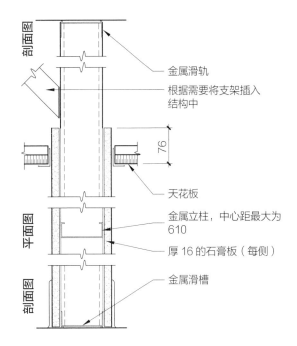

剖面图

金属滑轨

根据需要将支架插入结构中

76

天花板

平面图

金属立柱，中心距最大为610

厚16的石膏板（每侧）

金属滑槽

剖面图

全高立柱隔断[1]

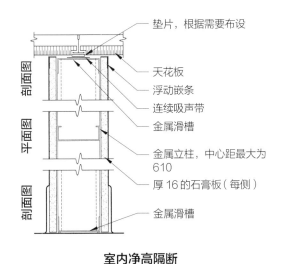

剖面图

垫片，根据需要布设

天花板

浮动嵌条

连续吸声带

金属滑槽

平面图

金属立柱，中心距最大为610

厚16的石膏板（每侧）

剖面图

金属滑槽

室内净高隔断

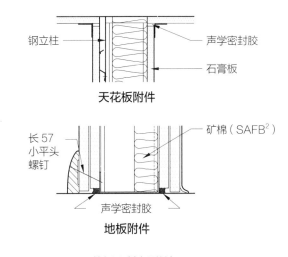

钢立柱

声学密封胶

石膏板

天花板附件

长57小平头螺钉

矿棉（SAFB[2]）

声学密封胶

地板附件

天花板和地板附件

资料来源：美国石膏公司（USG Corporation）版权所有，《USG 石膏施工手册》，第六版，第192页，R.S.Means 公司。

1　无耐火极限隔断与在分隔空间内安装的天花板一起使用。全高金属立柱可提供稳定隔断。请参阅制造商说明书了解允许高度和横向载荷（如考虑到搁架等因素）相关信息。传声等级为35级。

2　SAFB：Semi-Rigid Acoustic Fire Batt 的缩写，指一种半硬质的隔声和防火绝缘材料。

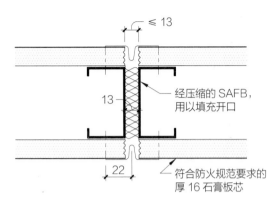

带控制缝的耐火 1 h 钢立柱

资料来源：美国石膏公司（USG Corporation）版权所有，USG 出版物，SA 100/10-04 版。《防火组件》，第 71 页。

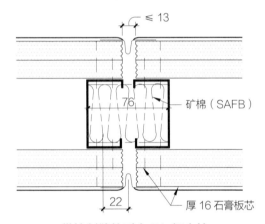

带控制缝的耐火 2 h 钢立柱

资料来源：美国石膏公司（USG Corporation）版权所有，《USG 石膏施工手册》，第六版，第 173 页，R.S.Means 公司。

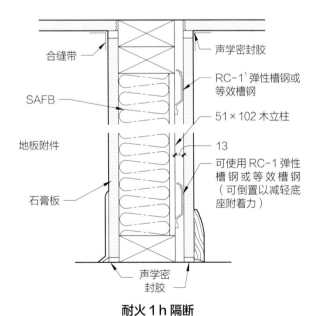

耐火 1 h 隔断

资料来源：美国石膏公司（USG Corporation）版权所有，USG 出版物，SA 100/10-04 版。SA 100/10-04 版《防火组件》，第 68~69 页。

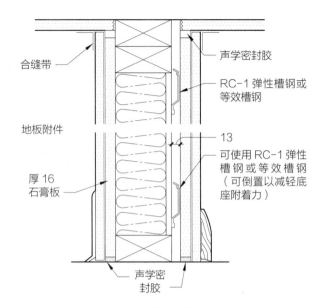

耐火 2 h 隔断

资料来源：美国石膏公司（USG Corporation）版权所有，《USG 石膏施工手册》，第六版，第 71 页，R.S.Means 公司。

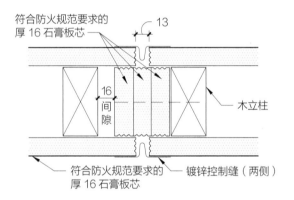

耐火 1 h 控制缝

资料来源：美国石膏公司（USG Corporation）版权所有，《USG 石膏施工手册》，第六版，第 71 页，R.S.Means 公司。

1　"RC-1" 指的是 "Resihent Channel"，是一种用于隔声和减振的建筑材料。"RC-1" 表示这种隔声材料的特定类型或等效品。

耐火 1 h 金属组件

图示	防火测试编号	耐火极限（h）	系统厚度（mm）	传声等级	说明
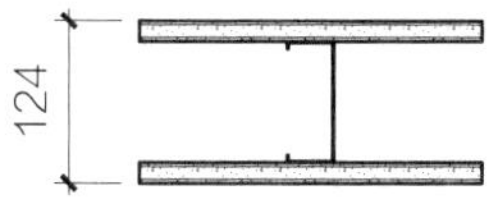 124	UL Des U419 或 U465	1	124	40 级	15.9 mm 厚 X 形石膏板；可垂直或水平设置的石膏板；水平缝无须错开或用框架支撑。宽 93 mm、厚 0.53 mm 钢立柱，中心矩为 610 mm；完工接缝；可选贴面石膏
				49 级	基于 76 mm 厚声衰减防火棉絮（SAFB）
				51 级	基于 15.9 mm C 形石膏板以及经弯折以适应空腔的 76 mm × 635 mm SAFB
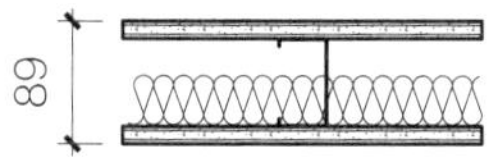 89	UL Des U419 或 U448	1	89	47 级	12.7 mm 厚 C 形石膏板；宽 64 mm、厚 0.53 mm 立柱，中心距为 610 mm；38 mm 厚赛尔玛（Thermafiber）SAFB；完工接缝
			95	45 级	基于 15.9 mm 厚 X 形石膏板、厚 51 mm 矿棉棉絮以及相对布设且已完工的水平缝
			124	48 级	基于 15.9 mm 厚 X 形石膏板、93 mm 宽立柱、51 mm 厚矿棉棉絮以及相对布设且已完工的水平缝
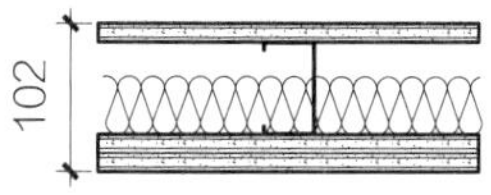 102	UL Des U419 或 U448	1	102	50 级	厚 12.7 mm C 形石膏板；可垂直或水平设置的石膏板；水平缝无须错开或用框架支撑；宽 64 mm、厚 0.53 mm 钢立柱，中心矩为 610 mm；38 mm 厚赛尔玛（Thermafiber）SAFB；完工接缝
				41 级	不以赛尔玛 SAFB 为基础

耐火 2 h 金属组件

图示	防火测试编号	耐火极限（h）	系统厚度（mm）	传声等级	说明
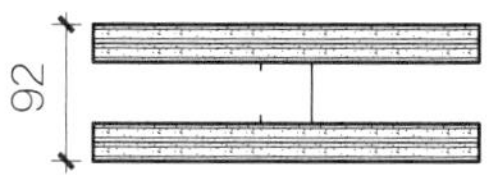 92	UL Des U419 或 U412	2	92	NA[1]	12.7 mm 厚 C 形石膏板；宽 41 mm、厚 0.53 mm 钢立柱，中心矩为 610 mm；双层石膏板用螺丝紧固在槽钢上，两层均以同样方式紧固在钢立柱上；已完工面层接缝；可选贴面石膏
			143	50 级	以宽 92 mm 立柱为基础
			115	54 级	以宽 64 mm 立柱和 38 mm 厚矿棉棉絮为基础
			143	55 级	以宽 92 mm 立柱和 38 mm 厚矿棉棉絮为基础
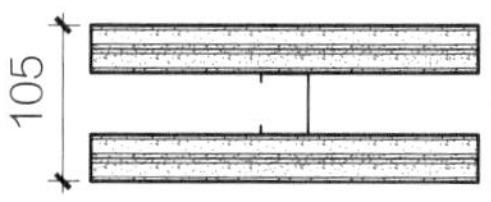 105	UL Des U419 或 U411	2	105	NA	15.9 mm 厚 X 形石膏板；宽 41 mm、厚 0.53 mm 钢立柱，中心矩为 610 mm；双层石膏板用螺丝紧固在槽钢上，两层均以同样方式紧固在钢立柱上；已完工面层接缝；可选贴面石膏
			155	48 级	以 15.9 mm 厚 C 形石膏板和宽 92 mm 立柱为基础
			155	56 级	以宽 92 mm 立柱和 76 mm 厚矿棉棉絮为基础
			127	56 级	以宽 64 mm 立柱和 51 mm 厚矿棉棉絮为基础

1 NA 指的是 "Not Applicable"，意思是无法进行测试或评估。

续表

图示	防火测试编号	耐火极限（h）	系统厚度（mm）	传声等级	说明
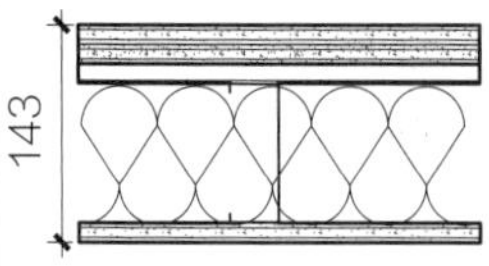 143	UL Des U419 或 U453	2	143	NA	12.7 mm C 形石膏板； 宽 92 mm、厚 0.91 mm 立柱，中心距为 610 mm； 76 mm 厚赛尔玛 SAFB； 在一侧布设 RC-1 或等效槽钢，中心距为 610 mm； 双层石膏板用螺丝紧固在槽钢上，其中一层以同样方式紧固在钢立柱上； 已完工面层接缝； 可选贴面石膏
			213	59 级	以厚 15.9 mm X 形石膏板、宽 152 mm 厚 0.91 mm 结构立柱和厚 127 mm 矿棉棉絮为基础
			203	60 级	以厚 12.7 mm 石膏板、宽 152 mm 厚 0.91 mm 结构立柱和厚 127 mm 矿棉棉絮为基础

耐火 3 h 和耐火 4 h 金属组件

图示	防火测试编号	耐火极限（h）	系统厚度（mm）	传声等级	说明
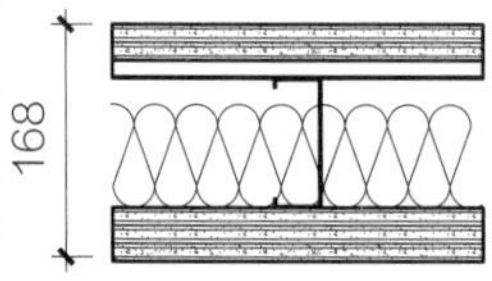 168	UL Des U419 或 U455	3	168	NA	12.7 mm 厚 C 形石膏板； 宽 92 mm、厚 0.91 mm 立柱，中心距为 610 mm； 布设 RC-1 或等效槽钢，中心距为 610 mm； 已完工面层接缝
			184	62 级	以 15.9 mm 厚 X 形石膏板为基础
			229	64 级	以宽 152 mm 厚 0.91 mm 结构立柱和 127 mm 厚赛尔玛 SAFB 为基础
			245	65 级	以 15.9 mm、厚 X 形石膏板、宽 152 mm 厚 0.91 mm 结构立柱、127 mm 厚赛尔玛 SAFB，石膏板和立柱之间的隔声密封胶珠（在石膏板层和立柱侧之间以 203 mm 的中心距少量设置）为基础
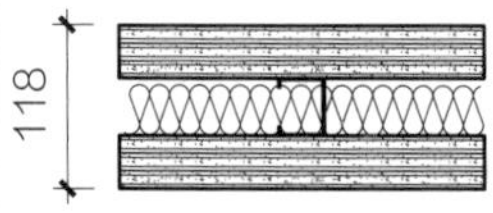 118	UL Des U419 或 U435	3	118	59 级	12.7 mm 厚 C 形石膏板； 宽 41 mm、厚 0.53 mm 钢立柱，中心矩为 610 mm； 38 mm 厚矿棉棉絮； 可选贴面石膏

耐火 1 h 木组件

图示	防火测试编号	耐火极限（h）	系统厚度（mm）	传声等级	说明
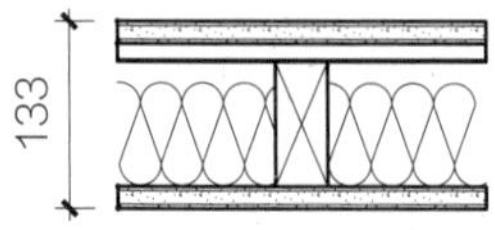 133	UL Des U327	1	133	50 级	15.9 mm 厚 C 形石膏板； 按 406 mm 或 610 mm 中心距设置的 51 mm × 102 mm 木立柱； 76 mm 厚玻璃纤维垫； 在一侧设置 RC-1 或等效槽钢； 完工接缝
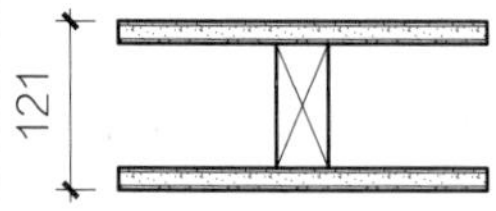 121	UL Des U305	1	121	34 级	15.9 mm 厚 X 形石膏板； 按 406 mm 中心距设置的 51 mm × 102 mm 木立柱； 完工接缝； 可选贴面石膏
				37 级	按 610 mm 中心距设置的立柱为基础
				46 级	按 610 mm 中心距设置的立柱以及 76 mm 厚赛尔玛 SAFB 为基础

耐火 2 h 木组件

图示	防火测试编号	耐火极限（h）	系统厚度（mm）	传声等级	说明
152	UL Des U301	2	152	52 级	15.9 mm 厚 X 形石膏板； 按 406 mm 中心距设置的 51 mm×102 mm 木立柱； 完工接缝； 可选贴面石膏
165	UL Des U334	2	165	59 级	15.9 mm 厚 C 形石膏板； 按 406 mm 中心距设置的 51 mm×102 mm 木立柱； 50.8 mm 厚赛尔玛 SAFB； 在一侧设置 RC–1 或等效槽钢； 完工接缝
				62 级	以在隔断周界设置的 158 mm 厚玻璃纤维保温材料和声学密封胶珠为基础

混水墙[1]

外墙常使用木衬条或钢衬条。石膏板通过螺钉固定在这类衬条上。衬条可沿垂直（首选）或水平方向布设。若采用钉合方式，则木衬条尺寸应为 51 mm×51 mm，即名义最小尺寸；若采用螺钉连接方式，则衬条尺寸可为 25 mm×76 mm 标称尺寸。

直连式副龙骨可直接紧固至外墙内表面，或借助可调节墙体衬条支架和冷轧槽钢予以设置。

独立式衬条通常由顶部和底部滑槽内的宽 41 mm 金属立柱组成。对高大于 3.7 m 的墙体，要增加立柱厚度或深度，或对准立柱中心将其支撑在可用基板上。

常见周界隔断

周界条件（设有全高金属立柱）

在上部结构的底面全高度安装金属立柱，使

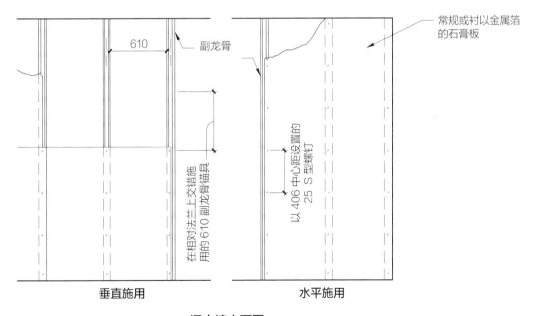

混水墙立面图

资料来源：美国石膏公司（USG Corporation）版权所有，《USG 石膏施工手册》，第六版，第 87 页，R.S.Means 公司。

---

1 作者：德尔·舒福德、美国建筑师协会（AIA），甘斯勒建筑事务所（Gensler）。

隔断更稳固。石膏板延伸至天花板上方，使外观更为美观。金属立柱宽度应允许安装选定的标准设备，如浅型接线盒等。在房间内部（隔断温度较高一侧）布设隔汽层可能会有帮助。

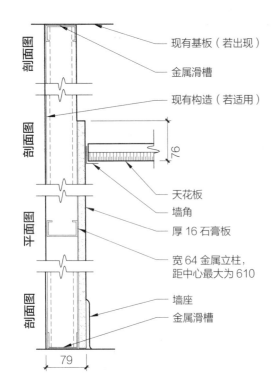

剖面图

剖面图

剖面图

平面图

剖面图

— 现有基板（若出现）
— 金属滑槽

— 现有构造（若适用）

76

— 天花板
— 墙角
— 厚 16 石膏板
— 宽 64 金属立柱，距中心最大为 610
— 墙座
— 金属滑槽

79

全高隔断——79 mm 厚

金属副龙骨隔断周界条件

这类隔断的深度不允许安装接线盒和插座等设备。石膏板延伸至天花板上方，使外观更为美观。在房间内部（隔断温度较高一侧）布设隔汽层对隔断周界条件可能会有帮助。

曲墙框架

石膏板几乎可用来完成任何圆柱形曲面。为防止曲面上出现平点，框架构件之间的间距应短于常见光面墙或天花板表面所要求的间距。在最小半径端，框架中心距不应大于 152 mm。石膏板应用钉子或螺钉机械固定至框架上。

弯曲

湿石膏板易损坏，需小心处理。石膏板完全干燥后，便可恢复原有硬度。

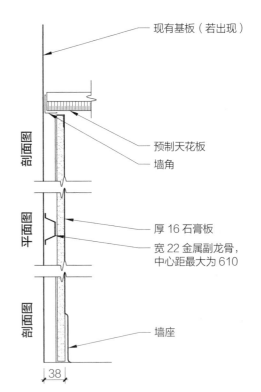

剖面图

平面图

剖面图

— 现有基板（若出现）

— 预制天花板
— 墙角

— 厚 16 石膏板
— 宽 22 金属副龙骨，中心距最大为 610

— 墙座

38

天花板上石膏板终止设置处

干燥石膏板弯曲半径 [1]

石膏板厚度（mm）	纵向弯曲（m）	横向弯曲（m）
6.4	1.5[a]	4.6[a]
7.9	1.9	6
9.5	2.3	7.6
12.7[b]	3[a]	—
15.9[b]	4.6	—

拱门

石膏板几乎可以用于任何拱门的内表面。对半径较短的石膏板，须将其浸湿，或在背纸上按约 25 mm 的中心距沿纸张全宽平行划刻，确保每次划刻均将纸芯划断。

石膏板饰面和天花板防火组件

此处相关设计适用于各类住宅和商业建筑，包括那些设有单（双）层石膏板饰面、消声毡和弹性附件的建筑。

· 钢框架：在性能方面，耐火极限可达 4 h，传声等级可达 60 级。

· 木框架：在性能方面，耐火极限可达 2 h，传声等级可达 67 级。

---

1 a. 可借助两个 6.4 mm 的连续弯曲型构件在较短弯曲半径下最终实现 12.7 mm 的厚度。
   b. 当石膏板厚度为 12.7 mm 或 15.9 mm 时，不允许在干燥时横向弯曲。

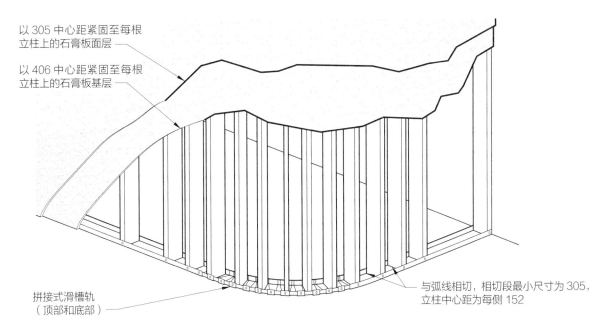

以 305 中心距紧固至每根
立柱上的石膏板面层

以 406 中心距紧固至每根
立柱上的石膏板基层

与弧线相切，相切段最小尺寸为 305，
立柱中心距为每侧 152

拼接式滑槽轨
（顶部和底部）

曲面石膏板组件

资料来源：《石膏施工手册》，美国石膏公司。

地板组件：耐火 1~1.5 h 的 C 形搁栅[1]

图示	耐火极限（h）	系统厚度（mm）	传声等级	说明
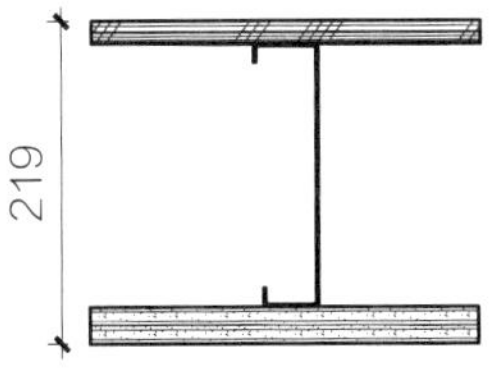		219	NA[2]	13 mm 厚 T&G 胶合板地板； 按 610 mm 中心距设置宽 178 mm、厚 1.21 mm 钢搁栅； 双层 12.7 mm C 形石膏板
	1	279	39 级	以宽 242 mm、厚 1.52 mm 钢搁栅为基础
		279	43 级	以宽 242 mm、厚 1.52 mm 钢搁栅和 76 mm 厚矿棉棉絮为基础
		285	56 级	以宽 242 mm、厚 1.52 mm 钢搁栅和地毯垫为基础
		285	60 级	以宽 242 mm、厚 1.52 mm 钢搁栅和带 76 mm 厚矿棉棉絮的地毯垫为基础
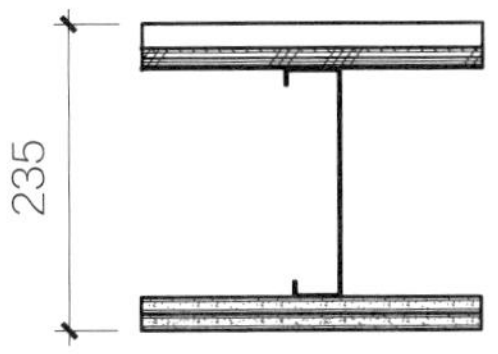	1	235	NA	19 mm 厚地板垫层； 13 mm 厚 T&G 胶合板地板； 按 610 mm 中心距设置宽 178 mm 厚 1.21 mm 钢搁栅； 双层 12.7 mm 厚 C 形石膏板
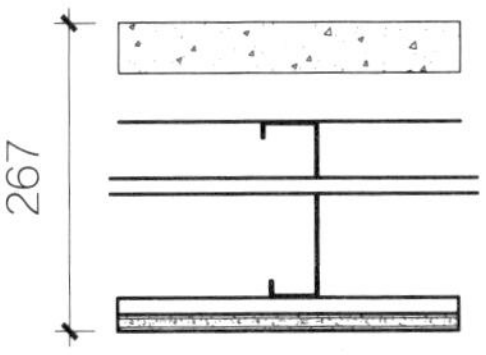	1	260	NA	钢面板上方有 51 mm 厚混凝土； 按 610 mm 中心距设置宽 152 mm 厚 1.21 mm 钢搁栅； RC-1 或等效槽钢； 12.7 mm 厚 C 形石膏板； 完工接缝

1 作者：德尔·舒福德，美国建筑师协会（AIA），甘斯勒建筑事务所（Gensler），得克萨斯州达拉斯市。
2 NA 指的是 "Not Applicable"，意思是无法进行测试或评估。

续表

图示	耐火极限 （h）	系统厚度 （mm）	传声等级	说明
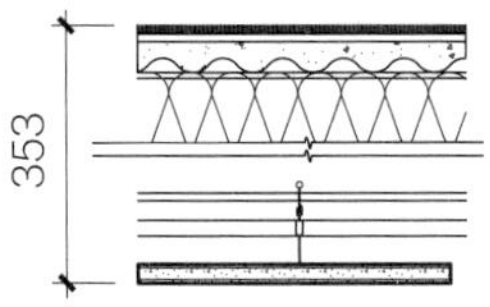 353	1	353	63 级	地毯垫； 25 mm 厚地板垫层； SRM-25 隔声垫； 最小厚度为 0.76 mm 的波纹钢面板； 按 610 mm 中心距设置最小宽度为 203 mm、厚 1.52 mm 钢质 C 形搁栅； 89 mm 厚矿棉或玻璃纤维垫； 干墙悬吊系统； 15.9 mm 厚 C 形石膏板
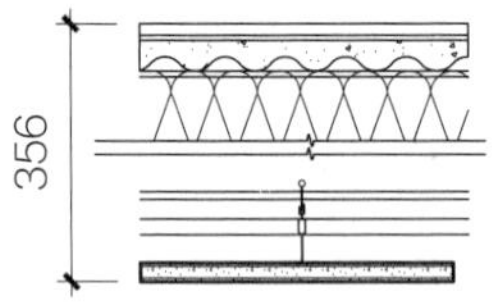 356	1	356	63 级	工程木层压板； 最小厚度为 25 mm 的地板垫层； SRM-25 隔声垫； 最小厚度为 0.64 mm 的波纹钢面板； 按 610 mm 中心距设置宽 235 mm、厚 1.52 mm 钢搁栅； 89 mm 厚矿棉棉絮； 干墙悬吊系统； 15.9 mm 厚 C 形石膏板

地板组件

图示	耐火极限 （h）	系统厚度 （mm）	传声等级	说明
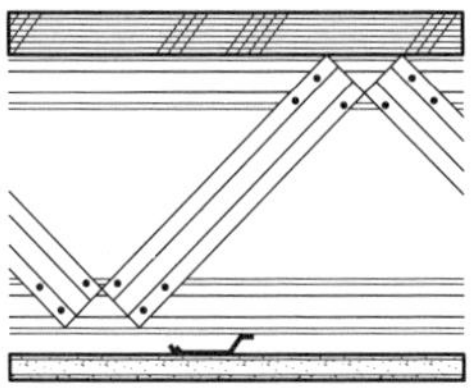	1	219	NA	耐火 1 h 钢桁架； 胶合板地板或胶合板底层地板上的地板垫层； 钢桁架； 石膏天花板膜正上方隐蔽空间所用保温材料（可选）； RC-1 或等效槽钢； 15.9 mm 厚 C 形石膏板； 完工接缝
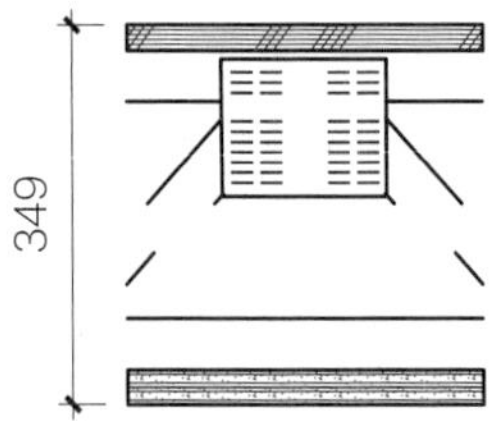 349	1	349	NA	耐火 1 h 桁架； 18 mm 厚胶合板； 按 610 mm 中心距设置平行弦木地板桁架，平行弦的距离为 305 mm； 双层 12.7 mm 厚 C 形石膏板； 完工接缝； 可选贴面石膏
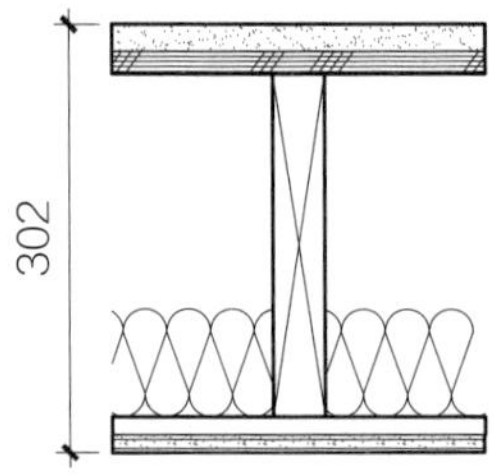 302	1	302	59 级	耐火 1 h 规格材地板组件； 19 mm 厚的胶结型地板垫层； 胶合板底层地板； 按 406 mm 中心距设置 51 mm × 254 mm 木搁栅； 76 mm 厚矿棉棉絮； RC-1 或等效槽钢； 12.7 mm 厚 C 形石膏板； 完工接缝； 可选贴面石膏

续表

图示	耐火极限 （h）	系统厚度 （mm）	传声等级	说明
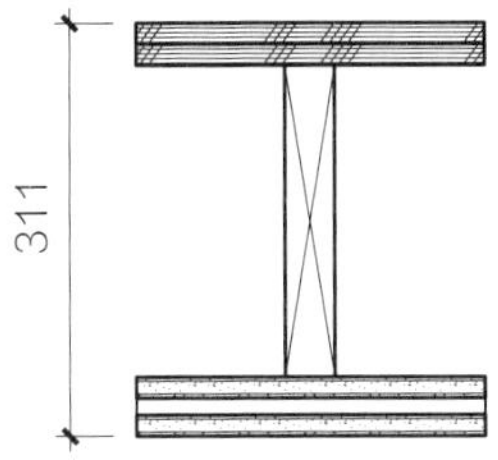 311	1	311	NA	耐火 2 h 规格材地板组件； 25 mm 厚标称底层地板和完工地板； 按 406 mm 中心距设置 51 mm×254 mm 木搁栅； RC-1 或等效槽钢； 双层 15.9 mm 厚 C 形石膏板； 完工接缝
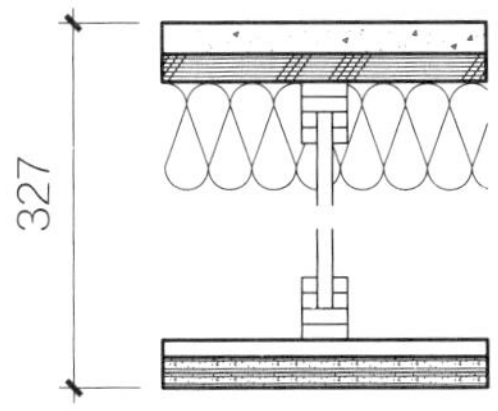 327	1	327	64 级	耐火 1 h 和耐火 2 h 的工程搁栅地板组件； 25 mm 厚胶结型地板垫层； 可选 SRM-25 隔声垫； 垂直设置的厚 15 mm 木材； 按至多 610 mm 中心距设置 242 mm 厚工字形木搁栅； 89 mm 厚矿棉保温材料； RC-1 或等效槽钢； 双层 12.7 mm 厚 C 形石膏板； 完工接缝
		324	65 级	以 19 mm 厚胶结型地板垫层和乙烯基地砖为基础
		327	66 级	以 19 mm 厚胶结型地板垫层和瓷砖为基础

水平膜防火材料

水平膜防火材料常用于防火走廊天花板、楼梯背和金属管道围护结构。

耐火 1 h 和耐火 2 h 的天花板组件

图示	耐火极限 （h）	系统厚度 （mm）	传声等级	说明
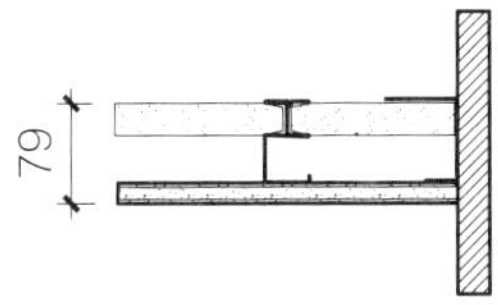 79	1	79	NA	设置水平膜的走廊天花板和楼梯背； 25.4 mm 厚石膏衬板； 按 610 mm 中心距水平跨越的 64 mm 宽 C-H 形钢立柱； 15.9 mm 厚 C 形石膏板
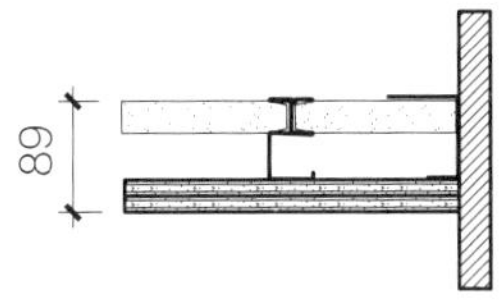 89	2	89	NA	设置水平膜的走廊天花板和楼梯背； 25.4 mm 厚石膏衬板； 按 610 mm 中心距水平跨越的 64 mm 宽 C-H 形钢立柱； 12.7 mm 厚 C 形石膏板

石膏板结构防火材料[1]

带石膏板围护结构的钢柱的耐火极限可达 2~4 h，具体取决于施工情况。

所有柱系统均依据规定尺寸予以测试。重型钢柱的耐火极限不适用于轻型钢柱。

梁、大梁和桁架应使用由石膏板条和石膏或石膏板制成的连续性天花板膜或通过单独围护手段予以保护。

1　作者：德尔·舒福德、美国建筑师协会（AIA），甘斯勒建筑事务所（Gensler）。

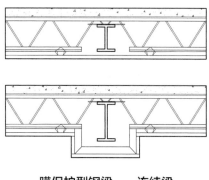

膜保护型钢梁——连续梁

资料来源：美国石膏公司版权所有，《USG 石膏协会耐火设计手册》，第18版，第15页。

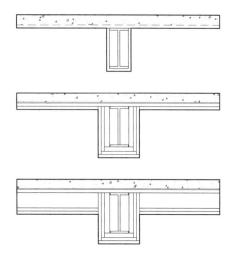

钢梁单独封装保护

资料来源：美国石膏公司版权所有，《USG 石膏协会耐火设计手册》，第18版，第15页。

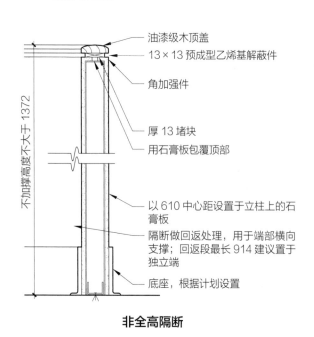

油漆级木顶盖
13×13 预成型乙烯基解蔽件
角加强件
厚 13 堵块
用石膏板包覆顶部
以 610 中心距设置于立柱上的石膏板
隔断做回返处理，用于端部横向支撑；回返段最长 914 建议置于独立端
底座，根据计划设置

不加撑高度不大于 1372

非全高隔断

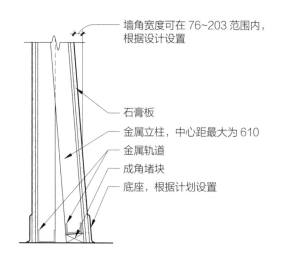

墙角宽度可在 76~203 范围内，根据设计设置
石膏板
金属立柱，中心距最大为 610
金属轨道
成角堵块
底座，根据计划设置

斜交墙

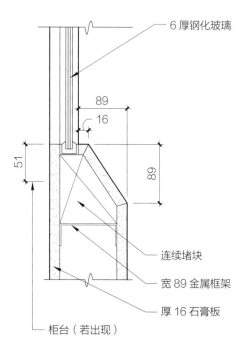

6 厚钢化玻璃
89
16
89
51
连续堵块
宽 89 金属框架
厚 16 石膏板
柜台（若出现）

斜窗台[1]

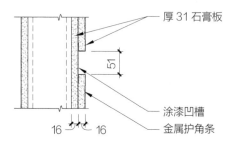

厚 31 石膏板
51
16　16
涂漆凹槽
金属护角条

石膏板隔断窗侧[2]

1　尽量避免将垃圾置于斜窗台上。
2　窗侧可嵌入由不同尺寸和配置的标准部件构成的墙体。

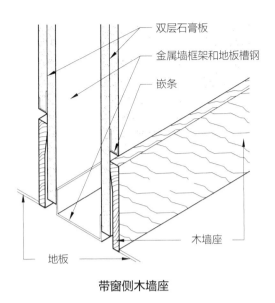

带窗侧木墙座

- 双层石膏板
- 金属墙框架和地板槽钢
- 嵌条
- 木墙座
- 地板

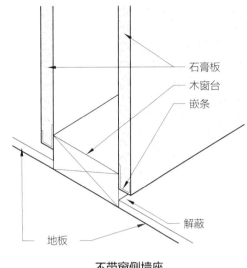

不带窗侧墙座

- 石膏板
- 木窗台
- 嵌条
- 解蔽
- 地板

窗侧墙座细部

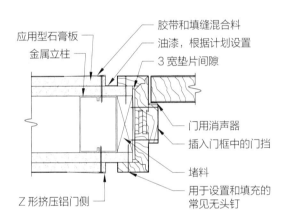

木框架

- 应用型石膏板
- 金属立柱
- 胶带和填缝混合料
- 油漆，根据计划设置
- 3 宽垫片间隙
- 门用消声器
- 插入门框中的门挡
- 堵料
- 用于设置和填充的常见无头钉
- Z 形挤压铝门侧

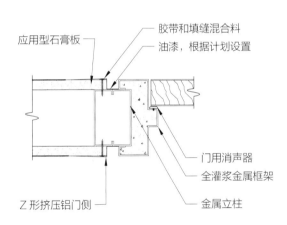

设置一层石膏板的中空金属框架

- 应用型石膏板
- 胶带和填缝混合料
- 油漆，根据计划设置
- 门用消声器
- 全灌浆金属框架
- 金属立柱
- Z 形挤压铝门侧

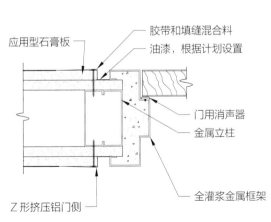

设置两层石膏板的中空金属框架

- 应用型石膏板
- 胶带和填缝混合料
- 油漆，根据计划设置
- 门用消声器
- 金属立柱
- 全灌浆金属框架
- Z 形挤压铝门侧

窗侧边框细部

工具和设备

下列工具可用以满足干墙承包商的需求，请参阅制造商说明书，以确保正确使用：

- 灰板锯：刃短齿粗，可快速、轻松切割石膏板。

- 激光准直工具：一种极为精密的设备，可利用可见激光束开展所有施工准直工作。可为隔断布设和吊顶天花龙骨找平提供最大的精度和速度。

- 轴箱：一种箱型敷料器，可使纸胶带穿过充满接缝混合料的隔间，以将两种材料同时设置于接缝。

- 胶黏和表面修饰刀：宽度为102 mm、127 mm和152 mm的刀具，可用于胶黏、紧固件点胶、角钢胶黏和表面处理；宽度为203 mm或以上的刀具可用于修饰涂层。较窄的刀具均配有平面手柄或锤头手柄。也可使用刀片宽度为25~610 mm的其他长柄型干墙修饰刀。

- 槽钢立柱剪切：可快速、干净地切割钢立柱和滑槽，且不会造成任何变形。对尺寸为41 mm、64 mm或92 mm的钢立柱和滑槽，可为其切割提供导轨。可切割钢厚度最大为0.91 mm。

- 动力紧固件驱动器：用于将紧固件打入混凝土或钢中，以连接框架构件。可用于空气驱动和粉末驱动模型。

- 阴角抹子：用于将贴面石膏涂施于内角以及干墙相关处理工作。刀片较窄的类似工具，可用于常规石膏涂施。也可用于均匀涂施接缝混合料。

- 升降踢板机：可在面板升降过程中将其前移。可用于垂直或平行设置的面板。

- 切割机：切割机的研磨金属切割刀片可切割所有钢框架构件。其钢基座可置于工作台、锯木架或地板上，以便快速高效地对构件进行切割。

- 圆盘刀：经校准钢轴允许精确切割直径406 mm以内。

- 面板升降机：摇架型升降机仅可容纳一人，可借以将石膏板设置于侧壁、斜面型天花板以及平面型天花板上。该升降机还设有三脚架基座与滑槽，以便于移动。

- 脚手架：携带方便，易于搭设。安全起见，配设轮锁。脚手架有多种尺寸和类型，可满足种类工作要求。

- 立柱卷折机：用于设置和拼接金属立柱、粗设门夹和窗头座，设置电箱和在吊顶天花龙骨上穿吊架线孔。

- 锁眼型通用锯：可切割小型开口结构和做各种不规则形状的切割。刀尖锋利，刀片坚韧，可穿板切割。

- 手动砂磨机：可通过端夹将砂纸连接至尺寸为83 mm×235 mm的基板。具体型号包括木制手柄和铝制手柄。

- 长柄砂磨机：长手柄可扩大砂磨工作范围。

- 自动胶黏机：一种管式装置，可将定量混合料涂抹在胶带上，而后将胶带粘在墙上并将其切割成一定长度。适用于平缝或平角。

- 石膏板滑动台架：可围绕建筑物各楼层有效输运，石膏板载荷集中于较大的侧轮上，一名工人即可轻松操控。

- 折叠支架台：顶面可提供工作台面或立式工作平台。支腿数量可酌情增加。

- 高跷：有助于到达高处区域，以便开展干墙、贴面石膏和石膏相关作业。可使敷料器充分移动，并增加天花板作业所需高度。高跷设有关节铰，可随踝铰移动而弯曲。有固定高度和可调高度两种。

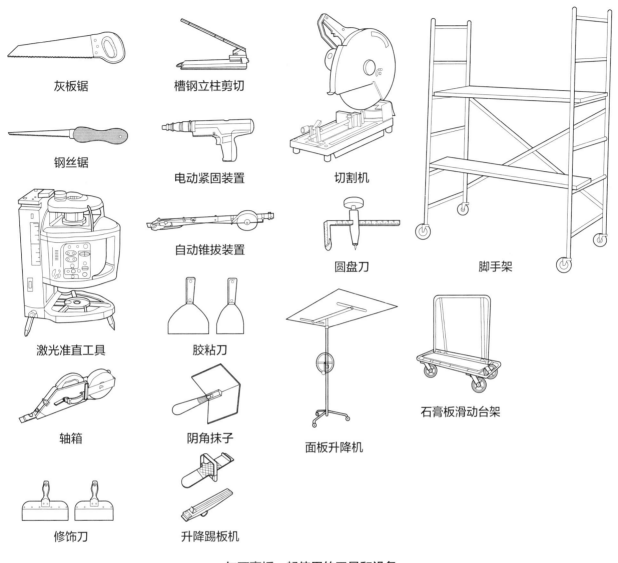

灰板锯	槽钢立柱剪切	切割机	
钢丝锯	电动紧固装置		
激光准直工具	自动锥拔装置	圆盘刀	脚手架
轴箱	胶粘刀		石膏板滑动台架
修饰刀	阴角抹子	面板升降机	
	升降踢板机		

与石膏板一起使用的工具和设备

资料来源：美国石膏公司（USG Corporation）版权所有，《USG 石膏施工手册》，第六版，第439页，R.S.Means 公司，

混凝土砌块 [1]

混凝土砌块（CMU）是胶结基质内嵌骨料颗粒的模块化建筑单元。承重单元和混凝土砖常用于建筑核心和外壳结构。非承重单元可按规定用于隔断，但常用于钢柱和耐火隔断的防火保护。

混凝土砌体在颜色、尺寸、纹理、配置和质量方面不尽相同，以满足整体设计、细部设计和施工需求。纹理可以是平滑型、地面型、分裂型，以及有棱纹的，或通过其他方式予以处理，以尽量增强设计的通用性。对混凝土砌块进行表面预处理并整体上釉，可选用光滑饰面，亦有更多颜色可供选择。

混凝土砌块声学考量

高质量单砖厚混凝土砌体墙可实现相对较高的传声等级（STC）。传声等级可通过添加衬条、保温材料和石膏墙板堆焊材料等得以提高。声波在到达接收区之前，会因穿过挡块、空腔中的空

1 作者：德尔·舒福德，美国建筑师协会（AIA），甘斯勒建筑事务所（Gensler）。
萨拉·巴德，甘斯勒建筑事务所（Gensler）。

混凝土砌体墙声学构造[1]

墙壁类型	构造说明	传声等级
内部空心墙	100 mm 厚扯裂面砌块 25 mm 厚空气间层 51 mm 厚硬质保温材料 200 mm 厚 CMU 38 mm 厚木衬条 38 mm 厚玻璃纤维保温材料	65 级
内部空心墙	100 mm 厚扯裂面砌块 89 mm 厚空气间层 64 mm 厚玻璃纤维保温材料 200 mm 厚 CMU	79 级
内部空心墙	100 mm 厚扯裂面砌块 89 mm 厚空气间层 64 mm 厚玻璃纤维保温材料 100 mm 厚 CMU	66 级
200 mm 厚 CMU 墙	200 mm 厚 CMU	50 级
200 mm 厚 CMU 墙系统	200 mm 厚 CMU 51 mm 宽 Z 型钢 12.7 mm 厚石膏墙板	51 级
200 mm 厚 CMU 墙系统	200 mm 厚 CMU 51 mm 宽 Z 型钢（2 套） 12.7 mm 厚石膏墙板	52 级
200 mm 厚 CMU 墙系统	200 mm 厚 CMU 38 mm 宽木衬条 38 mm 厚玻璃纤维保温材料 12.7 mm 厚石膏墙板	54 级
200 mm 厚 CMU 墙系统	200 mm 厚 CMU 76 mm 宽钢立柱 38 mm 厚玻璃纤维保温材料 12.7 mm 厚石膏板（一侧）	59 级
200 mm 厚 CMU 墙系统	200 mm 厚 CMU 76 mm 宽钢立柱 38 mm 厚玻璃纤维保温材料 12.7 mm 厚石膏板（两侧）	64 级

气和墙板而被削弱。空心墙中的空气越多，传声等级越高。现已证明，空心墙可有效阻隔大多数频率的声音（包括低频声音）。内用 CMU 空心墙的传声等级可高达 79 级。

对隔声要求较高的空间，可使用特殊产品。声音阻块和扩散器阻块的传声等级均在 52 级以上。

声音阻块可用于演讲厅、游泳池和剧院周围的内墙。声音阻块是一种 CMU，每个块芯均配有一个垂直槽，以产生亥姆霍兹共振器效应来减弱声音。

扩散器阻块系由三个联锁单元构成的阻声墙。它们可打造一个亥姆霍兹共振器用来吸收声音，同时可将声音有效扩散回声源室。扩散器阻块设有水平缝加固空间块芯可用灌浆或保温材料填充。

尺寸和质量

混凝土砌块尺寸一般表述为宽 × 高 × 长。

单砖厚砌体

单砖厚砌体墙结构在许多应用中都很常见，包括承重墙和非承重墙以及内外墙等。这类单砖厚砌体系统常被用作防火室内隔断。

单砖厚墙可在内外部做隔热处理。所用保温材料可直接附着或机械固定在砌体上，也可与传统衬条或立柱系统一起安装。

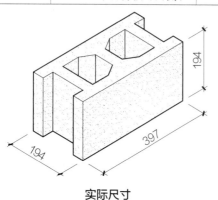

实际尺寸

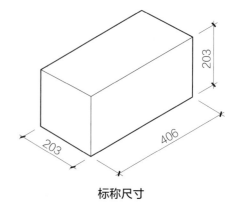

标称尺寸

混凝土砌块

1 CMU 和石膏墙板采用标称行业标准尺寸进行公制换算。

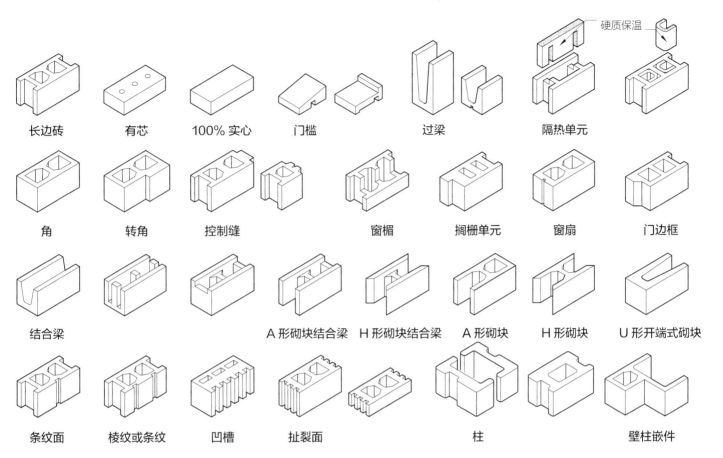

长边砖	有芯
100% 实心	门槛
过梁	隔热单元
角	转角
控制缝	窗楣
搁栅单元	窗扇
门边框	
结合梁	A 形砌块结合梁
H 形砌块结合梁	A 形砌块
H 形砌块	U 形开端式砌块
条纹面	棱纹或条纹
凹槽	扯裂面
柱	壁柱嵌件

常见混凝土砌块形状

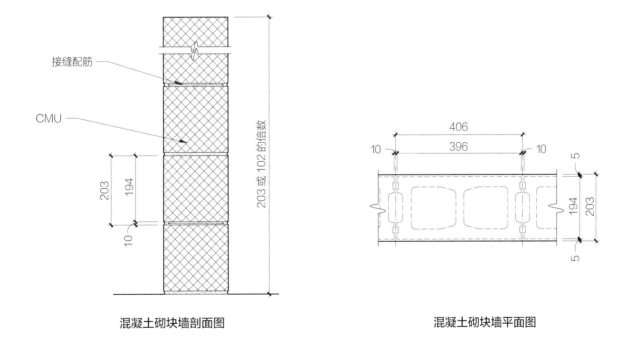

混凝土砌块墙剖面图　　　　混凝土砌块墙平面图

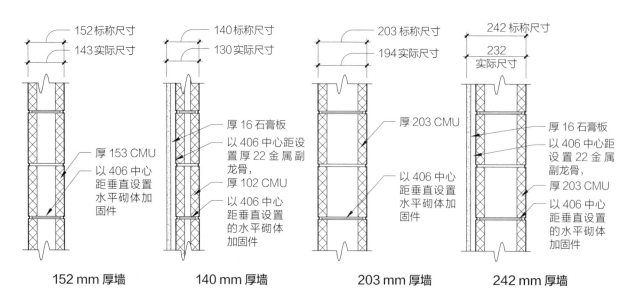

152 mm 厚墙　　140 mm 厚墙　　203 mm 厚墙　　242 mm 厚墙

标准 CMU 墙剖面图

建筑混凝土

　　建筑混凝土系手工制作现浇型饰面材料。在构成和质量水平方面与传统结构混凝土不同。建筑混凝土在设计和制造过程中须伴以相关协调和质量控制工作。建筑混凝土有多种纹理、颜色和饰面可供选择。其室内应用场合包括墙壁、楼梯和其他整体外露混凝土区域。

　　建筑混凝土运用相关考量包括：

　　·建筑混凝土模板调正与布置；

　　·表面纹理一致性；

　　·颜色一致性；

　　·整体外观（无裂纹）。

建筑混凝土设计[1]

　　建筑混凝土工程成功与否取决于设计师、工程师和承包商之间的协调。建筑混凝土必须尽可能精确地制作，因为一旦置放到位，几乎不可能再予以校正。

　　以下是变更混凝土饰面外观的三种方法：

　　·材料变化，包括变更粗骨料或细骨料的尺寸、形状、纹理和颜色（特别是就浮露骨料混凝土而言），以及选择白水泥或灰水泥等。

　　·模板变化，指通过模板设计、模板衬垫或接缝边缘处理来变更混凝土表面的纹理或图案。

　　·表面处理，即在混凝土固化后对其表面进行处理或加工。

接缝类型

　　·施工缝出现在施工期间混凝土作业中断处，但其不影响系统的结构完整性。

　　·模板缝出现在模板连接处或接合处。

　　·控制缝旨在结合混凝土固化收缩的特性，在混凝土预定位置留缝。影响留缝位置的因素包括混凝土构件的尺寸和形状、钢筋布设以及混凝土固化时的保护措施等。如果不设控制缝，长度超过 3 m 或 4.5 m 的构件将会随机开裂。

骨料

　　骨料对混凝土表面的最终外观影响很大。骨料选择应综合考虑颜色、硬度、尺寸、级配、外露方法、耐久性、可用性和成本等因素。骨料硬度和密度须与结构要求和耐候条件相适应。粗细骨料的来源在整个施工过程中应保持一致，以防最终表面外观不一致，对浅色混凝土这

1　作者：格雷斯·S. 李，里皮托建筑师事务所（Rippeteau Architects）。
　　斯蒂芬·S. 索克，专业工程师，美国混凝土砌体协会（National Concrete Masonry Association）。
　　布莱恩·E. 特林布尔，砖业协会（Brick Industry Association）。
　　《专业规范》，由 ARCOM 公司出版。

一点更为重要。以下是常用骨料类型及其可用颜色：

- 石英，可用颜色有透明色、白色、黄色、绿色、灰色、浅粉色或玫瑰色。透明石英可用作闪光表面，以补充其他颜色和色素黏合剂。
- 花岗岩以其耐久性而闻名，可用颜色有粉色、红色、灰色、深蓝色、黑色和白色。暗色岩，如玄武岩，可用颜色有灰色、黑色或绿色。
- 大理石可用颜色范围最广，包括绿色、黄色、红色、粉色、灰色、白色和黑色。
- 石灰岩有白色和灰色两种颜色可选。
- 各类砾石，经洗涤和筛分后，可用于棕色和红棕色饰面。河床砾石多呈黄赭色、棕褐色、浅黄色和纯白色。
- 就玻璃质材料而言，陶瓷的颜色无疑是最鲜亮、最多样的。
- 膨胀轻质页岩可用于生产红棕色、灰色或黑色骨料。此等页岩多孔且易碎，可产生一种颜色柔和的无光面。

浮露骨料

浮露骨料表面系混凝土工程的一种饰面。可通过去除表面水泥来使骨料外露。适合外露的骨料包括直径6~152 mm的鹅卵石。骨料碎片的外露程度在很大程度上取决于其尺寸大小。骨料尺寸的选择通常以其观看距离和期望外观为依据。

表面纹理和模板衬垫

带图案模板和衬垫使在混凝土中模拟木材、砖、石等的纹理成为可能。纹理及其产生的阴影图案可掩盖轻微的颜色变化或损坏，而这类颜色变化或损坏在光滑表面上将是相当惹眼且不可接受的。在带纹理衬垫接缝处设置锈条，可简化模板组合。

整体着色混凝土

彩色混凝土可模拟天然石材或其他建筑材料，因此颇具成本效益。可选用两种标准水泥（即标准灰色硅酸盐水泥和白水泥）来营造颜色深浅不一的效果。

可通过向前述两种水泥的任何一种的混合料中添加矿物氧化物颜料来制造整体着色混凝土。

石墙

采石和石材加工领域的新技术，包括用以制作更薄的块石和石砖产品的技术等，使块石得以广泛应用于室内设计中。

块石通常是有一个或多个机械处理表面的毛石。块石多为厚石板，通常采用纹路或端部对称方式予以标记，确保其与模板图案相匹配，以便后续切割。

块石砖的厚度小于19 mm时，同样可提供充满自然美的石质表面，但又可摆脱块石在质量、深度和费用等方面的限制。然而，正因为其厚度较小，石地砖更易因受冲击或因正常范围内的地板挠曲而开裂。石砖安装可采用厚贴安装法或薄贴安装法。

石材类型[1]

岩石分为火成岩（由火山作用形成）、沉积岩（由经历固结和结晶的沉积物形成）和变质岩（当其他种类的岩石在地球内部巨大热量和压力作用下发生变化时形成）。

- 花岗岩坚硬、耐用、易养护，是一种颇具视觉冲击力的粒状火成岩。其颜色和质地比较均匀。
- 大理石是一种变质石，以斑驳的脉状表面为特色，因丰富的颜色和华丽的外观而颇具价值。大理石相对较软且易刮擦，须予以专门维护，特别是在抛光处理情形下。

1　作者：理查德·D. 霍夫，美国建筑师协会会员（FAIA）。
　　D. 尼尔·兰金斯，RGAA/弗吉尼亚，弗吉尼亚州里士满市。

大理石可做抛光、珩磨、锯切、喷砂、石锤雕琢、裂面、滚磨和酸洗处理。

· 石灰岩是一种沉积石，其硬度、密度和孔隙度因类型而异。鲕粒灰岩（蛋石）是由同心层组成的球形颗粒构成。石灰岩的颜色范围仅限于浅黄色和灰色等中性色调。石灰岩易于着色，常用于建筑物外覆层。石灰岩饰面包括抛光、珩磨、喷砂、火烧、石锤雕琢、滚磨和酸洗面。一些石灰岩品种可获得高珩磨（缎面亚光）饰面，其反射率要高于标准珩磨饰面。

· 板岩是一种变质石，由页岩和黏土形成。板岩易裂成薄石片。这种由自然表面形成的饰面通常被称为裂缝饰面。板岩也可通过砂磨形成光滑饰面，也支持珩磨处理。

· 石灰华是一种沉积石，以其天然孔洞为特色。这类孔洞是由岩石成型过程中嵌入的植物形成的。必须填充这些孔洞方能获得光滑表面。石灰华通常将硅酸盐水泥、环氧树脂或聚酯树脂用作填充材料。虽然石灰华是石灰岩的一种，但其某些类型在抛光后被归类为大理石。石灰华作为地面材料很受欢迎，因为其视觉纹理在隐藏污垢方面要强于其他大多数石材。

· 缟玛瑙是一种装饰性石材，因其色彩和带状图案等独有特色而备受青睐。其脱胎于石英晶体，可通过化学处理增强美观性。缟玛瑙通常是半透明的，相对柔软，在自然状态下较为脆弱。可通过树脂处理提高其性能和耐久性。

· 石英岩是一种变质石，由再结晶砂岩形成。石英岩含有二氧化硅，有助于增强其密度和耐久性。石英岩适用于珩磨、喷砂和裂缝饰面。石英岩的成分构成使其容易分裂。此外，其牛鼻形或葱形细部或难以复制。

· 砂岩是一种粗粒沉积石，由石英组成，与二氧化硅、碳酸钙或氧化铁相结合。不同的氧化铁可产生不同的颜色，从黄色、浅黄色、棕色到红色。相关石材类型包括青石、褐砂石和扁石。砂岩可做珩磨、锯切和裂面处理。其室内用途包括墙板、室内铺砌、家具和台柜等。

石饰面

石材表面处理可影响人们对室内用石材的颜色、纹理和防滑性等的感知。

· 抛光饰面反光性较强，可为石材提供镜面光泽，进而充分展现石材的颜色和样式。

· 珩磨饰面通常为缎面或暗光面，仅有少许光泽或没有光泽。这类饰面因其防滑性而成为商业地面的理想选择；但同时，其也容易吸收污渍，从而颇受诟病。

· 锯切饰面是从石块锯切下来的石板上尚未处理的纹理。纹理通常是无方向性的，由圆形标记和沟槽面组成。

· 喷砂饰面是通过在石头表面喷砂以产生一种粗糙的无方向性纹理。可依据在表面处理过程中所用砂粒的大小，产生细、中或粗纹理。设有喷砂饰面的室内铺砌石本身具有防滑性能，但饰面纹理会因行人往来过密而逐渐被磨损，最终成为珩磨饰面。

· 酸洗饰面是通过将酸性溶液设置至石材表面以产生一种质朴纹理。这种纹理适用于钙基石材，如大理石和石灰岩等；但石英基石材（如花岗岩）则不太适合。

· 热饰面，也称为火烧饰面，是通过将强烈燃烧产生的热量传递至石材表面而形成的。这种饰面的纹理较为粗糙且不规则，以石材晶体结构为基础。热饰面通常颜色较浅，且与抛光面或珩磨饰面相比，石材特性不那么明显。热饰面常用于花岗岩。

· 水射流饰面，也叫流体抛光饰面，是借助高压水力形成的。通过这种方式，可赋予石材表面纹理并突出石材颜色。水射流饰面纹理介于珩磨饰面和热饰面之间。

- 裂面饰面是由表面开裂并具有自然叶理的石材（包括板岩和石英岩）所产生的自然纹理。纹理因石材密度而异；高密度石材的开裂平面通常更为平坦，而低密度石材开裂时所产生的纹理则相对不规则。
- 滚磨饰面可赋予石材一种古色古香的外观，常用于小石块。滚磨过程可软化石材边角，并使石材表面变得粗糙。
- 石锤修琢面和琢石面是通过用工具敲击石头表面所产生的有纹理的表面。拟做石锤修琢或琢石处理的石材必须有足够的密度和厚度来承受工具冲击。

- 裂面纹理类似于裂面石材的纹理，但常用于无自然叶理的石材。裂面纹理是使用轧刀或楔子形成的，后者在动力驱动下直接打入石材。饰面纹理不尽相同，既有相当平坦、一致的纹理，也有类似于粗糙热饰面的纹理。

石砌体样式和砌面[1]

结构黏结指将复合墙体的承重部分和表层部分进行物理黏结，可借助金属系件或石材单元完成。这类金属系件或石材单元可设置为与结构剩余部分相连接的"头座"。

琢石砌体是由尺寸不一的各种方形建筑石材单元构成。切割好的琢石将在工厂中被修整至特定设计尺寸。琢石常以不同长度和高度随机排列使用。

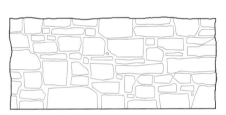

不分层未加工方形图案

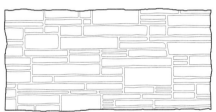

不分层粗石图案

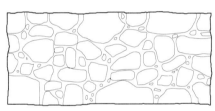

不分层岩架图案

毛石砌体样式——立面图

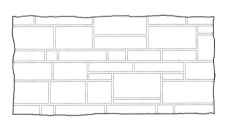

随机破碎的成层琢石

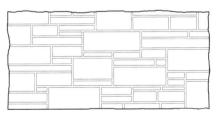

随机成层琢石

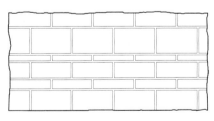

成层琢石——顺砖砌合

琢石砌体样式——立面图

1　作者：乔治·M. 怀特塞德三世，美国建筑师协会（AIA）成员，以及詹姆斯·D. 劳埃德。
　　建筑石材协会（Building Stone Institute）。
　　亚历山大·凯斯，里皮托建筑师事务所（Rippeteau Architects）
　　克里斯丁·比尔，美国注册建筑师委员会（NCARB），美国通信学会理事会（CCS）。

玻璃砌块

玻璃砌块又被称为玻璃块，是一种多用途建筑材料，具体应用可表现出其多方面的特点。可将不同形式的玻璃块（在类型、厚度、大小、形状和样式等方面不尽相同）与不同的安装方法相结合来适应独特的设计方案。

玻璃块应用范围涵盖整体立面、窗户、室内分隔物和隔墙，以及天窗、地板、走道和楼梯等。在所有应用中，玻璃块单元均可控制光线（包括自然光和人造光），以实现相关功能或营造艺术氛围。玻璃块也可控制热传输、噪声、灰尘和通风等。此外，使用厚面玻璃块或76 mm实心防弹玻璃块，还可确保安全。

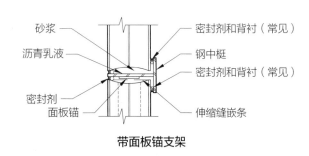

带面板锚支架

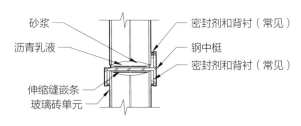

可用于支撑多个垂直面板的座角钢

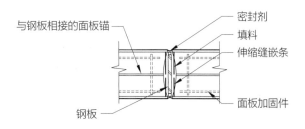

可用于支撑多个水平面板的支架

支撑处剖面图

玻璃砌块类型

玻璃块单元基本可分为两部分。两部分内部均处于半真空状态，并因此而结合在一起。可选用光洁饰面，也可选用带图案或刻有完整浮雕的饰面。

玻璃块厚度最小为实心玻璃块单元的75 mm标称厚度，最大为空心玻璃块单元的100 mm标称厚度。

实心玻璃块单元（玻璃砖）抗冲击性较强，并允许透光。

表面装饰可通过熔接陶瓷、蚀刻或喷砂来实现。外表面也可采用浮雕式点画图案。

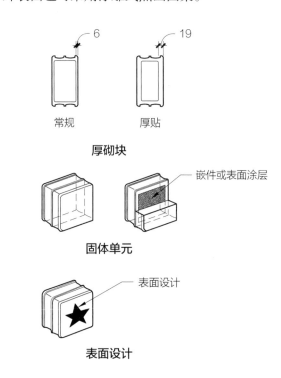

玻璃砌块类型

端块单元边缘处有一个圆形加工面。这类单元可用于终止室内隔断或墙体的延展，或在水平安装情形下，用作空间分隔物。

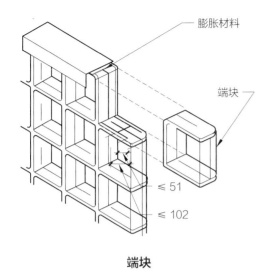

端块

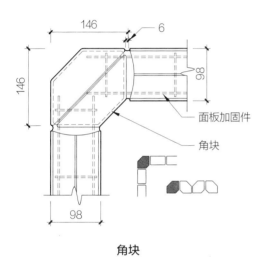

角块

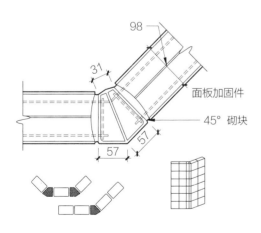

45° 砌块

特殊角块形状

玻璃砌块传声等级

传声等级	尺寸（mm）	样式	组件构造
31 级	203 × 203 × 76	所有样式	硅树脂系统
31 级	203 × 203 × 76	所有样式	硅树脂系统
37 级	203 × 203 × 102	所有样式	砂浆
40 级	203 × 203 × 102，配有纤维过滤器	所有样式	砂浆
48 级	203 × 203 × 102 厚面砌块	厚砌块	砂浆
53 级	203 × 203 × 76 实心单元	实心砌块	砂浆

曲面面板结构[1]

应使用中间伸缩缝和支撑将曲面区与平面区隔开。伸缩缝应布设于多曲面墙所有方向变化处、曲面墙与直墙交点处以及90° 以上曲率的中心处。

曲面面板结构最小半径

砌块尺寸（mm）	内径（mm）	90° 弧内的砌块数	缝厚（mm）内部	缝厚（mm）外部
102 × 203	813	13	3	16
152 × 152	1232	13	3	16
203 × 203	1651	13	3	16
305 × 305	2502	13	3	16

面板尺寸

最大面板尺寸

砌块类型和面厚（mm）	内部区域（m²）	内高（m）	内宽（m）
标准尺寸，0.6	23.2	6	7.6
细线系列	7.9	3	4.6
实心玻璃砖，76	9.3	3	3

1 作者：布莱恩·库珀和亚娜·甘索尔，美国建筑师协会（AIA），DES 建筑师和工程师公司（DES Architects & Engineers）；以及尼克·卢米斯，高级系统工程师，匹兹堡康宁公司（Pittsburgh Corning Corporation）。

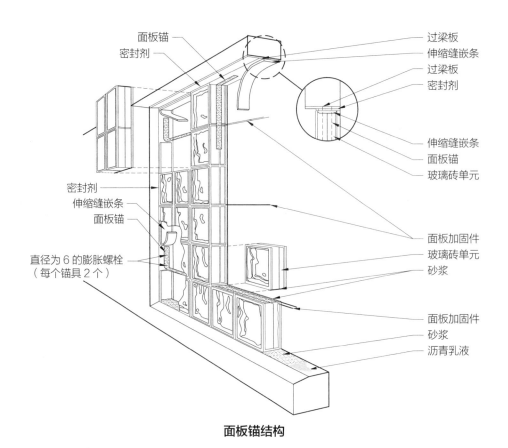

面板锚结构

玻璃块隔断及其细部

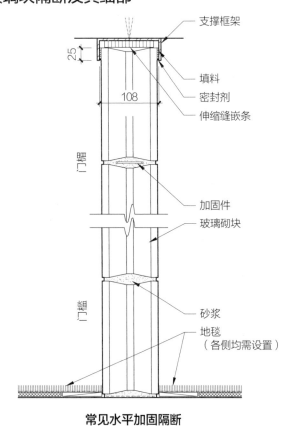

常见水平加固隔断

预制隔断

可移动墙

可移动墙，也称为可移位墙、活动墙或可拆卸隔断，是在工厂预制并在现场组装的各种墙面隔断系统。连接件、基座和其他组件均为这类系统的一部分，安装可移动墙所用工具远少于建造石膏板隔断所需工具。

设计方面的最新改进赋予空间更好的隐私性、安全性和声音屏蔽性。系统还纳入厚镶板用以降噪，其传声等级（STC）为44~48级。

灵活性

可移动墙越来越广泛地被应用于办公室中，以满足不断变化的需求。与传统石膏板隔断相比，可移动墙的施工时间更少，安装成本更低。该系统还可省去标准石膏板墙结构中固有的胶黏和砂磨操作（因此也避免这类操作产生的灰尘和碎屑）。此外，这类系统甚至可在办公空间正常运转期间实现重新配置。

可移动墙支持重新配置，无须费力更新或维护地板和天花板饰面。某些系统安装在地板和吊顶天花龙骨中，这使得其移动几乎不会对所涉表面造成任何损坏。

可持续性

可移动墙有助于实现建筑可持续发展目标。系统部件可轻松实现重新配置和重新使用。某些产品含有高达30%的可回收材料，其中70%可在使用后回收。此等灵活性使得废物可以重新被利用而非轻率地被处理掉，进而大大减少了运往垃圾填埋场的废物量。

可移动墙类型

目前，可移动墙系统通常由玻璃板和固体板的钢制或挤制铝框架构成。某些系统中的框架可在无中间支撑情形下实现3 m的跨度。一些制造商声称其移动墙比石膏墙板有更好的隔声效果。

- 玻璃类型包括透明玻璃、半透明玻璃、不透明玻璃、压花玻璃、双层玻璃和隔声玻璃。可移动墙系统也可安装天窗玻璃。
- 固体材料包括金属、层压板、织物和木材单板。
- 某些系统将模块化包层砖用于多种饰面中，包括智能白板和织物包覆的中密度纤维板（MDF）核心布告板、背涂玻璃和前后投影屏幕。

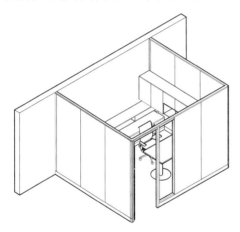

配设实心门和玻璃舷窗的私人办公室

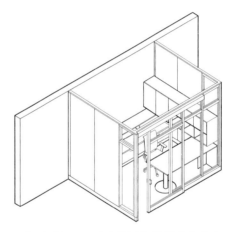

配设玻璃门、天窗和滑动门的私人办公室

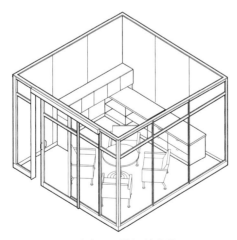

配设玻璃和厚镶板的会议区

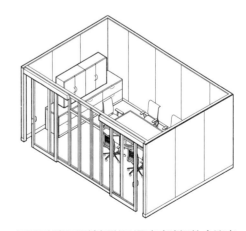

配设玻璃和厚镶板以及滑动玻璃门的会议室

可移动面板配置

资料来源：由 Steelase 有限公司提供。

连接

不同制造商在框架与框架以及框架与天花板、地板或墙壁之间的连接细部方面差别很大。以下是一些可用选项：

- 涂漆钢框架，框架与框架之间平齐连接。
- 玻璃间角，干式对接。
- 标准面板，可现场切割以适应窗台、柱子和其他障碍物。
- 地毯夹和天花板轨道弹片，其连接和断开不会损坏内部饰面。
- 声敏聚氯乙烯（PVC）拉链面板连接条，以及成角度或旋转式角连接件。
- 铝连接柱，支持两路、三路或四路连接。

布线

可移动墙通常被设计为易于布设电力和数据电缆的形式。可在墙基、标准要求高度以及桌面高度处提供通道。系统配有可纳入硬接线和快速断开系统以及经国家批准标准接线盒的墙体空腔。

天花板基极馈电线路

基极馈电线路

可移动墙电力和通信电缆布线

资料来源：Teknion公司。

门

可移动墙可搭配使用多种类型的门：

- 宽1016 mm或1067 mm，厚10 mm的铰链玻璃门。
- 宽1016 mm或1067 mm，厚44 mm的铰链实心门。
- 滑动玻璃门。
- 宽1219 mm、厚44 mm的隐形门，可嵌入墙板内1219 mm宽的门套中。
- 1016 mm、1067 mm或1219 mm宽的墙面悬挂式谷仓门。可用于玻璃墙、实心墙或含玻璃嵌件的实心墙。
- 枢轴门。

钢丝网隔断

钢丝网隔断在须兼顾可视性和空气流通处（如存储设施、计算机实验室和工资单分发区）非常有用。钢丝网通常设有38 mm的菱形网孔。若网孔更小或采用方形网孔，相应成本会更高。

标准钢丝网隔断为用螺栓连接并用地脚锚支撑的独立面板。面板宽度从229 mm到1524 mm不等，最大高度为3.7 m。可通过堆叠多个面板来获得更高的高度。有各种五金件和配件可供选择，包括平顶镶板、镶边开口、铰链和滑动门、荷兰门、落架以及上滑和侧铰链服务窗。部件为工厂喷涂钢。

开闭式面板隔断[1]

开闭式隔断允许根据具体活动调整房间尺寸，以充分利用空间。这类隔断共有以下几种：

- 单面板隔断：单面板隔断可兼顾大尺寸开口、远程存储和复杂布局，是通用性最强的隔断之一。单面板隔断悬挂在高架空轨道上，可适应不同的地板条件。单面板隔断可用于多用途房间、展览厅和商业建筑，耐火极限为1~2h。
- 双面板隔断：对不涉及多个位置或偏移存储的直线开口，如教室、会议室或办公空间，双面板隔断是最为有效的隔断之一。

1 作者：马杰里·摩根，赛姆斯·迈尼和麦基联合公司（Symmes Maini & McKee Associates）。
斯蒂芬·卢克，Brennan Beer Gorman 建筑设计事务所。

铰接在一起的两个面板通常存储在其运行区间的一端或两端，其设置相对便利、快捷。

- 连续铰接面板系统：铰接面板可电动（用按键开关）也可手动操作。当面板运行至其运行区间端部时，底部声学密封装置将自动启用，以免因误用而造成面板损坏。铰接面板可用于酒店宴会厅、体育馆、多功能厅、文娱和会议中心、教室和会议室。

疏散路径

疏散路径由主管当局确定。有时可能需要增添疏散设施，因为当可开闭隔断就位时，空间将被切实划分为两个独立房间。在这种情况下，通常需执行无障碍设计标准针对额外疏散设施的相关规定。

符合无障碍设计标准并为无障碍目的而专门设计的防火门也可用作疏散设施。这类防火门均无门槛；可利用五金件打开此等防火门或对其进行其他操作，所需力道不超过 22 N，且无须抓握或扭转即可完成相关操作；各门均可摆动 90°，且分别设有一个 813 mm 宽的净开口。

面板存储考量

面板存储库需在设计开发阶段与面板制造商一起设计，以确保提供适当空间、尺寸和配置。存储室的配置取决于所选系统，以及室门的开度、摆幅和闭合五金件等。有多种饰面可选的口袋门可将存储区域隐藏起来。

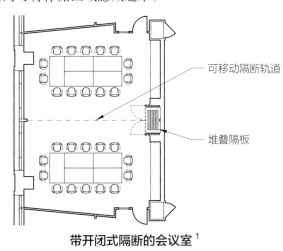

带开闭式隔断的会议室[1]

资料来源：lauckgroup 公司。

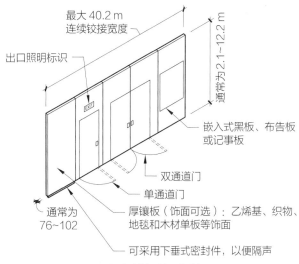

最大 40.2 m 连续铰接宽度

出口照明标识

通常为 2.1~12.2 m

嵌入式黑板、布告板或记事板

双通道门

单通道门

通常为 76~102

厚镶板（饰面可选）：乙烯基、织物、地毯和木材单板等饰面

可采用下垂式密封件，以便隔声

配设通道门的面板墙

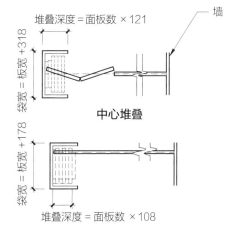

堆叠深度 = 面板数 × 121

墙

袋宽 = 板宽 +318

中心堆叠

袋宽 = 板宽 +178

堆叠深度 = 面板数 × 108

垂直堆叠

袋宽 = 板宽 +178

堆叠深度 = 面板数 × 108

远程存储

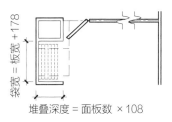

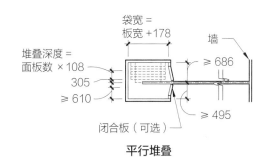

袋宽 = 板宽 +178

墙

堆叠深度 = 面板数 × 108

305

≥ 610

≥ 686

≥ 495

闭合板（可选）

平行堆叠

面板堆叠存储

1　面板悬挂在架空轨道并固定在上方结构上，以保持稳定。

建筑树脂板

建筑树脂板包括隔板和墙嵌件、障子式屏风和分隔物、栏杆、室内窗户、室内标识、购物陈列点以及家具和家具装饰品。面板可为带嵌入式材料和夹层的半透明或透明薄板，以及预制式薄板。一些制造商可同时提供用以水平或垂直安装面板的五金件和边饰件。

许多建筑树脂产品含有40%~100%的消费前回收树脂。组成成分一致（无其他嵌入材料）的面板在使用后更容易回收。一些嵌入材料，如来自饮料瓶的玻璃，本身可能已被回收。对使用寿命较长的耐用材料，不会像普通材料那般，很快成为废物，但同时，其在使用寿命结束后会更难以回收。

天然嵌入材料，如贝壳、草、纤维、叶子和树枝等，均可用于装饰性处理。薄木材单板可用激光切割，并用树脂包裹。透明树脂可用于将石材和木材嵌入更厚面板中的操作。表面可以饰以丝印、浮雕（凸起）或反浮雕（凹陷）图案。织物可用作夹层。二色性夹层可赋予产品一种虹彩光泽。高分辨率摄影图像可嵌入至面板中。此外也可使用自定义夹层。

面板饰面包括高光泽和不透明饰面等各种饰面。面板表面可设置各种纹理。若需要，可对正面和背面做不同处理。

工艺

大多数建筑树脂板可激光切割、镂铣、焊接、钻孔、模具冲压以及热弯或冷弯等，可用螺钉、铆钉或螺栓予以连接。板边可用商用边缘加工设备予以抛光，或做砂磨、溶解、火焰抛光或磨光处理。

建筑树脂板制造商提供的五金件包括以下几种：

- 托脚：将面板抬离水平或垂直表面。
- 电缆系统：将面板悬挂在水平表面上。
- 棒杆系统：固定面板并在天花板和墙壁处予以支撑。
- 门系统：包括用于办公空间、壁橱和橱柜的滑动与铰链五金件。
- 栏杆五金件：用于楼梯、阳台、栏杆和坡道。

建筑树脂板材料

树脂类型	用途	特点	外观	可持续性
丙烯酸树脂	嵌板、隔断、照明和天花板装饰以及室内门和窗户	半透明、轻量、抗冲击，并可热成型至复杂形状	可用于高光泽或亚光饰面，可再生表面以及多种边型材	可回收利用
防化学腐蚀丙烯酸树脂	高频接触表面，隔断，水平台面，桌面，滑动门	与丙烯酸树脂相同	与丙烯酸树脂相同	可回收利用
PETG树脂（专有许可工艺）	须达A级、B级耐火等级的空间、表面积较大区域、弯曲栏杆以及隔断	低易燃性；质量为玻璃的一半，抗冲击性为玻璃的40倍；冷成型弯	非常清洁；支持多种处理方式和颜色，可设多个夹层	回收树脂含量可高达98%
聚碳酸酯树脂	交通流量较大区域、需要更高安全标准的空间以及表面积较大区域	质量为玻璃的一半，抗冲击性为玻璃的250倍；低易燃性且具有良好的光学性能；热成型	类似于丙烯酸树脂，但更耐用，像玻璃	制造商未标明含有回收材料
高密度聚乙烯	隔断和滑动门	结构较强，质量较轻	蜂窝芯半透明薄板	使用后100%回收
半透明树脂固体表面	水平或垂直隔断和台面	厚、稳定，可支撑结构荷载	厚13 mm、25 mm和51 mm薄板可弯曲成曲面	未列入含回收材料清单

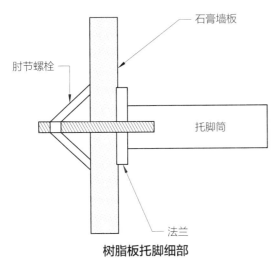

树脂板托脚细部

资料来源：Lumicor 公司。

维护

建筑树脂板清洁用品必须按制造商指示仔细挑选。可使用特殊的塑料抛光工具。不得使用含氯、氨或外用酒精的清洁剂，因为其可能会导致建筑树脂褪色。不得使用丙酮、酒精、汽油和苯等溶剂以及许多其他类似化学品。不得使用擦洗剂。刮板、刮刀、合成抹布以及含碳酸钙的纸巾均可划伤表面。抗静电喷雾可用来抵消吸尘静电。热风枪可用来消除 PETG（聚对苯二甲酸乙二醇酯）板上的划痕和磨损痕迹。

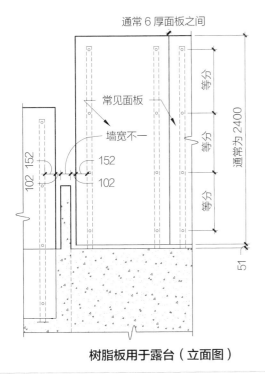

树脂板用于露台（立面图）

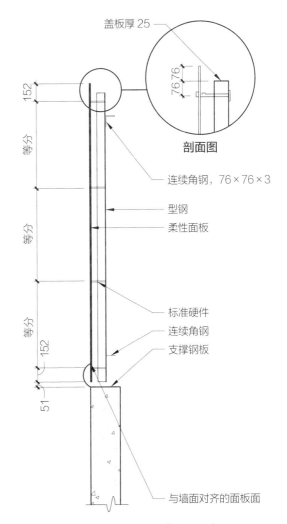

树脂板用于露台（剖面图）

蜂窝板

蜂窝板由在轻量饰面之间黏结的箔状多孔金属薄芯构成。面板本身就很坚硬，仅需最低程度的结构支持。制造商提供的组件可大大降低对五金件和现场劳动力的需求。室内用蜂窝板可用于联锁墙系统、曲面板、柱盖、台面、家具和门。

有几类蜂窝板可同时用于室内和室外。室内用产品包括以下几种：

- 玻璃纤维板饰面，用铝质或聚合物蜂窝芯层压可制成 76 mm 厚面板。可用于墙壁、门和天花板，以及家具的垂直表面和镶嵌物。还可用于淋浴间和桑拿房等潮湿环境中。
- PETG、聚碳酸酯或丙烯酸板饰面，可与管式聚碳酸酯芯黏结成 76 mm 厚面板。用途同上。

· 半透明聚合物树脂饰面，可直接浇铸在铝质或聚合物蜂窝芯上。半透明聚合物树脂板的厚度为 25 mm 或 38 mm。这类面板常用于墙壁、滑动门或枢轴门、天花板、环境潮湿场合和家具。其强度足以支撑桌面、台面和工作台表面。联锁墙框架系统可从制造商处获得。

· 半透明层压板，其是用玻璃纤维和虫胶（琥珀薄板）或醇酸乙烯基树脂（银质薄板）将云母层压板与矿物云母片黏合而成的。云母片占面板材料的 90% 以上，面板使用后可回收为工业级面板。这类面板可用于墙壁、门和天花板，但须搭配金属框架或木框架使用。此外，这类面板也可用于垂直表面、层压板或嵌入家具中。

室内屏障和防护装置

栏杆系统可用于室内或室外，包括木杆或乙烯基杆、电缆、金属栏杆或玻璃填充板等构件。使用前需认真开展相关测量工作。也可使用国家标准要求的系统。

考虑到攀爬等安全因素，水平栏杆的使用颇受限制。缆索护栏不易攀爬，因为缆索很细，且

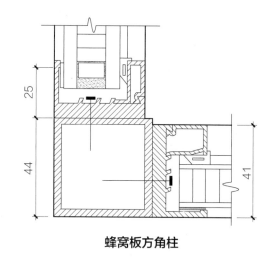

蜂窝板方角柱

资料来源：由 Panelite 有限公司发布。

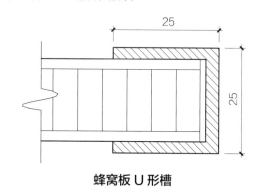

蜂窝板 U 形槽

资料来源：由 Panelite 有限公司发布。

很柔韧。可提供带张紧装置的缆索护栏，便于安装人员现场切割和紧固缆索。张紧装置基座允许最高以 45° 角上下移动或左右移动。

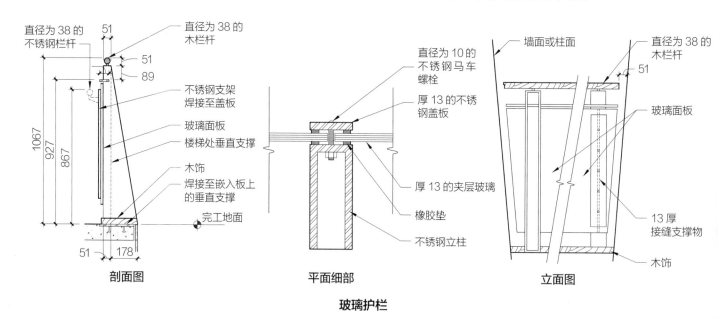

玻璃护栏

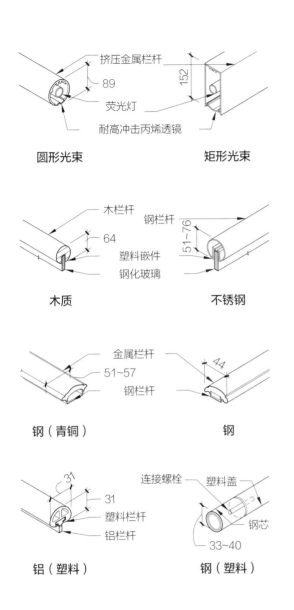

圆形光束　　　　　　矩形光束

木质　　　　　　　　不锈钢

钢（青铜）　　　　　钢

铝（塑料）　　　　　钢（塑料）

常见顶栏杆

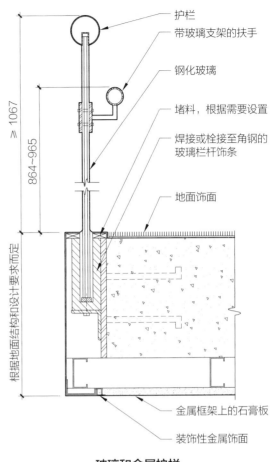

玻璃和金属护栏

带张紧装置的缆索护栏端柱

窗户和玻璃

玻璃[1]

　　玻璃是一种坚硬、易碎的非晶体物质，生产过程如下：首先将硅（有时为硅与硼或磷氧化物的结合物）和某些碱性氧化物（主要是钠、钾、钙、镁和铅的氧化物）相熔融，而后予以控冷退火，最终产出平板玻璃。大多数玻璃会在932~2012℃软化。生产过程中，即便极微小的表面划痕也会大大降低玻璃强度。

浮法玻璃

　　浮法玻璃被公认为是抛光平板玻璃的改进版，现已成为玻璃行业的质量标准。95%以上的玻璃是浮法玻璃。浮法玻璃是通过将玻璃液浮于锡液表面而生产的。熔融金属的密度比玻璃大，因此这两种液体无法混合在一起。通过这种工艺生产的玻璃具有相当均匀的厚度和平整度。玻璃成形后，将通过一种被称为"退火"的冷控工艺予以冷却。

1　作者：亚娜·甘索尔，美国建筑师协会（AIA），DES建筑师和工程师公司（DES Architects & Engineers）。
　　理查德·J. 维图洛，美国建筑师协会（AIA），橡树叶工作室（Oak Leaf Studio）。

退火可减轻生产过程中可能产生的内部应变。该工艺可确保玻璃表面不会以不同速率冷却、收缩。若玻璃未经退火处理，当其温度达到室温时，可能会因各部分所受应力不同而断裂。浮法玻璃的厚度为3~22 mm。

强化玻璃

强化玻璃主要有以下几种：全钢化玻璃、热强化玻璃、夹层玻璃和夹丝玻璃。

全钢化玻璃

全钢化玻璃的生产工艺如下：先加热浮法玻璃，而后用专用风机予以急冷。全钢化玻璃抗冲击、外施压力和弯曲应力的能力是退火玻璃的3~5倍，因为其表面张力较强，而只有克服这类表面张力才能使其破碎。

热强化玻璃

热强化玻璃的制造工艺与全钢化玻璃相似，但其仅部分钢化。热强化玻璃的抗破碎性约为浮法玻璃的2倍。

夹层玻璃

夹层玻璃由两层或多层玻璃与一层夹层材料夹压在一起而形成。

退火、全钢化、热强化和夹丝玻璃均可层压。保险玻璃（防弹或防盗）和隔声玻璃亦属于夹层玻璃，只是其夹层相对较厚。夹层玻璃破碎时，玻璃仍可黏结在夹层上，进而保护人员免受碎玻璃伤害；这一优势使得夹层玻璃成为天窗的理想选择。

夹丝玻璃

夹丝玻璃以钢丝网或平行钢丝卷入玻璃板中心为特色。夹丝玻璃有各种形式及尺寸可供选择，如方形焊接网、菱形焊接网、直线式平行钢丝等。玻璃厚度为13~25 mm，具体取决于其类型。有些变形、变色和错位现象是夹丝玻璃所固有的。玻璃破碎时，钢丝有助于将玻璃碎片留滞在破口处。但锋利的玻璃边仍可导致接触伤害。夹丝玻璃是用于防火门或隔断组件的标准玻璃类型。

安全玻璃

安全玻璃的特色是，可降低因其破碎而产生割伤或穿刺伤的可能性。全钢化玻璃和夹层玻璃均属于安全玻璃。全钢化玻璃破碎时，会碎裂成小的立方体碎片。夹层玻璃破碎时，碎玻璃片会黏附在夹层上。

保险玻璃

保险玻璃由多层玻璃或聚碳酸酯塑料在热压下与聚乙烯醇缩丁醛（玻璃用）或聚氨酯塑料（聚碳酸酯用）薄膜层压在一起而成。保险玻璃的配置模式包括多层夹层、中空、层压中空、双层压中空或间隔配置。厚度方面，层压产品的厚度为10~64 mm，而中空和间隔结构产品的厚度最高可达121 mm。

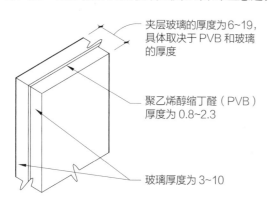

夹层玻璃的厚度为6~19，具体取决于PVB和玻璃的厚度

聚乙烯醇缩丁醛（PVB）厚度为0.8~2.3

玻璃厚度为3~10

夹层玻璃

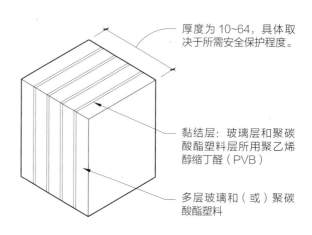

厚度为10~64，具体取决于所需安全保护程度。

黏结层：玻璃层和聚碳酸酯塑料层所用聚乙烯醇缩丁醛（PVB）

多层玻璃和（或）聚碳酸酯塑料

保险玻璃

有色玻璃和反光玻璃

有色玻璃旨在控制太阳的热和眩光。浮法玻璃可着色为绿色、青铜色、灰色和蓝色，厚度为3~13 mm。玻璃可因其内部掺合料含量及其自身厚度的不同而吸收不同量的太阳能，而后将所吸收热量散发至室内外。玻璃越厚，吸收的太阳能便越多。新型有色玻璃允许更多可见光穿过，同时可比标准有色玻璃阻挡更多热能。

含铅有色玻璃

装饰性有色玻璃的特点是用不同宽度的铅片（H形条）将玻璃片连接在一起。可通过宽度变化增加窗户的装饰效果。在面板两侧焊接接头。为防止渗漏，可在玻璃和法兰之间插入胶状的防水材料。

另一种连接玻璃片的方法是用铜箔带把玻璃边捆扎起来，而后对玻璃边及整块玻璃进行打磨，最后用连续焊珠在两侧进行焊接。

反光玻璃

反光玻璃可减少部分光和能的透射、吸收，从而改善建筑内能量的平衡。一类涂层（硬涂层或热解涂层）比二类涂层（溅射涂层或软涂层）更耐刮伤，因此常用于外露玻璃面。反射涂层主要成分为金属，并根据玻璃系统的要求设置于玻璃。外表面热解反射涂层易受外部环境因素的影响。内表面反射涂层处于受保护状态，可免受损坏。

反光玻璃可用于室内，如浴室门及淋浴间、台面、墙面覆盖层和家具等。

节能玻璃

低辐射玻璃

低辐射玻璃旨在解决玻璃的能效问题。根据应用类型，可在玻璃上涂施硬或软金属涂层。在夏季，低辐射涂层可反射更多以高入射角照射玻璃的短波太阳能，而在冬季，当入射角较低时，可允许热量穿过玻璃进入室内。低辐射涂层设置于双层玻璃单元第一块玻璃的内侧。节能玻璃整体透光率高于有色玻璃和反光玻璃。

中空玻璃

中空玻璃可防止导热。中空玻璃单元是通过在间隔开的两片玻璃之间密封一个气囊而产生的。中空玻璃的效果可通过增加玻璃层或使用悬浮在间隔之间的薄热反射膜来提高。

中空玻璃可抑制振动且可隔声。可通过中空玻璃单元来保护和密封经特殊处理的玻璃，如喷砂玻璃。

隔声玻璃

夹层、中空、夹层中空、双夹层中空玻璃等玻璃制品常用于声音控制。隔声玻璃的传声等级为31~51级，具体取决于玻璃厚度、空气间层尺寸、聚乙烯醇缩丁醛膜厚度以及中空玻璃产品所用层压玻璃单元的数量等因素。

特种玻璃类型

肌理玻璃

肌理玻璃又称压延玻璃或压花玻璃。肌理玻璃须借助为满足设计要求而特意蚀刻的压辊来制造，具体方式是使玻璃液通过这类压辊。通常包括笛形、肋形、网格形以及其他规则和无规则图案，可给人以明暗交织之感。通常仅在玻璃一侧刻印图案。压花玻璃可镀银、喷砂或采用彩色涂层。压印玻璃是肌理玻璃的一种，其制作方式是在玻璃上涂施透明树脂，而后在树脂涂层上压印出图案。

光电玻璃

光电玻璃共有两类：一种在两层玻璃之间夹压晶体硅，另一种在内玻璃表面设置非晶硅薄膜。受阳光照射时，这类光伏玻璃可产生直流电（DC）或交流电（AC），而后通过隐蔽电线将其传输至建筑物的电力系统。压力棒框架系统或结构硅、平齐安装玻璃的幕墙以及天窗、遮阳篷、遮阳伞、遮阳板和屋顶板等系统均可纳入光电玻璃。这两类光电玻璃均用于不透明的幕墙拱肩镶板，而若采光和可视性均可接受，也可用作幕墙或天窗视窗玻璃。

隐私玻璃

盲玻璃

盲玻璃是一种浮法玻璃，玻璃两侧均被酸蚀形成线性偏移图案。当视线与玻璃垂直时，透视性将大打折扣。当视线与玻璃呈45°角时，则有可能恢复一定的透视性。盲玻璃的厚度一般为5 mm和8 mm。厚度较大的玻璃更适于提供透明效果，而厚度较小玻璃则适用于对隐私要求更高的区域，如用于门和家具中。

电致变色玻璃

电致变色玻璃是一种可电动变色的隐私玻璃，以聚合物分散液晶（PDLC）为特色，由封装在透明聚合物胶囊中的液晶构成。胶囊夹在两片透明导电薄膜之间。施加电压时，液晶将排列成行，允许光线自由穿过透明薄膜和玻璃。若无电压，液晶将无法排列成行。这将导致光线漫射，使玻璃显得不透明或模糊。

成型玻璃

即压铸玻璃，也称为模制玻璃，系在模具中成型，通常基于颜色和纹理的合理组合来打造所需产品。压铸玻璃可通过模压获得精确尺寸和公差，也可成型为艺术玻璃单元。压铸工艺对玻璃形式、颜色和纹理的数量不设限。厚度和总体尺寸取决于压铸玻璃的设计和预期用途。压铸玻璃产品包括玻璃砖、楼梯踏板、台面、艺术品和玻璃板等。

表面纹理

玻璃上的表面纹理可柔化透射光，增添装饰性设计，增加模糊度以增强隐私保护，或使玻璃表面轻微破裂以实现磨砂效果。在钢化之前，可

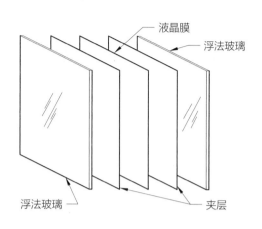

聚合物分散液晶隐私玻璃

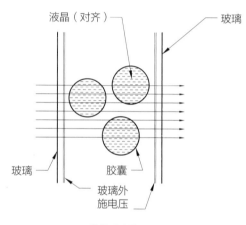

外施电压

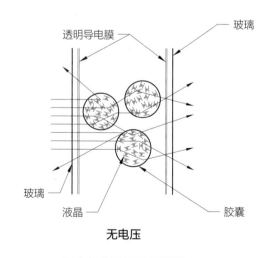

无电压

聚合物分散液晶显示器

对透明玻璃、有色玻璃或反光玻璃进行表面纹理处理。

喷砂

喷砂旨在于玻璃表面打造一种颇具设计感的半透明磨砂效果。玻璃喷砂是通过小砂粒磨料和喷嘴喷出的高压空气实现的。用粗糙度不同的砂粒来实现不同的平滑度。但由此产生的颗粒状纹理表面易吸收油，若不用密封剂予以处理，喷砂玻璃表面通常可见指纹和污垢。可将喷砂表面封闭在一个绝缘型双层玻璃装置内予以保护。

酸蚀

在酸蚀过程中，喷砂玻璃须淹没在氢氟酸和盐酸溶液中，以形成一个硬化密封表面。酸蚀可赋予玻璃亚光饰面，使玻璃色泽柔和，且具光漫射性。酸蚀纹理因砂粒粗糙度而异，或比较光滑，或呈粒状。酸蚀玻璃可涂覆或镀银，其表面无灰尘、污垢或指纹，适于零售、住宅和商业空间使用，具体可用于桌面、柜台、货架、墙面覆盖层、楼梯踏板和其他室内建筑构件。模板和蚀刻膏可用于蚀刻面积较小的玻璃面，如标牌、镜子和窗户相应玻璃面。

应用薄膜

应用薄膜可用来改进玻璃的外观或性能。麦拉薄膜可用不泛黄的胶黏剂永久粘在玻璃上，从而实现特殊设计。在对商业、住宅和汽车等应用领域现有玻璃的改造中，染色膜可用作有色玻璃的低成本替代品。透明的韧性膜可用于二类安全玻璃，以取代因过薄、有纹理或形状特殊等原因而致无法钢化的玻璃。应用薄膜常用于珠宝店的橱窗和展示柜处。这类区域要求在不影响玻璃透视质量的情形下能提供额外保护。尼龙纤维增强胶黏剂衬底膜常用于衣柜门和墙面覆盖层镜子的背面。这类区域对安全性要求较高，但钢化会使玻璃产生不可接受的影像扭曲。

镜子

镜子的制作方法是在玻璃上涂上一层银质反光涂层，背面涂上铜，并用环氧面漆予以保护。可通过热解工艺对有色透明玻璃镀银，用以制作镜子。

单向镜用于不露痕迹地观察，如在执法机构的指认室等场合。这类镜子采用一种特殊的反射涂层，允许约12%的透光率，并可将光反射至光强度最高的一侧。观察的光线以10∶1的比率减少，以保持反射的差异性。单向镜应按厂家说明安装，并与照明设施相协调，以提供安全的单向可视性。

防火玻璃

防火玻璃是一种透明陶瓷产品。可用于防火隔断，设置面积要大于夹丝玻璃通常允许的面积。防火玻璃可采用抛光、未抛光或带图案（不透光）饰面。

耐火或防火（防冲击）安全中空玻璃单元（IGU）由防火玻璃和钢化或退火浮法玻璃组成。这类玻璃单元可用于有色、低辐射、反光、单向镜和艺术玻璃单元。

防火（防冲击）安全玻璃的两片玻璃之间设有膨胀凝胶层。当接触热和光时，凝胶层会变得不透明，可在短时间内阻止辐射热量通过玻璃传递。

切割和边缘处理

抛光边

边缘抛光可通过机器或手动完成。抛光过程中，所用砂粒逐渐变细，最后用浸有抛光剂的软木带完成抛光。若玻璃拟进行钢化处理，则对其边缘锐利部分进行砂磨或缝合，以消除小刻痕、碎屑和锐度。

斜边

玻璃表面的斜边可改变光线的反射角度，

进而赋予玻璃框架式外观。用一系列金刚石研磨和抛光轮将斜角打磨成玻璃表面。斜边玻璃钢化时，倾斜侧须向下朝向水平滚轮。

水射流切割

水射流切割是一种精确的计算机控制玻璃切割法。迫使高速水通过一小口径陶瓷喷嘴，并与细磨料相混合，用作切割介质。水射流切割法可切割多层玻璃，也可在金属等异质材料与玻璃嵌套在一起时发挥作用。

室内玻璃

规范要求

国家标准要求在危险场所使用安全玻璃。危险场所指易受人类行为影响处，如门上玻璃、淋浴间玻璃以及隔断玻璃侧灯处。一般将钢化玻璃和夹层玻璃视为安全玻璃。

走廊玻璃

当要求走廊壁达到 1 h 耐火极限时，走廊壁上的玻璃必须符合室内防火窗组件相关要求。玻璃允许用量取决于使用哪类玻璃——防火玻璃或耐火玻璃：

- 防火玻璃包括置于钢框架的 6 mm 夹丝玻璃和经批的准玻璃块。当使用该类玻璃时，玻璃总面积不得超过两空间或房间共用隔墙总面积的 25%。

- 耐火玻璃包括透明陶瓷、钢化玻璃和中空玻璃等产品。这类产品的耐火极限不尽相同，至多可达 2 h，其须作为墙体组件的一部分进行防火测试。前述 25% 的限制并不适用于这类产品，尽管每个制造商均可能依据其产品的耐火极限作出尺寸限制。

两类玻璃均须贴有标签或其他永久性标识，注明制造商名称、测试标准和耐火极限等信息。

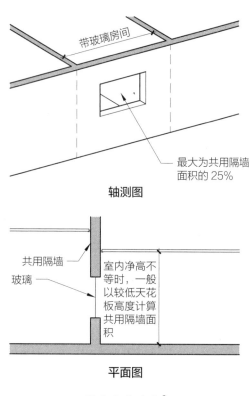

轴测图

平面图

防火走廊玻璃 [2]

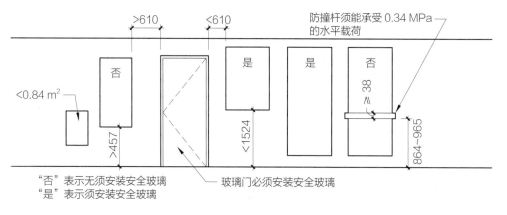

玻璃装配条件 [1]

1　图示为最常见的需要和无须装配安全玻璃的情形。参阅 IBC 了解其他条件和例外情形。
2　a. 防火墙上的玻璃面板组件必须符合图示尺寸限制，并符合夹丝玻璃和其他经批准材料相关要求。
　　b. 允许布设多个面板，但所有这类面板及其相应开口的总面积不得超过墙壁表面积的 25%。

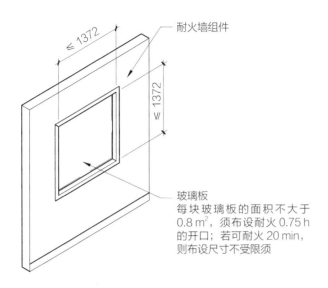

玻璃面板要求

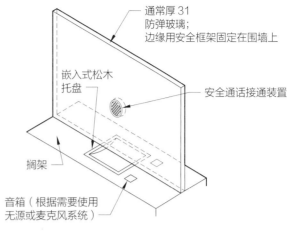

安全出纳窗口

固定窗口和店面

门用玻璃[1]

门用玻璃一般有以下具体要求：

· 若使用夹丝玻璃，应根据防火门等级确定尺寸。可使用耐火玻璃，包括陶瓷玻璃、特殊钢化玻璃和中空玻璃。这类产品均无尺寸限制，在制造商测试期间开发的产品除外。

· 在大多数室内工程中，对用作出口通道走廊墙的1 h耐火隔断，须为其配设耐火极限达20 min的防火门，而对非用作走廊墙的1 h耐火隔断，须为其配设耐火极限达0.75 h的防火门。两类门均须安装密封垫，以便进行通风和排烟控制。

安全玻璃应用

安全玻璃系由多层玻璃或聚碳酸酯塑料层压而成。根据所需安全保护程度，安全玻璃的厚度为10~64 mm。安全玻璃受尺寸限制约束。

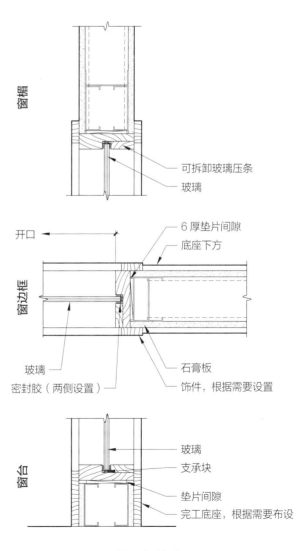

有框玻璃细部

1　作者：罗伯特·汤普森，美国建筑师协会（AIA），创意中心（Creative Central）。
　　亚娜·甘索尔，美国建筑师协会（AIA），DES建筑师和工程师公司（DES Architects & Engineers）。

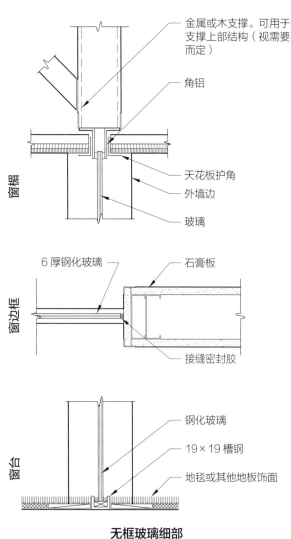

金属或木支撑。可用于支撑上部结构（视需要而定）

角铝

窗楣

天花板护角

外墙边

玻璃

窗边框

6 厚钢化玻璃

石膏板

接缝密封胶

窗台

钢化玻璃

19×19 槽钢

地毯或其他地板饰面

无框玻璃细部

艺术玻璃墙[1]

在餐厅、酒店大堂和住宅等室内空间，可将艺术玻璃纳入房间隔板中。设计师通常会与制作玻璃的工匠协作布设玻璃。工匠也可将玻璃安装至墙上，并对其进行妥善处理和支撑。

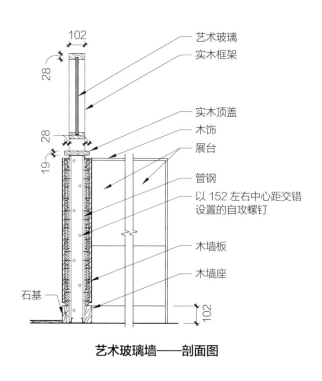

102

28

28

19

石基

艺术玻璃

实木框架

实木顶盖

木饰

展台

管钢

以 152 左右中心距交错设置的自攻螺钉

木墙板

木墙座

102

艺术玻璃墙——剖面图

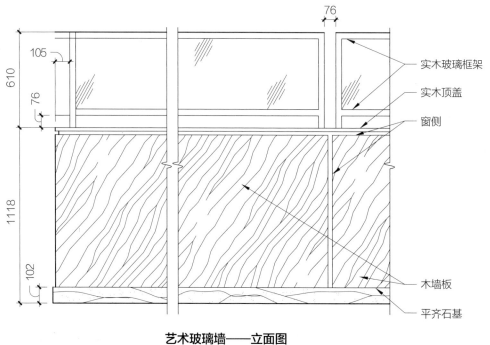

76

105

610

76

1118

102

实木玻璃框架

实木顶盖

窗侧

木墙板

平齐石基

艺术玻璃墙——立面图

1　作者：理查德·J. 维图洛，美国建筑师协会（AIA），橡树叶工作室（Oak Leaf Studio）。

操作窗

相关术语定义

- 采光口：允许光线进入另一个空间的内墙开口或窗户。
- 天窗：高出相邻屋顶的部分墙体，也指位于该部分墙体上的固定或活动窗。
- 老虎窗：在带三角形侧墙的突出空间中设置在坡屋顶线上方的垂直窗户。
- 内天窗：位于坡屋顶线下方的垂直窗户。
- 窗中梃：一种细长的垂直构件，用来分隔窗格、窗扇、窗或门。
- 窗格条：一种用于将窗扇内窗格分隔开的非结构构件，也称为玻璃格条或窗扇条。
- 凸肚窗：一种由托架、托臂或悬臂支撑的凸窗。
- 带状窗：固定或活动窗上的水平带，可横跨立面的重要部分。
- 窗扇：窗户的基本构件，由窗框、玻璃和密封垫组成，是固定或活动的。
- 窗墙：一种连续式固定或活动窗扇，由窗中梃隔开，形成一个完整的非承重墙面。

窗口疏散要求

当须用作住宅睡眠区等的疏散设施时，窗户必须符合以下标准：

- 每个窗扇的净开口尺寸至少须达 0.5 m^2。
- 栏杆、格栅或屏风可在不使用工具或钥匙的情形下从内部打开。
- 对通往防火梯上方的窗户有附加要求，具体参阅规范。
- 与制造商联系，了解与遮阳篷、窗扉、枢轴或其他窗户构件相关的五金件选项。
- 带完全可拆卸窗扇的双悬窗单元，无须借助特殊工具、外力或知识即可完成操作，可在单元选择上提供更大的灵活性，以满足应急出口的尺寸要求；可与制造商和规范制定机构核实相关细节。

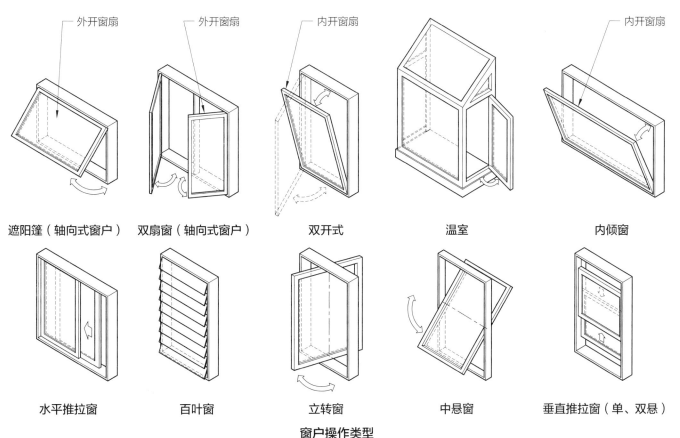

窗户操作类型

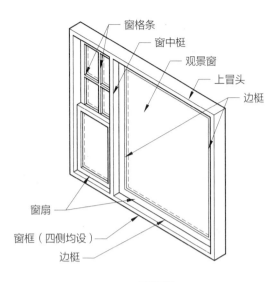

窗格条
窗中梃
观景窗
上冒头
边梃
窗扇
窗框（四侧均设）
边梃

窗组件

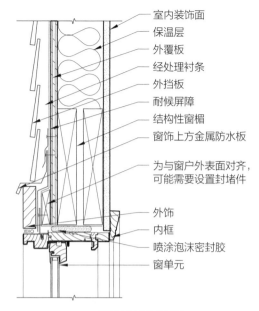

室内装饰面
保温层
外覆板
经处理衬条
外挡板
耐候屏障
结构性窗楣
窗饰上方金属防水板
为与窗户外表面对齐，可能需要设置封堵件
外饰
内框
喷涂泡沫密封胶
窗单元

住宅木窗楣细部

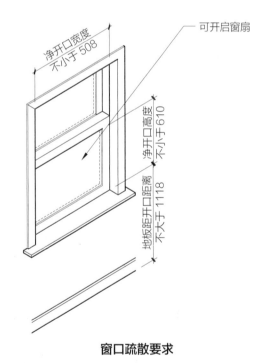

可开启窗扇
净开口宽度 不小于 508
净开口高度 不小于 610
地板距开口距离 不大于 1118

窗口疏散要求

资料来源：美国消防协会。

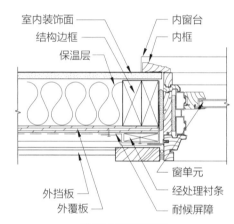

室内装饰面
结构边框
保温层
内窗台
内框
外挡板
外覆板
窗单元
经处理衬条
耐候屏障

住宅木窗框细部

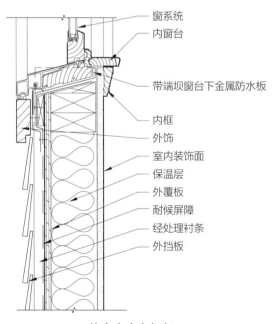

窗系统
内窗台
带端坝窗台下金属防水板
内框
外饰
室内装饰面
保温层
外覆板
耐候屏障
经处理衬条
外挡板

住宅木窗台细部

室内门

室内门选择及规格

　　室内门基本类型包括平开门、滑动口袋门、折叠门、枢轴门、旁通门等。室内门标准材料包括实心和空心木材、空心金属（钢）、铝和玻璃。

　　室内门也可是精密、复杂的设备。例如，自动门须借助动力装置和控制装置；隔声门常使用自动门底，以便在门关闭时，将门底部自动封闭；双门情形下，或须借助协调器来确保固定门扉先于活动门扉关闭。通常需咨询顾问来确保正确选择室内门及其规格。

门类型[1]

平开门

　　平开门是最常见的一类门。它们易于安装和使用，但须为转门留出空间。其有多种材料和饰面以及五金件可供选择。也可使用防火铰链式转门。门边易密封，可有效隔阻烟、光或声音。

滑动口袋门

　　滑动口袋门通常悬于轨道上，并在隔断宽度范围内滑动。无须为转门留出操作空间。滑动口袋门相对便宜。但它们不适合频繁使用，且难以隔阻光和声音，不能用作出口门。

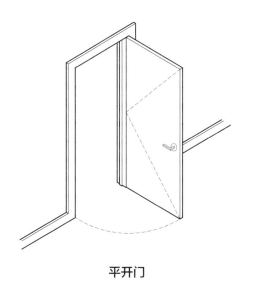

平开门

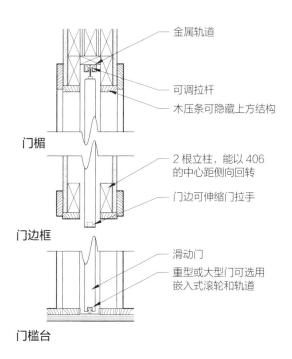

确认所需最小隔断厚度

嵌入式拉手

滑动口袋门

金属轨道

可调拉杆

木压条可隐藏上方结构

门楣

2 根立柱，能以 406 的中心距侧向回转

门边可伸缩门拉手

门边框

滑动门

重型或大型门可选用嵌入式滚轮和轨道

门槛台

滑动口袋门细部

折叠门

　　折叠门由可在上方轨道上滑动的铰链门板组成。这种滑动可使操作空间最小化。折叠门通常用作壁橱门或作为其他空间的视觉屏障。它们可能不便于使用，也不能作为出口门。质量较低的折叠门容易脱轨。

1　作者：约翰·F.考尔巴赫，美国建筑师协会（AIA）。
　　约翰·卡莫迪，明尼苏达大学。
　　斯蒂芬·塞尔科维茨，劳伦斯伯克利国家实验室。
　　丹尼尔·F.C.海耶斯，美国建筑师协会（AIA）。

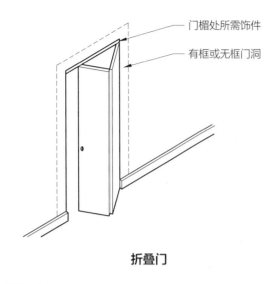

折叠门

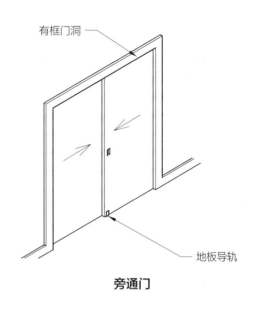

旁通门

枢轴门

枢轴门通常采用中悬或偏悬模式，或须借助枢轴五金件来维持平衡。中悬枢轴允许门沿两个方向旋转。这种模式可最大限度地减少五金件外露部分，特别是在使用中悬枢轴的情形下。枢轴门五金件可支撑较大的重型门。平衡状况较好的枢轴门所需操作空间更少，开关也相对轻松。它们可用来做隐形门。

表面滑动门

表面滑动门，可在隔断表面滑动，如谷仓门。它们常用于有可移动墙的办公室，以及需要较宽门洞或门长时间保持开启或关闭状态的会议室。

表面滑动门所用五金件通常悬挂在墙面上，并可沿门洞整个宽度滑动，其名称也不尽相同，比如谷仓门、工业门、滑动门或重型门五金件等。平轨谷仓门五金件包括一个安装在吊轨上的轮子。该吊轨呈弯曲状，覆盖在安装于墙面上的水平轨道上。谷仓门五金件起初多用于谷仓和马厩，但随着其设计日趋多样化，如今也适用于办公室和住宅。

有些表面滑动门系统配有安装于地板的滚轮。这类系统也可安装在天花板和拱腹上，有些还设有曲线轨道。

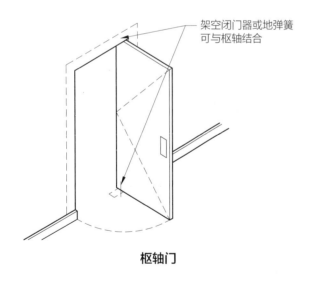

枢轴门

旁通门

旁通门可悬于轨道上，重型旁通门可能会在地板轨道上滑动。旁通门无需操作空间，一般用作衣柜门。旁通门难以密封，难以频繁使用，也不能用作出口门。

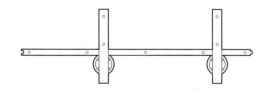

平轨谷仓门五金件

双褶门

双褶门是铰接在一起的木门或金属门，其边框上设有枢轴。借助由导轨引导的吊架或手推车，双褶门可在打开时互相折叠。质量较低的双褶门可能会脱轨。相比转门，双褶门占用的空间较少，但其门板厚度会减少净开口宽度。

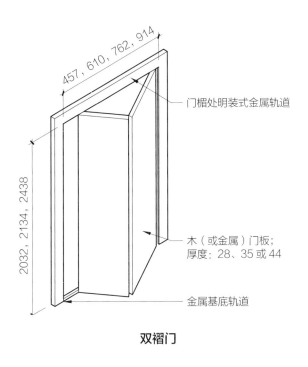

门楣处明装式金属轨道

木（或金属）门板；
厚度：28、35 或 44

金属基底轨道

457、610、762、914

2032、2134、2438

双褶门

其他门类型

其他门类型包括升降卷帘门和旋转门。有些门以其性能为分类基础，并集成至性能兼容型开口中，包括防火门、隔声门、防盗门以及防弹门。

店面门、自动开启门和升降卷帘门通常被视作集成至设计中的完整系统。

门扇开关方向

"门扇开关方向"是用以描述门摆动方式的标准方法。业内常用"手"这一术语来表述门的摆动方式，以及必须为特定开口提供的五金件类型。考虑到门敲击侧的斜角，有些门特意采用一些五金件来表示其开关方向。作用于门扇任何开关方向的五金件一般称为"可逆"或"无手"五金件。

确定门扇开关方向时，需要站在门外并面向门。若门在左侧铰接并围绕铰链摆动，其就是左手门。

走廊侧一般被视为房门外侧，房门门厅侧或衣柜门房间侧也是如此。当难以清晰分辨内外侧时，可将门铰链所在侧视为外侧。

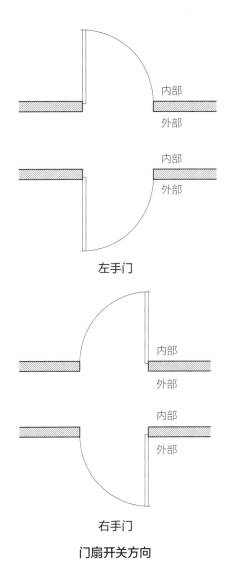

内部
外部

内部
外部

左手门

内部
外部

内部
外部

右手门

门扇开关方向

门洞

大多数转门出厂时均自带门框。但是，门道可始终保持开启状态，并非一定要设门，而门也可在改造后装入现有门洞。门框可为门及门洞提供支撑。边饰条（门框压条）可覆盖框架部件和饰面材料的边缘，且有助于凸显空间风格。

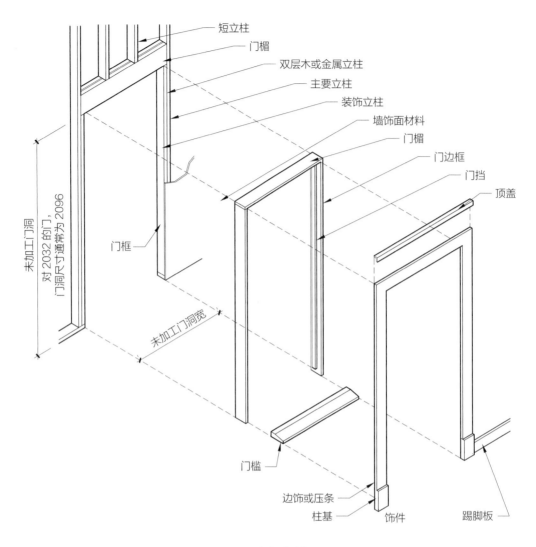

短立柱
门楣
双层木或金属立柱
主要立柱
装饰立柱
墙饰面材料
门楣
门边框
门挡
顶盖
门框
未加工门洞
对2032 的门，门洞尺寸通常为2096
未加工门洞宽
门槛
边饰或压条
柱基
饰件
踢脚板

门洞部件

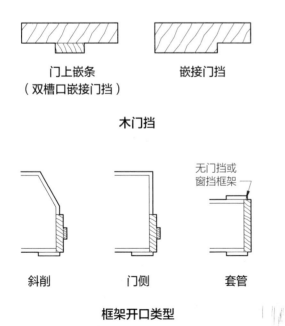

门上嵌条
（双槽口嵌接门挡）

嵌接门挡

木门挡

斜削

门侧

套管

无门挡或窗挡框架

框架开口类型

单向门是最常见的一类门，设有一个门扉，仅沿单一方向摆动或滑动。

双向门也设有一扇门扉，但可沿两个方向摆动。通常不设门挡来限制门的运动，但若设置了门挡，应能以机械方式随时撤除，以便在紧急情形下推门而入。

平衡门为安装在偏移轴上的单向转门。门扉可独立于边框运行，且其椭圆形轨道所需地板面净空要少于常规转门。

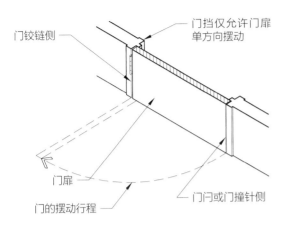

门铰链侧

门挡仅允许门扉单方向摆动

门扉

门的摆动行程

门闩或门撞针侧

单向门

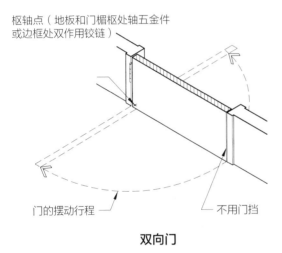

枢轴点（地板和门楣枢处轴五金件或边框处双作用铰链）

门的摆动行程

不用门挡

双向门

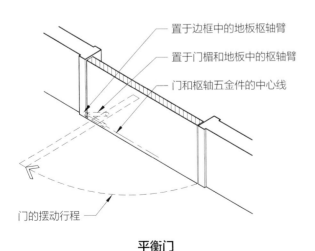

置于边框中的地板枢轴臂

置于门楣和地板中的枢轴臂

门和枢轴五金件的中心线

门的摆动行程

平衡门

相关术语定义

- 门框压条：在门洞周围布设的已加工框架，通常为装饰性框架。
- 双出口门：安装在单一特殊框架内的一对门。两门反向摆动，允许从任何一侧紧急疏散；通常用于防火或防烟隔断穿过走廊处。
- 防火门组件：防火门、框架、五金件和其他配件，可发挥一定的防火作用。
- 消防出口五金：按规定用于防火门的太平门五金。
- 门楣：门框在门洞上方的水平部分。
- 门边框：门洞两侧的垂直构件。
- 贴标签：贴有检验机构的标签、标志或其他识别标记，以表明设备、产品或材料符合制造及检验标准。
- 列示：测试机构发布的清单中所列示的设备、装置、材料或服务，已被证明符合防火组件适用标准，或已通过测试并确定适用于特定场所的设备、装置、材料或服务。
- 太平门五金：一种门闩组件，包含可于沿疏散通行方向施力时释放门闩的装置。
- 预挂门：一种门与框架的组合，由制造商预先制造和组装，然后运至现场。
- 门槛：门洞底部的水平构件。
- 门包边：门底边与门槛之间的空间。

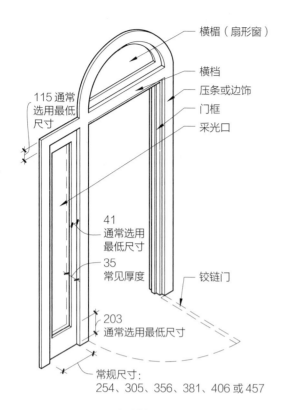

115 通常选用最低尺寸

横楣（扇形窗）

横档

压条或边饰

门框

采光口

41 通常选用最低尺寸

35 常见厚度

铰链门

203 通常选用最低尺寸

常规尺寸：
254、305、356、381、406 或 457

门结构及尺寸

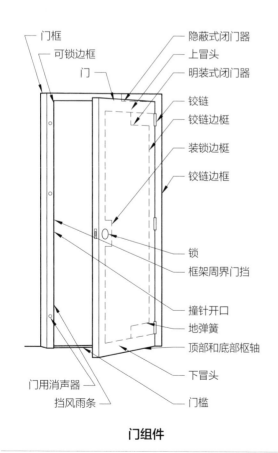

门框

可锁边框

门

隐蔽式闭门器

上冒头

明装式闭门器

铰链

铰链边框

装锁边框

铰链边框

锁

框架周界门挡

撞针开口

地弹簧

顶部和底部枢轴

下冒头

门用消声器

挡风雨条

门槛

门组件

无障碍要求

门相关无障碍要求概述如下：

· 建议沿无障碍通道在门的外表面安装踢脚板。

· 室内铰链门、滑动门和折叠门的最大开启力为 22.2 N。防火门的最小开启力由当地主管部门规定。

· 关门速度方面，从 90° 开启位关至 12° 开启位的时间至少为 5 s。

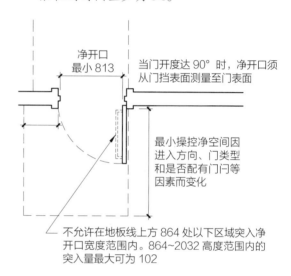

净开口最小 813

当门开度达 90° 时，净开口须从门挡表面测量至门表面

最小操控净空间因进入方向、门类型和是否配有门闩等因素而变化

不允许在地板线上方 864 处以下区域突入净开口宽度范围内。864~2032 高度范围内的突入量最大可为 102

无障碍门道净宽

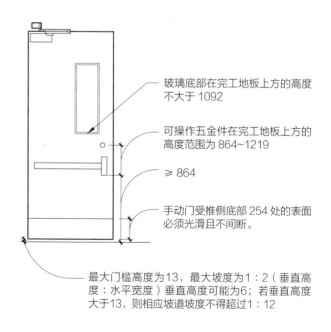

玻璃底部在完工地板上方的高度不大于 1092

可操作五金件在完工地板上方的高度范围为 864~1219

≥ 864

手动门受推侧底部 254 处的表面必须光滑且不间断。

最大门槛高度为 13，最大坡度为 1：2（垂直高度：水平宽度）垂直高度可能为 6；若垂直高度大于 13，则相应道坡度不得超过 1：12

无障碍门特点

门用玻璃板高（低）错落放置，以改善照明，并允许看清来向交通

为便于门摆动，可不设置闭门器，或设置延时闭门器（至少延时 5 s）

中心线

≥ 305

423

1524

杠杆式五金件

≤ 1219，通行所需的门五金件安装高度

须在门闩侧布设易于阅读的高对比度凸起字母和盲文

门下部踢脚板（两侧设置）

防滑地板表面或地板嵌入式衬垫

406

不设门槛，或使门槛高度变化幅度最小化，高度不大于 6

操控净空为 1524

净宽不小于 813

操控净宽为 610

无障碍门

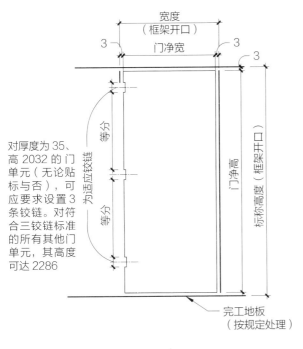

宽度（框架开口）

门净宽

3　　　3

3

对厚度为 35、高 2032 的门单元（无论贴标与否），可应要求设置 3 条铰链。对符合三铰链标准的所有其他门单元，其高度可达 2286

为适应铰链

等分

等分

门净高（框架开口）

标称高度（框架开口）

完工地板（按规定处理）

标准门和门底净空

门尺寸[1]

　　木门和空心金属门均有多种标准宽度可供选择。定制门可按任何尺寸制作，但一般来说，在提供定制尺寸时最好指定标准宽度以及高度区间。

　　若定制高度超过最大高度，制造商大多不会提供质保。

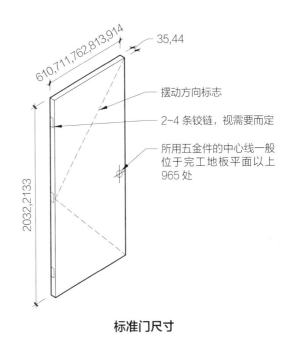

610,711,762,813,914

35,44

摆动方向标志

2~4 条铰链，视需要而定

所用五金件的中心线一般位于完工地板平面以上 965 处

2032,2133

标准门尺寸

1　作者：理查德·J.维图洛，美国建筑师协会（AIA），橡树叶工作室（Oak Leaf Studio）。
　　大卫·布莱斯特，美国建筑协会会员（FAIA），建筑研究咨询（Architectural Research Consulting）。
　　丹尼尔·F.C.海耶斯，美国建筑师协会（AIA）。

木门

面材

木门面材有木材单板、复合单板、高密度塑料层压板、中密度板和硬纸板等。单板可旋切、弦切、刻切或径切，并可采用随机、滑动和纹路对应法来确保各部分的一致性。

· 复合单板制造方式如下：首先将原始硬木做切片处理，然后染色，并人工压制成新复合原木；随后，将复合原木切割成与天然木材类似的新单板。通过天然单板颜色和复合原木切角的各种组合，几乎可打造无数种仿真木材和单板图案。这类单板可同自然单板一样应用于门上。

· 高密度塑料层压板可提供耐用型表面。表面颜色和图案有数百种可供选择。

· 中密度板（MDO）用于提供可涂漆光滑表面，以防止起毛刺，并有防潮作用。因此，它们常用于室外门。

· 硬纸板能以三层结构形式用于室内门，经涂漆处理后，可成为中密度板的低成本选择。

芯材类型

空心门常用于住宅和商业建筑，但仅适用于低承重场合。相比普通空心门，公共机构所用空心门的门扇边梃和冒头一般更重，同时增设挡板，使其强度和抗翘曲能力得以增强，但其造价也更高，甚至不低于一些实心门。

实心门更安全、更耐用，抗翘曲和隔声能力也更强。公共和商业项目大多采用实心门。

木门类型

木门类型包括平面门、镶板门、框格门、百叶门、荷兰门和法式门。平面门是商业和住宅建筑中最常见的一类门。百叶门有利于空气流通，但隔声效果不太好。荷兰门的设计允许在打开其上半部分的同时保持下半部分关闭，同时允许增设置物架。法式门常成对地用于住宅建筑露台处。

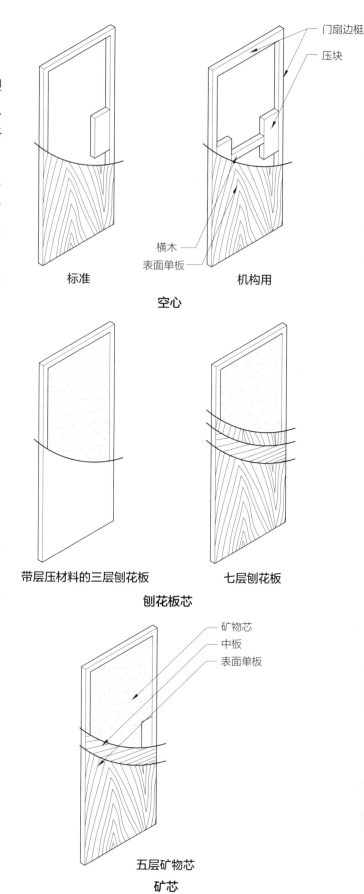

门扇边梃
压块
横木
表面单板

标准   机构用

空心

带层压材料的三层刨花板   七层刨花板

刨花板芯

矿物芯
中板
表面单板

五层矿物芯

矿芯

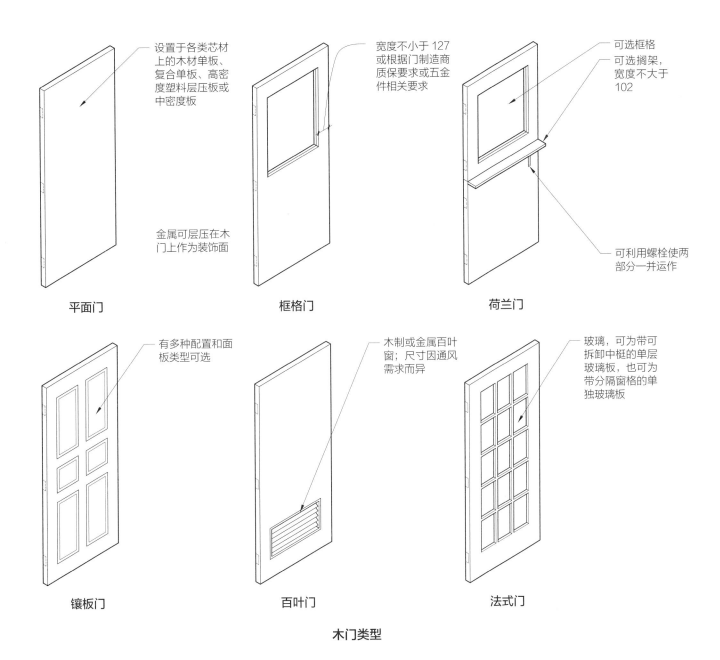

设置于各类芯材上的木材单板、复合单板、高密度塑料层压板或中密度板

金属可层压在木门上作为装饰面

平面门

宽度不小于127或根据门制造商质保要求或五金件相关要求

框格门

可选框格

可选搁架，宽度不大于102

可利用螺栓使两部分一并运作

荷兰门

有多种配置和面板类型可选

镶板门

木制或金属百叶窗；尺寸因通风需求而异

百叶门

玻璃，可为带可拆卸中梃的单层玻璃板，也可为带分隔窗格的单独玻璃板

法式门

木门类型

边梃与冒头

镶板门包含一个框架，该框架由垂直构件（门扇边梃）和水平构件（门扇冒头）组成。前述构件用于固定实木板或胶合板以及玻璃窗或百叶。

门由实心或组合式边梃和冒头以及垂直构件（门中梃）构成，通常根据适用标准钉合。木材包括黄松、冷杉、铁杉、云杉或硬木单板。硬板、金属和塑料表面支持多种图案。

门玻璃

建筑规范大多将安全玻璃视作门玻璃的唯一选择。隔热安全玻璃有助于提高门的隔热性能或隔声性能。

玻璃装配用的芯条和边条材料类似于平面门所用相关材料。表面单板通常为厚度不小于3 mm的硬木。玻璃装饰常用型材包括凹圆线脚、串珠线脚或凸圆线脚。

板

平板通常为三层硬木或软木。凸镶板由两层或两层以上的实心硬木或软木构成。将宽度不大于457 mm的门统称为一板宽门。

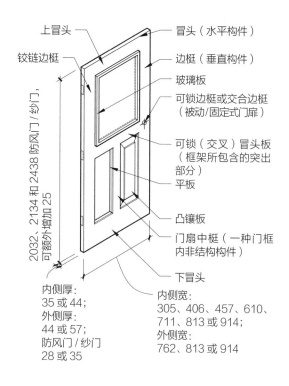

边框厚：
内侧厚：
35 或 44；
外侧厚：
44 或 57；
防风门／纱门
28 或 35

内侧宽：
305、406、457、610、
711、813 或 914；
外侧宽：
762、813 或 914

边梃和冒头相关术语

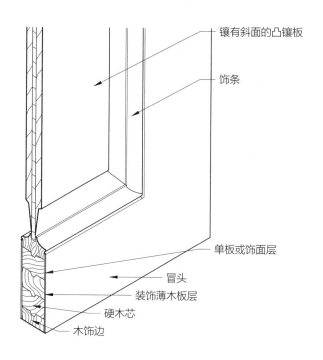

边梃和冒头——凸镶板

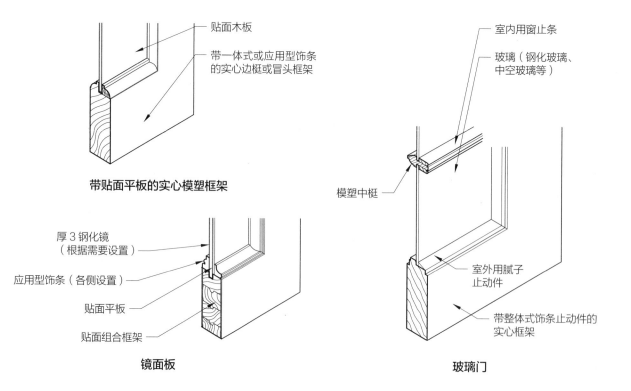

带贴面平板的实心模塑框架

镜面板

玻璃门

边梃和冒头细部

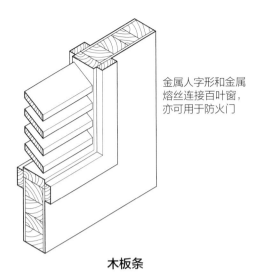

金属人字形和金属
熔丝连接百叶窗，
亦可用于防火门

木板条

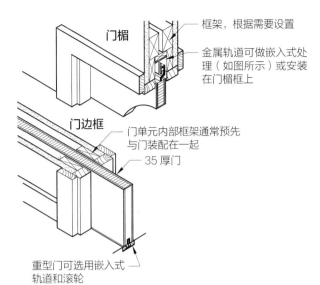

门楣
框架，根据需要设置
金属轨道可做嵌入式处
理（如图所示）或安装
在门楣框上
门边框
门单元内部框架通常预先
与门装配在一起
35 厚门
重型门可选用嵌入式
轨道和滚轮

滑动口袋门

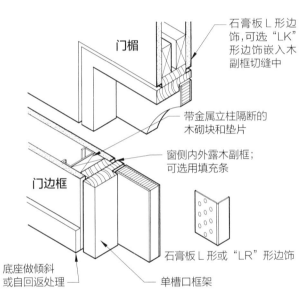

门楣
石膏板 L 形边
饰,可选“LK”
形边饰嵌入木
副框切缝中
带金属立柱隔断的
木砌块和垫片
窗侧内外露木副框；
可选用填充条
门边框
石膏板 L 形或“LR”形边饰
底座做倾斜
或自回返处理
单槽口框架

无压条单槽口框

木饰
门楣
轨道连接至门楣
封堵件
无框门洞（如图所示）
或设压条门洞
门边框
门座固定于门洞中或回
返至门位置
门导轨置于门洞中心处

旁通门

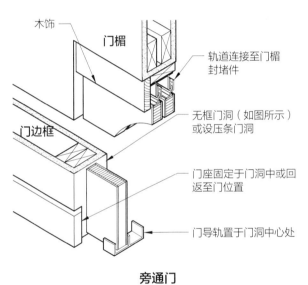

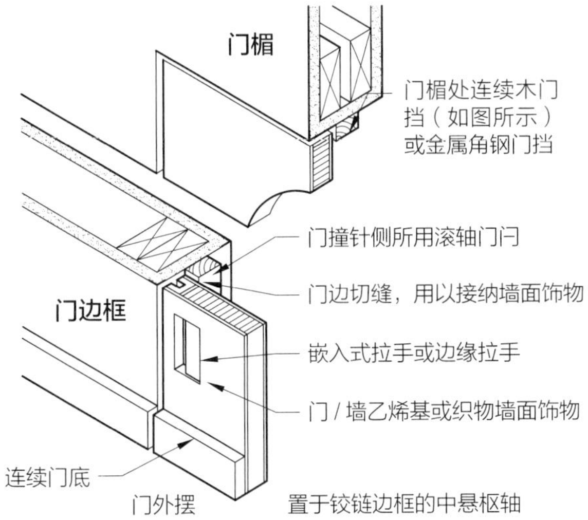

门楣
门楣处连续木门
挡（如图所示）
或金属角钢门挡
门撞针侧所用滚轴门闩
门边切缝，用以接纳墙面饰物
门边框
嵌入式拉手或边缘拉手
门 / 墙乙烯基或织物墙面饰物
连续门底
门外摆
置于铰链边框的中悬枢轴

隐蔽门

空心金属门[1]

门类型

空心金属门由附着于各类芯材上的薄钢板制造而成。常置于钢框架中，其所用材料也可为能弯成各种型材的薄钢板。

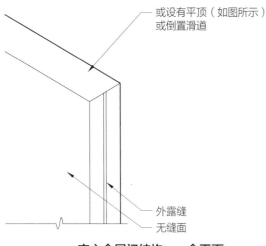

或设有平顶（如图所示）或倒置滑道

外露缝
无缝面

空心金属门结构——全平面

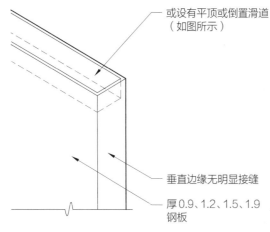

或设有平顶或倒置滑道（如图所示）

垂直边缘无明显接缝

厚0.9、1.2、1.5、1.9钢板

空心金属门结构——无缝

标准空心金属门尺寸

定制门可采用几乎任何实际尺寸，但应尽可能采用标准宽度。

标准空心金属门尺寸[2]

标准宽度（mm）	标准高度（mm）	
	44 厚	35 厚
610	2032	2032
711	2134	2134
762	2184	2184

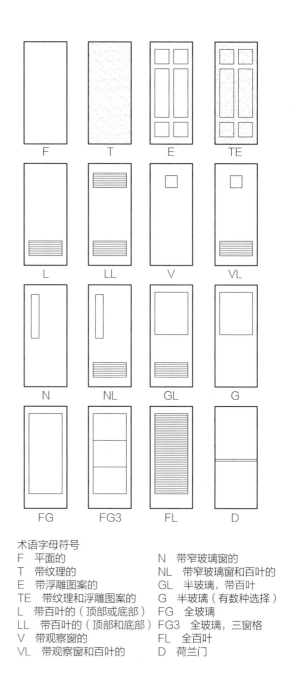

术语字母符号

F	平面的	N	带窄玻璃窗的
T	带纹理的	NL	带窄玻璃窗和百叶的
E	带浮雕图案的	GL	半玻璃，带百叶
TE	带纹理和浮雕图案的	G	半玻璃（有数种选择）
L	带百叶的（顶部或底部）	FG	全玻璃
LL	带百叶的（顶部和底部）	FG3	全玻璃，三窗格
V	带观察窗的	FL	全百叶
VL	带观察窗和百叶的	D	荷兰门

钢门类型

标准钢门牌号和型号

等级	类型	型号	厚度（mm）	工艺
1	标准型	1	0.8	全平面
		2	—	无缝
2	重型	1	1.0	全平面
		2	—	无缝
3	超重型	1	1.3	全平面
		2	—	无缝
		3	—	门扇边梃和冒头
4	最重型	1	1.6	全平面
		2	—	无缝

芯材结构

空心金属门常见芯材结构主要有以下四种：蜂窝芯、钢加强芯、泡沫塑料芯和矿物芯。

- 蜂窝芯：蜂窝芯由厚牛皮纸制成，分成多个六角形单元格，每个单元格的尺寸为13~25 mm。蜂窝芯用酚醛树脂浸渍，以防潮、防霉变、防虫害。

- 钢加强芯：钢加强芯可用作门的垂直加强筋，间距为102 mm和152 mm。钢加强芯之间的空腔通常填充玻璃纤维保温材料。钢加强芯主要用于刚性需求较高的室外门。

- 泡沫塑料芯：泡沫塑料芯通常填充保温性能较好的聚苯乙烯或聚氨酯。聚苯乙烯用于常见室外门，而聚氨酯则用于防寒需求较高的门。这两种保温材料均可在较低温度下熔化，这可能不利于工厂用热烤漆系统的使用。

- 矿物芯：矿物芯由类似石膏板的耐火材料制造而成，用于有温升限制需求的防火门。

空心金属框架

框架类型

门框可在工厂预装或现场组装。所有框架均须根据制造商规范妥善锚固于门边框。

轻型金属框架由顶框和边框构件组成（有无横楣板均可），材质为铝或轻型钢。铝框架和轻型钢框架的最大耐火极限分别为45 min和1.5 h。这类金属框架通常为滑过隔断的单一框架。门框压条装饰件分别卡在框架边缘。

压制钢（空心金属）框架由顶框和边框构件组成（有无实心或釉面横楣或舷窗均可），材质为1.2 mm厚钢或更重的钢（最大耐火极限为3 h）。金属门大多需要这种门框。

钢框架通常由一整块弯曲成所需形状的薄钢板制成，可采用双槽口或单槽口结构。

对接框架和环绕式框架

对接或平面框架：

- 使用适合墙体结构类型的锚固件，每个边框至少使用三个。
- 灌浆框架，采用墙用砂浆或灰泥。
- 墙上填缝框架。
- 可通过镶边来覆盖墙线接缝。

环绕式框架的基准壁尺寸小于其喉部开口尺寸。须使用适合墙体结构类型的锚固件，每个边框至少使用3个。采用墙用砂浆或灰泥填充框架。在砌体墙上填充的框架缝隙。

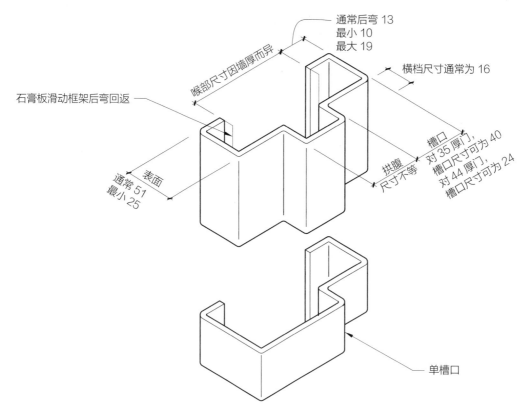

标准空心金属框架

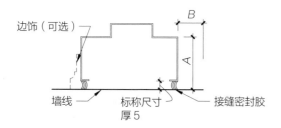

对接框架 / 平面框架[1]

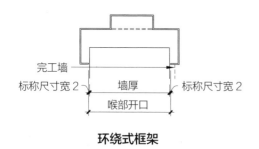

环绕式框架

铝门框和隔断

　　铝门框和隔断系统因其卷曲而尖锐的框角及适用饰面，或因其可匹配外部店面或幕墙系统的形状和饰面，而经常用来代替木制或空心金属框架。铝门框可单独使用，但更常用作隔断系统的一部分。这类隔断系统一般包括侧窗框架、隔段支撑和底座线脚。

　　铝门框和内窗框可用于标准金属立柱框架墙。有些制造商将其集成至一个可拆卸或可移动隔断系统中。该系统将预制石膏墙板与铝轨道和连接件相连。

店面框架

　　店面框架采用挤压铝型材，最终组装成门和玻璃开口。店面框架类似于铝门框和隔断系统，但其主要用于室外，不适合石膏板隔断。当必须匹配的外部框架或隔断系统框架无法提供店面系统所需尺寸、光洁度或轮廓时，常将店面框架用于室内。

　　入口门的高度通常为 2134 mm。常见门宽为 914 mm（单门）、762 mm（双门）和 914 mm（双门）。

1　尺寸 *A* 在门拉手或门把手五金件区域内最小为 76 mm。检查铰链侧尺寸 *B*，以确定门摆动幅度是否大于 90°。

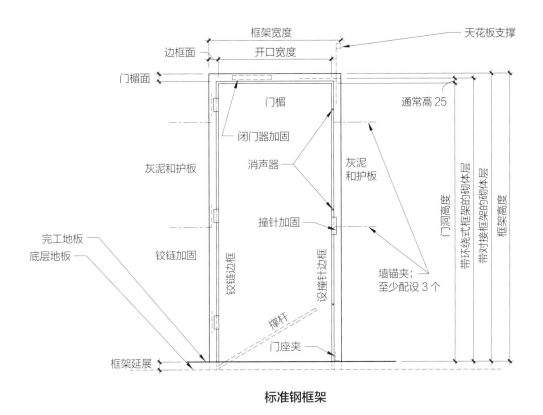

标准钢框架

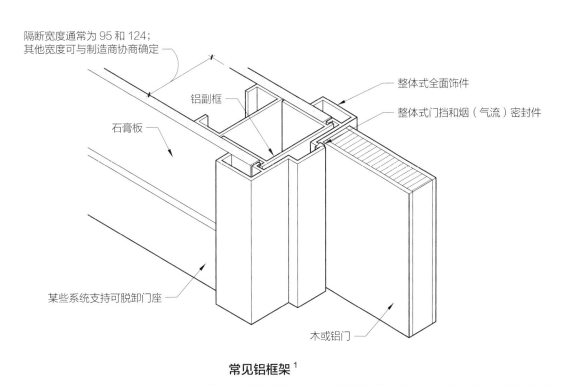

常见铝框架[1]

---

1 作者：大卫·布莱斯特，美国建筑师协会会员（FAIA），建筑研究咨询（Architectural Research Consulting）。

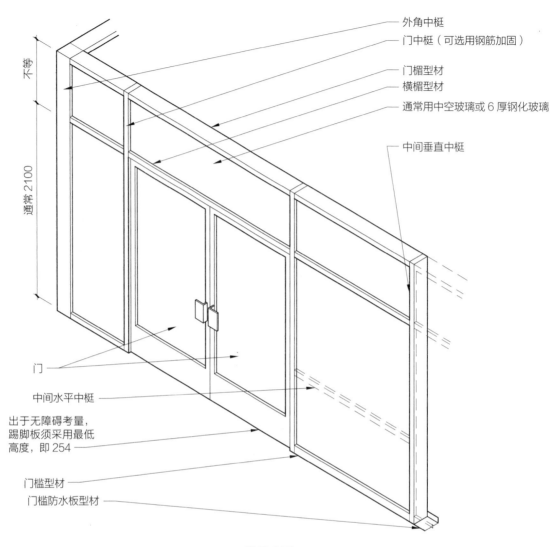

外角中梃

门中梃（可选用钢筋加固）

门楣型材
横楣型材

通常用中空玻璃或6厚钢化玻璃

中间垂直中梃

不等

通常2100

门

中间水平中梃

出于无障碍考量，
踢脚板须采用最低
高度，即254

门槛型材
门槛防水板型材

常见店面

玻璃门

玻璃门主要由玻璃构成，配有枢轴支撑件和其他五金件。玻璃门的强度取决于玻璃而非框架，一般采用13 mm或19 mm厚钢化玻璃。

玻璃门可安装在门洞内或用作全玻璃入口系统的一部分。若单独使用，玻璃门可设置在有框或无框墙洞内，或安装在玻璃舷窗之间。舷窗和门一般使用同类配件。铝、木或装饰性金属材质的边框也可使用，但并非必要选项。玻璃舷窗可直接与隔断对接。

玻璃门的最低配置要求提供特定类型的门拉手，并在顶部和底部分别布设一个用以支撑枢轴的角配件（有时称为蹄铁）。有些制造商会提供铰链配件，用以夹合玻璃并支撑门，具体方式大致与标准铰链门相同。

对用于疏散的门，当地建筑规范可能会要求使用特殊五金件，以确保可从外部锁上门，同时可在内部打开门（仅需推一下推杆即可）。玻璃门很重，或须借助动力操纵装置或平衡门系统。

全玻璃入口

全玻璃入口常用于室内店面，包括玻璃门及门周玻璃，无可见框架构件。常用特殊配件来夹合相邻玻璃片，以支撑玻璃门。玻璃厚度通常为13 mm或19 mm，安装在地板和天花板上方的框槽中。玻璃肋用于提供额外横向支撑，可垂直于主玻璃平面放置，并用硅酮密封胶密封。

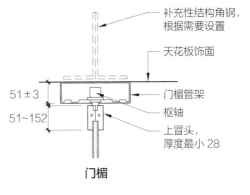

补充性结构角钢，根据需要设置

天花板饰面

51±3

51~152

门楣管架

枢轴

上冒头，厚度最小28

门楣

≥ 3

间隙

墙

门边框

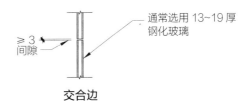

≥ 3

间隙

通常选用13~19厚钢化玻璃

交合边

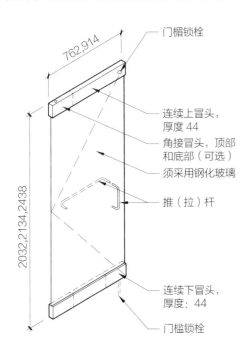

762,914

门楣锁栓

连续上冒头，厚度44

角接冒头，顶部和底部（可选）

须采用钢化玻璃

推（拉）杆

2032,2134,2438

连续下冒头，厚度：44

门槛锁栓

玻璃门组件

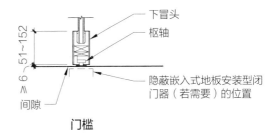

下冒头

枢轴

51~152

≥ 6

隐蔽嵌入式地板安装型闭门器（若需要）的位置

间隙

门槛

玻璃门剖面图

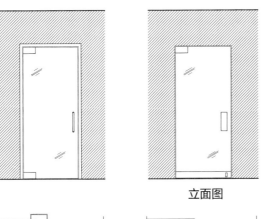

立面图

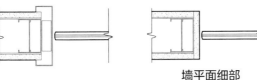

墙平面细部

玻璃门安装

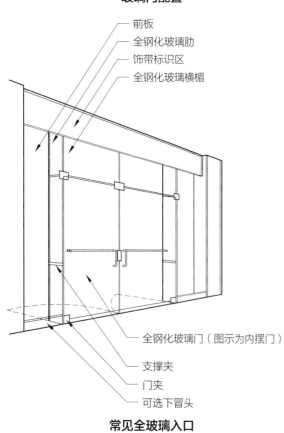

玻璃门配置

常见全玻璃入口

其他门类型[1]

自动门

自动开门装置可在手动或自动装置的激活下开/关门。自动开门装置常用于无障碍入口门和其他需要无手操作的门。可用于控制转门、滑动门和折叠门。

手动激活

手动激活装置包括按钮、推板、拉索、无线电控制装置和肘式开关。这类装置可嵌入或明装。肘式开关应该安装在距地面1092 mm处。

自动激活

自动装置采用光电管、触头垫片或运动探测设备。光电管可检测到门附近光束的中断情形，并引导控制装置开门。触头垫片可明装或嵌入门前地板中。施加在触头垫片上的压力可激活开门控制装置。触头垫片用于双扇门时，应在门的摆动侧布设安全踏垫。运动探测设备使用微波或红外光束来探测运动和人的踪迹。

自动开门装置可用于打开由不同制造商提供的标准木门或金属门，或视同一个包括门、操作装置、控制装置和其他附件的完整系统。

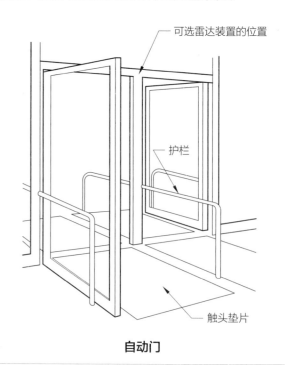

自动门

1 作者：大卫·布莱斯特，美国建筑师协会会员（FAIA），建筑研究咨询（Architectural Research Consulting）。
汤姆·贝德，美国建筑师协会（AIA），惠勒·卡恩斯建筑事务所（Wheeler Kearns Architects）。

门用五金

常见门用五金件名称

- 锁芯：一种包含弹子或叶片结构和钥孔的圆筒形组件，仅可通过正确钥匙予以驱动。
- 锁舌：一种无弹簧作用或斜面的锁栓，由钥匙或转固件予以操作。
- 门闩：固定在门上的一种手动操作杆，用来锁门。
- 门挡：一种可使门在某一点停止摆动或运动的装置。
- 电子门锁：一种允许以遥控方式开门的电子装置。
- 出口装置：一种门锁装置，可在按下横杆释放锁栓或锁闩时提供即时出口。
- 埋入插销：与门面或门边齐平的门闩。
- 锁具：一种带有锁柄、锁眼盖或锁钮等饰件的锁。
- 榫眼：一种用来接纳锁或其他五金件的空腔。
- 插锁（或闩锁）：一种安装在榫眼而非门面上的锁。
- 槽口：一对门或窗之间的对接边，外形设计以确保紧密贴合为目的。
- 双向锁：一种可通过反转斜舌用于任何门扇开关方向的锁。
- 装饰盘：锁眼挡门把手下方的一个装饰板，有时用作把手轴承。
- 锁栓眼板：一种金属板或金属盒，通常做穿孔或嵌入处理，以便在伸出时接纳锁栓或锁闩；有时也称为衔铁。

闩锁类型

根据使用特点，闩锁主要可分为以下四类：

- 通道闩锁：可随时用任意一侧的把手操控闩锁。
- 隐私闩锁：可在里面用按钮锁定外把手（若是方舌锁，用转固件锁定），并可在外面用紧急钥匙开锁。
- 入口闩锁：可在内侧通过机械手段（非钥匙）使外把手失效。可在外面用外把手上的钥匙或在里面用手转动内把手来操控斜舌。
- 教室闩锁：可在外面用钥匙锁定外把手。当外把手锁定时，可在外面用钥匙或在里面通过转动内把手来收回斜舌。

无论何种情况，均可用任意一侧的把手来操控斜舌。

暗插销是一种微型安全锁，可通过转动球形把手来伸出或收回插销。

须站在门外并面向门来确定门扇开关方向。门外侧指钥匙侧或锁定侧（若用锁）。通常为入口门外侧或办公室门走廊侧。

与入口门把手搭配使用的一整套锁具，包括插锁、外把手、球形把手和锁眼挡等构件。

无障碍门需要杆式五金件，球形把手不符合要求。

双向推拉杆可用于单向门受拉侧或双向门任何一侧。

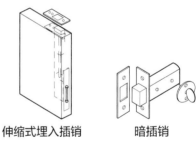

伸缩式埋入插销　　　暗插销

锁栓机制

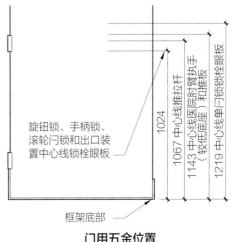

旋钮锁、手柄锁、滚轮闩锁和出口装置中心线锁栓眼板

1024
1067 中心线推拉杆
1143 中心线医院肘臂执手（较低底座）和推板
1219 中心线单门锁锁栓眼板

框架底部

门用五金位置

门铰链

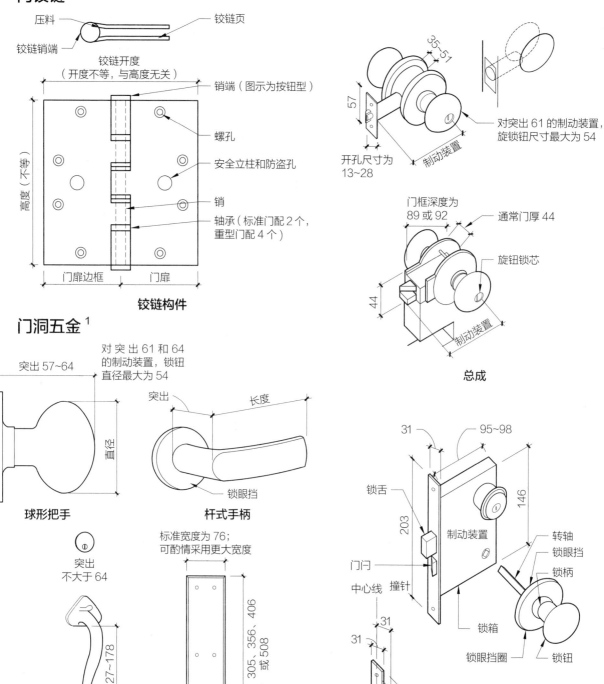

铰链构件

门洞五金[1]

球形把手

杆式手柄

入口手柄

推板

推拉杆

球形把手、长把手、门牌和门闩

总成

榫眼

锁类型

1 作者：理查德・J. 维图洛，美国建筑师协会（AIA），橡树叶工作室（Oak Leaf Studio）。

内部　　外部

隐私锁

厕所门或其他隐私门应注意以下问题：

- 可用任一操纵杆操控斜舌（除非外杆被内部按钮锁定）。
- 通过转动内杆或关门使按钮自动释放。
- 必要时，可通过操作外旋钮打开门锁。
- 无需紧急钥匙。
- 内杆始终处于激活状态。

门禁

门禁主要涉及以下几类锁：

- 电子门锁：这种锁可通过释放电子门锁边固件来实现远程解锁，且无须为此缩回斜舌；有时也称其为衔铁或大门锁。门关闭时，斜面斜舌会跨过边固件并落入锁袋。锁定侧把手须始终处于自由转动状态，以确保可从该侧自由离开。
- 电插锁：一种经改进的标准插锁，允许电动控制把手转动的情况。未锁定侧可电动或手动控制。
- 电磁锁：主要包括标准电磁锁和剪切电磁锁两种。标准电磁锁只能用于单向摆动门。电磁锁可安全停转（未通电时解锁），并可提供272-748 kg的夹持力。剪切锁是一种完全隐蔽在门和头座或框架内的电磁锁，可用于双向摆动门。其也可安全停转，并可提供高达1225 kg的夹持力。
- 电动出口装置（紧急把手）：这类装置为经改进的标准紧急把手，允许从未锁定侧对门进行电动控制。其构件包括边缘控制装置、插锁或垂直杆式装置。垂直杆式装

置常用于无中梃接纳斜舌处。锁定侧须始终处于机械控制状态，以实现无障碍疏散；也可就近布设一个释放机制。

建筑五金饰面

建筑五金常用金属有黄铜、青铜、铁、钢、不锈钢、铝、锌等。不锈钢具有防锈、易维护、光洁度高的特点，因此特别适用于建筑五金。铝经常与其他金属混合而形成合金。铝合金可在门挡、扶手支架和吊钩相关应用中替代铸铁。锻铁常用于特殊装饰件，如早期美式手工锻件。在选择金属及其饰面时，需考虑防锈性、耐久性和外观等因素。

- 天然饰面的颜色与其基底金属相同，光泽或高（如缎面饰面）或低（如抛光饰面）。
- 仿古和压痕饰面常用于美化古董外观。
- 油面青铜可提供黑色氧化饰面。
- 常见镀层饰面有镀铬、镀黄铜或青铜以及镀镍饰面。

门用五金饰面或须与其他组件相匹配。实现这类匹配的一种有效方法是，明确镀面拟用合金的实际编号，例如，黄铜（含铅红黄铜）的 UNS[1] 编号为 C32000。然而，这种方法比使用制造商标准饰面的成本更高，并且可能不适用于某些类型的门用五金。此外，即使镀面用合金与其他组件相匹配，若其下层基底金属不一样，成品外观也会略有不同。无论是匹配饰面，还是仅参考美国建筑五金制造商协会（BHMA）的饰面编号，均须向制造商索要样品来核验实际饰面。

闭门器

经正确安装和调整后，闭门器应可控制门的整个开关过程。闭门器包括以下三个基本部件：

- 用于关门的一种电源。
- 用于控制关门速度的一种调节器。
- 将关闭力从门传递至框架的一种连接件（如门臂）。

1　UNS 指的是 "Unified Numbering System"，即统一编号系统，是一种用于标识和分类金属和合金的编码系统。

多种闭门器还具有其他功能，包括倒退制止、延迟动作、可调弹簧力以及各种保持开启功能。

闭门器有多种尺寸可选，以适应不同门的尺寸、位置和工作条件。应仔细考虑制造商的建议。

带有延迟动作功能的闭门器可延长通过门道的时间。这类闭门器特别适用于频繁使用的室内门，如卫生间入口门。可采用可调节速度控制装置。

闭门器可明装或隐蔽在门、框架或地板中。有三个位置需要明装：铰链侧、平行臂和顶部边框处。有各种托架可供选择，包括角类和拱腹类等，可满足不同的门框条件。

明装和隐蔽在门中的闭门器专用于单向门，隐蔽在地板和框架中的闭门器可用于单向门或双向门。

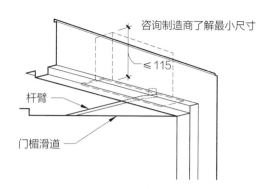

置于顶框内

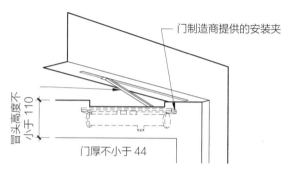

置于门楣内

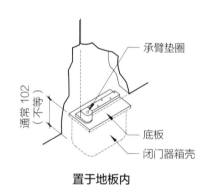

置于地板内

隐蔽式闭门器

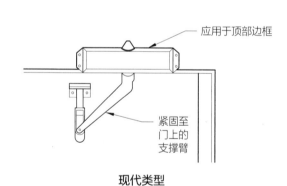

现代类型

现代类型（带盖）

新型明装闭门器

出口装置

门出口装置以横跨门内表面宽度的横杆为特色，可感应来自靠近出口者的压力。这类出口装置的设计目的是，让人无须任何手动操作即可快速疏散。出口装置可被设计成从外部上锁，且在内部打开时会发出警报。

· 太平门五金是一种门锁组件，其内部所含装置可在感应到沿疏散通行方向施加的外力后立即释放门闩。

· 消防出口五金是指定用于防火门组件的太平门五金。

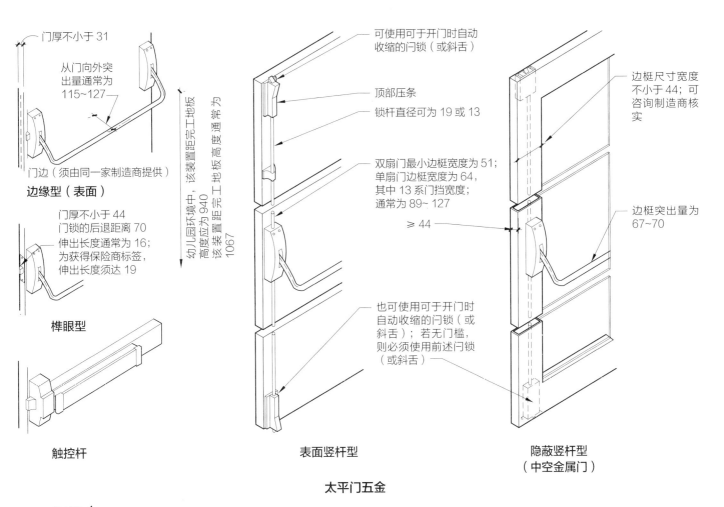

门厚不小于 31

从门向外突出量通常为 115~127

门边（须由同一家制造商提供）

边缘型（表面）

门厚不小于 44
门锁的后退距离 70
伸出长度通常为 16；为获得保险商标签，伸出长度须达 19

榫眼型

幼儿园环境中，该装置距完工地板高度应为 940
该装置距完工地板高度通常为 1067

触控杆

可使用可于开门时自动收缩的闩锁（或斜舌）

顶部压条

锁杆直径可为 19 或 13

双扇门最小边梃宽度为 51；单扇门边梃宽度为 64，其中 13 系门挡宽度；通常为 89~ 127

≥ 44

也可使用可于开门时自动收缩的闩锁（或斜舌）；若无门槛，则必须使用前述闩锁（或斜舌）

表面竖杆型

边梃尺寸宽度不小于 44；可咨询制造商核实

边梃突出量为 67~70

隐蔽竖杆型（中空金属门）

太平门五金

门槛 [1]

不同制造商的门槛轮廓不尽相同。门槛可采用标准长度5.5~6 m，或切削至所需长度。6 mm或13 mm 的偏移可降低外部表面，进而提高抵御渗水的能力。组合式门槛将各部件组合在一起，允许将门槛制成任何宽度；得益于开槽纹路的一致性，接缝不会显露出来。

无障碍门槛

门槛高度变化为6 mm 时无须进行边缘处理。若高度变化为6~13 mm，门槛须做倾斜处理，斜率不大于1：2。建议对门槛表面进行研磨处理。

门槛最大高度通常限制在38 mm。但是，对于某些住宅单元内的现有或经改造的门槛或露台滑动门，一些标准为在最大斜率（1：2）下的最大高度为19 mm。

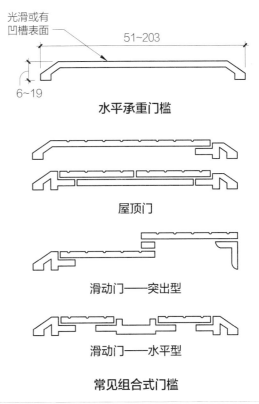

光滑或有凹槽表面

51~203

6~19

水平承重门槛

屋顶门

滑动门——突出型

滑动门——水平型

常见组合式门槛

1 作者：理查德·J.维图洛，美国建筑师协会（AIA），橡树叶工作室（Oak Leaf Studio）。
蒂姆·谢伊，美国建筑师协会（AIA），理查德·迈耶及合伙人建筑师事务所（Richard Meier & Partners Architects）。

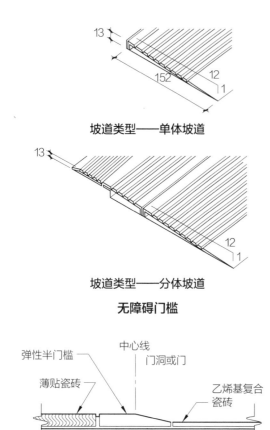

坡道类型——单体坡道

坡道类型——分体坡道

无障碍门槛

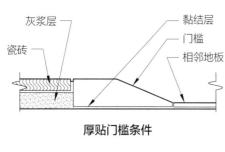

薄贴门槛条件

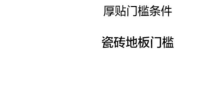

厚贴门槛条件

瓷砖地板门槛

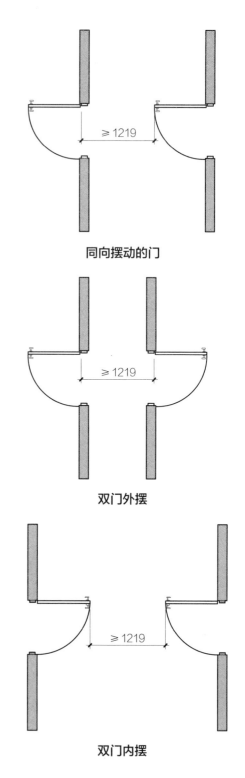

同向摆动的门

双门外摆

双门内摆

入口和前厅

无障碍入口

　　旋转门不得成为无障碍通道的一部分。在入口门厅中，串联在一起的两扇铰链门或枢轴门之间的距离至少应为 1220 mm 与可摆入空间的门宽之和。

疏散门洞

可用作疏散设施的门包括以下几种：

· 旋转门：旋转门（若使用）所提供的疏散能力不得超过总疏散能力的 50%，且门扉在反向压力下坍塌时，可产生至少 914 mm

宽的出口路径。须近距离设置至少一个出口门。

- 动力操纵门：动力操纵门（若使用）须可在断电情形下用至多222 N的力手动打开。

- 水平滑动门：水平滑动门（若使用）须符合八项标准，包括在断电情形下无须任何特殊操作或知识即可手动操纵。

- 出入管制门：出入管制门（若使用）须符合六项标准。可参阅相关标准获取得更多信息。

- 安全格栅：安全格栅（若使用）所提供的疏散能力不得超过所需疏散能力的50%，且可在空间被占用期间始终处于开启状态。

可参阅国家、地方和无障碍规范进一步了解相关信息。

高架地板结构

高架活动地板[1]

活动地板由面板和下层结构系统组成。该系统可在地板下提供线槽和电缆槽。在某些情形下，还可提供送风静压箱。活动地板系统通常用于普通办公室、数据中心、计算机房和洁净室。也可使用多层活动地板系统。这类系统通常在地板镶板下布设两个或更多连续性空腔，以容纳电线管道和送风静压箱。以下是活动地板系统的部分优势：

- 送风灵活性和电气或数据连通性较强。

- 易于重新配置，可提高能效并降低建筑运营成本。

- 支持单独温控，可提高终端用户的生产效率。

- 减少施工时间。

下层结构类型

活动地板下层结构主要有两种：低剖面系统和基座系统。

- 低剖面系统可提供低高度活动地板，高度通常小于102 mm。间隔布设的塑料或金属支撑可结合电缆管理系统，以固定间距为整个面板提供支撑。该系统通常由家具制造商提供，可用于新建和现有建筑；但其最常用于正在改造的建筑，以尽量降低对完工地板与完工天花板之间距离的影响。

- 基座系统由螺纹杆或伸缩管组成，主要在角落部位（或在地板周边）支撑面板。人们普遍认为，将基座固定在底层地板上来抵抗水平力不失为一种良好实践。可对该系统进行调整，以适应类似于前述低剖面系统的低高度要求。

基座系统包含两种基本类型：无桁条系统和桁条系统。

无桁条系统所含基座均经合理布置，以确保每个基座头均可在相应角落支撑四个面板。无桁条系统可提供进入地板下空腔的最大通道。无桁条下部结构的横向稳定性及其对地震侧向力和其他来源侧向力的承受能力均弱于有桁条的下部结构。

有两类面板可用于无桁条基座系统：重力保持面板和螺栓压紧面板。

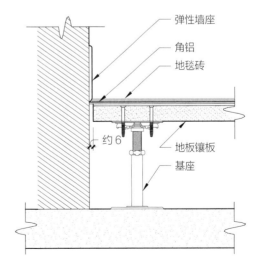

弹性墙座
角铝
地毯砖
约6
地板镶板
基座

周界架空地板

1　作者：丹尼尔·F.C.海耶斯，美国建筑师协会（AIA）。
简·汉森，美国建筑师协会（AIA），DeStefano & Partners 建筑设计事务所。
萨拉·巴德，甘斯勒建筑事务所（Gensler）。
美国瓷砖协会股份有限公司（Tile Council of America, Inc.）。

声学性能

在为有隔声需求的分隔区选择面板和组件时，需考虑的另一个因素是，如何阻隔空气中穿过活动地板和地板下空腔从一个房间传至另一个房间的声音。ASTM 已成立一个工作组来起草一份与地板组件传声测试相关的文件，但目前该文件尚未发布。

下层结构

标准完工地板的高度为 152~914 mm。

标准角锁基座用于在相应角落处支撑 152~762 mm 完工地板所涉四个面板。周界基座头支撑设置于周界墙或非同类地板相接处的面板。基座是边长至少为 406 mm 的正方形。

610 mm × 610 mm 的桁架网格可为频繁更换和增加电缆的区域提供最大的可及性。也可采用 610 mm × 1219 mm 和 1219 mm × 1219 mm 的桁架网格。

由于面板底面比较平坦，静压箱分隔器可安装在面板底面任何位置。

保温隔湿

室内接缝密封胶

接缝密封胶一般设置于异质材料之间的过渡区，以及同质材料间的接缝处，以控制开裂。

室内常用密封胶主要有以下四类：

· 硅酮密封胶，在四类密封胶中造价最高，但也最耐用，并有最好的移动性，但因质地太软，不适用于地板接缝。

· 聚氨酯密封胶，移动性较好，且硬度高于硅酮密封胶。用于地板接缝时具有较好的抗渗透性。

· 乳胶密封胶，价格低廉，常用于移动性需求极低或潮湿环境。

· 合成橡胶密封胶，价格低廉，附着力好，且能永久保持黏性，但其几乎无法移动。

移动

若接缝处有可能出现移动现象，应在密封胶下插入一根防黏结胶棒或胶带，以防止三面粘连。

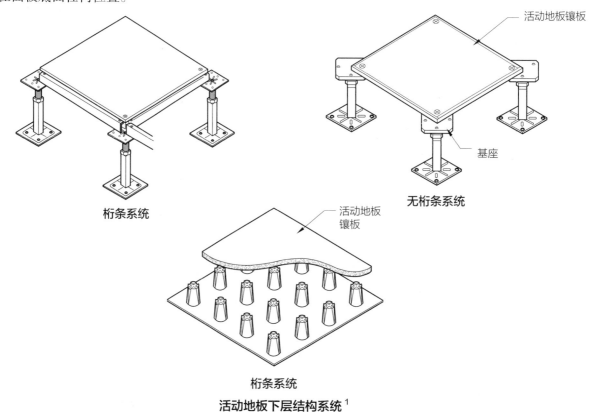

桁条系统

无桁条系统

桁条系统

活动地板下层结构系统[1]

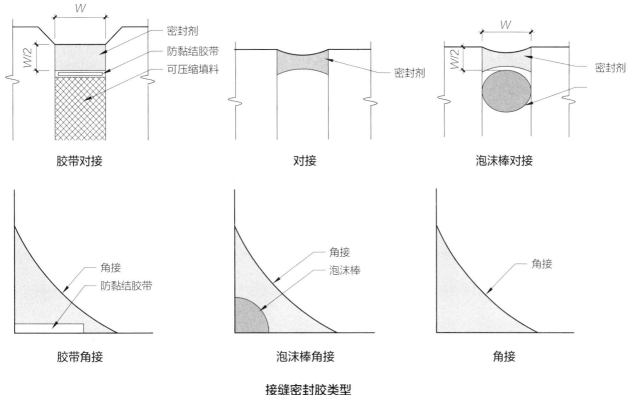

接缝密封胶类型

室内装饰

室内特殊设施

展示表面[1]

黑板和记事板

搪瓷记事板和黑板是由搪瓷面板与带防潮衬板的稳定芯材层压而成。前述衬板可为铝箔板、铝板或镀锌钢板。芯材可为6 mm厚的硬纸板、10 mm厚的刨花板或10 mm、13 mm厚的纤维板。铝或木框架和粉笔托盘可为工厂或现场应用型，也可使用地图支架和旗座。标准尺寸最大为1.22 m高和4.8 m长。组合单元可将各种尺寸和配置的记事板、黑板和刨花板纳入统一框架内，进而满足教室和会议室的多功能需求。

与白板笔搭配使用的水性和溶剂型涂料可以是白色或其他颜色的。与粉笔搭配使用的丙烯酸乳胶黑板漆仅可是黑色的。

交互式记事板

交互式记事板允许演示者通过触摸识别软件用各种常见工具进行书写，用手掌擦除所写内容，并用指尖移动相关目标。交互式白板正在迅速发展，且正为教育机构和企业所广泛使用。它们既可单独使用，也可与安装在其上方的集成式近程投影仪一起使用。控制面板可集成至交互式记事板和白板中。建议采用可调节支架，以便在各种高度使用这类记事板和白板。

板表面由弹性硬涂层聚酯制成，安装在铝质复合背板上。它们与白板笔兼容，且易于清洗。

白板墙面涂料

可将白板墙面涂料设置于230~305 m长、1220~1525 mm宽的柔性辊中。将无纺布聚酯纤维素衬板与带有热塑性薄膜顶面的着色乙烯基构层

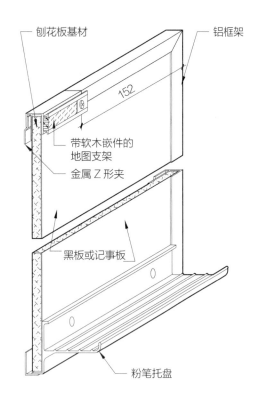

悬于夹具上的黑板和记事板

资料来源：Walltalkers 公司。

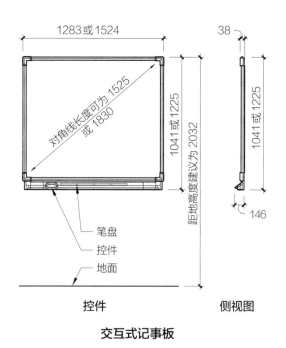

交互式记事板

资料来源：Walltalkers，俄亥俄州费尔劳恩市。

压，使其可用作支持使用白板笔的记事板。在制造过程中，可在乙烯基中添加铁粉以产生磁性表面。建议使用一种自黏性薄板来重新铺设现有黑板，使其可用作记事板。

要覆盖整面墙，应水平涂施白板墙面涂料（涂施纹路应与涂施方向一致），并确保接缝位于墙面主要书写和观察区域之外。双切时应确保接缝几乎不可见。标准辊长为30.5 m，网格表面和磁性表面除外，二者辊长分别为30 m 和2.3 m。

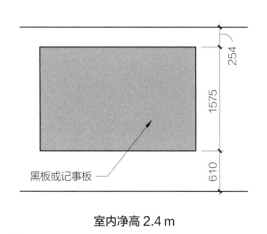

室内净高 2.4 m

室内净高 2.4 m

白板墙面涂料接缝位置

资料来源：Walltalkers 公司。

布告板

布告板有多种表面材料和制造类型可供选择。为确保稳定性，可黏结表面通常与基板相层压。制造商大多会提供标准尺寸，通常至多1.22 m高，5 m长。木质或铝质饰件可用于各种型材。可黏结表面包括以下几种：

- 天然软木：可自我修复，表面有弹性，颜色为柔和的浅棕色。布告板最常见厚度为6 mm。
- 塑料浸渍塞：整体着色的天然软木，已用黏结剂处理且已浸渍塑料；表面喷涂塑料涂料，以提供可清洗耐用表面。通常6 mm厚，层压至粗麻布衬底上。有多种颜色可供选择。
- 乙烯基织物：二类中型乙烯基织物。
- 纤维板：将回收的木纤维压缩成覆以厚重黄麻织物（粗麻布）的面板，其间不使用含甲醛的胶黏剂。这类吸声板可涂漆。

室内标识

室内标识是确保室内空间秩序的关键因素。标识是一种寻路手段，可为用户提供一种导航提示系统，引导其通过特定建筑环境。室内标识是前述导航系统最重要的组成部分，可提供信息、引导方向、帮助识别目的地以及描述监管条件和楼梯出口等紧急位置。

室内标识可以是视觉、触觉或数字性的，也可以是多种信息技术的组合。可参阅当地规范和标准了解受监管标识类型相关信息。

室内标识可以是独立的，也可以安装在墙壁或地板上或悬挂在天花板或结构上。标识有无框架均可，可专门设计，也可通过预制模块化标识产品线予以制作或从中指定。

标识方案

成功的内部标识方案须以可识别的标识层次结构为基础，标识的具体级别和类型由用户寻路路径上的决策点决定。从一般到具体的信息流，对访客寻路大有裨益。

标识类别

室内标识和图形可分为六种基本类型：品牌或身份标识、信息（操作）标识、方向标识、识别标识、监管标识和警告标识。

- 品牌或身份标识，包括公司徽标、品牌颜色和图案以及标识图形，旨在传达企业专有品牌信息。
- 信息（操作）标识，包括大厅索引标识和定位地图，旨在提供一般位置信息和整体导航信息，并描述特定环境的具体运作情况。
- 方向标识，如办公室楼层索引和走廊方向标识，旨在为区域或部门提供更具体的本地导航信息。
- 识别标识，旨在标明到达或进入的地点（如办公室、楼梯或任何便利设施）。若房间占用者或功能是临时性的，或可在原标识中插入可变信息。具有永久性功能的房间和空间，如卫生间和楼梯间，均可提供永久性图形信息。也可依据本地规范和要求确定标识类型。
- 监管标识，如消防出口地图、电梯大厅代码标识和最大占用率标识，可由本地规范和监管机构予以规定。许多监管标识均为解决生命安全问题。
- 警告标识，包括内玻璃墙或报警门信息所示政策标识和危险标记，本地规范和监管机构可能会予以规定。

可能考虑用于特定场合的另外两类标识是荣誉性标识和解释性标识。前者如捐赠者识别标识或装置等，后者如描述特定环境的意义或历史的标识和图形等。

标识系统

定制标识需要标识设计师输入相关元素，需要的前期设计时间相对模块化标识更多，且制作成本可能高于模块化标识系统，但其允许根据客户品牌、空间和需求定制标识方案。还可以从模块化产品线中选择标识。公司提供的预制标识系统能够满足标识系列的模块化、灵活性和一致性需求，且周转速度较快。模块化标识系统具有灵活多变的模块化元素。

无障碍标识[1]

壁挂式定制标识

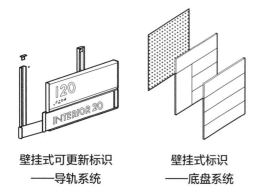

壁挂式可更新标识
——导轨系统　　　　**壁挂式标识**
　　　　　　　　　　　——底盘系统

壁挂式可更新标识

资料来源：ASI-Modulex 公司。

　　无障碍设计标准是无障碍标识制定的指南。所有无障碍标识均须符合这类要求以及任何地方的无障碍标准（若适用）。

无障碍标识类别

　　必须在永久性房间和空间内设置无障碍标识。方向、信息和架空标识无须包含触觉和盲文字母，但其必须符合无障碍设计标准。

- 对以识别房间和空间为目的的标识，鉴于其功能不会轻易改变，因此必须包含触觉和盲文文本。对涉及临时性房间占用者的

办公室标识，除无障碍房间标识符外，还可包含非无障碍性名牌。

- 指示功能空间或提供功能空间信息的壁挂式标识无须包含触觉和盲文字母。但是，它们必须满足字符比例、高度、标识饰面和对比度等相关要求。
- 横越或悬吊式标识必须满足间距、字符比例和高度、标识饰面和对比度等相关要求。
- 建筑索引、菜单和所有其他提供房间和空间临时信息的标识。
- 出口通道门、出口场地门和出口楼梯门所示出口标识必须符合触觉要求。
- 安全出口处的方向标识和安全避难区内的标识均需符合视觉特征要求。

入口、洗手间和洗浴设施

　　若所有入口均为非无障碍性的，那么必须在无障碍设施入口处展示国际无障碍标识（ISA，或"轮椅标识"）。必须为从非无障碍入口到无障碍入口提供指示。类似指南也适用于卫生间和洗浴设施。

- 出口通道门、出口场地门和出口楼梯门所示出口标识必须符合触觉要求。
- 安全出口处的方向标识和安全避难区内的标识均须符合视觉特征要求。

集会区

　　在提供助听系统处，必须展示国际听障人士无障碍标识，并说明具体的助听系统。

救援协助区

　　必须标识救援协助区。若存在照明出口标识，则需提供表明"救援协助区"的照明标识，包括 ISA。必须在救援协助区内张贴在紧急情形下如何使用该区域的指示。必须标明非无障碍出口，并设置相关标识来引导访客进入无障碍出口和救援区域。

1　作者：汤姆·霍顿，甘斯勒建筑事务所（Gensler）。
　　马克·J. 麦兹，美国建筑师协会（AIA）。

公共电话

文字电话必须标有听障人士专线（TDD）标识。音量控制电话必须标有国际听障人士无障碍标识。

国际无障碍标识　　国际听障人士　　国际听障人士专线
　　　　　　　　　无障碍标识　　　（TDD）标识

国际无障碍标识

资料来源：环境平面设计学会（Society for Environmental Graphic Design）。

音量控制电话

永久性房间标识

场地：

· 最小高度16 mm，大写。

· 触觉文本，至少凸起0.8 mm。

· 无衬线字体或简单衬线字体。

· 字符须与背景形成对比。

· 2级盲文。

人名条：

· 临时标识，不受约束。

常见永久性房间标识

资料来源：ASI-Modulex 公司。

卫生间标识

只有在并非所有卫生间均为无障碍卫生间情形下，才须提供最近无障碍卫生间相关信息。

场地：

· 最低高度152 mm。

· 象形边框或背景字段。

· 象形图无须凸出。

房间名称：

· 最小高度16 mm，大写。

· 触觉文本，至少凸起0.8 mm。

· 无衬线字体或简单衬线字体。

· 文本可能不包含在背景字段内。

· 2级盲文。

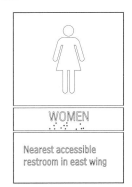

常见卫生间标识

资料来源：ASI-Modulex 公司。

悬吊式标识

· 最小高度76 mm，大写。

· 悬吊式或横越式标识到完工地板底面的距离至少为2032 mm。

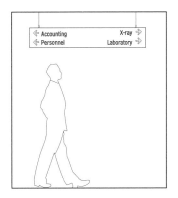

常见悬吊式标识

资料来源：ASI-Modulex 公司。

触觉信息及安装高度

须在房间和空间的永久性标识上提供用凸字符和盲文传达的触觉信息。允许将触觉和视觉字符组合在一起,或将触觉字符与多余的视觉字符相隔离。房间编号、房间名称、出口楼梯和卫生间均是具有"永久性"名称的空间。触觉字符必须位于地板或地面上方1220~1525 mm处。根据无障碍设计标准,标识所含触觉字符与完工地板之间的距离至少为1220 mm(从最低字符的基线处开始测量),至多为1525 mm(从最高字符的基线处开始测量)。

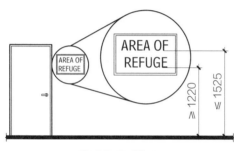

常见悬吊式标识

根据无障碍设计标准,门上触觉字符应沿门闩侧安装。若双扇门仅有一个活动门扉,标识应置于活动门扉上;若两扇门均为活动门扉,标识应安装在右手门右侧。若某扇门的门闩侧或某扇右手门的右侧无可用墙壁空间,可将标识置于距该门最近的相邻墙上。对包含触觉字符的标识,其位置应可保证至少455 mm×455 mm地板空间(以触觉字符为中心),并超出任何门在其关闭位和45°开启位之间摆动的弧度。带触觉字符的标识可置于有闭门器但无保持开启装置之类门的受推侧。

紧急疏散标识

有些地方司法管辖区要求增加标识,以满足在三层以上建筑物发生紧急情况时改善出口和区域识别状况的需求。除规范要求置于相应空间的标识外,还有下列标识类型:

· 通往楼梯井入口的出口通道。
· 楼梯井识别标识。

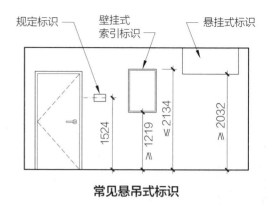

常见悬吊式标识

资料来源:ASI-Modulex 公司。

· 救援协助区附加识别标识。
· 电梯轿厢识别标识。
· 注明紧急设备位置的疏散楼层平面图。
· 工作空间和办公室定位地图。

可检测警告标识

须在边缘与无屏障或防护栏落客区相接的客运平台以及大多数路缘坡道处设置可检测警告标识。可检测警告标识应为一系列经截短的圆顶带,宽610 mm,并与相邻的行走表面形成对比。

符号

符号,或象形图,通常与书面描述一并用于标示设施和服务。

符号

许多有厨房或休息室设施的室内环境均置有需要贴标签的回收箱或橱柜。使用象形图(如丝印或乙烯基象形图)是一种可快速识别适当回收容器的有效方法。

回收符号

标识材料[1]

标识有多种材料和饰面可选。常见材料包括：

· 光聚合物（用于标识上凸起的触觉信息），颜色各异。

· 天然或涂漆丙烯酸。

· 金属（铝、钢、不锈钢、黄铜、青铜和铜等），饰面各异。

· 玻璃。

· 天然和涂漆木材。

· 固体表面材料和聚合物。

操作标识，如主要大厅索引标识，可作为照明和非照明单元，通常配有玻璃或丙烯酸顶盖和金属框架或外壳。

标识图形和文本

标识图形和文本因标识类型、设计和标准要求而异。标识信息和图形可直接应用在室内建筑表面上，或包含在标识牌匾或组件中。常见应用包括：

· 丝印图形。

· 乙烯基图形。

· 乙烯基数字压印。

· 铸造、蚀刻或注漆金属。

· 喷砂、丝印或乙烯基玻璃。

· 熔融材料。

电子信息系统

可变标识通常需要手动替换插页或其他硬拷贝文本或图形。标识的计算机接口可满足对灵活性以及信息、映射、路由和消息变更的需求。这类计算机接口可用于不受无障碍设计标准约束的地方，如主大厅索引标识或会议室入口服务台处。一些标识系统集成了视频技术功能。

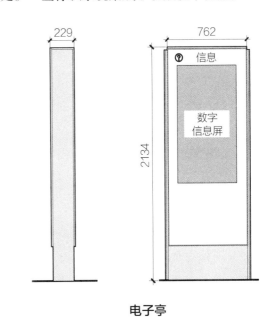

电子亭

索引亭及资讯亭

索引亭是常见信息标识物之一，旨在介绍以有复杂寻路挑战、多租户或重要公共通道为特色的大型设施。索引亭通常独立设置，但在空间有限处也可将其安装在墙上。索引亭可能包含静态的"当前位置"方位图（内有或无照明）、带模块化信息条的租户索引、视频平面屏或动态标识电子显示屏。

室内标识安装

室内标识的安装因应用类型、基底或安装表面以及标识质量等因素而有所不同。应与标识制造商和安装人员共同审核这类因素。对机械紧固类标识，或须对墙面进行额外支撑，以确保其稳定性。对可用机械紧固件安装的标识，若所用机械紧固件可融入标识外观，应避免使用挥发性有

1 作者：汤姆·霍顿，甘斯勒建筑事务所（Gensler）。

机化合物（VOC）含量较高的胶水和胶黏剂。小标识可通过以下方式安装在墙上：

- 机械紧固。
- 乙烯基胶带。
- 硅酮胶。
- 维可牢。
- 磁性胶带。

横幅

类型

传统上，横幅同旗帜一样，多采用杆挂式或壁挂式等展示方式。而如今，可用横幅织物越来越多，其中一些完全由回收材料制成，创新性图形应用技术也得以付诸实践，这为横幅展示的构建中提供了更多可能性。

标准横幅织物

常用横幅织物包括乙烯基层压板、乙烯基涂层网、乙烯基涂层聚酯、丙烯酸涂层聚酯、尼龙、纺染腈纶、纺染改性腈纶和纺粘聚烯烃纤维。为使视觉呈现多样化，可将金属和塑料碎片融入横幅或缝在横幅上。装饰性元素、灯光和许多其他材料均可融入横幅中。

墙保护和门保护

材料

墙保护和门保护可以防止人们踢或倚靠在表面上，防止推车和设备碰撞以及防止维护设备损坏造成的损害。墙保护和门保护常用材料包括以下几种：

- 聚氯乙烯（PVC）塑料：这种耐用型塑料可用于防撞护角、防撞栏和防摩擦栏等。
- 聚碳酸酯塑料板：聚碳酸酯常用于壁板。
- 铝制品：铝可用于防撞护角、防撞栏和防摩擦栏等。
- 不锈钢：这种耐用型金属可用于壁板以及防撞护角、防撞栏和防摩擦栏等。
- 实木：实木可用于壁板镶板或防撞护角、

防撞栏和防摩擦栏等。实木表面易受损，但可予以重新处理。

- 刨花板：刨花板可用于壁板（通常在码头区域），但可能受损。

防撞护墙和护墙板

防撞护墙、镶板和装饰件通常用胶黏剂或螺钉固定在完工墙面上。所有护墙和护角装置均须在紧固件连接区域后提供后备防护，这对扶手型防护装置而言尤为必要。

扶手型防护装置主要包括以下类型：

- 根据现场尺寸预先确定组装长度的不锈钢护墙。
- 铝护墙采用6 mm厚的阳极氧化铝板。
- 薄壁护墙须能满足轻至中型墙体的最小空间要求。须将刚性乙烯基盖安装在连续性铝护圈上。薄壁护墙可采用锥形接头，以免触及病床或手推车。

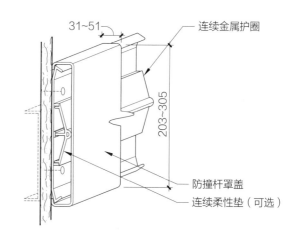

明装型防撞栏

传统上护墙板要确保椅子从餐桌旁移开时不会触及墙壁，进而起到护墙作用。它们常用于餐馆中，旨在保护墙壁免受桌边和椅背损坏。住宅用护墙板通常位于地板上方813 mm处，但可依据家具尺寸调整位置。护墙板可用木材与合成材料制成，风格多样。它们可在视觉上分隔上下部墙体，并可用于不同墙体饰面相交处。

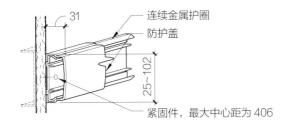

保险杠防撞块

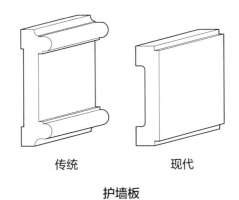

传统　　　　现代

护墙板

扶手[1]

耐冲击塑料扶手可采用抗菌塑料表面和铝合金内饰。这类塑料扶手易于安装，并可用于医疗保健设施中。

实木扶手可采用橡木、榉木、桦木、枫木和其他木材。它们可做弯曲处理，并可在中间部位采用不锈钢支撑。

扶手由重型PVC单板与中密度纤维板（MDF）黏合而成，坚固耐用，外观新颖，易于维护。

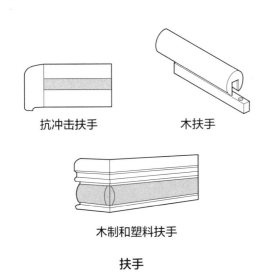

抗冲击扶手　　　　木扶手

木制和塑料扶手

扶手

门保护系统

门护板由建筑铝、黄铜、不锈钢或塑料层压板、3 mm厚的透明丙烯酸塑料、黑色或棕色耐冲击聚乙烯制成。

- 踢脚板：踢脚板可为门提供矩形表面，保护其受推侧底部免受行人脚部损坏。建议将踢脚板用于所有正常使用的门，特别是那些使用闭门器的门。
- 防弹钢板：防弹钢板可保护门的下半部分不因手推车、卡车和粗鲁使用而受损，通常安装于单向门受推侧和双向门两侧。
- 担架板：这种板旨在保护特定区域的门。服务车等相关设备始终位于这类区域内。担架板通常应用于门的受推侧。
- 拖把板：拖把板用于保护须做清洁和拖扫处理的门受推侧的底部。

门踢板尺寸

类型	高度（mm）	宽度（mm）
踢脚板	203~610	559~1219
防弹钢板	660~1219	559~1219
担架板	152~203	559~1219
拖把板	102~152	559~1219

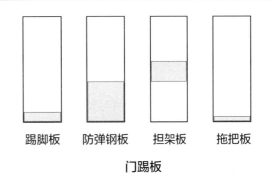

踢脚板　　防弹钢板　　担架板　　拖把板

门踢板

推拉板

推板可由黄铜、青铜、塑料、不锈钢和铝制成。支持各种设计和尺寸，标准尺寸包括：

- 89 mm×381 mm
- 102 mm×152 mm
- 152 mm×406 mm
- 203 mm×406 mm

1　作者：汤姆·霍顿，甘斯勒建筑事务所（Gensler）。

卫生间隔断

选择标准

在选择卫生间围护结构、筛网类型和安装方式时，应考虑维护要求、抗破坏性和防潮性、支撑结构以及修复受损单元的方法等因素。

考虑到隐私需求，所用门或板应高于普通门或板。许多固态聚合物和酚醛树脂芯单元制造商均可提供门和壁柱搭接系统，以消除落入隔间的垂直视线。可对一些金属单元适当变更，以纳入止动件和填料，消除落在门上的垂直视线。

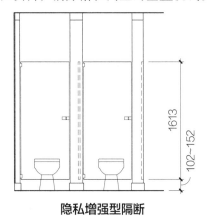

隐私增强型隔断

面板材料

卫生间隔断通常按外观和结构分类。常见饰面类别包括以下几种：

·金属，包括烤漆和不锈钢。
·聚合物，包括塑料层压板，酚醛树脂芯材、三聚氰胺面刨花板芯材、刨花板芯材、固体堆焊材料和固体堆焊单板。
·石材，包括大理石、花岗岩和一些石灰岩。

也可使用工厂加工的硬木单元（常用于高成本装置中）。还可采用材料组合，例如：隔间可同时采用塑料层压门和不锈钢壁柱面板。同样，烤漆和塑料层压板可采用不锈钢边条。

金属隔断

金属隔断包括由树脂浸渍牛皮纸制成的隔声蜂窝芯不锈钢隔断，以及烤漆隔断。金属隔断制造商可在扶手杆安装处提供木材、刨花板加固件或贯穿式螺栓组件。

不锈钢隔断

不锈钢隔断经久耐用。它们的耐腐蚀性也较强，可用商用不锈钢清洁剂予以清洁。不锈钢隔断不易凹陷和毁损，但可被锋利工具划伤。划痕有时可通过抛光予以去除。

烤漆隔断

"烤漆"这一术语用来描述各种着色的有机涂层。烘烤工艺可加速溶剂蒸发，也可充分提升热固性涂料的温度，使其薄膜转化为聚合形态。制造商通常将相关饰面描述为静电法涂施瓷漆、高固体含量涂料或粉末涂料的饰面。

带烤漆饰面的钢隔断是最经济且应用范围最广的一类卫生间隔断，但这种饰面却最不耐用。它们不适用于潮湿区域；虽然饰面耐腐蚀，但面板却容易生锈。饰面通常会受到化学物质和酸的不利影响，但只要及时除去染色剂，即可抵抗毡制粗头笔或口红等物品造成的污渍。

聚合物隔断

对于聚合物卫生间隔断而言，塑料层压板、酚醛树脂芯板和玻璃纤维增强板均是比较实惠的选择。也可使用固体堆焊材料和固体堆焊单板。

塑料层压隔断

带刨花板芯的塑料层压板可抵抗正常磨损、酸蚀和碱蚀，以及毡制粗头笔或口红等物品造成的污渍。塑料层压板表面耐磨，但可被锋利工具划伤。塑料层压板不适用于潮湿或高湿度区域，因为长时间暴露于潮湿环境中会使其饰面与芯部分层。

酚醛树脂芯隔断

酚醛树脂芯板材料是通过将多层树脂浸渍芯板或纤维素纤维与热固性树脂融合至三聚氰胺面板上而制成的。这类面板可抵抗湿气和冲击造成的损坏。三聚氰胺表面能抵抗化学品、尿液、污渍和磨损造成的损坏；但其可被硬物划伤，进而使芯材外露。酚醛树脂芯外露在面板边缘，一般呈黑色或棕色。

固体聚合物隔断

固体聚合物隔断由高密度聚乙烯（HDPE）或聚丙烯（PP）板制成，可抵抗湿气和冲击造成的损坏。表面可抵抗锈蚀以及用钢笔和铅笔做的标记。PP板比HDPE板更硬，更抗刮伤和凹陷，几乎无法在上面涂鸦。固体聚合物面板各层颜色和图案均是一致的，因此划痕有时可以磨平。

石质隔断

用于卫生间隔断的石材以大理石和花岗岩最为常见。石灰岩紧凑、致密且可抛光，适用于卫生间隔断。市面常见形态为石灰岩或石灰岩大理石。

抛光饰面是大理石和花岗岩卫生间隔断最常用的饰面类型。珩磨饰面不太常用，因为其更易吸收污渍。

安装风格[1]

安装风格包括架空支撑、地板锚固、天花板悬吊以及地板、天花板锚固等。烤漆、不锈钢、塑料层压和酚醛树脂芯隔断一般可采用所有这四种安装风格。固体聚合物隔断一般采用架空支撑和地板、天花板锚固两种风格。

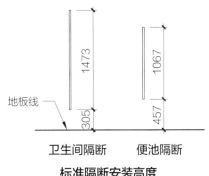

标准隔断安装高度
（卫生间隔断：305 / 1473　地板线；便池隔断：457 / 1067）

- 架空支撑隔间在初始成本方面是最经济的，无须借助其他安装风格所需的大量结构连接即可实现稳固安装。大多数装置均采用这种安装风格。

- 在各种安装风格中，地板锚固隔间在抵抗侧向荷载方面稳定性最差。因此，其须与结构混凝土板进行连接，以实现刚性安装。它们一般不适合学校或其他使用频率较高处。

- 天花板悬吊隔间与壁挂固定装置结合使用时，不会使楼面区域受阻，因此更易于维护。一般来说，若采用这种安装风格，天花板高度尽量不要超过2438 mm。同时须单独布设架空钢支撑框架。

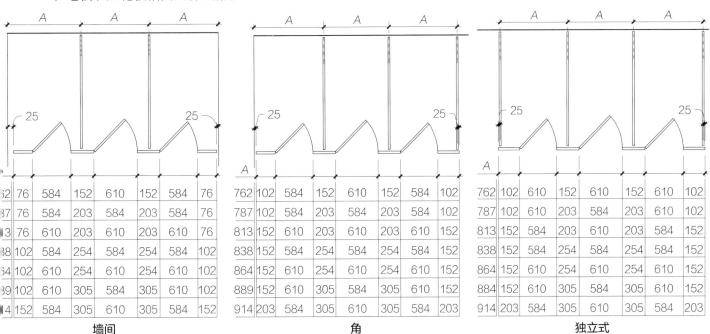

标准隔间布局

墙间

	76	584	152	610	152	584	76
	76	584	203	584	203	584	76
	76	610	203	610	203	610	76
	102	584	254	584	254	584	102
	102	610	254	610	254	610	102
	102	610	305	584	305	610	102
	152	584	305	610	305	584	152

角

762	102	584	152	610	152	584	102
787	102	584	203	584	203	584	102
813	152	610	203	610	203	610	152
838	152	584	254	584	254	584	152
864	152	610	254	610	254	610	152
889	152	610	305	584	305	610	152
914	203	584	305	610	305	584	203

独立式

762	102	610	152	610	152	610	102
787	102	610	203	584	203	610	102
813	152	584	203	610	203	584	152
838	152	584	254	584	254	584	152
864	152	610	254	610	254	610	152
884	152	610	305	584	305	610	152
914	203	584	305	610	305	584	203

1　作者：美国卫生隔断公司（American Sanitary Partition Corporation）《专业规范》，由ARCOM公司出版。

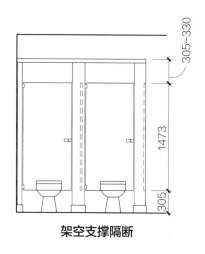

架空支撑隔断

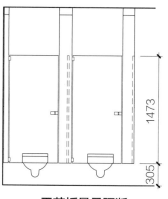

天花板悬吊隔断

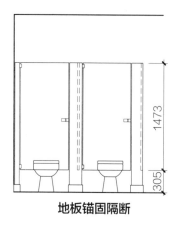

地板锚固隔断

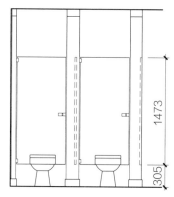

地板、天花板锚固隔断

更衣室

设计

　　开间系统是使用最广泛的储物柜布置系统。每个开间两端至少分别留出 1219 mm 宽的通道。通常，一个开间最多只能布置 16 个储物柜。应在开间一端设置干（穿鞋）通道，另一端设置湿（光脚）通道。对仅设有一个长凳的长开间，应每隔 4.6 m 设置一个长 914 mm 的隔断区。

　　长凳至少应 203 mm 宽、406 mm 高。通道隔断区的最小宽度为 914 mm，最大间隔为 3700 mm。主通道应适当加宽。应避开于 90° 角相接处的储物柜。

储物柜类型

　　储物柜有多种尺寸和配置可选。衣帽柜须全高设置（单层）。衣帽柜的数量应以所需负荷为依据，这类负荷应等于高峰期负荷加上 10%~15%，以满足潜在扩展需求。

　　储物柜包括以下类型：

· 单层、双层、三层或四层堆叠高度。

· 3、4、5 或 6 个高箱。

· 成对（并排）、双人（并排，顶部设两个水平搁板）或双门（单锁）。

· 滑雪及高尔夫设备风格。

· 儿童护理用小隔间（开放式存储）。

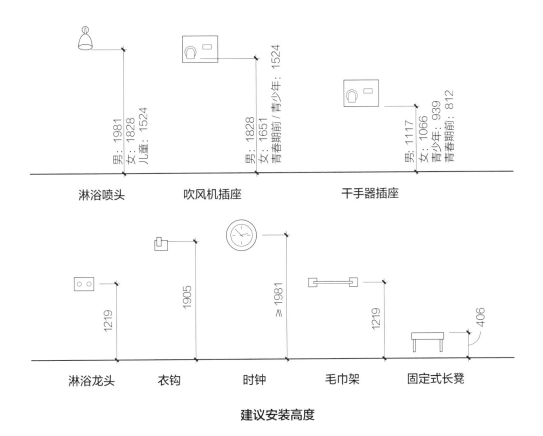

淋浴喷头　　　吹风机插座　　　　　干手器插座

淋浴龙头　　衣钩　　　时钟　　　毛巾架　　固定式长凳

建议安装高度

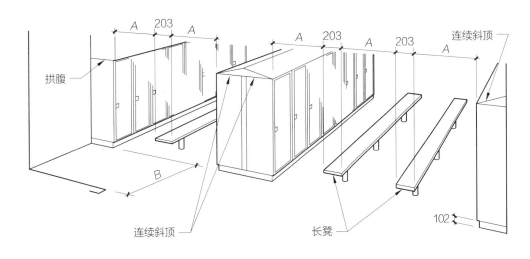

拱腹　　　　连续斜顶　　　　长凳　　　连续斜顶

更衣室

更衣室尺寸

功能	A（mm）	B（mm）
休闲娱乐场所	660	1066
学校	762	1219

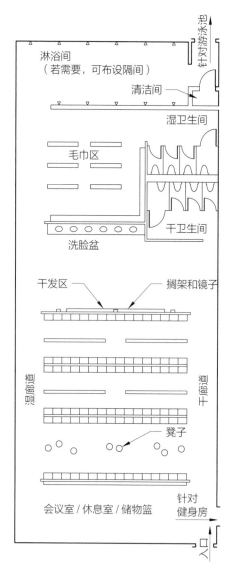

健身房和游泳池更衣室

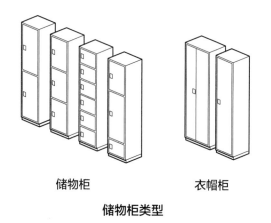

储物柜　　衣帽柜

储物柜类型

常见储物柜尺寸

储物柜类型	宽度（mm）	深度（mm）	高度（mm）
标准储物柜	229	305	1524
		381	1828
		457	
	305	305	1524
		381	1828
		457	
		533	
	381	305	1524
		381	1828
		457	
		533	
	457	457	1524
		533	1828
	610	533	1524
			1828
标准学校储物柜	229	305	305
			610
	305	305	305
			610
标准学校衣帽柜	305	305	1524
			1828
小隔间	305、381、457	381	1219

无障碍

根据无障碍设计标准，当储物柜以组群形式提供时，至少5%（但不少于一个）应是无障碍的。存储和可操作构件须按要求置于至少一个可及范围内。储物柜可采用位置可调型搁板，以满足这类要求。可采用符合要求的长凳。

抗震考量

储物柜和搁架在地震时可能会滑动或翻转，进而伤及建筑物内人员或阻塞出口。危险性随空间占用密度和高度的增加而增加。储物柜的重心会随其所在建筑单元高度的增加而上升，进而增加其在地震时发生翻转的可能性。固定装置应用螺栓固定在位于其重心上方的重型立柱上。若更衣柜或橱柜无法固定，应使其远离出口、走廊和门。

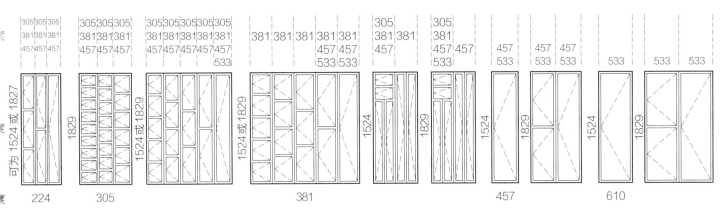

常见储物柜尺寸

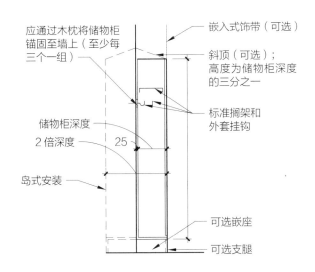

储物柜剖面图[1]

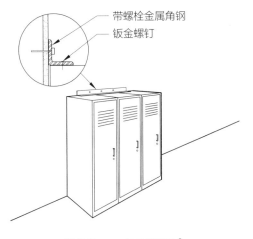

储物柜——抗震锚固[2]

壁炉与火炉

壁炉和烟囱通常为住宅中的重要元素，其可通过尺寸调整适应任何建筑风格。壁炉和火炉偶尔也会出现在餐馆等非住宅建筑中。尽管多年来住宅壁炉的用途已逐渐从供暖转变为装饰，但公众对可再生能源形式的日益关注已激起人们对壁炉供暖的新需求。

壁炉设计与构造受建筑和机械规范的约束。壁炉和烟囱的主要功能是维持燃烧，并将烟气安全排出。壁炉设计以经多年安全性能证明的经验数据为依据。

其位置是最重要的设计决定之一。为防止热量流失到外部，最好将壁炉置于房间中央。壁炉不应面对室外门放置，也不应置于通向上层的开放式楼梯、强制通风炉或回风口附近。

住宅用壁炉目前主要有以下三种：

- 单面壁炉，最受欢迎的壁炉风格，包括传统壁炉、拉姆福德壁炉、松香壁炉和空气循环壁炉。
- 多面壁炉，也很受欢迎，包括透明壁炉、角落壁炉和独立式壁炉。
- 砌体加热器（或砌体炉），这是一种特殊壁炉，是三种壁炉中效率最高的。

1　作者：BFS 建筑咨询与室内设计（BFS Architectural Consulting and Interior Design）。
2　作者：弗雷德里克·C. 克伦森，美国建筑师协会（AIA）。

砌体壁炉

砌体壁炉大多使用普通砌体材料（砖、砂浆等）和定制金属支撑（过梁、阻尼器等）进行现场建造。

可通过两种设计和建造方法来清晰展示功能性壁炉的范围和特点。这类功能性壁炉融合了传统和现代设计元素。本节详细探讨了两种截然不同的解决方案：

- 传统壁炉大多采用全砌体部件，烟囱含黏土内衬，置于外墙。
- 现代壁炉所用部件与传统壁炉不同，例如，其所用烟囱为金属烟囱，置于建筑围护结构内。现代壁炉大多仍使用耐火砖火箱。

性能标准

现场建造的壁炉通常设计成开放式系统，无闭合门，但包含屏风，能够燃烧木材或容纳若干燃气器具。这是壁炉的经典形式，用于直接辐射热量。

若设计得当，壁炉将可发挥预期作用，不会将烟排入室内，也不会在火势达到高峰时继续提供补充热量。

壁炉设计

砌体壁炉所在地基必须足够坚实。

通常情况下，全砌体壁炉从基脚到末端全部采用砖、石或砌块，同时火箱内衬以耐火砖，并在排烟室上方的烟囱内衬以黏土砖。现代壁炉的内部结构更加精致，通常建在建筑的不同楼层，且可设置在由钢框架支撑的工程板上。在这个污染控制和能源意识全面苏醒的时代，现代壁炉采用先进的保温和不锈钢材料来充分利用热量进而减少废气，并将燃料限制在小型炉膛内以使其能够完全燃烧。

单面构造

开放式砌体壁炉最常见的形式是，火箱用砌体封闭，仅有一侧（面）对房间开放。常见单面结构可提供良好的燃烧环境，提高燃烧温度，并将大量热量辐射至房间内。但开放式单面壁炉也必须通过炉喉和排烟室将火、烟和热排至烟道中，从而为烟道提供动力，使其可将气体持续排入大气。顺着烟囱通道往回看，可以发现，烟囱以几何形式在过梁处突入房间；这一突起称为壁炉腔。

传统构造

传统壁炉构造在火箱喉部狭窄处支起一个阻尼器，至少位于立面开口上方 203 mm 处。锥形排烟室将直线流动的空气和烟雾排入方形或圆形烟道。

现代构造

现代壁炉结构利用先进材料来优化性能，并与建筑方案相结合。风管和保温材料可保护钢筋板。连续倾斜式后墙可面向房间将热量辐射至燃料中，进而促进燃烧并提高房间供热效率。隔热烟室内部衬以重钢模板、黏土砖或耐火砖，可保持良好通风，这是确保燃烧充分性和清洁性以及木框架结构安全性的关键。现代壁炉通常设有混凝土砌块（CMU）外壳，与可形成永久性结构外壳的热内室相隔离；前述构件在震区均须加固。

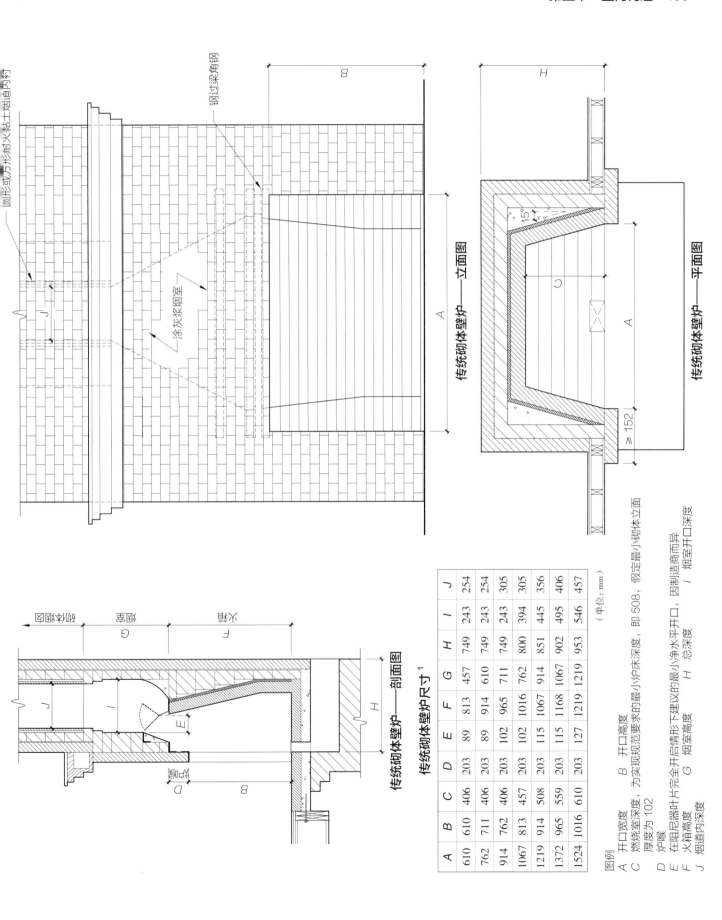

传统砌体壁炉——立面图

传统砌体壁炉——平面图

传统砌体壁炉——剖面图

传统砌体壁炉尺寸[1]

A	B	C	D	E	F	G	H	I	J
610	610	406	203	89	813	457	749	243	254
762	711	406	203	89	914	610	749	243	254
914	762	406	203	102	965	711	749	243	305
1067	813	457	203	102	1016	762	800	394	305
1219	914	508	203	115	1067	914	851	445	356
1372	965	559	203	115	1168	1067	902	495	406
1524	1016	610	203	127	1219	1219	953	546	457

（单位：mm）

图例
A 开口宽度　B 开口高度
C 燃烧室深度，为实现规范范围要求的最小炉床深度，即 508，假定最小砌体立面厚度为 102
D 炉喉
E 在阻尼器叶片完全开启情形下建议的最小净水平开口　I 烟室开口深度，因制造商而异
F 火箱高度　G 烟室高度　H 总深度　J 烟道内深度

1　a. 烟道内衬外尺寸应超出烟道内衬内尺寸（J）51 mm 以上。
　　b. 确定烟道内衬尺寸时，若相应尺寸与圆形和方形内衬尺寸相匹配或比其更大，可与造商商讨解决方案；例如，内截面为直径381 mm 的圆形可匹配
　　　 截面为直径356 mm 的烟道内衬；外部尺寸达406 mm 的方形内衬可匹配25 mm 的壁厚。
　　c. 尽量减少矩形内衬的使用，以优化壁炉烟道性能。

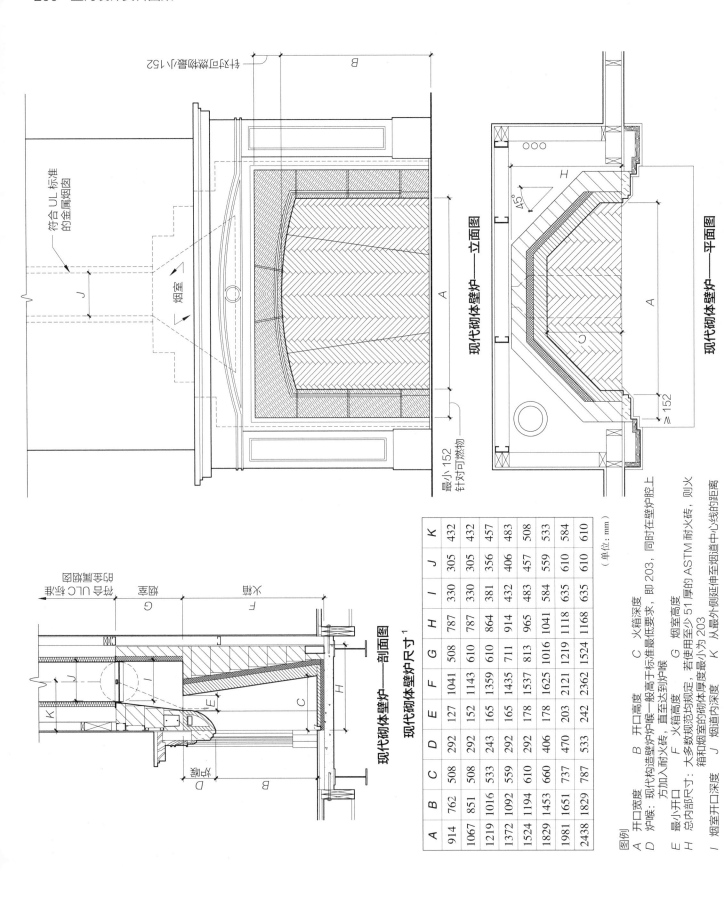

符合 UL 标准的金属烟囱

针对可燃物留空 152

烟室

J

最小 152 针对可燃物

现代砌体壁炉——立面图

现代砌体壁炉——平面图

≥152

45°

H

A

C

现代砌体壁炉——剖面图

符合 ULC 标准的金属烟囱

火膛

火箱

B

D

E

F

G

H

I

J

K

现代砌体壁炉尺寸[1]

（单位：mm）

A	B	C	D	E	F	G	H	I	J	K
914	762	508	292	127	1041	508	787	330	305	432
1067	851	508	292	152	1143	610	787	330	305	432
1219	1016	533	243	165	1359	610	864	381	356	457
1372	1092	559	292	165	1435	711	914	432	406	483
1524	1194	610	292	178	1537	813	965	483	457	508
1829	1453	660	406	178	1625	1016	1041	584	559	533
1981	1651	737	470	203	2121	1219	1118	635	610	584
2438	1829	787	533	242	2362	1524	1168	635	610	610

图例

A 开口宽度　　B 开口高度　　C 火箱深度

D 炉喉：现代构造壁炉炉喉一般高于标准最低要求，即 203，同时在壁炉腔上方加入耐火砖，直至达到炉喉

E 最小开口　　F 火箱高度　　G 烟室高度

H 总内部尺寸：大多数规范均规定，若使用至少 51 厚的 ASTM 耐火砖，则火箱和烟室的砌体厚度最小为 203

I 烟室开口深度　　J 烟道内深度　　K 从最外侧延伸至烟道中心线的距离

1　a. 金属烟囱必须符合标准要求，且须进行相关测试，以确认其是否可与砌体壁炉一起使用。
　　b. 外部尺寸通常比内部尺寸大 51 mm 或 102 mm，且炉面与燃料之间通常需留出 51 mm 的间隙。

室内定位

　　最好将壁炉和烟道均置于条件良好的建筑物内部，因为室内温度越高越利于燃烧。此外，烟囱位置相对越高，烟囱内气体流动性越强，越利于排气。理想情况下，可纳入隔热室，以创造更好、更有效的条件。

多面构造

　　当前规范为设计师提供了很大的回旋余地，使其可在不同房间或单个房间的不同位置设计燃烧观察点。然而，更多的开口和（或）开口面也给壁炉操作带来了挑战。除非燃料负荷随开口增大而增加，否则烟道必须在同等热量驱动下于更大区域内保持气流的稳定性。双面或透明式壁炉必须精心建造，并配以较高的烟囱，以便为其额外开口提供足量气流。

　　炉喉和烟室尺寸必须随火箱尺寸的增大而增大。然而，若燃料装填区和烟囱高度未能按比例增加，将无法为壁炉提供有助于优化其性能的建筑构件。火箱尺寸的增大意味着在确定尺寸和设计方面须更加细致。

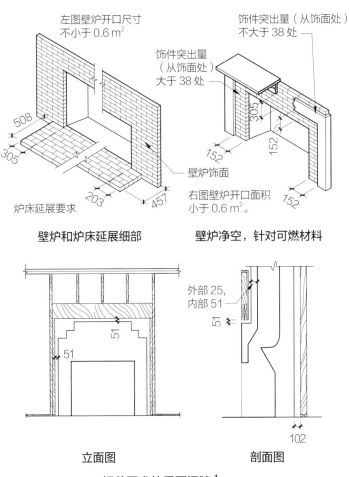

壁炉和炉床延展细部

壁炉净空，针对可燃材料

立面图

剖面图

规范要求的重要间隙[1]

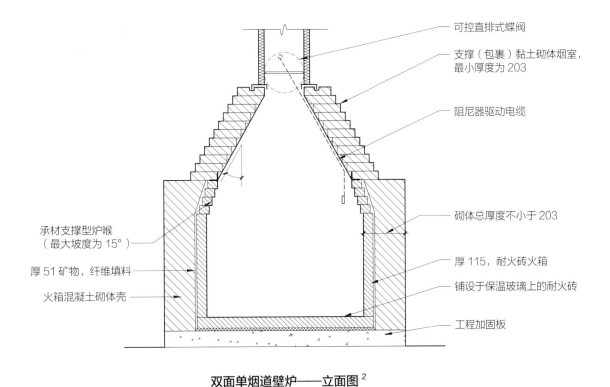

双面单烟道壁炉——立面图[2]

1　作者：沃尔特·莫伯格，莫伯格壁炉公司（Moberg Fireplaces, Inc.）。
2　作者：布莱恩·E. 特林布尔，专业工程师，砖协会（Brick Institute Association）。

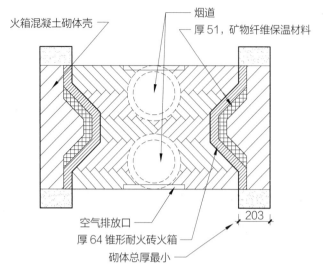

双面双烟道壁炉——平面图

图中标注：火箱混凝土砌体壳、烟道、厚51，矿物纤维保温材料、空气排放口、厚64锥形耐火砖火箱、砌体总厚最小、203

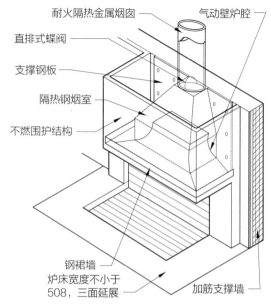

从加筋墙向外突出的现代壁炉

图中标注：耐火隔热金属烟囱、气动壁炉腔、直排式蝶阀、支撑钢板、隔热钢烟室、不燃围护结构、钢裙墙、炉床宽度不小于508，三面延展、加筋支撑墙

结构性障碍

在壁炉各构件中，建筑空间应首先满足火箱和烟道的需求，但烟道有时会面临重大的结构性障碍，需要根据壁炉进行调整。换言之，烟室烟道必须保持平衡和对称连接，烟囱不能出现30°以上的垂直偏移，且最多只能有两个偏移段。

突出式壁炉

有些设计方案为寻求更大的观火效果，意图在壁炉三侧或三面开洞。传统上，带钢柱的半岛式设计已可提供各种多面几何形状。

开放式悬吊设计

为实现最终观火效果，有些采用气动排气方式的餐馆会在定制式砌体基础上布设吸风罩。这类气动吸风罩通常配有排气扇（类似于厨房的排气扇）。另外，一些符合标准的壁炉将火箱和炉床完全悬浮在空中，有些甚至可通过旋转来变换观火位置。

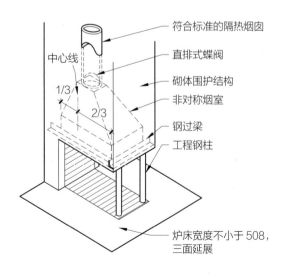

带钢柱的半岛式壁炉 [1]

图中标注：符合标准的隔热烟囱、直排式蝶阀、砌体围护结构、非对称烟室、钢过梁、工程钢柱、中心线、1/3、2/3、炉床宽度不小于508，三面延展

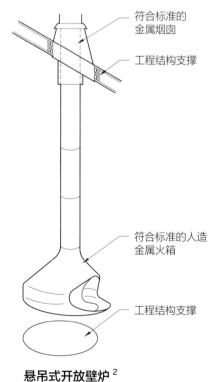

悬吊式开放壁炉 [2]

图中标注：符合标准的金属烟囱、工程结构支撑、符合标准的人造金属火箱、工程结构支撑

1 作者：沃尔特·莫伯格，莫伯格壁炉公司（Moberg Fireplaces, Inc.）。
2 作者：大卫·布莱斯特，美国建筑师协会会员（FAIA），建筑研究咨询（Architectural Research Consulting）。

墙面装修要求

室内饰面要求

室内饰面材料指墙壁和天花板等外露表面（包括隔断、壁板、镶板饰面，以及在结构层面以装饰、声学校正、表面隔热等为目的设置的其他饰面）所用材料。踢脚板、门框或窗框压条等装饰件或有固定用途的其他类似材料不包括在内。装饰件设置范围不能超过其所在区域的10%。

室内饰面的要求也不适用于将厚度小于0.9mm的装饰材料直接设置于墙壁或天花板的表面，或符合四类构造要求的结构构件的外露部位。

相关术语定义：

- 不燃材料：符合"750℃下垂直管式炉内材料性能标准试验方法"要求的材料。这类材料在遭遇火灾时不会着火或燃烧。不燃材料还包括由厚度不超过3mm且在结构基础不燃情形下火焰蔓延指数不大于50的堆焊材料所构成的复合材料，如石膏墙板等。

- 耐火材料：依据"纺织品和薄膜火焰传播用防火试验的标准方法"抑制火焰蔓延的材料。该试验通常被称为垂直燃烧测试。

- 装饰件：挂镜线、护墙板、踢脚板、扶手、门窗框以及用于固定的其他类似装饰或保护性材料。

- 可燃材料：在空气中（于可能在建筑物内引发火灾的压力和温度下）以火焰或发光形式燃烧的材料。

墙面装修应用

作为垂直表面，墙壁受到的冲击通常小于地板。然而，某些场所的墙壁还是会因冲击或滥用而受损。还有一些墙面有特殊的卫生和维护要求。

公共卫生间、更衣室和淋浴间的墙壁应采用防潮材料，且表面应易于清洁。更衣室所有外角均应是圆形的。

距便池和坐便器610 mm以内的墙壁表面必须光滑、坚硬、不吸水，且其高度应高出地板1219 mm。不得采用受湿气影响较大的材料。前述要求约束的情况包括不向公众开放且仅有一个坐便器的住宅单元、客房和卫生间。

淋浴间的地板和墙壁饰面必须光滑、不吸水且不受潮气影响。墙饰面必须延伸至下水道入口上方至少1778 mm处。

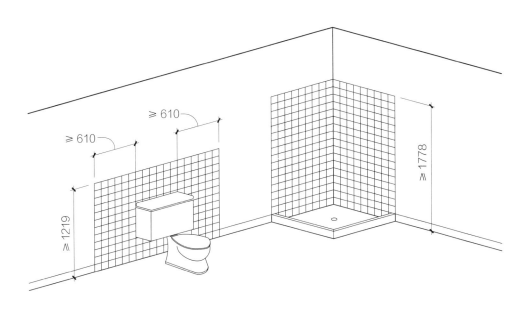

所需不吸水表面尺寸

完整墙饰面

砖

尽管标准建筑砖已被广泛采用,但砖的颜色、纹理和尺寸却不尽相同。经精确、统一组装的砖块,在精致程度方面,可与那些看起来更古老,更粗糙,甚至像是在火中烧过的砖块形成鲜明对比。仿古回收砖可用于打造颇具历史感或质朴感的外观。可故意将墙壁打造成不规则状或曲线状,这在形式上要比平直砖墙更具活力。

面砖用于外观要求较高处。面砖拥有特殊颜色和纹理,通常用于外墙。陶瓷釉面砖可用作面砖,安装方式与面砖相同。薄砖镶面单元由黏土烧制而成,表面尺寸正常,但厚度较低。常用于黏合性饰面。

砖尺寸可决定用砖数量。因为建造一面特定尺寸的墙所需要的大砖块数量要少于小砖块数量,所以大砖块的劳动力成本通常较低。

砖颜色是由原料和烧成温度决定的。从红色和勃艮第色到白色和浅黄色,砖颜色有100多种。

砖纹理包括光滑、线切(丝绒)、点刻、树皮、或拉绒纹理。砂浆进入粗纹理砖内部空间后,会增加清洁难度。砖纹理和砂浆线的轮廓和深度均可增强光影作用。

可持续性

为有效利用原材料,砖制造厂通常位于原料源附近。在烧成前的成型过程中舍弃的经加工黏土和页岩可重新投入生产流程中。烧成后的废料可在研磨后用作熟料(烧制、碾碎的黏土),与制备好的材料一起使用,以减少收缩,也可压碎用作园林绿化材料。

黏土砖具有相对较低的能耗。美国窑炉大多将天然气用作燃料,尽管目前生产的砖有三分之一是用木屑和煤等固体燃料烧成的,但生物燃料有望成为制砖燃料。

回收再生砖市场持续增长。再生砖上的砂浆须手动清理干净。再生砖通常直接从拆迁现场运至施工现场,无须入库。

室内砖墙

室内砖墙可以是承重型,也可以是非结构型。可用黏结剂铺砖,以增加稳定性和强度。砖砌内墙通常在砖后采用另一种材料。

墙壁连接件或者在至少应按610 mm的间隔垂直放置,914 mm的间隔水平放置,或者在0.42 m² 的区域内间隔交错放置。伸缩缝应在距墙角1.2~3 m处置于墙角每一侧。然而,在直墙上,伸缩缝每30.5 m仅需间隔19 mm。柔性锚用于连接柱和梁。

指定砖

选砖时须综合考虑美观性、物理性能(抗压强度和吸收性,两者均会影响耐用性)、应用类型(湿气渗透、材料移动和结构荷载)、成本和可用性等因素。

指定单元尺寸时,应将尺寸按厚度、高度和长度依次列出。给出的尺寸应为指定而非标称尺寸。

薄砖

用黏土烧制的薄砖常用作内外墙面层。薄砖镶面层系由页岩和(或)黏土窑烘而成。这类薄砖类似于面砖,但厚度仅有13~25 mm。

砂浆

彩色砂浆一般采用彩色骨料或合适颜料生产。白砂、磨碎的花岗岩或大理石等石材通常不会褪色,且不会削弱砂浆性能。可将白砂、磨碎的石灰岩或大理石搭配白色硅酸盐水泥和石灰一并使用,以打造白色接缝。

饰面及维护

内墙一般设置无色涂料，以便清洁或为墙面提供光泽；防水和透气性通常不作考虑。成膜产品，如水性丙烯酸（丙烯酸乳液）或聚氨酯等，可用来提高墙面光泽度，且有助于墙面清洁。只要不暴露在紫外线下，两种产品均可保证其耐用性。

可粉刷室内砖墙，以增强墙面反光性或用于装饰。粉刷也有助于隐藏墙面已修复区域或已用砖堵住的开口。砌体墙所用涂料应具有耐用、易涂、黏结性好等特点。选择涂料时，应首先考虑墙面状况和特征。表面处理和涂料选择一样重要。粉刷时，须重点处理先前已粉刷过的砖面。未粉刷的外露砖可以其独特风格展示其建筑历史。若砖在粉刷前处于良好状态，可先去除现有墙壁上的涂料。

灰泥

与胶黏性石膏板组件相比，传统灰泥的耐磨性更强。此外，灰泥饰面更能提供均匀完整的表面，对劳动密集程度和技能要求也更高，同时允许长达两天的固化时间。考虑到这些原因，灰泥饰面更常用于修复，以适应现有条件和高端安装需求。

安装[1]

墙面一般采用一系列逐渐细化的灰泥涂层。两道抹灰由打底层和饰面层组成。三道抹灰首先是底涂层，然后是二道抹灰，最后是饰面层。

所有金属板条和天花板边缘支撑石膏板条均须涂三层灰泥。石膏板条组件最好涂施三层灰泥。但若其得以适当支撑，或置于多孔砖、黏土砖和粗糙混凝土砌块等砌体灰泥基础上，涂施两层也可以。

灰泥可用以制作实心灰泥隔墙，用专用型天花板滑道和金属基础锚予以固定。可在位于19 mm厚槽钢立柱上的金属板条两侧分别涂施三层灰泥，以制作51 mm厚的实心灰泥隔墙，也可利用位于13 mm厚石膏板条或19 mm厚芯板上的金属板条予以制作。

灰泥也可直接涂在表面粗糙多孔、黏结性较好的砖、黏土瓦或混凝土砌体上。此外，也可借助黏结剂将灰泥直接涂在混凝土表面等致密、无孔的表面上。

相关术语定义

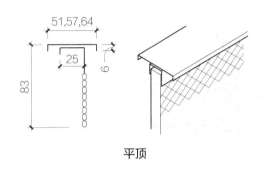

平顶

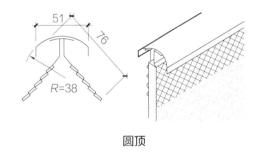

圆顶

实心隔墙端部

· 打底层：在三道抹灰工序中，于饰面层、底涂层和吹涂层之前涂施的灰泥层。

· 二道抹灰：三道抹灰工序中的第二道，两道抹灰工序中的第一道。

· 饰面层：最后涂施的灰泥层，旨在提供装饰性表面。

· 石膏：含水硫酸钙，一种晶体状天然矿物。

· 石膏板条：石膏芯薄板，饰面为纸，用作灰泥基础，也可穿孔用于室内。

· 熟石灰：生石灰与水的混合物，可形成石灰膏。

---

1 作者：考齐·宾格利，《室内环境用材料》。

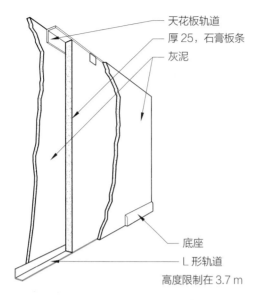

天花板轨道
厚25，石膏板条
灰泥
底座
L形轨道
高度限制在 3.7 m

墙剖面图（涂施于实心石膏板条上的灰泥）

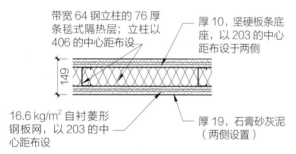

带宽64钢立柱的76厚
条毯式隔热层；立柱以
406的中心距布设
厚10，坚硬板条底
座，以203的中心
距布设于两侧

16.6 kg/m² 自衬菱形
钢板网，以203的中
心距布设
厚19，石膏砂灰泥
（两侧设置）

石膏和灰泥板条——2 h 耐火隔断

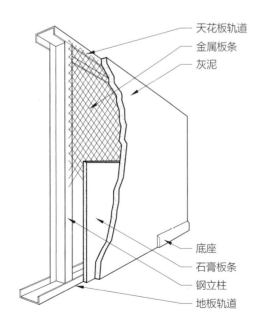

天花板轨道
金属板条
灰泥

底座
石膏板条
钢立柱
地板轨道

墙剖面图（涂施于金属或石膏板条以及金属立柱上的灰泥）

· 灰泥：一种胶凝材料或胶凝材料与骨料的组合，与水混合时可形成一种胶质体，该胶质体设置于表面时会凝结和硬化。

· 硅酸盐水泥：一种包含石灰岩与黏土状物质的人造混合物，用于室外或潮湿环境中。

· 底涂层：三道抹灰工序中的第一道，可适当刮擦，以与二道抹灰相黏结。

· 灰泥硅酸盐水泥：一种外用灰泥。

· 三道抹灰：所有基底的首选抹灰模式，须置于金属板条上。

· 两道抹灰：适用于石膏板条以及粗糙混凝土块、黏土瓦或多孔砖的内表面。

衬条和板条

衬条一般由连接至下墙面（或天花板结构）的槽钢或 Z 形钢组成，用于连接石膏或金属板条，同时允许留出空气间层。弹性衬条常用于胶结基底上，旨在抑制声音传输。

石膏贴面灰泥

贴面灰泥可涂施于石膏板表面，形成薄薄的灰泥层（撇渣面层）。贴面灰泥可提供硬度远大于普通石膏板的表面，同时可完全隐藏接缝，以便于粉刷。蓝板，表面饰以蓝色纸的石膏板，可与灰泥撇渣面层顺利黏结，所用标准板材与普通

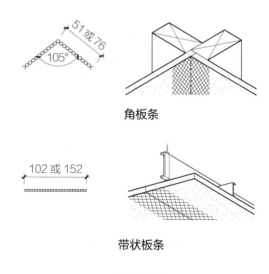

角板条

带状板条

接缝配筋

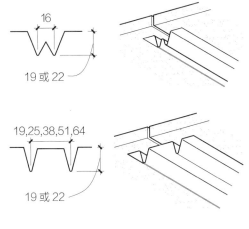

膨胀砂浆层

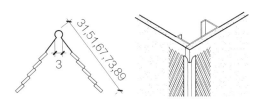

扩展翼

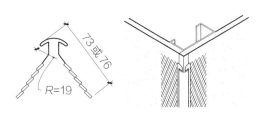

外圆角

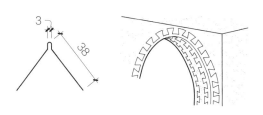

拱形或柔性结构

护角条[1]

石膏板相同。蓝板制作方式如下：首先用胶带快速黏结接缝处，然后在整个表面涂上一层或两层灰泥，每层约 3 mm 厚。

对于最后的贴面灰泥面，可选择涂施或不涂施，也可在涂施前予以着色。由于贴面灰泥可在接缝处理后立即涂施，且若需要，可在贴面灰泥涂施不久后进行二次涂施，因此这一过程一天即可完工，而石膏板安装通常需要三天。此外，由于表面无砂磨需求，因此无须清理灰尘。

装饰性灰泥

模塑灰泥可用于装饰性边饰、飞檐和其他灰泥模塑件。这种特殊灰泥的颗粒非常细，因此非常适用于铸造件的尖锐细部。

灰泥飞檐可通过制作飞檐轮廓模板予以复制。较小的灰泥饰块可附着在较大的飞檐上。单个完工灰泥飞檐的质量可达 23 kg 以上。

玻璃纤维增强石膏

玻璃纤维增强石膏（GFRG），有时也称为玻璃增强石膏（GRG）或纤维玻璃增强石膏（FRG），是一种极轻、无毒、不燃的由石膏浆料与玻璃纤维组成的复合材料。它在制造工厂的模具中完成铸造，然后运至项目现场。

GFRG 用于柱盖、装饰性圆顶、方格天花板和其他建筑构件。这类构件以前只能用灰泥制造。GFRG 制造技术可生产本身具有阻燃性的高强度薄型材。

GFRG 适用于天花板或其他需要考虑质量的场合。GFRG 安装须采用标准石膏墙板表面处理技术。GFRG 产品可用常规石膏板工具予以现场切割，以适用于管道、电气和机械等系统。

GFRG 制造工艺

GFRG 产品须采用聚氨酯或浸胶塑模手工浇铸或喷涂。GFRG 饰面较为光滑，类似于灰泥表面。背面外观凹凸不平，不规则，类似于玻璃纤维船体内部，通常可见玻璃纤维和结构构件。

1　作者：玛蒙·默克合伙企业（Marmon Mok Partnership）。
　　詹姆斯·E. 菲利普斯，美国建筑师协会（AIA），英莱特联合公司（Enwright Associates, Inc.）。
　　沃尔特·H. 索贝尔，美国建筑师协会会员（FAIA），沃尔特·H. 索贝尔及其合伙人（Walter H. Sobel and Associates）建筑事务所。

连续堵块

铸入檐口的连续加强筋

铸入檐口背部的木板条

经浇筑灰泥檐口

封堵件所用木螺钉、埋头钉和填料

用螺钉紧固的经浇铸灰泥的装饰物

铸入檐口的连续加强筋

金属条吊架

经浇筑灰泥檐口

铸入檐口背部的木板条

用于悬吊式
天花板的金属衬条

用木板条交叉支撑横梁角尺各侧

经浇筑灰泥檐口

对经浇铸灰泥的檐口和横梁用螺钉紧固，并做悬挂处理

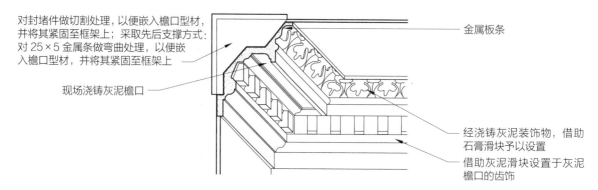

对封堵件做切割处理，以便嵌入檐口型材，
并将其紧固至框架上；采取先后支撑方式：
对 25×5 金属条做弯曲处理，以便嵌
入檐口型材，并将其紧固至框架上

现场浇铸灰泥檐口

金属板条

经浇铸灰泥装饰物，借助
石膏滑块予以设置

借助灰泥滑块设置于灰泥
檐口的齿饰

现场浇铸型经支撑檐口，饰以应用型装饰物

传统铸造用灰泥

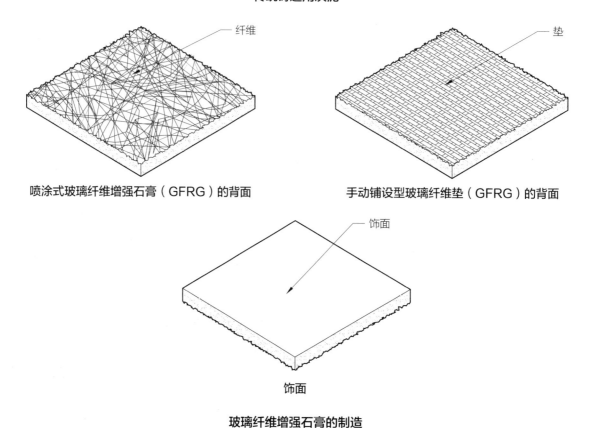

纤维

喷涂式玻璃纤维增强石膏（GFRG）的背面

垫

手动铺设型玻璃纤维垫（GFRG）的背面

饰面

饰面

玻璃纤维增强石膏的制造

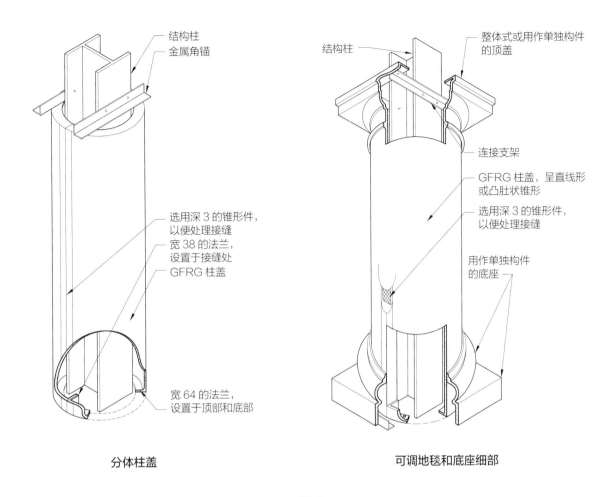

结构柱
金属角锚

整体式或用作单独构件
的顶盖

结构柱

连接支架

选用深 3 的锥形件，
以便处理接缝
宽 38 的法兰，
设置于接缝处
GFRG 柱盖

GFRG 柱盖，呈直线形
或凸肚状锥形

选用深 3 的锥形件，
以便处理接缝

用作单独构件
的底座

宽 64 的法兰，
设置于顶部和底部

分体柱盖

可调地毯和底座细部

GFRG 柱盖

木质墙饰面

木材是一种可再生材料，其加工能耗要小于许多其他材料。木材具有低毒性和可生物降解性。木材可提高材料的热性能、室内声学性能甚至耐火性能。

木材分类

树种总体可分为两类——软木和硬木，但这并没有说清木材的硬度或密度。例如，椴木被归类为硬木，但实际上其比较容易被切割或产生刮痕。软木被定义为针叶树，一种以针叶为特色的常青树。软木是迄今为止使用最广泛的木材类型之一，常用作框架木材和装饰线材。硬木源自于每年冬季落叶的落叶树，包括水果树和坚果树。硬木常用作地板和家具部件。

硬木和软木

种类	软木（S）或硬木（H）	硬度
桦木	H	硬
椴木	H	软
榉木	H	硬
黄桦木	H	硬
西红杉木	S	软
美国黑樱桃木	H	硬
花旗松木	S	中等
山核桃木	H	很硬
硬枫木	H	很硬
"天然"软枫木	H	中等
无梗花栎	H	硬
红橡木	H	硬
白橡木	H	硬
美洲山核桃木	H	硬
美国黄松木	S	中等
南部黄松木	S	中等
红木	S	软
柚木	H	硬
美国黑核桃木	H	硬

资料来源：改编自美国建筑木结构协会（AWI）。

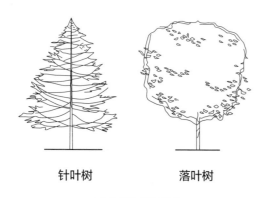

针叶树　　　　落叶树

针叶树和落叶树

木材来源

为节约和保护木材资源，应尽可能选择经认证的木材。从木材生产中回收的废弃材料可用于生产复合材料和工程木。再生木材可替代从不规范渠道和市场进口的外来硬木。可通过减少工地浪费和精心设计降低木材消耗量。

再生木材既美观又环保。再生木材的来源包括以下几种：

- 旧建筑物拆迁。
- 市区及郊区死亡、倒下、患病或造成滋扰的树木。
- 砍伐以作备用的果木。
- 从湖泊和河流中小心回收的树木。
- 从拆迁垃圾填埋场安全回收的可用木材。
- 来自二级制造商的木材副产品。

实木

以下几种木制品可用于室内构造和家具制造。传统实木正逐步让位于一致性和可负担性更佳的各种木材复合板，如刨花板、胶合板、中密度纤维板和硬板。

实木一般用于对耐用性和强度要求较高处，如台面、桌边或椅腿上。单板或塑料层压板受损时必须更换，而实木不同，实木可在受损后重新砂磨加工。

锯切实木的方法可影响其外观和可用性：

- 弦切。弦切材为最常见的锯材类型，废料产生量及劳动力需求均最低。该方法一般沿与年轮相切方向锯切，当从板端观察时，锯切方向与板面之间的角度不应超过30°。
- 刻切。刻切法仅适用于特定木材种类，刻切材的生产成本要高于弦切材。当从板端观察时，年轮与板面之间的角度应为60°~90°。刻切材通常是木地板的首选材料；由于其表面较为均匀，磨损往往也更均匀。
- 径切法。采用径切法锯切时，年轮与板面之间的角度应为30°~60°。对某些树种（主要是橡树）而言，径切法可能会在板面产生斑点。

木质复合板

板芯产品指用木质相关材料制成的建筑木板。这类木质材料可切割或成型成板材产品。板芯产品可单独使用（有无饰面均可），也可与其他单板产品相层压，以制成胶合板。板芯是层压板和单板的基材。

用甲醛作黏结材料会有健康隐患，因此应尽量寻求无甲醛产品或替代材料。适合建筑用途的板芯产品包括：

- 工业级刨花板芯。
- 防潮刨花板芯。
- 阻燃刨花板芯。
- 中密度纤维板（MDF）芯和防潮中密度纤维板（MDF）芯。
- 单板芯（胶合板）。
- 硬板芯。

工业级刨花板芯

为制造工业级刨花板芯，可用热压方式将合成树脂或黏合剂与尺寸不一的木材刨花黏合在一起。工业级刨花板芯的用途之一是用作高质量单板和装饰层压板的基材。

当其用作无任何面层的面板时，该产品被称为刨花板。当与木单板一起使用时，该产品被称为刨花芯胶合板。刨花板芯共有三种密度，具体取决于每立方米的质量。

防潮刨花板芯

防潮刨花板芯是一种中密度工业刨花板，由抗潮胀性能较好的树脂黏合而成。

阻燃刨花板芯

中密度工业刨花板在生产过程中可经适当处理，以贴附美国保险商实验室（UL）A级防火标志（火焰蔓延20，烟气流动25）。这种材料可用作A级防火镶板的基材。

中密度纤维板芯

中密度纤维板（MDF）所用木材刨花可在中压蒸汽容器中还原成纤维，而后与树脂结合，并在热压下与其黏合在一起。材料表面平坦、光滑、均匀、致密，无结头或粒纹图案。中密度纤维板可用作涂料、薄覆面材料、单板和装饰性层压板的基材。它边缘均匀，允许采用机加工和油漆饰面。中密度纤维板是最稳定的毡式板产品之一，常被用作建筑面板。一些中密度纤维板可与防潮树脂结合制成防水产品。

单板芯（胶合板）

胶合板由夹在顶部和底部两层木单板之间的木材或木制品制成。胶合板由几层交错放置的薄单板制成。将胶黏剂置于各层之间，而后压紧面板直至胶黏剂凝固（通常用热来加速固化）。依据种类、纹理和外观选择的外部两层称为表面单板。

刨花板和中密度纤维板常用作胶合板的芯材，也可使用多层木材单板或实木锯材。胶合板一般分为两类：

- 一类是硬木胶合板。这类胶合板采用硬木或装饰性软木单板表面，以中密度刨花板、中密度纤维板或低密度木材为芯材。一般用于装饰。
- 另一类是软木胶合板。该类胶合板由软木表面单板制成，用于衬底或其他隐蔽式结构。考虑到其作为芯材的不稳定性和芯材空隙，这类胶合板很少用于已完工建筑木工项目中。

硬板芯

硬板由相互交织的纤维制成。这类纤维可在热压下加固，密度可达 $496.62 \ kg/m^3$ 或更高。硬板分为一面光滑（S1S）型和两面光滑（S2S）型，常用于台柜背板、抽屉底部和分隔板。建筑木工通常使用两类硬板芯：标准硬板（未回火）和回火硬板（即经过固化处理以增加其刚度、硬度和质量的标准硬板）。

板面材料

　　木板产品主要分为两大类表面材料：一是装饰性层压板，二是覆面层和木材单板。

　　在面板结构中，表面材料越薄，产生的可造成翘曲的力就越小。基材越厚，就越能抵抗翘曲运动或翘曲力。

装饰性层压板、覆面层和预加工面板产品

可分为以下几大类：

· 高压装饰性层压板，由树脂浸渍牛皮纸基材与装饰性塑料表面材料和一个透明防护顶板在热压下制成。这种组件通常被称为塑料层压板，有助于抵抗磨损以及许多污渍和化学物质。常用于台柜表面、台面和木护墙。

· 热熔装饰板，由热固性聚酯或三聚氰胺树脂浸渍腹板平压而成，当其到达木制品制造厂时，大多已被层压至工业刨花板或中密度纤维板基材上。热熔装饰板的性能与高压装饰性层压板相似。常用于台柜内里、家具、搁架、展示材料和装饰性镶板。

· 热塑性片材，是由五孔丙烯酸和聚氯乙烯（PVC）挤压而成的半刚性片材或卷材。该材料比较耐冲击，且由于其颜色的一致性，即便出现轻微的划痕或凿痕，也不会太显眼。

· 中密度覆面层，由模压树脂浸渍纸覆面层制成，防潮性较强。可设置于适于内外部用途的芯材。无缝板面和均匀密度可为不透明饰面和涂料提供坚实基础。

· 乙烯基薄膜、箔和低定量纸，这些装饰性表面材料，虽然在定制建筑木工中的应用相对有限，但也适用于一些装置。

木材单板

　　木材单板能以各种行业标准厚度生产。单板切片过程受多种变量控制，但其厚度对最终产品的质量影响很小。

　　单板有两种类型，硬木单板和软木单板。硬木单板源自许多国内和进口木材品种，通常采用弦切法，但某些品种也可采用径切、刻切或旋切法。软木单板通常源自花旗松木，但也可选用松木和其他软木。软木单板大多采用旋切法。可按特殊顺序弦切和刻切（垂直纹）软木。

　　原木相对于树木年轮的切割方式可决定单板外观。单个单板构件，称为单板叶，一般按其刨切顺序存放，以供安装时参考。一次刨切产生的一组叶片整体称为一块桁板，由一个数字及其所涉总面积来标识。叶片面可依据其在原木中的位置被标识为紧面（朝向木材外部）和松面（朝向原木内部或木心部位）。

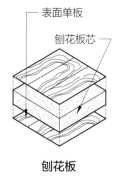

刨花板

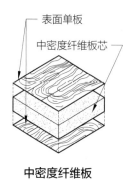

中密度纤维板

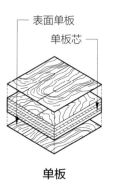

单板

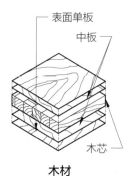

木材

硬木胶合板芯类型

芯材性能特点

板芯类型	平整度	边缘视觉质量	表面均匀性	尺寸稳定性	螺钉固持能力	抗弯强度	可得性
中密度工业刨花板	极好	良好	极好	一般	一般	良好	容易
中密度纤维板	极好	极好	极好	一般	良好	良好	容易
单板芯胶合板	一般	良好	一般	极好	极好	极好	容易
木芯胶合板	良好	良好	良好	良好	极好	极好	有限
复合中板组合芯	极好	良好	极好	良好	极好	极好	有限
复合内板组合芯	良好	一般	良好	良好	良好	良好	有限
防潮刨花板	极好	良好	良好	一般	一般	良好	有限
防潮中密度纤维板	极好	极好	极好	一般	良好	良好	有限
防火刨花板	极好	一般	良好	一般	一般	良好	有限

大多数单板取自大树，但也有一些是从速生树上刨切下来的，经染色后在模具中定型，以形成仿真纹理图案。重组单板一般在制造过程中确定颜色，因为其胶黏线比例较高，不易被染色。

单板切割类型

包括弦切、刻切、径切、旋切。

弦切是生产高质量建筑木制品单板最常用的切割方式之一。弦切方向与穿过原木中心的线相平行。可将拱顶图案和直纹图案相结合，以确保纹理图案可在不同单板叶之间自然过渡。

刻切，刻切方向大致平行于原木段的半径线，模拟实木锯材所用刻锯工艺。对许多树种而言，刻切产生的单板叶均相对较窄。刻切还会产生一系列条纹，其密度和厚度因树种而异。在红橡木和白橡木中，这种刨切方法会产生斑纹（有时称为斑片）。

径切法通常用于红橡树和白橡树，很少用于其他树种。请注意，径切单板与径锯实木锯材的生产方式差异较大，它们之间几乎不可能实现拼合。径切法的切割方向均稍微偏离半径线，以尽量减少刻切产生的斑纹。

为制作旋切单板，须将原木安装在车床中心，而后沿年轮路径剥皮，如同展开纸卷一般。这就会产生一种粗糙的随机性外观。旋切单板的宽度各不相同，因此单板接缝处的拼合极为困难。大多数软木单板均采用这种切割方式。在精细的建筑木制品中，旋切单板是最不实用的。

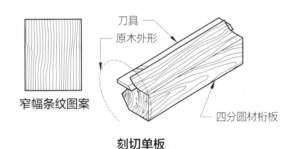

拱顶图案

弦切单板

窄幅条纹图案

刻切单板

窄幅条纹图案

径切单板

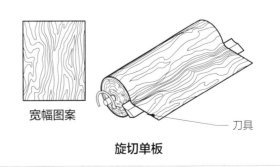

宽幅图案

旋切单板

相邻单板叶之间的拼合

可通过单板叶的排列方式实现一定的视觉效果。旋切单板很难拼合，因此，大部分拼合均用刨切单板来完成。

合花：合花是业内最常用的拼合方式之一。按一定间隔依次翻转每片单板，使相邻单板片

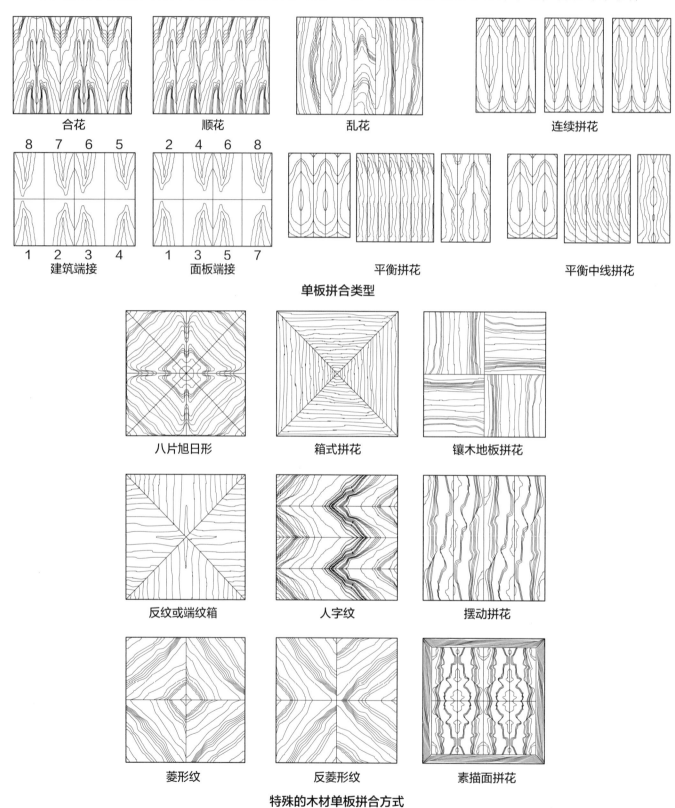

合花 顺花 乱花 连续拼花

建筑端接 面板端接 平衡拼花 平衡中线拼花

单板拼合类型

八片旭日形 箱式拼花 镶木地板拼花

反纹或端纹箱 人字纹 摆动拼花

菱形纹 反菱形纹 素描面拼花

特殊的木材单板拼合方式

（叶）像书页一样打开。因为紧面和松面交替出现在相邻叶片上，所以其反光程序和斑驳程度会有所不同。这种拼合方式可使单板接缝完美贴合，进而产生一种对称图案，使纹路连续性最大化。

顺花：顺花指将相邻叶片按顺序放置（滑出），无须转动，如此，所有相同木面均可显露出来。这种拼合方式可使纹理重复，但在接缝处并不匹配。

乱花：乱花指将单板叶片以随机顺序和方向排列在一起。这种拼合方式可在许多树种中产生一种板与板之间随意相接的效果。乱花须有意识地使拼缝处的纹理不匹配。

连续拼花：每个板面均由尽可能多的单板叶组装而成。这往往会导致外观不对称，并使一些单板叶宽度不等。

端接：这种拼合方法通常用于延长高墙板和长会议桌所用单板的表观长度。端接主要有以下两种类型。

- 建筑端接，使单板叶单独合花或顺花，两端和两侧交替进行。建筑端接可产生最佳的连续性纹理图案，无论是在长度还是宽度方面。
- 面板端接，使单板叶在面板子组件上合花或顺花，同时对按次序排列的子组件进行端接拼花，这可在一定程度上节省项目成本。对大多数树种而言，面板端接均可实现赏心悦目的混合外观和纹理连续性。

平衡拼花：每个板面均在切边前由奇数或偶数片宽度一致的单板叶组装而成。

平衡中线拼花：每个板面均在切边前由偶数片宽度一致的单板叶组装而成。这种拼合方式会在面板中心处产生一个单板拼缝，进而实现水平对称。

木材表面处理

表面处理作业包括涂施染色剂和涂施防护面层。表面处理既可保护木材表面，使其免因气孔封闭而永久着色，又能保护木材表面，使其免因热量、污垢和溢出物等而受损，同时还能增强木纹和颜色美感。

人们对挥发性有机化合物（VOC）影响身体健康的担忧使水基饰面材料得以迅速发展。对这类饰面材料的最新改进使其透明度和耐用性得以进一步提升。

染色剂

染色剂是一种透明或不透明涂料，其可渗入木材表面使其着色，且不会掩盖木材固有纹理。染色剂可用来更改木材颜色。例如，桃芯木通常被染成深红棕色，以改变其原本的浅橙色。有时也以模仿其他木种为目的对木材进行染色。

亮漆

亮漆一般通过其溶剂的蒸发而变干。由于溶剂蒸发速度非常快，亮漆通常采用喷涂而非刷涂方式。亮漆可能含有颜料，也可能不含颜料，它是最受欢迎的商业家具和台柜饰面材料。标准（或非催化）亮漆可轻松补涂或重涂，因为每一漆层中的溶剂都会轻微溶解前一层，最终形成一个整体饰面。亮漆是最常用的家具饰面材料之一。

同非催化亮漆一样，催化亮漆也含有硝化纤维素。使亮漆的干燥速度要快于标准亮漆，所以其固化层更不易沾染灰尘，饰面不易被污染。催化亮漆面比标准亮漆面更硬，也更易补漆。它们质地坚硬、易碎、易裂，也易被蜘蛛网覆盖。

还有丙烯酸和乙烯亮漆可供选择，它们不像非催化型和催化型亮漆那样含有消化纤维素。

清漆

清漆通过溶剂蒸发或油的氧化而固化。聚氨酯可用来制造耐水和抗酒精的清漆，因此常将其用于木地板饰面。转化清漆同亮漆一样，非常耐用且能快速干燥，可形成厚涂层。它们对各种常见化学品都有极好的抵抗力。

聚酯和聚氨酯饰面

聚酯和聚氨酯涂层以其优异的耐化学性及其非常耐用、致密和光滑的表面而闻名。适当着色后，涂层看起来就像高压装饰性层压板。它们需要借助特殊技术和设备来涂施，且价格昂贵。此外，这类涂层的表面光泽度可达到非常惊人的程度。聚酯一旦涂施，基本会100%固化，很难补涂。同聚酯一样，聚氨酯的硬度和耐化学性也非常优异，但比聚酯更易涂施。

木墙板

木镶板

木镶板由一系列薄木板组成，这类薄木板与木条、垂直边梃和水平冒头一起构成一个框架结构。木镶板包括可制成实木镶板、木材单板镶板和塑料层压板的车间预制式墙镶板。用标准型材板制作的镶板通常被视为木工成品，被归类为建筑木制品，不应与木镶板相混淆。

厚度不超25 mm的木板可以是实木镶板，也

木材表面处理[1]

涂料种类	常见用途	优点	缺点
硝化纤维素漆	室内装修和装饰、家具、镶板	可修复，使用范围广，干燥快	耐用性弱，耐大多数溶剂和水，会随时间推移而黄变
预催化漆	室内家具、台柜、镶板、装饰物、楼梯部件（踏板除外）、窗框、窗户、百叶窗和门	可修复，耐污、耐磨、耐化学腐蚀	有些会黄变，质地一般
后催化漆	同上	可修复，可提供透明饰面，耐污、耐热、耐磨、耐化学腐蚀	同上
水性丙烯酸乳胶	同上	挥发性有机化合物含量低，某些类型可提供透明饰面，耐污、抗黄变	耐用性弱，耐溶剂性和耐热性差，干燥速度慢
转化清漆	室内家具、台柜、镶板、装饰物、楼梯部件、窗框、窗户、百叶窗和门	耐用，使用范围广，质地良好	饰面透明度偶尔不足
合成渗透油	需要低光泽或接近木材原外观的家具或装饰品	外观接近木材，古色古香，光泽度低	劳动密集型涂施和维护，偶尔需要修整饰面，对大多数物质的耐受性较低
催化乙烯基漆	室内厨房、浴室、办公空间家具和实验室台柜	耐用，使用范围广，干燥速度快	饰面透明度偶尔不足
水性交联丙烯酸	室内家具、台柜、镶板、装饰物、楼梯部件、窗框、窗户、百叶窗和门	耐用，耐磨、耐溶剂、耐污、耐化学性强，抗潮，干燥速度中等偏快	可能会随时间推移而变色
紫外光固化环氧丙烯酸酯、聚酯或聚氨酯	室内门、镶板、地板、楼梯部件和台柜（若适用）；指定用途前先咨询饰面处理人员	挥发性有机化合物含量低，耐用，几乎100%固态使用，可快速固化	若使用紫外光饰面，须手持紫外灯进行相关修复工作；可用亮漆或转化清漆轻松修复
紫外光固化水性漆	同上	挥发性有机化合物含量低，可快速固化	同上
催化聚氨酯	室内地板、楼梯、高冲击区域、一些门、一些室外设施；一般不用于台柜、镶板、窗户及百叶窗	耐用，质地优良	干燥速度慢，很难修复；有些配方须穿防护服喷涂，否则会产生危险
水性聚氨酯	室内家具、台柜、镶板、装饰物、楼梯部件、窗框、窗户、百叶窗和门	耐用性提高；耐磨、耐溶剂、耐污和耐化学性强，干燥速度快；抗潮	有些木材中所含的单宁酸可能会随着时间推移而变色
催化聚酯	室内家具、台柜、镶板、装饰物、窗户、百叶窗和一些门	耐用，质地优良，可抛光	使用范围窄，固化速度慢，须借助特殊设施和技能，很难修复，易碎，饰面僵化

1 饰面可以是透明或不透明的，但合成渗透油除外，因为其仅可提供透明饰面。

可以由胶合板单板或复合板制成。边梃和冒头通常由实木或贴面板制成。边缘和凸缘饰条以及其他边饰件几乎完全由实木制成。

通常采用榫卯或暗钉接合法来连接边梃和冒头。至于边梃与边梃之间的连接，在外角处一般采用花键连接或锁斜接，而在阴角处多采用对接。胶合板稳定性较为突出，因此其比实木锯材或其他材料更适合作为支撑材料。

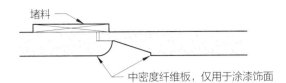

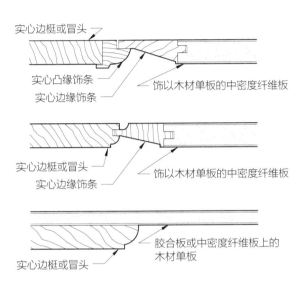

与面板细木工制品相接的边梃或冒头

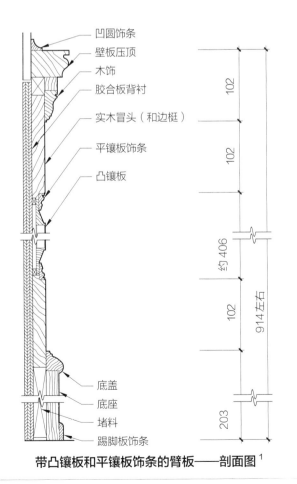

带凸镶板和平镶板饰条的臂板——剖面图[1]

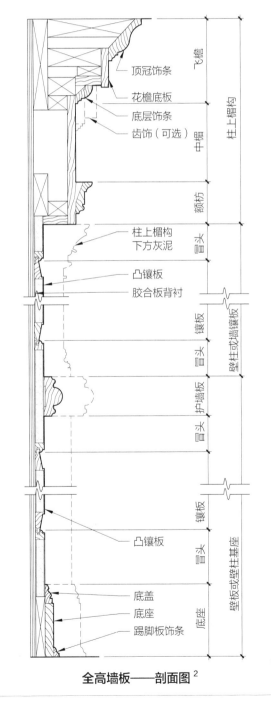

全高墙板——剖面图[2]

1 作者：格雷格·霍伊尔，美国建筑木结构协会（Architectural Woodwork Institute）。
2 作者：理查德·J.维图洛，美国建筑师协会（AIA），橡树叶工作室（Oak Leaf Studio）。

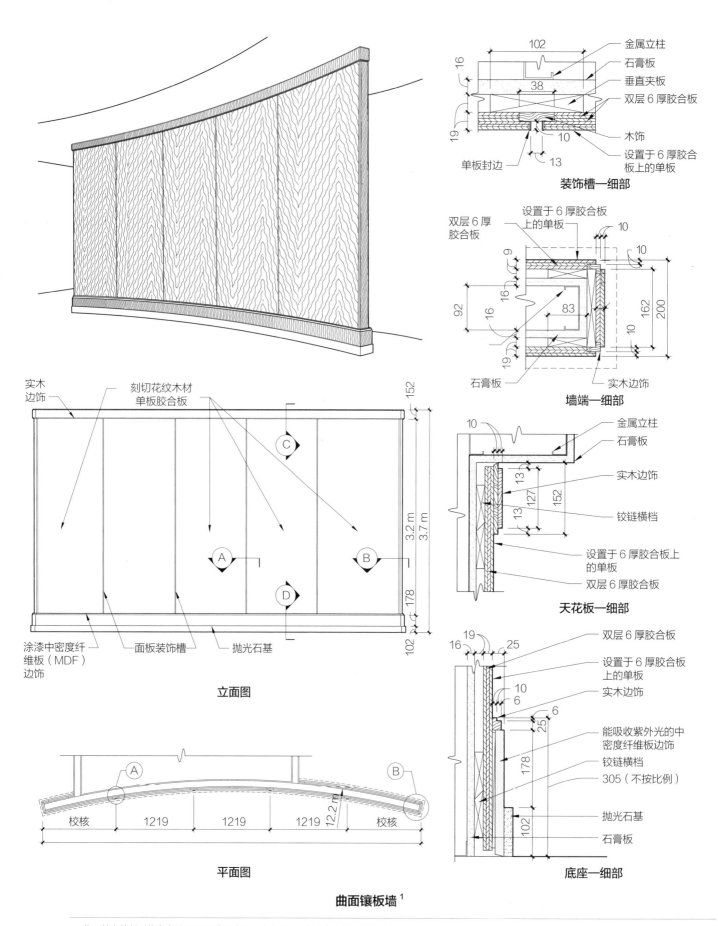

金属立柱
石膏板
垂直夹板
双层 6 厚胶合板
木饰
设置于 6 厚胶合板上的单板
单板封边

装饰槽—细部

双层 6 厚胶合板
设置于 6 厚胶合板上的单板
石膏板
实木边饰

墙端—细部

金属立柱
石膏板
实木边饰
铰链横档
设置于 6 厚胶合板上的单板
双层 6 厚胶合板

天花板—细部

双层 6 厚胶合板
设置于 6 厚胶合板上的单板
实木边饰
能吸收紫外光的中密度纤维板边饰
铰链横档
305（不按比例）
抛光石基
石膏板

底座—细部

实木边饰
刻切花纹木材单板胶合板
涂漆中密度纤维板（MDF）边饰
面板装饰槽
抛光石基

立面图

校核　1219　1219　1219　校核

平面图

曲面镶板墙[1]

1 位于俄亥俄州哥伦布市的 AFLAC 客服中心。该木工产品制造商为位于俄亥俄州哥伦布市的哥伦布橱柜公司。该项目最初于 2000 年冬季发布于《设计解决方案》。设计者为赫克特、伯德肖、约翰逊、基德和克拉克，分别来自佐治亚州哥伦布市以及阿拉巴马州欧佩莱卡市。

木材胶黏剂

用于黏合金属、混凝土、玻璃、橡胶、塑料和木材的合成胶黏剂可用于制造胶合板、定向刨花板（OSB）和层压木材等产品。它们也可在施工期间用于将瓷砖粘至地面或墙壁上，并黏结石膏板和其他建筑产品。

目前，大多数胶黏剂都使用有机溶剂，但水基胶黏剂越来越受欢迎，因为其不散发有害气体，易于清理，并且可作为普通垃圾丢弃。许多司法管辖区正在制定清洁空气法规，主要针对有机溶剂等空气污染物。有机溶剂会对具体设置者以及未来建筑的使用者产生不利影响。然而，大多数水基胶黏剂的一个缺点是，它们往往只抗水，而溶剂基胶黏剂却可防水。

室内木饰[1]

木饰是通常于墙壁、地板和天花板饰面完工后设置的一种装饰性处理。它可由平木或模压木材制成，在结构方面可选用单块木材或将多块木材相组合，以使其外观更复杂、更具装饰性。也可使用由中密度纤维板制成并设置耐用型塑料饰面的木饰。

内饰可隐藏不同材料之间的接缝，并阻止空气渗透墙壁。材料接缝处的空气渗透性通常最大。内饰也可构成墙和天花板开口的框架（如门、窗、天窗饰件），界定平面边缘（冠底饰条），并作为异种材料之间的视觉分隔物（护墙板）。

固定饰件指送至现场的长度固定的饰件（如门边框、门框压条、内窗台等）；流动饰件是指送至现场的长度不固定，但一般较长的饰件（如底座、护墙板、顶冠饰条等）。

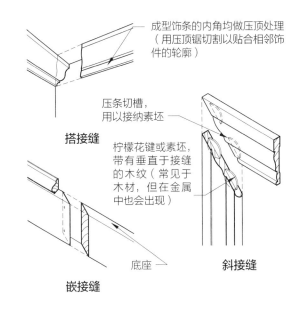

搭接、嵌接和斜接缝

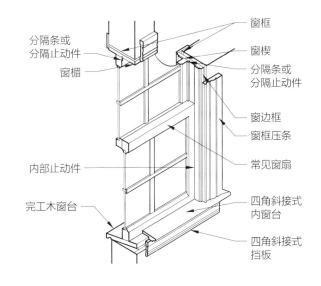

常见窗饰

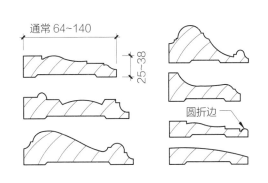

常见门、窗框压条型材

1 作者：理查德·J.维图洛，美国建筑师协会（AIA）、橡树叶工作室（Oak Leaf Studio）。

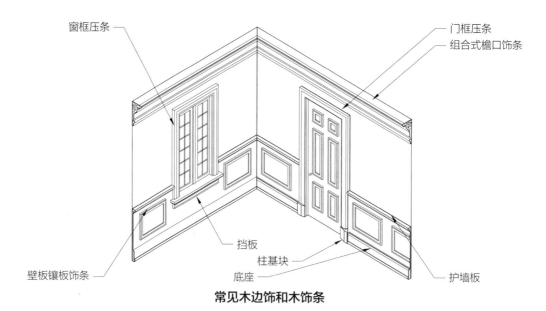

窗框压条
门框压条
组合式檐口饰条
挡板
壁板镶板饰条
柱基块
底座
护墙板

常见木边饰和木饰条

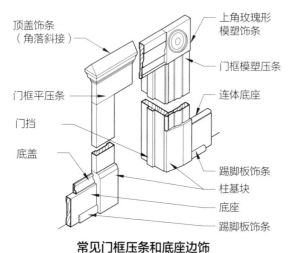

顶盖饰条
（角落斜接）
上角玫瑰形
模塑饰条
门框模塑压条
门框平压条
连体底座
门挡
底盖
踢脚板饰条
柱基块
底座
踢脚板饰条

常见门框压条和底座边饰

内窗台一般用作窗台内盖，可从上方接纳窗框压条，下方接纳窗台板。内窗台规格以槽口宽度和斜角斜度为依据。

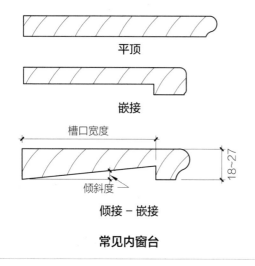

平顶

嵌接

槽口宽度
18~27
倾斜度

倾接－嵌接

常见内窗台

底饰条用于装饰墙壁或橱柜与地板相交处。底座可为自带底盖的一体式底座，也可为底盖可选的平底。底脚和底盖应可单独灵活放置，以贴合不均匀的墙壁和地板表面。

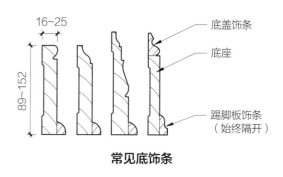

16~25
89~152
底盖饰条
底座
踢脚板饰条
（始终隔开）

常见底饰条

应在边框上安装止动件，以引导活动窗扇开闭并确保可将门停置于关闭位。止动件也可作为组合饰条（通常为底饰条或檐口饰条）的组成部分。

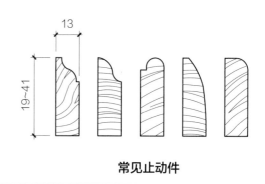

13
19~41

常见止动件

帽形或耙形饰条用于门楣和窗楣上方以及壁板顶部。

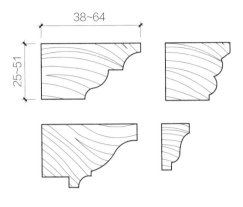

常见帽形或耙形饰条

顶冠饰条可单独设置于墙与天花板接缝处，或与其他饰条一起应用于组合檐口，通常朝向檐口组件的顶部；其长度一般为边间距离。

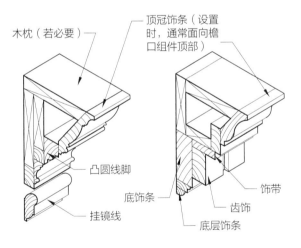

常见檐口饰条

凹圆饰条与顶冠饰条相似，但可能尺寸较小，细部较少。凹圆饰条也用于墙与墙或天花板与墙之间的阴角，或作为组合装饰条的组成部分。

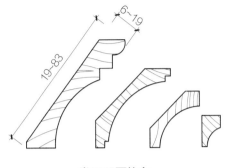

常见凹圆饰条

底层饰条在用途和尺寸上与凹圆饰条相似，可用于组合檐口底部和其他垂直与水平连接处。

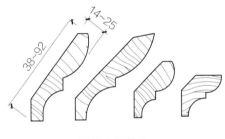

常见底层饰条

挂镜线常与檐口结合在一起，形成一突出式连续支架，用以悬挂画轨钩。画轨钩适用于下图所示挂镜线。

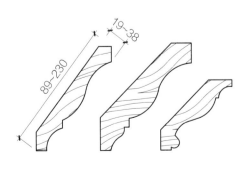

常见顶冠饰条

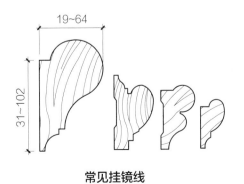

常见挂镜线

嵌条、板条和装饰镶条用于嵌板接缝处（用以隐藏接缝）、多开口窗户的窗框边缘处以及双扇门的接合处。

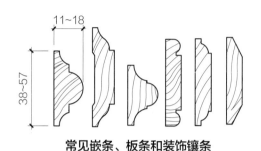

常见嵌条、板条和装饰镶条

护墙板最初是为了保护墙面，使其免受椅背损坏。护墙板的位置应与椅背平齐，可单独放置，也可置于壁板顶部。

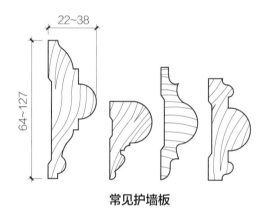

常见护墙板

半圆饰钢用于隐藏垂直和水平接缝。象限圆饰用于阴角处，或用作踢脚板饰条。底盖用于踢脚板顶部，与墙壁平齐。镶边饰常用于装饰门窗边框及横楣外缘处，形成一分为二的组合式框压条。镶板饰条常用作门或壁板饰件，一般斜切在一起并排列成矩形。

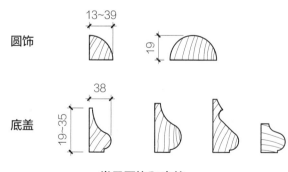

常见圆饰和底盖

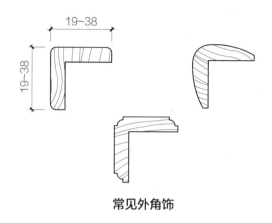

常见外角饰

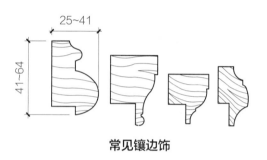

常见镶边饰

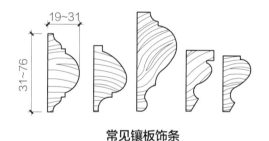

常见镶板饰条

瓷砖墙饰面

瓷砖

瓷砖是由黏土或黏土与陶瓷材料混合制成的。天然黏土最常用，但陶瓷也可用。瓷砖纹理细腻光滑，可实现相当精细的设计。

瓷砖尺寸通常为标称尺寸。厚度通常为10 mm或13 mm。瓷砖及其饰件尺寸可参考制造商数据。

瓷砖的密度和孔隙率决定了其吸收水分的能力。一般来说，吸水率越低，瓷砖的耐污性越好。

瓷砖构成与釉面[1]

瓷砖由天然黏土或陶瓷制成，有釉或无釉。

- 瓷质砖是一种陶瓷马赛克或铺地砖，通过干压成形法制成。瓷质砖致密，不透水，纹理细腻光滑，砖面棱角分明。
- 天然黏土砖也是一种陶瓷马赛克或铺地砖，其外观独特，略带纹理。这类瓷砖系用致密黏土通过干压成形法制成。
- 釉面砖采用陶瓷材料制成不透水饰面，然后使其与砖体熔合在一起。砖体可分为非玻化、半玻化、玻化或不透水型。
- 无釉砖是一种坚硬、致密、结构均匀的砖，其颜色和纹理来自于制作过程中使用的材料。

墙砖类型[2]

陶瓷墙砖是由耐火黏土和其他陶瓷材料制成的模块化铺面单元。它们可为内墙提供永久性耐用型防水表面，并可选用颜色和表面设计方式多样化的光釉或乌光釉。墙砖通常为8 mm厚。其形状可为方形、六边形和八边形，以及一些自定义形状。

釉面砖拥有非玻化砖体以及光釉、乌光釉或结晶釉面，砖体及釉面均不透水。装饰性薄墙砖是一种用于住宅室内装饰的釉面砖，其砖体很薄，通常是非玻化的。装饰性薄墙砖易破损，因此不建议将其用于商业用途或铺设于地面。

胶结背衬板由硅酸盐水泥或经处理石膏和轻质骨料制成，可设置于薄贴瓷砖下，或用作经常与水接触类瓷砖（如淋浴池围屏所用瓷砖）的防水基础。

陶瓷墙砖的标准尺寸包括：

- 108 mm×108 mm
- 108 mm×152 mm
- 152 mm×152 mm

用作墙面砖时，瓷质或天然黏土质小型陶瓷马赛克瓷砖可采用有釉或无釉的处理。这类小瓷砖通常正面或背面安装在基板上，以便于操作，提高安装速度。瓷砖可采用标准或定制设计方式。

特种墙砖包括玻璃砖、手工砖、定制砖以及特殊尺寸砖。

墙砖装饰型材[3]

陶瓷墙砖可采用多种装饰性型材来修饰边角。可在地板和墙壁交叉处放置一块凹圆砖，用作卫生底座。凹圆砖的弯角有助于防止污垢积聚，使空间更易于清洁。

陶瓷墙砖饰件包括压条、外圆角、缘饰及底座四种。

压条：用于顶边处的经圆整水平压条。

外圆角：

- 带光圆定边的平底外圆角。
- 平底圆顶边面盖，水平或垂直设置。
- 角落外圆角，由两条经加工圆边在水平和垂直外圆角相接处形成一个完整角落。

缘饰：水平设置的瓷砖缘饰。

底座：

- 用以连接地砖的凹圆底。
- 堆叠式凹圆底，底部有盖，顶部有用以容纳墙砖的平边。
- 圆顶凹圆底，用于底座上方未安装墙砖处。
- 带凹圆下边和光圆顶边的面底。

瓷砖吸水率

类型	吸水率	陶瓷材料	用途
非玻化	大于7%	天然黏土	不得用于持续潮湿处
半玻化	大于3%，小于或等于7%	天然黏土	不得用于持续潮湿处
玻化	0.5%至3%	天然黏土	可用于持续潮湿处
不透水	0.5%或以下	瓷质	可用于持续潮湿处，耐磨性好

1　作者：格雷格·霍伊尔，美国建筑木结构协会（Architectural Woodwork Institute）。
2　作者：理查德·J. 维图洛，美国建筑师协会（AIA），橡树叶工作室（Oak Leaf Studio）。
3　作者：考齐·宾格利，《室内环境用材料》。

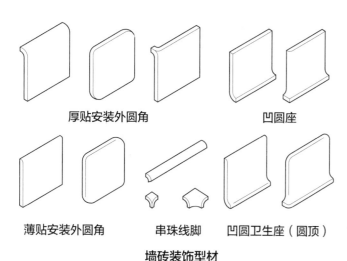

厚贴安装外圆角 **凹圆座**

薄贴安装外圆角 **串珠线脚** **凹圆卫生座（圆顶）**

墙砖装饰型材

瓷砖安装[1]

瓷砖安装的两个基本步骤是镶贴和灌浆。镶贴指用砂浆或胶黏剂将瓷砖固定在基材上。灌浆指填充瓷砖之间的空隙，将其黏合成一个连续表面。瓷砖应与所选砂浆和灌浆料（下称"浆料"）相兼容。陶瓷墙砖可采用薄贴法或厚贴法。墙砖灌浆有多种颜色可选。高度着色的浆液可能会渗至对比色瓷砖上。

厚贴安装

厚贴安装使用硅酸盐水泥。灰浆层的厚度为19~51 mm。可用于通往地漏的地板斜面，并可用金属网或防水膜予以加固。防水膜为软片膜或可固化成无缝膜的液体，设置于经常或持续与水接触处。厚贴和薄贴安装均可用防水膜加固。

薄贴安装

作为最受欢迎的安装方式，薄贴安装可薄至2.4 mm。除常规硅酸盐水泥安装法以外，所有瓷砖安装方法均为薄贴法。黏合材料包括干凝砂浆、乳胶硅酸盐水泥砂浆、有机胶黏剂、环氧砂浆或胶黏剂以及改性环氧乳液砂浆。薄贴需要连续、稳定、无损的表面。

胶结背衬板有时用作薄贴安装的衬底。胶结背衬板由硅酸盐水泥或经处理的石膏和轻质骨料制成，可为经常与水接触的瓷砖安装（如淋浴池围屏相应安装）提供防水基础。

砂浆

砂浆分为胶结和非胶结两类。胶黏剂也常用于将瓷砖固定在基材上。

单层法用于重塑，或用于存在黏合问题的表面。这是将瓷砖设置于淋浴房和浴缸围护结构内灰泥或石膏板上的首选方法。

镀膜玻璃垫背衬板用于潮湿区域内干燥且有良好支撑的木立柱或金属立柱上。立柱中心距不应超过406 mm，金属立柱更重。

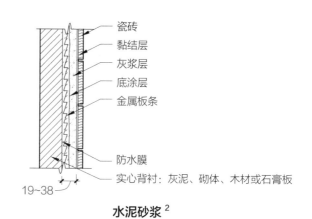

瓷砖
黏结层
灰浆层
底涂层
金属板条
防水膜
实心背衬：灰泥、砌体、木材或石膏板

19~38

水泥砂浆[2]

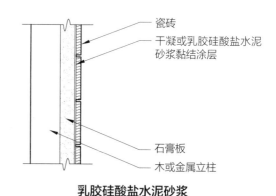

瓷砖
干凝或乳胶硅酸盐水泥砂浆黏结涂层
石膏板
木或金属立柱

乳胶硅酸盐水泥砂浆

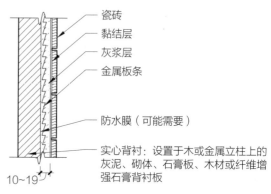

瓷砖
黏结层
灰浆层
金属板条
防水膜（可能需要）
实心背衬：设置于木或金属立柱上的灰泥、砌体、石膏板、木材或纤维增强石膏背衬板

10~19

单层法

---

1 作者：北美瓷砖协会（Tile Council of North America, Inc.）。
2 在砌体、灰泥或其他坚实背衬上设置水泥砂浆，以将金属板条锚固。这是将瓷砖设置于淋浴房和浴缸围护结构的首选方法，同时也用于重塑。

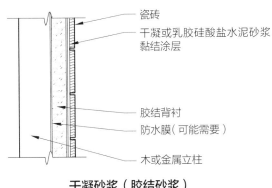

干凝砂浆（胶结砂浆）　　　　　镀膜玻璃垫背衬板

镶贴材料

类型		说明	特点
胶结	硅酸盐水泥砂浆	硅酸盐水泥与砂的比例为1:5，墙用硅酸盐水泥、砂土和石灰的比例为1:5:0.5至1:7:1	大多数表面，普通安装
	干凝砂浆	含砂和添加剂的保水性硅酸盐水泥，用作瓷砖镶贴的黏结层	薄贴安装
	乳胶硅酸盐水泥砂浆	含硅酸盐水泥、砂、特种乳胶添加剂，用作瓷砖镶贴的黏结层	乳胶添加剂可增强附着力，降低吸水率，提高黏结强度和抗冲击能力；多用于大块瓷砖
非胶结	环氧砂浆	含环氧树脂及环氧固化剂	耐化学腐蚀
	改性环氧乳液砂浆	乳化环氧树脂与含硅酸盐水泥和硅砂的固化剂	高黏结强度，很少或无收缩，不耐化学腐蚀
	呋喃树脂砂浆	呋喃树脂和呋喃固化剂	耐化学腐蚀
	环氧胶黏剂	环氧树脂及环氧固化剂	黏结强度高，使用方便，耐化学腐蚀性一般
	有机胶黏剂	仅供室内使用，即时可用（不添加液体），蒸发固化	不适用于持续潮湿或温度超过60℃的环境中

浆料

浆料用于填充瓷砖之间的接缝。所选浆料应与所用砂浆相兼容。应将硅酸盐水泥基混合物或其他化合物的混合物用作浆料，以提高浆料性能或便于瓷砖安装。砖的类型和尺寸、服务水平、气候条件、砖间距以及制造商建议等均是在选择浆料时应当考虑的因素。

硅酸盐水泥基浆料是硅酸盐水泥和地板用砂或墙用石灰的混合物，用于厚贴安装。硅酸盐水泥基浆料包括商业硅酸盐水泥、加砂硅酸盐水泥、干凝水泥和乳胶硅酸盐水泥浆料。

基于其他化合物混合物的浆料包括固体环氧树脂、呋喃、硅酮浆料以及厚浆型浆料。厚浆型浆料无须现场混合。

· 环氧薄浆是一种由两种或三种物质组成的混合物（环氧树脂固化剂与硅砂填料），具有很高的耐化学腐蚀性和黏结强度。这种浆料和呋喃浆料有不同的耐化学性和耐溶剂性。

· 呋喃树脂浆料是一种由两种物质组成的呋喃混合物（类似于呋喃砂浆），具有耐高温和耐溶剂性。

· 硅橡胶浆料是硅橡胶的弹性体混合物。这种浆料黏结强度高，耐水，耐污，且可在冰冻条件下保持弹性。

硅、聚氨酯和改性聚氯乙烯可用于预灌浆瓷砖片。

变形缝[1]

瓷砖安装必须考虑结构和基材接缝的移动。缸砖和铺地砖的变形缝的宽度应与灌浆缝宽度相同，但不得小于6 mm；陶瓷马赛克砖和釉面墙砖的变形缝的宽度应至少为6 mm，但绝不能小于3 mm。除伸缩缝外，变形缝还有以下几种类型（此处与中国做法不同——译者注）：

- 控制缝或收缩缝系在混凝土基材中成型、锯切或槽切而成，旨在为混凝土可控开裂提供合适位置。
- 施工缝位于不同混凝土浇筑点相交处以及可连续强化处。
- 隔离缝设置在混凝土基材邻近区域可向三个方向移动以及须避免产生裂缝处。
- 若混凝土板尺寸过大以致无法一次性完成浇筑（或须浇筑两次及以上），将会形成冷缝。冷缝可能会随着板坯的移动而开裂。有些板坯按固定间隔锯切，以便为可控开裂提供合适位置。

材料

瓷砖安装所涉变形缝须使用支撑带材或密封胶。支撑带材可为可压缩的柔性闭孔泡沫聚乙烯、丁基橡胶或开孔（闭孔）聚氨酯。这类带材在密封胶接触面应呈圆形。

所用密封胶可为硅酮、聚氨酯或聚硫密封胶。硅酮密封胶用于室内垂直瓷砖表面。防霉硅酮密封胶特别适用于潮湿区域。聚氨酯密封胶用于室内瓷砖的水平安装中。

位置

结构中的所有伸缩、控制和施工缝以及冷缝和抗震缝（包括设置于垂直表面的这类接缝）均会贯穿瓷砖作业全程。瓷砖作业期间，位于结构缝正上方的接缝绝不能比结构缝窄。伸缩缝安装情形如右图所示。

- 一般应沿每个方向以7.3~11 m的间距设置。

- 受阳光直射或处在潮湿环境中的瓷砖作业，应沿每个方向以3.7~4.9 m的间距设置变形缝。
- 在瓷砖作业与约束面（如周界墙、异质地板、缘饰、柱子、管道、天花板）相接处以及背衬材料发生变化处设置变形缝。

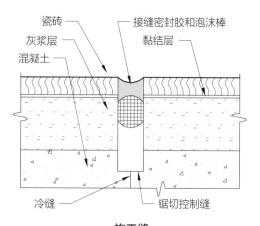

施工缝

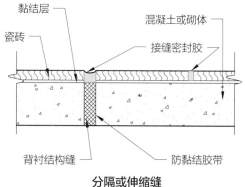

分隔或伸缩缝

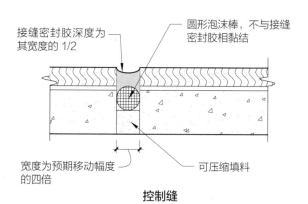

控制缝

变形缝

1　作者：北美瓷砖协会（Tile Council of North America, Inc.）。
　　温妮·程，罗德岛设计学院。
　　杰斯·麦基尔文，杰斯·麦基尔文及其合伙人事务所（Jess McIlvain and Associates），美国建筑师协会（AIA），美国通信学会理事会（CCS），施工规范协会（CSI）。

玻璃砖墙饰面

玻璃砖不透水、耐热、耐融，可用于各类墙壁，以及地面、台面、外墙和水下表面。具体可应用于厨房挡板、淋浴间和浴缸、桑拿和蒸汽房以及住宅和商业空间的特色墙柱等。玻璃砖表面很容易用肥皂水或温和的瓷砖清洁剂予以清洁。

玻璃砖主要有以下四种类型：

熔融玻璃，由透明或半透明玻璃组成，背面有可见不透明色层。熔融玻璃有许多尺寸可选，且通常做蚀刻或涂覆处理。

压铸玻璃，其是将玻璃块放入模具中加热，直至其熔化在一起，并最终创造出一种分层外观。压铸玻璃大多数用于可回收玻璃制品中。

烧结玻璃，其制造方式是，将玻璃粉末压入模具，而后加热使其熔化。可添加颜色至粉末中，也可涂施在乳白色、不易刮擦的表面上。瓷砖尺寸通常为 25 mm × 25 mm，但也可增至 76 mm × 76 mm。

Smalti（用于镶嵌工艺的有色玻璃），其是手工切割的小块纹理瓷砖，主要用于艺术马赛克。Smalti 由一种与钠或碳酸钾熔合的玻璃浆料或硅釉制成。可添加金属来提高稳定性，添加金属氧化物来获得所需颜色。

玻璃砖最常见的表面处理方法有以下两种：

烤弯：将玻璃（通常为平板玻璃）于较低温度下在浮雕模具中烧制成一定形状。

蚀刻：可通过以下方法在瓷砖表面制造一个半透明薄层。

- 通过喷砂或激光切割进行磨耗。
- 用氢氟酸等化学物质进行酸蚀。
- 在瓷砖顶部添加一个浑浊的玻璃表面。

金属墙砖

金属砖可用在墙壁上，但一般不建议用在地面上，因为其很容易被划伤，并可能被永久损坏。不建议将金属砖安装在淋浴间、浴室和厨房区域等可能产生积水的位置。金属砖不应用于游泳池、桑拿房或喷泉周围，以免被水中的化学物质损坏。不得在工作台面使用金属砖，因为其可能会接触到酸汁、可乐或具有破坏性的清洁剂。

金属砖可导热，因此其安装位置与灶具构件之间的距离至少应为 115 mm，与壁炉开口之间的距离至少应为 152 mm。

石质墙饰面

石材类型

花岗岩

花岗岩可用于内墙的多种饰面，从高抛光饰面到粗糙的热饰面等。水射流饰面是一种介于珩磨和热饰面之间的纹理，可衬托出石材原本的颜色。水射流饰面看起来会比热饰面的颜色稍深。花岗岩比大理石硬得多，因此其制造和加工成本较高。

大理石

对不建议用于室外的大理石品种，若可做好垂直安装准备，或可成功用于室内墙板。因其美感质素而颇受重视的深纹理大理石就是例证。

蛇纹石

蛇纹石是一种绿色大理石品种，对水敏感，受潮时易翘曲。安装蛇纹石时，可使用不含水的镶贴材料，如可水洗环氧胶黏剂等。

绿岩

绿岩，是对变质火成岩玄武岩类岩石的统称。受结构所限，这类石材通常用于珩磨或裂缝饰面，而非高抛光饰面。绿岩所含阳起石、绿泥石和绿帘石等矿物使其呈现出绿色外观。

白云石灰岩

白云石灰岩广泛地应用于内部石材饰面，因为其通常不像鲕粒灰岩那样多孔（鲕粒灰岩包含于砂粒或贝壳碎片周围形成的碳酸钙小球体），且经常像大理石一样做抛光处理。白云石灰岩也可用于光滑珩磨饰面、纹理喷砂饰面或裂面饰面。

板岩

板岩通常用作现代室内地面或墙壁饰面。板岩有多种颜色可选，大多为深色，如绿色、黑色、紫色和红色等。板岩易裂成薄石片。这种由自然表面形成的饰面通常被称为裂缝饰面。板岩也可通过砂磨形成光滑或珩磨饰面。

石灰华

石灰华的特点是具有天然孔洞，这些孔洞是由岩石成型过程中嵌入的植物形成的，必须填充这些孔洞方能获得光滑表面。石灰华通常将硅酸盐水泥、环氧树脂或聚酯树脂用作填充材料。虽然石灰华是石灰岩的一种，但其某些类型在抛光后被归类为大理石。石灰华作为地板材料很受欢迎，因为其视觉纹理在隐藏污垢方面要强于大多数其他石材。

石材饰面

虽然有多种石材可用于石材饰面，但石材选择应以预期用途为依据。

石材饰面可分为两种基本类型：块石面板和块石砖。大理石和其他因质地过软而无法用于铺设地面的石材，通常可在适当加强并妥善安装后用于墙面饰面。

块石面板

块石即有一个或多个机械处理表面的毛石。块石多为厚石板，通常采用纹路或端部对称方式予以标记，确保其与模板图案相匹配，以便后续切割。

关于块石面板的尺寸，其饰面面积可达 $310\ cm^2$，厚度可达 19 mm 或以上。

块石砖

石砖取自块石面板，可在不同条件下制作，但其并非采用合花或端接等常见拼合方式来创造图案。石砖中一个常见现象是，石材颜色、图案和纹理差异较大。

石砖模块为面积不超过 $0.37\ m^2$、厚度小于 19 mm 的块石单元。石砖尺寸范围通常为 305 mm×305 mm 至 610 mm×610 mm，厚度通常为 6 mm、10 mm 或 13 mm。石砖通常设有玻璃纤维等保护性衬垫，以提高其强度。

花岗岩和大理石瓷砖的厚度可为 6~13 mm，其表面尺寸通常为 305 mm×305 mm。瓷砖可直接用胶黏剂或薄砂浆镶贴在墙上，与地板镶贴方式类似。不建议将石砖用于高度超过 2.4 m 的墙壁。

大理石墙饰面

具有独特纹理和标记的石材，如某些大理石，适合采用特定的排列模式。标记的变化取决于大理石饰面是与镶贴层一起切割还是穿过镶贴层。块石面板有以下几种模式可选：

- 混合模式：将种类相同但来源不一定相同的石板随意排列。
- 侧滑模式：将来自同一块石材的石板并排或首尾相接放置，以确保图案重复且颜色相混。
- 端接模式：将其中一个面板倒置于并另一面板上方。
- 合花模式：将其中一个面板紧挨另一面板放置。

石板安装

锚固系统

带有灰泥或灰浆斑点的扎铁丝锚固系统是安装室内石材饰面的传统方法。机械锚固系统直接将石材固定在背衬墙上，无须额外用立柱或石膏板支撑，并能提供可验证的抗震能力。

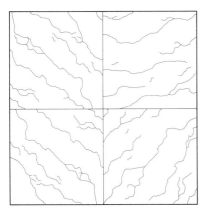

混合模式

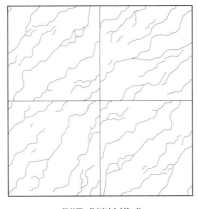

侧滑或端接模式

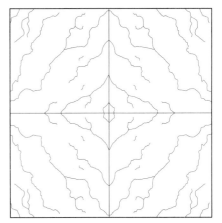

端接、合花或四分拼接模式

大理石墙饰面图案

室内石墙板常见饰面和尺寸

石材	等级	饰面	厚度（mm）	表面尺寸（mm）	特点
花岗岩	建筑（外部） 砌面 砌体	抛光 珩磨	19~31	1524×1524	这种非常坚硬和耐用的表面不易着污；有多种颜色和纹理可选
大理石	A组（室外） B组 C组 D组	抛光 珩磨	13~22	1219×2134	B、C、D组大理石颜色最丰富，也最有趣；但可能需要填充一些天然孔洞；有多种颜色和图案可选
石灰岩	精选 标准 粗糙 杂色	光滑 凿饰 抛光	22~76	1219×2743	柔软，易塑形，但易被磨损，且可能会随时间推移而变色；颜色有浅黄色和灰色
板岩	条带状 透明	自然 开裂 砂磨 磨光 珩磨	25~38	762×1524	条带状板岩以其装饰性完整夹石层为特色，这部分颜色往往比石材其他部位的颜色更深；颜色以柔和色调为主

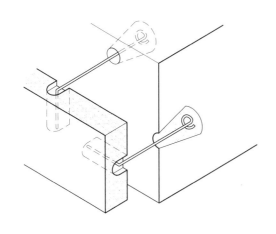

石材饰面铁丝锚固连接

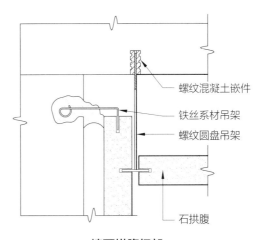

螺纹混凝土嵌件

铁丝系材吊架

螺纹圆盘吊架

石拱腹

墙面拱腹细部

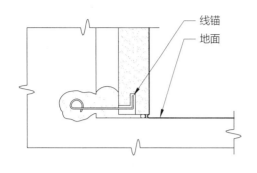

底座细部

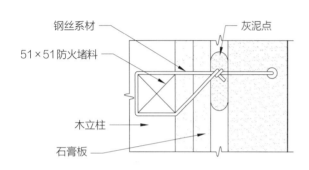

钢丝系材
灰泥点
51×51防火堵料
木立柱
石膏板

木立柱支撑石板

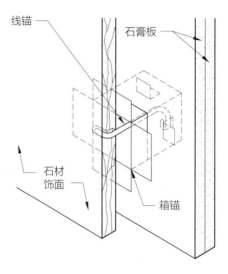

线锚
石膏板
石材
饰面
箱锚

锚固在石膏板上的钢丝和钢套箱

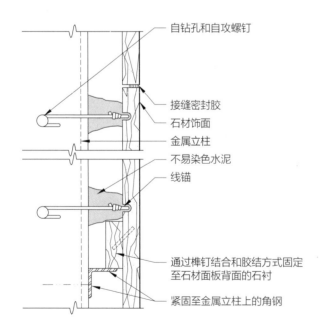

自钻孔和自攻螺钉
接缝密封胶
石材饰面
金属立柱
不易染色水泥
线锚
通过榫钉结合和胶结方式固定
至石材面板背面的石衬
紧固至金属立柱上的角钢

锚固在金属立柱上的钢丝

机械锚固系统

机械锚固系统要求在石材背面切缝（开槽），并通过带夹加以约束。锚固系统可通过石膏板固定在金属立柱上。外部锚固装置也可与金属槽钢支柱一起使用，这样立柱和锚固装置的位置便无须再协调。这类锚固装置的锚仍需设置灰浆凝固点。

石砖安装

石砖可安装在一个完整的薄砂浆层中，也可用胶黏剂安装。薄石砖因为通常不受铁丝或锚固装置的约束，所以其安装颇受限制。安装位置高于2.4 m的石砖必须另用锚固装置对其加以约束。

室内石材锚固系统必须与石材和基材相兼容。石饰面可安装在石膏板结构、砌体或混凝土墙上。若采用对接，当结构发生移动时，可能会导致表面脱落或剥落，因此不推荐这种连接方式。

灰浆层

灰浆层可用于在由金属板条、底涂层和抹面层组成的厚硅酸盐水泥砂浆系统中安装薄石砖和薄板。石砖镶贴在抹面层中。

薄贴层[1]

薄贴安装适用于垂直设置的石砖以及厚度不超过13 mm的薄板。石材与瓷砖的镶贴方式相同，即使用特定薄贴系统将石材直接设置于石膏板或胶结背衬单元的基材上。薄贴安装所用胶黏剂应为不染色型，特别是安装浅色石材时。

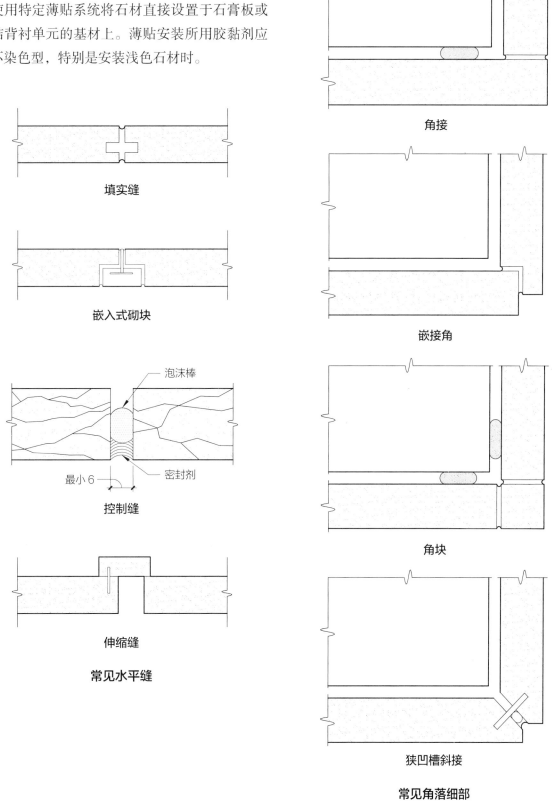

填实缝

嵌入式砌块

泡沫棒

最小6

密封剂

控制缝

伸缩缝

常见水平缝

角接

嵌接角

角块

狭凹槽斜接

常见角落细部

1　作者：马克·福马，利奥·戴利公司（Leo Daly Company）。
乔治·M.怀特塞德三世，美国建筑师协会（AIA），以及詹姆斯·D.劳埃德。
亚历山大·凯斯和达雷尔·唐宁，里皮托建筑师事务所（Rippeteau Architects）。

金属墙饰面

金属类型

不锈钢

不锈钢是一种铁合金，因加入铬，本身便具有耐腐蚀性。不锈钢中的铬含量至少为11.5%。加入镍或钼可使不锈钢的耐腐蚀性最大化。不锈钢可用于扶手、地板、墙板、五金、紧固件和锚固装置等。此外，也可用于铸造装饰性型材和雕像。不锈钢被广泛应用于商业内饰，如柱盖、栏杆、五金、墙板和许多其他产品。不锈钢的耐用性、光洁度和其他性能也使其适用于食品加工设备和其他商业设备、家具、配件以及精美餐具等的制造。

铝

与金银矿石不同，铝矿石在自然界中并非游离存在。铝元素总是与其他元素结合在一起，因此必须将其提取出来。

铝既软又有弹性，所以很容易制造。铝的质量很轻，但非常坚固。铝可用于制作门框和五金、室内窗框、水平百叶窗用百叶条板和现代家具。

因为铝本身具有耐腐蚀性，所以通常无需进行特殊的表面处理。当铝暴露在空气中时，其表面会迅速自然地形成一层防护性氧化膜。

对铝进行表面处理通常是为了装饰。因为铝的天然氧化膜并非一直可为镀层提供良好的黏合表面，因此若需镀层，可将表面转换为更具附着力的表面。转化镀层通常用于为金属涂装做准备，但也可用作最终饰面。

铜

铜容易获得，易于加工，在多种条件下均具有耐腐蚀性。铜具有良好的导热导电性、耐腐蚀性以及易成型和连接性，所有这些均使铜及其合金在建筑构造中扮演着重要角色。铜不受碱性化学物质的影响，因此常被用于金属与砌体连接

处。在室内应用中，铜主要用于电线布线；铜的导电性在所有材料中位居第二位，仅略低于银。铜也普遍用于管道及管配件。加入少量锡可使铜变得更硬、更强。

长期外露会使未经处理的铜表面变成棕色，最终变成铜绿色。通过抛光来去除表面氧化膜，可恢复铜的外观。金属表面也可通过设置透明涂料予以保护。

青铜和黄铜

"青铜"最初指一种铜锡合金，但今天这一术语也用来指其他具有青铜颜色的合金，包括铝青铜、硅青铜和含铅磷青铜。磷青铜是一种铜锡磷合金；含铅磷青铜由铜、铅、锡和磷组成。

黄铜是一种铜锌合金，常用于门用五金以及软垫家具五金配件。有些黄铜合金应归类为青铜，即便其仅含有少量或不含锡。

当一种金属被识别为青铜时，其合金不能含有锌或镍；若含有，可能是黄铜。建筑用黄铜和青铜实际上都是黄铜，常用于门、窗、门窗框、栏杆、饰件、格栅以及饰面五金等。蒙次黄铜（又称可锻黄铜）是一种青铜合金，颜色类似于挤压建筑青铜。蒙次黄铜有薄板和条状两种，并与挤压建筑青铜一起用于建筑布局中的平面。

异种金属

当用电解液将不同的金属连接起来时，将有一股电流（称为动电电流）从一种金属流动至另一种金属。电解液可以是任何导电液体，例如水。电流会使其中一种金属变质，这种反应称为电偶腐蚀。暴露在雨水或高湿度室外环境中的材料最易发生电偶腐蚀，而且，即使在室内，电偶腐蚀也是一个值得关注的问题。相互接触的异种金属（包括钉子、螺钉和螺栓）必须涂施不吸水、不导电的材料或用这类材料隔开。

较活泼的金属通过电解液连接至活性较低的金属时会发生电偶腐蚀。活泼性较强的金属会被

腐蚀，或自身物质流失至活性性较弱的金属。金属之间的活性性差距越大，腐蚀越快。

除金属种类外，金属用量也会对电偶腐蚀产生影响。若不活跃或惰性的贵金属表面积小于另一种贵金属，则其更有可能受到严重腐蚀。例如，将不锈钢（次贵金属）板固定在墙上的铝（贵金属）螺丝可能会在电解液作用下产生严重的腐蚀问题，但同样情形下，铝板上不锈钢螺丝的腐蚀程度却是可以接受的。

电流规模

以下所述位置靠前的金属（阳极端）相对贵重，当其与后面的次贵金属连接时，会在电解液作用下产生腐蚀：

锌

铝

镀锌钢

钙

熟铁软钢

铸铁

不锈钢，304型和316型（活性钢）

铅锡焊料

铅

黄铜和青铜

铜

不锈钢，304型和316型（惰性钢）

资料来源：钣金和空调承包商全国协会（SMACNA），《建筑钣金手册》，第5版。

金属饰面

饰面处理工艺

《金属表面处理导论》介绍了三种基本的表面处理类型——机械、化学和涂层，适用于各种金属。应用环境、服务要求和外观是金属饰面或涂层选择的决定性因素。通常结合外观和功能选择饰面。例如，对浴室金属水龙头和把手进行的镀铬处理，或对钣金灯具的烤漆处理，均需兼具美观性和功能性。

机械饰面

机械饰面是指对金属表面进行磨光、研磨、抛光或其他纹理处理，旨在赋予金属表面特定外观。

已加工饰面包含可通过加工赋予金属的纹理和表面外观。

磨光饰面是通过使用精细磨料、润滑剂和柔软织物盘进行连续的抛光和磨光操作而产生的。抛光和磨光可改善边缘和表面饰面，使多类铸件更加耐用、高效和安全。

带图案饰面有各种纹理和设计可选。这类饰面的制造方式如下：将已加工钣金置于两个配对压花辊中，由其在钣金两侧压纹，或置于光辊和压花辊之间，由其在钣金一侧压纹或压印。

定向纹理饰面是通过使用皮带或砂轮在金属表面制造微小的平行划痕，并进行精细研磨或用钢丝绒手工摩擦而产生的。这种方法会使金属表面光滑细腻，色泽柔和。

喷丸饰面是通过在金属表面高速发射一束小钢丸来实现的。喷丸加工的主要目的是提高构件的疲劳强度，装饰性防滑饰面是其副产品。其他无方向性纹理饰面是在受控条件下，用硅砂、玻璃微珠和氧化铝喷砂制成的。

化学饰面

化学清洗旨在清洁金属表面，不会以任何其他方式对金属表面造成影响。这类饰面可通过氯化和碳氢溶剂、抑制化学清洁剂或溶剂（铝和铜）、酸洗、氯化或碱性溶液（钢铁）来实现。

酸蚀饰面通过用酸（硫酸和硝酸）溶液或碱溶液处理金属，而使其产生不同粗糙度的亚光磨砂表面。

镜面抛光工艺使用范围相对较窄，主要是对金属表面（通常是铝表面）的化学或电解抛光。

转化膜通常被归类为化学饰面，但因为其是通过化学反应产生的一种层状结构，因此也被视为一种涂层。转化膜通常用于金属表面涂装或接受另一种饰面，但也用于制作铜绿或雕塑饰面。

涂料

金属表面的有机涂料可起到保护和装饰的作用。防护涂料包括底漆、隐藏区域的着色面漆以及透明的饰面保护涂料。有机涂料的一般类别包括油漆、清漆、搪瓷、亮漆、塑料溶胶（树脂和增塑剂的混合物）、有机溶胶（悬浮在有机液体中的细粒状或胶状不溶物质）和粉末。涂料设置技术包括浸渍和喷涂。

电沉积与电镀类似，不同之处在于电沉积对象为有机树脂而非金属。涂料可在无垂流情形下涂施至均匀厚度，也可沉积至形状复杂的深凹区域。电沉积工艺不会造成油漆浪费，其挥发性有机化合物（VOC）释放量也很低；但其涂层厚度有限，并且在首层涂施完成后，后续涂层必须做喷涂处理。

粉末涂装可能是目前最广为人知的环保型涂漆工艺。所用油漆不含溶剂，因此更安全。涂装粉末包括环氧树脂、聚氨酯、丙烯酸和聚酯。粉末涂料可以是热塑性或热固性的。

这三种涂层均广泛应用于铝金属。碳钢和铁须通过饰面来稳定金属表面。铜合金通常用机械或化学方法来做表面处理。机械方法最常用于不锈钢表面处理。

装饰性金属

钢和铁是最常用于制造装饰性金属制品的金属。其他常用金属还有铝（因质量轻、耐锈蚀性强而颇受青睐）以及抛光青铜、黄铜和铜。如今，金属工匠主要生产定制产品；修复只是其工作的一小部分。

熟铁是铁的一种形式，相对柔软，具有可延展性。"熟铁"这一术语的意思是"加工过的"铁，通常与装饰性金属联系在一起。熟铁是一种含碳量较低的纯铁。含碳量如此低的铁在今天是很少见的，所以大多数制造商使用含多种高碳铁的钢来装饰细部。低碳钢或软钢是其中最理想的。

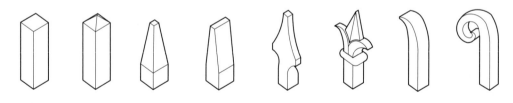

副把手

圆头或埋头铆钉

销钉可作切割、埋头或锤击（锤琢处理）

交叉构件

弯头结构

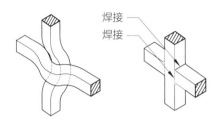

弯曲和焊接构件

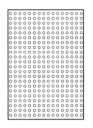

105 号，开孔直径 1 mm，
开孔率 37%

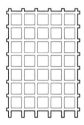

200 号，开孔边长 5 mm，
开孔率 64%

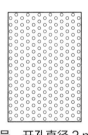

108 号，开孔直径 2 mm，
开孔率 36%

201 号，开孔边长 6 mm

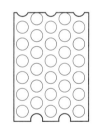

120 号，开孔直径 6 mm，
开孔率 58%

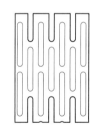

208 号，开孔边长 3 mm×
25 mm，开孔率 43%

标准穿孔图案

层压和穿孔金属板

　　成品金属可以固体金属、高压层压板（HPL）或酚醛衬垫板等片板形式存在。建议将这类产品用于垂直和轻型水平表面；用于其他水平用途时，制造商建议用玻璃予以保护。若未连接至背衬板上，成品金属板可弯曲成有弧度的角。

　　穿孔金属板的制造是为了满足工业需要，如使特定组件的质量最小化或控制流体或气体通道等。作为一种建筑构件，穿孔金属板既可用作控制装置，也可简单用作装饰。穿孔金属板被认为是透声的，且可能看起来像是实心的，这取决于穿孔尺寸和开孔率。

　　穿孔金属板在很大程度上保留了原始金属的强度，且通风状况良好，因此常用于家具和其他设计。

　　穿孔材料常用饰面包括以下几种：

· 碳钢：粉末喷涂或湿漆饰面。

· 铝：刷饰、阳极氧化或油漆饰面。

· 不锈钢和黄铜：镜面抛光、拉丝或电抛光饰面。

六角孔

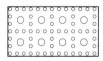

圆藤状

八角藤状

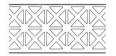

希腊式

非标准穿孔图案

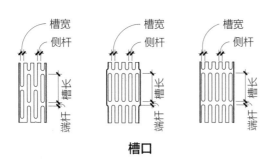

槽口

墙面涂覆物

穿孔（mm）	开孔率（%）	线
3×19	41	侧边交错
3×25	43	侧边交错

墙面覆盖物

合成墙饰面

塑料[1]

塑料有多种类型，全世界约有 15 000 种不同的塑料可供选择。同金属一样，塑料也可与其他类似材料相混合，以改善其性能。许多塑料制品的化学名称都比较长，因此，为提高其适销性，制造商经常设计商品名称。例如，聚四氟乙烯最著名的商标是特氟龙。

所有塑料都有三个共同特点：

· 塑料以碳原子为基础，仅有少数例外（如硅酮）。

· 塑料是来源于石油的化工产品。

· 所有塑料均是大分子聚合物，由数百万个相对轻简的小分子组成。聚合，这类大分子链的缔造者，是塑料成型的基础。聚合物以高分子量、优越的稳定性以及分子间作用力提供的强度为特色。前述分子间作用力旨在增强材料的抗破坏性。

成分

树脂（同聚合物一样，在塑料领域，是聚合物的另一种说法）是塑料的基本成分。树脂可与填料、稳定剂、增塑剂、颜料和其他成分结合形成塑料。

· 添加填料是为了赋予材料某种特性，如耐

用性或耐热性。可通过添加一些填料（增量剂）来降低较昂贵塑料的消耗量，并提高产品质量。

· 稳定剂有助于防止塑料因暴露在紫外线甚至氧气等环境条件下而降解。

· 增塑剂可与树脂混合，以增加塑料柔韧性、弹性和抗冲击性。添加增塑剂可增强乙烯基板的弹性，使其可卷而不裂。

塑料通常分为热塑性塑料和热固性塑料。

· 热塑性塑料会在加热时变软，可反复重塑而不影响其塑料性能。热塑性塑料冷却后会变硬，需通过添加增塑剂来增强其弹性。

· 热固性塑料在加工过程中经历不可逆的化学变化后会永久固化。一旦定型，就无法软化和重塑。

类型

用于覆盖和处理内墙表面的合成材料包括以下几种：

· 丙烯酸树脂：丙烯酸树脂具有玻璃般的透明度以及良好的耐候性、表面硬度和耐化学性。它们质量轻，不褪色，且不会随着时间推移而黄化。丙烯酸树脂可用于天窗玻璃、安全玻璃和漆用树脂。

· 聚苯乙烯：聚苯乙烯价格低廉且易于加工，同时具有良好的透明度、硬度和可着色性。聚苯乙烯可用于灯具扩散器、门芯材、木纹图案的桌椅部件和镜框。

· 乙烯基塑料：乙烯基塑料种类繁多，以坚固、柔韧为特色，其所产生的废气含挥发性有机化合物（VOC）。聚乙烯醇缩丁醛（PVB）可用作安全玻璃的夹层。聚氟乙烯可用作飞机内部阻燃纺织品涂料和白板铺面材料。聚氯乙烯（PVC）是最常见的乙烯基聚合物，常被用于地板涂料、百叶窗、室内装潢材料和墙面饰物。

1　作者：小爱德华·埃斯蒂斯。
　　理查德·J.维图洛，美国建筑师协会（AIA），橡树叶工作室（Oak Leaf Studio）。

- 醇酸树脂：醇酸树脂是一种油改性聚酯。这类塑料具有很好的耐热性、较短的固化周期和良好的模内流动特性。醇酸树脂可用作油漆涂层。
- 三聚氰胺：硬度、透明度和耐污性是三聚氰胺的三大特性。三聚氰胺难以划切，且不会随时间推移而黄化。大多数用于低压和高压层压板的复合树脂都是三聚氰胺。
- 聚酯：聚酯广泛用于床上用品、窗帘和软垫家具等纺织品，用于枕头、被子和其他家具的软垫和隔热材料。聚酯可与玻璃纤维结合形成纤维玻璃。聚对苯二甲酸乙二醇酯（PET）可用来制造饮料瓶和密拉（一种聚酯薄膜）。

塑料层压板[1]

热固性装饰层压板，有时也被称为低压层压板，是将三聚氰胺树脂浸渍在层压纸上，然后再在低压和低热量下将其涂施在基材（通常是刨花板）上制成的。设置热固性装饰层压板前，须将基材切割成所需尺寸和形状，以便在基材处实现有效密封。聚酯浸渍纸也可用于热固性装饰层压板。这类面板经常用作室内面板和台架搁板。它们不像高压装饰层压板那么耐用，但价格也便宜得多。

高压装饰层压板（HPDL）由覆于酚醛树脂浸渍纸上的三聚氰胺浸渍覆面层和装饰性面纸组成。与热固性装饰层压板不同，HPDL板材首先黏附于基材（如刨花板）表面，而后做饰边和封边处理。

以下是HPDL板材最常见的四种类型：

- HGS：HGS用于大多数水平表面（如台面等），其弯曲半径约为152 mm。
- CLS：CLS是一种薄板，一般垂直设置，常用于台架内部等无须承受严重磨损处。CLS一般不用作台面的平衡板或背衬板。
- BKL：这类经济的非装饰性板材常隐藏设

置于基材侧面，以防止因温度或湿度变化而翘曲。
- HGP：HGP可用于塑料弧度曲线，如成型台面的边缘。

以下为设置于垂直表面的垂直型塑料层压板：

- 防火层压板，含经阻燃处理的硫酸盐酚醛树脂芯，可用于1.2 m×2.4 m和1.2 m×3 m的亚光或抛光饰面。这类层压板可用于室内防火门、壁板、墙板和分隔板，以及家具、橱柜和机场、医院、办公楼、学校内固定装置的包层。
- 耐磨性和耐擦性得以增强的高耐磨层压板，宽度可为0.9 m、1.2 m和1.5 m，高度可为2.4 m、3 m和3.7 m，饰面可为亚光饰面。高耐磨层压板可用于壁板、墙板，以及餐馆、快餐店和银行内收银台等固定装置的包层。

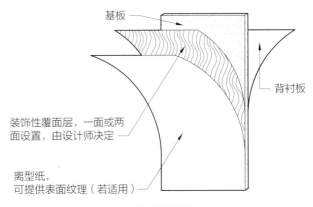

低压层压板

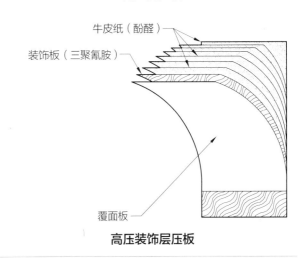

高压装饰层压板

1　作者：麦基穿孔公司（McKey Perforating Company）。

装饰墙系统

模块化墙砖

装饰墙系统由模块化、可互换瓷砖组成，可向任何方向延伸，并可基于给定空间定制尺寸。具有曲线轮廓的平砖以连续直线或凸凹交替排列形式置于槽形挤压型材中。易更换瓷砖可创造出一个交织式或波状三维表面，该表面可隐藏其所在墙壁上的缺陷或不平整处，进而消除表面处理需求。

用以放置瓷砖的挤压铝框架质量较轻，易于安装在现有墙壁或覆有中密度纤维板（MDF）或类似材料的木立柱框架上。它们也可与周围墙壁和天花板齐平安装，或作嵌入式安装。光源可安装在瓷砖后面的凹形支座上，或安装于铝型材之间。弯曲表面创造的空气间层可吸收声音，并降低室内混响。

瓷砖可采用半透明树脂，饰面包括木材单板、塑料层压板和聚丙烯、印花 PETG 饰面，以及印花、阳极氧化或粉末涂层金属饰面。

雕塑墙板

用于内墙饰面的雕塑墙板至少有两种类型：

- 含浅浮雕设计元素的雕塑矿物复合板（也称为铸岩板）。
- 含凹槽设计元素的雕刻浮雕板。

雕塑矿物复合板

雕塑矿物复合板可创造一个可产生阴影和高光纹理的浅浮雕表面。这种 813 mm × 813 mm 的面板可通过钢加固联锁接合方式组装成视觉上无缝的表面。

这类面板由胶结矿物复合材料制成，坚硬、致密，又很有弹性。它们具有耐火性，不释放挥发性有机化合物，且质量相对较轻，每平方米的质量为 7.8~12.2 kg。其修复方法与石膏板类似，无须借助面纸修复。

雕塑矿物复合墙板仅用于室内。在规范要求的防火墙中，这类墙板可能会被安装在石膏墙板上方，但其不能替代石膏墙板。

表面须用制造商认可的低挥发性有机化合物含量墙封胶予以处理，而后涂施内墙漆，最好使用无空气喷雾器。最后一层无光漆有助于隐藏接缝。白色和浅色可增强暗调对比度。

雕刻浮雕板

雕刻浮雕板以木材上的凹槽为设计特色。其中一种雕刻浮雕板覆有成型层压板，这赋予其一种非常耐用的白色或彩色表面。另一种由经森林管理委员会（FSC）认证的再生木材制成。也可采用阻燃和防水芯材。这类面板可做锯切、钉合、螺丝紧固、胶合和夹板固定处理。

墙面饰物

墙面饰物比油漆饰面有更好的耐用性，同时可为墙壁表面提供纹理和图案。常用的墙面饰物包括纺织品、乙烯基材料、墙纸、玻璃纤维和木材单板。随着人们对环境和健康的日益关注，乙烯基墙面饰物的使用正在减少，制造商也在寻找更为环保的替代品，包括纤维聚酯纤维素材料。

计算 0.914 m 墙面饰物指南

墙面饰物宽度（mm）	拟覆盖表面（m²）
1370	1.2
910	0.8

墙面饰物的类型

墙面纺织饰物

并非所有纺织品都适合用作墙面饰物。墙面纺织饰物不适用于需考虑耐磨性的应用场合。可用作这类墙面覆盖物的织物包括涤纶、亚麻、羊毛和羊毛混纺、锦缎和天鹅绒。

纺织品须做背涂处理，以便安装于墙壁上。背衬有助于防止胶黏剂渗出、破坏织物饰面。背衬还可为纺织品提供尺寸稳定性，以确保其可承受墙面饰物安装所涉及的拉伸和平整操作。

墙面饰物耐用性分类

性能	第二类：装饰用，中等适用性	第三类：装饰用，高适用性	第四类：第一种商业适用性	第五类：第二种商业适用性	第六类：第三种商用适用性
最低色牢度	23 h	46 h	200 h	200 h	200 h
最低可洗性	循环 100 次	循环 100 次	循环 100 次	循环 100 次	循环 100 次
最低擦洗能力	—	循环 50 次	循环 200 次	循环 300 次	循环 500 次
最低耐磨性	—	—	循环 200 次（220 颗砂砾）	循环 300 次（220 颗砂砾）	循环 1000 次（220 颗砂砾）
最低抗断强度： MD（纵向） CMD（横向）	— —	— —	178 N 133 N	222 N 245 N	445 N 423 N
最低耐摩擦性	—	良好	良好	良好	良好
最低耐污性	—	试剂 1~9	试剂 1~9	试剂 1~12	试剂 1~12
最低抗撕裂性	—	—	12	25	50
最高抗粘连性	—	—	2	2	2
最低抗冷裂性	—	—	无变化	无变化	无变化
最低耐热老化性	—	—	通过	通过	通过
最大火焰蔓延性	25	25	25	25	25
最大烟雾产生量	50	50	50	50	50
最大收缩性： MD（纵向） CMD（横向）	— —	— —	2 1	2 1	2 1.5

六大墙面饰物类别的定义（基于性能）

类别	说明	用途	注释
第一类	仅装饰用	用于装饰	墙面饰物未经测试。墙纸和其他主要用于住宅的墙面饰物属于这一类
第二类	装饰用，中等适用性	主要用于装饰，但耐洗性和色牢度均优于第一类墙面饰物	除最低可洗性和色牢度测试外，还需要测试最大火焰蔓延性和烟雾产生量。主要用于住宅
第三类	装饰用，高适用性	中等用途，耐磨性、耐污性、对擦洗能力和色牢度等方面的要求均高于第二类墙面饰物	除第二类墙面饰物所需测试外，还需测试最小擦洗能力、耐污性和耐摩擦性。它们须满足更严格的要求。主要用于住宅
第四类	第一种商业适用性	用于对耐磨性、耐污性和耐擦洗能力要求较高的大量消费和轻型商业用途	除第三类墙面饰物所需进行的测试外，还需测试最大收缩性和最小耐磨性、破坏强度、抗撕裂性、抗粘连性、涂层附着力、抗冷裂性和耐热老化性。标准所列适用于第三类墙面饰物的所有测试方法均适用于第四类墙面饰物，但后者对色牢度和耐擦洗能力方面的要求比前者更为严格。适用于私人办公室、酒店房间和无异常磨损或繁忙交通区域
第五类	第二种商业适用性	适用于对耐磨质量要求更高且磨损程度高于普通磨损的场合	需进行比第四类墙面饰物更严格的耐擦洗能力、耐磨性、耐污性、抗撕裂性和涂层附着力测试。适用于公共区域，如休息室、餐厅、公共走廊和教室
第六类	第三种商业适用性	适用于交通繁忙区域	第六类墙面饰物在耐擦洗能力、耐磨性、破坏强度、抗撕裂性、涂层附着力和收缩性方面的要求最为严格。第六类第三种墙面饰物常用于交通繁忙的服务走廊，在这类走廊内，手推车可能会撞到墙壁

纸背衬和丙烯酸乳胶背衬是两种常见的背涂处理方式。大多数商业项目均在寻求开发新产品以取代乳胶背衬。

· 纸背衬是指将纸层压至织物背面。这一过程可使织物变硬，便于安装。这种纺织品具有与墙纸相似的特性。

· 丙烯酸乳胶背衬纺织品在某种程度上保留了其固有弹性，但在尺寸稳定性方面远不如纸背衬纺织品。乳胶背衬可提高织物的抗拆解性和接缝的滑移性。使用这种涂施乳胶的墙面纺织饰物可能会增加安装成本。这种墙面饰物缺乏刚性，通常需将胶黏剂设置于墙壁上，而非墙面饰物背面。这必然会增加对劳动力和技术水平的需求。

乙烯基墙面饰物[1]

乙烯基产品经久耐用且柔韧性强，多年来一直是商用内墙饰物领域的中流砥柱。然而，它们都是石油基产品，会释放挥发性有机化合物，通常不可回收，且会在燃烧时释放有毒气体。由于不透水，乙烯基墙面饰物表面下会滋生霉菌。有些制造商可提供透水型乙烯基墙面饰物，以使墙壁能够透气。我们呼吁有环保意识的建筑师和设计师积极寻找乙烯基墙面饰物的替代品。

其他墙面饰物类型[2]

墙面饰物制造商正在开发第二种商用墙面饰物，这类饰物具有乙烯基墙面饰物的耐用性和易维护性，但不含氯和PVC。这类产品通常不可回收，且不含可回收材料；但与乙烯基产品不同的是，它们可被焚烧或填埋。微通风产品可用于易滋生霉菌的环境中。

有些制造商可提供用水基油墨印刷的聚酯和共聚酯微丝纤维墙面饰物，这类饰物的挥发性有机化合物排放量通常较低。这些制造商宣称，这类产品可100%回收，包括建筑废料和废弃材料。

玻璃纤维墙面饰物系由玻璃纤维纱黏结而成，本身具有阻燃性，可用于加强易碎或状况不佳的墙面。由于这类饰物具有渗透性，所以其本身便可防止霉变。玻璃纤维墙面饰物必须在安装后做涂漆处理。此类墙面饰物仅提供纹理图案，并不能提供颜色。通常选择乳胶漆来保持墙壁的透气性。

墙面饰物的安装

确定墙面饰物的安装方式颇为重要。可咨询制造商和分销商了解相关信息。有纹理墙面饰物在颠倒时可能会显示为不同的面板。若遇到问题，应以非颠倒方式安装三个测试条，并评估其外观。

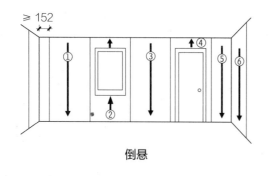

倒悬

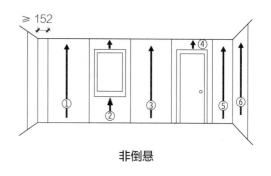

非倒悬

墙面饰物的安装

---

1 作者：大卫·布莱斯特，美国建筑师协会会员（FAIA），建筑研究咨询（Architectural Research Consulting）。
2 作者：鲍勃·皮洛，Pielow Fair 联合事务所。

木材单板墙面饰物

木材单板墙面饰物由约0.39 mm厚的单板片制成。这类单板片与编织型背衬材料相黏合。由此制成的墙面饰物足够薄，可沿木纹弯折，但在水平方向（于木纹垂直方向）上又太厚，无法保持其柔韧性。木材单板墙面饰物固有的灵活性使其可在柱子和其他曲面周围轻松安装。

壁面缺陷往往会透过薄单板显露出来。在基材表面不够光滑平整处，贴面胶合板是更好的选择。但对这种墙面饰物来说，受潮引起的屈曲和翘曲是一个不容忽视的问题。不建议在外墙内表面使用木材单板墙面饰物，除非墙饰面已做平整和防潮处理。

木材单板墙面饰物可以是预加工或未加工的。未加工单板必须在安装后进行染色和加工。有些饰面，例如渗透油，会对墙面饰物胶黏剂产生不利影响。涂施在已安装木材单板表面的涂料应得到墙面饰物制造商的批准。

木材单板墙面饰物的安装方式与其他墙面饰物的安装方式类似；但单板必须拼接在一起，不得重叠或修饰。

壁纸

壁纸包括纸面和纸背。由于墙纸具有脆性和较差的耐磨性，不常用于商业用途。但是，在饰面上涂施一层透明的乙烯基膜，可提高墙纸的耐刮擦性、耐污性和耐磨性。

乙烯基涂层纸由涂有丙烯酸、乙烯基或固体PVC的纸基材组成，总厚度为0.05~0.13 mm，可擦洗、可剥落或剥离。它们适用于住宅厨房、浴室和洗衣房，但不适用于商业用途。

风俗墙纸起初只是作为草图、参考或概念。墙纸设计师可能会处理各种图形或照片，进行重复设计和布局，最终完成印花样和成品。

手工印花墙纸一般采用手工模板印花或丝印方式。模板印花通常有两种颜色，须手工将麻胶版从图纸上剪下来。手工印花的不规则性可能会产生细微差异。手工丝印花费的时间少一些，但仍可保持手工打造的柔软外观。手工丝印可用于手工制作的大麻、亚麻和黄麻织物以及布纹和再生纸。

有多种天然纤维材料可用于纸背墙面饰物，其中一些可达A级和E-84级耐火极限。宽度可为预切边或未切边宽度，范围为914~1118 mm（预切边），也可为1346 mm或1372 mm（未切边）。可用材料包括夏布、灯心草布、酒椰叶纤维、大麻、竹子、红麻芦苇和蕉麻。其他材料包括软木纸、手工纸、米纸或布纹纸。也可使用纸背丝绸墙面饰物，其中一些含有金属或蕉麻材料。还有一些具有异国情调的选择，包括刺绣棉、木材单板、珍珠母、云母和玻璃微珠。金银箔以及人造金箔均可用作墙面饰物，但须用有色纸作背衬。

历史墙纸（17—20世纪）系由原始文件或复制品制作而成，通常用于历史修复项目。原始的古董墙纸也可使用。

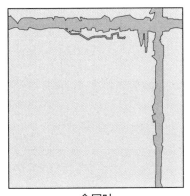

金属叶

玻璃珠圈

手工制作的墙面饰物

住宅用墙面饰物的宽度通常为521~711 mm。单辊产出壁纸的面积可达2.5~2.8 m²。单辊按双辊产量包装和出售。双辊产出壁纸的面积可达5.2~5.4 m²，长度约10 m。

图案和缝位可能是决定产出的关键。对大且复杂的主要图案，其重复可能需要谨慎确定起点。主图案的重复通常集中在视平线上，且图案通常需在地板上方1830 mm处完成匹配。

以下是图案匹配的三种类型：

· 随机匹配。随机匹配是浪费程度最低的图案匹配方式。若采用此种匹配方式，面板不得水平对齐。

· 错位匹配。图案重复点与天花板线之间的距离并不相同，因此浪费程度最高。每三或四个面板进行一次图案匹配的模式称为多次错位匹配。

· 直接匹配。相邻面板上的图案连续匹配。图案重复点与天花板线之间的距离相同。

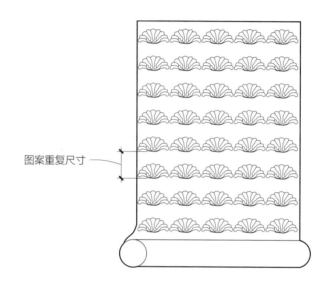

图案重复尺寸

墙面饰物图案重复

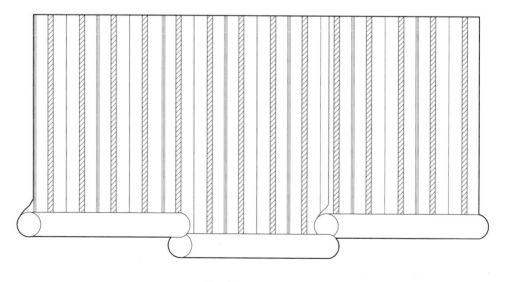

墙面饰物随机匹配

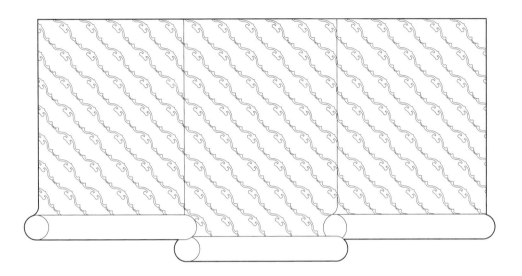

墙面饰物错位匹配

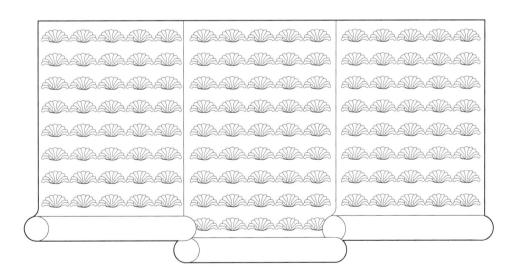

墙面饰物直接匹配

软垫墙系统[1]

软垫墙系统，也称为弹性织物墙系统，是将墙面纺织饰物的奢华性与可黏结或可吸声墙面的实用性完美融合的典范。软垫墙系统为现场制造的饰物，可将织物张紧覆盖于框架和填充材料上。它们也可安装于天花板上。

框架构建方法

框架通常是塑料挤压框架或木框架。挤压系统通过摩擦或使用隐蔽式紧固件（有时还借助胶黏剂）将织物固定在适当位置。隐蔽式紧固件与木框架系统一起使用。

芯材

材料	特性
吸声棉絮（聚酯或玻璃纤维）	外观松软，可吸声
胶合板	可钉固，表面可反射声音
矿物纤维板	可黏结，可吸声
玻璃纤维板	耐用，耐冲击

织物选择

软垫墙系统须选择高稳定性织物。软垫等重织物是不错的选择。织物应是疏水型的（不易吸收水分）；否则，相对湿度的季节性变化可能会造成流挂和起皱现象。人造丝或粘胶纤维含量超过30%或尼龙纤维含量超过10%的织物通常不适用于软垫墙系统。若墙面系统用作可黏结或可钉

固表面，所选织物应可自我恢复且可抗划伤。为实现无缝外观，可指定使用宽度在3050 mm以内的织物，并将其水平安装（有时也称其为"沿织物展开方向安装"）。

吸声墙板

正确安装吸声墙板可显著提高房间的吸声效果。吸声效果能否最大化，在很大程度上取决于吸声墙板的放置，无论是水平放置还是垂直放置。直接设置于墙面的薄纺织品对吸声几乎没有影响。

面板芯材

芯材可组合在面板上，以达到所需性能。例如，可通过将胶合板钉条插入含玻璃纤维板芯材的面板来获得可钉固表面。常见面板芯材包括以下几种：

- 聚酯棉絮，由松散缠绕的纤维构成，用于实现松软外观。
- 玻璃纤维毡，由松散缠绕的玻璃纤维丝构成的厚毡板。玻璃纤维毡常用于有吸声需求处。
- 玻璃纤维板，从具有良好黏结性的吸声板到声反射板等，种类不同，密度不一。
- 矿物纤维板是无机矿物纤维的一种复合材料。与压榨再生纸产品不同，矿物纤维板的尺寸稳定性较强。矿物纤维板的耐用性

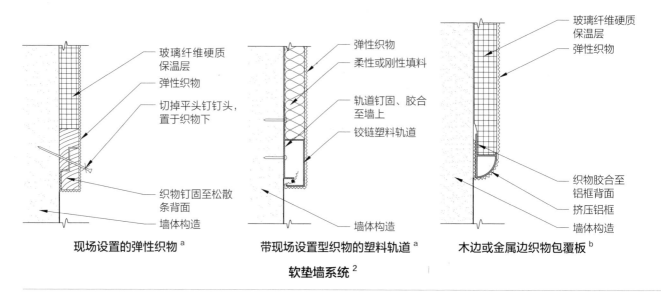

现场设置的弹性织物[a]　　带现场设置型织物的塑料轨道[a]　　木边或金属边织物包覆板[b]

软垫墙系统[2]

1　作者：坦尼娅·那希亚，罗德岛设计学院；罗宾·斯塔克，波士顿建筑中心；《专业规范》，由ARCOM公司出版；梅尔韦·约尼曼，罗德岛设计学院。
2　a. 无尺寸限制。
　　b. 无尺寸限制。但某些尺寸可能受芯材和框架材料以及进入建筑能力的限制，例如门洞和电梯桥厢的尺寸。

和耐冲击性均强于玻璃纤维板，且可在需要吸声表面处做微穿孔处理。

- 刨花板是一种可钉固芯材。胶合板可翘曲，因此不建议用作芯材，但可在以其他材料为芯材的面板中用作可钉固条。

- 压榨再生纸产品可兼做布告板。它们可不做覆盖处理，以便涂装，也可选用粗麻布表面。

- 木纤维板经久耐用，可涂装，且若安装得当，还具有良好的声学性能。木纤维板也可用于天花板上。

面板安装

以下是几种常用的吸声板安装方法：

- Z 形夹，该法是临时或活动面板的首选方法。使用 Z 形夹面板时，应使面板顶部和天花板之间部分可见，以确保面板可升降到位。下夹固定在墙面上，上夹固定在面板上。

- 钩环带法，即用机械紧固件将钩带固定至墙上的方法。这种方法常与胶黏剂一起使用，以确保在胶黏剂凝固时将面板固定到位。也可使用更新的重型产品。

- 穿刺夹法，即将穿刺夹固定在墙上，并将其带刺突出物压入面板背面的方法。这种安装方法不常用，因为其承重能力不足且易被破坏。

- 胶黏剂法，用胶黏剂将吸声板粘贴在墙壁或天花板上，这是一种永久性安装方法。一旦选用这种方法，就无法在不损坏面板和基材的情形下移除面板。

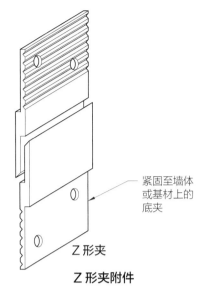

紧固至墙体或基材上的底夹

Z 形夹

Z 形夹附件

资料来源：StretchWall Installations 有限公司。

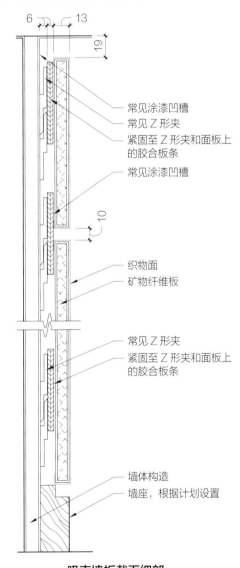

6　13

19

常见涂漆凹槽
常见 Z 形夹
紧固至 Z 形夹和面板上的胶合板条
常见涂漆凹槽

10

织物面
矿物纤维板

常见 Z 形夹
紧固至 Z 形夹和面板上的胶合板条

墙体构造
墙座，根据计划设置

吸声墙板截面细部

资料来源：StretchWall Installations 有限公司。

芯材

织物属性	选择考量
颜色	浅色纺织品比深色纺织品更显脏
不透明度	芯材不应穿透织物表面
弹性	无背衬纺织品可在不损害声学透明度的情形下缓解拉伸强度
自我恢复	可黏结和可钉固面板纺织品必须具有抗划伤性

涂漆装饰槽　　10　　Z形夹支撑的吸声墙板　　涂漆装饰槽堵件

装饰槽面板（带装饰槽端）条件

资料来源：StretchWall Installations 有限公司。

吸声墙板平面细部

油漆和涂料

内墙粉刷

涂料选择标准

油漆有三个基本功能：装饰、保护、改变相应基材的性能。油漆的成分、类型和用途都会影响其性能。以下标准是就特定应用场景选择涂料的考量因素：

· 耐磨性；

· 胶黏性；

· 耐冲击性；

· 抗折性；

· 对特定介质（如化学品）的耐受性；

· 耐阳光照射性；

· 耐温性；

· 干燥时间（安装标准）；

· 外观；

· 润湿时间；

· 排放或释放要求（反射和吸收）；

· 电气绝缘。

成分

油漆成分有四大类：颜料、稀释剂、树脂和添加剂。

· 颜料可提供颜色、隐藏功能和体积。

· 稀释剂影响黏稠度和干燥时间，并可将颜料和树脂带到基材上。

· 树脂可将颜料颗粒黏合在一起，同时可影响漆膜的附着力、耐久性和保护水平。

· 添加剂可凭借其特定理想特性提高涂层性能。

"油漆固体"一词指树脂。固体含量越高，越能提供耐用且不透明的厚涂层。油漆的固体含量可用质量或体积固体份来表示，体积固体份是更好的性能指标。乳胶漆的体积固体份为25%~40%。醇酸漆和油性漆的体积固体份可达50%以上。

油漆配方

颜料	+	树脂	=	涂料中的固体成份
涂料中的固体部分	+	涂料中的液体成份		= 油漆
融合固体	+	液体		= 最后涂层

光泽

颜料会降低固化漆膜的光泽。可通过增加颜料颗粒数量和大小相对于树脂的量，降低树脂的光泽度或油漆的质感。颜料的颜色和光泽可决定油漆表面的光反射率，进而影响人们对颜色的感知。颜料相对于树脂的比例越高，油漆外观的纹理就越粗糙，反射性就越差。可通过提高树脂（包裹颜料）的体积固体份来获得光亮表面。

芯材

光泽	反射角度
高度光泽	>65°
半光泽	30°~65°
缎面光泽	15°~35°
蛋壳光泽	5°~25°
平光	>15°

油漆和涂料类型

醇酸漆

醇酸漆所含溶剂稀释型树脂系由合成油制成。醇酸树脂系主要由醇和酸制成的油改性聚酯。这类树脂是最常见的油漆树脂。相比油基漆，醇酸漆干燥速度更快，硬度更高，耐用性更强，保色性也更好。它们易涂施，可清洗，且挥发性物质浓度低于使用溶剂稀释剂的其他油漆。

乳胶漆

乳胶漆属水基漆。目前市面上销售的建筑涂料中，乳胶漆占比在80%以上。与油基漆和醇酸漆相比，乳胶漆对环境的影响较小，挥发性有机化合物（VOC）释放量也较低。剩余的油漆可混合再利用。

乳胶漆气味小，干燥时间快，所含水基稀释剂使其易于涂施、清理和丢弃。乳胶漆系多孔性油漆；当涂施时，其乳胶涂层可保留其呼吸所需的微小开口。

油基漆

相比乳胶漆，油基漆更易于进行表面处理，且能更好地涂施于脏污、光滑或风化严重的表面。耐磨损性也更强。

油基漆所含溶剂稀释型树脂系由有机溶剂制成，通常为从石油化工产品中提取的矿物油。黏合剂可为醇酸树脂、聚氨酯和硅树脂等从石油中提取的合成树脂，也可为从亚麻籽油（来自亚麻籽）、大豆油（来自大豆）、桐油（来自油桐果）、红花油和棉籽油等天然油中提取的树脂。与乳胶漆相比，油基漆对环境的影响要大得多，而油基漆的处置也很麻烦。

底漆

底漆可提高涂层附着力，使表面更易涂漆。选择底漆时须结合所选面漆的特性。底漆具有以下功能：

· 隐藏基材表面，以确保无法透过油漆识别现有涂料颜色。

· 提供防护屏障，以防止湿气破坏油漆黏结。

· 将基材表面与面漆相黏合。

· 限制多孔基材（如撒渣面层）对油漆的吸收。

· 翻新旧漆，以便后续涂施新漆。

· 防锈。

常见油漆添加剂

添加剂	作用
抗结皮剂	在油漆使用前防止在漆罐内形成漆皮
杀菌剂	防止因细菌生长而导致油漆腐败变质
聚结剂	促进乳胶漆中连续膜的形成
去沫剂	排除油漆中的空气或减少设置时的气泡
干燥剂	加速溶剂型油漆从液体到固体的转化
冻融稳定剂	降低乳胶漆的凝固点
防霉剂	防止霉菌生长
表面活性剂	在溶剂或水中稳定树脂或颜料混合物
增稠剂	增加油漆黏稠度，防止颜料在油基漆和水基漆中分离

低气味、低挥发性有机化合物含量油漆

在固化过程中，溶剂稀释型涂料（包括乳胶漆和大多数水性涂料）会将挥发性有机化合物释放至大气中。挥发性有机化合物的计量单位是每升油漆中有机溶剂的克数（g/L）。

油漆未干时的气味与所用溶剂相关，水基漆的气味要低于油基漆和醇酸漆。挥发性有机化合物的浓度通常通过气味来粗判，所以低气味和低挥发性有机化合物含量有时是相关联的。使用低气味、低挥发性有机化合物含量油漆，可使涂漆承包商在被占用空间内作业时，不会干扰占用者或对其产生潜在伤害。

低气味、低挥发性有机化合物含量油漆的性能与其他乳胶漆相当，但可洗性和去污性可能稍差。它们主要用于内墙，有些也适用于饰件。墙板以及木材、硬板、中密度纤维板（MDF）和模压复合饰件应先打底漆。

添加至油基和水基漆中的着色剂也会含有挥

发性有机化合物。浅色油漆仅使用少量着色剂，但对着色需求较高的深色油漆，着色剂使用问题可能会更严重，特别是大量使用时。

催化环氧树脂漆

催化环氧涂料能抵抗化学品、溶剂、污渍、物理磨损、交通磨损和清洁材料。它们具有良好的附着力和保色性。催化环氧树脂分为树脂和催化剂两部分。它们的使用寿命有限，因此须在使用前混合。当将其涂施在基材上时，催化环氧树脂会诱发化学反应，形成致密硬膜，类似于烤漆。在使用期间和使用后均须保证充分通风。

催化环氧树脂漆常用于交通繁忙的商业和机构室内外设施，如学校、体育馆、监狱、医院和养老院等场所。

以下三类催化环氧树脂常用于商业内装：

· 聚酯环氧树脂，可形成坚硬光滑的表面。
· 聚酰胺环氧树脂，可提供一种颇具弹性的耐用薄膜。
· 聚氨酯环氧树脂，它是环氧涂料中用途最广的一种。

环氧酯油漆

环氧酯类似于催化环氧树脂，但无使用寿命限制，且可像常规油漆一样包装。漆膜是因氧化而非由催化剂触发的化学反应而产生的。环氧酯的耐用性不如催化环氧树脂。

阻燃（泡沸）漆和耐火漆

阻燃漆可通过延缓涂层表面的燃烧来减缓火势蔓延的速度。它们可用于木材等易燃材料，以使其达到所需火焰蔓延等级。这类油漆可延缓但不能阻止火势蔓延。

阻燃漆是一种类似于泡沫的材料，由水基稀释剂或溶剂型稀释剂制成。阻燃漆是一种泡沸漆，当其暴露在极高温度下时，可通过膨胀形成碳化发泡层来阻止基材燃烧。

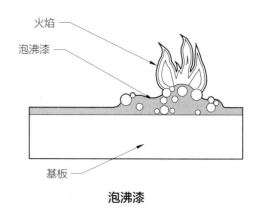

泡沸漆

耐火漆不会助长火焰，因此可防止火势蔓延。但它们在控制火势蔓延方面不如泡沸涂料有效。

多色涂料

多色涂料经久耐用且耐刮伤。它们可赋予表面三维性，类似于人造海绵技术。这类涂料可用于各种基材，如混凝土块、石膏墙板、瓷砖、釉面砖以及有纹理表面（如灰泥和金属表面）。不建议将其用于织物表面。多色涂料适用于交通繁忙、环境恶劣且须反复清洁的区域，如酒店、医疗保健、教育、办公和生产设施。

多色涂料可为溶剂或水稀释型。

· 溶剂稀释型多色涂料由悬浮在无颜料溶液中、尺寸和颜色不一的各种微小气泡组成。在喷涂前，相互分离的颜料微珠将一直保持分离状态。它们会在撞击表面时爆裂。与水基涂料相比，溶剂型涂料可释放更多挥发性有机化合物，气味更大，干燥速度也慢得多。

· 经多年改进，水稀释型多色涂料已具备良好的粒度范围和耐用性。但是，其耐污性可能比不上溶剂型产品。丙烯酸多色涂料挥发性有机化合物含量极低，具备透气性，且能阻止霉菌在漆膜上滋长。这类耐用、耐磨、易清洗的涂料适用于内墙、内柱和天花板。它们不能用于地板、室外和经常积水处。

染色剂

染料制成的染色剂可溶解于干性油或水中，用作木材的半透明或透明涂料。颜料性染色剂是不透明的。凝胶染色剂是油基染色剂的一种凝胶形式，适用于木材、胶合板、单板、玻璃纤维、金属和模压纤维板。

染色剂释放的挥发性有机化合物主要来自溶剂而非着色剂。因为溶剂是染色剂产品的主要组成部分，而着色剂比例则相对较低。油基染色剂用矿物油清洁，而水基染色剂则用肥皂和水清洁。

油基染色剂由来自各种植物的干性油（包括桐油）制成，通过吸收氧气而变干，而后在表面形成一层坚韧而有弹性的薄膜来保护木材。可在染色前用填料填充木材表面，以实现所需孔隙度和光滑度，但填料可能会导致染色剂吸收不均匀。染色剂可用刷子、喷雾器、辊子或抹布垫予以涂施。油基木材染色剂适用于地板、门、木制品、家具和橱柜。

装饰漆饰面

仿饰漆在技术层面是指对天然材料的模仿，如仿木纹和仿大理石纹，但该术语可用来表示任何装饰性涂漆饰面。仿饰漆或特殊油漆饰面可为内墙增添颜色和纹理，并可在不考虑耐用性问题时，提供一种颇具成本效益的替代品，用以替代织物、石材、木材或其他材料。

仿饰漆通常包括油漆、灰泥层，旨在模仿天然材料，如大理石、木材单板、丝绸、绒面革、天鹅绒、铜、青铜、银或金，或营造一种类似于老化石材或灰泥的效果。

特殊油漆饰面虽也采用油漆和灰泥，但其旨在创造一种原始饰面，而非模仿现有材料。

最简单的饰面一般包括底色和色釉，底色通常源自一种涂饰在经过打磨和密封的墙面上的蛋壳漆，色釉通常以抹布卷、海绵、拖釉或刷色等方式施加，形成不规则的图案。

这类基本技术可纳入颜色各异的多层釉面，进而产生更为复杂的变化，以形成经典的仿大理石纹和仿木纹饰面。仿石和仿古灰泥效果通常通过灰泥层和釉层来实现。

现代金属漆和虹彩漆可产生无数种效果，有些类似金属或珍珠母，而另一些则与天然材料无关。所谓"威尼斯灰泥"是一种层层涂施的灰泥状材料薄面层，可用金属刀片予以上蜡和磨光，以赋予其一种柔和光泽。

所有仿饰漆均非常独特，其最终效果完全由设置者掌控；因此，须提前获取样品以征得设置者批准，这一点至关重要。

即通过"错视画"透视和阴影手段创造三维建筑物印象的装饰性表面。"灰色装饰画法"即单色错视画。

透明漆层系由中性底漆或釉液制成的饰面层。它们可多层涂施，并倾向于使打底层颜色变深。釉是一种有色透明涂层，可软化、改变打底层。

镂花涂装指用一种或多种颜色将普通油漆或纹理油漆或灰泥涂施成边框图案或尺寸更大的重复性装饰图案（类似于墙纸）。织锦模板饰面涉及一种装饰性模板，须将该模板置于复色背景的缎面上，而后在其上涂施无光漆。

减法涂漆技术指用海绵、抹布、塑料或其他材料涂施油漆并去除未干油漆，以营造视觉质感。

地面设计考量

地面饰面要求

地面饰面包括安装在第一或第二类建筑物内以及特定场所某些出口和出口通道区域内地面或地板上的地毯和可燃材料。由木材、乙烯、油毡、水磨石或弹性地板覆盖物等传统材料制成的地板不受约束。

一般不将地面覆盖物视为火灾中导致火焰蔓延的主要原因。然而，全尺寸试验和实际建筑火灾均显示，走廊铺地材料存在问题。对于全燃火，热量、火焰、烟和走廊周围起火房间所散发出的气体等因素均与火势和火焰蔓延有关。

使用辐射热能源法对地面覆盖物系统进行临界热辐射测试的标准试验方法即所谓的"铺地辐射板试验"，即将地面覆盖物样品暴露在辐射热和燃烧火焰中，以便开展试验。与斯坦纳隧道试验（将材料安装在试验室天花板上）相比，该试验所模拟的环境更为真实。铺地辐射板试验与大多数其他可燃性测试方法的不同之处在于，其旨在衡量地毯系统的实际性能。此外，其并非基于任意尺度。

地面覆盖织物设置及可燃性测试

地面覆盖物	可燃性测试
走廊地毯	铺地辐射板试验
走廊地毯砖	铺地辐射板试验
装饰地毯	乌洛托品片试验

热导性

非隔热地面可使室内热量损失10%~20%。若室内外存在温差，那么地毯因具有隔热功能而有助于减少供暖和制冷能源成本。建议在室内铺设地毯，以减少木质或高架平板楼板的热量损失。

地毯纤维是具有低热导值的天然保温材料。此外，细小的表面绒毛纤维可捕获隔热空气。在常见铺地材料中，地毯的保温性能最好。若采用纤维板保温层，再辅以衬垫，R值可达3.3。

R 值比较

材料	R 值
102 mm 厚混凝土	0.07
10 mm 厚胶合板	0.08
10 mm 厚地毯	0.18
10 mm 厚玻璃纤维保温层	0.22
由回收报纸制成的 13 mm 厚纤维板保温层	1.20
13 mm 厚优质聚氨酯地毯垫	2.10

地板导热性

地板种类	厚度（mm）	导热性（U 值）
软木	3	0.028
油毡	3	0.087
乙烯基地板	5	0.427
木材	6	0.199
大理石	16	1.598

资料来源：Arcobel 公司。

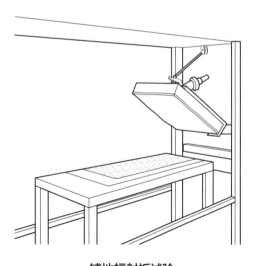

铺地辐射板试验

声学控制[1]

冲击噪声等级

地板易因受冲击而产生噪声，如脚步声、物体掉落声、家具刮擦声等。除针对隔墙构造的实验室传声等级（STC）评级标准外，冲击隔声等级（IIC）评级标准也取得了长足发展，二者始终处于并行发展状态。冲击隔声等级是一个单数值评级系统，用于评估地板构造在防止冲击声传至地板下方空间方面的有效性。现用冲击隔声等级评级方法与传声等级评级方法相似。

声控

建筑设计师主要关注三类声音，即冲击声、空气传声和共振声。任何物品接触地板均会产生冲击声。任何噪声源均会产生空气传声。共振声指可在房间内回响或产生回声的部分冲击或空气传声。

根据大多数非住宅建筑规范，墙壁和地板、天花板构件须可削弱其所接收的冲击声和空气传声。

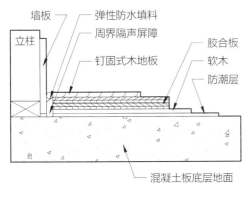

声音控制

淋浴间、更衣室和卫生间地面饰面应用

淋浴间应直接通往其所服务的干燥室和更衣室。若淋浴间服务于游泳池，其位置应可确保用户在到达泳池甲板前必须经过淋浴间。

建议对卫生间进行干湿分离。湿区应便于从淋浴间进入。若湿区需服务于游泳池，则其位置应可确保用户在使用卫生间后必须经过淋浴房。

卫生间地面应采用瓷砖或缸砖等防渗材料以及碳化硅浸渍表面，并应向地漏倾斜。若使用具有防滑表面的混凝土地面，应用硬化剂予以处理，以阻止气味和湿气渗透。

硬地面

混凝土地面系统

混凝土地面系统包括以下几种类型：

平板：平板系统是中等跨度的最佳系统，因为其是最经济的地面系统，且结构厚度最低。

带状板：带状板系统具有平板系统的大部分优点，同时可在单一方向实现更长跨度。可沿横梁方向承受更大的横向荷载。

搁栅板：搁栅板是平板长度不够且结构未外露情形下的最佳方案。

无梁楼板：无梁楼板最常用于载荷较重的建筑物。

跨搁栅板：在大型工程中，跨搁栅板应比搁栅板便宜，且应允许灯具和设备嵌入搁栅之间。

单向梁板：单向梁板方案最受停车场青睐。

格子板：柱间距应为跨距的整数倍，以确保托板在各柱间均匀分布。托板形状可以是菱形、正方形或长方形。

双向梁板：双向梁板方案多用于不引人注意处，也可用于需承受重大集中荷载处。

混凝土地面饰面

混凝土地面饰面需考虑性能、装饰和纹理需求等因素。纹理可通过将图案压入未固化混凝土表面来实现。

1　作者：费思·鲍姆，美国建筑师协会会员（FAIA），国际室内设计协会（IIDA），费思·鲍姆建筑师事务所（Faith Baum Architect）。
　　大卫·布莱斯特，美国建筑师协会会员（FAIA），建筑研究咨询（Architectural Research Consulting）。
　　鲍勃·皮洛，Pielow Fair 联合事务所。
　　茱莉亚·普灵顿，美杜莎（Medusa）公司。

混凝土地面饰面

处理类型	说明	注意事项
贴面混凝土	5~51 mm 厚的胶结面层，可着色和模压	贴面涂层易脱落。交通繁忙区域须设置较厚涂层
整体色液体颜料和干颜料	颜色均匀统一，不褪色，耐候	通常可用粉彩和大地色调。颜色无法在不影响混凝土结构完整性情形下达到饱和。若使用白色砂石料，浅色效果最好。混凝土来源应相同，以确保其一致性，并确保整个负荷使用相同批次的混凝土。若可能，可在工厂分批着色。在开始作业前，应先浇筑试板并获批准
丙烯酸染色剂（甲基丙烯酸甲酯共聚物）	耐损、耐刮、耐污、耐水	可用于垂直表面。可用于恢复旧结构的颜色
丙烯酸密封胶（性能同上，透明度除外）	防涂鸦；可提供透明保护膜，可防止喷漆等渗透	可用于垂直表面
不泛黄氧化丙烯	具有湿润效果的密封胶	用于清洗骨料、研磨面砌块、裂纹式砌块或喷砂混凝土
模压混凝土	将纹理压入混凝土，以模仿砖、板岩、石材、瓷砖等的图案	控制缝和浇筑缝必须谨慎处理。它们须与所选模压图案相匹配。控制缝应酌情锯切，锯切段至少应等于板厚的三分之一，其安装间隔应为 3.6~4.5 m
彩色脱模剂（合成氧化铁着色剂）模压混凝土	彩色脱模剂可提供额外颜色，并可用作模压工具脱模剂	在压印混凝土时，彩色脱模剂可与整体色或干撒色配合使用
干撒式彩色强化料	含硬骨料的粉状胶结材料。当作业条件要求使用表面硬度更高的混凝土板时，可在塑性混凝土表面涂施干撒式强化料并将其摊平和抹光。耐晒，耐候。不属于面层	将强化料手撒于混凝土表面，确保其可在水分完全蒸发后浮动至混凝土板内

石质地面

室内用石铺或石砌地面可提供一种经久耐用的行人交通表面。石地面可给人以恒久和优雅之感，常用于大堂和其他公共空间。

类型

多种石材都可用于铺设地面，包括板岩、花岗岩、石灰华、大理石、缟玛瑙和砂岩。石材的选择应以预期用途为依据。并非所有石材均足以应付商业设施交通所产生的磨损，因此建议提前与石材供应商审核确认石材类型。

石质地面有两种基本类型：安装在厚灰浆层中的块石地面，以及安装在厚灰浆层中或如瓷砖般薄贴安装的块石砖地面。

块石砖

块石通常为有一个或多个机械处理表面的毛石。块石多为厚石板，通常采用纹路或端部对称方式予以标记，确保其与模板图案相匹配，以便后续切割。

块石砖的厚度小于19 mm。它们同样可提供充满自然美的石质地面，但又可摆脱块石在质量、深度和费用等方面的限制。然而，正因为其厚度较小，石砖更易因受冲击或因正常范围内的挠曲而开裂。石砖安装可采用厚贴或薄贴安装法。

铺路石

铺路石大多比较坚硬，足以承受室内行人通行和轻型车辆通行所造成的磨损；但每种石材均应严格审查，以确定其是否适合特定铺设用途。

表面处理

石材表面处理可影响人们对石质地面颜色和防滑性等的感知。以下是几种常见石材饰面：

· 抛光饰面反光性最强。对这类维护需求较高的饰面应谨慎选用。在大堂等公共区域，抛光地面饰面通常隐藏在防滑垫下。

· 珩磨饰面光泽较为暗淡。这类缎滑饰面因具有防滑性而常常作为商业地板。

· 热饰面（火烧饰面）是通过将强烈燃烧产生的热量传递至石材表面加工而成的。热饰面常用于花岗岩。

· 水射流饰面是一种介于珩磨和热饰面之间的花岗岩饰面。水射流饰面是利用高压水加工而成的，可衬托出石材原本颜色，其颜色比热饰面稍深。

瓷砖和铺路石常见饰面和尺寸

石材	饰面	瓷砖厚度（mm）	瓷砖表面尺寸（mm）	铺路石厚度（mm）	铺路石表面尺寸（mm）	洛氏硬度
花岗岩	抛光、珩磨或热饰面	10 和 13	305×305	32~102	381×914	—
大理石	抛光或珩磨	6~13	305×305	32	610×610	10
石灰岩	光滑	—	—	44~64	610×914	10
板岩	天然裂缝或磨砂饰面	6~25	（305~610）×（305~1372）	6~25	（305~610）×（305~1372）	8
扁石	天然裂缝或半磨光饰面	13~102	（305~610）×（305~914）	13~102	（305~610）×（305~914）	8

石门槛及其过渡

石门槛可选用，但其高度和斜面须受限。其水平变化（垂直方向）幅度不得超过6 mm。若其水平变化幅度为6~13 mm，门槛须做倾斜处理，保证斜率不大于1∶2。若水平变化幅度超过13 mm，须布设斜坡。

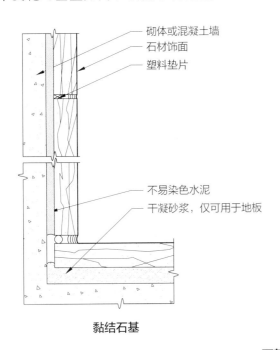

石材饰面
塑料垫片
砌体或混凝土墙
不易染色水泥
干凝砂浆，仅可用于地板

黏结石基

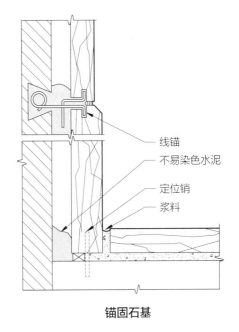

线锚
不易染色水泥
定位销
浆料

锚固石基

石基

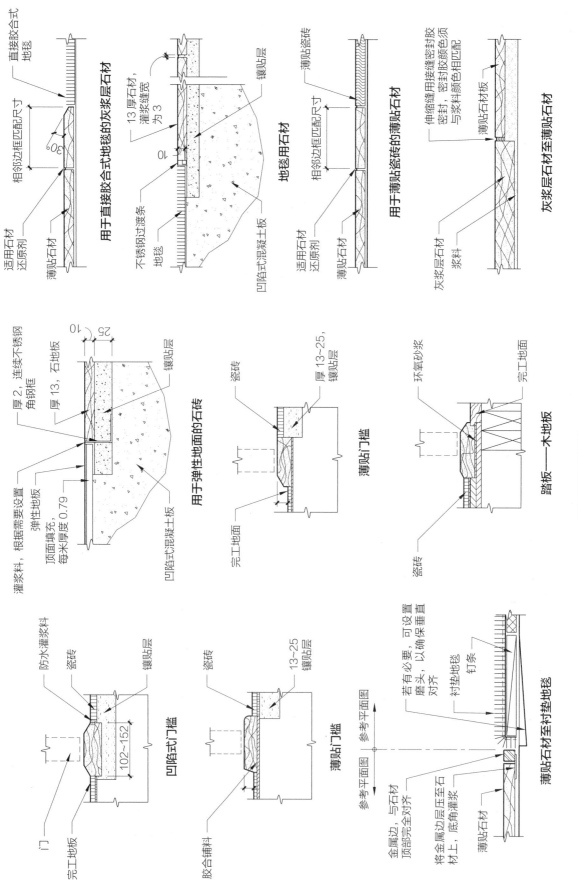

用于直接胶合式地毯的灰浆层石材

相邻边框匹配尺寸

直接胶合式地毯

适用石材还原剂

薄贴石材

地毯用石材

13 厚石材，灌浆缝宽为 3

镶贴层

不锈钢过渡条

地毯

凹陷式混凝土板

用于薄贴瓷砖的薄贴石材

薄贴瓷砖

相邻边框匹配尺寸

适用石材还原剂

薄贴石材

灰浆层石材至薄贴石材

伸缩缝用接缝密封胶密封，密封胶颜色须与浆料颜色相匹配

薄贴石材板

灰浆层石材

浆料

用于弹性地面的石砖

厚 2，连续不锈钢角钢框

厚 13，石地板

镶贴层

灌浆料，根据需要设置

顶面填充，每米厚度 0.79

弹性地板

凹陷式混凝土板

薄贴门槛

瓷砖

厚 13~25，镶贴层

完工地面

踏板——木地板

环氧砂浆

完工地面

瓷砖

石门槛及其过渡

凹陷式门槛

防水灌浆料

瓷砖

镶贴层

102~152

门

完工地板

薄贴门槛

瓷砖

13~25镶贴层

胶合铺料

薄贴石材至衬垫地毯

参考平面图

参考平面图

金属边，与石材顶部完全对齐

将金属边层压至石材上，底角灌浆

若有必要，可设置磨头，以确保垂直对齐

衬垫地毯

钉条

薄贴石材

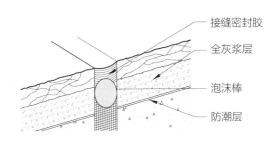

控制缝和全灰浆层

石材可用作楼梯饰面材料，也可用桁条予以支撑以形成结构踏板。全支撑踏板的厚度通常为19~31 mm。楼梯基材可为混凝土或钢框架踏板和立板。踏板和立板的安装方式与石材地面饰面构件类似，但推荐使用薄贴胶黏法。

瓷砖地面饰面

瓷砖是由黏土或黏土与陶瓷材料混合料制成的。天然黏土最常用，但瓷器也可用。瓷砖纹理细腻光滑，可形成相当精细的设计。以下几种瓷砖常用于地面饰面：

- 陶瓷马赛克砖系通过干压成形法或塑性法制成。这类瓷砖通常6~10 mm厚，表面积小于39 cm²，可用陶瓷或天然黏土制成，所用材料可为普通材料，也可为研磨混合料。陶瓷马赛克砖通常成单元或成片布置，以便搬运和安装。

- 缸砖系用天然黏土或页岩挤压而成，可施釉或不施釉。缸砖表面积通常不小于39 cm²。可在缸砖表面嵌入磨料，以满足防滑需求。缸砖接触油脂时会变滑。

- 铺地砖为有釉或无釉的瓷质砖，或采用干压成形法制成的天然黏土砖，表面积不小于39 cm²。

- 导电砖具有特殊的导电性，但同时也保留了瓷砖的其他正常物理特性。

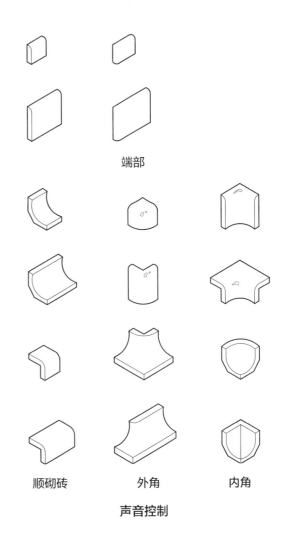

端部

顺砌砖　　外角　　内角

声音控制

釉面砖和无釉砖

瓷砖可施釉或不施釉。

- 釉面为由陶瓷材料制成的不透水饰面，其与砖体熔合在一起。砖体可为非玻化、半玻化、玻化或不透水型。

- 无釉砖是一种坚硬、致密、结构均匀的砖，其颜色和纹理来自于制作过程中使用的材料。

安装

地砖可采用厚贴灰浆安装法和薄贴灰浆安装法。

厚贴灰浆安装法

厚贴灰浆安装法可保护瓷砖层不因基材轻微开裂或移动而受影响；这对混凝土基材而言尤为重要，因为混凝土开裂会使瓷砖受损。厚贴灰浆安装法也可用于结构板（非地面混凝土楼板）上或结构可能因振动或挠曲而受影响的位置。

厚贴灰浆层可用于平整质地不均的基材。它们也可用于在瓷砖层中布设斜坡，如在地漏周围。厚贴灰浆层允许为加热地板安装辐射液体循环管，并保护金属、聚氯乙烯（PVC）或氯化聚乙烯（CPE）防水底盘。

瓷砖会在灰浆开始干燥时或完成固化后粘贴在厚贴灰浆层上。灰浆层可用钢丝加固，可置于允许其游离于基材之外或直接与基材相黏结的开裂膜上。

薄贴灰浆安装法

相比厚贴安装，薄贴安装通常成本更低，且安装速度更快。因为瓷砖直接黏结在基材上，基材变化或移动势必会影响瓷砖。薄贴层厚度通常不超过4.8 mm。薄贴灰浆不用于平整表面，通常沿基材平面设置。

中层薄贴灰浆对基材变化的调整幅度略大于普通薄贴灰浆。这类骨料更粗、厚度更大的灰浆层常与较大、较重或较厚的瓷砖一并使用，以实现足以为瓷砖固化提供支撑的平接安装。

水泥砂浆

干凝或乳胶硅酸盐水泥砂浆

地面细部——混凝土基材

水泥砂浆

干凝砂浆

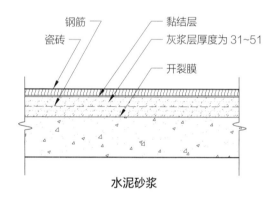

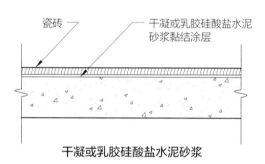

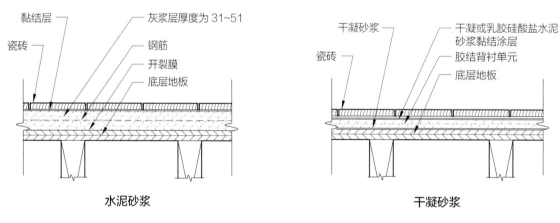

地面细部——木质基材

地面细部

　　瓷砖地板边缘以及瓷砖与其他材料相接处的细部设计是确保地面光滑、耐用的关键。梯级凸缘可用于陶瓷或石质踏板。石质或瓷砖地面用的控制和伸缩缝型材，也可用于陶瓷或石质踏板。

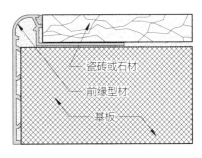

台面或楼梯边缘型材

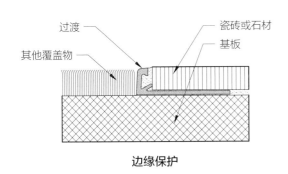

边缘保护

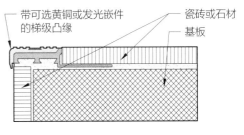

防滑梯级凸缘

梯级凸缘型材

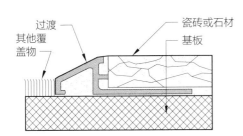

不同高度地面覆盖物之间的过渡

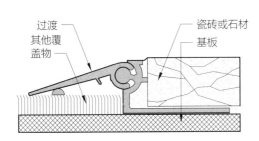

不同高度地面覆盖物之间的可变过渡

地面饰面边缘保护和过渡型材

水磨石

　　水磨石是一种维护需求较低的无缝地面饰面，具备石材马赛克的奢华外观和足以媲美混凝土的耐用性。水磨石常用于满足特定装饰需求。水磨石艺术家可制作出引人注目的圆形浮雕或错综复杂的镶嵌图案。

　　水磨石是黏合剂和碎骨料（通常是大理石）的混合物。水磨石嵌条由黄铜、白色锌合金或塑料制成，在功能层面可用作控制缝，而在美学层面可用作分隔色域的设计元素。金属嵌条的使用和面板尺寸可能会影响所采用的安装系统。

　　"骨料"一词泛指可用于水磨石的小块石料，包括所有钙质岩石（如石灰岩）、蛇纹石和其他可做抛光处理的岩石。大理石和缟玛瑙为水磨石首选材料。石英、花岗岩、石英岩和硅卵石可用于无须抛光的粗糙水磨石和纹理马赛克。其他骨料选择包括玻璃、合成材料、花岗岩和贝壳。

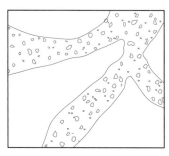
帕拉迪亚纳水磨石

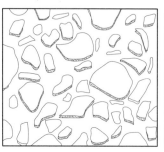
粗面水磨石

威尼斯水磨石

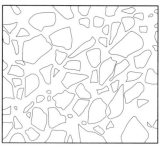
标准水磨石

水磨石类型（按外观分类）

石屑采用以大理石行业标准尺寸为依据的编号分级方式。通过给定分级筛的石屑按分级筛相应尺寸包装、出售。

基质[1]

水磨石基质或黏合剂共有两种基本类型：硅酸盐水泥和树脂化学黏合剂。基质须加入颜料来创造特殊效果。硅酸盐水泥须与耐石灰的矿物颜料或兼容型的合成矿物颜料一并使用。

硅酸盐水泥基质：须同时使用白色和灰色硅酸盐水泥，最终颜色会因原材料而异，原材料可有多个来源。白色硅酸盐水泥有助于精确控制颜色，并可与着色颜料良好结合。灰色硅酸盐水泥颜色的均匀性和透明度较低，其价格通常比白色硅酸盐水泥便宜。

化学基质：环氧树脂和聚丙烯酸酯为化学水磨石基质。树脂黏合剂用于安装最薄的水磨石饰面，可薄至6 mm。导电水磨石以环氧树脂和聚酯树脂为黏合剂。

安装系统

水磨石安装系统涉及基质类型、面层厚度以及衬底（若有）和基材的选择。在水磨石安装过程中，须将黏合剂和骨料混合物置于准备好的地板表面。水磨石表面固化后，将其研磨光滑。而后对地板做灌浆处理以填充空隙，最后予以密封。在水磨石地板各成分中，石材须占比70%以上。在翻修工程中，水磨石可安装在现有稳定性较强的几乎任何硬面地板上。

预制水磨石单元通常可用，且几乎可形成任何形状。如基地、窗台、楼梯踏板和立板、淋浴器、地板镶板和地砖、花盆和长凳以及墙面等。在生产设施内对6 mm或10 mm厚的预制板进行镘铲、研磨和抛光，而后予以安装。预制水磨石地板可在晚上安装，第二天即可正常投运。

嵌条

水磨石嵌条可用作控制缝、颜色过渡带、垂直和水平嵌板过渡带以及与其他地板饰面相邻的终端。它们也可用于定制设计和图案，包括复杂的标志艺术品和刻字。

1　作者：美国瓷砖协会股份有限公司（Tile Council of America, Inc.）。
　　舒特系统集团。
　　特雷·克莱恩，美国建筑师协会（AIA），小龙虾设计（crayfish design）。
　　约翰·C.伦斯福德，美国建筑师协会（AIA），Varney, Sexton Syndor 建筑设计事务所。
　　杰森·迪克森，罗德岛设计学院。

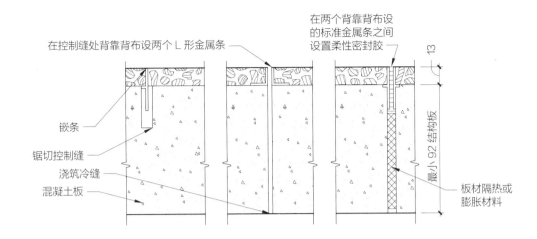

水磨石安装系统（整块水磨石）

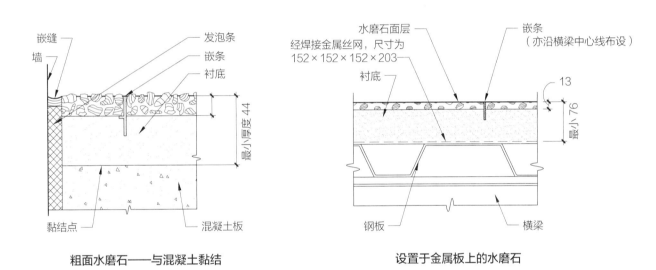

粗面水磨石——与混凝土黏结　　　　　**设置于金属板上的水磨石**

已安装嵌条

表面处理

　　由于孔隙率因石材类型而异，石材和黏合剂的孔隙均须用密封剂予以保护，以免吸纳污垢或污渍。密封剂可产生较高光泽度，也可突出骨料的自然颜色。建议设置一层或多层专用于水磨石的拖把涂施型水基丙烯酸密封剂；涂施完毕后，可每天或每周用丙烯酸水基饰面材料予以抛光，以实现高光泽度。

水磨石基底

　　水磨石地板基底的设计须便于清洁地板与墙壁之间的夹角。基底大多会在地板和墙壁相交处设置一个小凹口，倾斜型基底的凹口通常更大更宽。预制基底可设计成互成直角的两个构件或带有凹口的单一构件。基底可设置成与墙面平齐、从墙面向后凹进或在地板和墙面材料之间显露。

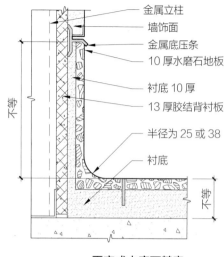

平齐式水磨石基底

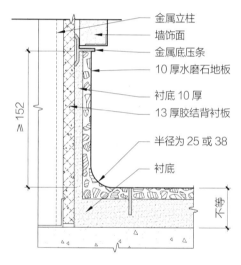

凹陷式水磨石基底

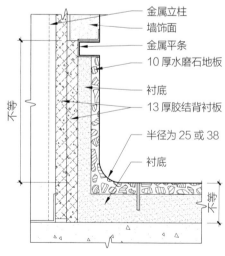

凹槽式水磨石基底

水磨石基底

浇筑地板及其处理

自流平地板系统可为商业、工业和机构用混凝土和其他刚性基材提供无缝耐用涂层。这类系统通常设有整体式自凹基底。

氯氧镁地板是一种镘涂防火型无缝硬面地板，可在干湿状态下防滑。此种地板经久耐用，易于安装，主要用于商用厨房和生产场所（如焊接车间）。氯氧镁地板以红色为标准色，但也可采用一些大地色调。

自流平运动地板：与本节介绍的其他树脂地板不同，自流平运动地板是一种弹性地板，可在体育馆和多用途房间中取代木地板。自流平运动地板比悬浮式木地板系统价格便宜得多。自流平运动地板的厚度一般为13 mm，底部通常布设6 mm厚镘涂垫层。

甲基丙烯酸甲酯（MMA）系统固化速度非常快，仅需1~2 h；此外，其设置温度也相对较低，因此适用于冰柜和冷藏区域。

环氧树脂地板系一双组件系统，由混合液体树脂和硬化（固化）剂构成。可通过添加分级骨料和矿物氧化物颜料来改变完工地板的颜色、纹理和性能特征。

静电控制环氧树脂地板由碳或其他专有成分构成，这类成分已添加至环氧树脂地板系统的配方中。在静电控制应用中，须将铜箔接地网安装在底漆或打底层上，并连接至建筑物接地系统。

聚氨酯系统采用镘涂、浇筑和自流平配方，厚度为3~10 mm。聚氨酯不受冻融、蒸汽和连续热水清洗的影响。可用于食品加工设施、商用厨房、冰柜和冷藏库。

乳胶树脂地板采用无接缝镘涂方式。它具有较低的吸收率和良好的耐化学性。可用于淋浴间、实验室、动物研究中心、制药厂和电视演播室。

无缝石英地板是一种装饰性无缝地板，由陶瓷涂层石英或彩色石英骨料构成，外覆透明环氧树脂。通常安装在混凝土基材上，用于实验室、更衣室以及轻工制造和机构设施。

膜

可将相关膜材添加至自流平地板系统的复合材料中，以提高其性能。

防水膜可安装在易发生化学泄露的系统下，这类系统多位于经占用空间上方。

柔性增强膜通常包含旨在使抗拉强度最大化的玻璃纤维网布，可设置于基材上，以防止自流平地板产生裂缝。

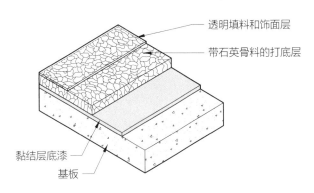

无缝石英地板

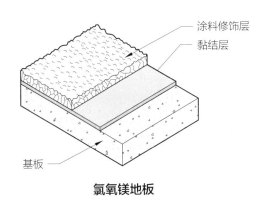

氯氧镁地板

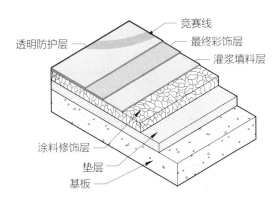

自流平运动地板

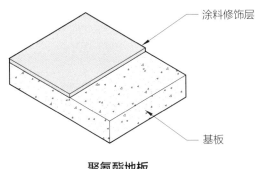

聚氨酯地板

强化地板

强化地板的制造方式与塑料层压台面十分相似。通常可安装在现有地板上。但强化地板较为昂贵，其价格堪比实木价格，且受损时无法整修。

强化地板可用作木板，通常约203 mm宽、1.2 m长，也可用作瓷砖。木板和瓷砖均有用胶水黏合的榫槽边。也可使用层压板饰件。

强化地板一般分为以下四层：

· 顶部耐磨层：该层由浸渍三聚氰胺树脂的纤维素纸制成，可防凹陷、划伤、灼烧和褪色。

· 设计层：该层将设计压印在经树脂加固的纸上。设计通常看起来像天然材料，但若重复安装在地板上，可能会比较明显。

· 芯层：该层由工程木材或用树脂浸渍以增强耐用性的纤维板制成。

· 稳定或平衡层：地板背部的聚合物层压纸可增强尺寸稳定性。

强化地板有以下两种制作方法：

· 高压层压：通过热压将顶层和底层分别层压，然后用胶水在更大的热压作用下将其黏合至芯材上。高压层压板比直压产品具有更强的抗冲击性和抗凹性。

· 直压构造：先一次性组装所有层，而后在热压作用下用三聚氰胺树脂予以填充，使其变硬。直压层压板比高压层压板价格便宜。

由于强化地板未黏结或钉固在底层地板上，当随湿度变化而收缩或膨胀时，其将整体发生移动。为了便于膨胀，可在地板边缘和墙壁之间留下6 mm宽的空隙。可用压脚条予以隐藏。为了尽量减少膨胀和收缩，强化地板在安装前应至少提前48 h适应建筑环境。

通常在强化地板下的木质底层地板上安装实心板垫层，泡沫、软木或其他垫层材料也可使用。强化地板制造商也可能建议安装防潮层。

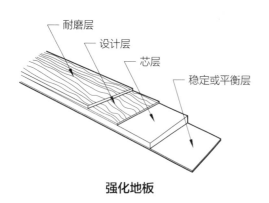

耐磨层
设计层
芯层
稳定或平衡层

强化地板

玻璃地板

玻璃地板由夹层玻璃制成，通常做热处理以增加强度。夹层玻璃可确保玻璃破碎时面板仍保持结构的完整性。夹层玻璃多采用五层层压结构。热强化玻璃优于全钢化玻璃，因为相比前者，后者开裂时丧失的结构容量更高。

为了营造端庄质朴之感，也为了满足表面处理的防滑需求，玻璃地板一般是半透明而非全透明的。行走表面通过喷砂、铸造纹理、烧制熔块或设置涂料等方式来防滑。

玻璃面板通常铺设在钢或铝框架的垫圈上，并用交通级硅酮接缝密封胶予以密封。面板可用点支撑系统（与幕墙用点支撑系统相似）予以支撑。夹层玻璃也可用作梁或搁栅来支撑玻璃地板。接缝可用装以密封垫的垫座或扣角钢予以支撑。

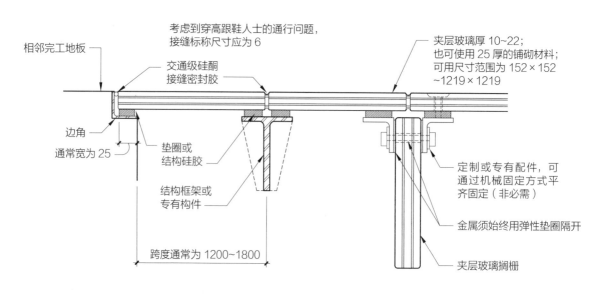

相邻完工地板

考虑到穿高跟鞋人士的通行问题，接缝标称尺寸应为6

交通级硅酮接缝密封胶

夹层玻璃厚10~22；也可使用25厚的铺砌材料；可用尺寸范围为152×152~1219×1219

边角
通常宽为25

垫圈或结构硅胶

结构框架或专有构件

跨度通常为1200~1800

定制或专有配件，可通过机械固定方式平齐固定（非必需）

金属须始终用弹性垫圈隔开

夹层玻璃搁栅

玻璃地板

木地板

木地板由实木或工程木制品构成，可为木条地板、木板地板或镶木地板。所有木地板均需定期保养以保持外观。

在选择木地板产品时，应考虑可持续设计问题。避免使用稀有或非可持续发展型木材。考虑使用再生或回收木材。对工程木地板产品而言，若基材性能不高，可将少量更具价值和特色的木材设置于基材上，用作基材贴面。

类型

实木地板

实木地板有许多硬木和软木品种可选，可多次整修。实木地板不应安装在地面以下，以免受潮致损。

橡木常用于制作住宅地板。红橡木质密耐磨，纹理略显粗糙。白橡木坚固耐用，且比红橡木更具耐水性。

地板以榫槽接合方式进行机加工，可在任何地面上铺设，纹理可为径切纹（VG）、弦切纹（FG）或混合纹（MG）。地板基本尺寸为25 mm×101 mm×3600 mm，标准长度为1.2 m或其以上。

木条地板

对于正常使用的木条地板，其标称和实际厚度通常分别为19 mm和19.8 mm，宽度通常为38~57 mm长度不定。

木板地板

木板地板的标称厚度通常为19 mm，宽度为76~254 mm，长度不定。

镶木地板

镶木地板由小木条组成，可为单独板条，或为排列成特定图案的面板或木砖。若采用单独板条或方形面板，其厚度通常为7.9 mm。

工程木地板

工程木地板有条形砖、板砖或拼镶木砖可供选择。这类地板须将硬木表面单板层压至尺寸稳定的多层基材上。工程木地板不像实木地板那样容易受潮，可通过适当安装技术，设置于地面以下区域。

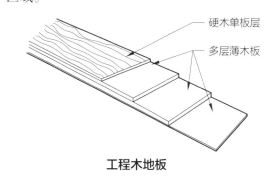

硬木单板层
多层薄木板

工程木地板

选择

在选择木地板时，应综合考虑以下因素：行人和车辆（含手推车）通行情况，所需耐用性以及对地板的潜在损害；常见用途；湿气和阳光照射情况；维护要求；对外观的预期；与项目相关的其他标准。

商业地板所用木材大多为硬木，如橡木或枫木。最理想的木地板通常具有最佳的整体外观、统一的颜色、有限的特征板材和最少的树液印记。

木材特性

木材年轮清晰可见，颜色和密度各不相同。年轮内部组分称为早材，有相对较大的细胞腔和

镶木地板图案

较薄的细胞壁。与早材相比，晚材的细胞腔更小，细胞壁更厚。可通过不同的锯切法来凸显年轮，为木地板提供纹理或图案。

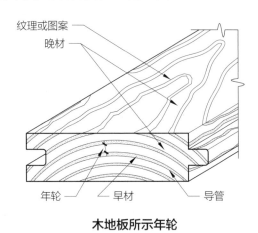

木地板所示年轮

资料来源：美国木地板协会。

在硬木中，弦锯木材通常大部分为弦切纹木材，而刻锯木材几乎全是径切纹木材。

木材表面的图案是由年轮、光线、木结和正常生长偏移度等因素共同作用产生的。

髓射线从树芯向外皮做辐射状引伸。髓射线高度各不相同，某些树种的髓射线仅等同于数个细胞的高度，而橡树的髓射线却可高达102 mm或其以上，这正是某些树种的刻锯木材产生片状效果的原因所在。

纹理

切向纹通常称为弦切纹，以抛物线（拱形）效果为特色。当年轮与木板宽面之间的角度小于45°时，相应木材纹理一般就是弦切纹。

径向纹一般称为径切纹或直木纹。这类纹理通常比弦切纹更稳定，且其宽度不太可能随湿度变化而膨胀或收缩。当年轮与木板宽面之间的角度为45°~90°时，相应木材纹理一般就是径切纹。

耐用性

木地板的耐用性因木材种类和所选饰面而异。硬木（比如橡木和枫木）通常比软木（比如松木）更耐用。但并非所有硬木均适合做木地板。木材品种的硬度和木地板的切割情况会影响木材抵抗压痕、磨损和毁损的能力。

木条和木板地板多采用刻锯（直木纹）或弦锯法（弦切纹），且通常研磨成槽榫接合状。通常认为用刻锯法锯切的木条地板更耐用，因为经刻锯木材的径切纹理一般显露在外。但刻锯法所产生的废材更多，因此比弦锯法成本更高。径锯木条通常用于橡木地板；径锯法的废材产生量比刻锯法更多，因此其成本也相应更高，接缝或方边地板也可使用。端纹木块是一种比较耐用的地板单元，可以接缝形式安装。

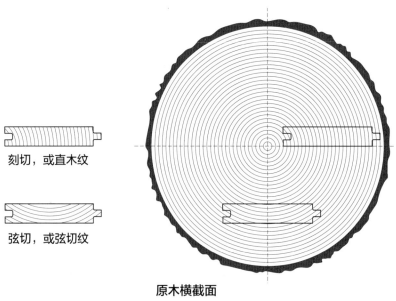

刻切，或直木纹

弦切，或弦切纹

原木横截面

资料来源：玛丽罗丝·麦高恩，《室内设计说明》。

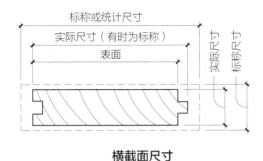

横截面尺寸

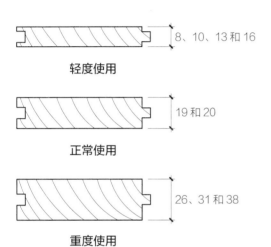

8、10、13 和 16

轻度使用

19 和 20

正常使用

26、31 和 38

重度使用

木板地板厚度

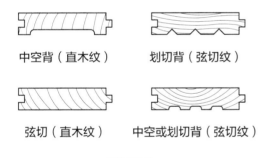

中空背（直木纹）　划切背（弦切纹）

弦切（直木纹）　中空或划切背（弦切纹）

板材特性

隔声用垫层系统[1]

为了控制冲击声，有必要将木地板与建筑结构相隔离。隔声垫层可包括软木、纤维垫、泡沫或复合膜等构件。木地板可直接胶粘至与底层地板相黏结的隔声材料上。工程木地板可浮于泡沫垫上。木条或木板地板可钉固在浮于隔声材料层的胶合板底层地板上，但紧固件不得将隔声材料

透入建筑结构中，以免形成新的声音路径。地板系统也必须与墙体相隔离。若冲击声从地板传至墙壁，系统有效性就会大大降低。想要实现最佳系统性能，须尽力规避硬表面过渡点，这是基本的关键因素之一。地板系统和墙壁之间的空隙通常用与垫层相同的材料填充，应在基底、压脚条和地板之间留出一个小空隙。

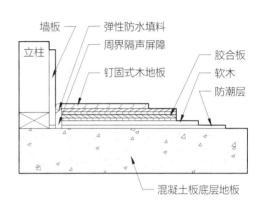

声控用地板垫层

再生木地板

再生木材是木地板的材料来源之一。使用再生木材可避免消耗现有林木。已被定性为危险建筑物或已废弃或无法修复的旧建筑，包括谷仓、乡村建筑、工厂、作坊和烟仓等，均可仔细拆解，以从中回收地板、壁板的木材。一些再生地板制造商通过向树木修剪工、开发商和园林设计师收购的新伐木来补充木材资源；另一些则使用倒下或直立的枯树。另一来源是从原建筑中回收的窄木板地板的木材。

木地板安装

木地板安装在胶合板底层地板或枕木上。若采用榫槽接合安装方式，须将木条和木板盲钉；而若采用对接安装方式，则需将其面钉。镶木地板通常用胶合铺料铺设。地板安装在地面上或地面下时，应布设防潮层。在潮湿处安装需保持通风。特殊情况下须进行其他细部设计，以确保妥当安装。

1 作者：汤姆·莱斯蒙特，罗德岛设计学院。
　安妮卡·S. 埃米尔森，里皮托建筑师事务所（Rippeteau Architects）。
　美国木地板协会。
　苏珊娜·辛普森，甘斯勒建筑事务所（Gensler）。

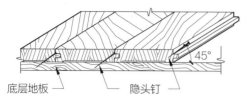

盲钉榫槽接合木地板

底层地板　隐头钉　45°

资料来源：玛丽罗丝·麦高恩，《室内设计说明》。

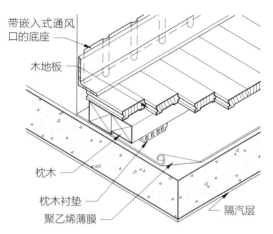

带嵌入式通风口的底座　木地板　枕木　枕木衬垫　聚乙烯薄膜　隔汽层

铺设于枕木垫层上的木条

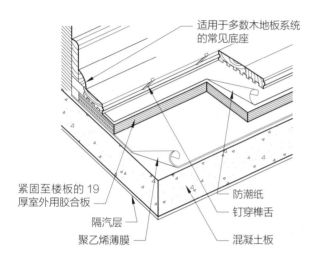

适用于多数木地板系统的常见底座　紧固至楼板的19厚室外用胶合板　隔汽层　聚乙烯薄膜　防潮纸　钉穿榫舌　混凝土板

铺设于胶合板垫层上的木条

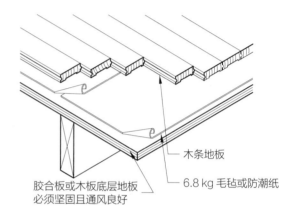

胶合板或木板底层地板必须坚固且通风良好　木条地板　6.8 kg 毛毡或防潮纸

铺设于木搁栅支撑底层地板上的木条

隔汽层

建筑物内的水蒸气一般从温度和相对湿度较高区域流向温度和湿度较低区域。蒸汽压差越大，湿气传播的速度就越快。

湿气透过某材料的扩散速率取决于该材料的渗透性等级以及推动湿气透过该材料的蒸汽压。渗透性是指可在一定时间内透过特定材料的水蒸气量。渗透性以 perm 值表示。高 perm 值材料的透气量高于低 perm 值材料。

水蒸气透过量对相对湿度梯度非常敏感。换言之，两侧相对湿度差越大，透过的水蒸气就越多。

木质底层地板

隔汽层设置于木质底层地板和饰面地板之间，旨在抑制湿气上移，防止地板因偶尔出现的

地板覆盖织物设置及可燃性测试

等级	perm 值
不透汽	0.1 perm或以下
半不透汽	1.0 perm或以下，0.1 perm以上
半透汽	10 perm或以下，1.0 perm以上
透汽	10 perm以上

高湿气状况而弯曲、翘曲或开裂。建议将木地板和底层地板间隔汽层的 perm 值定为 0.7 perm（含）~50 perm（含）。

混凝土板

混凝土可散发大量湿气，进而破坏木地板。因此有必要在混凝土和木地板之间安装等级不超过 0.13 perm 的隔汽层，以免将来出现问题。

木地板饰面 [1]

必须对木地板表面进行处理，以防磨损。饰面可现场安装，或由工厂预制（主要就工程木地板而言）。地板饰面无法保护木材免受紫外线影响，紫外线可改变木材外观。有些木材品种更易在阳光下发生变化，但也可利用紫外线抑制剂最大程度地减少褪色现象。

现场饰面

未完工木地板可通过染色来与其他设计元素的颜色相匹配，或模仿某些软木材的外观。这类软木材可能无法满足性能预期，因此无法安装。

在设置现场饰面前，先用砂纸打磨木地板，使其平整光滑，而后从几种适用饰面中选择一种设置于地板上。这类饰面均可能遭受磨损，必须在地板使用寿命期间予以修补或替换。

工厂饰面

丙烯酸浸渍（有时称为辐照聚合物）木地板非常耐用。这种饰面可赋予木材许多弹性地板的品质，如更高的抗磨损性和抗细菌生长性。具体处理过程包括排出干木材孔隙中的空气，并将液态丙烯酸压入其中；然后，对填充塑料的木材做辐照处理（暴露于辐射中），使丙烯酸聚合。

氧化铝和聚合氧化钛饰面通常多层涂施，非常耐用。预加工木地板也可采用聚氨酯饰面或其他专用饰面。

装饰性木地板

装饰性木地板大多含有某些常见元素。地板主体是地板的主要组成部分。地板主体可由装饰图案或直地板组成。可将一种名为"圆形浮雕"的装饰元素嵌入地板场中心。

地板主体通常由一块名为"加强条"（accent strip）的对比色板包围。镶边为地板上的装饰性条带，用来界定地板主体等区域。镶边图案可围绕房间不间断延展，或分成若干段。角块用于将镶边划分成段。V形块也可用于划分镶边，但允许角落不间断延展。挡板为地板外围条带，可将整个装饰性设计与房间墙壁连接在一起。

木嵌件可由全厚地板或胶合板单板制成。由于胶合板的稳定性，以胶合板为材质的工程型木嵌件性能最好。

地板安装并涂装完成后，再安装石嵌件。所用石材通常为10 mm厚的单板，并安装在胶合板背衬上。

软金属，如黄铜、铝和铜等，可嵌入木地板。不建议使用会生锈的黑色金属。金属嵌件的厚度一般为6 mm。

油漆、染色剂和染料可用来凸显木地板的特色或模仿由其他更昂贵材料制成的嵌件。应将染色剂和染料直接涂施在裸木上。

装饰性木地板

饰面类型	说明	特点	施工
油改性聚氨酯	溶剂基聚氨酯	琥珀色	易施工，8 h 干燥
水性丙烯酸	外观与其他水性饰面相同	最不耐用，最便宜	用于无耐用性需求的密封剂
湿固化聚氨酯	溶剂基聚氨酯	不黄化，为琥珀色；更耐用，更防潮；为面或亮面	极难涂施，气味强烈，建议由专业人员涂施
转化清漆	双组分：合成树脂和酸催化剂	透明至淡琥珀色，经久耐用	气味极强，建议由熟练的专业人员予以涂施
水基聚氨酯饰面	水基聚氨酯	透明，不黄变，耐用性不如溶剂型聚氨酯	气味适中，干燥 2~3 h
双组分聚氨酯	含催化剂的水基聚氨酯	不黄化，非常耐用	催化剂可迅速硬化饰面层

1　作者：查尔斯·彼得森。

续表

饰面类型	说明	特点	施工
紫外线固化饰面	交联自由基可实现即时固化	最耐用,耐化学性最强,挥发性有机化合物含量低	利用移动推车发射的紫外光现场设置
渗透染色剂和蜡	溶剂型染色剂和蜡	渗入木材孔隙,硬化成防护性渗透密封材料,具有低光度缎面光泽	用溶剂型(非水基)蜡、抛光膏或专为蜡饰木地板制作的清洁液予以保养

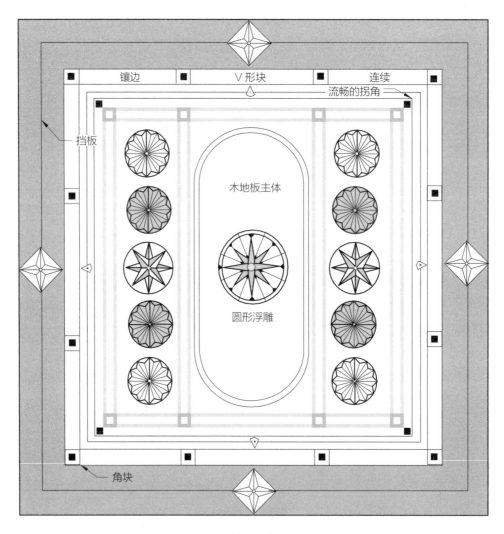

装饰性木地板

弹性木地板

弹性木地板常用于运动设施。运动设施地板常用木材品种为枫木。枫木因致密、纹理细腻和不易断裂等品质而颇受青睐。也有制造商用榉木和桦木制造弹性木地板。弹性木地板常采用透明饰面。可用经批准材料和技术为地板增添补充性印记,作为地板条纹和标志的组成部分。

木质运动地板须经砂磨、密封,并涂施至少两层密封剂和两层饰面。应在首层密封剂和首层饰面之间涂装竞赛线。竞赛线所用涂料须与密封剂和饰面相兼容。

竹地板

严格说来，竹子不属于木材，而是一种草。竹子生长迅速，无须重植即可再生，且几乎不设置化肥和杀虫剂。竹子收割后，相继完成切条、煮沸（用含防腐剂的水）和压平等工序。随后将竹条烘干，层压成坚固的竹板。竹板非常坚硬，且尺寸稳定。竹地板非常耐用，硬度测试表明竹地板的硬度与红橡木地板相当。

竹板有三种组装方式：侧压、平压和绞编。将 25 mm 宽的竹条逐层并排平放（水平放置）或将其薄边向下垂直放置。重竹可利用平压或侧压竹制品生产过程中残余的材料。用防紫外线、防刮、防潮型树脂对竹丝做缠绕、压缩和捆绑处理。由此制成的材料坚固耐用。

竹子本身就是一种环保材料。然而，诸如地板之类的竹制品通常用含甲醛的胶黏树脂来组装。尽管如此，仍有一些挥发性有机化合物含量较低的竹地板可用无甲醛胶黏剂予以组装。

竹子有两种颜色：天然色和炭化色。天然竹大多呈乳黄色。炭化竹的烟熏焦糖色是长时间煮沸的结果。炭化可使竹子中的淀粉焦糖化，并将竹身硬度降低 30%。有些炭化竹也包括碳或木炭等成分。

竹地板由经榫槽接合的竹条制成。这类竹条约 89 mm 宽，19 mm 厚，1.8 m 长。对竹地板做胶粘处理时，可选用 10 mm 厚的材料。

辐射供暖和木地板[1]

辐射供暖通过直接加热地板来提供令人备感舒适的热量。地板下辐射供暖设施隐藏于底层地板系统中。辐射供暖可取代颇不雅观的供暖设备，进而节省宝贵的墙壁空间。辐射供暖系统主要依靠辐射传热，但也依靠对流，这是一种由从地板上升起的热量引发的室内自然循环。

木地板辐射供暖系统几乎完全是液体循环加热系统。液体循环加热系统是大多数气候条件下最受欢迎且最具成本效益的供暖系统。地板辐射系统经由铺设在地板下的管道从锅炉中抽取热水。各房间温度均是通过调节热水在各管道回路中的流动来控制的。

由于加热源位于地板正下方，在系统设计和安装方面须格外谨慎。辐射供暖系统会使木地板过度干燥。底层地板的最高表面温度应限制在 29 ℃。

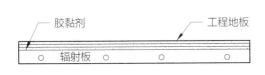

辐射板剖面图

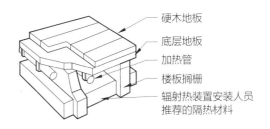

直接钉固至搁栅上方的底层地板

辐射加热型胶粘地板、工程地板或实心镶木地板

弹性地板

弹性地板表面致密、不吸水、柔韧且易于维护，在其上行走一般不会产生噪声，令人备感舒适。弹性地板包括油毡、软木、橡胶、乙烯基板、乙烯基地砖和皮革等类型。在选择弹性地板类型时，须综合考虑成本、性能、耐用性、可用性、能源和自然资源使用、生物降解性、可回收物质含量、可回收性和毒性等因素。

1 作者：查尔斯·彼得森。
安妮卡·S. 埃米尔森、里皮托建筑师事务所（Rippeteau Architects）。
美国木地板协会。
考齐·宾格利，《室内环境用材料》。

类型 [1]

油毡

今天生产的油毡大多用于住宅和商业用途，这与20世纪中期某些地区用于厨房和浴室的油毡有很大不同。油毡是一种适合大量用于商业设施的材料，主要用于弹性需求较高处，如舞蹈排练室和医疗设施内的地板等。油毡产品可添加软木以增强舒适性和减震性，也可随附再生橡胶材质的减震型底层地板，还可用于布告板、墙壁、家具、门板和橱柜的表面。

"油毡"之名源于拉丁语词汇"linum"和"oleum"，分别意为"亚麻"和"油"。油毡的主要成分为从亚麻植物中提取的亚麻籽油，经氧化与天然树脂（如从松树上提取的松脂）混合，再与软木粉末混合以提高弹性，与石灰岩混合以提高强度和硬度。可添加木粉和颜料，以提高色泽度和色牢度。正面、背面颜色应保持一致。为确保尺寸稳定性，应将前述混合物黏结在油毡板用纤维背衬（通常是粗麻布）或瓷砖用聚酯背衬上。毡背用于油毡台面或黏性表层板。

性能

油毡具有生物降解性，因此被视为一种环境可持续性产品。油毡是一种优质的保温和隔声材料，主要是因为其所含软木中存在天然气囊（50%的空气）。油毡厚度通常为2~4 mm。油毡天然抗菌，可抑制尘螨生长。油毡具有防静电性能，可防止灰尘积聚，降低触电电压。另有一些油毡具有导电性。

安装

油毡可通过水射流工艺制作定制设计和标识。对于辐射地板上方和阳光直射处的油毡接缝，可通过热焊接来防水。制造商可提供无污染多色焊条。这类焊条安装在配套地板上时一般不可见。

软木

软木取自地中海地区栓皮栎树的外层，其树皮大约每九年脱落一次，脱落后便可砍掉使用。复合软木地板是最常见的软木地板形式。复合软木的制作过程一般如下：先将栓皮栎的树皮材料研磨成颗粒，然后用合成树脂等黏合剂压实，最后烘烤。复合软木的质量取决于颗粒的质量和尺寸、黏合剂的类型和用量以及混合料的密度（压缩）。

软木地板天然具有抗静电性、低敏感性和防滑性，还具有良好的隔声和保温性能。软木也可用作其他各类饰面地板的垫层，以增强其弹性。软木对温度敏感，不应与地暖系统结合使用。

未加工砖是软木地板的标准产品形式。软木地板也可采用表面饰以聚氨酯涂层的预加工软木、乙烯包覆软木或浮动软木，通常以胶合或机械接合方式浮于薄薄的软木垫层上。软木板和软木卷可采用黄麻背衬，但这类背衬材料很难安装。软木天然呈蜂蜜色，但也可能呈其他颜色。

橡胶

橡胶板或橡胶地砖由天然橡胶或合成橡胶（丁苯橡胶）、矿物填料和颜料组成。橡胶饰面是交通繁忙区域地面的理想选择。

橡胶地板耐用，有弹性，可抵抗各种刺激性化学物质和溶剂。橡胶地板可承受交通枢纽等公共区域的繁忙交通。但若有重型家具或设备集中置于地板特定区域，或可导致地板凹陷。

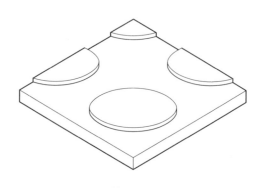

浮雕花纹橡胶地砖

1　作者：费思·鲍姆，美国建筑师协会会员（FAIA），国际室内设计协会（IIDA），费思·鲍姆建筑师事务所（Faith Baum Architect）。

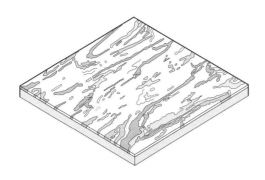

层压橡胶地砖

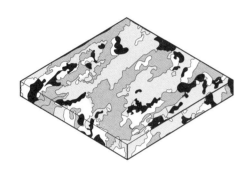

油毡地砖

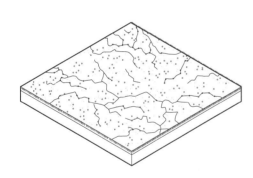

皮革地砖

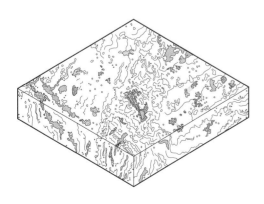

复合软木地砖

均质橡胶地砖的防滑性可通过添加表面浮雕花纹来增强，尽管该类图案可能会存积污垢。这种材料常用作楼梯踏板和梯级凸缘。

橡胶地板尺寸稳定，可吸声，也可回收利用。此外，橡胶地板还可抵抗重冲击载荷，也可抵抗刺穿。

橡胶运动地板

由压缩橡胶颗粒制成的地板可采用卷材、方地砖和互扣地砖，用于健身俱乐部和运动设施。这类地板足够致密，可用于溜冰场外围和健身房。

橡胶运动地板的厚度可为 5 mm、6 mm、10 mm 和 13 mm。卷材宽度通常为 1.2 m，地砖大小通常为 0.9 m^2。橡胶运动地板通常呈纯黑色，或为夹杂 10% 或 20% 的其他颜色的黑色，也可选用定制混合色和其他背景色。

橡胶运动地板可安装在各种基材上，包括干混凝土和木材。基材所含水分可能会使胶黏剂失去作用。建议地板全部用胶黏剂安装，虽然有时也可在特定区域使用少量胶布。铺地材料应打开或展开，并在安装前使其适应场地条件（至少 12 h）。

橡胶运动地板

乙烯基

环境和健康问题是拒绝将乙烯基用作地面饰面材料的主要因素。乙烯基产品无法在垃圾填埋场分解。建筑师和设计师应寻求对环境和人类健康无危害或危害较小的替代材料。

乙烯基板

乙烯基板地板宽度为 1.8 m 或 3.7 m，可形成连续性完工地板覆盖层。由于乙烯基板地板的接缝数量少于瓷砖地板，其可用于潜在物料溢出、污垢沉积或细菌生长区。医院手术室或其他须抑制细菌生长或防渗水区域已普遍规定使用乙烯基板地板。

均质或实心乙烯基板地板通常无背衬。均质乙烯基板在抗压痕、滚动载荷和化学物质方面表现优越，比较适用于重磨损场合，因为其外观即使在磨损后也可保持一致。因聚氯乙烯（PVC）含量高于背衬式乙烯基板，均质乙烯基板弹性更高，也更昂贵。

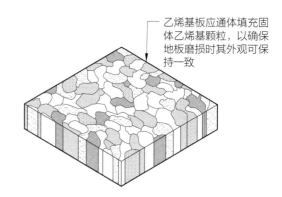

乙烯基板应通体填充固体乙烯基颗粒，以确保地板磨损时其外观可保持一致

均质或实心乙烯基板

背衬式乙烯基板地板的等级

类型	等级	耐磨层最小厚度（mm）
第一类	1	0.51
	2	0.36
	3	0.25
第二类	1	1.27
	2	0.76
	3	0.51

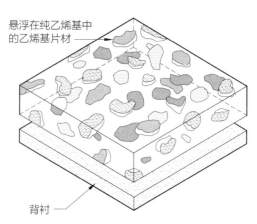

悬浮在纯乙烯基中的乙烯基片材

背衬

背衬片材乙烯基板

背衬式乙烯基板有两种构造形式，即毛毡和玻璃纤维构造，目前前者占比达90%以上，后者是一种较新的工艺，更具弹性，安装选择也更多样化。两类构造上层相同，有以下做法：

· 防护性表涂层：该层通常由聚氨酯制成，耐划、耐磨损且便于维护。

· 防护性透明乙烯基层：该层可避免撕裂和圆凿。该层若适当增厚，可改善外观持久性和耐用性。

· 印花乙烯基设计层：该层可采用转轮凹版工艺制作各种设计和图案。

上述两种构造的底层却不相同：

· 毛毡底层直接粘贴在底层地板上。

· 玻璃纤维底层比毛毡尺寸更稳定，且安装时无需胶水。可利用乙烯基背衬垫层增加弹性。

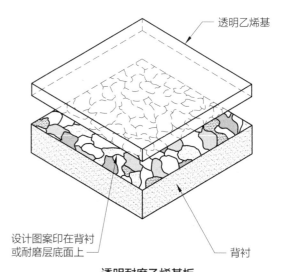

透明乙烯基

设计图案印在背衬或耐磨层底面上

背衬

透明耐磨乙烯基板

乙烯基板地板类型

乙烯基地砖

乙烯基地砖主要有两种类型：实心乙烯基地砖（或均质乙烯基地砖）和价格更为便宜的乙烯基合成地板砖（VCT）。均质乙烯基地砖的聚氯乙烯（PVC）含量高于乙烯基合成地板砖，因此弹性更强，也更耐磨损。均质乙烯基地砖在抗压痕和滚动/荷载方面表现优越。均质乙烯基地砖的图案可贯穿地板整个厚度，因此即便在磨损后其外观也可保持一致。ASTM F 1066"乙烯基合成地板砖标准规范"将乙烯基合成地板砖划分为以下三类：

- 第1类：纯色地砖。
- 第2类：图案贯通地砖。
- 第3类：表面花纹地砖。

乙烯基合成地板砖比乙烯基板更脆弱，因为其聚氯乙烯含量远低于后者。乙烯基合成地板砖主要由填料构成，黏合剂和颜料含量相对较少。

乙烯基地砖比乙烯基板便宜，且在受损时更易更换。地砖片布局应考虑房间中央位置以及最后一块镶边地砖的尺寸。通常情况下，镶边地砖应尽可能大，且宽度不小于半砖宽。

乙烯基地砖现有以下三种安装方式：

- 无胶合胶粘片或喷雾胶黏剂。
- 即剥即贴：自粘胶，无需胶水。
- 全涂胶镘涂类胶黏剂。

皮革地砖

皮革地砖通常从牛皮（通常是食品工业的副产品）中心纤维最紧密处切割而来。皮革通常为植鞣皮，用渗透型苯胺染料上色。与其他弹性地板材料相比，皮革地砖相对昂贵。皮革地砖的纹理和颜色会发生自然变化。其会在光线和空气中磨损和氧化，进而逐渐呈铜绿色。

弹性地板尺寸

类型	成分	厚度（mm）	尺寸（mm）
乙烯基板	带纤维背衬的乙烯基树脂	1.7~4	宽度可为1800、3000或3600
均质乙烯基地砖	乙烯基树脂	1.5~3	228×228
			305×305
乙烯基合成地板砖	填充式乙烯基树脂	1.3~2.4	228×228
			305×305
橡胶地砖	橡胶配合物	2.4~4.8	228×228
			305×305
软木地板	生软木和生树脂	3~6	152×152
			228×228
带乙烯基涂层的软木地板	带乙烯基树脂的生软木	3~4.8	228×228
			305×305

弹性地板比较

类型	弹性	耐用性	饰面	维护	环境和健康
软木	非常好	吸收水分和污渍	工厂乙烯基表涂层或油饰面	抗霉菌,会在阳光下褪色、黄化,请勿用湿拖把擦洗	天然、可再生材料或可与合成树脂混合
油毡	非常好	极耐用	制造商推荐的双层水基饰面,或上蜡饰面	耐污、耐油脂、耐烧伤	天然可降解材料

续表

类型	弹性	耐用性	饰面	维护	环境和健康
橡胶	非常好	经久耐用，适用于使用强度较高的空间；接触油脂时会变滑	须涂施密封剂，也可用于自抛光地板	浮雕花纹可能会存积污垢，用拖把定期拖洗；耐化学物质、耐烧伤	合成橡胶（丁苯橡胶）或天然橡胶，可回收
乙烯基板	非常好	适度耐用，建议用于磨损程度最低的空间	无蜡饰面（会失去光泽），或上蜡饰面	耐污、耐油脂、耐烧伤，或需重新磨光或涂装，会在阳光下褪色、起泡、脆化	高聚氯乙烯含量，高挥发性有机化合物含量；燃烧时会产生有毒气体，不可回收，不可生物降解
实心乙烯基地砖	良好	耐用	图案贯通地砖	可用真空吸尘器将溢出物清理干净	聚氯乙烯含量低于乙烯基板，但与其面临同样的处置问题
乙烯基合成地板砖	中等	中等耐用	耐磨层较薄，可能会磨穿	耐污、耐油脂、耐烧伤	聚氯乙烯含量低于乙烯基地砖，但与其面临同样的处置问题

资料来源：改编自考齐·宾格利《室内环境用材料》。

弹性地板安装

弹性地砖

弹性地砖大多以其出厂状态直接安装，无任何接缝处理；但也有一些例外，如热焊产品等。

弹性板地板接缝

弹性板，比如乙烯基板、油毡和橡胶板等，须借助相关技术谨慎合缝。弹性板地板所有边角均须适当修整，以便对接。可用化学封缝剂或通过热焊手段密封接缝。

可手动或借助电动工具对弹性地板开槽，以便接纳热焊接缝。所用工具须为热焊接缝专用工具，且尺寸须与制造商焊条尺寸相匹配。

焊接须使用专为前述目的设计的热风枪。焊嘴应可互换。应基于焊条直径选用尺寸合适的焊嘴。若焊嘴过大以致无法接纳焊条，可能会在焊接过程中损坏地板覆盖材料。

定制设计

历史上，弹性地板产品始终寻求融合多种颜色，以创造独特的视觉设计。这类产品的设计可如弹性地砖的边框或棋盘格设计那般简单，也可如公司标志或嵌入地板的其他艺术品那般复杂。诚然，熟练工匠可纯手工完成这类设计工作，但目前更多的是借助水射流或超声波切割（激光切割热量消耗过大）等技术来完成相关切割，以将设计师的概念转换成成品，而后交付至工作现场准备安装。

弹性基底及附件

弹性墙基和地板配件有以下三种材料可选：

- 如上所述，乙烯基受热易收缩，存在健康和环保隐患。
- 热塑性橡胶是一种乙烯基化合物，添加了少量橡胶以增强弹性。由于乙烯基含量较高，其性能与乙烯基类似，但弹性更强。
- 热固性橡胶是经硫化处理的天然橡胶。它是最具弹性的弹性基材，因此更易安装，且能更好地隐藏墙壁和地板表面的缺陷。

墙座

墙座可隐藏墙壁与地板相交处的接缝。油毡或乙烯基板等片状产品，可形成整体式凹圆座，以便于维护。

墙座有以下三种基本形状：

- 直座，与地毯共用。
- 凹圆座，与弹性地板共用。
- 对接座，有时也称为卫生座，仅少数制造商可以提供。墙座一般在设置地板覆盖物之前安装。饰面地板的厚度须与对接座法兰相同。将墙座与地板和墙壁密封，产生的接缝易清洁、更卫生，多用于医疗设施。

凹圆饰条可据靠墙面支撑乙烯基板、油毡板或其他柔性地板覆盖物。顶盖饰条有助于修饰凹圆地板覆盖物、瓷砖或木镶板的外露边缘。

过渡饰条

过渡饰条可在不同地板材料或地板高度之间实现平滑过渡，并隐藏接缝。

卡扣式饰条有助于在不影响地板安装情形下更换磨损边。

弹性基材

材料	受热反应	灵活性	耐油（脂性）	相对成本
乙烯基	收缩	良好	极好	低成本
热塑性橡胶	膨胀	更好	良好	中等成本
热固性橡胶	膨胀	最好	一般	高成本

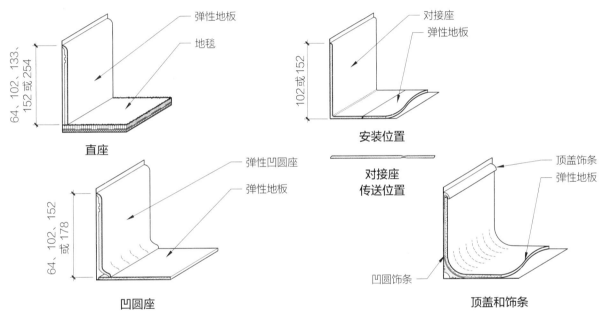

墙座[1]

资料来源：史蒂芬·R·布鲁尔，美国建筑师协会（AIA），LEED 认证专家（LEED AP），lauckgroup 公司。

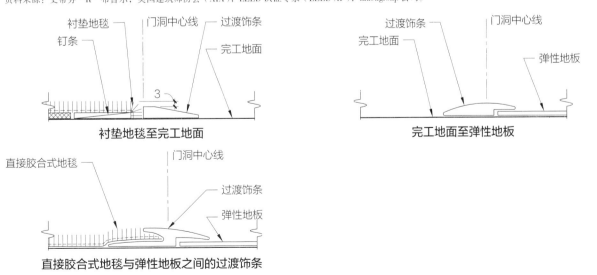

弹性过渡饰条[2]

1 作者：米娅·阿尔文和勒勒克斯·梭蓬巴尼，罗德岛设计学院。
2 作者：克里斯托弗·卡波比安科，克里斯托弗协作公司（Christopher Collaborative Inc.）。

防静电地板

电子和计算机行业是防静电地板的主要市场。防静电地板分为静电耗散型和导电型两种。两者的基本区别是电荷穿过地板的速度不同。

防静电弹性地板由借助防静电胶黏剂和嵌入式接地片设置于基材上的弹性地砖或板材组成。乙烯基产品的接缝可做热焊接处理，以实现无缝安装。前述弹性地砖或板材有各种颜色可选，其中一些带有一种特殊的细黑线纹，这是由包覆碳引起的，可控制静电。整体式自凹底座可采用实心乙烯基地砖和乙烯基板材。

地毯、地毯砖和垫子

地毯构造

地毯构造指地毯的制造方法。簇绒、机织和熔结是当下美国最流行的三种商业地毯构造方法。商用圈绒地毯可采用圈绒或割绒法制作。手工簇绒地毯通常专用于酒店等场合。针织和针刺地毯也可用于这类场合，但很少明确指定。住宅用簇绒地毯通常用割绒、平圈、花纹绒圈、圈割等方法制作。

- 簇绒地毯在美国地毯总产量中占比95%以上。
- 机织地毯是在织布机上用原始地毯构造方法制作的。
- 熔结地毯砖在美国地毯砖市场中占据主导地位。
- 针织地毯的面纱使用量多于簇绒地毯。
- 针刺地毯是由数百根刺针穿过纤维毯而制成的。

簇绒地毯

与其他地毯构造方法相比，簇绒无需熟练劳动力，且所需生产设备也更便宜。簇绒地毯生产成本比机织地毯低得多，生产速度也快得多。簇绒工艺允许大批量生产价格合理的宽幅纺织品地板覆盖物。

簇绒过程与缝纫相似。簇绒要求用数百根针同时缝穿背衬材料。为了将簇绒圈固定在合适位置，通常在一次背衬材料底面涂施一种合成乳胶胶黏剂。该胶黏剂是一种橡胶材料，干燥后会比较硬，但仍可弯曲。然后设置次级背衬材料。

一次背衬材料是将绒毛插入其中的机织物或非织造织物。它们通常以烯烃为基材，可平纹机织，也可纺粘。通常涂施薄薄一层聚合物来黏结经纱和纬纱，以尽量减少脱散现象。

纺粘烯烃天然具有耐磨损性，不易散开。在簇绒过程中，应将烯烃纤维推至一边，以尽量避免背衬变形。这有助于确保绒高一致。由烯烃制成的背衬不透水，且可防霉变。

簇绒地毯所用胶黏剂通常为合成乳胶。熔融

地毯背衬材料

材料	来源	健康和环保
聚氯乙烯（PVC）	石油化工产品	毒性贯穿整个生命周期，背衬材料连同尼龙面一并回收（降级回收）
聚烯烃	石油化工产品	将背衬材料剥离表面纤维，以实现闭环回收
聚乙烯醇缩丁醛（PVB）	石油化工产品，可以从安全玻璃中回收的层压板为原料	不含聚氯乙烯（PVC）中的氯元素
聚氨酯	石油化工产品，大豆油等其他来源	一般不可回收
聚丙烯	石油化工产品	常用于住宅
黄麻	天然植物产品	不如石油化工产品耐用，常用于住宅
丁苯乳胶	石油基合成水乳胶	通常不会引发乳胶过敏，生产过程涉及有毒化学物质

地毯背衬系统[1]

构造方法	常见背衬材料或其组件	常见背涂化合物
簇绒	一次背衬： 机织聚丙烯切膜； 非织造聚丙烯或聚酯。 二次背衬： 机织纱罗组织聚丙烯； 非织造聚丙烯或聚酯； 机织黄麻； 玻璃加强纤维	合成丁苯橡胶（SBR）乳胶； 聚氨酯； 聚乙酸乙烯酯； 乙烯醋酸乙烯酯； 聚氯乙烯； 非结晶性树脂； 热塑性聚烯烃
熔结	玻璃纤维垫	聚氯乙烯
机织	结构纱包括： 棉； 黄麻； 聚丙烯； 聚酯； 粘胶人造丝； 混纺或合纺	与簇绒材料类似，但涂层通常较薄
手工簇绒	棉帆布	乳胶
针刺	（不常用）	丁苯橡胶（SBR）乳胶丙烯酸树脂； 乙烯醋酸乙烯酯； 丁苯橡胶（SBR）胶乳泡沫

热塑性化合物也可使用。胶黏剂可将绒毛永久固定于一次背衬材料上，以防绒毛遭绊阻或脱散。

二次背衬材料，有时称为基布，有助于增强成品簇绒地毯的尺寸稳定性。可通过二次背衬增强地毯强度和稳定性。二次背衬材料通常由聚丙烯制成，这种材料因具有耐潮性而颇受青睐。可用附加地毯垫、固体乙烯基复合材料和相关涂料来代替二次背衬材料，这类替代材料统称为单一背衬材料。

大多数簇绒地毯的标准宽度为3.6 m，尽管有些制造商也提供1.8 m和4.5 m宽的簇绒地毯，以用于某些特殊场合。

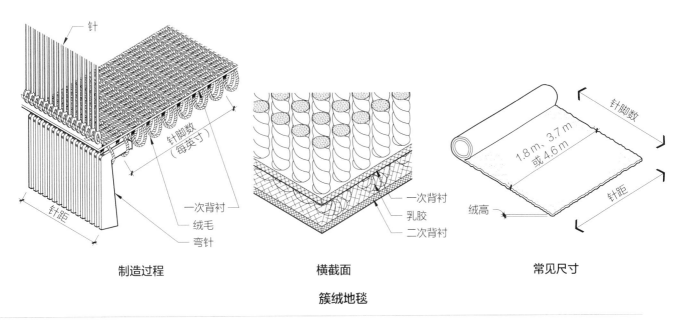

制造过程　　　　横截面　　　　常见尺寸

簇绒地毯

1　作者：史蒂芬·R.布鲁尔，美国建筑师协会（AIA），LEED认证专家（LEED AP），lauckgroup公司。
马杰里·摩根，赛姆斯·迈尼和麦基联合公司（Symmes Maini & McKee Associates）。

地毯无障碍要求

无障碍设计适用于地板饰面，包括地毯。具体应考虑以下问题：

· 无障碍通道高度变化可达6 mm（可以是垂直变化），且无须为此进行边缘处理。

· 若高度变化为6~13 mm，地毯须做倾斜处理，斜率不大于1：2。水平变化幅度大于13 mm时，必须设置坡道。

· 地毯绒高可达13 mm，从绒毛底部开始测量。外露边缘应固定，并设置过渡带。若绒高超过13 mm，须在表面之间设置过渡坡道。

· 地毯应妥善固定在坚实的衬垫或背衬上。若无衬垫，则采用平圈、纹理圈、平割绒或切割（毛圈）绒。

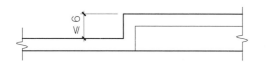

无障碍通道高度变化不大于6 mm

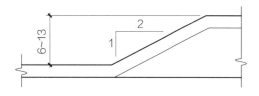

无障碍通道高度变化在6~13 mm

地毯绒厚

地毯砖

地毯砖可提供通往高架地板的通道，且在脏污或磨损后易于更换。地毯砖的尺寸可为46 mm、50 cm或91 cm，有时也可为1.8 m的正方形砖。地毯砖通常比宽幅地毯更贵。接缝非常显眼。有些制造商将接缝用作模块化设计元素。绒毛类型包括割绒、圈绒和熔结。地毯砖的挥发性有机化合物含量较低。有些制造商还提供含可回收和可再生原料的地毯砖，以及相应的回收方案。常见绒面纤维包括尼龙、涤纶和羊毛。

熔结是最常用的地毯砖构造方法。这是一种热塑性工艺，允许纱线通过黏合而非簇绒地毯所用缝合或机织方式附着在背衬材料上。首先将胶黏剂涂施在背衬材料上，而后将纱线植入其中。由于纱线通常嵌入在两层必须隔开的平行背衬之间，因此熔结地毯必然要做割绒处理。

熔结地毯中可用于抵抗磨损的纱线要多于簇绒地毯，但也比簇绒地毯昂贵。相比簇绒构造，熔结地毯的割绒构造可在纱线等重情形下提供更大的毛圈密度。

尺寸稳定性是选择地毯砖时所需考虑的首要因素。地毯砖应随附质保证书，保证其不会出现收缩、卷边（也称翘边）和屈曲等现象。

地毯砖安装应采用标准胶黏剂、可释放胶黏剂和工厂用即剥即贴胶黏剂。也可使用点胶或方钉来固定砖边。相比传统地毯安装方式，地毯砖安装更容易，停工时间和生产力损失也相对较少。

机织地毯

机织是传统的地毯构造方法，旨在于织布机上生产地毯，并在地毯构造过程中将绒头纱和底纱相结合。得益于织造工艺，机织地毯大多尺寸稳定，不像簇绒地毯那样需要二次背衬。机织地毯主要用于酒店行业，以长期耐用性和复杂精细的图案为首要考量因素。

- 威尔顿地毯所用纱线仅有约五种颜色可选。威尔顿地毯比较厚重，因为所用每根色纱均须在绒面下缝穿。
- 阿克斯明斯特地毯的图案和颜色几乎不受限，因为所有色纱均可根据设计要求单独插入。阿克斯明斯特地毯采用割绒面构造。
- 天鹅绒地毯所用织机与威尔顿织机类似，但无提花机制，因此无法提供复杂细部和精致图案。

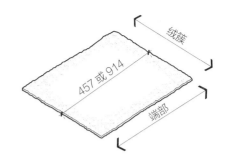

熔结地毯

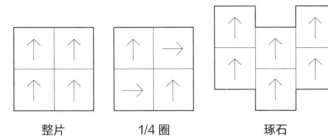

整片　　1/4 圈　　琢石　　随机　　砖

地毯砖安装模式

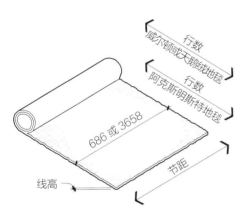

常见尺寸

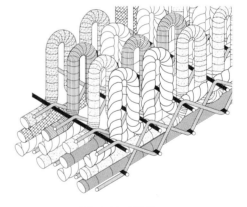

威尔顿地毯横截面

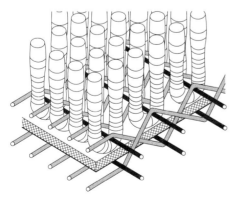

天鹅绒地毯横截面

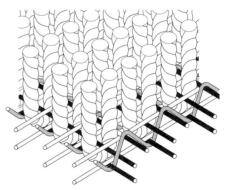

阿克斯明斯特地毯横截面

机织地毯

羊毛地毯绒毛质量密度

交通类型	通行量	位置	预期平均寿命（年）
轻量交通	每周至多通行 1500 次（每天至多 250 次）	酒店客房、私人办公室和小型会议室	5~7
中量交通	每周通行 1500~5000 次（每天 250~750 次）	酒店客房走廊、会议室、商店和大型办公室	5~7
繁忙交通	每周通行 5000~15 000 次（每天 750~2500 次）	餐厅、大型会议室、开放式办公室、大型商店和酒店主走廊	5~7
特繁忙交通	每周通行 15 000 次以上（每天 2500 次以上）	酒店大堂、办公室入口、百货商店（一楼）、收银台和酒吧	5~7

资料来源：苏鲁什定制地毯（Soroush Custom Rugs）。

手工簇绒地毯

手工簇绒地毯通常是为特定空间定制的。它们通常由羊毛制成，多用于酒店和高端住宅中。其中所用毛纱通常经专门染色。手工簇绒地毯是通过用簇绒枪将绒毛逐个插入背衬材料（通常是棉帆布）而制成的。绒毛不像机器簇绒或机织那样平行排列。手工簇绒定制地毯的背面一般涂有乳胶。须通过以下任一工艺对地毯表面进行处理：

- 剪尖地毯是通过切割突出地毯表面的不规则毛圈而制成的。这一工艺可为水平处理的地毯表面增添纹理和视觉吸引力。
- 剪环地毯与单绒地毯一样，均须做连续簇绒处理。对拟割绒地毯表面做簇绒处理，以加深绒高，而后切割至绒圈表面高度。
- 雕花地毯将三维设计融入地毯表面。簇绒过程结束后，使用电动剪刀在地毯表面切割图案。

手工簇绒地毯也可做成非直线形状。与簇绒或机织地毯不同，手工簇绒地毯亦支持定制形状和边缘配置。手工簇绒地毯通常以圆形或其他非直线形状设置。其也可设置于螺旋楼梯的踏板上，但不同踏板上的地毯不尽相同。手工簇绒地毯颜色不受限，且经常纳入复杂的定制设计。

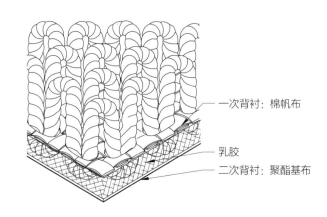

一次背衬：棉帆布
乳胶
二次背衬：聚酯基布

手工簇绒地毯横截面

手工簇绒地毯规格

空间类型	常见用途	绒毛成分	面重（kg/m）	总重（kg/m）	绒高（mm）	总厚（mm）
交通繁忙的公共和住宅空间	标准交通量大堂、会议室、会议厅、酒吧区、俱乐部客房、皇家和总统酒店套房以及大阶梯	100% 半精纺羊毛	2	3.8	6	7.9
交通特别繁忙的公共空间	繁忙的酒店大堂、赌场、接待区、休息区、宴会厅、豪华设施主走廊、酒店设施商务服务区以及大阶梯	100% 半精纺羊毛	2.5	4.4	6.4	9.9
交通极为繁忙的公共空间	同时用于赌场入口的酒店大堂，以及主要步行区	100% 半精纺羊毛	3.1	5	6.4	9.1

资料来源：苏鲁什定制地毯（Soroush Custom Rugs）。

地毯纤维

纤维指构成纱线基础的毛发状细丝。纤维分为天然纤维和人造（合成）纤维，也可基于长度分为短纤维和长丝纤维。

- 短纤维很短，通常以厘米或英寸为单位。除蚕丝外，所有天然纤维均是短纤维。
- 长丝纤维较长，且可连续。合成纤维是通过用喷丝头（一种类似淋浴喷头的装置）挤出化学溶液来生产的，属于长丝纤维。但其可切成短纤维长度。

纱线系通过将纤维捻成连续丝束而形成。纱线分为两种：短纤纱和长丝纱。短纤纱系由短纤维捻成。长丝纱系由连续丝线构成。这类丝线由喷丝头生成的合成纤维或蚕丝制成。膨体长丝（BCF）纱系由连续合成纤维束构成，无须纺丝，而所有天然纤维和合成短纤维均须纺丝。膨体长丝通常具有较好的耐磨性，但短纤维却可提供颇受青睐的仿羊毛外观。

纱线名称

纱线名称可表示长度和质量之间的关系。长丝纱采用旦尼尔制；短纤纱采用纱线支数制。

合股数指捻成纱线的单股短纤纱的数量。合股数并非衡量地毯质量的标准，但会影响地毯外观。合股数越高，织物纹理越粗糙，越有块状感。

旦尼尔是纱线的测量单位，等于9000 m纱线的质量（g）。旦尼尔越高，纱线越重，且强度、弹性和耐磨性通常越好。长丝纱越重，相应旦尼尔数越高。例如，15旦尼尔的纱线适合制作透明丝袜，而2200旦尼尔的纱线适合制作地毯。

纱线支数制与短纤纱质量制相似。纱线越重，纱线支数越低。例如，70支的纱线很细，而10支的纱线却又粗又重。

地毯纤维类型

腈纶是最早成功应用于地毯生产的合成纤维之一。但是，由于腈纶纤维的颜色和质地可以是光亮且粗糙的，且腈纶地毯绒很容易变皱，因此

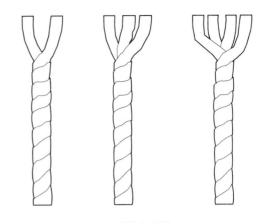

地毯纱合股数

不建议将腈纶用作商用地毯纤维。

尼龙是最受欢迎的地毯纤维。尼龙具有优异的耐磨性和弹性；纺染尼龙还能抵抗刺激性清洁化学品，且不会因接触阳光而褪色。然而，尼龙优异的耐用性却会影响其外观持久性。早在尼龙地毯磨穿前，其外观就可能已遭受永久性损坏。尼龙系从喷丝头中挤出。尼龙纤维比较光滑，往往会反光或有光泽。

尼龙6.6的熔点为256℃，对合成纤维而言已足够高，但仍不能与涤纶或芳纶相匹配。这一事实使其成为最具耐热性和耐摩擦性的合成纤维，并使其能够承受热定型，以保持捻度。尼龙6.6的长分子链可产生更多氢键位点，形成化学"弹簧"，使其非常有弹性。其结构致密，含多个均匀间隔的小孔隙。这意味着尼龙6.6很难染色，但一旦染色，色牢度就会非常高，不大容易因阳光和臭氧而褪色，也不大可能因一氧化二氮而黄化。

丙纶是质量最轻的商用地毯纤维。丙纶以其优异的耐污性、防霉性、低吸湿性、耐日光色牢度和高强度而著称。丙纶还可减少静电。烯烃是一种聚丙烯。丙纶通常用于户外地毯。

涤纶纤维以其色泽清晰度和颜色保持能力而著称。相比商用地毯，涤纶更受住宅地毯青睐，因为其可给人以奢华之感。

几个世纪以来，羊毛一直用于地毯生产，

至今仍是评判其他地毯纤维的标准。羊毛通常是最昂贵的地毯纤维，通常用于机织地毯。当羊毛接触火焰时，它会烧焦，而不是像大多数合成纤维那样熔化，这使其天然具有阻燃性。羊毛易于染色，具有良好的耐污性和耐磨性。羊毛纤维的外层是鳞状的，可散射光线，从而隐藏污垢。羊毛内芯由长而圆的细胞组成，可提供确保外观持久性所需的弹性。

剑麻是一种坚硬的木质纤维，由龙舌兰植物的叶子制成，常见于中美洲、西印度群岛和非洲。剑麻主要用于线绳，现已成为颇受欢迎的地板纤维。

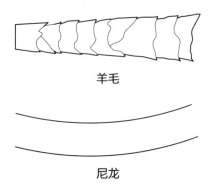

羊毛

尼龙

羊毛和尼龙纤维

绒毛类型

绒毛由从基材凸出的纱线或纤维构成，用于耐磨表面。绒毛类型的选择取决于对视觉效果和性能的预期。

- 割绒纱高度相同。耐用性取决于所用纤维类型、绒毛密度和纱线捻度。
- 毛圈绒纱高度相同。平圈绒具有卵石状表面纹理，可隐藏脚印和椅脚轮痕迹，适用于交通繁忙区域。
- 割圈绒可结合割纱和圈纱，进而提供不同的表面纹理和雕塑效果。割圈绒要求100%的乳胶渗透。切割面大于50%的割圈绒应符合割绒指南。
- 无规则剪尖纱可产生不同高度的割圈和未割圈。
- 天鹅绒或长毛绒可光滑割绒。纱线末端可混合在一起，形成一致的表面外观。这类绒毛会显示脚印和阴影印记。纹理长毛绒有助于隐藏脚印和真空吸尘器印记。

- 萨克森类似于割绒，但有捻纱，可对每簇绒毛进行限定。萨克森绒圈一般在构造过程中切割。萨克森由热定型纱制成，通常为致密低绒毛构造。这类绒毛会显示脚印和阴影印记。
- 多层（花纹）绒圈使用不同高度的毛圈绒纱。
- 起绒粗呢（Frieze）是一种紧密缠绕的热定型纱，可很好地隐藏污垢。

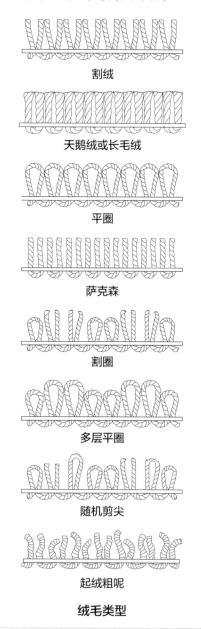

割绒

天鹅绒或长毛绒

平圈

萨克森

割圈

多层平圈

随机剪尖

起绒粗呢

绒毛类型

地毯密度指南

绒毛类型	第一类		第二类		第三类	
	质量 （ kg/m² ）	密度 （ kg/m³ ）	质量 （ kg/m² ）	密度 （ kg/m³ ）	质量 （ kg/m² ）	密度 （ kg/m³ ）
平圈	0.6	2772	0.7	3234	0.8	3696
割圈	0.7	2772	0.8	3234	1	3696
割绒，非热定型	1	2926	1.1	3465	1.3	3850
割绒，热定型	1	2926	1.2	3465	1.4	3850

资料来源：巴斯夫股份公司。

地毯密度

地毯密度指地毯每单位体积的绒毛纱线数，受针距（整个宽度范围内每英寸的针脚数）、纱线尺寸或厚度以及绒高等因素的影响。对尺寸较大的纱线可以较宽针距簇起，而对尺寸较小的细纱线可以较窄针距簇起，以确保两者密度相同。

对于人流量较大区域，地毯密度或须达5000~7000 kg/m³或以上。对通行量适中的办公空间，地毯密度须达4000~6000 kg/m³。由于制造工艺的根本差异，不同类型的地毯构造通常使用不同术语来描述地毯密度。

地毯通行量分类

类别	通行量	每天通行人次	说明	例子
第一类	轻量交通	500 以内	交通量有限且地毯存在一定污染的区域	行政办公室和酒店卧室
第二类	繁忙交通	500~1000	同向交通频繁，且地毯脏污、磨损、捻转及溢漏严重的区域	酒店走廊、礼堂和学校教室
第三类	特繁忙交通	1000 以上	同向交通极其频繁集中，且地毯脏污、磨损、捻转、滚压及溢漏严重的区域	机场和银行柜员窗口区

资料来源：巴斯夫股份公司。

地毯交通量分类建议

区域	空间类型	交通量分类
机场	行政办公室	第一类
	走廊 / 所有公共及售票区	第三类
银行	行政办公室	第一类
	大堂	第二至三类
	走廊	第二至三类
	出纳窗口	第三类
会议中心	礼堂	第二至三类
	走廊和大堂	第三类
高尔夫俱乐部	更衣室和专卖店	第三类
	其他区域	第二至三类
医疗保健设施	行政办公室	第一至二类
	病房和休息室	第二类
	大厅、走廊和护士站	第三类
酒店、汽车旅馆和公寓	客房	第一类
	走廊	第二类
	大堂	第三类
图书馆、博物馆和美术馆	行政办公室	第一类
	公共区域	第二至三类
办公大楼	行政或私人办公室	第一类
	办公室工作区	第二类
	走廊	第二至三类
	自助餐厅	第三类
餐厅	餐饮区和大堂	第三类
零售商店	窗口及展示区	第一类
	次要通道、精品店和专业部门	第二类
	主要通道、收银台、超市等	第三类
各级学校	行政办公室	第一类
	教室和宿舍	第二类
	走廊和自助餐厅	第三类

资料来源：巴斯夫股份公司。

地毯性能

地毯的耐磨性和其他纺织品一样，受诸多因素影响，比如面重和总重、绒毛密度、纤维类型和长度、纱线结构以及地毯构造等。

面重，也称为绒毛或纱线质量。它不包括背衬材料或涂层的质量。面重实际描述的是地毯磨损面的纱线数。

总重或成品质量，包括面重和以及背衬材料、饰面和涂层的质量。总重比面重更能反映质量。

绒毛密度指特定毯面体积内绒头纱线的质量，取决于地毯绒簇的数量和尺寸。对通行繁忙的设施，绒毛密度是地毯选择最重要的考量因素。例如，尼龙是一种非常耐用的纤维；但若尼龙地毯的绒毛密度过低，就可能变皱。虽然尼龙可能在性能方面占优，但不能保证美观。

绒头纱线是地毯制造中最昂贵的部分。在给定绒重下，绒高越低，绒毛密度越大，性能值就越高。耐磨性有时被用作地毯耐用性的相对衡量标准。因为现代合成纤维通常具有很高的耐磨性，所以耐磨性测试不像外观持久性测试那样频繁。

外观持久性测试旨在利用机械设备模拟地面通行。对由磨损引起的绒毛外观变化，通常采用以下两种方法予以测试：六足滚筒试验或威特曼转轮试验。

静电控制，即地毯的静电放电特性，在使用敏感电子设备或计算机设备时可能需要考虑。静电是由材料摩擦（比如鞋底和地毯纤维之间的摩擦）产生的。当相对湿度低于40%时，才会产生明显静电。可通过以下两种方法提高地毯的静电放电性能：纳入导电长丝（通常为碳负载尼龙），或进行局部处理。

地毯安装

地毯主要有两种安装方式：拉伸式和胶粘式。有三种类型的黏合安装方式：直接胶粘式、双面胶粘式以及最新的自粘式。可释放胶黏剂有利于地毯修补或更换。

拉伸式安装

拉伸式安装是传统的地毯安装方法，即将地毯拉伸至衬垫上，并用钉条在周界固定。拉伸式安装是住宅中最常见的安装方法。在商业层面，主要用于羊毛地毯以及对脚底舒适性和奢华感需求较高的区域（比如酒店大堂和会议室）。此种安装方式也考虑了地毯及衬垫拆卸和更换的便捷性。由于拉伸式地毯仅沿周界固定，难免产生褶皱，进而导致通行不便，因此，这类地毯可能不适合面积较大或商业或滚动通行较繁忙区域。

胶粘式安装

直接胶粘式安装是商用地毯最常见的安装方法，非常经济实用。采用此安装方式，仅需将地毯直接粘在地板上，无须布设衬垫。它也是尺寸稳定性最强的安装方法，通常用于楼梯或斜坡区域，即使项目其他区域已指定采用其他安装方法。适当的基材状况是决定胶粘式安装成功与否的关键因素之一。若基材不均匀，图案磨损就会不均匀。

双面胶粘式安装融合了拉伸式安装的脚底舒适性和直接胶粘式安装的稳定性。此安装方式需将地毯衬垫粘在地板上，再将地毯粘在衬垫上。

自粘式安装须在正式安装前于地毯背衬上涂施一层柔性胶黏剂，而后用一层塑料保护膜予以覆盖。可节省设置胶黏剂所需劳力和确保适当黏性所需时间。这类地毯通常宽度较小，约为1.8 m，以便在布局和安装过程中更容易开展相关操作。

地毯安装方式比较

拉伸式	直接胶粘式	直接双面胶粘式（附设衬垫）	双面胶粘式
更易于匹配花纹地毯	可节省衬垫成本	可改善外观持久性和足底舒适性	兼具单独衬垫和拉伸式安装的减震、缓冲等效果
比直接胶粘更具弹性	劳动力成本通常更低	可提高分层强度和抗边缘脱散性	可改善地毯外观持久性、脚底舒适性和地毯整体性能
可延长地毯使用寿命	适用于滚动通行和斜坡区域	可提供有效防潮层	可简化地毯镶边和镶嵌工作
减少绒毛压坏现象，简化绒毛压紧工作	无垂直屈曲现象，使接缝更耐用	可提高地毯保温和隔声性	适用于轮式交通区域
增加保温值（R 值）	不受场地大小限制	无二次胶粘需求	安装区域大小不受限制
吸声（NRC）值更高	无重新拉伸情形	—	—
更便于吸尘清扫	便于连接地板下的电线和电话线	—	—
可用于无法直接胶粘安装的地板	几乎可以消除缝顶	—	—
拆卸成本通常低于直接胶粘式安装	在暖气和空调长时间关闭的建筑中，比如学校和剧院等，使地毯屈曲程度最小化	—	—
更易实施补缝等修补措施	支持复杂精细的镶边和镶嵌处理	—	—

地毯砖安装

地毯砖可设置于各种基材上，包括胶合板、刨花板和硬木等。它们可安装在满足制造商湿气排放标准和酸碱度（pH 值）要求的混凝土上，高空隙度混凝土底层地板可能需要密封。金属表面应清除污垢、油脂和碎屑。水磨石、陶瓷、大理石和板岩地板应在安装地毯砖前适当填充所有裂缝和不规则处。制造商不建议在乙烯基板、层压实心乙烯基板、橡胶饰面或先前已设置的某些胶黏剂上进行黏合安装，除非在安装前移除所有这类饰面或胶黏剂。

地毯砖有四种安装方法：组合式铺贴法、全粘法、黏性砖法和自粘法。

- 组合式铺贴要求以 4.5 m 的间隔沿房间周界涂施胶黏带，然后将地毯砖锚固到位，使邻砖紧密贴合。
- 对可能出现繁忙通行或轮式通行的区域，应指定采用全粘式安装法。这种情形下，地毯砖通常采用"阶梯式"安装技术。一般从房间中心处开始安装。
- 黏性砖指不含胶水的方形胶黏砖，其挥发性有机化合物含量很低，且无异味。它可将地毯砖相互粘连，而非贴在地板上，进而形成一个浮动式地毯砖表面。
- 自粘式安装法适用于已预涂压敏胶涂层并覆以塑料保护膜的地毯砖。

地毯着色方法[1]

地毯着色是通过在地毯制造前对地毯纤维进行预染或对成品地毯进行后染来实现的。大多数地毯是采用后染法，因为其允许制造商对市场需求做出快速反应。

预染法

预染主要有两种方法：纺染和纱染。

纺染常用于易受阳光影响而褪色或易漏溢处，因为这类区域所用纤维的颜色通常是一致的。染料在挤出前须与纤维化学剂相结合。纺染纱纤维颜色通体一致。纺染纱色牢度优异，可抵抗阳光照射和摩擦，且可用刺激性化学物质予以清洁。涤纶、丙纶和尼龙通常采用纺染法。纺染纱在商业市场中占有相当大的份额，但在住宅市场中的份额却很小。

纱染法有两种，即间隔染色和纯色纱染。前者可在纱线制成地毯之前为其涂染多种颜色。

后染法

后染法指在地毯已簇绒至一次背衬且二次背衬尚未设置时进行染色。以下是几种常用染色技术：

缸染或匹染指把几块地毯缝成一个圈，悬挂于缸染装置内的大卷轴上。该装置会使地毯在染液中移动一段时间。这可使地毯颜色整体均匀一致。

可以首尾相接方式将地毯砖缝制成 3.7 m 宽、几乎无限长的地毯，用连续纯色纱染法予以染色。

印花：可在表面处理后将图案施印在地毯上。印花地毯可模拟机织地毯的复杂图案，但成本却远低于后者。常用地毯印花技术有筛网印花和喷射印花。

声学考量

地毯因其声学性能而成为开放式办公空间的重要组成部分。虽然天花板表面在吸收办公室噪声方面效果最好，但也可通过正确选择地毯和地毯垫来有效吸收家具移动和地板撞击等产生的噪声。在酒店，铺设地毯的客房可显著降低声音传至楼下房间的概率。在剧院等音响效果经精心设计的空间，地毯可在不改变这类音响效果的前提下有效削减迟到者产生的噪声。在开放式办公室、广播工作室和剧院等重要空间，应综合考虑地毯冲击隔声和噪声吸收特性所有相关细节。

---

1 作者：美国地毯协会（Carpet and Rug Institute）。
　　詹妮·哈登，甘斯勒建筑事务所（Gensler）。

声学性能是地毯对空间吸引力最重要的贡献之一。地毯声学性能有以下三种测量方法：

· 降噪系数（NRC）；
· 冲击噪声评价（INR）；
· 冲击隔声等级（IIC）。

在对无衬垫地毯的测试中，绒重一般与 INR 等级成正相关。割绒地毯在吸声方面比圈绒地毯更有效。地毯的纤维含量对其吸声能力影响不大。

吸声

NRC 是在低音至高音四个频段分别测量的四个吸收系数的平均值，四舍五入至小数点后两位，末位取5。NRC 是根据 ASTM C 423 "用混响室法测定吸声及吸声系数的标准试验方法"确定的。NRC 用于计算吸声材料所需数量，并可用于比较不同材料的吸声性能。NRC 越高，吸声量越大。

噪声传输

冲击噪声等级可反映地板与天花板组件对冲击噪声的隔阻能力。声级须在单独隔离的房间中测量。具体数据与 0 INR 的最低标准相关。若组件冲击噪声等级小于 0，表示其隔声性能不合格。而若大于 0，则表示其隔声性能较为优越。

冲击隔声等级也可测量地板与天花板组件的隔声性能，但冲击隔声等级与冲击噪声等级的区别不是在测试程序上，而是在所用数值尺度上。地板与天花板组件的冲击隔声等级等级仅按效率升序用正数表示，数值越高，噪声传输量越小。冲击隔声等级值比冲击噪声等级值大，两者差值约为51。

热考量

地毯有助于空间保温。相比纤维含量，地毯总 R 值[1] 更依赖于地毯总厚度。

当地毯 R 值未知时，可将以英寸为单位测量的地毯总厚度乘以 2.6，所得结果接近地毯 R 值。R 值可视为任何材料组合的"添加剂"。例如，将 R 值为 1.3 的地毯和 R 值为 1.6 的优质聚氨酯衬垫相结合，其总 R 值将可达 2.9。

室内空气质量

自 20 世纪 90 年代以来，地毯行业一直积极寻求采用可减少地毯产品健康问题的化学物质。用于生产某些地毯背衬的化学物质，如合成乳胶树脂等，确实存在健康和环境问题。乳胶黏合地毯（包括羊毛地毯）在有害物质排放方面存在很大差异。无 SB 乳胶背衬的熔结和针刺地毯可能是不错的选择。

美国地毯协会（CRI）可提供"绿色标签"和"绿色标签+"测试和认证，以指明挥发性有机化合物排放量较低的地毯、衬垫和胶黏剂。新地毯的挥发性有机化合物排放量一般较低，且会在 24 h 后显著下降（若通风良好，下降速度会更快）。

地毯在使用过程中会加重室内空气质量问题。地毯纤维会集聚来自建筑物外的化学物质和污垢，因此须定期吸尘清理，但并非所有污染物均须清除。地毯很容易滋生尘螨。地毯纤维也会吸收并再次排放挥发性有机化合物。湿地毯是一种有效的霉菌生长培养基。

地毯过渡细节

不同地板材料之间的过渡会影响空间可及性及其占用者的安全。材料变化，如从地毯到瓷砖或石材的变化，可能涉及不同的地板高度。即便是地毯与地毯之间的过渡，也可能产生粗糙表面。须特别注意地板饰面上的地毯边缘，以免磨损。门槛地毯（若使用）应可以在不同高度间过渡。

地毯衬垫

地毯衬垫可显著延长地毯的使用寿命。在选择地毯衬垫时，应综合考虑环境条件、预期通行状况以及理想的脚底感觉等因素。地毯衬垫可分为毡状纤维、海绵橡胶和聚氨酯泡沫三类。

---

1 R 值（R-value）是用于衡量建筑材料或组件的隔热性能的指标。它表示材料或组件对热量的阻碍程度，R 值越高，材料或组件的隔热性能越好。

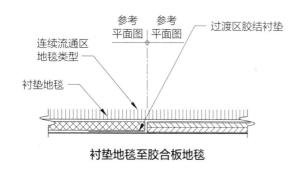

衬垫地毯至胶合板地毯

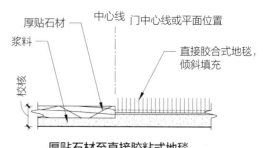

厚贴石材至直接胶粘式地毯

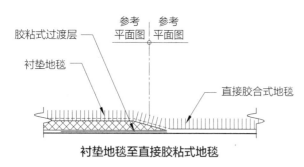

衬垫地毯至直接胶粘式地毯

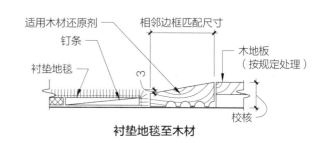

衬垫地毯至木材

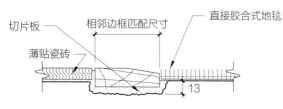

厚贴瓷砖与直接胶粘式地毯之间的石质过渡层

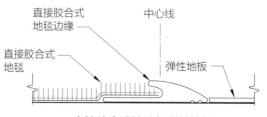

直接胶合式地毯与弹性地板

地毯过渡细节

毡状纤维垫由针刺天然纤维或合成纤维制成。

建议对天然纤维垫做抗菌处理，因为其容易发霉。踏在纤维垫上，脚底应可产生一种厚实感。毡状纤维垫可能会随时间推移而遭受严重磨损，直至被压碎。

海绵橡胶：与毡状纤维垫不同，橡胶垫可高度压缩。增强型泡沫橡胶的泡孔结构要小于海绵橡胶，因此可提供更均匀的支撑。海绵橡胶垫通常采用开孔泡沫，比闭孔泡沫弹性小。INR评分测试显示，海绵橡胶垫的INR值要高于其他衬垫。

聚氨酯泡沫：聚氨酯泡沫（又称泡沫橡胶）地毯衬垫的化学成分大多相似，但泡孔结构却各不相同，而这正是造成其性能差异的原因所在。黏合聚氨酯泡沫（有时也称"再黏合泡沫"）是由泡沫碎片通过胶黏剂和热熔过程黏合而成。改性涂底聚氨酯泡沫系在连续薄板结构中制造而成。与致密泡沫不同，改性涂底聚氨酯泡沫可能包含填料。致密泡沫比改性涂底泡沫密度大，且具有很强的抗触底性。也可采用由回收轮胎橡胶制成的橡胶垫。这类橡胶垫大多致密、耐用。

住宅地毯衬垫适用于轻、中量通行区域，如客厅、餐厅、卧室和娱乐室。同时，衬垫也可用于通行繁忙区域，比如多户住宅设施的大厅和走廊以及所有楼梯区域。任何产品的厚度均不可超过13 mm。

地毯回收和报废管理

每年都有大量旧地毯被扔进垃圾填埋场，这也许是与地毯相关的最大环境问题。

为了解决这一问题，地毯制造商正尝试回收旧地毯，将其用于地毯或建筑材料和汽车零部件等替代产品的生产中，翻新成新地毯砖，或作重复使用或循环再用。

地毯重复使用

除继续使用现有地毯外，还可重复使用旧地毯，这可能是旧地毯最环保的回收方式。一些制造商会精心挑拣旧地毯，并使用生产设施对这类旧地毯做积极的清洁和重填处理，并在某些情况下予以重新染色。

地毯循环再用

循环再用是填埋处理的第二种替代方法。旧地毯的循环再用通常涉及挑拣、识别表面纤维、分解、加工成新产品以及将新产品运至生产地点等一系列过程，而这一切都需要支出费用。提供地毯循环再用服务的公司通常会基于其资本投入、工资、维护成本、能源成本和其他支出酌情收费。循环再用服务的定价取决于当前燃料费用、材料类型和加工阶段等因素，并因地点和可用服务而有所不同。

最常见的地毯是带乳胶背衬的簇绒地毯。地毯循环再用需要识别表面纤维（地毯最具价值的部分）；对于簇绒地毯，这类纤维通常是尼龙6.6、尼龙6、丙纶（烯烃）或涤纶。表面纤维约占地毯质量的一半，尽管这一质量会因地毯构造而异。

背衬材料通常为乳胶（大多数用于住宅地毯）或聚氯乙烯（最常用于商业地毯）。附加层通常选用丙纶，并以碳酸钙为惰性填料。

将旧地毯组件循环再用于新地毯中是地毯循环再用的最高水平。用旧地毯生产新地毯比较困难，且成本较高。有时可将表面纤维切碎并加热，以提取原料，然后将这类原料做净化处理，以用于新纱线中。旧地毯的背衬材料可纳入新背衬材料中重复使用。

回收的地毯大多属于降级回收，通常用于复合木板、瓷砖背衬板、屋顶木瓦、铁路枕木、塑料汽车部件和垫脚石等产品中。其他产品包括可重复使用型干草（用于建筑工地泥砂控制）、污水管和混凝土添加剂。有些旧地毯材料还可用于制作地毯衬垫。

能源生产

避免将旧地毯置入垃圾填埋场的最后一种方法是用工业锅炉焚烧。与煤炭相比，燃烧石油基地毯材料可产生更多能源，排放更少有害物质。然而，这种方法确实存在明显的环境问题，与可持续发展要求不符。

工业废料

可以通过提高生产效率来减少地毯废料，如织边、边饰和剪毛等。此外，也可将地毯边饰和碎纱等地毯副产品用于某些创造性用途，以免进入当地垃圾填埋场。这类创造性用途包括以下几种：

可循环再用和用于能源生产的地毯材料

循环再用	能源生成	不可接受（或需额外收费）
尼龙6地毯； 一些乙烯基背衬地毯砖； 泡沫垫（再黏合垫）	尼龙6.6地毯及其混合料； 丙纶地毯； 聚对苯二甲酸乙二醇酯（PET）地毯； 黄麻背衬地毯； 衬垫或泡沫背衬地毯	湿料； 遭建筑碎片（石棉、石膏板）或垃圾污染的地毯； 羊毛纤维、黄麻填料； 橡胶背衬地毯和橡胶垫； 过度胶黏地毯； 双面黏结地毯及地毯垫； 钉条和金属边饰

- 对于无法在生产过程中重复使用的纤维和纱线，可将其回收再用于其他产品。
- 可将多余地毯切割成小地毯或席垫，用作其他用途。
- 可将地毯边饰、背衬和纱线等废料出售给回收工厂，以加工成地毯衬垫、家具衬垫、混凝土加固填料、围栏桩、道路衬底、塑料木材和汽车部件等。
- 对可用于包裹地毯纱线轴等原料的聚乙烯包装材料，可将其回收再用于塑料小球的生产。这类塑料小球可出售用于薄膜挤压机、塑料保鲜膜、塑料垃圾袋或其他模塑制品。
- 在地毯生产过程中使用的其他材料，比如纸板、纸、铝、木托盘、纱线锥、辊芯、液体容器、原料包装和废金属等，均可重复使用或循环再用。

生命周期评估

生命周期评估（LCA）旨在比较产品或服务可能造成的全部环境和社会损害，以帮助选择危害程度最小的一种产品或服务。LCA 可准确衡量用于产品交付的技术的影响，但没有衡量选择这类技术进行经济决策所产生的全部影响。

LCA 着眼于原料生产、制造、分配、使用、处置和运输等环节，可用来评估单个产品或公司的环境表现。评估所涉及的常见问题包括温室气体、酸雨、烟雾和臭氧层损耗、毒性、生境破坏和土地使用以及矿物和化石燃料的消耗等。

走离系统和走离垫[1]

在所有大容量建筑入口处采用走离系统，可防止泥土和污染物随建筑使用者和访客进入建筑。入口系统的长度应至少为4.6 m，宽度应与入口门相同。走五六步即可清除鞋底上的大部分污垢。入口系统应定期清洁，以确保良好的工作条件。走离系统包括上卷垫和永久性格栅两种类型。

除嵌入式组件外，还可使用各种表面设置型入口垫系统。这类系统包括可上卷和永久性安装的垫子，可以是模块垫，也可是为入口空间量身打造的定制垫。

上卷垫

可在入口处布设上卷垫，以清除因脚步而产生的污垢和湿气，这是一种颇具成本效益的方法。有各种类型的上卷垫可用来擦去鞋子上的泥土并容纳大量污垢，吸水型上卷垫可防止湿气进入建筑物。在通行最繁忙区域，垫子应每天吸尘一次，而在轻量通行区域可每周吸尘一次。这类上卷垫大多含有可回收物。

永久性走离格栅

风格多样的地板格栅系统已日益成为不可或缺的建筑构件。内嵌式系统可更为持久地捕捉污垢颗粒，进而在建筑入口处提供保护。

- 内嵌式系统的深度一般小于25 mm。
- 浅坑系统的深度为25~76 mm。
- 深坑系统的深度超过76 mm。

常见格栅系统系由一系列与通行方向垂直的联锁轨条组成。踏面所用地毯类型包括饰以锯齿状铝型材的地毯、磨料或尼龙地毯以及橡胶或乙烯基填充地毯。

地板垫

现有多种联锁弹性地板网格系统可用于潮湿和高冲击区域，比如健身房、有氧运动健身室和其他运动设施以及犬舍和马厩等。这类系统可用于室内或室外。用于特定运动用途的专用型地板已屡见不鲜，气承式武术地板就是其中一种。此外，亦有多种可拆卸垫可用于特定运动用途。这类可拆卸垫长度不定，宽度为1.2~1.8 m。

潮湿区域专用地板可用于游泳池、更衣室、屋顶游乐区以及其他须确保始终有水流入排水系统的区域。高冲击区域专用地板可用于健身房、健美操教室、室内儿童游乐区以及受冲击或噪声影响的其他类似区域。

1 作者：詹妮·哈登，甘斯勒建筑事务所（Gensler）。
史蒂芬·R. 布鲁尔，美国建筑师协会（AIA），LEED 认证专家（LEED AP），lauckgroup。
金姆·麦吉和莉莲娜·罗梅兹，波士顿建筑中心（Boston Architectural Center）。

确保在无障碍通道或其他无障碍区域铺设的地板垫和网格系统符合水平变化相关要求。

天花板

天花板通常可隐藏地板或上方屋顶的底面，可为地板或天花板组件的组成部分。对于显露支

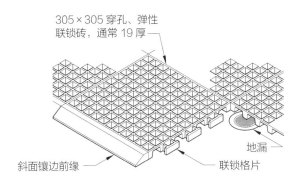

潮湿区域专用地板

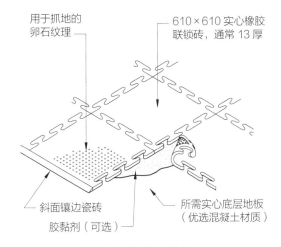

高冲击区域专用地板

承梁的地板底面，可予以适当精整，以形成露梁平顶。凹圆形天花板的边缘处有一凹面，可消除墙壁和天花板之间的内角。方格天花板由嵌板组成，通常呈正方形或八角形。

天花板构造 [1]

木质天花板构造

天花板可用 51 mm × 152 mm 或 51 mm × 203 mm 木材现场拼装，置于内外墙上。隔断应合理放置，以确保可利用 3.7 m、4.3 m 或 4.9 m 长或更长的天花板搁栅，从外墙跨越至承重内墙。

天花板拱腹

室内拱腹是指沿墙壁布置的天花板垂吊部分。拱腹用于改变天花板高度；确保天花板材料之间平滑过渡；隐藏照明装置、风管网路、水管设施、电气管道和其他设备。

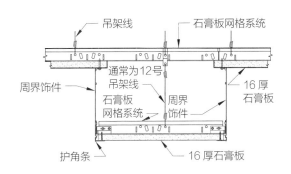

拱腹石膏板天花板剖面图

资料来源：阿姆斯特朗天花板系统（Armstrong Ceiling Systems）。

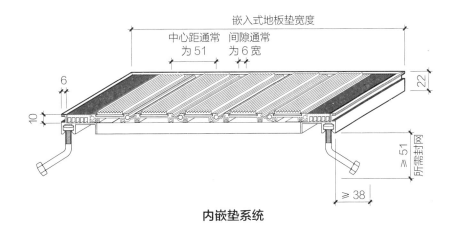

内嵌垫系统

1 作者：詹妮·哈登，甘斯勒建筑事务所（Gensler）。
布罗索，威尔海姆和麦克威廉姆斯合伙人公司（Brosso, Wilheim & McWilliams）。
理查德·J. 维图洛，美国建筑师协会（AIA），橡树叶工作室（Oak Leaf Studio）。

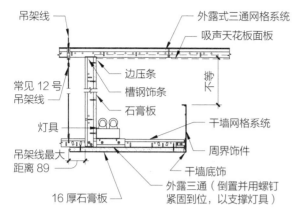

灯槽吸声天花板至干墙天花板（拱腹）剖面图

资料来源：阿姆斯特朗天花板系统（Armstrong Ceiling Systems）。

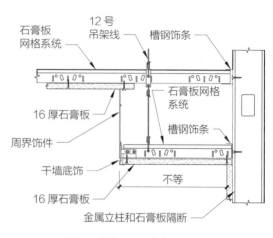

石膏板天花板至石膏板拱腹剖面图

资料来源：阿姆斯特朗天花板系统（Armstrong Ceiling Systems）。

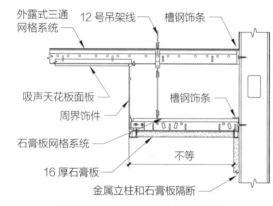

吸声天花板至石膏板拱腹剖面图

资料来源：阿姆斯特朗天花板系统（Armstrong Ceiling Systems）。

灰泥天花板

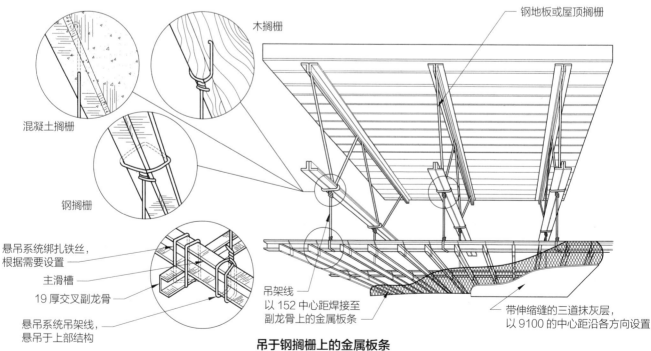

吊于钢搁栅上的金属板条

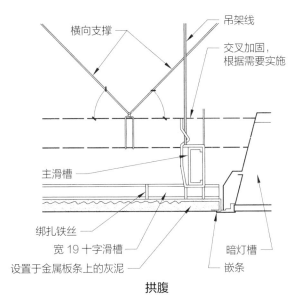

拱腹

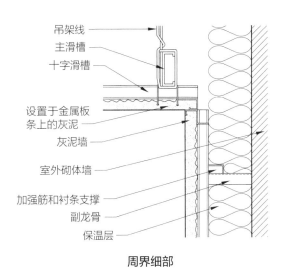

周界细部

悬吊式灰泥天花板细部

石膏板天花板、凹口和拱腹[1]

数十年来，石膏板天花板（无论是平面还是曲面型）均用冷轧槽钢和帽形轨予以制造，并用吊架线悬吊。

框架系统

传统框架系统包括以 1.2 m 中心距布设的 38 mm 冷轧槽钢（CRC）主撑，以及以 0.6 m 中心距布设的 22 mm 帽形轨侧撑，后者系在前者后面，并用吊架线安装在所需高度。框架布设完成后，将石膏板拧入帽形轨。

石膏板天花板网格系统由主梁和十字三通构成，通过吊架线悬吊在所需高度。主梁部分首尾互锁，而十字三通横跨在主梁之间，与吸声天花板面板网格非常相似。主梁两端和十字三通与沿空间周界布设的墙上饰条相接。主梁和十字三通的表面尺寸均为 38 mm，适合布设较大法兰，以便拧固石膏板面板。主梁中心距通常为 0.6 m 或 1.2 m，而十字三通通常为 0.6 m。

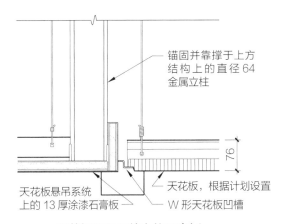

天花板悬吊系统上的石膏板

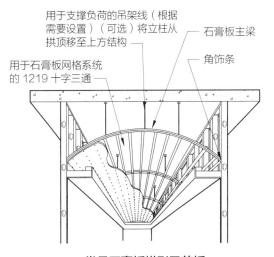

常见石膏板拱形天花板

资料来源：阿姆斯特朗天花板系统（Armstrong Ceiling Systems）。

1　作者：M. 基蒂·梅耶斯，美国建筑师协会（AIA），以及加布里埃尔·苏帕纳拉，安申 & 艾伦建筑师事务所（Anshen& Allen, Architects）。
詹姆斯·E. 菲利普斯，美国建筑师协会（AIA），英莱特联合公司（Enwright Associates, Inc.）。
玛蒙·默克合伙企业（Marmon Mok Partnership）。
斯科特·A. 麦卡利斯特，美国建筑师协会（AIA），LEED 认证专家（LEED AP），甘斯勒建筑事务所（Gensler）。

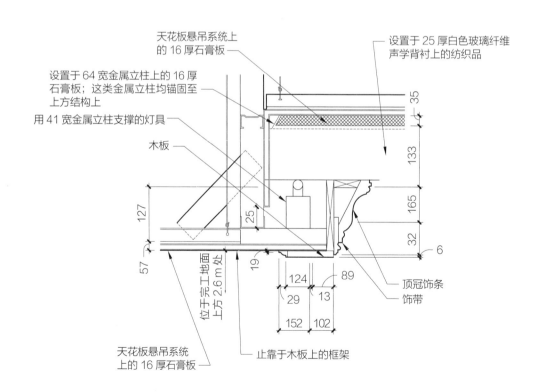

石膏板圆顶

角钢或槽钢饰条

钣金圆环

石膏板十字三通

石膏板主梁

资料来源：阿姆斯特朗天花板系统（Armstrong Ceiling Systems）。

饰面

石膏板天花板或拱腹的饰面应相同，均采用传统框架系统或石膏板网格系统。天花板表面处理工艺应与墙壁相同，均在螺钉头处设置填缝混合料，在石膏板接缝处设置填缝混合料和合缝带。这一工艺包括平滑涂施填缝混合料，并在其充分干燥后涂施额外涂层，最后用砂纸轻磨光滑。天花板通常需涂施一层底漆和两层无光漆。

隔声

石膏板用作天花板时，可发挥声障作用，对空气传声进行有效阻隔，并具有较高的天花板声衰减等级（CAC）。石膏板天花板吸声效果不是很好，因此其降噪系数（NRC）等级较低。

凹圆形天花板光源[1]

灯槽可用光源包括条形荧光灯、冷阴极、霓虹灯、发光二极管（LED）和光纤。

天花板悬吊系统上的 16 厚石膏板

设置于 25 厚白色玻璃纤维声学背衬上的纺织品

设置于 64 宽金属立柱上的 16 厚石膏板；这类金属立柱均锚固至上方结构上

用 41 宽金属立柱支撑的灯具

木板

35

133

165

32

6

127

25

57

19

位于完工地面上方 2.6 m 处

124

29

13

89

152

102

顶冠饰条

饰带

天花板悬吊系统上的 16 厚石膏板

止靠于木板上的框架

带顶冠饰条的凹圆形天花板

1 作者：斯科特·A.麦卡利斯特，美国建筑师协会（AIA），LEED 认证专家（LEED AP），甘斯勒建筑事务所（Gensler）。

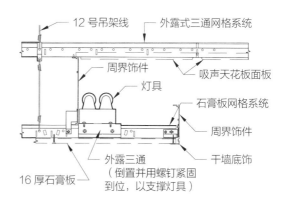

灯槽吸声天花板至干墙天花板/拱腹

资料来源：阿姆斯特朗天花板系统（Armstrong Ceiling Systems）。

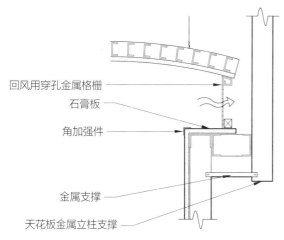

带回风格栅的凹圆形天花板

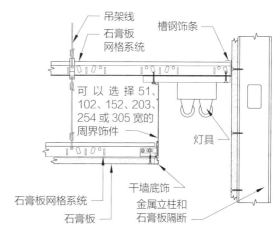

干墙天花板光袋

资料来源：阿姆斯特朗天花板系统（Armstrong Ceiling Systems）。

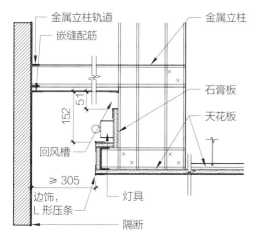

带回风槽的凹圆形天花板

室内声学

　　天花板通常是室内空间中最大的声吸收或声反射表面。室内音质是由室内材料对声音的吸收和反射状况共同决定的。吸声量用赛宾表示。

　　由于大多数材料所吸收的高频声波要多于低频声波，所以在室内，高频声波的赛宾数要高于低频声波。

　　未被吸收的声能通常会被反射，因此，在适当的时候，可使用吸声系数较低的表面来促进声音反射。

　　距离和时间是声音特性的两个决定性因素。在室内，声波会从周围表面反射出去，从而积蓄能量，所以与室外相比，声波在室内随距离或时间推移而衰减的速度要慢一些。在室内，房间里

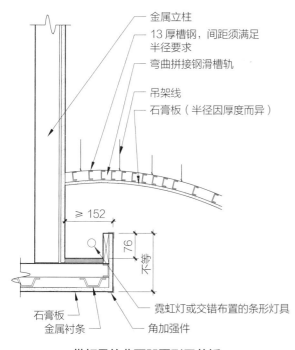

带灯具的曲面凹圆形天花板

反射的声能可达到一个恒定水平（作为吸声单位赛宾的函数）。

在室内，声源停止时，声音将随之衰减，但仍可保留一段时间，这种声音衰减现象称为混响。混响时间（RT）定义为声音衰减60 dB所需时长，以秒为单位。混响时间与空间体积成正比，与吸声单位（赛宾）数成反比。

较短的混响时间可显著提高语音清晰度。对听障人士以及装配电话会议用直播麦克风的房间而言，必须确保较短的混响时间。

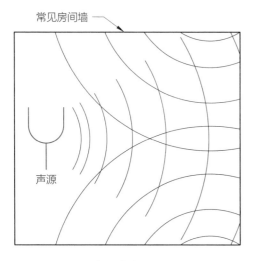

室内声音模式

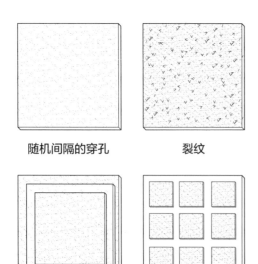

随机间隔的穿孔　　　　裂纹

点刻饰面凹陷边缘　　穿孔饰面流线图案

吸声砖纹理

吸声砖天花板 [1]

吸声砖天花板又称隐蔽式花键天花板或暗龙骨吊顶系统。暗龙骨吊顶系统由全隐蔽式支撑网格和矿物纤维吸声砖构成。这类矿物纤维吸声砖可提供整体不间断型天花板平面，其中允许通入静压箱的部分可达50%。吸声天花板也可用胶黏剂或空气钉直接固定至基材上。

吸声天花板悬吊系统由镀锌或涂漆弯筋制成。可采用305 mm × 305 mm的防火吸声砖，用隐蔽式榫槽接合、Z形或通道式予以安装。

吸声砖和吸声板

吸声砖的设计无法确保在不损坏砖体的情形下轻易拆除。吸声砖的安装方式往往较传统且风格意识较弱，其尺寸和饰面选择均少于吸声板。

虽然吸声砖可提供整体式天花板表面，但其安装成本可能会更高，且维护难度也高于吸声板。进入吸声砖天花板上方区域要难于带内敷单元的吸声板天花板。若进入天花板上方空间不成问题，且安装美观性和其他条件均比较合适，则可考虑选用吸声砖天花板。

吸声砖尺寸通常为305 mm × 305 mm，厚度通常为13 mm、16 mm或19 mm。吸声板通常比吸声砖大，安装在外露或半隐蔽式天花板网格中。

设计考量包括防火性、光反射率、耐用性、抗震条件、防潮性（抗流挂性）、抗菌性、声学性能和颜色。在选择符合可持续设计目标的吸声砖天花板时，须综合考虑挥发性有机化合物（VOC）排放量、可回收物含量和LEED积分等因素。

天花板吸声砖成分

用于商业建筑的各种吸声砖通常由矿物纤维基材和玻璃纤维基材构成。完全可回收型黄麻纤维基材也可用于尺寸为610 mm × 610 mm和610 mm × 1219 mm的抗菌和抗流挂型内敷面板。纤维素基砖主要用于住宅建筑，其耐用性不如商用级面板构造。矿物纤维基层吸声板构造多采用铸造、湿毡或结节材料，具有多种纹理和声学特性。

1 作者：斯科特·A.麦卡利斯特，美国建筑师协会（AIA），LEED认证专家（LEED AP），甘斯勒建筑事务所（Gensler）。
道格·斯图兹和卡尔·罗森博格，埃森泰克声学顾问公司（Acentech, Inc.）。
马克·A.罗杰斯，专业工程师，斯帕林公司（Sparling）。
吉姆·约翰逊，赖特森、约翰逊、哈登和威廉姆斯公司。

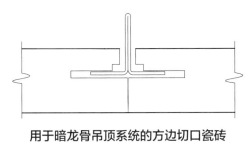

用于暗龙骨吊顶系统的方边切口瓷砖

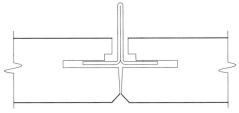

用于暗龙骨吊顶系统的斜边切口瓷砖

纹理和颜色

吸声砖纹理多样，粗细不等。吸声砖多呈白色，尽管有些制造商也提供其他颜色。颜色可能会影响天花板的光反射系数。

边缘轮廓

吸声砖多采用方形边、切口斜边（带槽口或切口的边，可接纳和隐藏悬吊系统）或榫槽接合边。

方边吸声砖安装时的整体感更强，但当光线以较低入射角照在天花板上时，接缝会非常明显。当为便于进入静压箱而移除或重新安装吸声砖时，吸声砖的边缘可能会受损，此时须用新吸声砖予以替换。

斜边吸声砖多采用光圆边，可在瓷砖之间形成一道轻微的阴影线。若采用斜边，可在移动已安装瓷砖时将损坏降至最低。

吸声和隔声

在开放式办公区域，吸声砖天花板有助于提高非全高隔断工作台之间的声音隐私性。在封闭式办公室或房间中，若隔断选用得当，吸声砖天花板将可改善房间之间的噪声传输状况。吸声砖天花板制造商可根据行业标准对吸声范围的指定对其产品的声学特性进行分类。

天花板声衰减等级（CAC）、降噪系数（NRC）和清晰度等级（AC）是可用于比较吸声天花板吸声性的三个声学类别。

天花板声衰减等级旨在衡量天花板系统阻止空气传声穿过相邻封闭空间（如办公室）共用静压室的性能。其主要针对封闭式空间和房间等相邻空间，比如走廊、办公室、会议室、教室、学习区、医疗检查室和医生办公室等。CAC大于25的天花板系统为低性能系统，而CAC为38或以上的系统为高性能系统。

降噪系数（NRC）旨在衡量材料在声音以入射角反射的封闭式建筑空间（如办公室）中的整体吸声性。其主要针对需考虑混响时间和噪声级的封闭式空间。这类空间包括开放式办公室、会议室、大堂、开放式工作区、教室、体育馆、自助餐厅、接待区、医疗检查室、医生办公室和零售空间等。NRC数值越高，天花板吸声砖的吸声能力便越强。

清晰度等级（AC）旨在衡量从隔断（墙或家具）顶部传至相邻工作台的反射性语音噪声。其主要针对开放式办公空间中相邻的工作台隔间。AC低于150的天花板系统为低性能系统，而大于180则为高性能系统。

耐火极限

耐火天花板大多专门配制，以增强其抗结构破坏性。耐火悬吊系统大多饰以经专利认证的伸缩浮雕，以帮助保持天花板的结构完整性。

光反射率

表面反射的光线量即为光反射率。照度（照射在表面上的光线量）以英尺烛光或勒克斯（国际单位制计量单位）为计量单位。1英尺烛光约等于10 lx。英尺烛光指1流明光落在0.09 m² 表面所产生的平均照度。表面总流明数除以表面积即得英尺烛光数。

高光反射率（LR）吸声砖可从天花板平面提供光级更高的反射光。LR取值范围为0.00~1.00。

高 LR 吸声砖尤其适用于存在间接光源的开放式办公区域。这类区域工作平面的眩光相对较少，或将日光用作空间光源。前述区域内的可用光线更多，且分布更均匀。光反射率高于 0.83 的吸声天花板一般视为高 LR 天花板，但有些产品可能超过这一数值，反射更多的光。吸声天花板的最大光反射率为 0.89 或 0.90。高 LR 天花板可基于计划照度减少空间内灯具的数量，从而降低初始安装成本和长期能源成本。

带纹理和浮雕图案的吸声砖，LR 值通常较低。整体着色的吸声砖可能会影响 LR 值。低 LR 值一般不构成问题，除非天花板表面用作"照明分配器"。

悬吊式吸声板天花板

吸声板天花板由预制天花板单元构成，安装在金属悬吊系统中。吸声板天花板所在区域通常具有消声需求，且需通往天花板空隙或上方静压箱空间。吸声天花板是空间内的大型视觉元素，亦是设计元素和声学特征。隔断、灯具、天花板散流器、喷水灭火装置和其他设备均安装在这类天花板上或嵌入其中，因此，天花板布局务须考虑与这类设备的协调性。

吸声板安装在一外露金属网格系统上，该系统悬吊于上部结构的底面。吸声板多呈方形和矩形，常见尺寸范围为 610 mm×610 mm~610 mm×1220 mm 不等，最大尺寸为 1524 mm×1524 mm。常见厚度包括 16 mm、19 mm 和 25 mm，特殊情况下也可使用其他厚度。

吸声板天花板的声学考量、光反射率、抗流挂性、抗菌性、挥发性有机化合物排放量和耐用性等问题与吸声砖天花板相同。吸声板越大，其声学性能可能越好，但在确定吸声板尺寸时应考虑其抗流挂性。也可采用与适用 UL 设计兼容的耐火吸声天花板组件。制造商通常还关注天花板抗震问题。

天花板吸声板成分[1]

吸声板与吸声砖均采用以下几类材料：水毡材料、铸造或模塑材料以及结节材料等。还有一些由陶瓷和矿物纤维复合材料构成特殊吸声板，用于提高耐用性、清洁度以及防潮和防烟性。密拉面吸声板用于洁净室区域、食品服务区域以及清洁需求较高的其他应用场合。

可将玻璃纤维板所用材料从熔融状态加工成玻璃纤维束，而后成型为板材和板料。可将一种颇具尺寸稳定性的表面材料层压至玻璃纤维芯上，以提供纹理和图案。背衬可提高玻璃纤维板的声学性能。

在吸声板制造商的产品线中，可回收物质含量正逐步增加，具体因产品而异。许多制造商都试图在生产过程中解决可持续性问题，也日益重视并参与旧天花板面板的回收。

穿孔金属天花板耐用、防潮、维护成本低，同时具有良好的美学和声学效果。标准材质为电镀锌钢。也可使用铝。面板有无孔、微孔和超微孔几种类型。工厂涂施型粉末涂层饰面可增强面板的耐用性，并可为其提供可擦拭和清洗的表面。

木质天花板可使空间更温馨、更具个性。木质面板有多种尺寸和饰面可用，它们可穿孔或不穿孔，不含甲醛，具有 A 级耐火极限，由经森林管理委员会（FSC）认证的木材制成。

纹理和颜色

和大多数吸声砖一样，吸声板也有多种纹理，细粗不等。吸声板多呈白色，尽管有些制造商也提供其他颜色。颜色可能会影响天花板的光反射系数。

边缘细部

吸声板多采用方边或瓦状（外露）边。方边或瓦状边吸声板可轻松置入悬吊系统中，且可向上推入天花板静压箱。

---

1 作者：基思·麦科马克，美国通信学会理事会（CCS），施工规范协会（CSI），RTKL 联合事务所。
Setter, Leach & Lindstrom 有限公司。
Blythe + Nazdin 建筑事务所。

方边吸声板比较经济，可安装在外露式天花板悬吊网格法兰上。方边板无法隐藏悬吊网格。

瓦状边吸声板有一外露边，允许面板延伸至悬吊系统下方，可部分隐藏金属网格。瓦状边可呈正方形、倾角形、斜面形、阶梯形或其他特殊形状，通常以其外观为选择依据。

斜边常见于瓦状边单元，可形成光圆边缘，使面板周界线更显柔和。在初始安装后移动面板时，斜边可最大限度地减少因网格上的意外碰撞而对面板边缘造成的损坏。

阶梯形瓦状边可为设计师提供更多阴影线。

冠状边、方格边和凸边适用于由矿物纤维面板和标准天花板网格制成的方格天花板。

某些制造商会提供一种下移式天花板边，可部分或完全隐藏天花板网格，并呈现一种隐蔽式花键天花板外观。这种边缘可用于矿物纤维、玻璃纤维、木材和金属等材质的天花板。

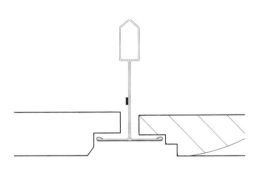

格子式天花板边缘

资料来源：阿姆斯特朗天花板系统（Armstrong Ceiling Systems）。

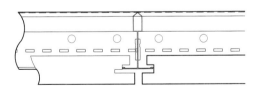

向下开启式天花板边缘

资料来源：阿姆斯特朗天花板系统（Armstrong Ceiling Systems）。

外露式悬吊系统[1]

外露式天花板吸声面板悬吊系统由主部件和十字三通部件构成，通过吊架线安装在所需高度。悬吊系统通常由工厂涂装钢制成。其他悬吊系统包括用于提高防潮性的镀锌钢系统，以及用于满足其他特殊安装要求的铝和不锈钢系统。防火悬吊系统具有预切口膨胀缓解段，以防止因网格热膨胀而导致悬吊系统失效。

组件

外露式天花板悬吊系统的可见组件包括联锁主梁和十字三通，安装在指定网格上以接纳吸声板。主梁通常以1219 mm的中心距安装在吊架线上。角形或槽形饰条可用于支撑周边吸声板。吊架线可支撑上方结构的主三通和十字三通。吊架线间距以制造商建议和项目状况为依据。

许多制造商正在生产高回收物质含量（HRC）悬吊系统。这类悬吊系统系由热浸镀锌钢材制成，而这类钢材系由美国生产的再生钢制成，可回收物质占比为57%~66%。LEED积分同样适用于此，主要涉及废物管理、可回收物质含量和当地材料等方面。

隐蔽式悬吊系统[2]

隐蔽式吸声板天花板悬吊系统通过吊架线安装在所需高度。吊架线支撑着金属架顶式Z形网格组件。悬吊系统通常由工厂涂装钢制成，也可采用镀锌钢系统来提高防潮能力。

吸声砖隐蔽式悬吊系统将天花板上方通行区域整合至系统中。可根据系统选择向上或向下通行。在安装和维护该系统和天花板上方构件时，应注意防止损坏天花板砖。

组件

隐蔽式悬吊系统是由24 mm宽的联锁式双腹板主梁和十字三通构成。主梁通常以1.2 m的中心距安装在吊架线上。角形或槽形饰条可用于支撑周边吸声砖。吊架线可支撑上方结构的主三通和十字三通。吊架线间距以制造商建议和项目状况为依据。

1　作者：斯科特·A.麦卡利斯特，美国建筑师协会（AIA），LEED认证专家（LEED AP），甘斯勒建筑事务所（Gensler）。
　　基思·麦科马克，美国通信学会理事会（CCS），施工规范协会（CSI），RTKL联合事务所。
2　作者：Setter, Leach & Lindstrom 有限公司。
　　Blythe + Nazdin 建筑事务所。

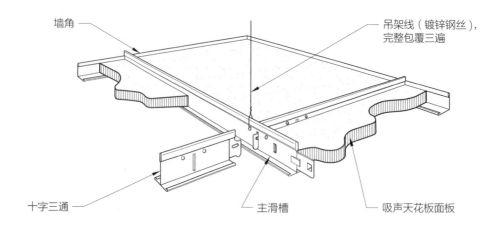

墙角

吊架线（镀锌钢丝），
完整包覆三遍

十字三通

主滑槽

吸声天花板面板

吸声板天花板组件

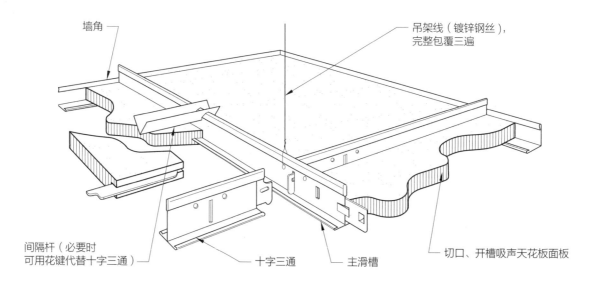

墙角

吊架线（镀锌钢丝），
完整包覆三遍

间隔杆（必要时
可用花键代替十字三通）

十字三通

主滑槽

切口、开槽吸声天花板面板

隐藏网格

吸声天花板砖悬吊系统

结构性能

吸声板悬吊系统可分为轻型、中型和重型系统。在确定悬吊系统之前，应核实天花板预期负荷，以确定最合适的类型。

耐火悬吊系统

耐火悬吊系统须符合耐火性能要求。须以特定间隔设置膨胀点，以减轻火灾发生时网格所承载的压力。十字三通端夹和其他设备的使用必须符合国家规范的要求。安装在耐火悬吊系统内的吸声板也必须具有耐火性。

抗震设计

在有抗震设计需求处安装吸声板天花板时，应核查悬吊系统是否符合要求。

吸声天花板面板安装

在由其他材料制成的天花板上安装悬吊式天花板面板系统时，有许多细节需要注意，天花板与墙壁交接处同样如此。此外，不同面板边也有不同的悬吊网格细节需要注意。方格天花板需要特殊的边缘设计。此外，还需将悬吊式天花板与天花板 - 墙壁构造结合起来，以满足周界回风需求。

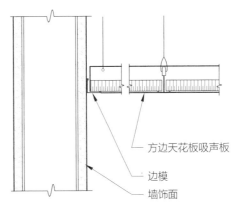

带方边吸声板的 L 形模具

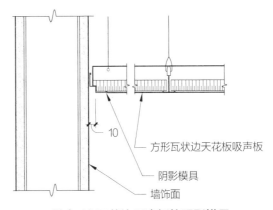

带宽 10 瓦状边吸声板的阴影模具

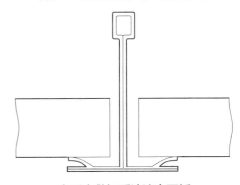

方形内敷铝质清洁室面板

资料来源：阿姆斯特朗天花板系统（Armstrong Ceiling Systems）。

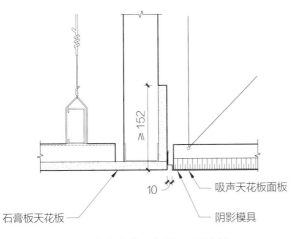

带有方边声学面板的 L 形边框

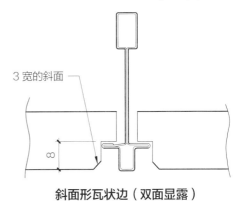

斜面形瓦状边（双面显露）

资料来源：阿姆斯特朗天花板系统（Armstrong Ceiling Systems）。

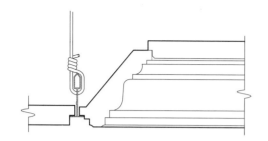

冠状镶板和外露长度 14 的三通系统

资料来源：阿姆斯特朗天花板系统（Armstrong Ceiling Systems）。

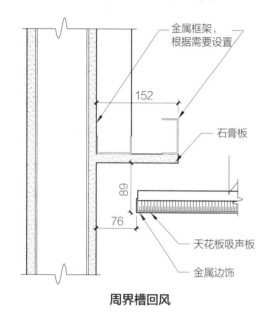

周界槽回风

集成式吸声板天花板系统[1]

集成式吸声板天花板系统由专用型隐蔽式挤压铝网格和面板构成，可 100% 无障碍启用。独特的扭力弹簧和蝶板允许铰接或完全移除单个面板，以便启用静压箱空间内的机械和电气服务。网格系用吊架线、吊架杆和类似悬吊组件予以悬吊。

面板和饰面

所有面板均有多种类型、尺寸、几何形状、拱顶、厚度和饰面可选。面板可覆以织物或乙烯基，形成一种看起来像石膏板的透声表面，或独特的金属表面。面板也可采用穿孔木材或木板。

织物面板有一铝质隐蔽式方边，以及 3 mm 宽的接缝。面板芯的密度为 96~112 kg/m³。面板

厚度为 25 mm 或 38 mm 时，NRC 分别为 0.90 或 0.95。面板尺寸可达 3050 mm × 1525 mm。

乙烯基面板的框架与织物面板相似。乙烯基角均做热密封处理，背衬板粘有 25.4 μm 厚的透明隔汽层。面板厚度为 50 mm 时，NRC 为 1.05。面板尺寸可达 3050 mm × 1220 mm。

透声面板与某些织物和乙烯基面板类似。这类织物和乙烯基面板带有厚达 1.5 mm、密度达 256~320 kg/m³ 的整体式面板，用于接纳非桥接透声涂层。背衬板粘有一层 25.4 μm 厚的透明隔汽层。面板厚度为 27 mm 时，NRC 为 0.90。面板尺寸可达 1830 mm × 1220 mm。

木质饰面板有以下两种类型：

· 天然木材单板饰面：吸声是通过将专利射孔技术与高性能声芯相结合而实现的。

· 木边面板包含一密度为 96~112 kg/m³ 的致密垫面芯，系由 6 mm 厚的面层和 3 mm 厚的高密度纤维板（HDF）穿孔背衬板层压而成，内部结合边缘状况布设经防火处理的刨花板框架。

安装系统

在面板系统中，所有面板均完全无障碍，隐蔽式挤压铝网格用吊架线、吊架杆和类似悬吊组件予以悬吊。面板由挤压铝网格隔开，中间留有 3 mm 的接缝。在接缝处，可使用特殊工具将面板下拉，以进入天花板系统上方的静压箱空间。面板后方须至少留出 127 mm 的扭力弹簧间隙。

直接悬吊式吸声天花板安装在一隐蔽式金属悬吊系统上。该系统可使所有其他天花板面板无障碍。

面板也可采用机械 Z 形夹滑动接合法直接安装至石膏板、混凝土、钢面板或木材等坚实基材上。

顶棚和云幕

顶棚和云幕似乎飘浮在空中。它们可以呈平面圆形、椭圆形、圆角正方形、正方形等形状，

1 作者：基思·麦科马克，美国通信学会理事会（CCS），施工规范协会（CSI）。
Setter，Leach & Lindstrom 有限公司。
Blythe + Nazdin 建筑事务所。
斯科特·A. 麦卡利斯特，美国建筑师协会（AIA），LEED 认证专家（LEED AP），甘斯勒建筑事务所（Gensler）。
理查德·瑞维尔，美国建筑师协会（AIA），DMJM 罗泰特设计公司（DMJM/Rottet）。

在金属框架图中标注：
金属框架，根据需要设置
石膏板
152
89
76
天花板吸声板
金属边饰

也可呈蛇形、波浪形、拱顶或圆顶形，以便于垂直移动。

顶棚和云幕可在易于指定和安装的系统中提供吸收或加重声音的可能性。它们可为面临声学困扰的空间或开放式静压空间提供理想的解决方案。它们也可缩减空间混响时间，降低噪声级，并提高语音清晰度。

一些制造商正在生产成套云幕。这类云幕所有面板、网格和饰件均在工厂提前切割成所需尺寸，承包商仅负责安装。云幕和顶棚有多种颜色和材料可选，可穿孔或不穿孔。

拉伸式天花板系统

拉伸式天花板系统利用轻质、大跨度、连续型预加工板材，打造大且光滑的天花板平面，或翘曲（弯曲）型曲面天花板。拉伸式天花板系统的最大跨度取决于所用材料。常见跨度为 5 m × 12 m。

拉伸式天花板系统由三个基本组件构成：柔性天花板材料、周界轨道以及连接材料和轨道的配件。材料可以是聚氯乙烯（PVC）膜或机织物，通常由阻燃聚酯制成。轨道可以直线或曲线方式沿空间周界安装。由于拉伸式天花板系统的跨度很长，通常无须布设中间支撑。轨道可为可见式或完全隐蔽式。

天花板材料

可将半透明和穿孔聚氯乙烯膜用作天花板材料。半透明聚氯乙烯材料可做背光处理，以打造发光外观。应注意防止框架轮廓投射至背光表面，以免产生阴影。

可将摄影艺术品印在聚氯乙烯薄膜上。聚氯乙烯系统有 100 多种颜色可选。也可定制颜色，但通常仅适用于大订单。可采用亚光、缎面、绒面、金属和反光饰面。

聚氯乙烯织物几乎不透气、不透水（可消除水渍问题），用软布和液体清洁剂即可轻松清洁。但聚氯乙烯是一种石油化工产品，在其整个生命周期都存在毒性问题。

聚酯拉伸式天花板系统可模仿灰泥或石膏板天花板。纺织品天花板饰面的火焰蔓延指数须达 A 级，并须用喷水灭火装置予以保护。

对用于医院手术室、洁净室、实验室和食品调配室等场合的天花板材料，须同时进行抗菌和抗真菌处理。

安装

拉伸式天花板系统可实现快速、无尘安装，其安装过程中不会产生任何异味或烟雾。这类系统的安装速度相对较快，但须由有经验的安装人员负责安装。系统应可容纳各类穿孔以及各种嵌入式或明装式装置，包括照明、报警、喷水灭火和通风装置。所有穿孔均现场切割，以确保充分贴合。这类系统可安装在现有天花板上，通常是石膏板或吸声砖悬吊系统，可安装或不安装吸声砖，依据所需声学特性而定。对曲线安装，可沿周界设置木质或金属框架。

可通过暂时移除柔性材料，进入天花板后的机械空间。可在天花板上安装照明装置、喷水灭火装置、暖通空调（HVAC）调风口和格栅；所用穿孔均现场切割。

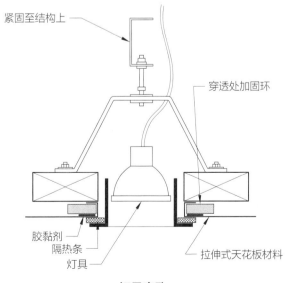

灯具穿孔

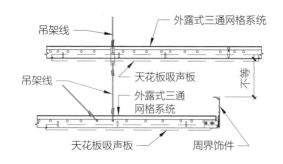

带干墙云幕的干墙天花板剖面图

资料来源：阿姆斯特朗天花板系统（Armstrong Ceiling Systems）。

带吸声云幕装置的吸声天花板剖面图

资料来源：阿姆斯特朗天花板系统（Armstrong Ceiling Systems）。

金属板天花板 [1]

金属天花板有多种尺寸可选，包括610 mm×610 mm、1219 mm×610 mm 和1829 mm×406 mm。边缘样式包括斜面隐蔽式、平齐和方形瓦状式、钩挂式、钉固式和内敷式。面板有多种表面图案可选，包括76 mm、102 mm 和152 mm 方形格、菱形和许多其他类图案。

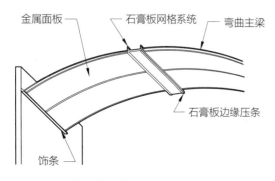

带石膏板花键的金属面板

资料来源：阿姆斯特朗天花板系统（Armstrong Ceiling Systems）。

金属盘式吸声天花板

金属盘式吸声天花板美观、耐用且易于维护，有多种饰面和颜色可选，因此可提供多种设计和美学选择。金属盘式吸声天花板单元包含消声垫，可在天花板平面提供不同质量的声学控制。

金属盘式天花板通常扣固或钩固在隐蔽式悬吊系统上，或者作为内敷单元安装在传统的外露式天花板悬吊系统上。金属盘式吸声天花板产品可纳入外露式悬吊系统和具有特殊边缘细部的金属盘等构件，可在狭窄空间内以半外露方式予以安装。金属盘式天花板可与空气扩散器和灯具集成在一起，具体取决于制造商可提供的产品。

类型

金属盘式吸声天花板通常由钢或铝制成。可选择金属盘尺寸、金属涂层类型、颜色和纹理以及穿孔图案和隔声垫等。

尺寸

金属盘尺寸从305 mm×305 mm 到610 mm×610 mm 不等。一些制造商还可提供尺寸更大的方形和板式盘。标准金属盘尺寸因制造商而异。也可定制尺寸。

厚度

钢盘尺寸通常为0.9 mm 和0.6 mm，铝盘尺寸通常为0.8 mm 和1 mm。

金属盘有多种金属饰面可选，因而可提供多种美学和设计选择。钢盘可做镀锌、烤漆、粉末涂层或电镀处理。铝盘可做磨铣加工、阳极氧化或涂漆处理。

金属盘可用于标准平板以及弯曲和波纹状单元。

安装类型

常见安装方式有三种：卡扣式、挂钩式和内敷式。边缘细部可呈方形或斜面形，可隐蔽或外露，具体以可确保在悬吊系统内正确接合和校准为依据。镶边砖可现场切割，除非制造商不建议

---

1 作者：斯科特·A.麦卡利斯特，美国建筑师协会（AIA），LEED 认证专家（LEED AP），甘斯勒建筑事务所（Gensler）。

做此处理。为集成天花板固定装置和设备，可将工厂提供的切口置于金属盘中。这就需要在布设金属盘式天花板的区域对整个反光天花板平面图进行协调。

悬吊系统

金属盘式天花板悬吊系统与吸声板和吸声砖天花板悬吊系统类似。根据金属盘的类型和质量，悬吊系统通常分为中型和重型两种。

直接悬挂式悬吊系统悬挂于上方结构上。在间接悬挂式悬吊系统中，主三通与悬挂于上方结构上的槽形支承材相连接。这两类系统都是通过吊架线悬挂，主三通通常以 1219 mm 的最大中心距布设。十字接头夹安装在主三通与十字三通在网格上的交叉处，旨在提高系统强度。

声学特性[1]

金属盘式天花板的声学质量因所用金属盘类型、穿孔数量和类型以及项目条件等因素而不尽相同。声波可通过金属盘上的穿孔向外传输，因此采用消声垫予以阻隔。若安装了室内净高隔断，声音将通过天花板静压箱传输。因此可采用消声板来改善声学效果。

玻璃纤维是制作消声垫最常用的材料。这类消声垫通常处于密封状态，以免有任何纤维脱落并在空气中传播，进而影响室内空气质量。安装穿孔金属盘时，若无消声垫，可在面板内安装黑色背衬基布，以隐藏天花板上方任何可见构件。

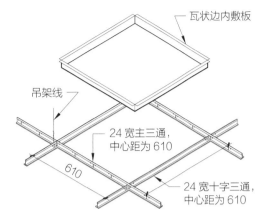

内敷板

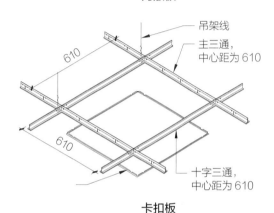

卡扣板

金属盘特性

一些制造商在金属盘中插入矿物纤维，以提高天花板声衰减等级（CAC）。CAC 旨在衡量天花板对在空间之间传输的声音进行阻隔的能力。当金属板中加入玻璃纤维时，其降噪系数（NRC）（衡量声学单元吸声能力的指标）会升高，但 CAC 则会下降。非穿孔金属板的 NRC 值通常较低，一般为 0.00~0.10。穿孔金属板的 NRC 范围为 0.65~0.90。

可回收物质含量

许多制造商在生产金属盘式天花板时会使用可回收材料，尽管可回收材料所占比例因制造商和产品而异。

线性金属天花板[2]

线性金属天花板在外观上与众不同，拥有很强的线性美学，且耐用、易维护。金属表面有多

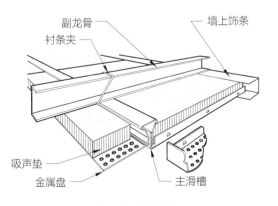

金属盘式天花板

1　作者：基思·麦科马克，美国通信学会理事会（CCS），施工规范协会（CSI），RTKL 联合事务所。
　　Setter，Leach & Lindstrom 有限公司。
2　作者：Blythe + Nazdin 建筑事务所。
　　斯科特·A.麦卡利斯特，美国建筑师协会（AIA），LEED 认证专家（LEED AP），甘斯勒建筑事务所（Gensler）。

种饰面和颜色可选，可为金属天花板提供多种设计选择。特殊悬吊系统允许安装自定义半径配置以及水平平顶天花板。线性金属天花板通常作为卡扣式单元安装在隐蔽式悬吊系统上，有些可接纳配套的集成灯具。

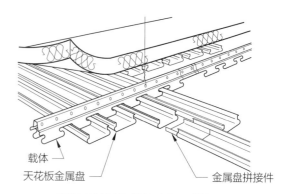

带隔声材料的线性金属天花板

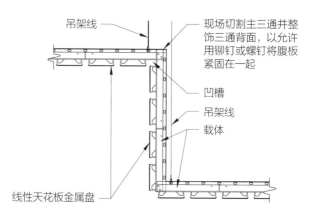

线性金属天花板高度变化

类型

线性金属天花板由铝、钢或不锈钢制成。可选择金属盘（板条）尺寸、金属涂层类型、颜色和纹理以及隔声材料等。也可使用线性挡板天花板，但通常不安装隔声材料。

尺寸

线性金属面板的尺寸因制造商而异，但常见模块宽度为51~203 mm。标准长度通常为3.6 m和4.8 m，但可结合具体安装情况定制长度。面板深度各不相同，深度越深，线性效果越强。

材料

线性金属天花板最常见的材料是冷轧铝，常见厚度为0.5 mm、0.6 mm和0.8 mm。铝质线性板尤其适用于高湿度区域、环境波动空间以及室外应用场合。不锈钢板性能较好，但通常比铝板或钢板更贵。

表面处理

线性金属天花板有多种金属饰面可选。铝板可经磨铣加工、阳极氧化或用烤漆饰面着色。钢板可选用烤漆、粉末涂层或电镀饰面。不锈钢板可选用拉丝或镜面饰面。

线性金属板可选用光滑、穿孔或纹理表面。

线性金属天花板型材包括平底盘和平板以及管状、刀片状和挡板状型材。边缘细部经成型加工，以确保可在悬吊系统内正确接合和校准。室内用金属板有一精轧边，用以增加强度。

声学特性

线性金属天花板的声学质量因所用金属盘类型、消声材料类型以及项目条件等因素而不尽相同。声波可穿过面板之间的缝隙，因此须在这类间隙上方设置消声材料，以阻隔声音传输。若布设线性金属天花板的区域安装了室内净高隔断，声音将通过天花板静压箱传输，因此可在天花板上方设置消声棉絮，以略微改善声学效果。可对一些金属板产品做微穿孔处理，这可以提高系统的声学质量，特别是与消声棉絮一并使用时。NRC平均值为0.70~0.90，具体取决于安装条件。

悬吊系统

线性金属天花板隐蔽式悬吊系统与吸声砖安装所用隐蔽式悬吊系统相似。根据线性金属板的类型和质量，悬吊系统通常分为中型和重型两种。两类悬吊系统均通过吊架线悬挂于上方结构上，主三通通常以1219 mm的最大中心距布设。

悬吊式装饰网格

悬吊式装饰网格是一种开放式框架网格，用于限定天花板平面和隐藏天花板上方构件。网格并未包围天花板静压箱，而是悬挂于上方结构上。

装饰网格便于启用安装在天花板上方的照明、暖通空调和喷水灭火系统。

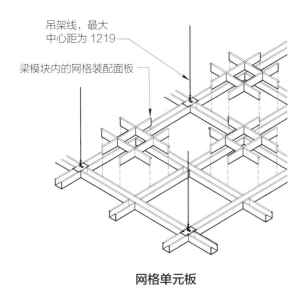

网格单元板

网格类型

悬吊式装饰网格由钣金冷轧而成的 U 形叶片构成，形成模块化网格单元，由天花板悬吊系统予以悬吊。这类天花板悬吊系统与常见吸声天花板安装所用天花板悬吊系统相似。一些悬吊式网格产品可支撑灯具、标牌、扬声器和其他通常安装在天花板平面上的设备。

钣金和冲压金属天花板 [1]

冲压金属天花板有时见于旧建筑中，可能隐藏在新悬吊式天花板下。可用从新设计未涉及处回收的配套材料来修补旧冲压金属天花板。新冲压金属可以板砖或模块砖形式购买。冲压金属天花板可涂漆，大多在墙体接缝处布设配套凹口。

冲压金属天花板产品具有较强的声音反射性，可通过穿孔来更好地吸收声音。

冲压金属天花板砖可插入尺寸为 610 mm 的标准方形天花板悬吊系统中。这类天花板砖可简化设备的安装和使用。若要粉刷天花板，可对安装在网格上的任何格栅也进行相应粉刷，以做匹配。

冲压金属顶冠饰条

木材和木制品天花板 [2]

有多种木制品可用于天花板，包括压条板、木铺板或木板以及木饰面天花板面板。

压条板 8 mm 厚、约 89 mm 宽，可用于天花板。每块木板均沿中心开槽，安装时可产生为两块窄木板的错觉。压条板安装时须与天花板搁栅成直角。墙边很容易用饰条修整。

木铺板或木板可跨越横梁，形成地板或屋顶的结构平台。木板底面可作为完工天花板暴露在外。木板通常 133 mm 宽，有 V 形榫槽接合缝。沟槽状、条纹状图案和其他机加工图案均可选用。这类系统无隐蔽式天花板空间。

木质天花板通常涂施染色剂和清漆。深色天花板饰面，尤其是亮光饰面，可能看起来比实际要低。这类饰面与深色地板相结合，可产生一种平坦、水平空间的错觉。

木质天花板由浅色或图案丰富的木材（比如多节松木）制成，可使空间更温馨、更具个性。在某些情形下，可对木质天花板进行粉刷，以反射更多光线，或隐藏观感不佳的木材。

木质天花板通常具有较强的声音反射性。有时设计师会使用木格或木挡板来提高吸声性。这类举措可能会改善声音扩散情形，但必须在顶部施加吸声材料，以便显著增加吸声量。

也可采用带木材单板饰面的天花板面板。木饰面穿孔板内部可设置吸声材料。面板常采用带状边缘，其中一些可向下打开以便进入。

吊架线，最大中心距为 1219

梁模块内的网格装配面板

1 作者：基思·麦科马克，美国通信学会理事会（CCS），施工规范协会（CSI），RTKL Associates。
   Setter，Leach & Lindstrom 有限公司。
2 作者：Blythe + Nazdin 建筑事务所。
   考齐·宾格利，美国室内设计师协会（ASID），《室内环境用材料》。

天花板制造商一般会提供天然木材类和仿木类两种选择。标准的 610 mm × 610 mm 金属天花板可涂施廉价但逼真的木材印刷图像粉末涂层。

木质线性悬吊式天花板可用夹具固定在轨道上。它们有多种木材品种可选，包括橡木、桦木、枫树、杨木和红杉木，多在工厂涂施饰面。

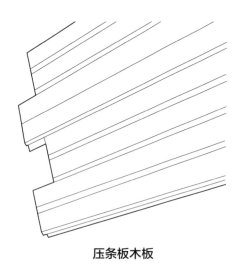

压条板木板

玻璃纤维增强石膏天花板组件

由于质量较轻，玻璃纤维增强石膏（GFRG）广泛用于制造圆顶、方格和拱形天花板。GFRG天花板悬吊于在铸造过程中嵌入的整体紧固点上。面积较大的天花板区域可通过有限模具的重复模板来利用铸造工艺。

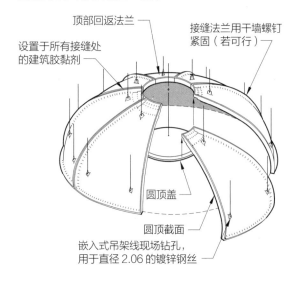

资料来源：铸件设计公司（Casting Designs, Inc.）。

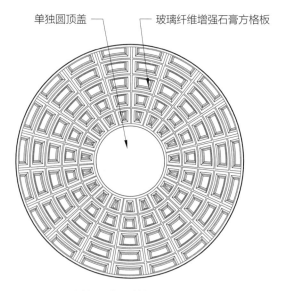

方格反光天花板平面图

资料来源：铸件设计公司（Casting Designs, Inc.）。

瓷砖天花板

瓷砖可用于淋浴室和其他有水小型空间中的天花板。瓷砖应安装在水泥背衬板上，若架空安装会显得很笨重。

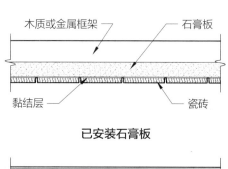

已安装石膏板

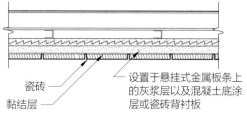

灰浆层

瓷砖天花板

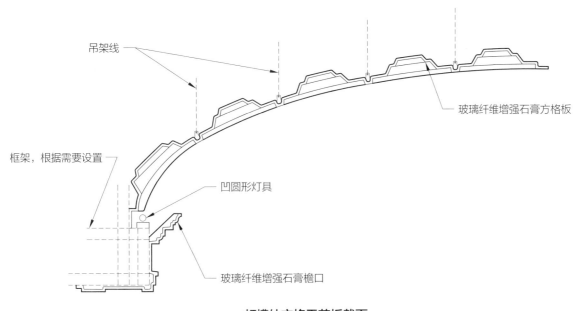

吊架线

框架，根据需要设置

凹圆形灯具

玻璃纤维增强石膏方格板

玻璃纤维增强石膏檐口

灯槽处方格天花板截面

资料来源：铸件设计公司（Casting Designs, Inc.）。

建筑服务

输送系统

电梯

选择标准[1]

电梯系统是主要建筑组件之一，因此须在整个设计过程中予以仔细考虑。对于电梯安装数量、尺寸、速度和类型等，须基于多种因素予以确定，包括所需输送能力和服务质量等。电梯选择应视租赁类型、使用者人数及建筑物设计（楼层数、楼层高度、内外部流通及其他因素）而定。此外，无障碍通道所涉客梯应符合无障碍设计标准的要求。

电梯位置应合理确定，以确保其可提供高效、无障碍服务。运行系统（井道坑和机房）和乘客空间（电梯门厅和轿厢）应合理设置。

类型

液压电梯系统的轿厢和框架由活塞或气缸支撑。曳引电梯的轿厢和框架由提升机支撑。电梯及其配重用钢丝绳连接。

液压电梯使用油压驱动机来升降电梯轿厢及其载荷。受速度和活塞长度所限，系统可达高度约为 16 m。虽然液压电梯的初始安装成本最低，但其动力需求却更大。

曳引电梯是一种电力驱动型电梯，以电力驱动机为能量来源。曳引电梯拥有中高运行速度以及几乎不受限的升程，这使其能够服务于高层、中层和低层建筑。

工业、住宅和商业建筑中的服务电梯通常是为服务用途而改造的标准客梯组合。

货梯通常分为普通货物装载、机动车辆装载、工业卡车装载或集中装载等类型。普通货物装载电梯可为电动滚筒式、曳引式或液压式。

私人住宅用电梯仅可安装在私人住宅中，或服务于多住宅单元建筑物中的单个单元。根据相关规范，私人住宅用电梯在尺寸、容量以及升程和速度方面均受限制。

1　作者：美国瓷砖协会股份有限公司（Tile Council of America, Inc.）。
杰斯·麦基尔文，杰斯·麦基尔文及其合伙人公司（Jess McIlvain and Associates），美国建筑师协会（AIA），美国通信学会理事会（CCS），施工规范协会（CSI）。
马克·福马，利奥·戴利公司（Leo Daly Company）。
乔治·M. 怀特塞德三世，美国建筑师协会（AIA）。
詹姆斯·D. 劳埃德。

系统

电梯系统包括井道、机房、电梯轿厢和电梯等候厅等。

井道：电梯井道是一种垂直竖井，用于一台或多台电梯的运行。井道包括一个底坑，通常终止于曳引系统机房底部，以及液压系统井道上方的屋顶底部。

机房：对于曳引电梯，其井道坑通常位于井道正上方，但也可能位于井道下方、侧面或后方。

机房内设有电梯起重装置及电控装置。

电梯轿厢：轿厢可在两侧垂直轨道的引导下，于楼层之间运送乘客或货物。轿厢一般置于支撑平台和框架内。轿厢设计主要着眼于天花板、墙壁、地面和门饰面，以及配套的照明、通风和电梯信号设备。

电梯等候厅：电梯等候厅旨在让乘客自由流动，快速进入电梯轿厢，并清晰地看到电梯信号。所有电梯门厅均须封闭，主楼入口层门厅除外。

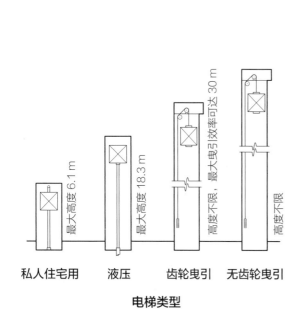

电梯类型

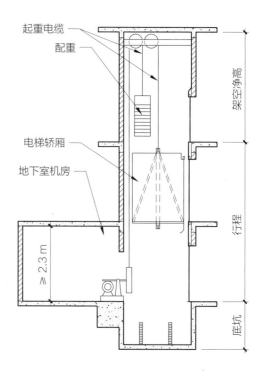

带地下室机房的曳引电梯[1]

---

1 这是一种非常专业的应用，所以建议应用时咨询专家。带地下室机房的曳引电梯多用于新建和现有建筑中，因为其净空高度有限。

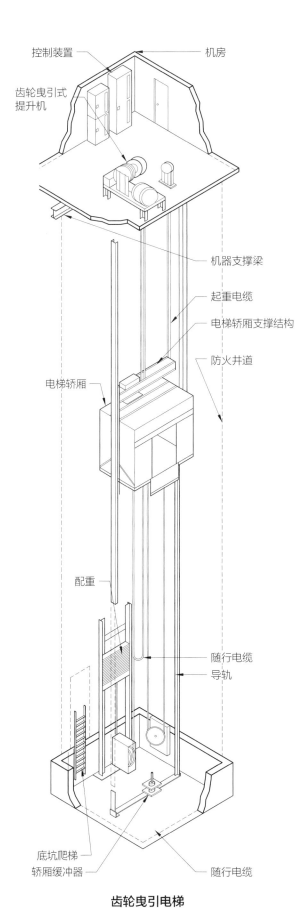

控制装置

机房

齿轮曳引式
提升机

机器支撑梁

起重电缆

电梯轿厢支撑结构

防火井道

电梯轿厢

配重

随行电缆

导轨

底坑爬梯

轿厢缓冲器

随行电缆

齿轮曳引电梯

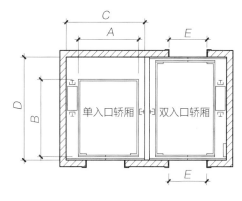

单入口轿厢 双入口轿厢

侧装配重

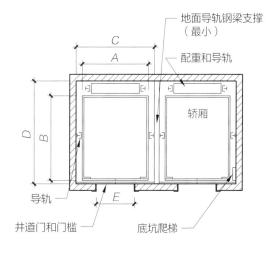

地面导轨钢梁支撑
（最小）

配重和导轨

轿厢

导轨

井道门和门槛

底坑爬梯

后装配重

曳引电梯尺寸

额定荷载（kg）	A（mm）	B（mm）	C（mm）	D（mm）	E（mm）
907	1727	1295	2235	2108	914
1134	2032	1295	2540	2108	1067
1361	2032	1397	2540	2261	1067
1588	2032	1600	2540	2464	1067
2041	1727	2388	2540	3175	1219

曳引电梯井道类型 [1]

---

1 侧装配重允许安装后门（可选）。

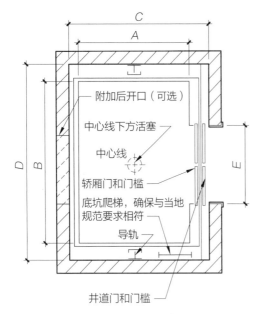

液压电梯尺寸[1]

液压电梯尺寸

额定荷载（kg）	A（mm）	B（mm）	C（mm）	D（mm）	E（mm）
907	1727	1295	2235	1803	914
1134	2032	1295	2540	1803	1067
1361	2032	1397	2540	1905	1067
1588	2032	1600	2540	2108	1067
2041	1727	2388	2261	3048	1219

无障碍

行动障碍者和轮椅使用者常通过电梯进入建筑物。关于电梯的要求一般包括以下内容：

- 电梯门需可自动开关，并设有重启装置，以确保当轿厢门和井道门受阻时，可以停运并重新打开。
- 应在井道门各边框分别设置51 mm高的触觉设计。在主入口层设置一五角星标志。
- 轿厢应可发出清晰可辨的霍尔信号，上行轿厢发出一次，下行轿厢发出两次。

目的地导向型电梯系统

目的地导向型电梯系统会要求乘客以按键或其他方式（比如使用密码识别卡）进入目的地楼层，进而将乘客分配至特定轿厢。

根据目的地导向型电梯系统相关无障碍要求，这类电梯系统要同时具备听觉信号（语音通知）和视觉信号，以指示所分配轿厢。因此，银行内的电梯必须可通过听觉和视觉予以分辨，且在输入点提供的信号或提示必须与轿厢到达时提供的信号或提示相同。

轿厢需设置可见显示屏，以显示每趟行程的目的地，而当轿厢停运时，还需通过自动语音通知播报楼层数。井道边框需设触觉标志，以识别楼层及轿厢。

无障碍应急通信

电梯轿厢必须在轿厢和井道外特定位置之间提供紧急双向通信系统。控制装置必须位于可及范围内。当系统内设听筒时，听筒线长至少为735 mm。系统必须同时提供听觉和视觉信号，不能仅限于语音通信。

无障碍轿厢位置指示器

在电梯轿厢内，可通过听觉和视觉信号来识别轿厢位置。轿厢服务的每个楼层均需设置至少13 mm高的视觉信号，这类信号需可发光，以指示轿厢停靠或经过的楼层。新电梯的听觉信号应为自动语音通知，可在轿厢每次停运时自动播报楼层数。

无障碍电梯轿厢

可参阅适用的无障碍法规条例规定。

无障碍电梯轿厢的内部尺寸必须满足以下要求：

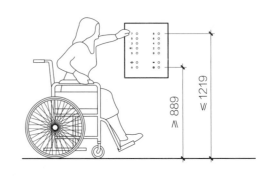

控制面板高度[2]

1　A 和 B 指内部净尺寸。额定速度为每分钟23~61 m。
2　对于服务16个或更多开口的电梯轿厢，可豁免控制面板高度要求，其控制面板高度可达1370 mm。

- 宽915 mm电梯门须允许有16 mm的公差，并允许使用净宽达900 mm的行业标准门。
- 任何其他轿厢配置，若提供宽914 mm轿厢门以及直径1525 mm或T形轮椅回转空间等，均是允许的。

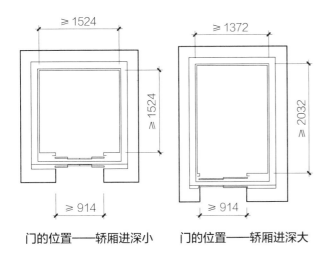

门的位置——轿厢进深小　　门的位置——轿厢进深大

无障碍电梯轿厢内部尺寸

住宅电梯[1]

私人住宅电梯选择指南可简化为几个参数。根据相关规范规定，住宅电梯在尺寸、容量、升程和速度方面均受限制，且仅可安装在私人住宅中或以单一住宅单元通道的形式安装在多户住宅中。预制系统在速度、容量、美学设计和电子控制等方面的选择非常有限。

私人住宅用电梯系统

私人住宅常用电梯系统主要有两种：卷筒机曳引电梯和液压电梯。

- 卷筒机曳引电梯采用带槽卷筒。电梯运行时，曳引绳会缠绕卷筒。此类电梯无须配重或在井道上方布设机房，因此比标准曳引系统更适用于小型场所。

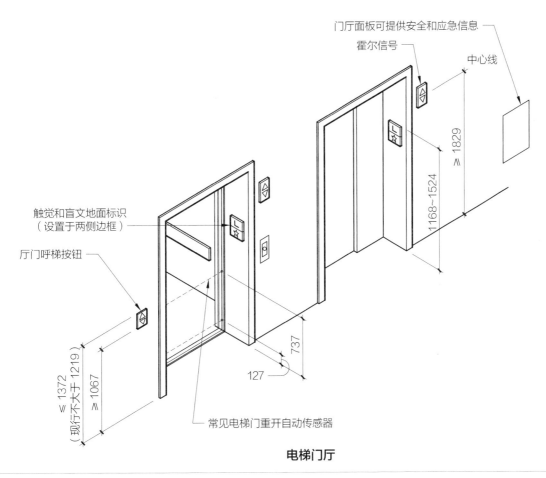

电梯门厅

1　作者：里皮托建筑师事务所（Rippeteau Architects）。
劳伦斯·G.佩里，美国建筑师协会（AIA）。
马克·J.麦兹，美国建筑师协会（AIA）。

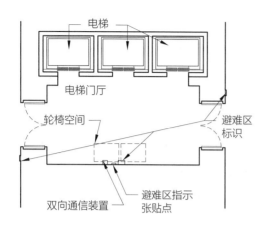

电梯规划细节

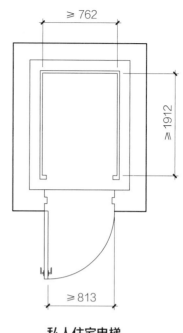

私人住宅电梯

· 私人住宅用液压电梯采用标准的无孔装置或绳曳式液压机。这两种电梯均可避免大型施工和钻井作业，使系统更为经济，是加装电梯的理想选择。

住宅电梯轿厢的标准尺寸为914 mm 宽、1219 mm 深、2032 mm 高。其他可用轿厢深度为914 mm 和1524 mm。此处所述尺寸适用于大多数电梯应用场合。

运载能力

滚筒机的运载能力为227 kg，速度为每分钟9.1 m。曳引和液压机的运载能力为340 kg，速度为每分钟11 m。

玻璃幕墙电梯轿厢

观光及玻璃幕墙电梯可在井道外或单侧开放的井道内运行。可将机器隐蔽，或通过设计使其不醒目。电梯可设计为液压驱动、齿轮驱动或无齿轮驱动型。轿厢可定制设计，玻璃壁面占比可达75% 以上。在玻璃幕墙轿厢中，仅后方面板可为玻璃面板。必须在楼板穿透处和一楼设置安全屏障，以将电梯未被井道封闭部分完全包围。

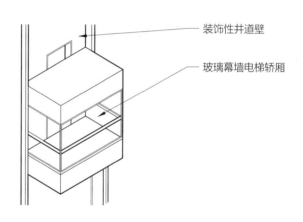

玻璃幕墙电梯轿厢

电梯轿厢内装

电梯载客周转量比其他任何交通工具都多。电梯轿厢内装必须符合耐用性、安全性和实用性要求。

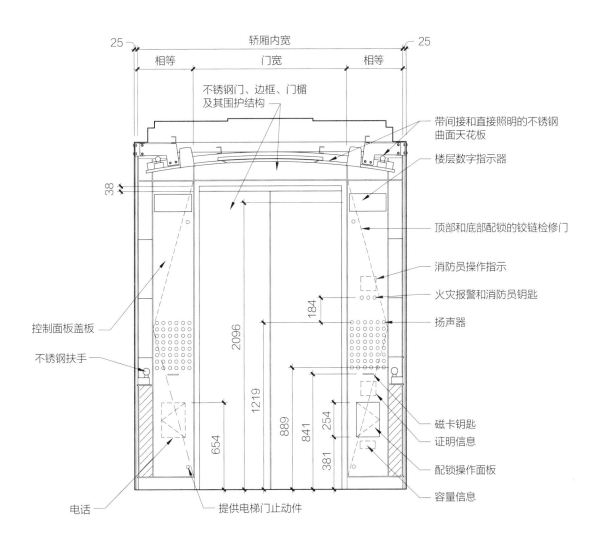

电梯入口墙

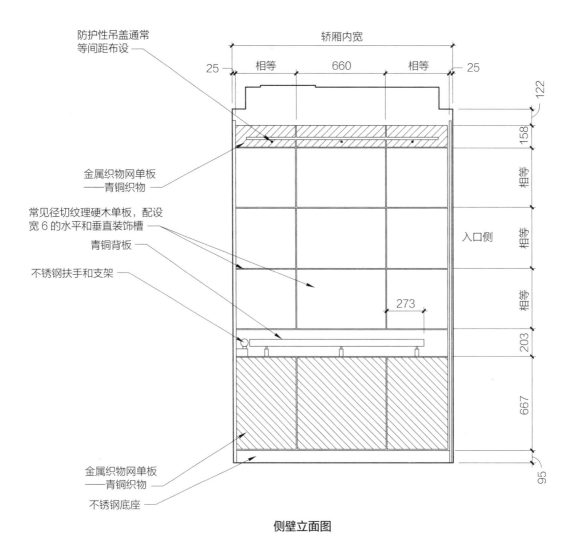

侧壁立面图
电梯轿厢常见内装

轿厢尺寸

　　电梯内装可为设计师提供独特而颇具挑战性的设计机会。客梯轿厢比例以宽浅为标准，以便高效进出。轿厢常见尺寸为 3.2 m²，内部尺寸为 2032 mm × 1625 mm。

预期用途

　　电梯轿厢内装可传达其所服务建筑的设计理念。企业商务环境中的电梯与酒店、医院、停车场或高层住宅楼中的电梯在外观方面有很大不同。每个轿厢均与其使用背景和独特要求相符。

饰面选择

　　须在钢轿厢内壁面涂施内饰面。制造商标准轿厢饰面的厚度为 19~25 mm。若采用这类标准

饰面，轿厢内部净尺寸须从已涂饰完毕的轿厢内壁面开始测量。在制造商说明中显示为"轿厢尺寸"，是规范规定的最小净尺寸。若设计师在轿厢中使用定制内装材料，而非制造商提供的标准饰面，所用饰面的厚度不应超过 25 mm。

耐用性

　　电梯轿厢是商业内装中交通最繁忙的区域之一。因此，电梯所用材料必须尽可能耐用、耐损。地面材料的选择应考虑最终更换情形。

　　地面标准凹陷量为 13 mm。瓷砖、水磨石和薄贴石等硬表面材料，或许初始成本比较高，但却非常耐用。

　　乙烯基合成地板砖（VCT）常用于具有高耐

用性和低成本需求的轿厢，比如停车场电梯轿厢；油毡可能是一种更为环保的替代品。菱形金属地板因其坚硬的表面和几乎坚不可摧的特性，成为货运电梯的理想选择。地毯是电梯轿厢中使用最广泛的地面材料，因为其可降低声音，且能确保脚底舒适性；另外，与石材、瓷砖或水磨石相比，其初始成本相对较低。在交通繁忙区域，电梯地毯几乎每六个月就要更换一次。

照明

电梯轿厢的照明需要特别注意，因为乘客（通常是陌生人）必须在陌生的环境中近距离共处两分钟左右。太亮的光线对皮肤不好，会让人在如此近的距离内感觉心理不适。为消除这种不适感，须对照明进行合理设计，一方面要使电梯轿厢足够明亮，确保乘客可看清电梯内部，并感到进入电梯是安全的；另一方面亮度又要足够低，以使轿厢空间内的视野更为柔和。

电梯照明无须像办公室环境或酒店走廊那般明亮。轿厢最低亮度应为 50 lx，在轿厢地面处测量。研究表明，在轿厢天花板上使用标准的抛物型透镜灯并非理想的照明解决方案，因为其亮度虽可满足最低 50 lx 的要求，但却不足以充分照亮地面。如此一来，当轿厢门打开时，里面会看起来非常灰暗，就如同轿厢内照明已关且电梯已停用一般。为了避免这一问题，应采用足以照亮整个轿厢壁的灯具。合理搭配筒灯和侧灯可创造最好的照明环境。筒灯和侧灯这一完美组合可沿轿厢壁提供柔和光线，照在乘客身上会形成漂亮的反射光，同时可突出扶手，使轿厢内部熠熠生辉，吸人眼球。对多数轿厢而言，其所用灯具大部分时间都处于开启状态，所以低压照明不失为一个有助于节约能源的理想选择。任何外露灯具，如荧光灯，须加以保护，以防因其破碎致使任何碎玻璃落至乘客身上。最后，电梯轿厢内的灯具须易于更换。

天花板和门

在电梯设计的早期阶段，可设法采取一些措施，以在不大幅增加成本的情形下使得电梯看上去更柔和。增加轿厢内装的高度可极大改善电梯的观感，而且成本相对较低。然而，增加入口高度（通常为 2.1 m 或 2.4 m）可能会对电梯功能和性能造成重大影响。比如，若增加电梯门的高度或质量，必须降低开门速度，以确保安全。

天花板必须紧固于轿顶上，不得因轿厢紧急停运而摔落至地面上。顶部紧急出口是用于疏散被困乘客的最后手段。

内部净空至少须达 2032 mm，即便在通过可移动天花板面板进入顶部紧急出口的情形下也是如此。在无单独货梯的建筑中，客梯偶尔作为货梯使用。轿厢设计应允许升降天花板（高度可远低于轿厢顶），以便运输更大、更重的材料。轿厢壁上的固定销允许用户在轿厢内悬挂防护性覆盖物。无论建筑内是否有货梯，所有轿厢均应提供固定销，因为当居住者入住时，所有电梯都可能用于运载家具。

自动扶梯

对楼层有限（最多 5~6 层）且交通繁忙的建筑，自动扶梯是一种较为有效的垂直运输方式。通常不将自动扶梯视为必须出口。

在交通枢纽、体育场馆和展览中心等须满足多人长距离水平移动需求的场合，移动式乘客输送机可发挥重要作用。输送机可布置在夹角不大于 12° 的任何水平运行面和斜面的组合中。

一般而言，若移动距离小于 30.5 m，设置移动人行道并不经济；但若移动距离超过 91.4 m，移动人行道缓慢的运行速度又会使乘客备感沮丧。660 mm 的宽度仅可容纳一个成年人通行，1016 mm 的宽度则可为乘客提供步行或静立通行选择。

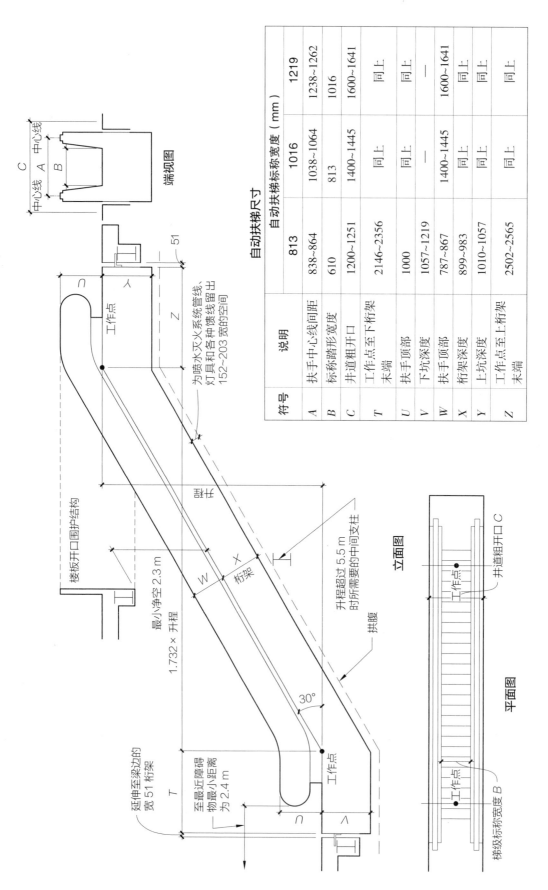

自动扶梯尺寸

符号	说明	自动扶梯标称宽度（mm）			
		813	1016	1219	
A	扶手中心线间距	838~864	1038~1064	1238~1262	
B	标称踏形宽度	610	813	1016	
C	井道粗开口	1200~1251	1400~1445	1600~1641	
T	工作点至下桁架末端	2146~2356	同上	同上	
U	扶手顶部	1000	同上	同上	
V	下坑深度	1057~1219	—	—	
W	扶手顶部	787~867	1400~1445	1600~1641	
X	桁架深度	899~983	同上	同上	
Y	上坑深度	1010~1057	同上	同上	
Z	工作点至上桁架末端	2502~2565	同上	同上	

自动扶梯轮廓

端视图

立面图

平面图

楼板开口围护结构

最小净空 2.3 m
1.732 × 升程

延伸至梁边的宽 51 桁架

至最近障碍物最小距离为 2.4 m

30°

升程超过 5.5 m 时所需要的中间支柱

拱腹

为喷水灭火系统管线、灯具和各种馈线留出 152~203 宽的空间

工作点

桁架

井道粗开口 C

梯级标称宽度 B

轮椅升降机

轮椅升降机适用于非无障碍建筑翻新工程。在改建现有建筑时，升降机一般可用作无障碍通道的一部分。在选择特定型号的升降机之前，须核实适用规定。

在新建筑中，升降机一般不允许用作无障碍疏散设施的一部分。因此，对于无喷水灭火装置的建筑，须在升降机所服务空间布设水平出口或避难区。

对使用升降机的新建筑，须为升降机所服务空间布设无障碍疏散设施。在新建筑中，升降机一般仅允许用作无障碍通道的一部分，用以到达集会场所的表演区或轮椅空间、不向公众开放且占用者载荷不超过5人的空间以及住宅单元内部空间。

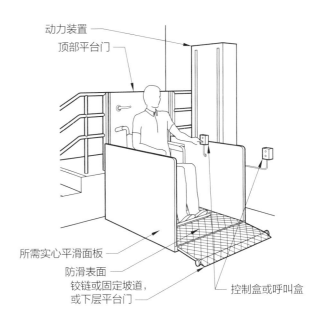

全貌

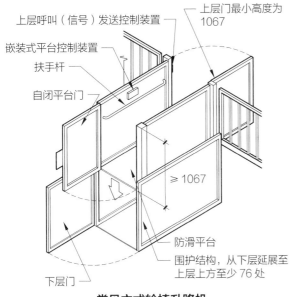

常见立式轮椅升降机

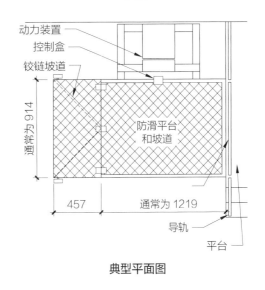

典型平面图

轮椅升降机

斜式轮椅升降机相关要求

典型住宅	私人住宅
1067 mm 高自闭门：实心构造，机电联锁，用于下部层站	914 mm 高自闭门：实心构造，机电联锁，用于上部层站
1067 mm 高平台侧护板：不用作出口，实心构造	914 mm 高平台侧护板：不用作出口，实心构造
152 mm 高护板：允许代替侧护板	152 mm 高护板：允许代替侧护板
152 mm 高可伸缩护板：防止轮椅滚出平台	152 mm 高可伸缩护板：防止轮椅滚出平台
底部停靠点门	底部停靠点下方的障碍物检测开关
行程：最多三层楼	行程：最多三层楼
乘用者按钮操作	乘用者按钮操作

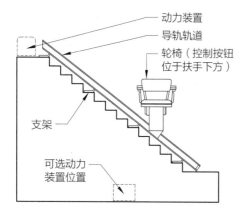

椅式升降机 [1]

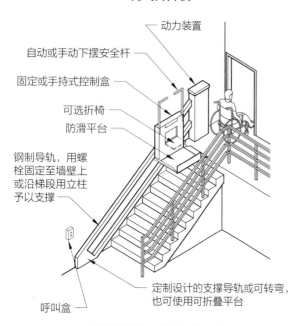

动力装置
导轨轨道
轮椅（控制按钮位于扶手下方）
支架
可选动力装置位置

动力装置
自动或手动下摆安全杆
固定或手持式控制盒
可选折椅
防滑平台
钢制导轨，用螺栓固定至墙壁上或沿梯段用立柱予以支撑
呼叫盒
定制设计的支撑导轨或可转弯，也可使用可折叠平台

楼梯升降机或平台（直跑）

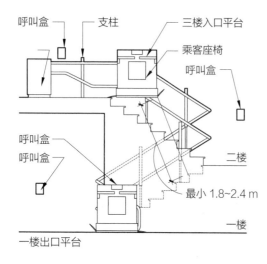

呼叫盒
支柱
三楼入口平台
乘客座椅
呼叫盒
呼叫盒
呼叫盒
二楼
最小 1.8~2.4 m
一楼
一楼出口平台

楼梯升降机或平台侧立面图

杂物电梯 [2]

　　杂物电梯是一种小型电梯，通常用在商业建筑和住宅内运输物料。杂物电梯的容量是由拟运物品的最大质量和电梯轿厢的尺寸决定的。最大容量为 227 kg，正常速度为每分钟 15.2 m。轿厢平台面积不得超过 0.84 kg，轿厢高度不得超过 1.2 m。机器可置于升降口上方、下方或附近。滚筒机最大升程为 10.7~12.2 m，曳引式机器行程不受限。

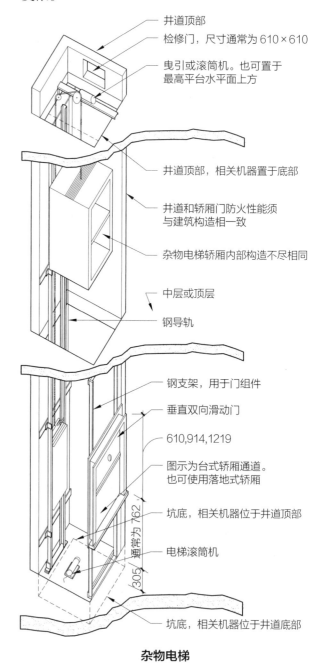

井道顶部
检修门，尺寸通常为 610×610
曳引或滚筒机。也可置于最高平台水平面上方
井道顶部，相关机器置于底部
井道和轿厢门防火性能须与建筑构造相一致
杂物电梯轿厢内部构造不尽相同
中层或顶层
钢导轨
钢支架，用于门组件
垂直双向滑动门
610,914,1219
图示为台式轿厢通道。也可使用落地式轿厢
坑底，相关机器位于井道顶部
电梯滚筒机
305，通常为 762
坑底，相关机器位于井道底部

杂物电梯

1　这种椅式升降机尺寸紧凑，比其他升降机更适用于住宅。
2　作者：艾伦·H. 赖德，美国建筑师协会（AIA），DMJM 建筑公司；埃里克·K. 比奇，里皮托建筑师事务所（Rippeteau Architects）；威尔金森公司（Wilkinson Company, Inc.）；卡特勒制造公司（Cutler Manufacturing Corporation）；马克·J. 麦兹，美国建筑师协会（AIA）。

杂物电梯轿厢尺寸和容量[1]

宽度（mm）	深度（mm）	高度（mm）	容量（kg）
457	457	610	11~34
508	508	762	45
711	610	914	68~113
813	762	1067	136~159
914	914	1219	181~227

管道系统

考量

管道系统旨在为所服务建筑及建筑场地安全输送（排出）液体和气体。由给水管、卫生器具和排废管构成的管道系统可能是建筑物内最常见的一类管道系统，但除此之外，也可能需要其他类型的管道系统，包括燃气服务管道以及用于特定设施的管道（如用于医院的医用气体服务管道等）。

在管道系统早期规划阶段，设计团队应综合考虑卫生器具数量、空间要求和卫生间位置等因素。管道系统的设计还应考虑对噪声、振动和管道凝结的控制等问题。

考虑到一些有害、危险的下水道废气可能会回流至建筑物，有必要在每个卫生器具上布设注满水的存水弯和室外通风系统。室外通风口的位置须满足相关规范要求。

卫生器具是管道系统中最显眼的设计元素，是建筑占用者可切实触摸和感觉到的建筑构件。其他管道组件大多隐藏在建筑内部。

供水可持续性

建筑清洁水的质量和数量是一个重大的环境问题。全球许多人都无法获得清洁水，而且预计在不久的将来，清洁水资源会变得更加稀缺。地球淡水资源不足2%，多为地下水以及湖泊和河流水。现今用水量是一个世纪前的六倍，且用水需求预计仍会继续增长。

随着降水模式和强度的变化以及旱涝灾害的增加，气候变化会进一步影响水量。海平面上升加剧了海水对淡水供应的入侵，而降水增加则导致更多毒素和污染物汇入淡水径流。干旱和气温上升增加了灌溉和牲畜用水需求。

水和能源的使用相互关联。自来水厂和污水处理厂须利用能源处理和运输建筑用水。此外，水还用于提取、提炼和处理燃料以及运行能源生产设备。制造业需要用水生产建筑产品以及室内装饰和家具。

在生活中，我们往往使用珍贵的能源密集型饮用水来冲洗建筑废物，尽管我们并不需要这样做。

当建筑物危及湿地时，也会影响供水。路面和建筑径流会对将降水返回至地面进行净化和再利用的自然循环造成干扰。

设计师和建筑师应考虑以下几点：

- 指定使用带曝气器和自闭式传感器的超低流量水龙头。
- 指定使用符合规范要求的厕所。
- 指定使用无水便池。

规范和标准

管道规范为管道系统的设计和安装及其组件的选择制定了最低可接受标准。管道系统设计方面的要求应以项目辖区所用规范为依据。本节所示表格和图片主要用于初步规划，而非实际设计。

卫生间

卫生器具和卫生间的间距及位置应符合用户需求和相关规范要求。设计专业人士应了解卫生器具接收来水和排出废水的方式，以及一般性通风要求。需要考虑的其他设计问题包括卫生器具与卫生间隔间、便池滤网、卫浴配件以及浴缸和浴室门之间的协调。

1　作者：埃里克·K.比奇，里皮托建筑师事务所（Rippeteau Architects）。
　　阿特拉斯电梯公司（Atlas Elevator Company）。

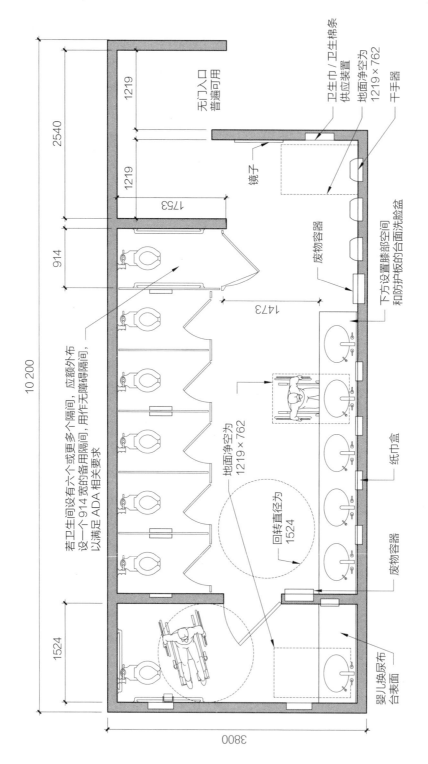

无门入口
普遍可用

卫生巾/卫生棉条
供应装置

地面净空为
1219×762

干手器

镜子

废物容器

下方设置膝部空间
和防护板的台面洗脸盆

地面净空为
1219×762

回转直径为
1524

纸巾盒

废物容器

婴儿换尿布
台表面

若卫生间设有六个或更多个隔间，应额外布
设一个914宽的备用隔间，用作无障碍隔间，
以满足ADA相关要求

1219

2540

1219

1753

914

1524

1473

10 200

3800

没开放式前厅的女卫生间

资料来源：保必丽卫生间设备公司（Bobrick Washroom Equipment, Inc.）。

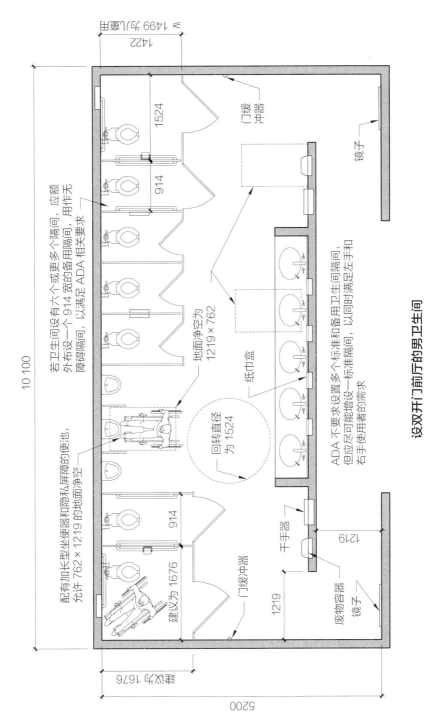

若卫生间设有六个或更多个隔间，应额外布设一个914宽的备用隔间，用作无障碍隔间，以满足ADA相关要求

地面净空为1219×762

纸巾盒

门缓冲器

镜子

ADA不要求设置多个标准和备用卫生间隔间，但应尽可能增设一标准隔间，以同时满足左手和右手使用者的需求

10 100

1422

∨ 1499 为儿童用

1524

914

回转直径为1524

干手器

废物容器

镜子

1219

1219

配有加长型坐便器和隐私屏障的便池，允许762×1219的地面净空

914

建议为1676

5200

建议为1676

设双开门前厅的男卫生间

资料来源：保必丽卫生间设备公司（Bobrick Washroom Equipment, Inc.）。

无障碍

本节所述无障碍卫生间的尺寸标准均基于无障碍设计标准和成人人体测量学标准，除非另有说明。

在新建筑中，所有公共和共用卫生间均须做无障碍处理。

若多个单人卫生间或浴室集中在同一地点，无障碍卫生间或浴室数量应占比50%或以下。若并非所有卫生间或浴室均是无障碍的，无障碍卫生间或浴室必须设有适当的无障碍标识。

私人办公室内的单人卫生间和浴室应可改装，无须完全无障碍。更换坐便器和洗脸盆、改变门的摆动方式以及在已加筋墙壁上安装扶手杆等均是无障碍举措。

无障碍卫生间隔间门不得摆入任何卫生器具所需地面净空内，单人卫生间除外（单人卫生间地面净空不在门的摆幅内）。

对于布设隔间的卫生间，至少须布设一个残疾人专用隔间。若卫生间设有六个或更多个隔间和便池，除残疾人专用隔间外，还需布设一个914 mm宽的可移动隔间，供可短距离行走或在外力帮助下行走者使用。必须在无障碍卫生间隔间前方和侧方（至少一侧）预留229 mm高、152 mm深的趾部净空。若隔间尺寸比最小尺寸大出152 mm或以上，则无须预留趾部净空。允许采用左/右手配置。

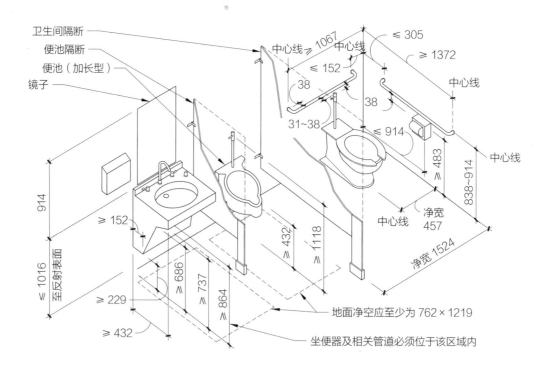

无障碍固定装置和配件的位置[1]

---

1 地面净空的特定配置会影响控制装置的最大高度和最小高度。若隔断深度大于或等于610 mm，便池地面净空宽度应为914 mm。若隔断深度小于430 mm，便池地面净空宽度可为737 mm。

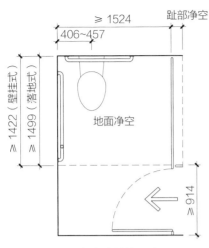

一排末端轮椅无障碍

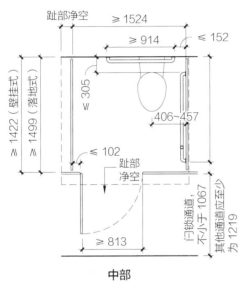

中部

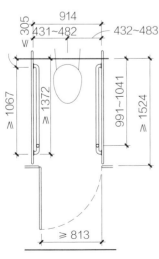

步行无障碍

卫生间隔间

无性别卫生间

无障碍设计标准允许在技术层面不可行情形下，在改建建筑中使用无性别（或单人）卫生间。无性别卫生间须与现有无障碍设施位于同一区域和同一楼层。

无性别卫生间对于有异性个人护理陪同者非常有帮助。无障碍设计标准鼓励在新设施中同时使用无障碍单性别卫生间和无性别卫生间。某些规范可能会要求特定集会或商业场所采用无性别卫生间。这类要求主要适用于设有六个或更多个坐便器（或坐便器和便池）的建筑。

无性别设施须与其他分性别设施置于同一楼层，且两者间隔须在 152 m 内。无性别卫生间和浴室的门应可在内部反锁。

无障碍卫生间布局[1]

某些卫生间的布局大体相似，不同之处在于门的摆动方向以及尺寸（比如宽度或深度等）的限制程度。尺寸包括可确保舒适度的最小尺寸和理想尺寸。卫生间外形尺寸包括 51 mm 的施工公差。每种布局均须反映卫生器具和门所需地面净空。

关于卫生间门的操控净空，可参阅无障碍设计标准了解具体要求和条件。相关变量包括门的摆动方向、接近方向、尺寸和五金件等。浴室门宽度应为 914 mm，须配设闭合器和闩锁，以保护隐私。

坐便器底部和洗脸盆下方的操控净空或因卫生器具的设计而有所不同。需要确认选用品牌和型号的坐便器和洗脸盆的实际尺寸。

坐便器净空不得因洗脸盆或其他卫生器具而受阻。根据无障碍设计标准，为了便于侧移，洗脸盆与坐便器的地面净空不得重叠，有盖卫生间除外。

不同卫生间的无障碍要求各不相同，具体以相关规范要求为准。

---

1 作者：劳伦斯·G.佩里，美国建筑师协会（AIA）。
　　马克·J.麦兹，美国建筑师协会（AIA）。

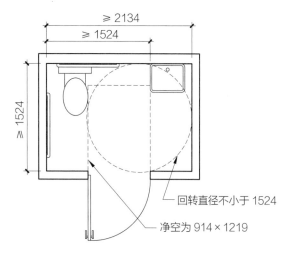

回转直径不小于 1524

净空为 914×1219

单人卫生间——外摆式

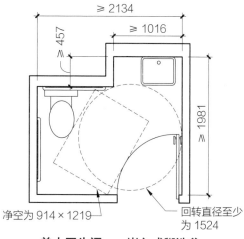

回转直径至少为 1524

净空为 914×1219

单人卫生间——嵌入式盥洗盆

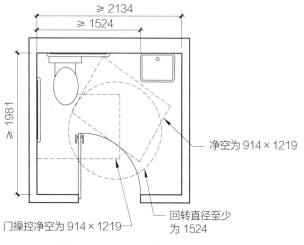

净空为 914×1219

回转直径至少为 1524

门操控净空为 914×1219

单人卫生间——内摆式

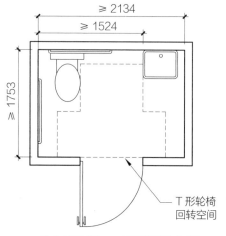

T 形轮椅回转空间

单人卫生间——T 形回转空间

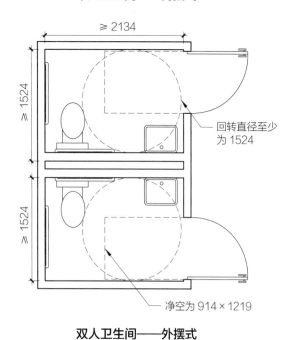

回转直径至少为 1524

净空为 914×1219

双人卫生间——外摆式

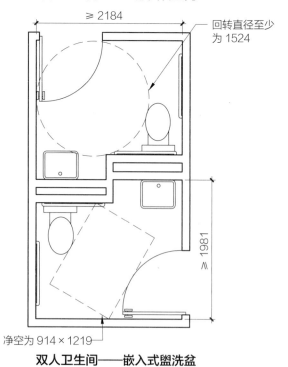

回转直径至少为 1524

净空为 914×1219

双人卫生间——嵌入式盥洗盆

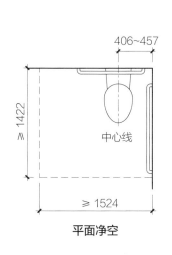

平面净空

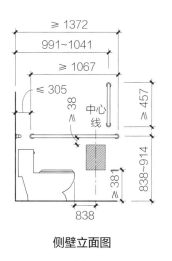

侧壁立面图

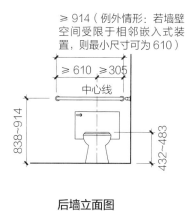

后墙立面图

坐便器

住宅无障碍标准[1]

住宅浴室和单人卫生间可分为两大类：私人设施，比如位于单户或多户住宅中的设施；公共设施或机构设施，比如位于疗养院、医院、宿舍或酒店中的设施。

根据无障碍设计标准，在需考虑住户行动能力的多户住宅项目中，为轮椅使用者等行动障碍者设置的无障碍区域须占住宅总面积的5%，以确保完全无障碍。

可调适浴室

可调适的定义是：可通过改变或添加相关构件来适应残障或非残障人士或者残障类型或程度不同的各类残障人士需求的能力。一些规范要求在某些住宅浴室中提供可调适构件。

对于单户定制住宅或改建项目，浴室设计应专为房主个人量身定制。例如，若主浴室是为轮椅使用者设计的，其设计应可反映出该轮椅使用者的个人行动能力和偏好。

操控空间

所有标准均允许卫生器具所需地面空间与所需操控空间相重叠。若在卫生间门（单人设施中）摆幅范围外留有至少762 mm×1219 mm的地面净空，则允许卫生间门摆入任何卫生器具相应净空内。

浴室入口门

若安装宽914 mm的门，需提供813 mm的净空间隙。

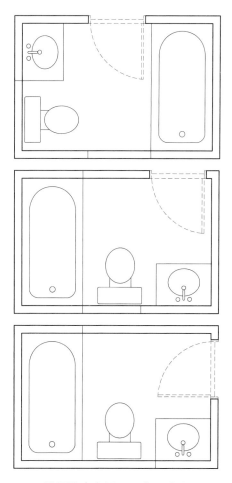

常规浴室布局——非无障碍

---

1 作者：劳伦斯·G.佩里，美国建筑师协会（AIA）。
马克·J.麦兹，美国建筑师协会（AIA）。

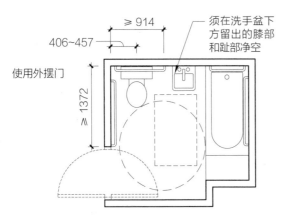

使用外摆门

≥ 914

406~457

≥ 1372

须在洗手盆下方留出的膝部和趾部净空

注：门摆动范围外地面净空至少为 762×1219。

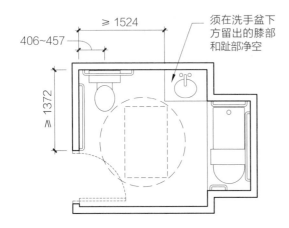

≥ 1524

406~457

≥ 1372

须在洗手盆下方留出的膝部和趾部净空

注：门摆动范围外地面净空至少为 762×1219。

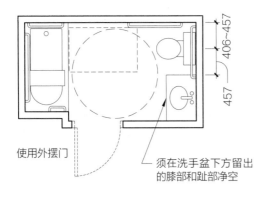

使用外摆门

406~457

457

须在洗手盆下方留出的膝部和趾部净空

注：门摆动范围外地面净空至少为 762×1219。

无障碍住宅浴室布局

扶手杆[1]

在靠近坐便器的侧壁和后壁上安装扶手杆。扶手杆安装时必须用钢筋加固，确保完全满足所有无障碍要求，包括长度、安装高度和结构强度等。扶手杆的布置会对无障碍浴室的平面图造成影响。

扶手杆相关标准包括以下内容：

· 尺寸：外径须达到 38 mm 或 32 mm，墙面净空为 38 mm。

· 材质：不锈钢或滚花饰面镀铬黄铜（可选）。

· 安装：选用隐蔽或外露式紧固件，首尾均须紧固在墙体中，可选用最大尺寸为914 mm 的中间支撑。使用重型扶手杆和承重性较强的安装方法。

特殊情形下也可使用其他类型的扶手杆。

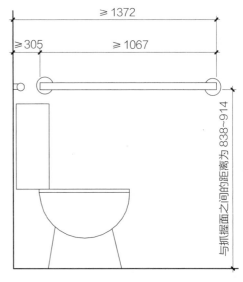

≥ 1372

≥ 305

≥ 1067

与抓握面之间的距离为 838~914

卫生间侧壁扶手杆

美国儿童用坐便器无障碍指南

（单位：mm）

尺寸	3—4 岁	5—8 岁	9—12 岁
坐便器中心线	305	305~381	381~457
坐便器座圈高度	279~305	305~381	381~432
扶手杆高度	457~610	508~635	635~686
纸筒高度	356	356~432	432~483

1　作者：金姆·A.比斯利和小托马斯·D.戴维斯，美国建筑师协会（AIA），美国瘫痪退役军人协会建筑部（Paralyzed Veterans of America Architecture）。马克·J.麦兹，美国建筑师协会（AIA）。维吉尼亚·A.格林，VGA 建筑设计事务所。

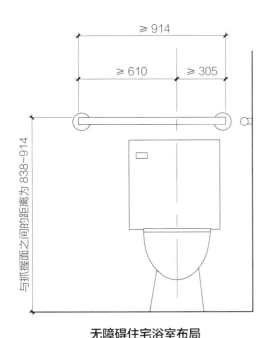

与抓握面之间的距离为 838~914

≥ 914
≥ 610　≥ 305

无障碍住宅浴室布局

建议将干卫生间和湿卫生间区域隔开。湿卫生间应便于从淋浴间进入。若湿卫生间需要服务于游泳池，其位置应可确保用户在使用卫生间后必须经过淋浴间。

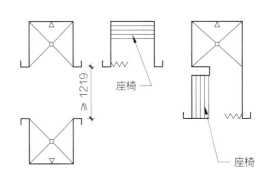

≥ 1219
座椅
座椅

单独淋浴间和更衣室平面图

常见淋浴间和更衣室尺寸

名称	最小尺寸（mm）	最佳尺寸（mm）
淋浴间	914×1066	1066×1066
更衣室	914×1066	1066×1219

儿童卫生间

无障碍设计标准考虑了专为儿童设计的空间和构件，主要针对12岁及12岁以下的儿童。这类标准涵盖的儿童用管道构件和设施包括卫生间隔间、自动饮水器、盥洗盆以及扶手杆。

至于儿童用扶手杆的高度（即从完工地板到扶手杆抓握面的高度），应为457~686 mm。

3—12岁儿童在身材和可及范围等方面存在差异，因此儿童用坐便器和卫生间隔间也有所不同。

儿童用无障碍卫生间隔间要求应至少为1524 mm宽（垂直于侧壁测量）、1499 mm深（垂直于后壁测量），所用坐便器可为壁挂式或落地式。若卫生间隔间的深度大于1651 mm，则无须在前隔断处为儿童留出趾部净空。

更衣室和淋浴间

淋浴间设计

淋浴间应直接通往其所服务的干燥室和更衣室。若淋浴间须服务于游泳池，其位置应可确保用户在到达泳池甲板前必须经过淋浴间。

干湿卫生间区域

干卫生间的面积应与淋浴间相当。应布设排水设施。建议采用重型毛巾架，置于距地面约1219 mm处。可布设一个457 mm高、203 mm宽的干脚条凳。建议湿卫生间与其相邻，避免在干卫生间与其邻近空间之间设置障碍物。毛巾服务区（可用于分发统一服装）的面积因所存物料而异，一般为18.6 m² 就足够了。

生活用水分配及管道

在设计住宅管道时，应遵守以下指南：

1. 不应超过每根管道允许安装的排水固定装置单元（DFU）数。
2. 浇筑混凝土地面内部及下方管道的内径不得小于51 mm。
3. 聚氯乙烯（PVC）和丙烯腈-丁二烯-苯乙烯（ABS）管道会传输水噪声，所以不应将其用于餐厅或客厅等区域上方。这类区域可考虑采用噪声相对较小的铸铁

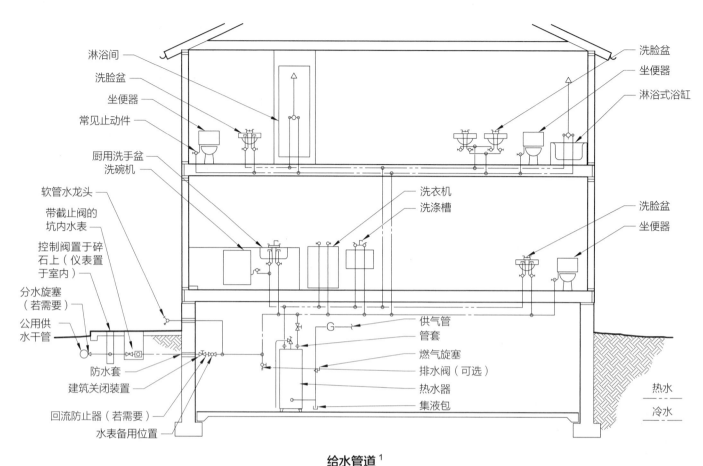

淋浴间
洗脸盆
坐便器
常见止动件
厨用洗手盆
洗碗机
软管水龙头
带截止阀的坑内水表
控制阀置于碎石上（仪表置于室内）
分水旋塞（若需要）
公用供水干管
防水套
建筑关闭装置
回流防止器（若需要）
水表备用位置

洗脸盆
坐便器
淋浴式浴缸

洗衣机
洗涤槽

洗脸盆
坐便器

供气管
管套
燃气旋塞
排水阀（可选）
热水器
集液包

热水
冷水

给水管道[1]

管道。

4. 即使规范允许，也应尽量避免将外径为 31 mm 或 38 mm 管道用作排水管道。这类管道长期使用往往易堵塞，特别是用作厨房排水管时。

5. 保持管道坡度至少为每 305 mm 的水平距离上升 6 mm。

卫生器具

卫生器具是指用于供水或接收水载废物并将其排放至生活废物系统的装置或设施。理想的卫生器具材料应当不吸水、无孔、无氧化、光滑且易清洁。

相关规范通常会指定必须基于容量为特定场所提供相应数量和类型的卫生器具。对于使用卫生器具的空间，其数量和类型相关规范要求已将残障人士的需求考虑在内。

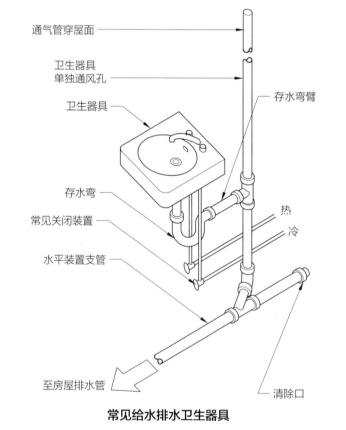

通气管穿屋面
卫生器具单独通风孔
卫生器具
存水弯
常见关闭装置
水平装置支管
至房屋排水管

存水弯臂
热
冷
清除口

常见给水排水卫生器具

1 作者：BFS 建筑咨询与室内设计（BFS Architectural Consulting and Interior Design）。
美国管道工程师协会（American Society of Plumbing Engineers）。
迈克尔·弗兰克尔，认证室内环境专业人员，公用事业系统顾问（Utility Systems Consultants）。

卫生器具数量

关于卫生器具数量的规定包括以下内容：

· 在商店、商场和办公楼，若员工设施可供顾客使用，则无须额外布设卫生器具。

· 对于体育俱乐部和乡村俱乐部，若总人数不超过150人，则每40人须提供一个淋浴间；而若总人数超过150人，则每超30人须额外提供一个淋浴间。

· 一些规范要求在体育场馆、竞技场、会议大厅和候机厅为女性提供双倍或三倍数量的坐便器。礼堂和剧院亦是如此。可参阅当地规范了解具体要求。

· 员工人数为16~75的商店、商场和办公楼，每层须至少提供一个盥洗盆。

· 对于宿舍要求每20人提供一个洗衣池。

卫生器具支架

当无法安装落地式支架时，若墙体结构足够坚固，足以支撑整个装置的质量，则可使用壁挂式支架。壁挂式安装须将支撑臂连接至用螺栓直接紧固在墙体结构中的基板上。对于独立式装置，无须采用墙体支撑。

离地装置通常是首选，因为在地面即可完成安装；落地式安装须在卫生器具下方的天花板上完成，劳动强度较大。排废管水平布置，可减少所需空心钻数量。此外，清洁成本也较低。

89 mm 宽的标准隔断可能不够宽，不足以支撑常见卫生器具，如盥洗台、洗手盆和自动饮水器等。在布设隔断前，管道敷设公差可能并未在规定公差范围内，或可能有任何结构构件位于管槽下方。同一面墙上可能设有多余的卫生器具，或同楼层卫生器具的供水管道也可能服务于其他楼层。

坐便器[1]

坐便器、便池和坐浴盆通常包含两个部分，即废水接收机制（包括存水弯）和冲水或给水机制。大多由釉面陶瓷制成。这类卫生器具通常根据其冲洗机制进行分组，这会对坐便器类型、冲洗机制和安装方法等造成影响。

有时会使用一些特殊坐便器，如真空排气坐便器、堆肥坐便器和化学坐便器等。

卫生器具冲洗机制类型

根据现行规范，坐便器冲洗阀和水箱每次冲水最大用水量为6 L。为满足这一要求，可使用一种外露、电池供电、传感器激活式电子双冲水坐便器冲洗阀，用于落地式或壁挂式坐便器。当在无障碍隔间内安装某些电子冲水阀时，制造商可能会建议将扶手杆隔开或移至隔间较宽一侧。

卫生器具数量[2]

设施类型	人数	坐便器（个）	自动饮水器（台）
体育场、竞技场、会议厅和交通枢纽	1~100	1	1/1000 人
	101~200	2	
	201~400	4	
	每增加 300 人	1	
礼堂和剧院	1~50	1	1/1000 人
	51~300	2	
	每增加 300 人	1	
餐厅	1~50	2	1/200 人
	51~100	3	
	101~200	4	
	每增加 200 人	1	

1　作者：美国管道工程师协会（American Society of Plumbing Engineers）。
　　迈克尔·弗兰克尔，认证室内环境专业人员，公用事业系统顾问（Utility Systems Consultants）。
2　a. 一些管道规范允许将半数坐便器与便池设为一体。应核实当地规范要求。
　　b. 一些管道规范允许将半数洗脸盆与坐便器设为一体。应核实当地规范要求。

续表

设施类型	人数	坐便器（个）	自动饮水器（台）
体育俱乐部和乡村俱乐部	1~40	1	1/75 人
	每增加 40 人	1	
商店、购物中心和办公楼	1~15 名员工	1	1/100 名员工
	16~40 名员工	2	
	41~75 名员工	3	
	每增加 60 名员工	1	
	1~15 位顾客	1	1/1000 位顾客
	16~40 位顾客	2	
	41~75 位顾客	3	
	每增加 60 位顾客	1	
宿舍	1~20	2	—

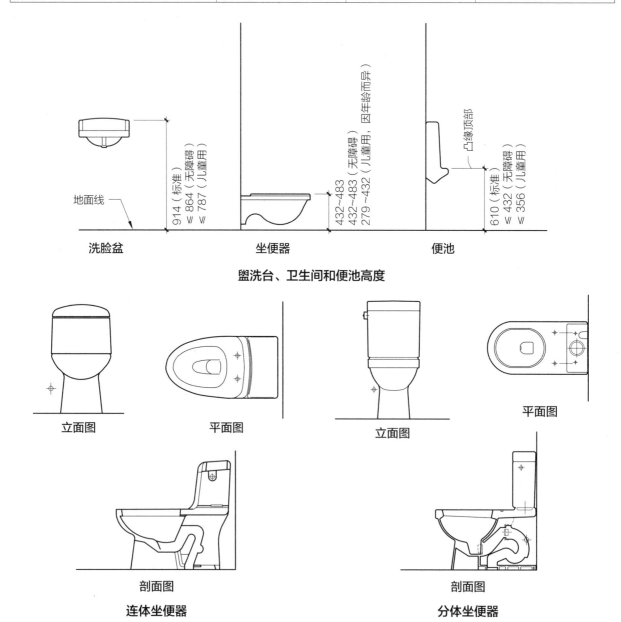

盥洗台、卫生间和便池高度

连体坐便器　　　　　　　　分体坐便器

资料来源：杜拉维特股份有限公司（Duravit AG.）。　　　资料来源：杜拉维特股份有限公司（Duravit AG.）。

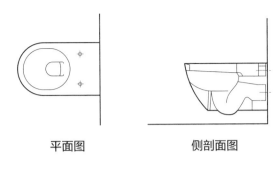

平面图	侧剖面图

壁挂式坐便器

资料来源：杜拉维特股份有限公司（Duravit AG.）。

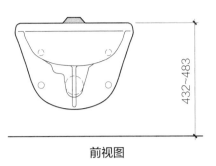

前视图

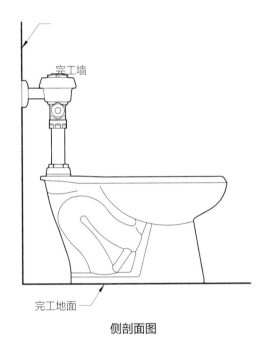

侧剖面图

节水型坐便器——落地式（侧视图）

资料来源：杜拉维特股份有限公司（Duravit AG.）。

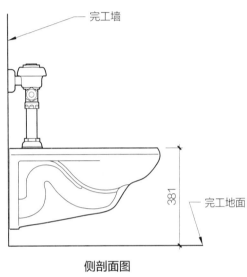

侧剖面图

节水型坐便器——壁挂式

资料来源：杜拉维特股份有限公司（Duravit AG.）。

安装类型和净空[1]

坐便器冲洗阀和水箱可安装在落地式或壁挂式坐便器上。可参阅卫生器具相关制造商说明了解给水和生活污水管道的大致尺寸。

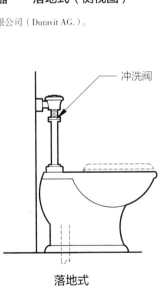

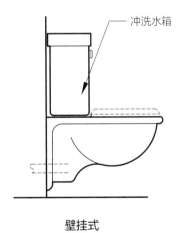

落地式	壁挂式

节水型坐便器

1 作者：纳德·杜贝斯塔尼，专业工程师，Sazan Group 有限公司。
美国管道工程师协会（American Society of Plumbing Engineers）。
迈克尔·弗兰克尔，认证室内环境专业人员，公用事业系统顾问（Utility Systems Consultants）。

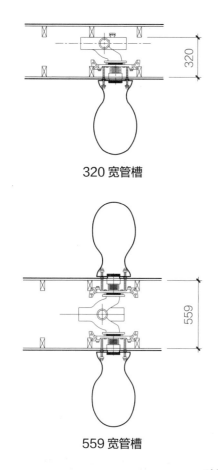

320 宽管槽

254 宽管槽

559 宽管槽

375 宽管槽

壁挂式坐便器管槽尺寸[1]

资料来源：仕龙阀门公司（Sloan Valve Company）。

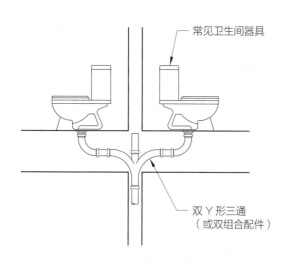

常见卫生间器具

双Y形三通
（或双组合配件）

背靠背卫生间器具

坐浴盆和卫洗丽[2]

坐浴盆是一种低矮的盆状卫生器具，设计成跨坐式，用于清洗身体背部，通常设计在坐便器附近。虽然坐浴盆看起来有点像坐便器，但其功能更像脸盆或浴缸。坐浴盆在阿拉伯国家几乎随处可见，在南欧也很流行，在拉丁美洲、北非和亚洲一些地区也很常见。但在北美却鲜为人知。

20世纪80年代，无纸化坐便器引入日本。这种坐便器和坐浴盆组合被称为卫洗丽（washlets），其设计特色是可在用户洗完澡后予以烘干。卫洗丽通常配有坐便器座圈加热器。坐便器座圈和坐浴盆也可用于改造现有卫生间。

卫洗丽对行动障碍者大有裨益。这种装有更高坐便器的特殊装置可惠及轮椅使用者。其还配有电子遥控器。

1 冲洗阀，独立于墙体的卫生器具支架，带无轮毂铸铁管的水平排废器具。
2 作者：美国管道工程师协会（American Society of Plumbing Engineers）。
 迈克尔·弗兰克尔，认证室内环境专业人员，公用事业系统顾问（Utility Systems Consultants）。
 杰奎琳·琼斯，美国标准公司（American Standard）。
 菲利普·凯勒恩，科勒公司（Kohler）。

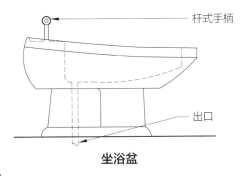

坐浴盆

便池

便池以冲洗阀为给水源。须以 533~610 mm 的中心距安装便池，无障碍便池除外。便池水箱（若使用）应置于距地面 2337~2388 mm 处。

落地式便池更易于使用，用户群体也更广，包括身材矮小人士。便池无障碍设计指南规定，落地式或壁挂式便池边缘的距地高度不得超过 430 mm。从便池边缘外表面到卫生器具背面的最小深度为 345 mm。须为轮椅前行通道留出充足的地面净空。

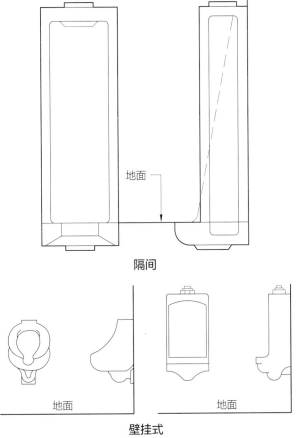

隔间

壁挂式

便池

免冲洗、无接触式便池无须布设给水管道，但须配置壁装插座。这类便池使用了某些专有技术，比如在可更换密封锁筒中加入可生物降解的密封胶液体等，以消除尿液异味并将其排入排污管道。

根据无障碍设计标准，仅设一个便池的男卫生间无须提供无障碍便池，但须提供无障碍卫生间隔间。

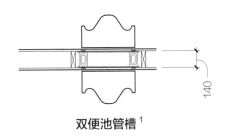

双便池管槽[1]

洗脸盆和盥洗槽

洗脸盆较浅，主要用来清洗手、胳膊和面部；盥洗槽一般较深，用于一般性清洗和对废液进行处理。洗手盆可用于住宅、商业和服务等应用场合。

洗脸盆一般有三种类型：壁挂式、台面安装式（或作为台面的一部分）和台座式。釉面陶瓷是洗脸盆最常用的材质。铸造丙烯酸树脂和搪瓷铸铁、搪瓷钢、不锈钢和其他金属等材料也可使用。

盥洗槽材质包括不锈钢、搪瓷铁或搪瓷钢以及铸造树脂。不锈钢盥洗槽的底部通常涂有一种隔声材料。盥洗槽配件包括水龙头、即时性热水或冷水机、给皂器和垃圾处理器。

壁挂式洗脸盆

壁挂式洗脸盆有多种尺寸、形状和设计可选，具体尺寸和设计因制造商而异。洗脸盆通常设有一凸起式后壁架，用作后挡板；深壁架可用作搁架。它们可安装在托架或隐蔽式支撑臂上。

外露式器具支撑臂通常用于玻璃瓷洗脸盆。当使用平板式洗脸盆（无后挡板）时，制造商通常需在墙壁饰面与洗脸盆后部之间留出 51~152 mm 的空间，以防积水。

---

1 壁挂式冲洗阀，独立于墙体的卫生器具支架，带无轮毂铸铁管的水平排废器具。

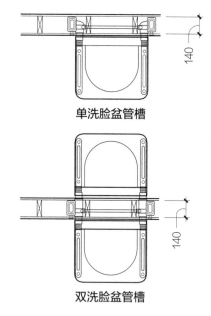

单洗脸盆管槽

双洗脸盆管槽

壁挂式洗脸盆管槽尺寸

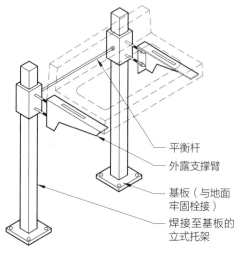

平衡杆

外露支撑臂

基板（与地面牢固栓接）

焊接至基板的立式托架

外露式器具支架

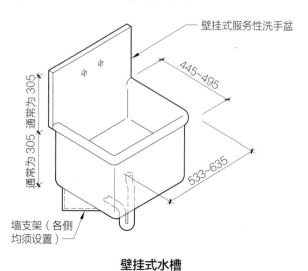

壁挂式服务性洗手盆

445~495

通常为 305　通常为 305

533~635

墙支架（各侧均须设置）

壁挂式水槽

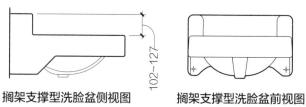

330~483

330~559

搁架支撑型洗脸盆平面图

102~127

搁架支撑型洗脸盆侧视图

搁架支撑型洗脸盆前视图

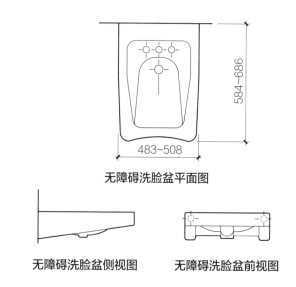

584~686

483~508

无障碍洗脸盆平面图

无障碍洗脸盆侧视图

无障碍洗脸盆前视图

壁挂式洗脸盆

内置式洗脸盆

　　内置式（嵌入式）洗脸盆有多种尺寸和形状可选，通常呈椭圆形、矩形或圆形。内置式洗手盆包括单盆、双盆和三盆式洗手盆。更专业的卫生器具包括角盆洗手盆和整体式滴水板单元。滴水板区域可与单盆、双盆和三盆式洗手盆一并使用。公共机构厨房洗手盆可能需要更长的滴水板。可咨询制造商了解精确尺寸、配置和选项。

　　洗脸盆和洗手盆均可自镶边，其边缘为整体单元的一部分；无边单元可在台下安装。洗脸盆也可安装在台面上，虽然这种安装方式常见于住宅中。内置式洗脸盆和洗手盆若置于无障碍柜台上，或须满足相关建筑规范的无障碍设计要求。

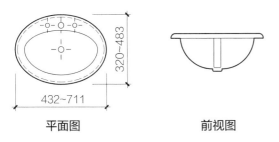

平面图　　　　前视图

内置式洗脸盆

台座式洗脸盆

台座式洗脸盆可以是壁挂式或独立式的。可咨询制造商了解具体设计、样式和尺寸。

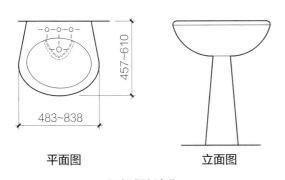

平面图　　　　立面图

台座式洗脸盆

洗涤和服务性盥洗槽[1]

盥洗槽用于餐饮服务设施和其他相关设施。不锈钢洗手盆配有红外传感器，当检测到人手时，可开关水流。

工业盥洗槽材质包括不锈钢、水磨石和铸塑树脂。大多数盥洗槽均设有脚踏开关，有些还设有手动开关或传感器。可从上方、下方或穿墙供水。

地面服务性盥洗槽可由不锈钢或水磨石制成。

无障碍洗脸盆[2]

位于无障碍洗脸盆下方的外露管和给水管必须进行绝缘处理，以防使用者触碰。

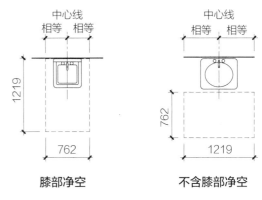

洗脸盆空间要求

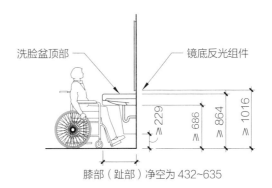

膝部（趾部）净空为432~635

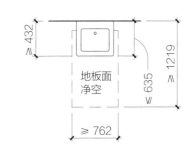

无障碍洗脸盆

无障碍水龙头[3]

水龙头和其他可操作组件均可于地面净空内进行无障碍使用，并置于指定可及范围内。它们须可单手操作，且无须用手腕紧抓、捏、拧或扭。操作开关所需外力最大不超过22.2 N。手动计量水龙头必须保持开启状态达10 s以上。

带发光二极管（LED）色温指示器的水龙头，可采用电子控制装置。传感器控制型水龙头无须手动操作。

1　作者：美国管道工程师协会（American Society of Plumbing Engineers）。
2　作者：迈克尔·弗兰克尔，认证室内环境专业人员，公用事业系统顾问（Utility Systems Consultants）。
3　作者：马克·J.麦兹，美国建筑师协会（AIA）。
　　劳伦斯·G.佩里，美国建筑师协会（AIA）。

浴缸 [1]

浴缸有多种形状和安装类型可选，多由以下材质制成：

- 玻璃纤维：凝胶涂层玻璃纤维（也称为纤维增强塑料，FRP）质量轻且易于安装，是一种较为经济和常见的选择。聚酯凝胶涂层是一种着色涂料，设置于模具内表面，可成为成品的组成部分。由于玻璃纤维材料可模压成型，因此玻璃纤维浴缸有多种形状可选。虽然玻璃纤维不像铸铁或丙烯酸那般耐用，但其比后者更易于修复。

- 丙烯酸：丙烯酸浴缸固定装置通常用玻璃纤维加固。由于丙烯酸纤维很轻，易形成不同形状，因此是涡流浴缸和其他大型浴缸的理想选择。对这类浴缸而言，铸铁会显得过于沉重。丙烯酸纤维亦有较好的保温性，可使水温保持更长时间。

- 铸铁：铸铁是一种非常沉重但极其耐用的材料。传统搪瓷涂层铸铁具有极好的耐污和耐划伤性。铸铁无法像丙烯酸或玻璃纤维那般自由成型，因此形状和风格选择更少。

- 搪瓷钢：搪瓷钢是一种比铸铁轻、且较便宜的替代品。

内置式浴缸利用整体式裙板和瓷砖法兰安装在三壁凹室内。嵌入式设计适用于台面式安装，通常用整体式脚撑来支撑单元质量。许多涡流浴缸均是嵌入式的。制造商可能会提供带可移动裙板的内置式单元，以便与浴缸泵相接。

在涡流浴缸中，空气可与水流混合通过浴缸一侧的喷口，进而赋予涡流以舒缓和治疗特性。浴缸通常有 3~10 个喷口，其中一些旨在按摩脚、背部和颈部。喷射方向通常可调整。有些喷口也可用于产生脉动、稳定水流或用于调节强度。浴缸泵的功率范围为 0.4~2.2 kW，水流强度随功率而变化。建议使用直排式加热器，以在无重新注水情形下保持水温。

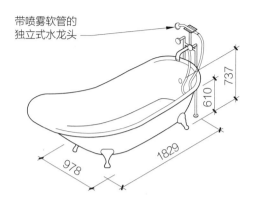

带喷雾软管的独立式水龙头

737
610
1829
978

腿撑独立式浴缸

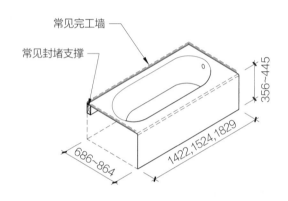

常见完工墙
常见封堵支撑

356~445
1422，1524，1829
686~864

内置式浴缸

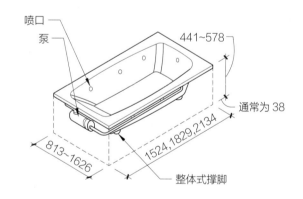

喷口
泵
441~578
通常为 38
813~1626
1524，1829，2134
整体式撑脚

嵌入式涡流浴缸

---

1 作者：美国管道工程师协会（American Society of Plumbing Engineers）
迈克尔·弗兰克尔，公用事业系统顾问（Utility Systems Consultants）。
马克·J. 麦兹，美国建筑师协会（AIA）。
劳伦斯·G. 佩里，美国建筑师协会（AIA）。
美国瓷砖协会股份有限公司（Tile Council of America, Inc.）。

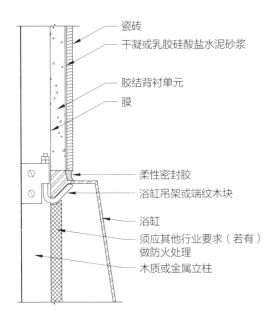

瓷砖材质的浴缸围护结构

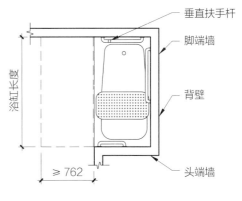

无固定座

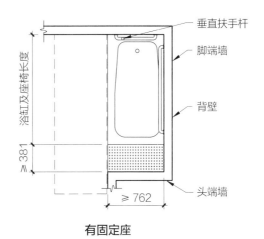

有固定座

无障碍浴缸

无障碍浴缸

　　浴缸地面净空相关要求与坐便器相似，均指明了进入方向（垂直或平行）。

　　浴缸控制装置，除排水塞外，均须置于浴缸边缘与扶手杆之间，以及浴缸开口一侧与浴缸宽度中点之间的端墙上。淋浴喷头长度须至少为1499 mm。

　　浴缸围护结构不得阻碍控制装置，不得妨碍轮椅使用者进入浴缸，或在浴缸边缘安装轨道。

　　对于在头部设有内置式座椅的浴缸，座椅宽度应为381 mm，且其前方必须留出地面净空。

淋浴间[1]

　　淋浴底盆材质包括玻璃纤维增强型亚克力、搪瓷钢和水磨石。淋浴底盆可预制或现场制造。

　　镀铬莲蓬头有多种饰面可选。流量控制装置可将流量最大调节至9.4 L/min，以节约用水。

　　淋浴喷头控制装置可控制喷头开关，且可将水温控制在49℃以下。

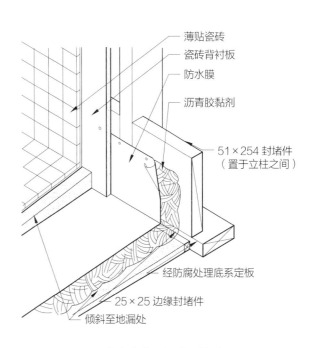

现场建造式淋浴间常见构造

1　作者：温妮·程，罗德岛设计学院。
　　杰斯·麦基尔文，杰斯·麦基尔文及其合伙人公司（Jess McIlvain and Associates），美国建筑师协会（AIA），美国通信学会理事会（CCS），施工规范协会（CSI）。

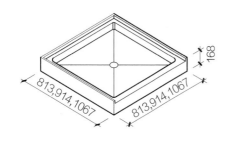

淋浴间底盆（方边）

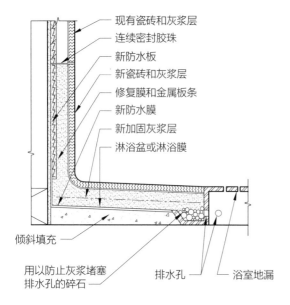

现有瓷砖和灰浆层
连续密封胶珠
新防水板
新瓷砖和灰浆层
修复膜和金属板条
新防水膜
新加固灰浆层
淋浴盆或淋浴膜

倾斜填充

用以防止灰浆堵塞
排水孔的碎石

排水孔   浴室地漏

淋浴间底盆构造

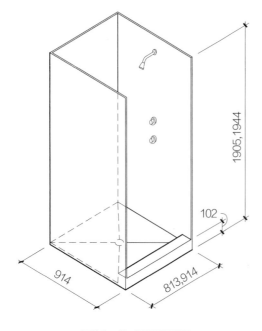

预制一体式淋浴隔间

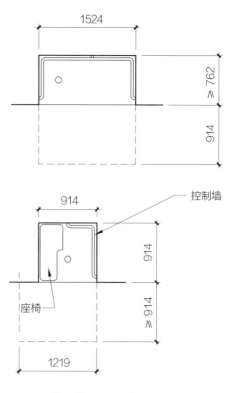

控制墙

座椅

常见淋浴间尺寸及配置

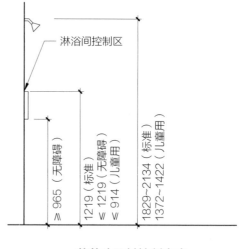

淋浴间控制区

≥ 965（无障碍）
1219（标准）
≤ 1219（无障碍）
≤ 914（儿童用）
1829~2134（标准）
1372~1422（儿童用）

莲蓬头及其控制高度

无障碍淋浴间[1]

无障碍淋浴间包括转换隔间（沐浴者从轮椅移至长凳或便携座位）和转入隔间（沐浴者坐在特殊淋浴椅上，在服务员帮助下或自行进入隔间）。所有无障碍标准均要求淋浴间加固墙壁或布设扶手杆。座椅可以是固定或可折叠的。

---

1 作者：劳伦斯·G.佩里，美国建筑师协会（AIA）。
   马克·J.麦兹，美国建筑师协会（AIA）。

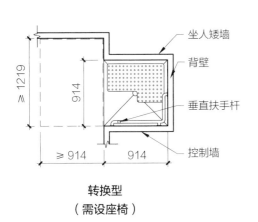 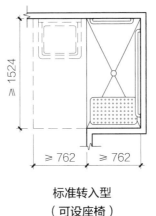 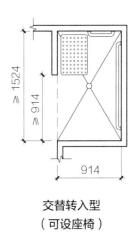

转换型 （需设座椅）	标准转入型 （可设座椅）	交替转入型 （可设座椅）

无障碍淋浴间

无障碍淋浴间适用要求包括以下几个方面：

· 淋浴间门槛高度一般不允许超过13 mm。设计应将隔间溢水因素考虑在内。

· 转换隔间须设固定式、折叠式或可移动式座椅。转入隔间中的座椅（若有）应置于控制墙附近的墙体上，且应可折叠。座椅可呈矩形或 L 形。

· 淋浴喷头单元长度最少须达1499 mm。

· 淋浴间围护结构（若有）不得阻碍控制装置，或妨碍沐浴者从轮椅上移入浴缸。

· 转换隔间控制墙上的垂直扶手杆须至少长457 mm，且其距水平扶手杆上方的距离不应超过151 mm。水平扶手杆从浴缸前缘向内长度不得超过102 mm。其他法规条例或无这类要求。

生活废水排放及通气系统[1]

生活废水系统将来自卫生器具和其他设备的水性排出物输送至经批准处置点，而后排入相应设施的生活污水管道。生活污水管道系统接收所有液状废物（生活废水），不含雨水或处理不当的工艺废物或化学废物。含人体排泄物的排出物称为粪便。清水废物，比如设备、洗手盆或淋浴间产生的废物，称为废水。含化学排出物的未处理废物在排放至生活污水管道系统或环境前必须予以处理。

废物处理既可由公用事业公司负责开展，也可由当地主管部门批准的私人处理厂现场开展。

房屋排水管是建筑物内排水系统的最低部分，是将排出物输送至建筑物外的主要管道。建筑物下水道是从建筑物外一直延伸至处置点的连续性存水弯。立管是一种三层以上的垂直管道。分支管是与立管或房屋排水管相连的任何排水管。

若无公共下水道，必须提供私人污水处理系统。化粪池是最常用的污水处理系统，其依靠细菌作用将大部分固体变成液体，而后排放至地下吸收场。其基本原理是由化粪池调节污水量，然后将化粪池排放的污水尽快吸收至地下。洗衣设备应通至单独排水井中，因为肥皂和其他化学物质会延缓或阻止化粪池中的细菌作用。油脂应单独处理。

卫生器具存水弯

卫生器具存水弯是一段 U 形管，其深度足以防止下水道气体进入卫生器具。直接连接至卫生排水系统的所有卫生器具均须设置存水弯和通风口，除非当地规范不做要求。存水弯须能迅速排出卫生间器具内的液体，并可自动清洁，且设有无障碍清除口。必须提供至少51 mm 或更大（按要求）的液封，并符合当地规范关于最小尺寸的要求。

1　作者：美国管道工程师协会（American Society of Plumbing Engineers）。
　　迈克尔·弗兰克尔，认证室内环境专业人员，公用事业系统顾问（Utility Systems Consultants）。
　　劳伦斯·G. 佩里，美国建筑师协会（AIA）。
　　马克·J. 麦兹，美国建筑师协会（AIA）。

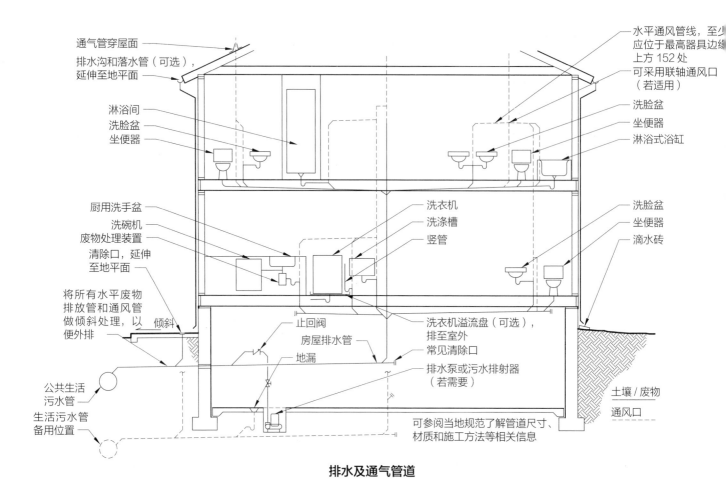

通气管穿屋面

排水沟和落水管（可选），延伸至地平面

淋浴间
洗脸盆
坐便器

厨用洗手盆
洗碗机
废物处理装置
清除口，延伸至地平面

将所有水平废物排放管和通风管做倾斜处理，以便外排

倾斜

公共生活污水管
生活污水管备用位置

水平通风管线，至少应位于最高器具边缘上方 152 处

可采用联轴通风口（若适用）

洗脸盆
坐便器
淋浴式浴缸

洗衣机
洗涤槽
竖管

洗脸盆
坐便器
滴水砖

止回阀
房屋排水管
地漏

洗衣机溢流盘（可选），排至室外
常见清除口
排水泵或污水排射器（若需要）

土壤／废物
通风口

可参阅当地规范了解管道尺寸、材质和施工方法等相关信息

排水及通气管道

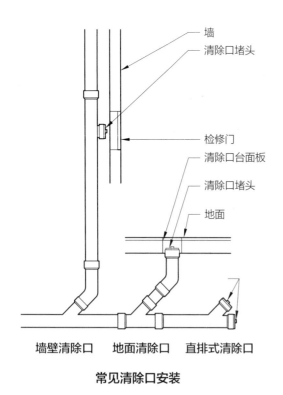

墙
清除口堵头

检修门

清除口台面板
清除口堵头
地面

墙壁清除口　　地面清除口　　直排式清除口

常见清除口安装

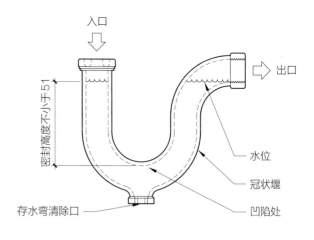

入口
出口

密封高度不小于 51

水位
冠状堰
凹陷处

存水弯清除口

常见卫生器具存水弯

通气管

通气系统旨在平衡生活污水系统内的气压（正负气压），使其达到水柱高度 ±25 mm。通气系统止于外部空气中，并间接连接至每个卫生器具存水弯。

在连接至另一通气管前，每个卫生器具通气管均须高于卫生器具的溢流水位，以防在排水管受阻时成为废气排放管。

装饰性水景 [1]

室内喷泉

虽然室内喷泉可采用混凝土或柔性膜水池底板，但采用玻璃纤维池的预制式喷泉系统更易使用。玻璃纤维池的尺寸范围为 1.2~7.3 m，有各种标准和定制形状可选。直径不大于 2.4 m 的玻璃纤维池可于到货后直接安装，但对于尺寸更大的水池，则需先组装再安装。水池可安装在水平基材上，或高于地面，或嵌入地下。

水池组件至少包括泵、光源和喷嘴。水池设备通常包括喷嘴歧管、手动控制阀、带渗透套件的接线盒和控制面板。也可采用适用于动画和音乐系统的多级泵等更为精密的组件。

喷泉喷雾外观取决于喷嘴产生的是清流还是充气喷雾，以及喷嘴是否依赖于液位。

瀑布系统

有多种人造瀑布可选：

- 独立式瀑布，可能完全独立，无需水管或排水管。
- 半透明瀑布，泻流两侧均设有钢化、压花、着色、铸造或压纹玻璃。
- 无缝水板，可用作标志、图像或信息的光投射表面。
- 内置式水景，置于墙体内，作为聚焦点。
- 定制饰面水板，照明、机械和水净化设备均隐藏在饰面下。
- 三维瀑布，支持多种定制样式，包括不锈钢柱、花岗岩塔和玻璃墙结构等。

自动饮水器和水冷却器

自动饮水器（DF）仅在环境温度下用水，电冷水器（EWC）使用整体式或远程冷水机来冷却饮用水。以下是相关设计准则：

- 常温下使用风冷冷凝器，高温下使用大容量水冷机组。许多型号均设有冷热水供应装置以及量杯式灌装嘴或冷藏隔间。
- 将半数自动饮水器和水冷却器做无障碍安装，但布局设计应可确保无障碍饮水器不会阻碍视障人士的行动。
- 可参阅当地建筑规范了解所需自动饮水器和水冷却器的数量。
- 对前行通道，须以饮水器装置为中心提供地面净空。
- 对于儿童用装置，可设置平行通道，为此须确保出水口与完工地面上方和装置前缘（包括保险杠）之间的最大距离分别为 762 mm 和 89 mm。
- 须提供趾部和膝部净空。
- 出水管最高可置于完工地面上方 914 mm 处，为此出水口与垂直支撑和装置前缘（包括保险杠）之间的最小距离应分别为 381 mm 和 127 mm。
- 对供站立用户使用的无障碍出水口饮水机，其最大高度可为完工地面上方 965 mm 和 1092 mm。
- 无障碍自动饮水器的水流应至少 102 mm 高，并置于距装置前缘 127 mm 处。
- 若出水口与装置前缘之间的距离小于 76 mm，则水流角度最大为 30°。
- 若出水口与装置前缘之间的距离为 76~127 mm，则水流角度最大为 15°。

---

1 作者：美国管道工程师协会（American Society of Plumbing Engineers）。
迈克尔·弗兰克尔，认证室内环境专业人员，公用事业系统顾问（Utility Systems Consultants）。

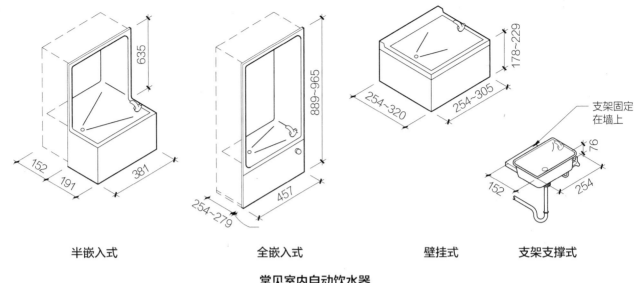

半嵌入式　　　　全嵌入式　　　　壁挂式　　　支架支撑式

常见室内自动饮水器

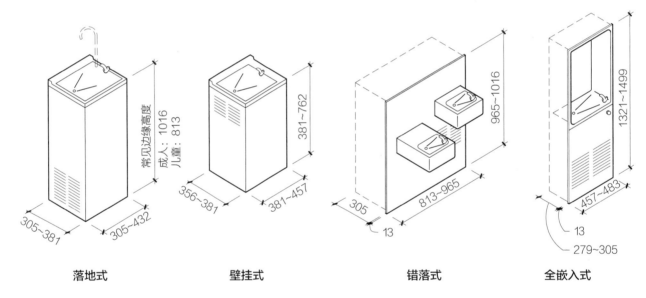

落地式　　　　　壁挂式　　　　错落式　　　　全嵌入式

常见室内电冷水器

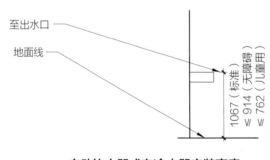

自动饮水器或电冷水器安装高度

水族箱[1]

水族箱是最广为人知的水生生物饲养器具，常用于公共、商业或住宅等应用场合。盛装水生生物的所有器皿均须提供一种可持续控制以及监测水质和温度的环境。

任何水上运动或水族馆设施均须将水和空气质量作为首要考量因素。

- 水质：无论是城市用水、地下水还是地表水，水质对所有物种的生存都至关重要。监控系统可提供数据记录和报警通知。控制系统可测量和控制水的pH值和盐度水平。
- 空气质量：建筑物通风有助于维持适当室温，进而稳定水族箱的水温。这对防止霉菌和真菌的生长或传播至关重要，而霉菌和真菌会对空气质量产生负面影响。

商业水族箱

防碎缸是水族箱的主要围护结构。塑料缸质量轻、无缝，有多种尺寸可选，可达227 L或更大。一些水族箱的尺寸允许其成为独立式系统，无需额外支撑。这类独立式水族箱通常配备水泵、水箱、过滤器和冷水机，以维持水质和水温。这类防碎缸须能承受100℃的高温，且允许通过笼式清洗器或高压灭菌器予以清洁。

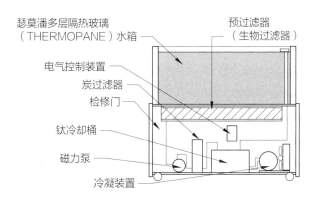

独立式陈列缸

机械系统

加热系统

太阳能加热

太阳热能仍在持续开发中，以用作建筑物供暖能源。太阳辐射以电磁辐射的形式到达地球表面。

太阳能集热系统可用于为空间供暖、生活用水（饮用水）服务或空间冷却提供热量。在这类应用中，加热系统比较常见，而冷却系统却很罕见。

太阳能加热系统一般包括集热器阵列、存储子系统和另一子系统，另一子系统通常为常规型子系统，用于将加热的流体分配至使用点并返回至存储子系统。

泵或风扇用于循环传热流体，控制装置用于启停这类循环装置。辅助或备用热源通常在需求特别大或蓄热因长期不利天气而耗尽的情形下承载部分负荷。

平板集热器

通过平板集热器，太阳辐射能可用于低、中温应用场合。平板集热器用一片涂黑金属片吸收入射辐射能并将其转化为热量，而后将热量传导至流体中。这类流体会穿过与平板一体或附在平板上的管道或通道。单层或双层玻璃或耐热塑料可通过减少对流和抑制长波辐射与天空之间的热量交换，最大限度地减少吸热板的热损失。集热器板的后表面须做隔热处理，最好使用玻璃纤维，以承受集热器在无传热流体流动时暴露在充足阳光下产生的较高温度。装置整体封存在一耐候箱中，通过连通管道将传热流体输送至集热器中，并在加热后将其输送走。

也可使用真空管集热器。这类集热器由玻璃量筒构成，比平板集热器更为高效。

1 作者：K.舍希德·拉布，美国建筑师协会（AIA），弗瑞森国际（Friesen International）。
迈克尔·弗兰克尔，认证室内环境专业人员，公用事业系统顾问（Utility Systems Consultants）。
克里斯·琴萨克，GPR Planners有限公司。

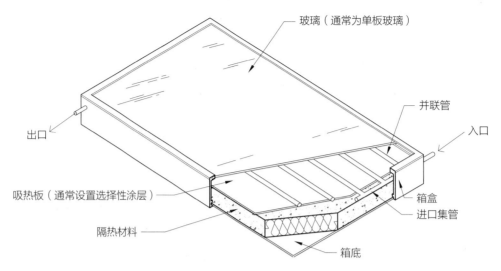

玻璃（通常为单板玻璃）

并联管

入口

出口

吸热板（通常设置选择性涂层）

箱盒

隔热材料

进口集管

箱底

常见平板集热器——液冷式

热风炉 [1]

热风炉机组主要用于住宅、小型商业建筑或教室供暖。为提高制冷效果，可在热风炉下游安装冷却盘管，并将制冷压缩机和冷凝器远离建筑物放置。

机组风管网路可安装在天花板上方或低吊顶拱腹中。天花板上方的配电系统多呈辐射状，并在高处配设壁式空调器。风管网路也可安装在生活空间下方，或窄小空间或地下室中。

对采用类似热风炉和冷却盘管组合的2~3层建筑，可将分支风管网路垂直延伸并穿过墙壁和隔断，以实现中央空调效果。暖风供暖和制冷系统的所有变化均可使空气在建筑围护结构内重新循环，因此，所有受风空间与炉房之间均应留出充足的回风通道，这一点至关重要。

循环加热系统

建筑物主动加热和冷却系统使用空气或水作为传热介质。以水为介质的加热系通常称为液体循环加热系统。以水为介质的冷却系统通常称为冷冻水系统。

水可将热量有效传递至建筑物不同区域。热

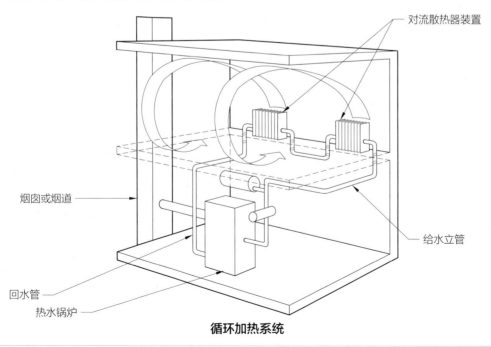

对流散热器装置

烟囱或烟道

给水立管

回水管

热水锅炉

循环加热系统

1 作者：沃尔特·T.葛朗齐克，专业工程师，佛罗里达农工大学。
   约翰·I.耶洛特和加里·亚布莫托，亚利桑那州立大学建筑学院。

水所携带的热量几乎是同体积空气的3500倍。紧凑是液体循环加热系统的主要优点。尽管在设计方面有所不同，但所有液体循环加热系统均包含以下基本组件：

- 热水锅炉及其控件和安全装置；
- 膨胀箱，又称压缩箱；
- 水泵，又称循环器；
- 将循环水中的热量传递至各个建筑空间的终端设备；
- 管道；
- 用以调节系统的控件。

液体循环加热系统通常以其终端装置为分类依据，以下是常见终端装置：

- 翅片管辐射装置；
- 对流散热器；
- 风机盘管；
- 地板和天花板辐射系统；
- 铸铁散热器；
- 钢护板散热器。

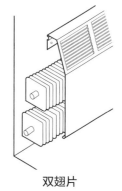

双翅片

翅片管散热器

翅片管辐射

翅片管辐射装置通常由一根铜管组成，铜管上安装方形铝或铜翅片。热水通过铜管时将其加热，继而加热翅片。这种翅片管组件安装在金属包壳中，包壳可促使对流空气流经热管和翅片。冷空气从底部进入踢脚板围护结构，流经热翅片管组件时被加热，而后从围护结构顶部流出，对空间进行加热。热空气会上升，而后因房间热量损失而冷却，下降至地面后重新进入翅片管散热器再次加热。

对流散热器

对流散热器由一个或多个垂直翅片管辐射层构成。对流散热器与翅片管散热器的不同之处在于，前者容量远大于后者。安装在外墙上的对流散热器应在后部设置隔热层，以防热量透过墙壁大量流失。这对于嵌入式对流散热器装置尤为重要，因为墙面 R 值可能会因嵌壁而降低。

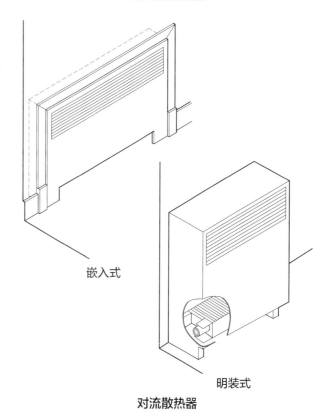

嵌入式

明装式

对流散热器

风机盘管装置

风机盘管装置可提供加热或冷却功能。风机盘管装置本质上是一种由液体循环加热盘管组件和电动鼓风机构成的机柜。热水或冷水通过管道进入装置。鼓风机通常由用户自行控制。风机盘管装置通常不提供除湿功能。

房间空气经冷却盘管冷却至露点以下时，即可除湿。凝水盘和排水管通常用于收集和清除冷凝水。再循环室内空气可通过装置底部的回风过滤器予以过滤。

辐射地板和天花板系统[1]

辐射加热系统可将热水管道嵌入地面或天花板的电缆所散发的热量传递至可将热量分配至指定空间的介质上。因涉及大量管道和阀门，因此液体循环辐射加热成本较高。这类系统在住宅项目中比在商业项目中更受青睐。

由于热空气自然上升的趋势，辐射地板可在房间内产生对流气流。地面饰面不应采用保温材料，但可采用瓷砖和木地板。

辐射天花板在商业内装中不太常见，因为热空气在天花板处形成后会保持不动，进而致使空气留滞在密闭房间内。架空辐射板通常用于加热装载区和其他无须精细温控的部分外露空间。

散热器

经典肋片式铸铁散热器起初用于蒸汽系统，后来亦适用于热水循环加热系统。每个装置均与供回水支路相连，且通常都设有通气孔。热水通过装置加热铸铁肋片，再通过辐射和对流组合加热房间。散热器本身及其所含水的热质量，可提供一种足以舒缓快速温度变化的热滞后。

经典肋片式散热器尺寸不当，外观不雅，且有接触强热源的危险，这正是扁钢散热器得以发

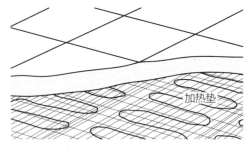

瓷砖辐射加热垫

资料来源：考齐·宾格利，《室内设计师建筑系统》，第2版。

展的原因之一。这类装置所用肋片为垂直或水平排列的扁钢矩形板。这类装置的热质量比铸铁散热器小。一些散热器也可采用细长管，而非平板。饰面通常为镀铬或涂漆饰面。

毛巾加热散热器的高度为660~1599 mm，宽度可为406 mm、508 mm、610 mm、762 mm和914 mm。电散热器大多采用硬接线或插入式两种形式。液体循环加热型散热器通常是闭环的，不过一些不锈钢材质的散热器也可用于开放式（家用型）系统。

电热系统

商业用电热系统通常会在使用时产生热量。这类系统（有时也称为空间供暖系统）有许多优

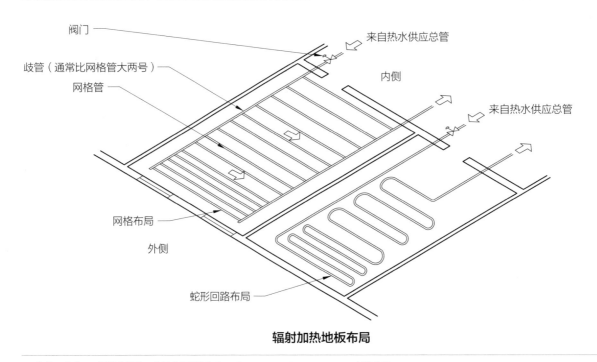

阀门
歧管（通常比网格管大两号）
网格管
网格布局
外侧
蛇形回路布局
来自热水供应总管
内侧
来自热水供应总管

辐射加热地板布局

1 作者：威廉·R.阿恩奎斯特，美国建筑师协会（AIA），Donna Vaughan & Associates 有限公司。
劳瑞·O.德格尔曼，专业工程师，得克萨斯农工大学。
沃尔特·T.葛朗齐克，专业工程师，佛罗里达农工大学。

点。其安装成本低，因为不需要锅炉或火炉，也不需要昂贵的管道或风管网路。电热既干净又安静。电热成本比较高，通常需借助单独的制冷系统。该加热系统所用电力可能来自水力或火力发电厂，也可来自太阳能或风力发电（不太常见）。

电能非常适用于局部空间加热，因为其易于分配和控制。电加热系统广泛应用于住宅、学校、商业和工业设施中。加热装置一般置于单独房间或空间内，并可组合至设有自动温控装置的区域。电空间加热系统可利用自然对流、辐射或强制通风装置。

· 必须安装自然对流装置，以免气流通过电阻器时受阻。

· 辐射加热器主要用于加热物体而非空间。通过高电阻导线的电流可加热装置构件或其表面。装置散发的热量主要通过辐射转移至设备表面或空间占用者身上。须根据加热对象仔细定位辐射加热装置，这对确保系统有效性至关重要。

· 强制通风装置可将对流加热与风动空气循环相融合。这类装置的容量范围很广，可适应各种热荷载和空间占用类型。通风机常置于外墙，以引入室外空气，同时防止冷空气下降至窗口区域。

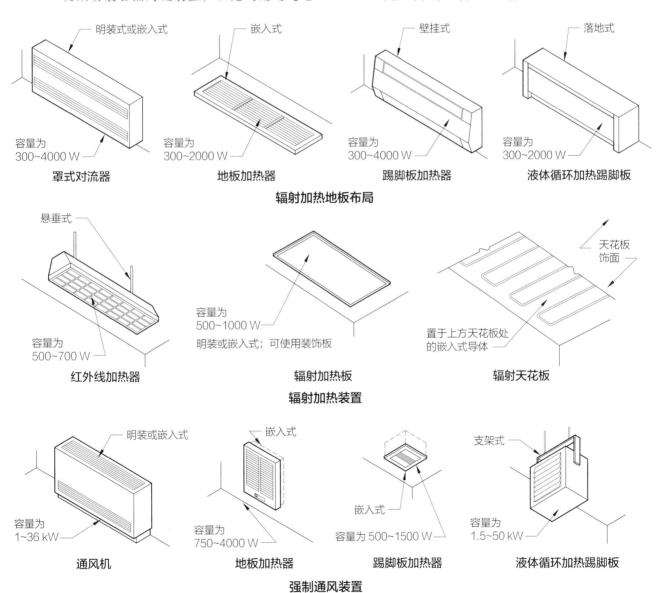

明装式或嵌入式
容量为
300~4000 W
罩式对流器

嵌入式
容量为
300~2000 W
地板加热器

壁挂式
容量为
300~4000 W
踢脚板加热器

落地式
容量为
300~2000 W
液体循环加热踢脚板

辐射加热地板布局

悬垂式
容量为
500~700 W
红外线加热器

容量为
500~1000 W
明装或嵌入式；可使用装饰板
辐射加热板

天花板饰面
置于上方天花板处的嵌入式导体
辐射天花板

辐射加热装置

明装或嵌入式
容量为
1~36 kW
通风机

嵌入式
容量为
750~4000 W
地板加热器

嵌入式
容量为 500~1500 W
踢脚板加热器

支架式
容量为
1.5~50 kW
液体循环加热踢脚板

强制通风装置

暖通空调系统

在设计商用暖通空调系统时，须着重考虑所用能源（燃料）类型及热量在建筑物内的分配方式。热量可通过空气、水（液体循环加热系统）或电能在建筑物内分布。

暖通空调系统的能效问题一直备受关注。为了提高能效，一些新建筑和正在进行重大翻修的建筑正寻求转变其用能方式，即从建筑内部孤立分布的大型风管网路向自然通风和其他替代方案转变。

空气系统

目前有数十种不同的全空气舒适性空调系统，每一种都能满足大型商业建筑的复杂需求。大型建筑通常同时需要供暖、制冷和通风。建筑向阳一侧的房间须制冷，背阴一侧的房间须供暖，而核心部分的房间须通风。空气在鼓风机驱动下于风管中循环。

目前有多种全年运行型全空气系统，以下几种最常见：

- 单区；
- 多区；
- 单风管或终端再加热；
- 单风管可变风量；
- 双风管。

由于尺寸较大，风管在设计和规划方面务须深思熟虑，而电加热则很少有这方面的需求。若采用空气加热系统，1%~5% 的建筑容积须用于管道和空气处理设备。

地板送风系统越来越多地用于设有架空活动地板的商业办公空间。

地板送风系统

将地板送风（UFAD）系统与架空活动地板一并使用，正成为许多建筑分配经调节空气的首选方式。这类系统可提高热舒适性、通风效率以及室内空气质量。将架空活动地板用于配风和布线，可提高空间的灵活性和可重构性。UFAD 系统所需天花板静压箱一般更小，而地板静压箱的高度可降低 18 mm 或以上，进而增加地板至天花板的高度。此外，UFAD 系统还可促进能源节约，同时更利于用户对室内环境进行控制，进而提高用户满意度。

UFAD 系统利用结构混凝土楼板和架空活动地板系统之间的开放空间，使经调节空气循环至

加热分布系统[1]

系统	优点	缺点
空气系统	可执行通风、制冷、湿度控制和过滤等功能； 通过混合空气防止分层和温度不均； 对温度变化反应迅速； 加热房间时无须借助额外设备	风管笨重，需仔细规划并做好空间分配； 设计不当会产生噪声； 难以用于翻修工程； 不易分区； 若房间出风口较高，地板会冷却
液体循环加热系统	管道紧凑，易隐藏在墙壁和地板内； 可与生活热水系统搭配使用； 适用于地板辐射供暖	在大多数情况下，仅可供暖，不可制冷［风机盘管装置和帘式空调器（valance）装置除外］； 无通风功能； 无湿度控制功能，无空气过滤功能； 可能存在泄漏问题； 需在受热空间中布设踢脚板和罩式对流器等略显笨重的设备； 辐射地板对温度变化反应迟钝
电力系统	最紧凑； 对温度变化反应迅速； 非常容易分区	运行成本非常高（热泵除外）； 易造成浪费； 无法制冷（热泵除外）

资料来源：诺伯特·莱希纳，《供暖、制冷和照明：建筑师设计方法》，第2版。

1 作者：威廉·R. 阿恩奎斯特，美国建筑师协会（AIA），Donna Vaughan & Associates 有限公司。
  劳瑞·O. 德格尔曼，专业工程师，得克萨斯农工大学。
  沃尔特·T. 葛朗齐克，专业工程师，佛罗里达农工大学。

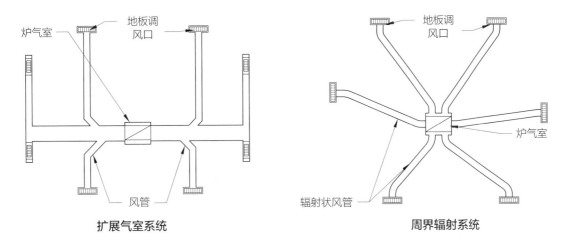

扩展气室系统　　　　　　　　　　　周界辐射系统

常见风管网路布局 [1]

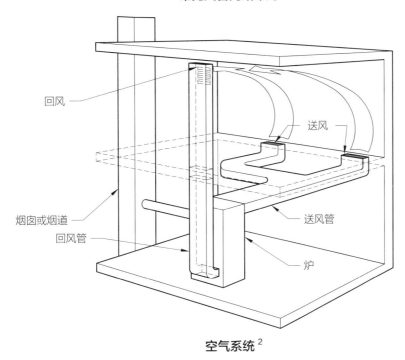

空气系统 [2]

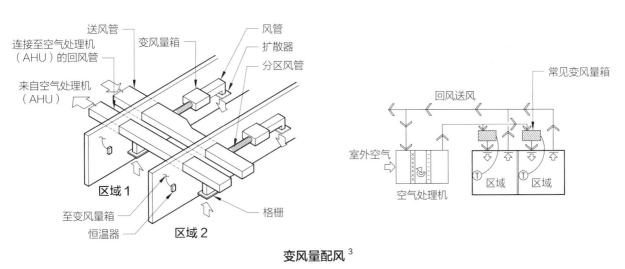

变风量配风 [3]

1　作者：杰夫·哈贝尔，专业工程师，得克萨斯农工大学。
　　威廉·R.阿恩奎斯特，美国建筑师协会（AIA），Donna Vaughan & Associates 有限公司。
2　作者：劳瑞·O.德格尔曼，专业工程师，得克萨斯农工大学。
3　作者：沃尔特·T.葛朗齐克，专业工程师，佛罗里达农工大学。

送风口。空气处理装置排出的经调节空气通常会通过风管进入地板下静压箱，而后流向送风口。送风口通常置于地板上，但也可置于台面上或隔断中。回风口通常置于天花板上，回风可通过无风管静压箱输送。

中央空气处理器可通过以下几种方式输送空气：

- 空气通过地板下经增压的静压箱，而后经被动式格栅或扩散器进入被占用空间。
- 空气通过未地板下增压的静压箱，而后经与中央空气处理器一并使用的风动送风口

进入空间。

- 空气通过地板下静压箱内的风管到达送风口，该方法能耗低且颇具成本效益。

在潮湿气候条件下，有必要在送风前对外部空气进行除湿，以免空气在冷却结构板表面冷凝。

扩散器、调风器和格栅

送风和回风装置通常是建筑使用者眼中暖通空调系统的唯一构件。它们可对热舒适性和声学舒适性以及室内空气质量产生直接影响。这类装置的选择和规格是设计过程的重要组成部分。

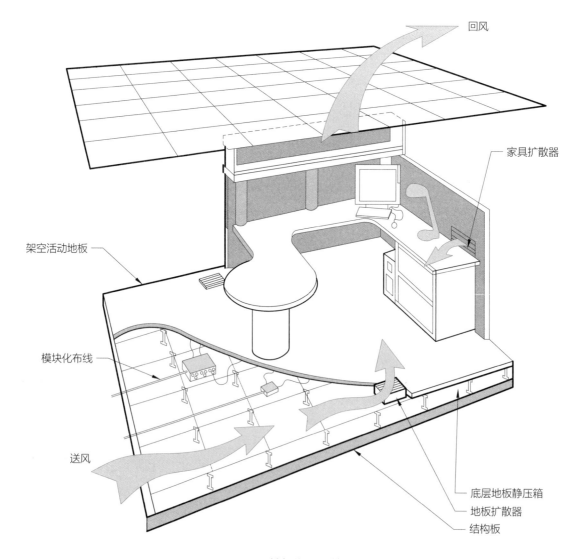

地板送风系统

送回风装置主要有以下三种：

- 扩散器，一般用于安装在天花板上的送风系统，旨在确保送风与室内空气适当混合。
- 调风器，用于送风或回风，可安装在天花板、侧壁或地板上。
- 格栅，构造相对简单，主要用于回风。

一般同时采用扩散器和调风器来提供一定的气流，其间须确保送风距离和方向准确，且噪声可接受。扩散器多用钢或铝制造，有多种形状、尺寸、表面外观、饰面和安装细节可选。调风器可用形状和尺寸相对有限。格栅一般呈方形或矩形。

通风

通风对人体健康至关重要。新鲜空气可为建筑使用者提供氧气，去除二氧化碳，还有助于去除室内环境中的污染物，并保持热舒适性。空气流动可能由自然对流或机械强制机制引起，也可能是空间使用者自身身体运动的结果。

自然通风

自然通风无须使用风扇和其他机械设备。对流会导致暖空气上升，冷空气下降。只要建筑围护结构设有开口，空气压差就可将新鲜空气从外部引入，同时迫使室内空气逸出。配设活动窗且保温性能良好的建筑有助于平衡对新鲜空气、节能和热舒适度的需求。

空气在人体表面的自然对流，无须额外空气流动即可消散人体热量。温度上升时，必须增加空气流动以保持热舒适度。空气分层会使气流阻塞，使冷空气靠近地板而暖空气靠近天花板，进而导致空气流动不足。

皮肤上有汗液时，人体所能明显感受到的空气流动是一种令人愉悦的凉爽微风。当周围表面和室内空气温度比正常室温低16℃或以上时，同样的空气流动会产生寒流。当流动气流的温度低于室内空气温度时，其流动速度应慢于室内其他空气，以免产生穿堂风。在炎热潮湿的天气状况下，空气流动对蒸发制冷特有助益。

机械通风

机械通风利用机械设备将新鲜空气引入建筑物，同时排出污浊空气和污染物。风扇可作为独立设备运转或集成至更复杂的系统中，用于送风、排风和空气循环。

置于房间外墙的通风风扇可对室内空气进行循环，并用室外空气替代部分室内空气。窗式或穿墙式空调机组也可用作风扇。设热水或冷水盘管的中央供暖和制冷系统可调节房间通风机组中的空气。位置固定式风扇可为室内空间提供可靠、积极的气流。

空气从建筑物排出时，须及时予以补充。这可通过渗透建筑围护结构来部分实现。也可通过打开门窗提供新鲜空气。当机械设备排出大量空气时，补充空气可通过建筑围护结构的通风口经风管进入设备。

室内风扇

小型建筑可通过风扇有效降温。风扇产生的空气流动会因风扇在地板上方的高度、空间内风扇的数量以及风扇功率、速度和扇叶尺寸等因素而有所不同。安装在天花板上的叶片式风扇，可通过缓慢转动将舒适温度范围从22~26℃扩展至28℃左右。

吊扇直径范围为737~1829 mm。面积超过37 m² 的空间最好使用多台风扇。

吊扇尺寸

房间尺寸（m²）	风扇直径（mm）
≤ 7	737~914
7~13	914~1067
13~21	1118~1219
21~37	1219~1321
>37	1372~1829

天花板

下杆长度

风扇尺寸

距地面高度

地面

风扇高度

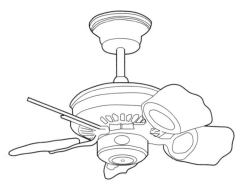

"能源之星"叶片式风扇

吊扇

排气系统

排气扇可清除浴室、厨房和加工区域内的异味或过度潮湿的空气。它可打造负压空间，有助于控制气味传播。排气扇可能会产生很大的噪声。可采用节能型排气扇。

除在天花板安装外，排气扇也可穿墙安装（无需风管），为此须在中央面板后设置一隐蔽式进风口，该面板可结合房间风格适当装饰。其他类型的排气扇可经两侧格栅穿过居间墙将空气从一个房间输送至另一空间。

局部排气系统

工业加工区、实验室和危重医疗护理区可能需要布设一台或多台排气扇及相应风管网路。厨房、卫生间、吸烟室、化学物品存放室内的空气也应可直接外排。复印机等设备可能需要局部排气通风。医疗建筑和实验楼通常设有"清洁"和"污染"区。清洁区的高气压和污染区的低气压有助于控制污染物。建筑物废气量越多，供暖和制冷负荷就越大。

在墙壁较少的开放式办公室中，设计师可在制造污染的复印机周围竖起一道屏障，并提供可实现工作区域快速通风的机械通风机制。

浴室排气扇

浴室排气扇应安装在浴缸和淋浴间上方的天花板上或浴室门对面的外墙上（注意安装高度）。浴室排气扇应可将室内空气直接排出。排气点与允许外部空气进入的任何开口之间的距离应至少为0.9 m。住宅浴室排气扇通常与灯具、温风暖房器或辐射热灯搭配使用。它们应经 UL 认证，并连接至由接地故障断路器（GFCI）保护的分流电路上。浴室排气扇大多兼容可几乎无声运行的高效离心鼓风机，以及可指示风扇开启状态的发光开关。有些型号可自动激活除湿，有些则设计得很容易改装。

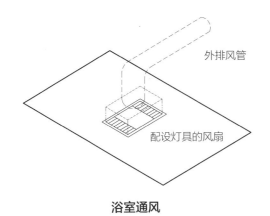

浴室通风

资料来源：考齐·宾格利，《室内设计师建筑系统》，第2版。

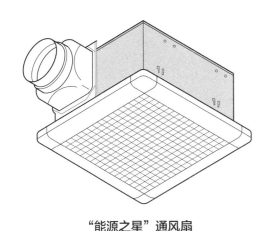

"能源之星"通风扇

资料来源：经由 RenewAire 有限责任公司提供。

公共卫生间通风

公共卫生间的管道设施须与通风系统相协调，确保在提供新鲜空气的同时，防止异味进入其他建筑空间。卫生间应位于其他空间气流的下游方向。卫生间内的空气应排至室外，避免排入其他空间。由于卫生间内的气压略低于邻近空间，空气会流入而非流出卫生间，从而遏制异味。排风口应置于卫生间上方，尽量靠近卫生间。

住宅厨房通风罩[1]

住宅厨房吸油烟机置于厨灶正上方时效果最好，可有效捕获上升的热空气。从炉灶后燃烧器表面上方几英寸处拉出的风扇，以及下吸式风扇（包括室内烤架上的风扇），所需气流量远大于普通排气扇。一般来说，壁挂式吸油烟机比独立式中岛吸油烟机更有效，因为其排烟所需气流量小于后者。

吸油烟机捕获的热空气可在经过滤器过滤后返回室内（自动通风），或通过风管和过滤器排至户外。排气扇、过滤器和灯具等配件在设计配置方面差别很大。排气扇尺寸最好不要过大，满足需求即可。一些炉灶配有下吸式通风装置，这样可能就无须再安装顶吸式吸油烟机。标准住宅炉灶所用排气扇的排气量通常为 1.4~9.9 m^3/min。

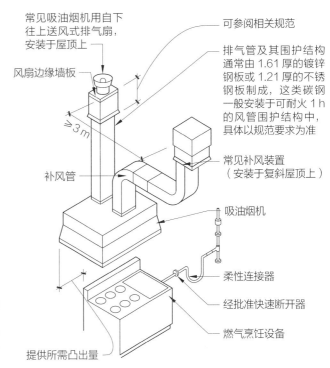

常见厨房吸油烟机安装

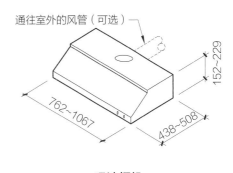

吸油烟机

1　作者：阿尔弗雷德·格林伯格，专业工程师。
　　美国天然气协会。
　　美国国家厨卫协会。

商用厨房吸油烟机

商用厨房吸油烟机可收集炉灶和蒸汽桌上的油脂、水分和热量。吸油烟机仅需最小程度的调节即可将外部空气引入其中或其附近，而后将其迅速排出，进而节省供暖和制冷用能。

吸油烟机可清除厨房区的空气、水蒸气、油脂和食物气味，也可清除洗碗区的空气和水蒸气。烤箱和蒸汽夹层锅所用吸油烟机仅需除去空气、热量和水蒸气。然而，若烘焙用具、烧烤炉、炸锅或烤架上有大量油脂，吸油烟机系统必须在排气扇将空气排出之前抽除污染物。可通过油脂"储存匣"或不锈钢抽除器来完成，这两种方法均可将外排空气猛烈地吹向四周。油脂颗粒可用凹槽收集以便清除，或通过下水道流出。

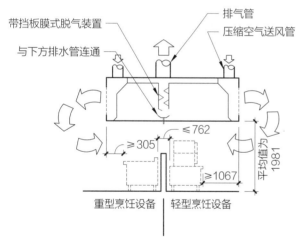

常见吸油烟机安装要求

防火系统

应用型防火措施

可通过几种方法来保护建筑结构免受火灾，包括喷水灭火装置等主动性方法以及相关被动性方法。防火设计或可将建筑物划分为由耐火门道、电气管道和风管等有限穿插其中的独立模块。各模块可根据其使用或占用情况、接触恶劣环境及为个人所滥用的可能性以及管辖当局的要求，选用防火材料或喷水灭火装置。

防火喷涂料

防火喷涂料可用以保护隐蔽和外露应用中的结构钢。这类涂料包括多用于隐蔽处的低密度胶凝产品和纤维喷雾产品，以及多用于外露处的各种中高密度产品。相比隐蔽处，外露处在外观精度以及抵抗物理损坏、空气侵蚀、高湿度、恶劣天气、紫外线和化学物质腐蚀等方面有着更高的要求。

涂料选择

在选择用于隐蔽和外露式应用场合的产品时，首先要预测有望在结构使用寿命期间占据主导地位的外露条件。

隐蔽应用

隐蔽式应用指在建筑物使用寿命期间不太可能移除或在无须为建筑环境系统预留维护通道处部署的应用，可显著降低防火喷涂料磨蚀或损坏风险。

外露应用

外露式应用与隐藏式应用的考量因素不尽相同。对于室内应用，所选产品不仅要有理想的外观，还应有适当的物理性能，以抵抗外观损坏、高湿度、空气侵蚀和腐蚀性空气等的影响。制造商可能建议或要求使用密封剂或面漆来保护外露产品。

环保考量

制造喷淋式耐火材料所用原料中，许多是通过开采（通常在露天矿山）获得的。矿山（特别是露天矿山）采矿作业通常伴以高昂的环境代价。它们会造成侵蚀，污染水、空气和土壤，并为生态系统带来大范围不利变化和破坏。采矿作业和原料运输须耗费大量能源。采矿产生的废弃物很难处理，如开挖的大量岩土、尾矿和有毒渗滤液等。尾矿库、有毒渗滤液和矿山径流是污染灾害的潜在诱因，可能需要长期遏制和监测。

与防火喷涂材料相关的室内空气质量问题包括颗粒物吸入、眼睛和皮肤刺激、挥发性有机化合物（VOC）排放和吸收以及生物制剂污染。敏感环境可能对室内空气颗粒物含量、VOC 排放以及潜在病原体等的控制有较为严格的要求。防火喷涂料的清除和更换可能是室内空气污染的一个重要来源。

火灾报警和探测系统[1]

烟雾和火灾探测器

火灾一般经历四个阶段：初燃、阴燃、火焰形成和热量散发。现已针对每个阶段的具体问题设计了不同类型的火灾和烟雾探测器。

初燃阶段探测器由以下三部分组成：

· 离子感烟探测器：离子感烟探测器可在探测到烟粒子时立即予以响应，以此提供早期预警。它们常用于室内，主要用于在低气流区域检测较大粒子。离子感烟探测器不用于热空气聚集处或粒子经常存续处。它们须定期清洗和重校。

· 气敏火灾探测器：气敏火灾探测器也可提供早期预警，常与粒子探测器搭配使用，以探测燃烧气体。

· 威尔逊云室探测器：威尔逊云室探测器是一种非常敏感的预警类探测器，常用于博物馆、数据处理空间、图书馆、洁净室和设备控制室，可探测微小粒子，鲜有误报现象。这类探测器需考虑管道安装成本。

阴燃阶段探测器由以下四部分组成：

· 射束型光电感烟探测器：这类探测器包含波束发射器和波束接收器，分别布设于空间两对侧，可探测烟雾中的粒子，但须确保视野畅通无阻。射束型感烟探测器的响应速度要慢于初燃阶段的探测器。它们常用于高天花板区域，如中庭、商场和礼堂，适用于中高速气流区域以及鲜有气流存在的密闭区域。此外，它们可抵抗肮脏、腐蚀性、潮湿以及酷热和酷寒的环境条件。

· 散射光光电感烟探测器（廷德尔效应探测器）：这类探测器的作用机制为脉冲发光二极管（LED）光束触及烟雾粒子后发生反射，而后击中报警单元，常用于商业和高质量住宅应用场合。它们对正常的尘垢堆积或灯具老化等现象不太敏感，且维护要求低于其他类型的探测器。

· 激光束光电感烟探测器：这类探测器利用灵敏度极高的激光二极管光源提供早期预警。激光束光电感烟探测器会对粒子散射的光产生反应，它们能区分烟雾和灰尘粒子。常用于清洁的环境中。

· 空气采样探测系统：这类系统通过与受保护区域上方天花板平面平行的管道孔吸入空气。空气会通过一个敏感型光学装置，这个装置通常是固体激光器。

火焰生成阶段探测器由以下五部分组成：

· 紫外（UV）辐射探测器：这类紫外线远程探测器极为敏感，可在毫秒内做出反应，且可对大多数类型的火灾做出反应。它们能探测到墙壁和天花板反射的紫外辐射，但可能被浓烟阻碍视野。它们常用于高度易燃或易爆的仓库和工作区域，主要探测有机材料火灾。使用这类探测器须提供快速灭火和疏散设施。

· 红外（IR）辐射探测器：红外辐射探测器可探测快速有焰燃烧以及二氧化碳的产生，它们可在数秒内做出反应。常用于封闭空间，比如密封的存储库等。红外辐射探测器比紫外探测器的探测范围小，灵敏度也更低。

· 紫外和红外联合辐射探测器：这种混合类型探测器可减少误报现象。它们常用于飞机库、加油站和易燃物储存区。

· 点型装置：这类装置安装在受保护区域的中心位置，可对火灾产生的热空气对流做出反应。

1　作者：阿尔弗雷德·格林伯格，专业工程师。
　　美国天然气协会。
　　美国国家厨卫协会。
　　世凯汉尼斯，咨询工程师（Consulting Engineers）。
　　沃伦 D 博尼施，专业工程师，席尔默工程公司（Schirmer Engineering）。

· 线性装置：这类装置可对火灾沿其整个长度产生的热空气对流做出反应。线性装置可探测无火灾情形下的表面过热现象。它们常用于电缆桥架和电缆束以及较大或较长的设备。

感烟探测器的有效性是通过烟雾对降低能见度的影响或探测器的减光率来衡量的。光电探测器的减光率最高，其次是离子探测器。

住宅感烟探测器的使用须符合规范的规定。规范可能会要求采用硬接线式而非电池供电式探测器。美国消防协会（NFPA）建议在每间卧室中、每个睡眠区外以及住宅每一层均安装感烟探测器。可参阅当地规范了解具体要求。

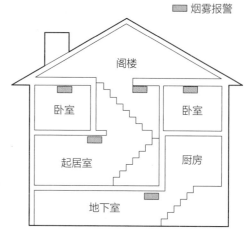

多层建筑剖面图

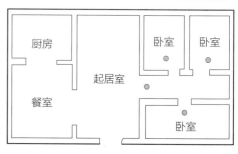

单层平面图

烟雾报警配置

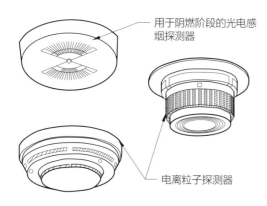

用于阴燃阶段的光电感烟探测器

电离粒子探测器

感烟探测器

资料来源：考齐·宾格利，《室内设计师建筑系统》，第2版。

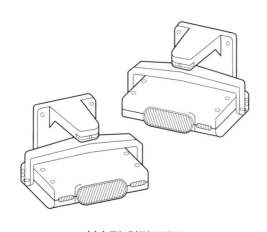

射束型感烟探测器

火灾报警系统

火灾报警系统一般通过感知燃烧产物（感烟探测器）、借助手动报警启动装置（拉式火警箱）、启用自动喷水灭火系统（水流开关）或检测温度突然上升情况（热探测器）等举措来保护其所服务的环境。

火灾报警系统的尺寸和复杂性各不相同。就尺寸来说，包含独立式住宅感烟探测器以至基于微处理器、服务于整个设施的数字多路系统等各种类型。火灾报警系统不仅会发出火警信号，还会启动其他措施，具体包括：控制风扇和风门系统以便于烟雾控制和疏散，关闭防火门和百叶窗，解锁锁闭门，控制电梯和传送语音信息等。

最简单的火灾报警系统是一种独立式住宅感

烟探测器。它能感知燃烧产物，发出警报，并在电池需要更换时发出信号。大多要求在住宅、公寓、汽车旅馆或旅馆房间等场所使用感烟探测器。可参阅相关规范了解具体要求。

对于一些公共安全备受关注的建筑，如学校、医院、办公楼和其他商业机构等，须提供更复杂的报警系统。尽管小型硬接线和继电器操作报警信号系统目前仍在使用，但基于微处理器的数字多路系统才是大势所趋。这类系统不仅可以发出火灾发生信号，还可启动其他措施，具体包括：调节风扇和风门以便于烟雾控制，关闭防火门和百叶窗，解锁锁闭门，控制电梯和传送语音信息等。在特定人群使用的高层建筑中，须提供语音通信服务。此外，对大型低层建筑，也建议做此处理，以进一步保障生命安全。

听觉报警器

听觉报警器的强度和频率须足以吸引部分听觉丧失者的注意。这类警报器发出的声音应至少比空间内当前声级大 15 dB，或比持续时间为 60 s 的最大声级大 5 dB，以较大者为准。声级不应超过 120 dB。

视觉报警器

视觉警报器应置于空间内最高楼层上方 2032 mm 处，或天花板下方 152 mm 处，以较低者为准。对需提供视觉报警器的空间，一般情况下，其所有区域均须位于信号（水平测量）15.2 m 内。对于直径超过 30.5 m 且无任何 1.8 m 以上障碍物的大型空间，比如礼堂等，相关设备可以 30.5 m 的最大间距沿空间周界放置，而无须再悬挂在天花板上。

中庭烟雾管理[1]

中庭可视为一种两层或两层以上的大型空间。其他大型开放式空间包括封闭式购物中心、拱廊、运动竞技场、展览厅和飞机库等。"中庭"这一术语在一般意义上指任何前述大型空间。

烟雾报警配置

喇叭 / 扬声器 / 视觉信号

中庭烟气管理须符合建筑规范的规定。目前，中庭防烟相关规定大多基于区域火灾模型概念。可咨询消防及烟气管理顾问或机械工程师等，以审核中庭烟气管理相关工程条件。

· 烟气控制仅适用于通过加压来提供防烟功能的系统，比如加压楼梯井。

· 烟气管理指使用分区、增压、气流或热烟浮力等技术的系统。

从前述定义来看，中庭排气系统应属于烟气管理系统，因为其依靠热烟浮力。

就烟气管理而言，烟气应由空气传播型燃烧产物和与之混合的空气组成。空气传播型燃烧产物指燃烧气体和固液粒子。产生或排放的烟气实际指与相对少量粒子和燃烧气体相混合的空气。由于这类粒子和燃烧气体的浓度相对较小，烟气管理系统工程设计分析将烟气的比热和气体常数等特性视同空气。

1　作者：理查德·F. 胡曼，专业工程师，Joseph R. Loring 及其合伙人公司，咨询工程师（Consulting Engineers）。
丁尺建筑师事务所（JRS Architect）。
沃伦·D. 博尼施，专业工程师，席尔默工程公司（Schirmer Engineering）。

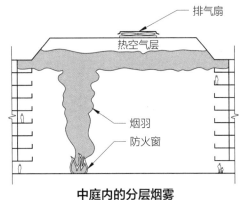

中庭内的分层烟雾

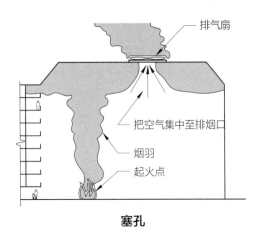

塞孔

楼梯加压

楼梯加压须符合建筑规范的规定。一般来说，楼梯加压仅限于某些正常使用的楼层。这类楼层位于建筑物消防通道上方22.9 m或更高处，或位于建筑物消防通道下方9.1 m或更低处。消防通道一般定义为服务于建筑物的消防车通道的标高。

楼梯加压旨在为消防员的行动提供防护空间。从本质上讲，楼梯加压是指通过送风扇为楼梯围护结构补充空气，以在楼梯内部产生相对于楼梯所服务邻近空间的正压力。因此，当楼梯加压机制启动时，空气会从楼梯流向邻近空间。可降低烟气进入出口楼梯的可能性。

楼梯加压相关设计参数多且复杂。其中一些参数会影响项目的室内设计。若某楼梯的梯井过长（即过高），可能需为该楼梯围护结构的多个楼层注入空气。而这须在附近设置一个送风井。该送风井必须专用于为该楼梯服务的楼梯加压系统，因为其不能共用，也不能用于满足其他机械需求。

有一种楼梯加压系统要求在楼梯围护结构与楼梯所服务的邻近空间之间设置前厅。前厅通常是一种高度和宽度特定、可耐火1 h的围护结构，配有机械送风（排风）系统或直接向外开放。其原理是：来自邻近空间的烟气将进入前厅，通过机械通风或外部开口自然排出，从而降低烟气进入楼梯围护结构的可能性。

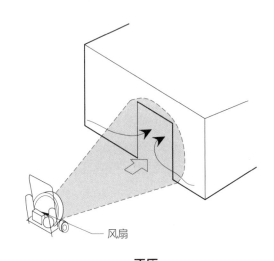

正压

电梯门厅围护结构及加压

可参阅建筑规范了解电梯门厅围护结构相关要求。高层建筑的电梯一般都需设置围护结构，即使设有喷水灭火装置，亦应如此。低层建筑物、露天停车场、街面层电梯以及非设于电梯井内的电梯不受前述电梯门厅要求约束。关于电梯门厅围护的要求最近已扩大，进一步纳入了消防通道电梯和人员疏散电梯。

电梯门厅一般采用耐火1 h的防火构造和耐火45 min的开口保护装置予以围护。电梯门厅围护结构的尺寸将取决于无障碍要求以及消防通道电梯和人员疏散电梯相关要求。

自动扶梯和非必需楼梯开口[1]

用自动扶梯或非必需楼梯连接一个或多个楼层是常见建筑特征之一。由此形成的楼板开口允许打开，前提是开口面积不超过自动扶梯或楼梯水平投影面积的两倍，且开口由挡烟垂壁和间距较小的自动喷水灭火装置予以保护，喷水灭火装置的安装须符合安装标准。可开放楼层数受制于连通空间的占用情况。相关标准要求在距离挡烟垂壁152~305 mm处安装一个457 mm的不燃型挡烟垂壁，同时以1.8 m的中心距沿开口布设自动喷水灭火装置。相关标准要求在开口周围中心间距1.8米处使用高度457mm的非可燃性挡烟垂壁，并在距挡烟垂壁152~305mm处装有喷水装置。其原理是火灾产生的热量和热气会因挡烟垂壁而受阻，进而启动自动喷水灭火装置。若无挡烟垂壁，热量和热气可从以4.6~6 m的间距正常间隔的自动喷水灭火装置之间流过，然后通过楼板开口自由上升。

灭火系统

燃料、氧气和足以点火或保持燃烧的高温是维持火势的三个必要条件。所有灭火方法都旨在消除一个或所有上述条件，以实现灭火目的。

火灾可分为A、B、C、D四类：

- A类火灾指木材和纸张等固体可燃物引起的火灾。
- B类火灾指油和汽油等可燃液体引起的火灾。
- C类火灾本质上属于电气火灾，比如因短路产生可引燃其他物质的火花而导致的火灾等。
- D类火灾指可自给燃料类金属引起的火灾。

根据发生火灾的可能性，建筑物已占用区域及其他特定区域可分为低火险、普通火险或高火险区域。办公建筑、学校、公共建筑属于低火险区域。存储大量可燃材料的仓库属于普通火险区域。很可能引发大型火灾的区域属于高火险区域。

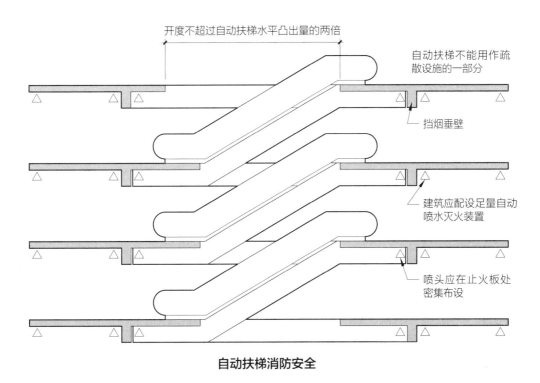

自动扶梯消防安全

资料来源：基于弗朗西斯·D.K.程（Francis D. K. Ching）在《建筑规范图解》（Building Codes Illustrated）第二版中的绘图。

1 作者：约翰·H.克洛特（John H. Klote），约翰·H.克洛特有限公司（John H. Klote, Inc.）。
沃伦·D.博尼施，专业工程师，席尔默工程公司（Schirmer Engineering）。

灭火系统类型

灭火系统一般分为以下几种：水基、化学基（液体或粉末）和气基。

· 水基灭火系统使用掺有可增强灭火特性的化学物质的水或未稀释水来将火冷却至着火温度以下或使其失去氧气。

· 化学基灭火系统会干扰燃烧过程，并使火失去氧气。

· 气基灭火系统也会干扰燃烧过程，并使火失去氧气。

自动喷水灭火系统

自动喷水灭火系统使用通过阀门、管道和喷嘴网络分配的水，其主要目的是发出警报和减轻火灾影响，而不一定是灭火。火灾发生时，火散发的热量会融化封闭喷头的构件，进而自动排水灭火。

自动喷水灭火系统包括以下几类：

· 湿管：湿管自动灭火系统由在压力下注满水的管道和封闭式喷头构成。火灾发生时，其散发的热量会将喷头部位的温度敏感元件熔化（熔断），进而打开喷头，使水流出。

· 干管：干管自动灭火系统由在压力下充满空气的管道和封闭式喷头构成。其操作阀构件称为干管阀。需要一台空压机来弥补因漏气而损失的空气。水和压缩空气均仅输送至干管阀。当喷头因火灾而熔开时，它会降低气压，打开阀门，使水进入管道，而水将仅从已打开的喷头部位流出。

· 预作用：预作用自动灭火系统由封闭式喷头和在大气压下充满空气的管道构成。该系统将水供应统称为预作用阀的操作阀构件。探测到热、火或烟气时，附属烟气或火灾探测系统会立即发出信号。信号会使预作用阀打开，允许水进入管道系统。水不会从喷头处流出，除非喷头因火灾而熔化。

· 集水：集水自动灭火系统由在大气压下充满空气的管道和开放式喷头构成，主要用于保护高危区域和特定设备。在受保护危险区域探测到热、火或烟气时，附属烟气或火灾探测系统会立即发出信号。

· 防冻剂：一种注满防冻溶液而非水的湿管自动灭火系统，旨在保护易结冰区域，这类区域通常面积较小，不适合使用干管系统。具体操作方法与标准湿管系统相似。

· 水雾：水雾自动灭火系统使用高压水和特制喷嘴，高压水通过喷嘴时可将小水滴直接排放至火中。该系统需用水泵来产生高压。

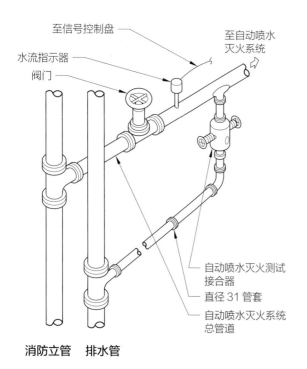

至信号控制盘
水流指示器
阀门
至自动喷水灭火系统

自动喷水灭火测试接合器
直径 31 管套
自动喷水灭火系统总管道

消防立管   排水管

常见喷水灭火装置连接方式

灭火规范要求

火灾探测和灭火指为探测、控制、扑灭火灾或者向居民或者消防部门发出火灾警报而设计安装的火灾报警或灭火系统。对于居住单元，该系统可能仅限于感烟探测器。在商业建筑中，该系

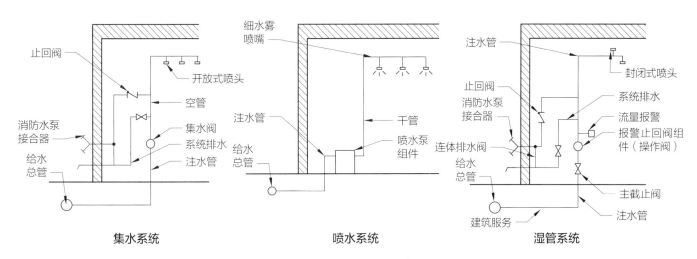

自动喷水灭火系统类型[1]

喷头选型表

喷头类型	标准覆盖面	高压	扩大覆盖面	住宅用	干式	泡沫水	机构用
直立式	√	√	√	—	√	√	—
标准响应式	√	—	—	—	—	—	—
快速响应式	√	—	—	—	—	—	—
下垂式	√	√	√	√	√	—	√
嵌入下垂式	√	√	√	√	—	—	—
隐蔽下垂式	√	—	—	√	—	—	—
平齐下垂式	√	—	—	—	—	—	—
水平侧壁式	√	√	√	√	√	—	√
嵌入式水平侧壁式	√	√	—	√	√	—	—
垂直侧壁式	√	—	—	—	—	—	—
下垂式，带深孔罩	—	—	—	—	√	—	—

注："√"表示符合要求；"—"表示不符合要求。

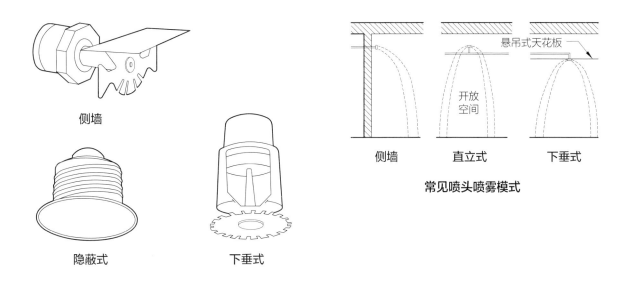

常见喷水灭火装置连接方式

1　作者：迈克尔·弗兰克尔，认证室内环境专业人员，公用事业系统顾问（Utility Systems Consultants）。
　　杰弗里·米斯，美国建筑师协会（AIA）。

统可能包含许多构件，比如感烟和感温探测器、喷水灭火装置、手提式灭火器、竖管、烟气控制系统、手动报警器以及排烟排热口等。

灭火系统旨在扑灭火灾或减轻火灾影响。应根据可用性、兼容性、成本和规范要求，选择最适合特定项目的灭火剂。

尽管自动喷水灭火系统的设计和布局是机械工程师或消防承包商的责任，但喷头的首选位置往往以设计师的反光天花板平面图为依据。

喷头定位

在办公室、商店和餐馆等低火险场所，若采用水力设计系统，每 21 m² 建筑面积须布设一个喷头。

若有任何障碍物存在，比如横梁、吊顶、高书架或高办公室系统隔断等，必须保持一定的水平和垂直尺寸。

材料燃烧性能定义

- 不燃材料：材料在遭遇火灾时不会着火或燃烧。不燃材料还包括由厚度不超过 3 mm 且在结构基础不燃情形下火焰蔓延指数不大于 50 的堆焊材料所构成的复合材料，比如石膏墙板等。
- 耐火材料：抑制火焰蔓延的材料。通常称为垂直燃烧测试。
- 装饰件：挂镜线、护墙板、踢脚板、扶手、门窗框以及用于固定用途的其他类似装饰或保护性材料。
- 可燃材料：在空气中（于可能在建筑物内引发火灾的压力和温度下）以火焰或发光形式燃烧的材料。

商用烹饪灭火系统

使用灭火系统来保护商用烹饪器具。商用烹饪器具指用以加热或烹饪食物的器具。器具在加热或烹饪过程中，可能会产生油烟、蒸汽、烟雾或异味等，须通过当地排气通风系统予以清除。

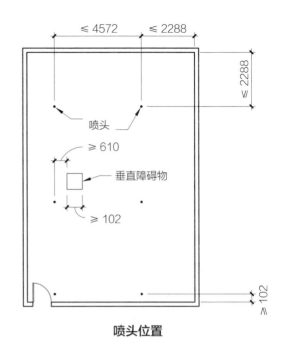

喷头位置

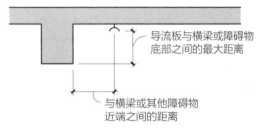

导流板与横梁或障碍物底部之间的最大距离

与横梁或其他障碍物近端之间的距离

障碍物附近的喷水灭火装置

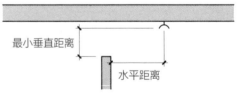

最小垂直距离

水平距离

障碍物上方的喷水灭火装置

障碍物状况

前述器具包括深油炸锅、煎锅、烤焙用具、水壶、炉灶等设备。在这类器具上方布设的排气罩是一种进气装置，可在油脂和类似污染物进入风管网路之前予以捕获。

为了应对油脂和烟雾等烹饪产物，厨房吸油烟机须用自动灭火系统予以保护。还需布设手提式灭火器，作为备用灭火手段。

灭火器

灭火器是火灾早期阶段的第一道防线。因仅用于火灾刚起时，在尺寸和强度方面均受限制。可参阅防火规范了解灭火器相关要求。

灭火器分类

灭火器依据其所灭火灾的类型进行贴标。

通常很难预测建筑物的每一种用途及与之相关的火灾危险。因此，最好指定使用多功能灭火器（多功能灭火器指归属于上述一个或多个类别的灭火器）。

灭火器分类

火灾分类	火灾原因
A 类	一般可燃物，比如纸、木材和布
B 类	易燃和可燃液体，比如油漆、油和溶剂
C 类	通电的电气设备
D 类	易燃金属，比如镁和钛
K 类	能引起植物油或动物油火灾的烹饪器具

灭火剂种类[1]

灭火器通常使用以下药剂：

- 二氧化碳：一种无色、无味、不导电的惰性气体，适用于 B 类和 C 类火灾。
- 湿化学品：有机或无机盐水溶液。
- 干化学品：碳酸氢钠粉末、碳酸氢钾粉末和其他类似于小苏打的化学品。常用于 A、B、C 类火灾，但若不慎外泄，后果严重。
- 水：普通、便宜、可持续型药剂，但仅用于 A 类火灾。水用于不结冰处。
- 卤代烷和卤化碳：几乎无残留的清洁药剂。这类药剂可用于 A、B、C 类火灾，成本高于其他一些灭火剂。卤代烷在欧洲禁用，大多运往美国进行再利用；无法用于生产新产品。也可使用相关替代材料。
- 成膜剂水成膜泡沫（AFFF）或成膜氟蛋白泡沫（FFFF）：成膜剂仅限于 A 类和 B 类火灾，用于不结冰处。

灭火器定位

灭火器须置于橱柜内远离地面安装，或固定在墙上的安装支架上。灭火器定位的一个重要目标是，确保其可在正常通行路径上清晰可见。若将灭火器置于门后或角落，就背离了提供灭火器的初衷。均匀的灭火器间距，特别是在地板之间以及公共区域内，可提高在需要时找到灭火器的可能性，也有助于灭火器检查和维护。随着人们对安全的日益重视，将门上锁已逐渐成为共识。确保灭火器放在门道锁固侧，这样就无须穿过上锁门回去拿灭火器再返回至火灾地点。

灭火器应按以下要求定位：对质量不超过 18.1 kg 的灭火器，其顶部与地面之间的距离不得超过 1524 mm；对质量超过 18.1 kg 的灭火器，其顶部与地面之间的距离不得超过 1067 mm。灭火器底部与地面之间的距离绝不可小于 102 mm。

除下述特殊危险情形外，灭火器的位置通常依据其保护距离和覆盖范围来确定。灭火器的保护距离可因火灾危险、灭火器尺寸等而变化，但 A 类灭火器的保护距离不应超过 22.9 m。在平面图上标出灭火器的位置，确保其保护直径不超过 22.9 m。灭火器保护半径圆圈应相互重叠，以确保所有受保护区域到灭火器的距离均不超过 22.9 m。根据危险类型，B 类灭火器的保护距离可为 9.1 m 或 15.2 m。

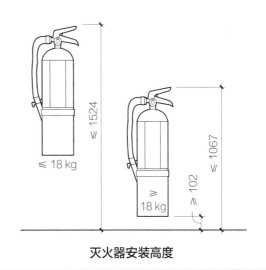

灭火器安装高度

1　作者：沃伦·D. 博尼施，专业工程师，席尔默工程公司（Schirmer Engineering）。

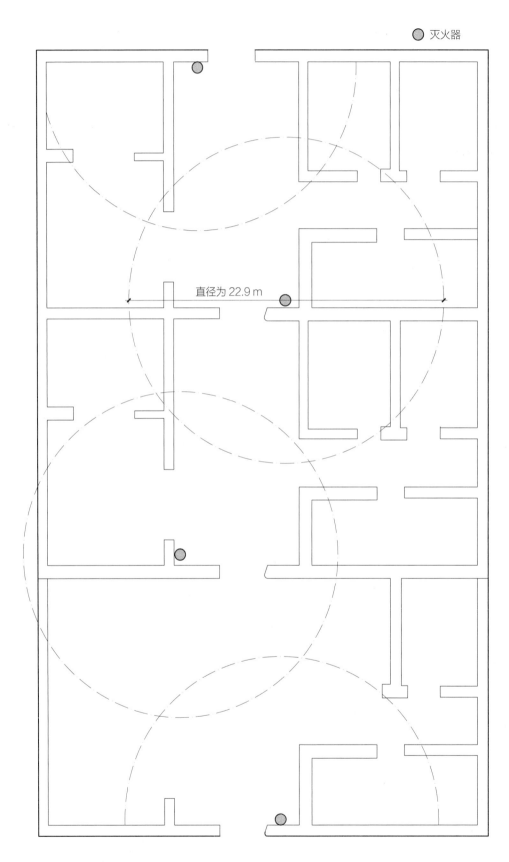

◯ 灭火器

直径为 22.9 m

灭火器平面图[1]

1 作者：沃伦·D.博尼施，专业工程师，席尔默工程公司（Schirmer Engineering）。
　威廉·G.迈纳，美国建筑师协会（AIA），建筑师。
　查尔斯·B.托尔斯，专业工程师，TEI 咨询工程师（TEI Consulting Engineers）。
　理查德·F.胡曼，专业工程师，Joseph R. Loring 及其合伙人公司，咨询工程师（Consulting Engineers）。
　加里·A.霍尔，哈默尔·格林和亚伯拉罕森建筑设计公司（Hammel Green and Abrahamson）。

电气系统

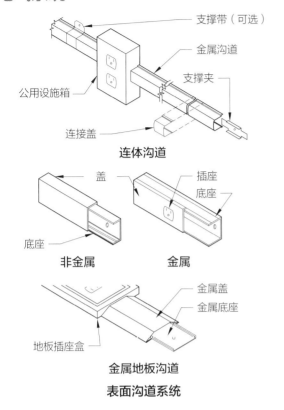

支撑带（可选）

金属沟道

支撑夹

公用设施箱

连接盖

连体沟道

盖

插座

底座

底座

非金属 **金属**

金属盖

金属底座

地板插座盒

金属地板沟道

表面沟道系统

布线设备

接线盒是一种围护构件，用于围护电路连接或分支时接在一起的电线或电缆，是一种特殊的电气箱。接线盒可呈圆形、方形或八边形。

接线盒用校平螺钉安装在木质地板结构（不可调节）或现浇混凝土上。混凝土盒采用铸铁、冲压钢或非金属材质。

接线盒可为金属盒和非金属盒。在混凝土中进行埋入安装须借助混凝土密封盒和刚性管道。在混凝土砌块（CMU）施工中，专用于支撑和保护电线电缆的沟道管须穿过砌块空腔。

以下是几种常见电气箱：

· 八边形电气箱通常用于埋装式天花板插座。它们也可用作接地插座的地板盒。

· 埋装式地板盒用校平螺钉安装在木地板结构（不可调节）或现浇混凝土上。混凝土盒采用铸铁、冲压钢或非金属材质。与用

于接地插座的标准地板盒（即八边形地板盒）相比，埋装式地板盒是一种重型电气箱。

· 公用电气箱可为金属和非金属材质。不同电气箱的顶出位置不尽相同。公用和室外电气箱不能是联轴型，但开关和砌体盒却可能是。在混凝土中进行埋入安装须借助混凝土密封盒和刚性管道。CMU构造须由沟道或管道穿过空腔。

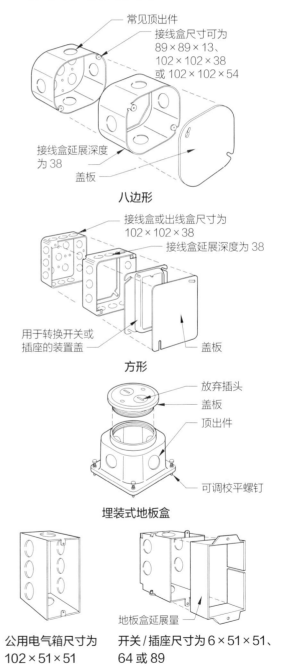

常见顶出件

接线盒尺寸可为
89×89×13、
102×102×38
或102×102×54

接线盒延展深度
为38

盖板

八边形

接线盒或出线盒尺寸为
102×102×38

接线盒延展深度为38

用于转换开关或
插座的装置盖

盖板

方形

放弃插头

盖板

顶出件

可调校平螺钉

埋装式地板盒

公用电气箱尺寸为
102×51×51

开关/插座尺寸为6×51×51、
64或89

电气箱

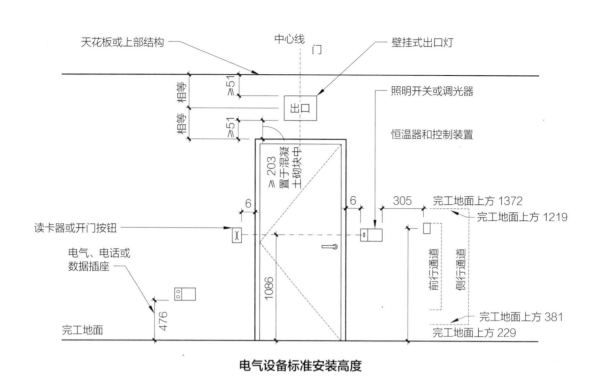

天花板或上部结构
中心线
门
壁挂式出口灯
照明开关或调光器
恒温器和控制装置
读卡器或开门按钮
电气、电话或数据插座
完工地面
置于混凝土砌块中
相等
相等
≥51
≥51
≥203
6
6
305
1086
476
前行通道
侧行通道
完工地面上方 1372
完工地面上方 1219
完工地面上方 381
完工地面上方 229

电气设备标准安装高度

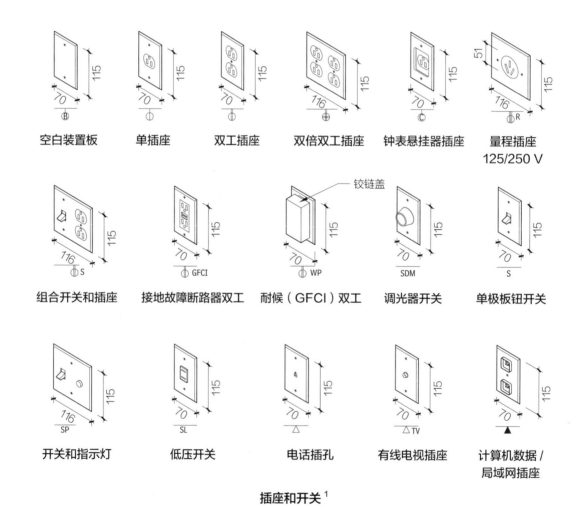

空白装置板	单插座	双工插座	双倍双工插座	钟表悬挂器插座	量程插座 125/250 V

组合开关和插座	接地故障断路器双工	耐候（GFCI）双工	调光器开关	单极板钮开关

铰链盖

开关和指示灯	低压开关	电话插孔	有线电视插座	计算机数据 / 局域网插座

插座和开关[1]

1　a. 插座和开关是最常用的电气装置。墙板后面的联轴数值取决于所用装置的类型。
　　b. 所用符号均以 ANSI 标准 Y32.2 为依据。
　　c. 单联可互换（微型）装置可使用下列任何一种或多种构件：开关、万用插头、无线电插座、指示灯和铃按钮。可采用复合式联轴。

联轴尺寸

联轴	高度（mm）	宽度（mm）
2	115	116
3	115	162
4	115	208
5	115	254
6	115	298

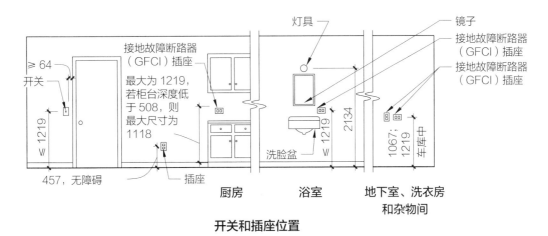

开关和插座位置

配电系统

穿通系统

穿通系统常与高架支线配电系统结合使用，后者可在无障碍悬吊式天花板空腔中一直运行至全高隔断插座处。当需要在无邻近隔断或立柱区域（比如开放式办公室中）提供配电服务时，必须通过线路构件（即电线杆）向下或通过地板穿孔向上提供这类服务。地板穿孔应包含防火嵌件以及埋入地板或置于地板上的插座等构件。安装穿通构件时，楼板须做钻芯处理或包含预置于模块化网格中的套筒。若所需服务位置并非位于相关系统沟道正上方，可将穿通构件与空心板和地板下风管系统结合使用。

穿通构件可通过地板穿孔为工作台所有电源、通信和计算机需求服务。天花板空腔内的配电线路可在沟道上运行。更经济有效的方法是：当天花板空腔用于回风时，可通过铠装电缆（BX）提供配电服务，通过经批准静压箱专用电缆提供通信和数据服务。若需重新安装或增加穿通构件，为尽量减少对下方办公空间的干扰，可

为每种服务提供一个由预配接线盒构成的模块化系统，但通常仅限于配电服务。需为地面混凝土楼板以及大厅或零售空间、机械设备空间或暴露在大气中的空间等空间上方区域选用不同类型的工作系统。

穿通系统初始成本较低，对由租户负责未来变更的投资者所有建筑，以及建筑预算有限的企业办公建筑而言，既可行又有吸引力。若办公室规划包括连接工作台面板（包括基座沟道）以将电线延伸至地板上方以及减少服务所需地板穿孔数等需求，建议采用穿通系统。

高架活动地板系统

高架活动地板系统以最大的灵活性以及最低的服务重置或增加成本为特色。当与电源、通信和数据布线插件插座及电缆连接器组模块化系统结合使用时，无需电工或布线技术人员即可予以变更。活动地板系统拥有初始成本最高的配电系统。

活动地板可配备或不配备桁条。桁条可用于降低"蠕变"效应。若采用不涉及坡道或台阶的自定义安装方式，可将底板压低。

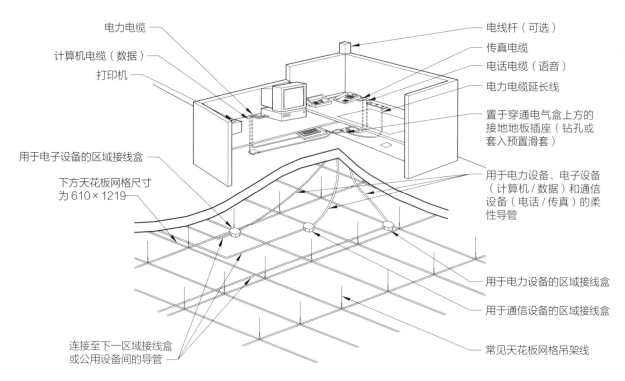

电力电缆
计算机电缆（数据）
打印机

电线杆（可选）
传真电缆
电话电缆（语音）
电力电缆延长线
置于穿通电气盒上方的接地地板插座（钻孔或套入预置滑套）

用于电子设备的区域接线盒
下方天花板网格尺寸为 610×1219

用于电力设备、电子设备（计算机/数据）和通信设备（电话/传真）的柔性导管

用于电力设备的区域接线盒
用于通信设备的区域接线盒
常见天花板网格吊架线

连接至下一区域接线盒或公用设备间的导管

穿通五金件系统（区域）接线盒[1]

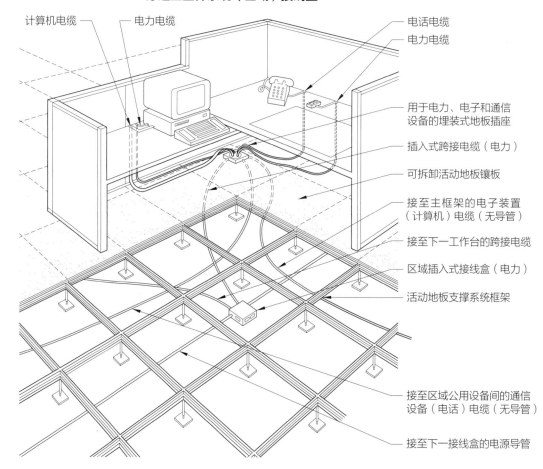

计算机电缆
电力电缆

电话电缆
电力电缆

用于电力、电子和通信设备的埋装式地板插座
插入式跨接电缆（电力）
可拆卸活动地板镶板
接至主框架的电子装置（计算机）电缆（无导管）
接至下一工作台的跨接电缆
区域插入式接线盒（电力）
活动地板支撑系统框架

接至区域公用设备间的通信设备（电话）电缆（无导管）
接至下一接线盒的电源导管

采用模块化插件配电方式的高架活动地板系统[2]

1　作者：查尔斯·B. 托尔斯，专业工程师，TEI 咨询工程师（TEI Consulting Engineers）。
　　理查德·F. 胡曼，专业工程师，Joseph R. Loring 及其合伙人公司，咨询工程师（Consulting Engineers）。
　　加里·A. 霍尔，哈默尔·格林和亚伯拉罕森建筑设计公司（Hammel Green and Abrahamson）。
2　作者：罗伯特·T. 法斯，咨询工程公司（Consulting Engineer）。
　　理查德·J. 维图洛，美国建筑师协会（AIA），橡树叶工作室（Oak Leaf Studio）。

活动地板不一定需要增加楼层高度，若需要，所增加高度的单位成本应远低于建筑物其他部分。若需将照明与悬吊式天花板中的其他构件相协调，或须从下方（如从工作台处）提供照明，可将空腔压缩以补偿架空地板。

扁平电缆布线系统

扁平电缆源自以不同间距沿核心走廊墙壁和墙柱布设的传动箱。这类传动箱由公用设备间的配电中心分别供电。传动箱可浇铸在地板上或置于穿通式嵌件顶端。电缆不得在固定式隔断下方穿过，必须予以仔细规划，以减少交叉和混乱布线现象。

为了便于安装服务配件，应首先将接口基底构件直接固定在扁平电缆处的混凝土地面上。基底构件须嵌入扁平电缆的导体，将其转换成圆导

线。须在服务配件连接后，及时予以激活备用。

应基于可能会在不同条件下接受或不接受之类的限制，仔细考虑扁平电缆布线系统的应用。例如，对于穿通或电线杆系统不可接受或无法使用的小型区域或现有建筑改造区域，扁平电缆布线系统不失为一种理想选择。对将穿通系统定为基础建筑标准系统的新建筑，在无法安装穿通式插座处（比如地面混凝土楼板上），扁平电缆系统亦是行之有效的解决方案。

大多数建筑规范要求将地毯砖铺设于扁平电缆安装表面上，以便于处理扁平电缆。频繁更换或增加电缆（若有），可能会对昂贵的胶粘式地毯砖造成磨损，这是选用地毯砖的不利之处。

扁平电缆系统采用劳动密集型安装方式。实际初始安装成本和插座重置成本与敷设槽头管的空心板相当。

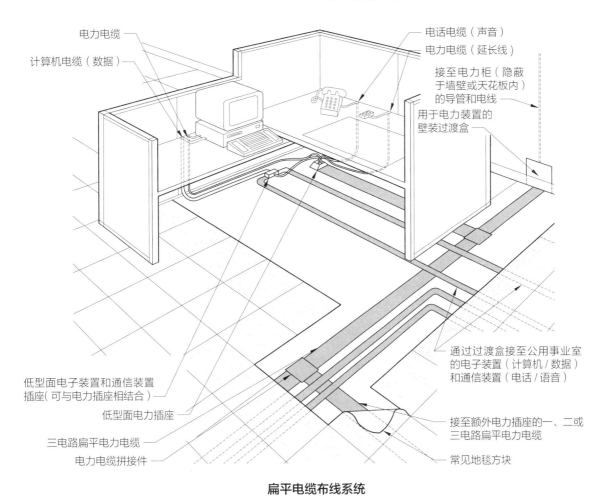

电力电缆
计算机电缆（数据）

电话电缆（声音）
电力电缆（延长线）
接至电力柜（隐蔽于墙壁或天花板内）的导管和电线
用于电力装置的壁装过渡盒

低型面电子装置和通信装置插座（可与电力插座相结合）
低型面电力插座
三电路扁平电力电缆
电力电缆拼接件

通过过渡盒接至公用事业室的电子装置（计算机/数据）和通信装置（电话/语音）
接至额外电力插座的一、二或三电路扁平电力电缆
常见地毯方块

扁平电缆布线系统

住宅电气布线[1]

住宅电气布线系统的一般由以下几部分组成：

1. 每个可居住房间、走廊、楼梯、附属车库和室外入口须至少布设一个墙壁开关控制型照明插座。但可居住房间存在例外情形，即厨房和浴室。厨房和浴室允许使用由一个墙壁开关控制的一个或多个插座，以取代照明插座。

2. 厨房、家庭房、餐厅、书房、早餐室、起居室、客厅、日光室、卧室、娱乐室和其他类似房间，均须安装万用插头，并确保地板沿线任何点与插头之间的水平距离均不超过 3.7 m，包括任何宽度达 0.61 m 或以上的墙壁空间，以及由外墙滑板占用的墙壁空间。

3. 至少需为小型万用插头专门布设两条专用于小型电器的电路。小型电器包括厨房、食品室、餐厅、早餐室和家庭房中的制冷设备。两条电路均须延伸至厨房，其他房间可由其中一条或两条予以服务。除专为电钟安装的插座外，不得将其他万用插头连接至这两条电路上。在厨房和用餐区，须在每一个宽度大于 305 mm 的柜位安装万用插头。

4. 至少为洗衣房电源插座提供一条电路，而该电路可不再服务于其他万用插头。

5. 须至少在浴室洗脸盆附件安装一个万用插头，并配备接地故障断路器（GFCI）予以保护。

6. 足量布设 15 A 和 20 A 电路，为建筑空间提供 3 W 电力，这不包括车库和开放式门廊区域。规范最低要求为每 55.7 m² 布设一条电路，但最好每 46.5 m² 布设一条。

7. 至少安装一个外用万能插头（最好两个），且须提供 GFCI 保护。

8. 除洗衣房外，地下室和车库也应分别安装至少一个万用插头。在附加车库，必须提供 GFCI 保护。

9. 许多建筑规范要求在卧室外的走廊或通往楼上卧室的楼梯上方安装一个硬接线式感烟探测器。

10. 设备须安装隔离开关。

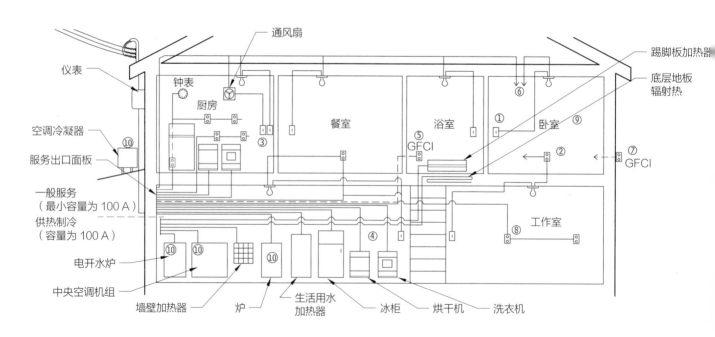

住宅电气布置图——原理图[2]

---

1 作者：理查德·F. 胡曼，专业工程师，Joseph R. Loring 及其合伙人公司，咨询工程师（Consulting Engineers）。
　加里·A. 霍尔，哈默尔·格林和亚伯拉罕森（Hammel Green and Abrahamson）。
　查尔斯·B. 托尔斯，专业工程师，TEI 咨询工程师（TEI Consulting Engineers）。
　斯蒂芬·马格里斯，美国照明工程学会（IES），国际照明设计师协会（IALD）。
2 UPS 系统种类繁多，多用于小规模应用场合。具体包括服务单个微型计算机的桌面型以及服务多台计算机或其他设备的地板型等。

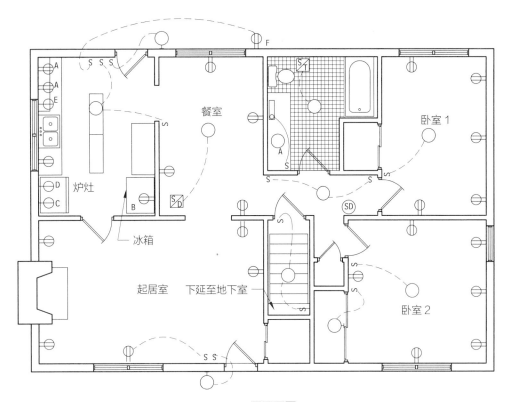

一层平面图

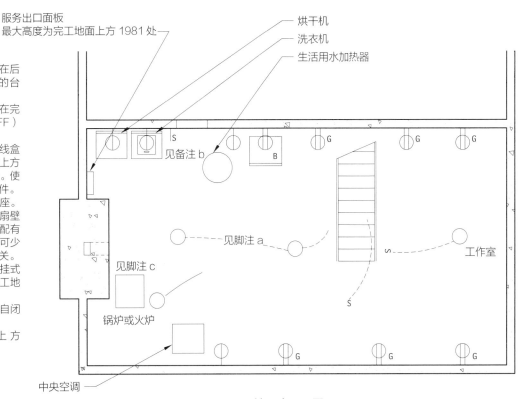

服务出口面板
最大高度为完工地面上方 1981 处

烘干机
洗衣机
生活用水加热器

A. 将万用插头安装在后挡板上方 51 处的台面上。
B. 将万用插头安装在完工地面上方（AFF）1219 处。
C. 将炉灶和烤箱出线盒安装在完工地面上方 914 处的墙壁上。使用柔性装置连接件。
D. 排气扇开关和插座。开关应安装在风扇壁口附近。若风扇配有整体式开关，则可少安装一个单独开关。
E. 洗碗机插座系壁挂式装置，安装于完工地面上方 152 处。
F. 配有带密封垫的自闭防水盖。
G. 在完工地面上方 1067 处安装。

见备注 b

B

见脚注 a

工作室

见脚注 c

锅炉或火炉

中央空调

地下室平面图

一层及地下室电气设备平面图[1]

住宅用电设备荷载、电路和插座

	装置	常见隐蔽式电器（VA）	电压（V）	断路器或保险丝（A）	电路插座
厨房	炉灶	12 000	115/230	60	1个
	烤箱（内置式）	4500	115/230	30	1个
	炉灶顶	6000	115/230	30	1个
	洗碗机	1200	115	20	1个
	垃圾处理机	300	115	20	1个
	烤焙用具	1500	115	20	1个或多个
	冰箱	300	115	20	1个或多个
	冰柜	350	115	20	1个或多个
洗衣房	洗衣机	1200	115	20	1个或多个
	烘干机	5000	115/230	30	1个
	手工熨烫器	1650	115	20	1个或多个
生活区	工作室	1500	115	20	1个或多个
	便携式加热器	1300	115	20	1个
	电视机	300	115	20	1个或多个
固定式器具	固定照明	1200	115	20	1个或多个
	空调，551W	1200	115	20 或 30	1个
	中央空调	5000	115/230	40	1个
	排水泵	300	115	20	1个或多个
	加热装置，强制通风炉	600	115	20	1个
	屋顶风扇	300	115	20	1个或多个

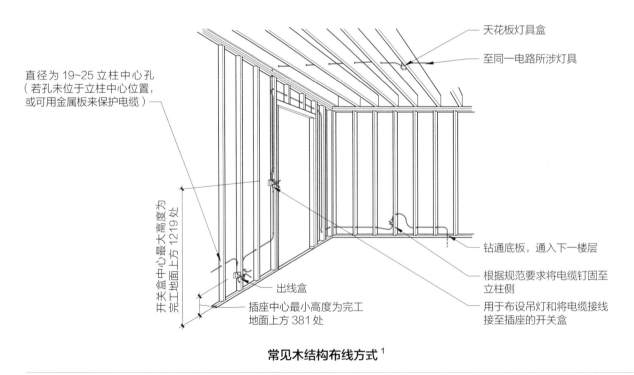

常见木结构布线方式 [1]

1   图示为常见木结构布线方式。在金属立柱结构中，电缆穿过预切开口而非现场钻孔。

照明

人们一直将建筑用作遮护物，而大多数建筑均通过窗户和天窗来采光。自爱迪生发明灯泡以来，光源效率提高了100多倍。今天，同样的能量可产生100倍以上的光。灯泡使用寿命已提高数千倍，从最初的100 h（10天）提升至如今的50 000 h（15年）。对发光二极管（LED）等硅基新型光源，可通过计算机编程来改变其亮度、光线分布和颜色。

全新的设计意识可持续影响项目所有组件。照明能耗在建筑总能耗中占比高达20%左右。通过精心设计，我们一定可以在不牺牲照明质量的情况下减少照明能耗。

在不考虑对照明质量影响的情况下减少照明能耗自然简单。传统上，照明标准是通过定量方法来确立的，即确定需要多少勒克斯。而如今，照明行业更倾向于采用一些定性指标，例如：

- 应该要多亮呢？
- 若加深墙面颜色会怎么样？
- 应允许多少日光进入空间才能避免造成过多眩光？

如何理解基本原理和重要的定性问题，并以合乎逻辑的方式予以应用，这应当是所有照明设计师面临的共同挑战。光须能改善环境，帮助人们更好地完成日常任务，并使我们的世界更安全、更美好。

定性设计问题

定性设计问题如下：

- 空间外观；
- 空间色彩；
- 日光集成；
- 直接眩光；
- 闪烁；
- 表面光分布；
- 工作平面光分布；
- 房间表面亮度；
- 面部或物体塑型；
- 视觉趣味点；
- 反射眩光；
- 阴影；
- 光源/工作照明/眼部几何学；
- 表面特征；
- 照明系统控制。

其中一些因素可能比其他因素更重要，具体因项目而异。例如，酒店大堂的外观非常重要，而工厂外观却可能没那么重要。办公空间中灯光的颜色质量将比停车场中的更重要。均匀的光线分布对图书馆书库很重要，而餐厅更倾向于不均匀的光线分布。这些问题的答案通常会将设计引向特定方向。

定性设计建议

定性建议旨在解决以下问题：

- 照度；
- 均匀度；
- 亮度；
- 眩光。

照度

照度是对表面入射光的度量。照度单位为勒克斯（lx）。照度很容易用流明法予以计算，更准确地说，是用逐点计算法。也可通过相对简单的计算机程序来进行准确的分析。

照度并不决定表面亮度。若表面颜色很浅，就会显得很亮。而表面颜色较深，其会在等量入射光下显得更暗些。这种表面特性称为反射率。表面反光量除以入射光量所得百分比即为反射率。白色表面，如天花板瓷砖面等的反射率可达80%，而中深色地毯的反射率仅为25%。表面反射率越高，空间看起来就越亮。

我们实际需要多少光来完成一项特定任务一直是一个很难回答的问题。有许多因素会影响这一决定。例如，当阅读一份文件时，文本大小、纸张光泽度、字体与纸张的对比以及阅读者的视觉敏锐度等因素均会影响阅读该文件所需的光线量。老年人通常需要更多的光线，因为其视力往往会随着年龄增长而下降。这就是为何目前推荐的一些实践指南仅给出特定作业的照度范围，再让设计师自行决定具体照度。

当前照度类别及其相关光级建议包括以下三大类：

- 定位和简单的视觉作业：视觉功能在很大程度上并不重要。仅限于公共空间，阅读和目测仅需偶尔为之。对视觉功能有时比较重要的作业，建议使用更高光级。

- 常见视觉作业：视觉功能比较重要。常见于商业、工业和住宅应用场合。可结合具体视觉作业的特性推荐不同的照度。对关键元素对比度较低或尺寸较小的视觉作业，建议采用较高照度。

- 特殊视觉作业：视觉功能至关重要。这类作业系高度专业化作业，其中一些涉及尺寸极小、对比度极低的元素。推荐照度应可满足辅助性作业照明的需求。可移动光源，使其更接近作业处，以满足更高的照度需求。

均匀度

各种视觉作业的照明可通过改善照明均匀度来增强，而均匀度会受灯具分布和间距的影响。任何照明空间内的光级均会发生变化。过于统一的空间会缺乏视觉趣味，而极度不统一的空间则会格外引人注目，合不合适须视具体情况而定。即使在同一个房间内，照明强度也会发生变化。

均匀度标准通常用最大值到最小值或平均值到最小值来表示。虽不能决定空间是否明亮，但这却是一种可确定光线是否充足的简单方法。然而仅看平均亮度是不够的，还需观察光的分布，这也很重要。

光级变化幅度或可高达50%，而且只要这种

照度类别及相关光级建议

照度类别	等级	说明	照度（lx）
定位和简单视觉作业	A	公共空间	30
	B	旨在满足短期参观需求的简单定位	50
	C	开展简单视觉作业的工作空间	100
常见视觉作业	D	高对比度、大范围视觉作业	300
	E	高对比度、小范围视觉作业，或低对比度、大范围视觉作业	500
	F	低对比度、小范围视觉作业	1000
特殊视觉作业	G	近临界视觉作业	3000~10000

变化是渐进式的，观察者就可能不会察觉到差异。办公空间平均照度通常为350 lx，光级可高达550 lx，也可低至250 lx。只要较高光级对应于办公桌位置，而较低光级对应于流通或边缘区域，这种亮度设计就是完全可以接受的。

某些作业，比如在图书馆书库或开放式办公区域开展的作业，则需要非常均匀的照明。图书馆书库底层书架的照度通常比顶层书架低10倍。现已设计一些系统来解决这一颇具挑战性的设计问题，并力图使差异最小化。开放性办公区域应有合理均匀的照明，以便当工作台移动时，可确保所有位置的光级均是相似的。

餐厅或酒店大堂内的照明应有一些变化，以创造戏剧和视觉趣味。有时，减弱照明和增强照明一样重要。例如，对餐厅而言，增强墙饰或餐桌照明与减弱流通区域的照明都很重要。为酒店登记服务台提供统一照明，以便看清交易过程，这与为一件艺术品或其他物体或饰面提供重点照明一样重要。这种光影结合正是空间设计成功的关键。

亮度

亮度可能是空间设计最重要的考量标准。亮度是我们可以直观看到的。它是由表面反射的可为我们的视觉系统所感知的光能。虽然亮度分析有点复杂，但也很直观。

同等照度下，使用浅色饰面的空间会比使用深色饰面的空间显得更亮。对浅色饰面，可酌情减弱光线并减少用能。人们总是希望空间中出现一些亮度变化，以形成视觉刺激。这一因素称为亮度比，旨在比较相邻表面的亮度，也称为对比度。

下文提供了一些关于常见空间（如办公室）亮度比的建议，但设计师必须考虑各类空间的亮度比。为办公室照明制定的标准更多的是针对视敏度问题。

眼睛可很快适应不同的亮度。你离开电影院时，就可以体验到这种变化。当一个人从黑暗的剧院走进明亮的大厅时，眼睛需要几秒钟的时间来适应新环境。有时这会导致短暂不适和视力丧失。坐在办公桌前看电脑屏幕或阅读纸质文件时也会发生同样的情况。

墙壁、家具、桌子、地面和天花板的饰面都会受到这种关系的影响。其他具有显著对比度的空间类型包括餐厅和酒店，对比越高，戏剧趣味就越大。

眩光[1]

照明设计师须关注两种不同类型的眩光。

光源将光线直接射入眼睛时，就会发生直接眩光。这类眩光的极端情形会发生在夜间驾驶时。来向汽车的前灯会引起严重不适，有时还会导致失明。

大多数室内灯具（照明装置）均将减少直接眩光作为设计依据。当与水平面的夹角大于40°时，有些灯具会散发大量光线，应注意确定具体光线量。这类高角度区域的亮度应限制为其周围区域亮度的100倍。避免这一问题的最好方法是

桌面作业亮度比（建议）[2]

作业	亮度比
在纸质作业与相邻电脑屏幕之间	3∶1
作业区与相邻环境之间	3∶1
作业区与非相邻区域之间	10∶1

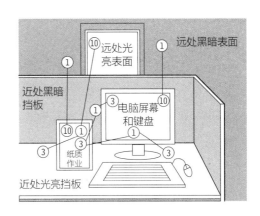

电脑工作站推荐的最大亮度比

查看所有正在考虑的灯具，查看特定灯具的光度测试亦有帮助。

反射眩光不像直接眩光那样明显，但危害程度丝毫不弱。眼睛看到定向反射面（可同镜面一样反光）反射的光时，就会产生这种眩光。一个常见例证是，当阅读一本光泽度较高的杂志时，若有光源在页面反射，你很可能会感觉眼前似乎出现一层面纱。这种现象有时称为光幕反射，它会降低目视作业的能力。

数十年来，反射眩光一直是办公室照明解决方案的重要考量因素之一，因为人们一直在力图使照明系统的设计能尽量减少电脑显示器的光线反射。办公室多采用低亮度灯具。这类灯具仅在水平工作平面发光，无法提供任何高角度照明。有利于减少反射眩光，但也使空间看起来相对黑暗，缺乏吸引力。

现在大多数电脑屏幕均具漫射性；它们甚至可在室外使用，对室内光线不那么敏感。得益于这类技术进步，现已可以改进某些办公照明设备，为用户提供更明亮、更美观的空间。因不再需要低效率的百叶窗系统，这类系统甚至比其前

1　作者：斯蒂芬·马格里斯、美国照明工程学会（IES）、国际照明设计师协会（IALD）。
2　不同表面之间的最大亮度比（建议）一般用短线连接数值的形式予以表示。

身更有效。

照亮某些发光面（比如公共空间内的抛光大理石壁面）也可能产生反射眩光。照亮这类石质壁面时，几乎不可能看不到光源在石材上反射的光。重要的是要使这种反射最小化，这可通过研究光源相对于观察者的位置来实现。

照明相关定义

- 光效：日光和电光源所产生的光量和热量之间的关系，单位为流明／瓦（lm/W）。
- 照度：表面反光量，以勒克斯为单位。照度也可通过计算予以测量和预测。
- 灯：灯具内的灯泡或灯管。
- 流明：光通量单位，用以测量光源发出或落在表面上的光量（不考虑方向性）。
- 流明法（纬向腔系统）一种以特定区域平均照度为依据的计算方法。
- 灯具：一种装有电灯及其插座、电线和辅助设备（比如镇流器）的结构。
- 亮度：明亮程度。
- 亮度比：一个表面相对于其邻近表面的亮度。
- 勒克斯（lx）：照度单位，1lx勒克斯相当于0.0929尺烛光。

- 光度测定：对光的一种量度方法，尤与灯具相关。
- 光度报告：一种以行业标准格式描述灯具发光方式的报告。
- 逐点计算法（平方反比法）：用以测定垂直或水平表面上任一点维持照度的各种方法。
- 反射率：反射光与入射光的比率。
- 镜面反射：发生在光滑表面上的反射，比如抛光玻璃、石材或金属等表面。

采光系数

日光可减少用于照明的电能。采光系数需考虑以下因素的影响：

- 玻璃尺寸、形状和透光率；
- 室内外阴影；
- 室内净高；
- 室内装修；
- 空间规划。

百叶窗、窗帘和遮阳对采光系数无影响，尽管其在控制能源使用方面很重要。地理位置和建筑朝向亦不会影响采光系数。受位置所限，一些空间可能没有可用日光，但仍需予以分析。

紫外波

紫外线光波是人类皮肤癌的诱因之一。日光中含有紫外线，有益室内人员的身心健康，但对来自阳光的直射紫外线应加以限制。一些灯源，包括荧光灯和高强度放电灯（HID），也会发射紫外线。

汞

所有高效灯均含有汞。汞是一种神经毒素，当灯具在垃圾填埋场弃置时，汞会流入供水系统。而后聚集在鱼的组织中，并向食物链上游移动，最终进入人体。灯具制造商已大幅降低了其灯具中的汞含量，但不同产品之间仍存在显著差异。含汞旧灯可在当地回收再利用。

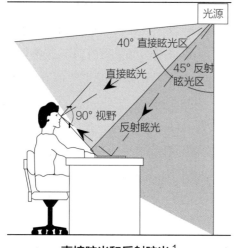

直接眩光和反射眩光[1]

1　抬头望天时易发生直接眩光，低头阅读时易发生反射眩光。

光源

设计考量

尽管在荧光灯、高强度放电灯（HID）和LED系列灯中，通常会考虑到显色性、灯具寿命和功效等级等因素，但在选择特定灯具时，还需考虑其他细节因素。

小型光源

一般来说，小型光源更易聚焦，而大型漫射光源（比如荧光灯管）则很难引导聚焦。例如，低压卤素多重反射罩（MR）灯的灯丝可与反射罩剖面相结合，产生各种光源，从非常窄的点光到非常宽的泛光等。带小灯丝的小灯通常更适用于对光束模式精确控制要求较高的作业照明。大型光源更适用于环境背景和光级相当均匀的区域。

流明维持和灯寿命

灯寿命受各种因素影响，具体取决于拟用灯技术。灯位置、操作电压、操作温度和每次开／关操作周期等也可能对灯寿命产生显著影响。当灯功率随时间推移而增加时，可通过调光来补偿灯流明衰减。

标签名称

所有灯均有大量信息编码至其标签中，但不同灯系列的编码信息不同。这类信息可能包括灯的形状、功率、底座类型和尺寸、灯管长度、灯直径（以3 mm 的增量来度量）、反射罩形状、色温和光束分布模式等。

以下是几个示例：

- F25T8SPX30是一款25 W 荧光灯，包含一T形管脚底座和一直径为25 mm 的灯泡，在3000 K 的相关色温（CCT）下运行。
- 卤素灯 250PAR38SP 表示一款250 W 的卤素灯，包含直径为121 mm 的抛物面铝化反射罩，以点波束扩展模式（与泛流模式相反）为特色。

由于制造商使用的编码略有不同，且在不断推出新产品，因此应适时了解相关技术信息。一些制造商还提供了与其竞品品牌的对比图表。

荧光灯

荧光灯具有良好的光效和颜色、较长的使用寿命以及合理的初始成本。固定镇流器发出的高压启动电流可启动普通荧光灯。荧光灯每次启动时，电流首先会蒸发灯管内的一小滴水银，继而穿过惰性和不导电气体。产生的紫外线光子为灯泡上的荧光粉涂层所吸收，而后发出可见光。随后，镇流器提供较弱电流以保持发光状态。

紧凑型荧光灯（CFL）有多种尺寸和形状以及基座安装配置可选，可以是自镇流型，也可以需要外部镇流器。在紧凑型荧光灯中使用三基色粉，可使其显色指数（CRI）达80以上，相关色温（CCT）处于2700~5000 K 的一般范围，进而呈现令人满意的显色效果。紧凑型荧光灯是白炽灯的流行替代品，因为其光效是白炽灯的4倍，而使用寿命是白炽灯的10倍。它们在成本、光效和颜色方面的竞争力越来越强，甚至可以媲美一些高强度放电灯（HID）技术。

荧光灯和 HID 灯发出的紫外线辐射比日光低得多，但仍应设紫外线过滤器。

荧光灯含汞，须通过特殊程序予以回收。LED 可作备选。

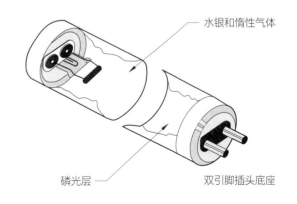

水银和惰性气体

磷光层

双引脚插头底座

荧光灯

直管荧光灯形状及常见标称长度

灯管形状	底座
T2 直角，长度 508	
T5 微型双引脚，长度 1168	
T8 中型双引脚，长度 1219	
T5 中型双引脚 U 形弯，长度 570	

白炽灯

白炽灯通过电流加热细钨丝来发光。为防止氧化，灯丝密封在惰性气体灯泡中。

常见 A 型白炽灯的色温范围为 2750~3200 K，比较温暖，红色色调明显，而蓝色色调相对较暗。白炽灯寿命很短，仅有 750~1500 h，但价格低廉，易于更换。白炽灯的能效远低于其他灯种，已逐步退出生产和销售环节。

白炽灯灯丝处有一小型点光源，可将有效的反射罩剖面设计成反光灯泡或灯具外壳。白炽灯易于控制，可有针对性地引导光线，进而实现光束扩散和光束模式的良好匹配，以便用于作业照明和陈列照明。白炽灯可随时调暗；调光会略微降低白炽灯的光效和色温，但会显著延长其使用寿命。

卤素灯是白炽灯的一种形式，不同之处在于灯泡内所用惰性气体的类型。卤素灯所用惰性气体有助于延长其使用寿命。卤素灯额定寿命为 2000~3000 h，灯管流明衰减系数非常低。卤素灯显色指数（CRI）可达 100，相关色温（CCT）范围为 2600~3600 K。

卤素照明最适用于需要精确控制和易于调光的较为重要的应用场合，比如陈列和重点照明。荧光灯等气体放电灯的光效均高于卤素灯，因此对能耗要求较高且强调一般性房间照明的场合，一般不宜使用卤素灯。

高强度放电灯

高强度放电灯（HID）技术适用于汞灯、金属卤化物灯和钠灯。高强度放电灯一般具有较高的光效以及低至平均程度的显色性。它们最常用于工业、商业、道路和安全照明。

金属卤化物灯系由汞蒸气灯技术发展而来，现已实现颜色、光效和使用寿命的完美结合。金属卤化物灯的显色指数通常为 70~90，相关色温范围为 2500~5000 K。

金属卤化物灯适用于灯具开关间隔较长的高天花板空间，其启动时间较长。对金属卤化物灯而言，脉冲启动比探针启动方式更快，前者热启动和二次热启动时间分别为 1~4 min 和 2~8 min，而后者则分别为 2~15 min 和 5~20 min。

发光二极管灯

发光二极管（LED）的面积小于 $1 \, mm^2$。它们散发的红外线（IR）热量非常少，而且能效很高。LED 可聚焦光线。

作为白炽灯和荧光灯的替代品，LED 被称为固态照明（SSL）设备，由数个半导体阵列聚集成灯。大功率白光 LED 用于照明。

LED 灯在直流电压下运行，具有极性敏感性，会因不当连接而受损。若连接得当，LED 寿命会非常长，通常在10年左右。LED 一般会逐渐变暗而非突然烧毁失效。它们对振动和温度不敏感，且具抗冲击性。与其他一些高效灯不同，LED 灯不含汞，也不发射紫外线。

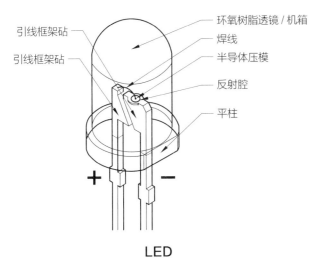

环氧树脂透镜 / 机箱
引线框架砧
焊线
引线框架砧
半导体压模
反射腔
平柱

+　　−

LED

有机发光二极管（OLED）常用于电视机、计算机和小型移动设备的屏幕中。它们也用作一般空间照明以及大面积发光构件的光源。虽然目前 OLED 每单位发光量比 LED 少，但其很可能在不久的将来成为一种重要光源。

感应灯

感应照明是一种新兴的革命性照明技术。它本质是一种不含阴极的荧光技术。感应灯的寿命约为 100 000 h，为 HID 光源寿命的10倍，而成本约为 HID 光源3倍。感应灯光效较高，显色指数（CRI）可达80或以上，相关色温（CCT）范围为 3600~4000 K。

感应灯类似于一般用途的 A 型白炽灯，但运行方式更像气体放电灯。感应灯无热启动或二次热启动时间，不会随时间推移而变色，且对运行温度不太敏感。感应灯须使用特殊灯具，目前不可调光，在初始运行阶段（大概几分钟时间）可能会呈粉红色调。在额定 100 000 h 寿命结束时，

可能需要用电灯、功率耦合器和高频发电机来替换整个感应系统。

标准

光源标准包括：

· 显色指数（CRI）；
· 相关色温（CCT）；
· 灯寿命；
· 光效。

显色指数

有些光源比其他光源有更好的显色性能。黄色高压钠（HPS）照明（一般仅在室外使用）的单色光谱分布，会使视场中物体的颜色难以确定。在使用轨道式卤素灯照明的零售场所，由于该类灯具全光谱分布平衡良好，所有颜色似乎都充满活力。

显色指数（CRI）已用于协助设计师者选择光源。CRI 评价系统的数值范围为 0~100。从历史上看，光源效率越高，CRI 就越低。卤素光源的显色指数最高，低压钠光源最低。目前有一项旨在改善所有光源显色指数（CRI）的运动，以便通过有效光源实现良好的显色效果。

最小显色指数

显色指数	应用场合
<50	非重点工业、存储和安全照明
50~69	颜色不太重要的工业和一般照明
70~79	大多数办公室、零售、学校、医疗和其他工作和娱乐空间
80~89	颜色质量较为重要的零售、工作和住宅空间照明
90~100	零售和工作空间的显色性至关重要

相关色温

历史上，光源可分为暖色和冷色系。某些光源，比如白炽灯和卤素灯，只有一种颜色。但是，光源的种类很多，许多光源有多种表观颜色可选，此类光源包括荧光灯、金属卤化物灯和 LED 灯。

相关色温（CCT）是与标准颜色相关的参考标准，以开尔文（K）为单位。CCT 值越高，光源颜色越冷；数值越低，光源颜色越暖。

常见光源相关色温（CCT）

光源	色温（K）
卤素灯	3000
荧光灯	2700~6500
金属卤化物灯	3000~4000
LED 灯	2700~6000
日光灯	5500~7500

最低相关色温水平

相关色温（K）	应用场合
<2500	大型工业和安全（HPS）照明
2700~3000	在大多数空间中的光级均较低，低于100 lx。一般住宅照明，酒店、美食餐厅和家庭餐厅以及主题公园照明
2950~3200	用于零售场所和画廊的陈列照明。重点照明
3500~4100	用于办公室、学校、商店、工厂、医院等场所的一般照明。陈列照明，体育照明
4100~5000	辨色非常重要的特殊应用照明，不常用于一般照明
5000~7500	辨色至关重要的特殊应用照明，不常用于一般照明

灯具寿命

不同光源的使用寿命不尽相同。传统旋进式白炽灯仅可持续运行 750 h，而新的 LED 光源可持续运行 50 000 h。若每天照明 10 h，则白炽灯须每 75 天（0.2 年）更换一次，而 LED 光源每 5000 天（13.7 年）更换一次。线型荧光灯的寿命一般为 20 000 h，而紧凑型荧光灯的寿命约为 12 000 h，金属卤化物灯的寿命为 12 000~16 000 h，因灯种而异。

光源的选择主要取决于具体应用。尽管 LED 可使用很长一段时间，但受光通输出量和成本所限（尽管这两方面都在改进），它们可能不适用于某些场合。但外部道路或停车场照明等项目需要寿命较长的光源，因为其灯具更换成本极高。大多数办公照明项目均使用荧光灯，因为其初始成本低、色调合适，且使用寿命也比较长。LED 灯的寿命非常依赖于热状况，环境越热，其寿命越短。选择 LED 灯时，应慎重考虑其应用场合。

光效

光效是对光源效率的量度。还有其他一些因素也会影响系统整体效率，包括灯具效率（灯具发出的光量）以及镇流器或电源效率。

系统整体效率始于灯具在特定电量下发出的光量。单位是 lm/W，流明是最基本的光能单位，瓦是功率度量单位。

白炽灯光源的效率非常低，仅为 15 lm/W；相比之下，荧光灯光源的效率要高得多，可达 85 lm/W。从这个角度来看，在一个 3 m×3 m 的房间里，一盏 65 W 的白炽灯约可产生 50 lx 的照度。同等功率下，两盏 32 W 荧光灯约可产生 300 lx 的照度。可见荧光溶液更是可提供 6 倍于白炽灯的光量。

金属卤素灯和卤素灯光源的效率分别约为 80 lm/W 和 20 lm/W。未来几年内传统白炽灯将逐步淘汰。

LED 光源的光效在持续提高，每隔几个月就会达到新高。制造商现在声称，某些颜色质量良好的白光 LED 已可实现 30~40 lm/W 的光效。LED 光效有望在未来 5 年内达到 150 lm/W。当 LED 达到这种光效时，它们很可能会取代许多老式光源。

光源比较

来源	镇流器/变压器	运行位置限制	显色性	光效（lm/W）	寿命（h）	流明维持率	光控制	启动至充分输出所需时间
白炽灯	无	无至很少	非常好	低	750~1000	良好	良好	即时
卤钨灯	无	无至很少	良好至很好	低	2000~3000	良好	非常好	即时
荧光灯	有	无	一般至很好	高至很高	18 000~24 000	一般至良好	一般至良好	即时至快速
紧凑型荧光灯	有	无至很少	非常好	高	10 000~20 000	良好	一般至良好	快速
霓虹灯/冷阴极	有	无	—	中等	25 000+	良好	差	快速
豪华汞灯	有	无	一般	中等	24 000+	一般	差	7~9 min
金属卤化物灯	有	一些	一般至良好	高	10 000~20 000	差至一般	良好	5~10 min
高压钠灯	有	无	差至一般	高至很高	24 000+	一般至良好	良好	3~5 min
白色钠灯	有	无	良好	高	—	良好	良好	3~5 min
陶瓷金属卤化物灯	有	无至一些	良好	中等至高	10 000~20 000	一般至良好	良好	5~7 min
低压卤钨灯	有	无	良好至很好	低	2000~4000	非常好	非常好	即时
LED 灯	无	无	非常好	非常好	35 000~30 000	非常好	非常好	即时

工具箱[1]

木工往往随身携带一工具箱，内装用以完成特定任务的各种工具。同木工一样，照明设计师也有自己的工具箱，内装各种最常用的照明工具。大多数照明工具可使用多种光源，具体取决于应用场合。

出口和应急照明

几乎每一种非住宅用房都需要应急照明。应急照明可在停电情形下提供足够照明，以确保建筑物内部人员安全离开。应急照明可通过专用型"正常关闭"灯具（用集成电池供电）或"正常开启"灯具（建筑物照明系统的一部分，由建筑物应急发电机或全光输出型不间断电源（UPS）系统供电来实现。另外，荧光灯具可用整体式逆变器电池组供电。电池组的通光输出量明显少于全光输出。这类逆变器组在流明输出额定值方面不尽相同，须谨慎选用。

---

1 作者：斯蒂芬·马格里斯，美国照明工程学会（IES），国际照明设计师协会（IALD）。
瓦利·索雷尔，专业工程师，世凯汉尼斯集团（Syska Hennessy Group, Inc.）。
威廉·R. 阿恩奎斯特，美国建筑师协会（AIA），Donna Vaughan 及其合伙人公司。
劳瑞·O. 德格尔曼，专业工程师，得克萨斯农工大学。
沃尔特·T. 葛朗齐克，专业工程师，佛罗里达农工大学。

照明工具箱

类型	应用场合	参考图示
嵌入式筒灯	交通和公共空间一般照明	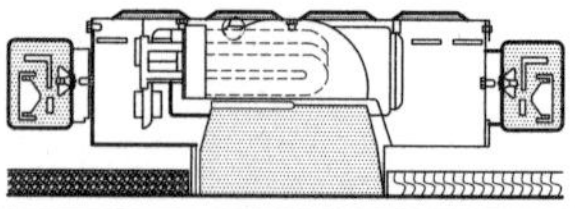
嵌入式洗墙灯	垂直表面重点照明	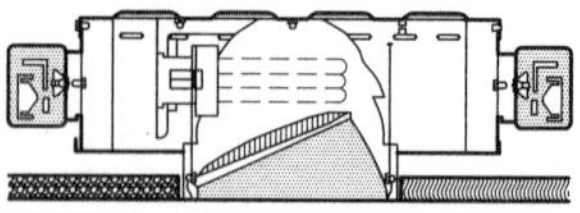
嵌入式强光灯	物体重点照明	
嵌入式暗灯槽	一般环境照明	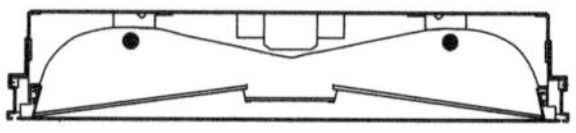
线型间接照明吊灯	一般环境照明	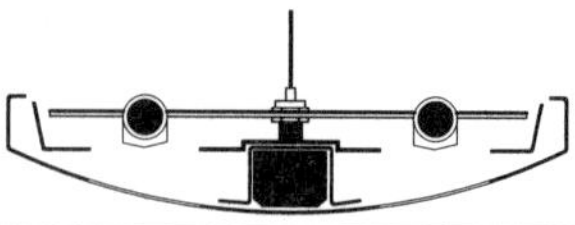
线型直接（间接）照明吊灯	一般环境照明	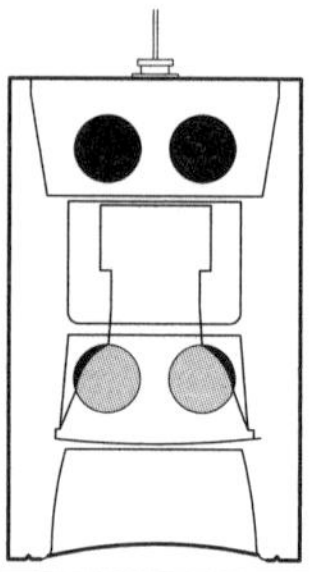
条形照明灯	可与墙壁和天花板照明所用建筑线型灯槽搭配使用的通用灯具	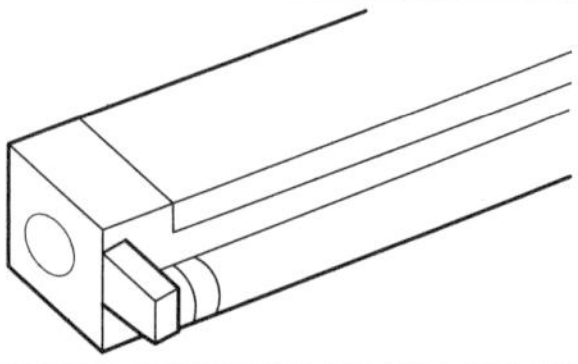
嵌入式线型洗墙灯	垂直表面重点照明	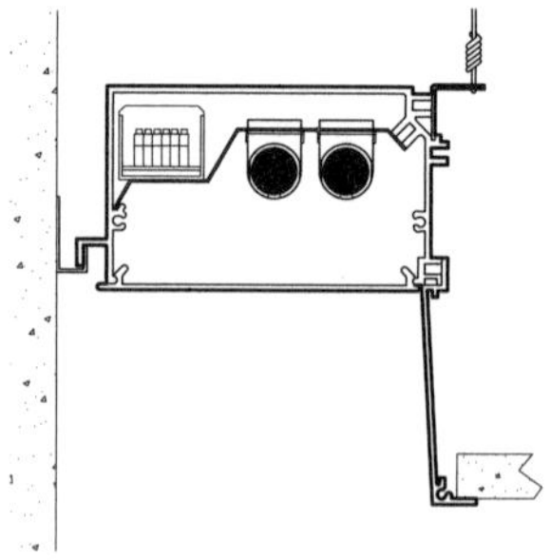
轨道灯	物体重点照明	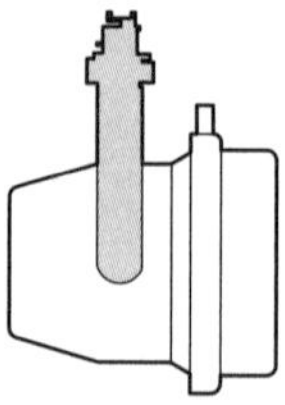

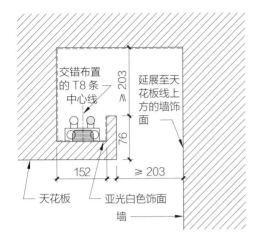

灯槽——宽度为 152，
最小间隙为 203

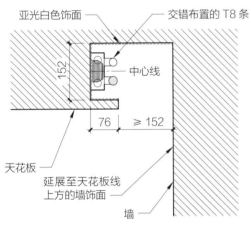

T8 条形灯用双面插座

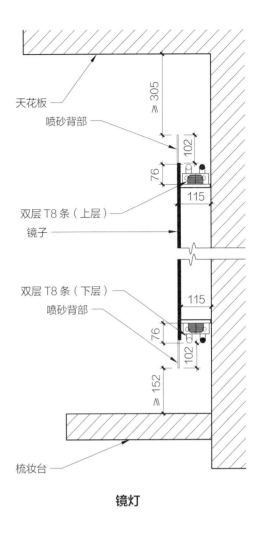

镜灯

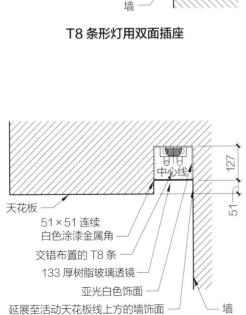

嵌入式灯槽

通信系统[1]

电信系统

助听系统

对于体育馆、剧院、礼堂、报告厅等座位固定的集会场所，若其可容纳50多人（或50多张固定座位）或设有音响扩音系统，则应配设助听系统。便携式系统也可接受。

在所有封闭式集会区或售票区提供标识，以表明有助听系统可用。

设通信设备的客房

对于需按无障碍要求提供通信设备的客房，建议考虑这类设备与听障人士所用适应性设备的兼容性。需提供与数字和模拟信号相兼容的电话插孔，以保证内部通信以及基于商业通信线路进行的通信。

视听系统

视听（AV）演示设施包括各类演示和会议空间，可同时演示音视频内容。对这类空间的影响不仅包括视听电缆路径和电子设备，还包括视听功能支持空间的尺寸、形状、布局和装饰。展示图像的尺寸、类型和位置等必须确定清楚，以确保空间可支持面向预期观众的演示。此外，座位区域必须合理设计，以便受众观看演示内容。此外，声学环境必须考虑到所呈现材料的听觉组件。

视听空间定位

对于包含视听功能的空间，必须结合空间和电子设备的视听要求予以定位。例如，若某会议室位于北半球某建筑南向外玻璃墙上，必须注意日光控制，以确保视频显示器正常可用。同样地，带玻璃墙的室内视听空间可能需要对光线和隐私问题进行可视性控制。

声学问题也需考虑到，以免视听空间产生过多背景噪声。视听空间应远离机械室、电气室、机房和其他比较喧闹的空间。此外，还应考虑空间暖通空调（HVAC）服务问题，以减少HVAC终端设备（位于空间上方或内部）可能产生的噪声。通常，视听演示空间的噪声标准（NC）评级应可达到30~35级。NC是衡量背景噪声级的一个指标。对带视频会议功能的空间，其背景噪声级应设计为NC25~NC30。

演示室

演示室空间类型多样，培训室、演讲厅、教室、会议室和礼堂等都是常见类型。这类空间通常涉及一些一般性视听需求，包括图像展示、节目材料音频媒体播放以及潜在语音强化等，具体取决于空间尺寸。每类空间都有一些一般性需求。

演示设备包括画架、讲台和便携式音响系统。视听演示系统通常涉及以下设备：

- 视频显示器（视频投影仪、平板视频显示器）；
- 麦克风、扬声器和放大器；
- 路由切换器（越来越不常见）；
- 遥控系统；
- 电脑，用于演示或浏览互联网；
- 便携式笔记本电脑投影仪连接装置；
- 文件/物品相机，用于经打印文件或小物件（越来越不常见）；
- 视频设备，包括显示器、摄像机等。

这类组件通常来自不同的制造商。视听集成商可将不同组件组合起来，并确保其正确安装。

要查看图像，应首先确定应用场合和内容类型。例如，所显示字符和符号的易读性对用于教育教学或其他用途的教材至关重要。在某些空间，比如医疗或军事设施空间，可能需要更为细致地查看图像。这将会对图像尺寸要求造成影响。

对于音频组件，对音频节目材料的需求必须考虑录放声道数（比如单声道、立体声或环绕声等），且须确定是否有语音增强需求（比如在大型礼堂等场所）。

1 作者：斯蒂芬·马格里斯，美国照明工程学会（IES），国际照明设计师协会（IALD）。
瓦利·索雷尔，专业工程师，世凯汉尼斯集团（Syska Hennessy Group, Inc.）。
威廉·R.阿恩奎斯特，美国建筑师协会（AIA），Donna Vaughan及其合伙人公司。
劳瑞·O.德格尔曼，专业工程师，得克萨斯农工大学。
沃尔特·T.葛朗齐克，专业工程师，佛罗里达农工大学。

演示室布局

一旦确定用户需求，即需基于以下驱动参量确定演示室布局：

- 所需图像尺寸，基于拟观看图像和须查看细节确定；
- 所需图像宽高比，基于用户内容确定；
- 图像观看者人数；
- 工作台面要求（若有），针对任何或所有受众；
- 规范要求，包括进入、外出和无障碍性等相关要求。

对新空间和现有空间而言，基于上述参量创建最佳视听室布局均是一个迭代过程。

背投影

与正投影相比，背投影更易于容纳入射环境光，以确保所显示图像的对比度可接受（即便有一些光投射至屏幕上）。正投影会将所有入射光反射至观众区，进而直接降低所显示图像的对比度。

背投影系统要求在屏幕后面设置放映室，这将占用宝贵的地面空间，但若空间允许，它将是更可取的方法。可在投影仪和屏幕之间使用一个或多个反射镜，以降低展台深度，这样形成的空间将比未使用反射镜折叠光路情形下所需要的空间浅得多。

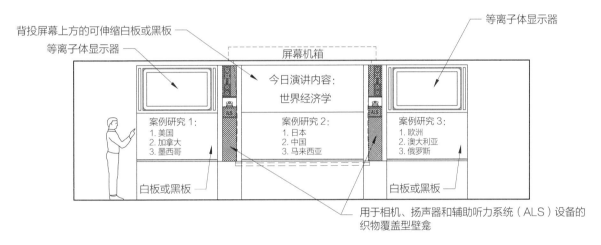

正（背）投影图像和标记表面

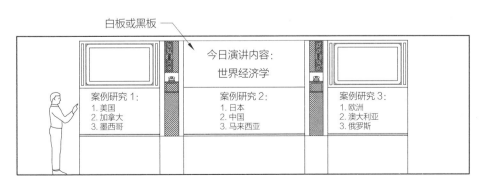

传统黑板演示方式

图像尺寸

任务	说明	视图计算
一般说明和介绍	视频、PowerPoint 和一般性静态图像，文本字体大于 18 P	最远观看者 =6×（图像）高度
细致观看任务	一般说明和介绍，详细图像或较小字体，网页浏览、软件培训（用 10~12 P 文本）、计算机编程指导、医学图像查看以及映射	最远观看者 =4×（图像）高度
全部任务	—	最近观看者 =1×（图像）宽度

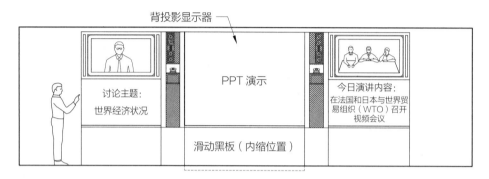

视频会议演示模式

视听支持空间

对于一个完整的视听系统，安装在用户空间中的音视频组件应包括视频显示器、扬声器、麦克风、摄像机、连接器板和控制用户界面等设备。此外，其他设备通常位于主用户空间之外。设备包括视听控制室、设备室和背投影室。

视听控制室

对有手动控制或用户支持需求的用户和系统，可设置一视听控制室，内设视听设备机架和其他设备，由专业视听技术人员负责操控。视听控制室也可作为正投影系统的投影室，特别是对礼堂等较大空间而言。

视听设备室[1]

为特定空间服务的视听系统可在室内讲台、书柜或电子设备架上安装配套设备。在其他情况下，配套设备（音频/视频路由器、编解码器、控制系统处理器、混音器、放大器等）可位于视听设备室。

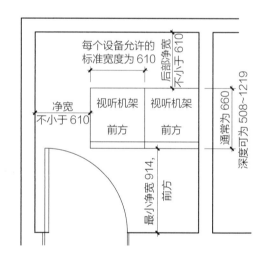

视听设备机架装配

1　作者：弗莱克和库尔茨，咨询工程师（Consulting Engineers）。
德尔舒福德，美国建筑师协会（AIA），甘斯勒建筑事务所（Gensler），以及蒂莫西·W.凯普，设计认证技术专家，建筑技术有限责任公司。
杰弗里·E.博林格和詹森·马丁内斯，埃森泰克声学顾问公司（Acentech, Inc.）。

投影室

　　背投影通常使用半透明投影表面（通常安装在壁式框架中）和专用于视频放映机的房间（有时也包含其他影音设备的机架）。在这种情况下，必须为视频投影仪及其支架以及任何其他可能位于空间中的电子设备分配适当空间。背投影室的墙壁、地面和天花板饰面应始终为黑色平整饰面。

　　单独设置放映室，无论是用于背投影还是正投影，通常都比将投影仪置于投影室自身内部需要更多空间。封闭式放映室可提供更安静的环境，因为投影仪和其他有冷却风扇的设备通常是分开封闭的。放映室也更有利于设备安全，因为置于放映室内的设备不会暴露，也无须用手推车移动。但是，放映室可能需要配备操作员，还要为操作员和演示者之间提供通信手段。

大屏幕显示器

　　目前，视频图像大屏幕显示器相关技术主要有以下几种：

- ·液晶显示器（LCD）；
- ·数字光处理器，专有数字微镜显示器；
- ·数字图像光放大器（DILA）。

　　其他超大型图像技术包括激光投影和发光二极管（LED）相关技术。

　　随着制造方法的改进，平板显示器的尺寸越来越大。截至本文发布时，最大 LCD 平板显示器的对角线长度约为 2693 mm。在理想条件下，应可在 9.1 m 距离内清晰观看 45 行文本或类似尺寸的图像。若观看距离大于 9.1 m，通常需通过投影来确保图像清晰度。然而，若天花板高度有限，无法使图像尺寸最大化，导致最远处的观看者难以看清图像，系统解决方案可在观众区配设几个小显示器（可安装在天花板或墙壁上）。这类显示器应尽可能靠后排列，以缩短任何特定观看者与最近显示器之间的距离。该方法的缺点是会导致观众注意力分散，因为其须时而关注前方的演示者，时而关注旁边的显示器。

　　数字回声消除器可与麦克风和扬声器系统搭配使用，以帮助提供无回声音质。在远程学习应用中，通常通过相机来自动跟踪教师动作。

可接受的垂直观看轴

观看区	标准
水平最佳观看区	视线与图像中心线任一侧成小于 45° 的夹角
水平可接受观看区	视线与平面图所示图像边缘任一侧成小于 45° 的夹角
与视平线垂直观看区	视线与图像中心成不大于 15° 的仰角 视线与图像顶部成不大于 30° 的仰角

观看距离[1]

　　垂直视角是从观看者眼睛到图像顶部的角度。为了实现最佳观看距离，垂直视角不应超过水平线上方 30°~35°。

　　垂直视线研究可就图像区域如何与座位区域和投影图像配置所涉投影仪相关联提供相关信息。屏幕位置不应过高（对任何观看者而言），视频投影仪不应距屏幕上方或下方过远，否则就需要通过光学或电子校正来正确显示图像。另一个问题是规避观众和显示器之间或投影仪和屏幕之间的障碍。

　　许多视频投影仪均有多个镜头可选，可置于房间前面、中间或后面。大多数视频投影仪都设计成高架式，以使镜头与图像顶部或底部大致对齐。对于背投影，镜头设计通常允许投影仪置于屏幕中心轴上。

1　作者：德尔舒福德，美国建筑师协会（AIA），甘斯勒建筑事务所（Gensler），得克萨斯州达拉斯市，以及蒂莫西·W.凯普，设计认证技术专家，建筑技术有限责任公司。
哈利·斯皮尔伯格，科森蒂尼联合公司（Cosentini Associates）。
简·克拉克，美国建筑师协会（AIA），齐默冈苏尔弗拉斯卡合伙企业（Zimmer GunsulFrasca Partnership）。
吉姆·约翰逊，赖特森、约翰逊、哈登和威廉姆斯公司。
杰弗里·E.博林格和詹森·马丁内斯，埃森泰克声学顾问公司（Acentech, Inc.）。

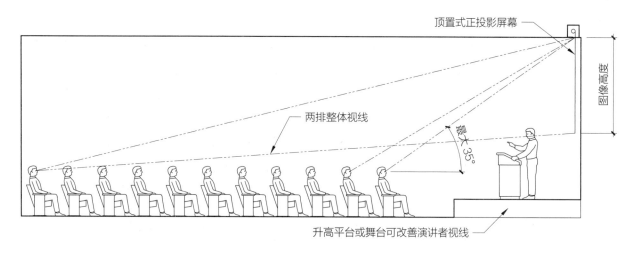

涉及平板地面的观看距离

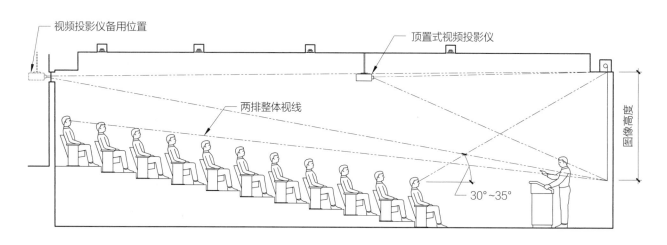

涉及阶梯地面的观看距离

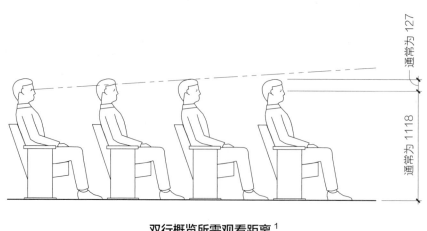

双行概览所需观看距离[1]

1　最短观看距离应基于双行概览。这里假设观看者的视线可穿过坐在其正前方一排人的头部之间。

人因学与视听设计

在完工的室内空间中，视听设施的设计面临诸多学科挑战。在制订系统解决方案的过程中，必须考虑这类挑战，以确保方案成功。大多数视听系统均涉及影响以下行业或学科的构件：

- 建筑和室内设计；
- 电气；
- 信息技术；
- 电话学；
- 暖通空调；
- 低压布线；
- 照明；
- 声学；
- 结构；
- 人体工程学。

为了解决将视听硬件融入建筑空间的问题，任何视听系统均应立足于人体工程学和人因学领域，重点探讨向聚集在房间里的人传递视听信息的手段、方法和维度，无论是何种维度。无论是小会议室还是大礼堂，基本规则都是适用的。设计最初应从观众角度来考虑，因为观众是视听信息的直接接收者。他们一般通过从现场演示者或显示器和音响系统接收视听信息。

清晰度和易读性是两个主要设计目标。清晰度指观众可清楚理解演示者口头表述信息或录音材料的程度，以辅音清晰度损失率为衡量标准。易读性指观众阅读所显示文字、数字和图形元素的自如程度。设计参数首先应考虑距离最远（座位最差）的观看者。如果坐在最远座位上的人都能看清、听清相关视听信息，那么所有距离更近的座位自然都在可接受范围内。

语音清晰度

在视听设计中，与清晰视线和易读性同等重要的是语音清晰度。语音系统的设计和定位应确保能提供清晰的声音，并避免任何咆哮式反馈或可降低理解能力的伪影。语音系统旨在提供高于环境背景噪声 10~20 dB 的音频。这可通过基于建筑表面、房间形状和座位区域选用类型和方向性合适的扬声器来实现。

许多建筑因素都会影响语音系统的清晰度，具体包括以下内容：

- 空间容积，可影响从墙壁、地面和天花板传来的混响或回声的持续时间。
- 表面饰面，可在一定程度上吸收声音、减少混响。
- 天花板尺寸，可影响麦克风和扬声器之间的距离，从而影响在啸叫反馈发生之前所能达到的响度。
- 曲面墙，可将声音聚焦至热点和哑点。
- 在大空间中，房间长宽比不应该是完美的倍数或调和数，否则，它可能会导致驻波在表面之间反弹，而这会对清晰度产生负面影响。
- 暖通空调风机、风管引起的噪声，可增加背景噪声。

房间标准（RC）通常会定义各类空间（包括视听系统）可接受的背景噪声量。在早期设计阶段，须向暖通空调工程师提交目标 RC 水平，以确保系统能够提供所需噪声级。目标数值越低，目标实现方法的成本就越高。

扬声器和麦克风

演讲者位置对视频会议空间的正常运行非常重要。扬声器通常置于视频显示器左右两侧，以提供高质量还音，类似于家庭立体声系统。天花板嵌入式扬声器最常用来还原远程会议地点所传来的声音。为了便于定位和操作扬声器，须仔细设置和调整数字音频处理器，包括回声抵消、电平控制和均衡等处理。

麦克风应置于视频会议空间的重要位置，以下是几点建议：

- 置于会议桌上，以便主要参与者使用。
- 置于看台上，以便次要参与者使用。
- 为演示者或主持人提供无线麦克风。

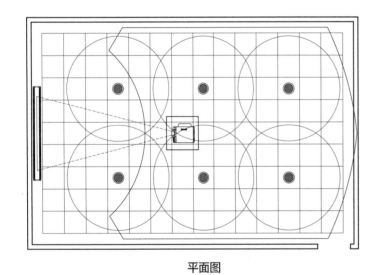

平面图

剖面图

扬声器布局和密度 [1]

视频系统 [3]

以下是视频系统的主要构件：

- 相机、镜头和支架；
- 照明系统；
- 传输系统；
- 同步系统；
- 视频转换设备；
- 视频监视器、视频控制器。

数字视频系统包括可寻址 IP 摄像机、网络视频管理系统、监视器和网络视频管理软件。数字视频系统具有网络能力，视频可通过局域网（LAN）和广域网（WAN）传输至集中位置和多网络工作站。

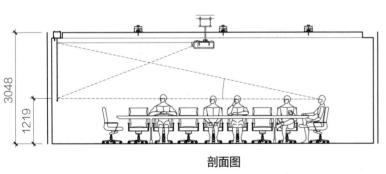

平面图

剖面图

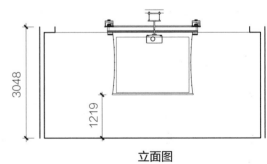

立面图

顶置式投影仪和屏幕 [2]

1 扬声器布局和密度须视天花板高度和所需覆盖范围而定；对不太重要的应用场合，也可接受较低密度。
2 投影仪与墙壁之间的距离可视屏幕尺寸和所用投影仪 / 镜头而定。
3 作者：弗莱克和库尔茨，咨询工程师（Consulting Engineers）。

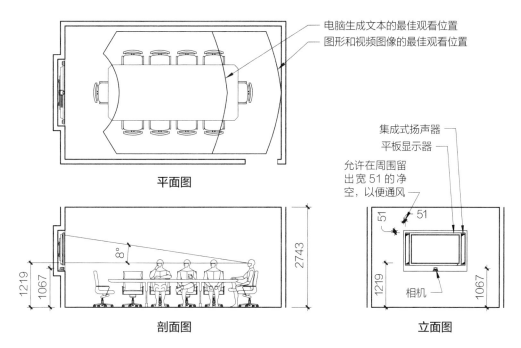

电脑生成文本的最佳观看位置
图形和视频图像的最佳观看位置

平面图

集成式扬声器
平板显示器
允许在周围留出宽51的净空，以便通风
51　51
相机

剖面图　　　立面图

视频电话会议组件[1]

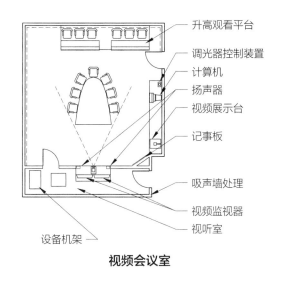

升高观看平台
调光器控制装置
计算机
扬声器
视频展示台
记事板
吸声墙处理
视频监视器
视听室
设备机架

视频会议室

投影屏

　　投影屏可以是固定式、电动式或手动式。电动屏更昂贵，需要一些维护，但抗干扰性比手动屏强。屏幕两侧有张紧索，用于保持屏幕平整，避免图像失真，这对于较大的滚转或临界图像特别有用。投影屏的位置应与灯光位置相协调，以免光线洒至屏幕上。

　　屏幕形状（长宽比）推荐应基于以下宽高比：

・计算机图像：4：3、5：4 或 16：9。

・标准视频：4：3。高清视频：16：9。

・幻灯片（须沿垂直和水平两个方向使用）：1：1。

会议中心通信

　　会议中心通信通常包括远程学习、视频会议、电视分配、电话和互联网连接。视频会议等功能须特殊设计。在设计未来技术时应考虑未来需求。可能须设置一控制室来接收外部信号，并记录和传输相关信息（在整个设施内和其他相关位置）。

　　会议中心视听演示室的构造须做特别考虑。房间位置、私密性、音响效果和其他问题均应予以解决。

　　外部光线和噪声不应干扰演示。对于玻璃墙，应提供遮光罩以消除眩光。应使用分区照明，允许调暗或关闭视频显示器和投影屏幕附近的灯具。外部噪声应降至35 dB 以下，以减少干扰。

　　混响时间应保持在0.8 s 以下，以改善音响效果。空间前半部的石膏板天花板可发挥声音反射器的作用，将声音扩散至观众区。非直线房

1　确保相机尽可能接近眼高。

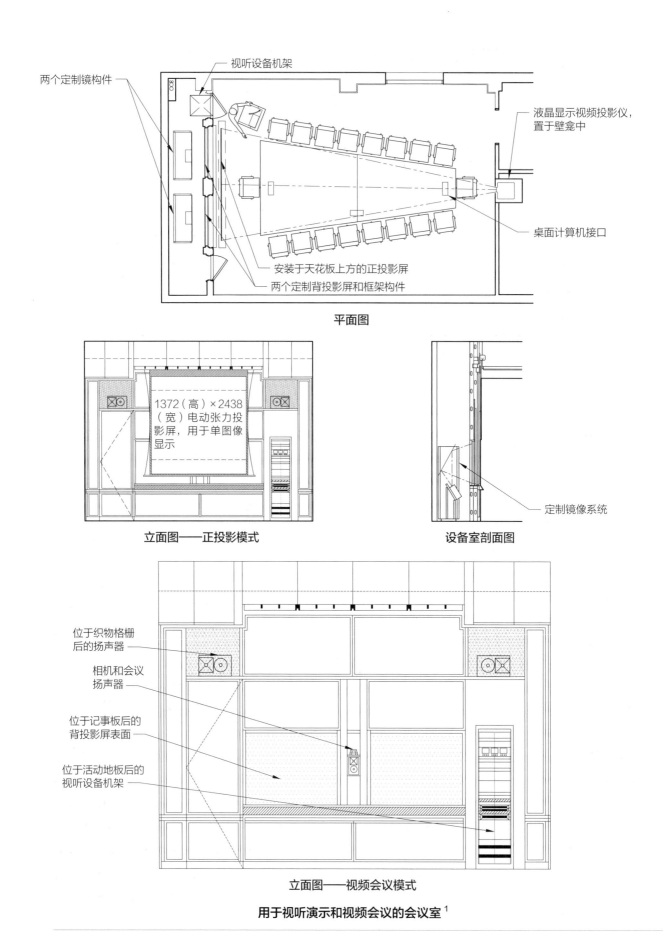

两个定制镜构件

视听设备机架

液晶显示视频投影仪，置于壁龛中

桌面计算机接口

安装于天花板上方的正投影屏

两个定制背投影屏和框架构件

平面图

1372（高）×2438（宽）电动张力投影屏，用于单图像显示

立面图——正投影模式

定制镜像系统

设备室剖面图

位于织物格栅后的扬声器

相机和会议扬声器

位于记事板后的背投影屏表面

位于活动地板后的视听设备机架

立面图——视频会议模式

用于视听演示和视频会议的会议室[1]

1　作者：罗伯特·马蒂诺，Shen Milsom & Wilke 有限公司。
　　Polysonics 公司。
　　哈利·斯皮尔伯格，科森蒂尼联合公司（Cosentini Associates）。
　　理查德·H. 彭纳，《会议中心规划设计：建筑师、设计师、会议策划者和设施经理指引》。

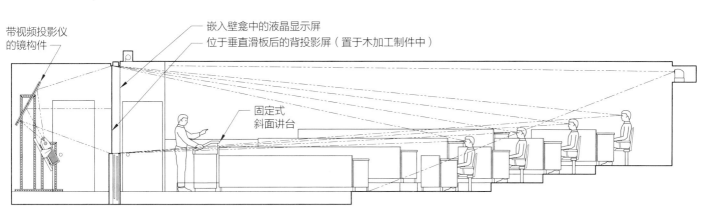

带视频投影仪的镜构件

嵌入壁龛中的液晶显示屏
位于垂直滑板后的背投影屏（置于木加工制件中）

固定式斜面讲台

用于远程学习的阶梯教室

间形状，特别是圆形和椭圆形，可能会影响音响效果，可向音响工程师咨询确认。

为了提高语音清晰度，暖通空调的 RC 范围应尽可能低：RC 20~35 是一个理想范围（尽管 RC 20 在会议中心环境中几乎无法实现）；若项目面临预算限制，RC 30 也可接受。

须在天花板上方留出足够空间，使风管网路呈圆形或近正方形截面。平宽型风管网路可能会在其所用宽截面钣金发生振动时产生噪声。

视频会议室尺寸

容纳人数	房间尺寸	应用场合
1~2 人	工作台或办公桌	非正式会议、面试、研发
2~3 人	2745 mm × 3660 mm	一般业务会议、面试、进度会议
3~5 人	3350 mm × 4880 mm	一般业务会议、新业务开发、小组销售会议、产品演示
6~8 人	4570 mm × 5180 mm	一般业务会议、现场分会、功能演示

资料来源：lauckgroup 公司。

视听及演示设备

斜面讲台和讲道坛

斜面讲台是一种顶部倾斜式斜面书桌，用来放置书、文件或其他材料，以便大声朗读。高度和 / 或倾斜度均可调节。应该注意的是，术语 "podium"（领奖台、指挥台之意）经常被错误地用作斜面讲台的同义词。"podium" 指一种升高

式平台，而斜面讲台实际是一种支架，用于置放演讲资料，以帮助演讲者讲述。

还有一些更复杂的斜面讲台，可用作麦克风架，有时还配备集成式计算机和录音系统，常用于学术报告厅等场合。许多斜面讲台都内置控制面板，用于管理视听媒体、照明工具和其他技术工具。可定制这类控制面板，或要求制造商将指定控制面板安装在预制单元中。一些斜面讲台还提供安装计算机等设备的空间。学术讲台通常附于或集成至较大的书桌上，以容纳辅助材料。

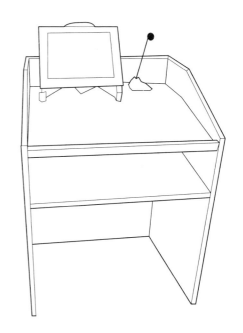

斜面讲台——讲者侧

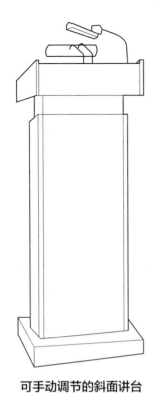

可手动调节的斜面讲台

投影仪[1]

视频投影仪凭借其即时显示计算机图像、网页的便捷性，已取代高架投影仪和幻灯片投影仪，成为大多数房间的标准设备。

视频信号可通过一根或多根同轴电缆传输至投影仪。投影仪一般安装在天花板上或嵌入天花板内。投影仪支持远程控制，因此只有在维护时才须进入投影仪所在区域。数家可伸缩投影仪支架制造商声称借助其可伸缩支架，投影仪可嵌入天花板内。这种安装方式比外露式安装更昂贵，而且需要设置维护通道，但当投影仪不使用时，它可以确保天花板的整洁性。外露式安装须占用天花板下方一些空间，以允许镜头与屏示图像顶部处于同一高度。投影仪悬于天花板下方所需的距离是屏幕图像区顶部相对于天花板高度的函数。在确定天花板高度和观看距离时必须考虑这一点。

安全系统

防卫空间

为了创建防卫空间，可在周界布设坚固的物理屏障，或使用可用于限定空间的建筑过渡构件。在从公共空间过渡到私人空间的过程中，可落实以下建筑处理措施：

- 周界设障；
- 地板材料变更；
- 楼层高度增加；
- 室内净高降低；
- 通道缩窄。

可通过家具陈列方式来增强空间内部的防卫感，这与通过景观美化增强空间外部的美观性有异曲同工之效。用以围护安全空间的壁板应逐块安装。机械轴或挡板或可在楼层之间提供不受保护的通道。

领域性

当人类对其所占有的财产产生一种强烈的拥有感，并通过关心和保护其财产来表现这种本能时，其财产遭受侵犯的可能性就会降低。良好的保持和维护是财产得以精心看顾的标志。若做不到这一点，犯罪和破坏行为很可能会随之而来。

这势必会对设计专业人士提出挑战，尤其是对需要兼顾开放性以及涉及大量公共或社区空间的项目而言。为了应对这一挑战，设计专业人士可为空间占用者营造一种独特感，进而诱发其保护所占空间的本能，同时选择抗磨损、抗破坏型材料，并设立标牌来表明空间受保护，仅允许授权人员进入。

大堂安全

总体而言，建筑大堂可视作一种半公共空间。访客和各种交付物等一般均在大堂里接待／接收。而在一些高层设施中，大堂层还用作零售

1　作者：杰弗里·E. 博林格和詹森·马丁内斯，埃森泰克声学顾问公司（Acentech, Inc.）。
　　诺曼·贾菲，美国建筑师协会会员（FAIA）。
　　加尔泽·海德尔，卡尔顿大学。

场所。主大堂的保安人员负责控制进入建筑上层和限制区域的通道。

在大堂内设置24小时安检台，可为安全监控和响应提供一种绝佳手段。小型建筑物可将安检台用作主要监控点。大堂和安检台的位置应确保可同时监测安全设备和监视建筑物所有入口。通常需在消防员入口附近设置消防指挥室。安检台也可置于消防指挥室附近。

楼梯安全[1]

在多租户建筑中，楼梯或可造成严重的安全问题。可从不安全空间（如外部）进入的楼梯可能是无家可归者的庇护所或罪犯的藏身之处，也可能成为楼层之间不受保护的通道或从建筑物中移走财产的通道。为了应对这类问题，应认真监控楼梯通道。

还应在出口层控制通往楼梯的通道。通往室外的楼梯门可设置为出口专用门，或配置延迟通行装置，以限制其使用。出口层上方楼梯不应与下方楼梯直接连接，除非可确保安全。用以进入服务空间的楼梯应尽可能与消防楼梯分开。

相机和运动传感器也可用来监控楼梯上的活动。这类相机和传感器应合理定位，以确保安保人员可识别入侵者，且可在入侵者逃走前有充分的时间到达出口。

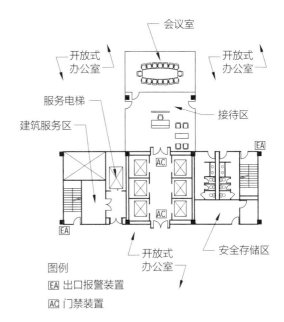

建筑楼层访问布局

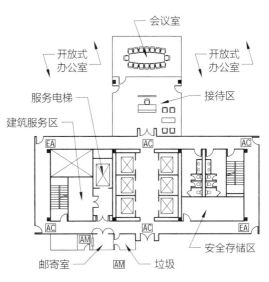

全走廊布局

标准楼层访问布局

资料来源：《资产保护手册》。

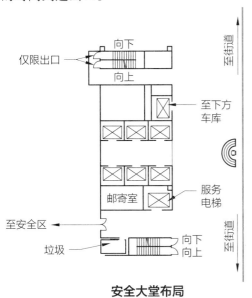

安全大堂布局

1　作者：杰夫·施罗德，克罗尔安全服务集团（Kroll Security Services Group）。

监视策略

自然监视

自然监视受墙壁、窗户和家具布局以及光线量等因素的影响。

应设计视野清晰的开放空间，以便于监视。设置观察窗，以便监视周界外围区域，尤其是入口点处。确定并消除隐藏视线盲区。

确保照明充足。特定时段的照明水平经常被忽视。应急照明应用于维持最低照明水平（若适用）。闭路电视（CCTV）监视区域应始终保持充足照明。

最小室内照明水平建议（出于安全目的）

空间	照度（lx）
一般	5
标高变化（如装载区）	10
入口和楼梯	20
危险区域（如机房）	50

电子监视系统

电子监视系统可监视建筑内部及其周围空间。该系统由用于采集、分配、监控和记录信号的现场设备组成。

摄像机和麦克风用于收集图像并产生视频或音频输出信号。信号通常通过视频管理设备分配至监控和记录设备。

监视器或闭路电视用于实时观看和回放录制的视频。它们支持多种技术、配置、安装方式和分辨率。

外围设备

外围设备包括相机和热成像摄像机。

相机可分为固定式和移动式两种。

- 固定式相机可提供固定视场（FOV）。
- 移动式相机允许通过左右平移或下倾斜机身以及放大（缩小）镜头等方式变更视图。

热成像摄像机可感知热能波（红外辐射），并将其转换成以黑白阴影为特色的可视图像。最热的物体通常显示为白色，而最冷的则显示为黑色。热成像摄像机无须借助照明设备，且相比其他相机，不易受天气和黑暗环境的影响。

电子策略

电子安全策略包括提供可减少人员配备需求或运营成本的设备、创建活动数据库（包括出入和报警事件以及视频记录），以及提供集中监测和管理系统设备的手段等。

电子安全系统分为三类：现场设备、多路复用和处理设备以及管理和监控设备。

现场设备

现场设备包括开关、传感器、读卡器、锁、相机和通信设备。

管理和监控设备

安全系统管理和监控设备的总规模因其所服务设施而异。例如，用于个别楼层和用于大型多用途设施的设备在规模方面必然有很大差别。对于小型设施，设备应置于便于管理员日常出入的安全地点。常置于局域网（LAN）机房或设施管理员办公室。若为满足日常安保需要而设置专用房间，则该房间应置于主要入口层，靠近设施核心区域或主要入口点。

最小控制室的面积约为 7.4 m²。普通控制室与其相邻机房的总面积一般为几十平方米。大型设施一般设有面积接近 93 m² 的控制室，有些还会设置上百平方米的安全套房。

安检台设计

安检台的设计通常有三种选择：标准设备架、定制桌台或混合桌台（围绕标准模块构建的定制表面）。常见控制台推荐使用标准设备；定制和混合设计成本相对较高，最好用于特殊的高端应用场合。

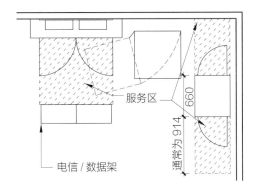

平面图

服务区

电信 / 数据架

通常为 914

660

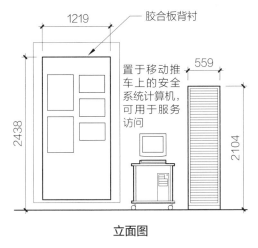

1219

胶合板背衬

2438

置于移动推车上的安全系统计算机，可用于服务访问

559

2104

立面图

大型安全设备间

控制台总体尺寸取决于操作员是站着还是坐着操作。操作员应可通过控制台观察大厅区域。若有互动需求，操作员目视高度最好不低于公众视平线。可利用一讲台来抬高控制台，或者如果操作员愿意坐着工作，也可为其提供可调节座椅。这类因素通常要求控制台高出柜台的部分在高度方面不足 457 mm。

安全控制室设计

设计安全控制室须对建筑设计的各个方面进行审查。控制室的整体尺寸取决于其需配备的人数和设备数。大多数控制室均配备一个或两个操作员。应考虑为控制室提供下列设备：

· 安全显示器、键盘和打印机；
· 卡证分发和登记工作台；
· 钥匙控制柜；

· 门禁装置；
· CCTV 监视器、控制键盘、开关、多路复用器和录音机；
· 视频审查工作台；
· 安保和电梯对讲机；
· 无线基站；
· 电话；
· 消防报警、电梯、暖通空调、照明等辅助系统监控设备；
· 安全政策和程序、站岗命令、班次计划、事件日志以及系统和设备操作手册相关文件和活页夹；
· 失物招领；
· 急救设备；
· 交通锥和临时路障。

有多种标准控制台型材可用。可用不同型材组合成一个控制台。控制台制造商可提供30°和45°楔板来填充非线性控制台平面的空隙。

防盗门和框架 [1]

防盗门可抵抗强行入室等威胁，这是采用标准钢架的标准木门或空心金属门所无法实现的。与任何安全结构一样，在设计和指定门洞之前，必须确定预期威胁程度。这既包括简单的强行破门威胁，也包括极端性的烈性炸药威胁。

安全威胁

安全威胁主要有三类：强行入室、用工具或火器穿透、用炸药或其他类型的爆炸破坏。

低安全性构造类型多样，既包括钢框架紧固在硬化隔断中的重型空心金属门，又包括由防盗门专业制造商提供的复杂构件。

安全玻璃

安全玻璃系由多层玻璃或聚碳酸酯塑料层压而成。根据所需安全保护程度，安全玻璃的厚度可从 10~64 mm 不等。安全玻璃受尺寸限制约束。

1　作者：杰夫·施罗德，克罗尔安全服务集团（Kroll Security Services Group）。

布局

为了最大限度地抵御强行入室等威胁，防盗门必须仅可外摆（朝向攻击侧）。

墙壁构造必须与安装在其中的门窗具有相同的抗力能力。防盗门必须根据制造商说明予以锚固，以达到抗力标准。

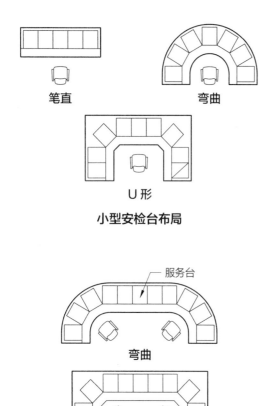

笔直　　**弯曲**

U 形

小型安检台布局

服务台

弯曲

直线形

中型安检台布局

滑动门单元

滑动玻璃门如何确保建筑物安全相关问题一直备受关注。滑动玻璃门的锁闭装置应包括顶部和底部的垂直闩销和杠杆式插销，框架应足够坚固或在锁闭部位加强，边梃亦须在锁闭部位加强。操作面板的设计应可确保其不会在锁闭位置脱离轨道。玻璃和其他组件应从内部安装，以杜绝通过拆除这类组件进入室内的可能性。

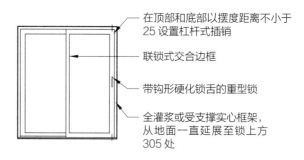

在顶部和底部以摆度距离不小于25 设置杠杆式插销

联锁式交合边框

带钩形硬化锁舌的重型锁

全灌浆或受支撑实心框架，从地面一直延展至锁上方305 处

滑动玻璃门

防盗门五金件

选用合适的五金件对实现有效的门禁控制至关重要，而若五金件选用不当，可能会经常出问题。有许多锁具可供选择，其中一些可能须对门或框架进行特别处理；但需要指出的是，并无适用于所有门的电子五金件。门用五金件必须首先符合生命安全规范在出口方面的要求。

断电开门和断电闭门五金件

沿出口方向控制的门须配备断电开门五金件。断电开门五金件会在断电时解锁，而断电关门五金件在断电时仍保持锁闭状态。断电关门五金件和断电开门五金件应分开使用。不建议使用自动门所用电动门闩收缩机制。防火门须配备防火五金件。

位置开关

最常见的位置开关是隐蔽式磁开关。开关应尽可能隐蔽起来。

锁具

所有锁具均应配备固定式斜舌或其他类似装置，以防用万能开锁片强制打开门闩。某些装置，特别是电子门锁，可能需要在捎板上安装装饰镶条，以防止门闩受损。

锁具选择

常见防盗门锁包括筒型电动锁、剪力锁和出口处延时锁。

· 筒型电动锁：这种锁比榫眼锁便宜，但安全性不如后者。

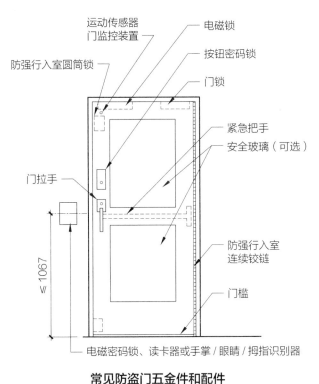

常见防盗门五金件和配件

图中标注：
- 运动传感器门监控装置
- 防强行入室圆筒锁
- 门拉手
- 电磁锁
- 按钮密码锁
- 门锁
- 紧急把手
- 安全玻璃（可选）
- 防强行入室连续铰链
- 门槛
- ≤1067
- 电磁密码锁、读卡器或手掌/眼睛/拇指识别器

5.5 m 或水平方向 3 m 范围内触及的商用窗户。

可利用百叶窗和窗户覆盖物阻止入侵者，但能否奏效取决于拆除这类装置的难易程度或其破碎时产生的噪声。在这方面，可锁定百叶窗或卷帘的效果比较好。

玻璃设计元素

多层玻璃系统更可能造成通过打碎窗户进出的危险。反光玻璃能在白天对室外监视造成阻碍。

窗户安全分类

类别	说明
第一类	商用窗扇搭配普通玻璃，须使用双重锁；可选用木框
第二类	重型窗扇搭配夹胶玻璃或聚碳酸酯玻璃，木制窗扇必须加厚或加重，须使用双重锁
第三类	重型窗扇搭配厚度超过 6 mm 的夹层玻璃或聚碳酸酯玻璃，锁具应包含至少两个重型方舌
第四类	质量较大的固定框架，搭配厚度超过 6 mm 的夹层玻璃；使用安全窗纱、窗闩或带特殊锁闭装置的百叶窗

- 剪力锁：这是一种隐蔽在门楣内的电磁锁。这种锁需要精准安装，且须频繁调整（调整频率高于其他各类锁具）。
- 出口处延时锁：出口处延时锁可归类为应急锁或电磁锁，可提供长达 30 s 的开门延时。并非所有司法管辖区均允许使用这类锁具。

拱顶

预制混凝土模块化拱顶板比现场浇筑的墙板要轻薄得多，且可在确定拱顶尺寸或位置方面提供几乎无限的灵活性。模块化拱顶可根据需要扩大或重新定位，以便对现有组件进行再利用。拱顶板通常由高密度混合混凝土与相互交错的钢纤维和钢筋焊接网格构成。除采用制造商通提供的标准拱顶尺寸和配置外，还可定制模块化拱顶设计。

大多数模块化拱顶系统可在不使用支承梁的情况下达到 5.8 m 的净跨，从而简化地面安装。

门铰链

外摆门比内摆门更易遭破坏。但事实上，多处室外位置均须布设外摆门，安全起见，对这类外摆门应配备防护性铰链和锁扣。这类铰链不应配设易于拆卸的铰链销。应尽可能使用隐蔽式铰链或用焊接或其他方法固定铰链销。

窗户安全

对于隐藏在公众视线之外、可从地面或水平方向触及的窗户，须使用安全级别更高的窗户。这类窗户包括可在垂直方向 3.7 m 或水平方向 1.8 m 范围内触及的住宅窗户，以及可在垂直方向

特殊安全系统

银行安全

每家金融机构均可结合其位置和性质制定自有标准，并明确其安全、设备和设计要求。设计师必须确保设备安装与空间设计相协调。合同文

件应标明总承包商须提供的电气设备（比如闭路电视和防盗线布线所需明管等）以及这类设备的电源、空间和相关木制加工件。必须与金融机构安全设备供应商一起协调这类物品的供应问题。

抢劫报警系统

银行营业所通常设有抢劫报警系统，警方通常可在警报启动后 5 min 内赶到。其他金融机构亦应配设适当设备，以便在抢劫发生后或抢劫期间及时通知警方。这类系统通常由设在每个出纳台或窗口的启动装置予以启动，并可避免意外传输报警信号。

盗窃报警系统

盗窃报警系统应能迅速侦测到对每个保险库以及未储存在保险库内的每个保险柜的门、墙、地板或天花板的攻击。通常配备运动检测器。报警系统应可通过相关媒介向警方发出信号，表明针对银行营业所的犯罪行为已经发生或正在发生。若警方无法在 5 min 内到达，则应设置可在内部以及 152 m 范围内听到的响亮警铃。

第六章　设备和家具

设备

此处所述设备适用于各种室内应用场合。可参阅第七章"室内设计项目类型"了解适用于各类项目的设备。

卫浴设备

商用卫生间配件[1]

制造商会基于预期用途提供不同等级的商用卫生间配件。设计师可咨询制造商了解具体型号的整体尺寸和粗略尺寸。

《美国残疾人法案》（ADA）无障碍设计标准对卫生间配件作出以下要求：

- 对于通行路径沿线凸出于墙面102 mm以上的物体，其相关限制可能会影响设备的选用和位置。
- 控制装置和配设的物品应置于地板面上方381~1219 mm处，以便坐轮椅者使用。
- 打开铰链式盖板所需的力不应超过22.2 N。

纸巾盒和废物容器

纸巾可以C形折、多折单张形式或成卷形式分发。某些型号可从单张分发转换为成卷分发形式。纸巾盒可为嵌入式、半嵌入式或明装式，并可与废物容器相结合。纸巾盒材质有不锈钢和塑料两种。

卫生间废物容器可为壁挂式或落地式。落地式废物容器的顶部可拆卸。容器设计容量为3.8~125 L。

安装于台面上的圆形废物溜槽可与台面下的废物容器搭配使用。无障碍指南要求台面下留有净空，请查阅适用的规范要求。

干手器

干手器安装建议包括以下几项：

- 安装表面应平整光滑。
- 安装位置与洗脸盆及边角之间的最小距离应分别为610 mm和508 mm。
- 安装多个干手器时，其中心距至少为508 mm。
- 避免在狭窄走廊和门后安装干手器。

卫生纸架

卫生纸架可为嵌入式或明装式。有些型号可容纳额外纸卷，还有一些可容纳超大尺寸的纸卷。卫生纸架设有搁板，并配有卫生产品供应和处理装置。

产品分发器和处理装置

卫生巾和卫生棉条售卖装置应便于投递零钱或找零，有些型号的售卖机允许使用不同金额的硬币兑换商品。安装形式可为全嵌入式或半嵌入式。对于无障碍空间，投币机的拉手应可单手操作，操作无须扭转，材质主要有塑料和不锈钢两种。

坐便器座圈、盖分发器有明装式和嵌入式两种。

面巾纸架也可分为明装式和嵌入式。一般可容纳100或300张规格面巾纸。

给皂器有多种设计可选。肥皂供应装置可安装在表面、嵌入墙中或置于台面下。给皂器有抗破坏和无障碍型两种类型，一般为不锈钢或塑料材质。

1　作者：查尔斯·A.绍拉迪，美国建筑师协会（AIA）。

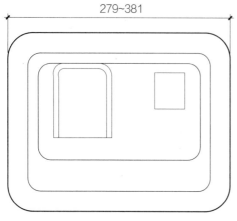

嵌入式干手器立面图

可容纳一卷备用卫生纸

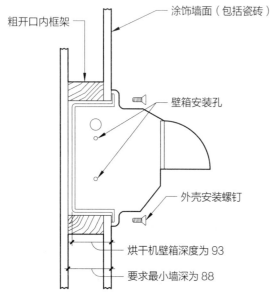

嵌入式干手器截面图

干手器

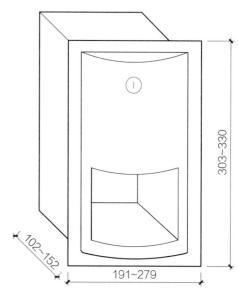

可容纳多卷备用卫生纸

嵌入式卫生纸架

资料来源：仕龙阀门公司（Sloan Valve Company）。

对于洗脸盆或台面上方的无障碍给皂器，其距完工地板安装高度不得超过1067 mm。按钮安装高度可达1219 mm，具体取决于轮椅阻碍物（若有）的深度。

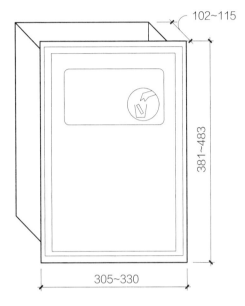

嵌入式卫生处理装置

镜子

商用卫生间镜可采用焊接或槽形不锈钢框架。也可不带镜框或使镜框最小化。可用尺寸从406 mm×610 mm至914 mm×1829 mm不等。除标准镜面外，也可选用抛光不锈钢、钢化玻璃和夹层玻璃表面。

对顶部和底部分别凸出于墙面102 mm和25 mm的倾斜镜，其宽度可为406 mm、457 mm和610 mm，高度可为762 mm和914 mm。

全身镜需要适用于大多数人，包括儿童和轮椅使用者。

镜子上边缘与地面之间的距离至少应为1880 mm，以适应可正常走动者以及轮椅使用者的使用需求。该标准要求在洗脸盆或台面上方安装镜子，确保反射面底边与地面之间的距离不超过1016 mm。

婴儿换尿布台

婴儿换尿布台可为父母带来极大便利。它们通常置于公共卫生间内。婴儿换尿布台和其他相关设备不得影响将轮椅移至坐便器处所需的最小空间。增加婴儿换尿布台，须超出标准对无障碍卫生间的最低空间要求。如果有婴儿换尿布台等便利装置，必须对残障人士和其他使用者开放。

婴儿换尿布台

浴室和淋浴间配件

用于商业和机构应用场合的浴室和淋浴间配件包括以下几种：

- 药柜指定柜门摆动方向（向左手或右手方向摆动）。可为明装式或嵌入式。
- 浴帘杆：可使用重型浴帘杆，窗帘和挂钩也是如此。
- 皂碟：可使用嵌入式和明装式皂碟，包括重型和抗破坏型。
- 牙刷和玻璃杯格架也可配设。
- 淋浴间和梳妆台所用折叠式座椅可由酚醛树脂、实心面材和木材制成，采用不锈钢、抛光铬或其他金属五金表面。
- 挂钩包括长袍钩、衣帽钩、外套钩以及通用钩，也可使用带3~4个挂钩的钩条和防破坏钩。建议安装高度为965~1118 mm。
- 不锈钢搁架：最长可达8.5 m；可以多段形式交付和安装。

自动售货机设备

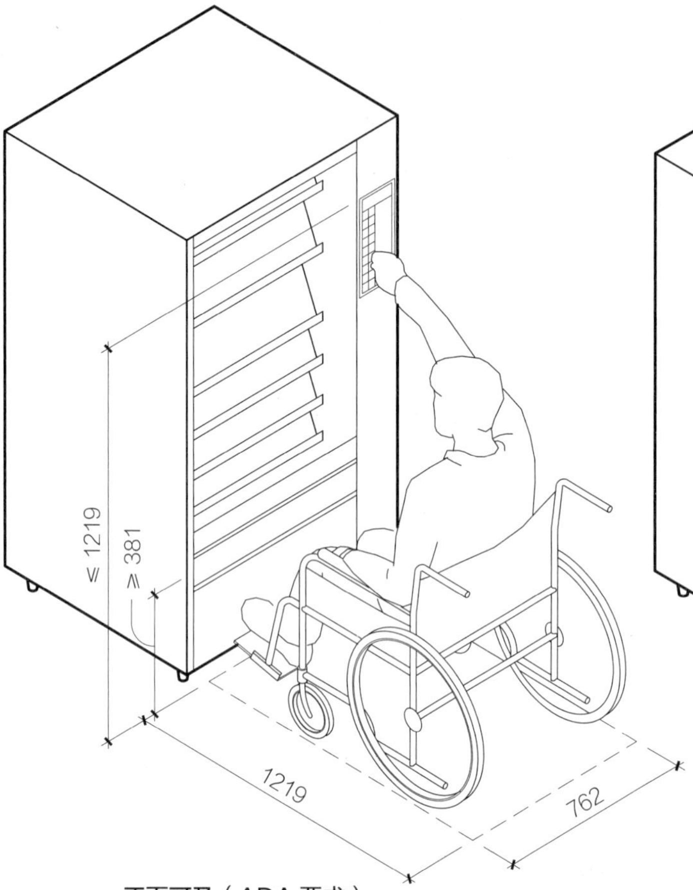

≤ 1219
≥ 381
1219
762

正面可及（ADA 要求）

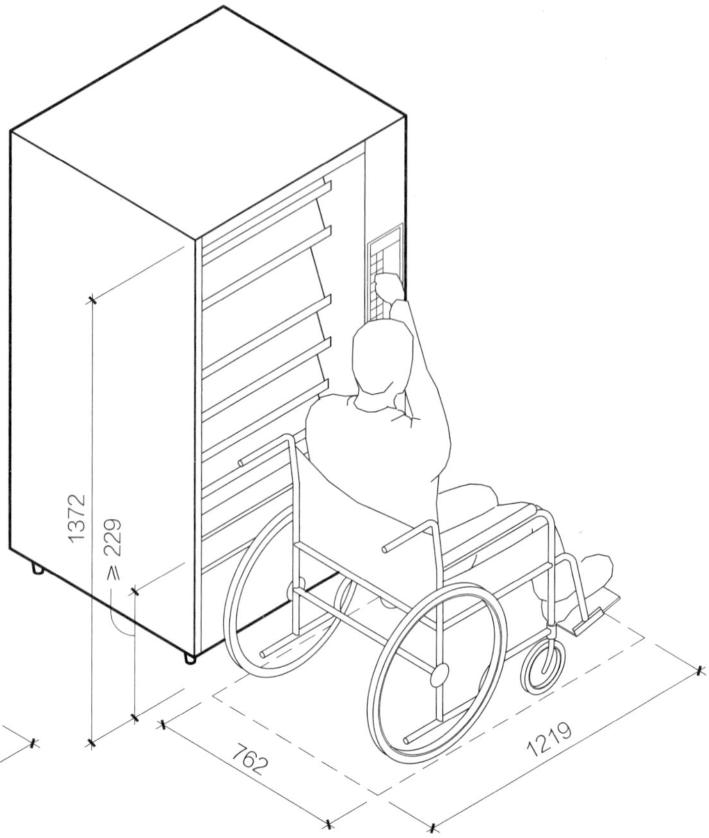

1372
≥ 229
762
1219

侧面可及（ADA 要求）

设备和空间尺寸

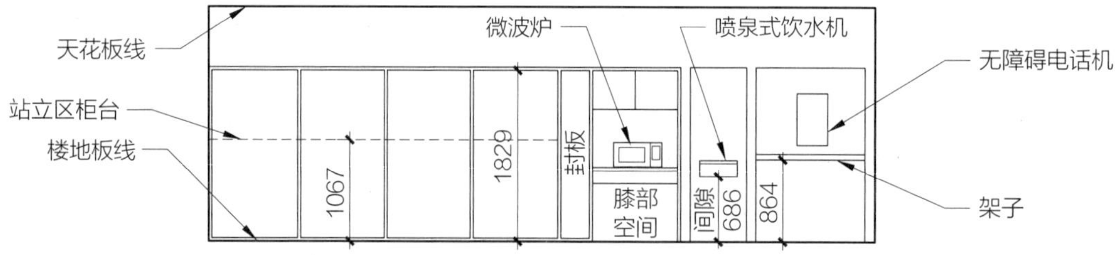

天花板线
站立区柜台
楼地板线

微波炉
喷泉式饮水机
无障碍电话机

封板
膝部空间
间隙
架子

1067
1829
686
864

立面图

203
通风空间
糖果和小吃
无障碍电话机

冷藏食品
冷饮
热饮
柜台及微波炉
喷泉式饮水机

914
货币兑换点
轮椅柜台
站立区柜台
废物收集处

≥ 1524
≥ 1219
762
762

305

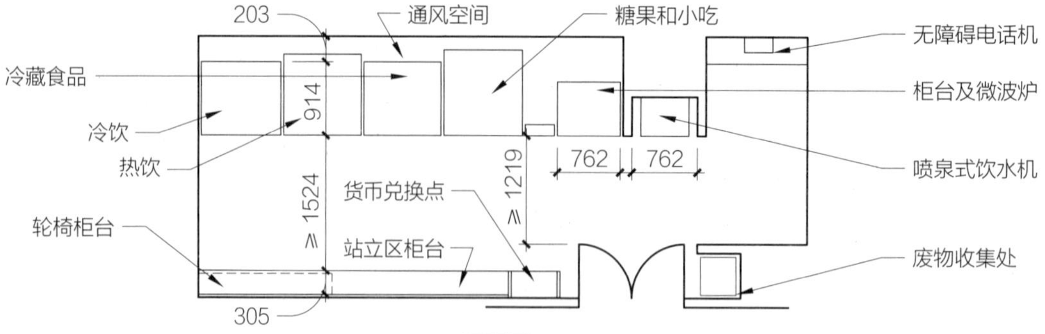

平面图

自动售货机室

个人护理设备

移动性设备[1]

手杖

手杖可将使用者身体的一些质量转移至手臂和肩膀，并帮助使用者保持平衡，以此为使用者提供支撑。

长手杖可帮助盲人或视障人士识别道路上的障碍物。长手杖通常长914~1219 mm，它们可折叠、伸缩，或为刚性构造。长手杖有触碰式和对角线式两种使用模式。在触碰模式中，手杖从一边移至另一边，触碰左右两肩外152~203 mm范围内的地面。而在对角线模式中，手杖将与水平面成特定角度固定，尖端略高于地面。

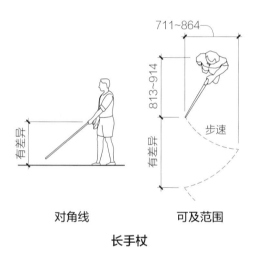

对角线　　可及范围

长手杖

步行器和拐杖

步行器可为使用者提供一些支撑，但主要是用来帮助使用者保持平衡。折叠式步行器通常由轻质铝管制成，折叠宽度约为102 mm。篮式或滚动式步行器宽686~711 mm，配有3或4个轮子和手刹。

拐杖可将力传递至使用者肩膀或前臂部位，以减轻使用者体重对其下肢的压力。腋下拐杖配有腋下支撑，可将力传递至使用者肩部。非腋下拐杖配有手柄和前臂或上臂袖套，以将质量分配至使用者前臂。

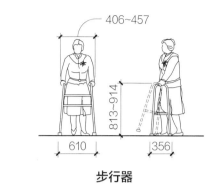

步行器

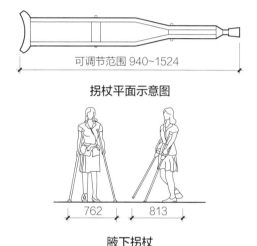

拐杖平面示意图

腋下拐杖

拐杖

轮椅和代步车[2]

手动轮椅借助装在大前轮或后轮上的轮辋手动推进。手动轮椅通常不设扶手，以便接近桌台。专用型轮椅可用于日常活动，如洗澡和体育比赛（如篮球和网球）等。

电动轮椅在整体尺寸上与手动轮椅相似，但其更重，机动性更小。椅架可部分拆卸，但不可折叠。使用者从轮椅转移至座椅、床或坐便器上时可能需要帮助。

电动轮椅通常由安装在轮椅扶手上的操纵杆予以控制。操纵杆会对轮椅行动造成一定限制，使其无法充分接近桌面和其他表面。一些电动轮椅可通过吹吸装置予以操控。

行动不便者或因耐力不足而无法长距离行动者可使用电动代步车代步。一些紧凑型代步车可在类似于轮椅的参数内转弯和行进。代步车座椅

1　作者：查尔斯·A.绍拉迪，美国建筑师协会（AIA）。
2　作者：金姆·A.比斯利和小托马斯·D.戴维斯，美国建筑师协会（AIA），美国瘫痪退役军人协会建筑部（Paralyzed Veterans of America Architecture）。沙龙设备国际有限公司（Salon Equipment International Inc.）。

可旋转以便在固定位置使用,比如书桌前。座椅高度通常可根据使用者需求调节,但一般不足以让使用者手臂触及桌面等表面。

肥胖者专用轮椅是专为超重人士设计的。这类轮椅以超宽座位和重型结构为特色。肥胖者专用轮椅有多种型号,包括运输型、运动型以及轻便、复杂和高配置型等。这类轮椅尺寸不尽相同,须与制造商确认轮间宽度及闭合宽度。

肥胖者专用轮椅

座椅宽度 (mm)	使用者体重 (kg)	轮间宽度 (mm)	总宽度 (mm)
508	136	699~762	724
559	159~181	749~762	803
610	181~272	813	—
660、711 和 762	318	—	—

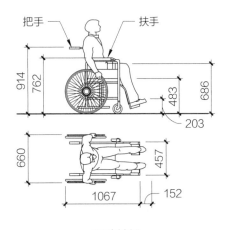

手动轮椅

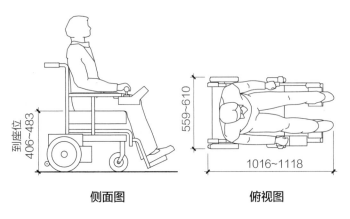

侧面图　　　俯视图

电动轮椅

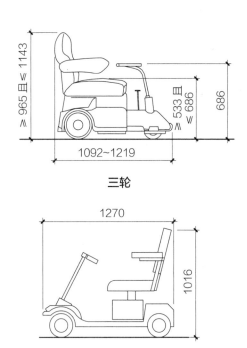

三轮

四轮

电动代步车

理发店或美容院及水疗设备

理发店、美容院和水疗中心均配有各种专业设备。水疗中心和美容院均采用封闭式和开放式多客户中心相结合的运营模式。私人水疗室的隔声需求比较高。

理发店和美容院设备

估算美容院总面积时,须考虑接待处、造型区、烘干区、洗发间和卫生间等区域。每位造型师所需空间约为 18.6 m²。美容院通常设有美甲和足疗站。附图所示主要为设备布局尺寸和净空,设备细节因制造商而异。

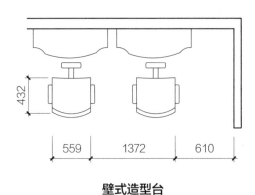

壁式造型台

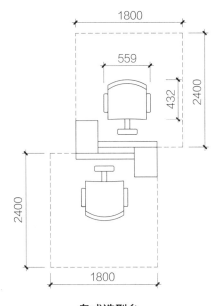

岛式造型台

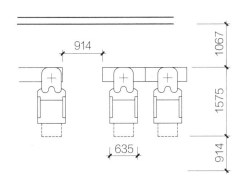

后仰式洗发单元

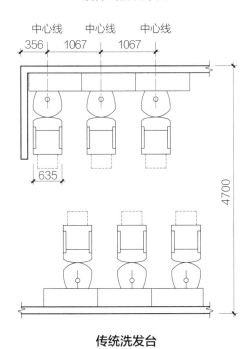

传统洗发台

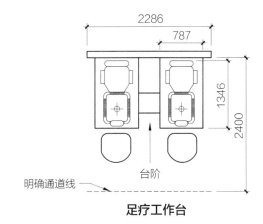

足疗工作台

水疗设备

　　水疗设备通常提供一系列不同于美容院的服务，包括按摩室、水疗室、皮肤护理或面部护理室、锻炼设施以及瑜伽和冥想空间。瑜伽和冥想室须存放瑜伽垫、球和冥想垫。设备存储区至少应占房间面积的10%。

　　不同用途的温度和照明条件可能需要灵活的设计和控制解决方案。干湿治疗室须配备治疗台、洗涤槽、可上锁储藏室、带镜柜台和挂衣钩。湿治疗室须配备地漏、顶置式或治疗用淋浴喷头，并在治疗台上方天花板上安装一盏嵌入式红外加热灯。

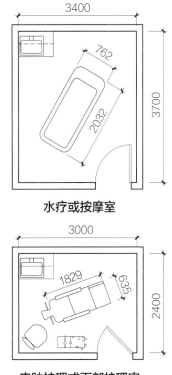

水疗或按摩室

皮肤护理或面部护理室

洗衣设施[1]

洗衣设施分为社区洗衣房、自助洗衣店或内部商用洗衣设施。在所有商用洗衣房中，洗衣机下面或后面均设有地漏或排水沟来处理洗衣机排出的水，其容量足以容纳所有洗衣机一次完整循环所可能排出的水。为了使空间效率最大化，建议使用可堆叠烘干机。

无障碍

商用洗衣房须对残障人士开放。可以根据洗衣机总数设置1或2台无障碍洗衣机。若采用前置式洗衣机，则洗衣房隔间底部与地板之间的最大距离为381~610 mm。对顶置式洗衣机，隔间与地板之间的最大距离为914 mm。须以洗衣机为中心提供762 mm × 1219 mm的地板面净空，且所有可操作组件均须位于可及范围内，以满足无障碍需求。《美国残疾人法案》（ADA）无障碍设计标准有一项豁免规定，允许障碍物最高高度在规定上限的基础上增加51 mm。

社区洗衣房

在社区洗衣房，比如大学宿舍或公寓大楼中的洗衣房，所用洗衣机尺寸一般与住宅用洗衣机相似，通常以投硬币或刷借记卡形式驱动运行。在确定设备需求时应考虑住宅剖面图。

- 对于家用环境，计划每8~12个单元配备一台洗衣机和烘干机。
- 对于年轻工作族，应每10~15个单元配备一台洗衣机和烘干机。
- 对于年长工作族，应每15~20个单元配备一台洗衣机和烘干机。
- 对于学生或老年人，应每25~40个单元配备一台洗衣机和烘干机。

自助洗衣店

自助洗衣店（launderette）是一种带有投币设备的商业性自助洗衣店，可使用单筒、双筒和三筒洗衣机；烘干机/滚筒机尺寸依据社区和客户期望确定。

内部洗衣设施

为了确定美容院、医疗保健设施、健身俱乐部、酒店或餐馆等场所对内部洗衣设施的需求，首先须对其日常衣物洗涤量（千克数）进行估计。估计值会因设施类型及其所提供服务类型以及制服、毛巾和床单质量等因素而有所不同。

酒店变量包括酒店类型、房间数量和酒店入住率。对于经济型汽车旅馆，每个房间每天的洗涤量估计为3.6 kg；对于中型套房或酒店，前述估计值为4.6 kg；而对于度假酒店或豪华酒店则为5.4 kg。考虑减少节水计划所涉设施的使用量。

烘干机 / 滚筒机尺寸

容量（kg）	宽度（mm）	深度（mm）
13.6~15.9	711~800	991~1143
22.7	864~991	1194~1270
34	991~1308	1346~2223
45~56.7	1168~1219	1651~2223
68~91	1346~1397	1575~2451

洗衣机 / 脱水机尺寸

容量（kg）	宽度（mm）	深度（mm）
22.7~27.2	762~984	1080~1143
36.3	1054~1295	1041~1308
45	1054~1435	1232~1385
56.7	1194~1321	1473~1556
63.5	1499~1575	1422~1499

酒店、汽车旅馆和度假村洗衣设备指引[2]

房间数	设备类型	设备数量及其尺寸	所需空间（m）
25~50	洗衣机/脱水机	1台 16 kg型	3.7 × 3.7
	烘干机	1台 23 kg型	
51~80	洗衣机/脱水机	2台 16 kg型	3.7 × 4
	烘干机	2台 23 kg型，或 2台 34 kg型	
81~120	洗衣机/脱水机	2台 16 kg型以及 1台 23 kg型	3.7 × 4.6
	烘干机	3台 23 kg型，或 2台 34 kg型	
121~150	洗衣机/脱水机	2台 23 kg型	4.6 × 4.6
	烘干机	3台 34 kg型	

1　作者：杜安·费舍尔，理查德·牛顿联合公司。
　　美泰克公司。
　　多房屋洗衣协会（MLA）。
2　入住率达80%时，平均每个房间翻两番。

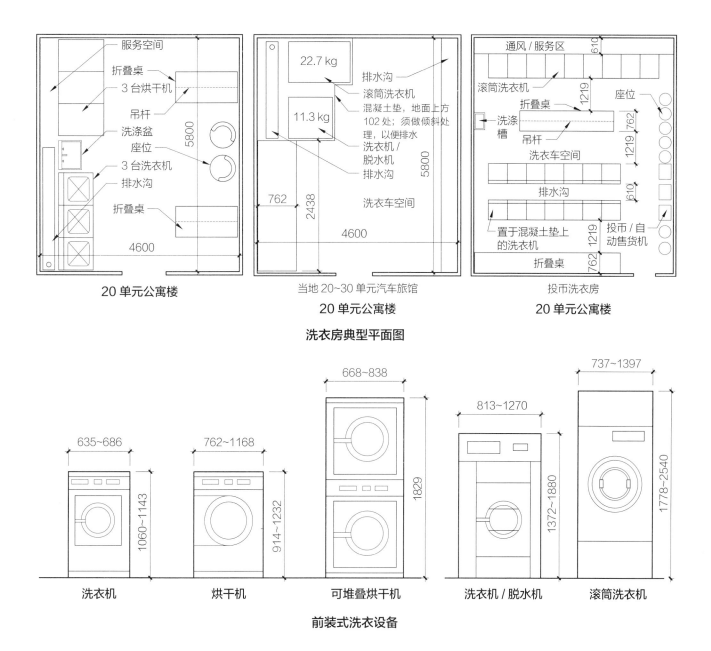

洗衣房典型平面图

20 单元公寓楼

当地 20~30 单元汽车旅馆
20 单元公寓楼

投币洗衣房
20 单元公寓楼

前装式洗衣设备

洗衣机 烘干机 可堆叠烘干机 洗衣机 / 脱水机 滚筒洗衣机

出纳机和服务设备[1]

出纳机和服务设备包括各种用于处理和转移货币及其他高安全性物品的交易设备，这些设备涵盖了内置和独立式的售票窗口、包裹传送装置和自动取款机。除了这里所提到的，该类别还包含多种专业设备。

交易设备

出纳员、收银员和其他从事交易的人员应得到防弹屏障的有效保护。直通式装置一般设计成具有阻止外部人员直接开火的功能。这些屏障包括装配式售票窗口，定制的出纳和服务设备安装。

窗口大小和形状不一。售票窗口和扬声器的形状及位置各不相同。交易抽屉可替换为半圆直通式。

无电梯和免下车式出纳站

防弹屏障应有效防止出纳员遭遇抢劫或盗窃。这些屏障应由厚度至少为 30 mm 的玻璃制成，或采用至少具有同等防弹性能的材料。直通式装置不应让人暴露在枪火前。

1 作者：杜安·费舍尔，理查德·牛顿联合公司。
 美泰克公司。
 多房屋洗衣协会（MLA）。

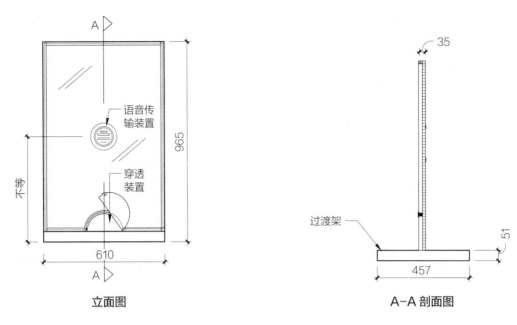

立面图

A-A 剖面图

装配式售票和收银窗口

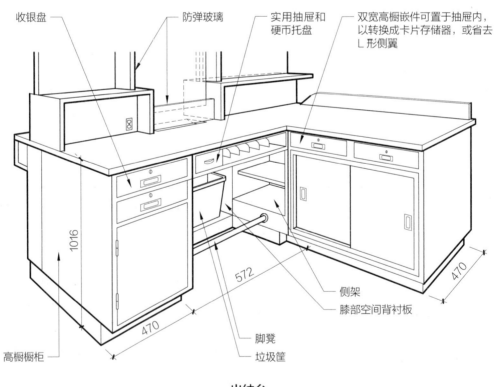

出纳台

自动取款机

提供自动取款机或售票机的地方，一般至少应该有一台机器可做无障碍处理。相关标准对这些机器的输入和输出作出了详细要求，旨在为那些有视听障碍的人提供便利。

自动取款机为所有人提供一致的隐私保护或输入和输出功能。除了失明或视力受损的人，使用轮椅或者身材矮小的人因无法有效地用自己的身体挡住自动取款机屏幕而更倾向于使用语音输出。语音输出用户可以选择将可视屏变为空白，从而更好地保护他们的人身安全和隐私。

无障碍自动取款机控件应符合以下要求：

- 前伸高度为 1219 mm。
- 侧伸高度为 1371 mm。
- 地面净空为 762 mm×1219 mm。

除非一个地方有两台或多台自动取款机，否则每台自动取款机都必须满足上述要求。免下车式自动取款机不需要遵守地面净空和伸出高度的要求。

地方法规可能要求所有的户外自动取款机达到最低的照明要求，以保护客户。一些地区可能要求制定与安全相关的能见度指导意见。

电子商品防盗设备

电子商品防盗设备（EAS）是用来保护零售商店、图书馆和类似设施的商店防盗系统。这类系统包括一根天线和标记或标签。装置的设置基于信号的强度，可以组合多个装置从而有效地保护每个出口配置。购买的商品登记后，标签将被移除或通过消磁垫消磁。在某些情况下，可以通过在柜台下方安装钢丝线圈设备来实现消磁。

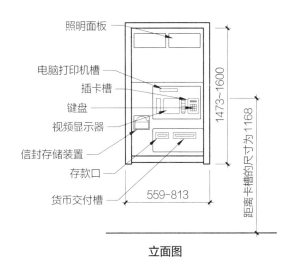

立面图

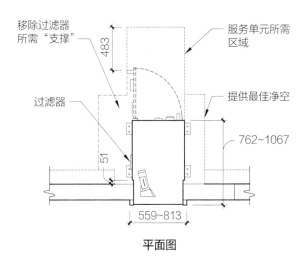

平面图

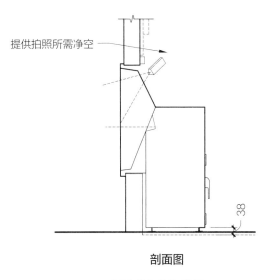

剖面图

内置式自动取款机

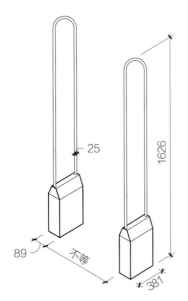

开放式电子商品防盗系统

X 射线扫描设备

机场、政府大楼、邮件室和安全敏感区安装有 X 射线机和扫描仪，用于扫描信件、小包裹、公文包和行李。该设备包括非常紧凑的独立式桌面或落地式装置，包括机场、货运终点站或类似场所使用的扫描设备。

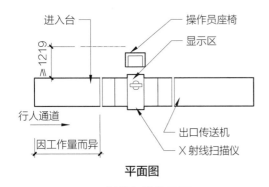

平面图

X 射线扫描仪配置

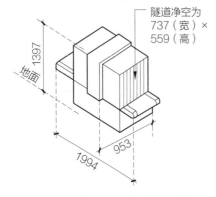

大容量 X 射线系统（公文包或手提行李）

清洁和回收设备

维护设备

一项设施的设计应包括后勤和清洁服务空间，以及在其使用寿命内操作和维护该设施所必须的设备。清洁和后勤设计在维持健康和安全的室内环境中起着至关重要的作用。

用于维护室内装修的有害清洁产品，可能需要在特定区域进行储存和混合。着重于减少水和化学物质的可持续建筑设计可以显著减少此类要求。下列设计参数预计能将总体清洁成本降低25%：

·设计入口通道，以防泥土进入建筑物。
·安装易于清洁的卫生间。
·提供适当尺寸和设备齐全的清洁间和化学品存储区。

化学品储存间和清洁间

设计有效储存区时要求能够便捷安全地使用工具、设备、化学品、水资源和各类物资，并且要求清洁和维护工作能有效完成。

清洁间应该配有热水和冷水，还应设置一个用于清洁材料的大水池，以及用于存放诸如卫生纸和毛巾等清洁物品的搁板。清洁间的大小取决于与集中存储区域的关系。因此，清洁间可能需要空间容纳落地式机器或真空吸尘器以及清洁车。清洁车的大小取决于需要擦洗的房间数量和存放清洁车的空间大小。

回收容器

室内使用的回收容器有多种材料可供选择，包括聚酯粉末涂层金属、不锈钢、丙烯酸、聚乙烯和玻璃纤维。一些容器由一定比例的可回收材料制成，或者用木材、可回收塑料板制成。

罐、瓶、玻璃和金属等容器的圆形开口直径为95 mm 或146 mm。纸张和塑料等容器的矩形开口为76 mm × 330 mm 或152 mm × 254 mm。回收箱系统提供95 L 的小型垃圾箱，508 mm 深、

254 mm 宽、991 mm 高，以及类似大型的 508 mm 宽、189 L 的垃圾箱。这些回收箱系统可以组合在两个、三个或更多单元的货架上。

标准室内回收站

隔间数量	垃圾箱容量（L）	质量（kg）	尺寸（mm）
1	95（1个）	11.8	457 × 813
2	95（2个）	29	965 × 457 × 813
3	95（4个）	40	1321 × 457 × 914
4	95（2个）和76（2个）	44	1321 × 457 × 813

室内陈设

装修合同和测试

装修合同

合同文件旨在描述拟定家具布置及设备安装情况，包括书面规范和图形文件，比如展示项目设计的图纸等。对于完整的商业室内设计项目，设计师必须准备的两套合同文件分别是施工合同文件以及家具、室内陈设和设备（FF&E）合同文件。业主与施工承包商之间的协议即为施工合同。

家具、室内陈设和设备（FF&E）承包商负责采购、交付和安装 FF&E 合同所述货物。设计师通常负责执行业主和 FF&E 承包商之间的协议。FF&E 承包商通常是家具经销商，也可能是家具制造商或设计专业人士。

家具经销商指地方或区域性制造商。经销商负责处理销售事宜，并为业主提供各种支持和后续服务。这样，制造商可以专注于产品的开发和生产，而经销商则专注于销售和服务。经销商通常会提供的一项服务是，在商品制造完成后运送至项目现场安装前对其进行存储。

直销人员代表的是制造商，而不是制造商的经销商。设备通常由直销人员直接从制造商处进行采购。例如，医院病床制造商可能无须通过销售商的陈列室来推销用户基础有限且相对昂贵的产品。仅需送一张样品床到医院试用，或安排参观工厂的陈列室，即可有效完成销售任务。

FF&E 承包商

FF&E 承包商负责根据 FF&E 合同编制采购订单。采购订单是用于获取项目所需货物的单据。它包含货物描述、供应商目录编号以及所需物品的数量和价格等信息。参与项目的每家供应商均须独立编制采购订单。

确认书，也称为采购订单确认书，由供应商准备，是对采购订单的确认。确认书必须由 FF&E 承包商核实，确保确认书能对采购订单进行准确说明。如果采购订单确认书准确无误，则下达订单，进入制造流程。

FF&E 承包商负责协调客户自有材料的要求，该材料不由产品制造商提供。客户自有材料与产品分开购买，并提供给产品制造商进行使用。此处"客户"一词并非指设计师的客户（即业主），而是指制造商的客户（即下单方，也就是 FF&E 承包商）。FF&E 承包商负责获取和协调客户自有材料的需求。

业主也可以通过内部的采购部门采购所需货物。大公司可以购买地毯、家具、织物和灯具等产品，然后交予承包商进行安装。这样一来，企业可以与供应商建立购买账户，并通过批量购买降低成本。

制造出来的货物须妥善包装，以便交付。发票，即要求支付货款的票据，由制造商编制并出具给 FF&E 承包商，通常在发货时出具。

制造商或供应商　经销商或批发商　分销商或零售商　代理商　消费者

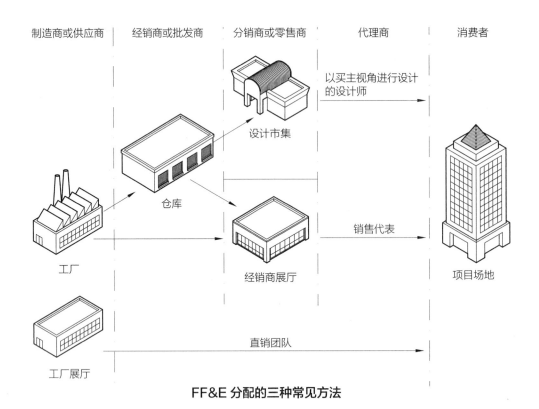

设计市集

以买主视角进行设计的设计师

仓库

工厂

经销商展厅

销售代表

项目场地

工厂展厅

直销团队

FF&E 分配的三种常见方法

抗震考量

地震活动期间，应检查地震区建筑物中的家具是否存在潜在危险。

如果可能，应该将带有抽屉或门的重大物件固定在墙壁上，从而尽可能减少家具的移动。一些住宅规范要求带有抽屉的家具（例如文件柜）进行加重以防倾覆。家具的摆放位置应确保其不会因地震活动而阻塞出口。

可燃性测试

家具可燃性测试包括以下内容：

· 斯坦纳隧道试验；

· 垂直燃烧测试；

· 烟密度试验；

· 软垫家具测试；

· 地板可燃性测试。

斯坦纳隧道试验

"建筑材料表面燃烧特性的标准试验方法"也称为斯坦纳隧道试验，主要用于评估建筑材料和内部装修表面燃烧性能，并提供有关烟密度的

数据。材料按火焰蔓延程度分为0~200级，按烟雾浓度分为0~800级。0~25级属 A 类材料，26~75级属 B 类材料，76~200级属 C 类材料。A 类材料的火焰最不易蔓延。

垂直燃烧测试

"纺织品和薄膜火焰传播用防火试验的标准方法"通常也称为垂直燃烧测试，它包含两种测试程序，主要用于评估暴露在火源区域外的火焰传播程度。该测试适用于两侧均暴露在空气中的材料，比如帷幔、窗帘和其他窗户饰品。该测试同样适用于多层纤维织物，例如内衬布料。

烟密度试验

火产生的烟雾会阻挡人的视线，也会使人呼吸困难，这些都使逃生变得更困难。"固体材料的特定烟光密度标准测试方法"也称为烟密度试验，能测量出影响火灾出口能见度的烟密度。但该方法并不测量会显著限制视觉范围的眼刺激物的影响，而是测量一立方固体材料所产生的烟雾中光的透射率。

织物应用和可燃性要求

表面	应用	适用的可燃性测试
附着于墙上	弹性织物墙系统	斯坦纳隧道试验
	独立家具板	
	布告板	
	吸声板	
自由悬挂	窗户饰品	垂直燃烧测试
	横幅和旗帜	
座位	座套	抗香烟点燃性试验 全座椅测试
地板覆盖物	走廊地毯	铺地辐射板试验
	走廊地毯砖	
	装饰地毯和所有地毯	甲醛胺片试验

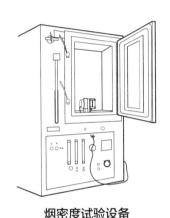

烟密度试验设备

软垫家具测试

纺织品耐火性

纤维具有不同程度的耐热性和耐燃性。通常，更轻便、透气的纤维织物比密度大的材料更易于燃烧。表面处理对织物的耐火性也至关重要，但其有效性可能会随着时间而降低，并且清洁过程也会降低其耐火性。

抗香烟点燃性试验

"软垫家具组件的抗香烟点燃性的标准试验方法"评估了软垫家具单个部件（织物和填充物）的抗香烟点燃性和耐燃性。该测试会分别对填充材料（例如发泡聚苯乙烯珠、多孔材料、羽毛、非人造填充物和人造纤维填充物）的各种性能进行测试。

"模型软垫家具组件抗香烟点燃性的标准试验方法"通过实体模型来评估软垫家具的抗香烟点燃性，测试复合材料（填充物和覆盖物）对点燃香烟的反应。实体模型包括以90°角相交的垂直表面和水平表面。如果垫子着火或者形成的烧焦物超过51 mm，则未通过测试。该测试不会测量软装家具暴露在明火下的性能。

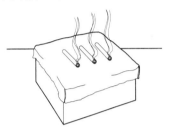

家具组件抗香烟点燃性试验

全座椅测试

"软垫家具着火试验的标准试验方法"用于评估家具实际样品对明火的反应。在测试过程中，主要进行几项测定，包括热量和烟气的释放速率、总热量和烟气释放量、二氧化碳浓度等。其中最重要的测量指标是放热速率，它可以量化火势强度。

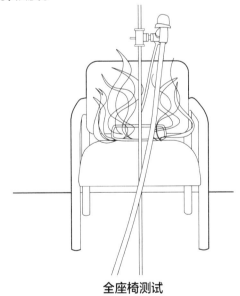

全座椅测试

地板可燃性测试

地板可燃性测试通过地板覆盖物的火焰蔓延状况来测量维持火焰所需的最小能量。地板的等级被分为Ⅰ级或Ⅱ级。

室内装饰用纺织品

室内织物[1]

商业内装项目中纺织品的大量使用反映了纺织业的巨大发展。织物在室内有以下用途：

- 墙面饰物，可用于弹性织物墙体和天花板系统、壁挂面板和家具面板系统。
- 垂直悬挂的帷幔、横幅和百叶窗。
- 座椅衬垫。
- 地板覆盖物，包括小地毯和地毯。
- 皮革装饰材料和地砖。

纤维

纺织品是指所有由纤维组成的织物，其可由机织、针织、毡制及其他方式制造而成。作为纺织品的基本元素，纤维细如毛发，是构成纱线的基础。纤维可以是天然的，也可以是人造的（合成的）。不同纤维特性使纤维适用于不同的终端用途，这些特性是纤维本身所固有的，或可通过生产和加工技术设计出来。

纤维类型

纤维分为短纤维和长丝纤维，长度从不到25 mm 到几千米不等。

长丝纤维比短纤维更坚固，更长。纤维的强度决定了最终纺品的耐磨性。此外，由长丝纤维和较长的短纤维制成的纱线通常更为光滑。

短纤维包括除蚕丝之外的所有天然纤维。短纤维很短，通常以厘米或英寸为单位。大多数棉花的长度刚刚超过25 mm，羊毛的长度则在25~203 mm 之间。

长丝纤维（例如蚕丝和合成纤维）长而连续，常以米为单位。真丝纤维的长度可达3.2 km，合成纤维则可以制成任何想要的连续长度。长丝纤维也可以切成短纤维的长度。

天然纤维来源于动物、植物或矿物质，这些都是季节性生产的。天然纤维容易受自然力量的影响，比如降雨量和昆虫的攻击。

合成纤维或人造纤维也是由天然物质生产而成，某些物质本身就是纤维状的。但是，它们不是天然纤维，因为须通过工业加工，才可生产出可用的纤维。合成纤维是通过从喷丝头（类似于喷头的装置）中挤出的化学溶液生产而成。

合成纤维按其化学组成的属名进行分类。大多数合成纤维是热塑性纤维，这意味着它们在加热时会变软并融化。

喷丝头

天然纤维

棉花

棉花是使用范围最广的植物纤维。棉织物在服装业的应用比室内装饰多，在住宅项目中的应用比商业项目多。与其他大多数天然纤维相比，棉纤维相当均匀，尺寸上也相对稳定。与许多纤维素纤维一样，棉纤维的弹性和回弹性低。棉纤维是最稠密的纤维之一，它能沿着纤维和整个织物吸掉水分。但是，棉纤维易燃且易起皱。

亚麻

亚麻来源于亚麻纤维。亚麻非常坚固，几乎无弹性且易碎。它不像棉花那么柔软，吸水力也不如棉花，但它更抗霉。亚麻不会掉毛，耐磨且线缝不易松脱，但易起皱和起折痕。亚麻纤维主要用来制作餐桌和床上亚麻制品，偶尔也用作墙面饰物。

黄麻

黄麻纤维由黄麻植物的茎制成，质硬且脆，易起皱且掉毛严重。这些特征限制了其在室内装饰中的使用范围，主要用于制作地毯和油毡的背衬。黄麻对化学物质的反应类似于棉花和亚麻，对微生物和昆虫的抵抗力强。

1 作者：大卫·肯特·布莱斯特，美国建筑师协会会员（FAIA），建筑研究咨询公司（Architectural Research Consulting）。
鲍勃·皮洛，Pielow Fair 联合事务所。

苎麻

苎麻由多年生灌木生产而成，也称为中国草。它是一种非常坚固的纤维，其自然光泽可与蚕丝媲美。纤细的苎麻纤维织物类似于亚麻细布，而粗糙的苎麻纤维织物则类似于帆布。苎麻坚固，无弹性且易碎，常常与柔软的纤维（比如棉花和人造丝）混纺。苎麻用于家具装饰时，常常与其他纤维（比如羊毛）混合使用。

剑麻

剑麻是一种叶片纤维，以其产地尤卡坦半岛的墨西哥小镇命名。剑麻在非洲和南美也有种植。这种纤维质硬且不易弯曲，但是易脏易起皱。剑麻用于制作地板垫和地毯。

蚕丝

蚕丝是最牢固的天然纤维，长度在900~1550 m之间，甚至会更长，它比天然纤维素纤维更耐皱。与羊毛一样，蚕丝不会因清洁溶剂而降解，但是它在紫外线（UV）辐射（日光）的作用下会变质。由于其制造过程需要耗费大量人力，蚕丝比其他纤维的价格更贵。

蚕从头部排出液态蚕丝，然后在蚕体周围形成茧。将茧放在烤箱中进行干燥，杀死里边的蛹，同时保持茧的完整性。然后将蚕丝小心剥开，处理后作为纤维使用。

丝织物主要用于住宅的室内装饰，偶尔会用作商业的室内装饰，包括帷幔、地毯、家具装饰和枕头。丝质产品应避免阳光直射。

羊毛

羊毛主要是从家养的绵羊身上剪取。它的回弹力和弹性极佳，是用于制作地毯、家具装饰和服装极好的纤维。它具有良好的柔韧性，可以通过蒸或压进行重塑。羊毛燃烧缓慢，并且会自熄。

尽管羊毛易受虫害，但可以经过精整加工处理，使织物不受飞蛾的侵害。羊毛纤维几乎没有耐碱性（大多数洗涤剂中都含有碱），因此，羊毛通常需要干洗。

羊毛纤维

精纺羊毛纤维

羊毛

合成纤维素纤维

人造丝

人造丝，主要由木浆制成，是第一种合成纤维。生产人造丝有两种方法：铜氨法和黏胶法。目前主要采用的是黏胶法。

黏胶人造丝可与其他纤维很好地混合在一起。它具有吸收性，因此易于染色。它的生产成本不高，可以制成类似于棉花、亚麻、蚕丝或羊毛的形式。其缺点在于不是特别坚固，受潮后会变得不结实，回弹性低，且易起皱。

人造丝纤维用于制作床上用品、窗帘、家具装饰和沙发套。它常常与棉、涤纶、亚麻、蚕丝、氨纶及其他纤维混纺。

醋酸纤维和三醋酸纤维

尽管醋酸纤维和三醋酸纤维化学成分相似，但它们作为纤维的表现却大不相同。醋酸纤维回弹性差，而三醋酸纤维的回弹性好。醋酸纤维具有柔韧性，使织物具有优良的悬垂性。它是一种热塑性纤维，容易因受热而损坏，且易起皱。三醋酸纤维的加工方式与醋酸纤维不同，因此具有更高的稳定性和耐磨性。对三醋酸纤维进行热处理，可以防止其固有的热敏性。三醋酸纤维可以对褶皱进行永久定型。

醋酸纤维织物通常用作衬里。三醋酸纤维用于制作帷幔和窗帘、家具装饰品、沙发套以及床罩。

石油基合成纤维

腈纶

腈纶可以切成短纤维的长度，然后进行机械膨化，从而达到绝缘、蓬松的羊毛状效果。它也可以用来模拟丝绸纤维的外观和触感。它非常轻巧，量大也不会很重，可以与其他纤维很好地进行混纺。腈纶易于染色，有多种颜色可供选择。但是，一些腈纶制品表面很容易起球（形成小球）。腈纶用于制作毛毯、装饰地毯、家具装饰、遮阳篷和户外家具。

变性聚丙烯腈纤维

尽管与腈纶相似，但变性聚丙烯腈纤维可以承受更高的温度，这一特性使其成为制造帷幔和窗饰以及工业产品的热门选择。变性聚丙烯腈纤维还可应用于一些特殊的领域，例如人造革。

芳纶

凯夫拉（Kevlar）是一种耐高温的聚芳基芳纶纤维，比同等尺寸的钢材更为坚固。它用于制作防弹背心。芳纶很难染色，但是由于其不用来装饰，这一点也不算缺点。商业家具装饰中会使用芳纶织物作为夹层内衬材料，以达到防火效果。

尼龙

归类为聚酰胺的尼龙是最强韧的合成纤维之一。它具有高弹性，以及良好的延伸性和可恢复性。它的高韧性、高弹性和良好的耐磨性使其成为最受欢迎的地毯制作纤维，也广泛应用于商业家装织物。与天然纤维相比，尼龙的吸湿性低，干燥快。但是，这种特性也使它容易产生静电。

尼龙有多种形式。尼龙6.6在地毯纤维中的使用范围最广，用于制作它的两种化学物质（六亚甲基二胺和己二酸）中，每个独立分子中都有六个碳原子。

烯烃

烯烃（聚丙烯和聚乙烯）相对便宜，在地毯纤维和织物型墙面饰物中最常见。尽管今天使用范围最广的烯烃纤维是聚丙烯，但聚乙烯才是第一个实现商业价值的烯烃纤维；多年来，它被用于制作飞机座椅的内饰，现在也继续被用作耐用的内饰材料。烯烃是最轻的合成纤维之一，具有出色的弹性恢复力。由于其抗污抗压力强，且不易产生静电，烯烃作为地毯纤维越来越受欢迎。建筑物中的气障，例如高密度聚乙烯合成纸，属于非织造烯烃纺织品。

乙烯基

腈氯纶，通常称为乙烯基或聚氯乙烯，耐用且易于清洁。乙烯基在合约市场最流行的用途是制作室内装饰织物，旨在模拟皮革或绒面革。

赛纶

在织物制造中，这种相对昂贵的纤维经常被烯烃纤维代替。但是，赛纶更坚固、更重、更硬也更耐用。赛纶可用于家具装饰、帷幔和一些户

合成纤维常见商标

商标名称	纤维	制造商	特性	用途
安素（Anso）	尼龙	霍尼韦尔	长丝和短纤维，防污	地毯
安特纶Ⅲ（Antron Ⅲ）	尼龙	杜邦	长丝和短纤维，亮光尼龙6.6	地毯
考杜拉（Cordura）	尼龙	杜邦	高韧度，尼龙6.6	饰面材料
霍洛菲空心聚酯纤维（Hollofil）	涤纶	杜邦	弹性，低静电	填充物
凯夫拉（Kevlar）	芳纶	杜邦	细丝状，防弹	室内装饰垫（加利福尼亚州技术公告133）
超细纤维（Micromattique）	涤纶	杜邦	微细旦纤维	帷幔
诺梅克斯（Nomex）	芳纶	杜邦	长丝和短纤维，耐火，耐热	室内装饰垫（加利福尼亚州技术公告133）
特雷维拉（Trevira）	涤纶	特雷维拉纤维有限公司	耐火	小卧室窗帘
奥创（Ultron）	尼龙	奥升德功能材料公司	尼龙6.6，抗静电地毯	—
Zefstat	尼龙	肖氏工业集团	—	地毯
Zeftron	尼龙	肖氏工业集团	—	地毯

外纺织品中。

涤纶

涤纶有许多突出的特性：低吸湿性、抗皱性、高强度、回弹性、耐磨性和尺寸稳定性。涤纶抗皱且易于保养。它经常与其他纤维混纺以增强其性能。涤纶用于制作住宅地毯和商业家具装饰面料的混纺。

矿物纤维

玻璃纤维

玻璃纤维不会受火的影响，有时可用于缝制符合加利福尼亚州技术公告133测试标准的座椅等室内装饰织物，加利福尼亚州技术公告133通常用于评估家具的可燃性。最流行的玻璃纤维制品是透明窗玻璃。玻璃纤维的耐磨性非常低。

金属纤维

将非常薄的金属片切成窄带，可以制成金、银和铝纤维。此类纤维脆弱且柔软，通常会与更强韧的芯纤维结合。金属纤维中，铝易被着色，这使其成为最受欢迎的选择。

过去，金属纤维（如金、银和铜）用于编织和刺绣。如今，金属纤维混合物用于家居装饰和地毯的装饰与静电控制；金属编织物也作遮蔽用。

弹性纤维

人造橡胶是具有纤维形式的橡胶状物质，具有出色的延伸性。其中最常见的是氨纶，它由分段聚氨酯组成。氨纶纤维可作长丝使用，也可作为包覆纱或包芯纱与包裹在其周围的其他纤维配合使用，或者作为包芯纱，将稳定的纤维嵌入氨纶芯丝周围生产出单纱。弹性纤维纺织品用于制作办公椅的靠背和座椅。

纱线

纱线是将纤维加捻在一起形成一股连续的线。纱线的捻度、构造特性、复杂性和相对细度都会存在明显差异。简单的纱线构造常用于地毯和小地毯结构中。其通体直径均匀，可以由单根纱线组成，也可以由不同方式捻合或合股在一起的多根单纱线组成。

更为复杂的装饰纱线用于墙面纺织织饰物、室内装饰窗帘和帐幔织物。复杂的纱线可能包含线圈、卷曲或其他不规则的纹理效果，从而增加织物的质感和视觉趣味。它们可能会因沿其长度方向的捻度、装饰性三维特征或纤维含量的变化而变化。

纱线分为两种：短纤纱和长丝纱。短纤纱系由短纤维捻成。所有的天然和人造短纤维都需要纺纱。长丝纱系由连续丝线构成。这类丝线由喷丝头生成的合成纤维或蚕丝制成。

与短纤纱和长丝纱不同，单丝纱由纤维制造商直接生产而成。将直径相对大的单丝拉出和进行热定型。这样的纱线可用于生产轻质透明的窗帘，也可用作许多室内纺织品的缝纫线。

纱线按质量出售，纱线名称可表示长度和质量之间的关系。长丝纱采用旦尼尔制，短纤纱采用纱线支数制。

旦尼尔是纱线测量单位，等于9000米纱线的质量（以克为单位）。旦尼尔越高，纱线越重，且强度、弹性和耐磨性通常越好。例如，15旦尼尔的纱线适合做透明丝袜，而2200旦尼尔的纱线适合做地毯。

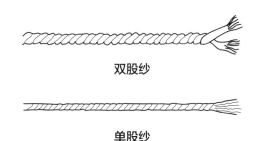

双股纱

单股纱

纱线支数制是衡量短纤纱质量的相对量度。纱线越重，纱线支数越低。例如，70支的纱线很细，而10支的纱线却又粗又重。

纱线在织物中的性能

纱线类型	耐用性	舒适度	外观	注意事项
短纤纱	不如长丝纱牢固； 合股纱线比单根纱线坚固； 织物不易松散、走样	保暖性、吸水性更强	织物外观类似于棉花或羊毛； 织物易起绒起球	纱线不易勾丝
长丝纱	比短纤纱牢固； 织物易松散走样	更凉爽，吸水性差	织物光滑有光泽； 织物不易起绒起球	纱线易勾丝； 防污
变形长丝纱	比短纤纱牢固； 与长丝纱相比，变形纱织物不易松散走样，但比短纤纱织物更易松散走样	比长丝纱保暖，比长丝纱更易吸水； 比其他纱线更易伸展	织物光泽度差，与短纤纱更为类似； 织物不易起绒，但易起球	纱线易勾丝； 比长丝纱易脏
花式纱线	不如长丝纱牢固； 大多不易松散	更保暖； 纺出的部分更易吸水	纹理新颖； 产生的新奇效果越大，磨损越快； 织物易起绒起球	纱线易勾丝； 易脏

资料来源：诺玛·R.霍伦、简·萨德勒和安娜·兰福德，《纺织品》。

机织面料

商业内装中使用的大多数纺织品都是机织的。机织织物通过在织布机上把纱线以直角交织而成。一般有一组纵向纱线（称为经纱或端部）和一组横向纱线（称为纬纱或纬线）。

织物密度指材料中纱线的密度，即每$6.5\,cm^2$中经纱和纬纱的数量。

起绒织物

机织起绒织物通过将另一组经纱或纬纱编织成底纱或基础纱制成。这种编织方式可产生独特的三维效果。天鹅绒、棉绒和灯芯绒织物都是用这种方法编织的。

提花织物

精细的编织图案要在更为复杂的织布机上才能生产。提花织机利用一系列打孔卡片工作。提花卡上的每个孔控制一根经纱运动。这个方法用于制作挂毯、锦缎和花缎。提花的过程非常耗时，因此是最昂贵的编织类型之一。

纺织品选择标准

外观

以下性能因素会影响织物的外观：

· 光泽是光线照射在织物表面并进行反射的效果。蚕丝的光泽度相对较高，而棉花和羊毛的光泽度低。

· 起毛指的是纤维在织物表面的移位堆积。纤维缠在一起，卷成小球，就会发生起球。其中一些小球可能难以去除，这取决于纤维的吸水性。

· 织物的颜色变化主要由褪色、摩擦脱色和掉色引起。当染料持续暴露在紫外线的照射下，或受到人造光或空气污染物的不利影响时，就会发生褪色。摩擦脱色是过度摩擦或磨损导致的染料脱落。掉色是由于清洁剂的影响。

· 手感是纺织品给人的触感和垂感；会受纤维类型、纱线和织物构造的影响。

性能

耐磨性

尽管耐磨性与织物韧性有关，但其耐老化的能力也会因用途不同而有所不同。磨损测试结果有助于对织物耐磨性进行对比，但不能有效预测其实际的磨损寿命。

织物的耐磨性常常通过它在指定机器上可以承受的循环次数来表示。振荡圆柱法，是传统的耐磨性测试，俗称威士伯测试，是以发明测试设备的人命名的。泰伯磨耗试验有时用于测试织物，但最常用于测试地毯。

纺织品选择标准及特性

	标准	特性
性能和安全性	功能特性	绝缘、防眩光、防静电、抗疲劳、声控、改善流动性、增强安全性
	外观持久性	保色性、质地保留、抗起球和抗钩破、隐渍斑、抗污、去污、防污
	耐用性	耐磨、抗撕裂、尺寸稳定、绒毛纤维流失、可修复性、保修期
	结构稳定性	簇绒黏合强度、分层强度、纱线捻度稳定性
	耐火性	固有的或设置的
	设计和性能要求	耐火性、室内空气质量、结构稳定性、色牢度、耐磨性、功能特性、声学值、防静电
保养	除尘度	可水洗、可干洗、易于去除污渍、清洁后外观保持性
	清洁地点	现场清洁 VS 非现场清洁
	需要熨烫的程度	无需、适当、大量
	清洗频率	每日、每周、每月
	清洁产品要求	有毒、可生物降解、易获得
环境问题	制造问题	生产过程中产生的废水，由回收材料制成的产品
	产品问题	产品回收的潜力，所需清洁剂的潜在影响
成本和安装	初始成本	产品价格、配件价格、专业设计人员费用、送货费用、安装费用
	长期成本	维护费用（包括维修设备、清洁剂和人工费用）、保修成本、保险费用、能源成本、利息费用
	安装因素	场地准备、人工、工具和技能水平要求、持久性、活动性、可移动性、永久性

资料来源：改编自简·耶格尔和卢拉·泰特–贾斯蒂斯，《住宅和商业室内装饰用纺织品》。

弹性、伸长率和恢复性

弹性是指织物在拉力的作用下长度增加和拉力释放时恢复原状的能力，这是维持软垫家具外观的重要因素。伸长率是指织物在拉伸时即将断裂的临界点。恢复性是指织物在长时间的伸长后恢复其形状的能力，这是室内装饰织物的关键考虑因素。

透声性

有时织物会用于覆盖扬声器或其他的声音传输设备。这种织物应该是透声的，从而减少传声阻塞。可以向声学工程师咨询并对织物进行测试，以确定织物是否适合在这种情况下使用。通常与编织较密的织物相比，稀松的织物能更有效地进行声音传播。

耐火性

纤维具有不同程度的耐热性和耐燃性。通常，更轻便、透气的织物要比密度更高的材料更易于燃烧。表面处理对织物的耐火性也至关重要，但其有效性会随着时间而降低，并且清洁过程也会降低其耐火性。

织物结构

机织织物

机织织物三种基本的编织方式：平纹、缎纹和斜纹。这三种方式的变体和组合可形成其他的编织方式。

平纹工艺包括一根经纱和一根纬纱，两者交替着穿过彼此，不会产生特殊的表面图案或纹理，这使得平纹织物成为印花织物的理想背景。平纹耐磨，但易起皱。

使用缎纹编织时，每根纱线会浮在至少四根纱线之上，从而形成光滑有光泽的表面。勾丝是纺织品的一个问题，纺织品的表面会出现较长纱线。棉缎通常用于制作布料的衬里。

在斜纹编织中，每根经纱都像在平纹编织中那样交叉穿过纬纱，但逐根依次略高（或略低），形成一个斜纹图案。人字斜纹布、牛仔布和华达呢都是斜纹编织。

基本纹

名称	交织图案	一般特性	经典面料
平纹	每根经纱和每根纬纱交错在一起	每平方英寸的交错最多； 平衡织物或不平衡织物； 最易起皱； 最易磨损； 不易吸水	细亚麻布； 薄纱； 高级密织棉布； 方格纹棉布； 细平布； 粗棉布； 印花棉布
席纹	在平纹组织中，将两根或两根以上的经纱和／或纬纱编织成一根	看起来匀称； 比平纹的交错少； 看起来扁平； 不易起皱； 易磨损	牛津布； 僧侣布
斜纹	经纱和纬纱浮在两根或两根以上的纱线上，从相反的方向按一定的顺序向右或向左移动	斜条纹； 比平纹交错少，不易起皱； 易磨损； 比平纹易起球； 支数更高	哔叽呢； 斜纹软绸； 牛仔布； 华达呢； 人字斜纹布
沙丁布	经纱和纬纱浮在两根或两根以上的纱线上，从相反的方向按一定的顺序向右或向左移动	表面扁平； 大多数有光泽； 支数更高； 交错更少； 浮丝长，易滑脱、易勾丝	沙丁布； 棉缎
绉绸	纱线不规则交错。 无法分辨的图案中有长度不等的浮丝	表面粗糙的绉纱外观	花岗纹呢； 苔绒绉； 沙面绉
多臂提花织物	特殊的织机装置允许多达 32 种不同的交织	图形小； 绳形织物	衬衫布； 小花纹毛巾； 蜂窝纹布； 凹凸织物
提花织物	每一根经纱单独控制，可能出现无限多的交错	图形大	花缎织锦挂毯
起绒织物	将额外的经纱或纬纱织成一种经过裁剪或未裁剪的三维织物	平齐或环状表面； 暖和； 不易起皱； 绒毛可压平	天鹅绒； 棉绒； 灯芯绒； 仿毛皮织物； 威尔顿地毯； 毛巾布
松弛张力	一种起绒编织方式； 一些经纱可以在张力作用下放松，在织物或绒毛表面形成凸起的区域	起皱条纹或绒毛表面； 易吸水； 不起皱	泡泡纱； 毛巾布； 起绒粗呢
纱罗织物	织布机上的双绞装置将两根纱线中的一根在交替穿过纬纱时带到另一根纱线上	网格状织物； 抗滑脱的低支数织物	薄罗纱； 窗帘织物
挖花织物	小梭子（织布机上的一种附件）可以将额外的纬纱编织成小圆点	面料两侧的圆点可作为纬向跳花疵	点子花薄纱

资料来源：诺玛·R.霍伦、简·萨德勒和安娜·兰福德，《纺织品》，麦克米兰出版社。

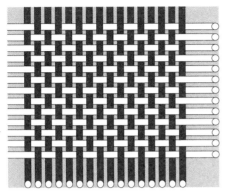

平纹

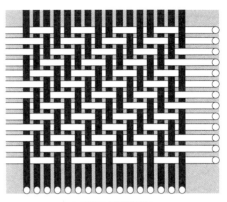

二对二斜纹组织

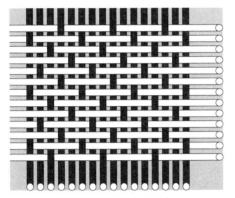

五线缎纹组织（绸缎）

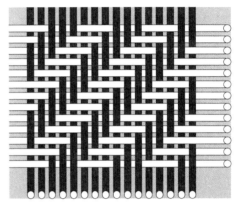

三对三斜纹组织

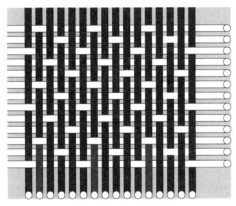

五线缎纹组织（棉缎）

缎纹

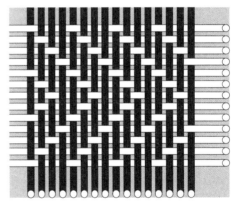

人字形组织

斜纹

机织物性能

织物类型	性能
高支织物	牢固、强韧、遮蔽好、厚实、紧密、稳定、防风、防水、阻燃、线缝脱散少
低支织物	柔韧、渗透性好、柔软、更好的悬垂性、更高的收缩潜力、线缝脱散多
平衡织物	接缝滑移少；经纱纬纱磨损均匀，产生小孔
不平衡织物（通常经纱较多）	低支织物中易接缝滑移；经纱磨损后，留下细绳（常见于内饰织物中）；在平纹编织中，十字交叉的棱纹会使织物表面更有吸引力
跳花疵	有光泽、光滑、柔韧、有弹性、易脱散和易勾丝，低支织物中易接缝滑移

资料来源：诺玛·R.霍伦、简·萨德勒和安娜·兰福德，《纺织品》。

针织面料

针织面料由平行纱线组成，这些纱线通过联锁回路连接在一起。针织物的拉伸数量和方向各不相同。

纬编是基于手工编织技术。生产扁平织物或圆筒织物的工艺过程被划分为单面针织或双面针织。

经编采用机器技术，能够快速地生产出各种重量的经编针织面料，包括细网和工业用织物。

纬编针织物

经编针织物

针织面料

镶边和斜纹

织物可以通过经纱和纬纱之间45°角的斜纹的弹性程度来进行评估。织物的纵向边缘称为镶边。

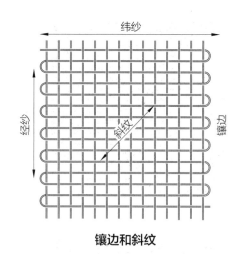

镶边和斜纹

皮革[1]

皮革是经过加工的动物皮，主要来自于牛。皮革成本昂贵，主要有三个原因：生产过程耗费大量人力，用于皮革着色的苯胺染料价格昂贵，成品皮的废品率很高。

牛皮多指成年母牛的肤。这种皮是大片皮，面积为4.6~5.5 m²。背部（皮的中间部分）可生产出最优质的皮革。

小牛皮是年幼动物身上的皮，面积相当小，为2.3~3.2 m²。小牛皮的特点是柔和、柔软及纹理细腻。

皮革加工

将皮革制作成合适的室内装饰材料需要四个步骤：固化及清洁、鞣革、着色和涂饰。

固化是对生皮进行盐腌以减缓细菌作用，细菌作用会使材料分解。生皮要经过彻底的清洁、剥皮和去毛。

鞣革是用鞣制溶液替代毛皮中的天然胶状物质，使得皮革重新焕发生机，也使其更坚固、柔软且经久耐用。鞣制过程可能会从有机溶剂和铬污染物中产生挥发性有机化合物。三种主要的鞣剂：矿物鞣剂、植物鞣剂及两者的组合。

着色可用于隐藏不均匀的自然色或调整皮革整体颜色。

涂饰指的是皮革加工的最后阶段。可以使用润滑剂和软化剂以增加其柔软度。皮革表面的瑕疵可以剃掉或磨掉。压纹技术可以增加或统一表面纹理。然后用树脂、蜡和皮革光亮剂进行抛光，从而得到强光泽涂饰的皮革。

皮革按其表面的缺陷及其处理方式有以下分类：

- 全粒面皮革（或有时称为全顶粒面皮革）具有真正的原皮纹理。它表面的缺陷最少，因此是最昂贵的皮革类型。其表面没有任何压花或其他改变，它是完整的、天然的皮革。

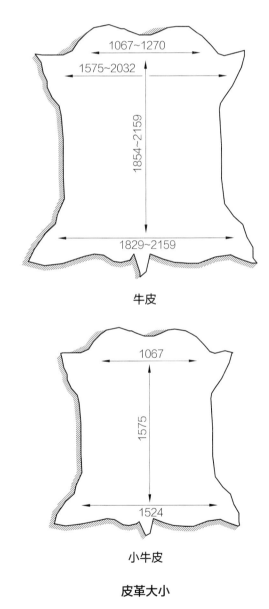

牛皮

小牛皮

皮革大小

资料来源：《爱德曼皮革手册》，泰迪和亚瑟·爱德曼有限公司。

- 在头层粒面革中，原有的表面图案（如铁丝网或烙铁留下的疤痕）都会被磨去。在去皮的表面上印有图案，这个图案通常类似于被去除的皮肤纹理。

- 分层皮革通过将生皮切成两层或三层的薄层而制成，使得生皮的纹理面厚度均匀。内层通常是绒面革。廉价的皮革可能是带有仿制印花纹理的着色分层皮革。

- 绒面革是暴露肉面的皮革。它很少用于室内装饰。它的颜色可能会因磨损而轻易去除，即摩擦脱色。

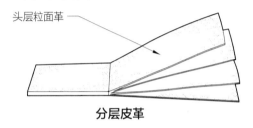

头层粒面革

分层皮革

橱柜和台柜

抗震考量

架子和搁架在地震活动时可能会滑动和/或翻转，进而伤及建筑物内人员或阻塞出口。危险性随占用空间的密度和设备高度的增加而增加。固定装置的重心（例如橱柜、货架或半高隔断）会随其所在建筑单元高度的增加而上升，进而增加其在地震中发生翻转的可能性。固定装置应用位于其重心上方的螺栓固定在重型立柱上。

橱柜[1]

橱柜构造

橱柜的构造类型包括平齐覆盖、显露覆盖和平齐嵌入。

由于只有门和抽屉正立面是可见的，所以平齐覆盖式构造提供了干净、现代的外观。有明确规定时，可以通过从同一面板上切下实现门和抽屉前板的纹理匹配。这种样式非常适合在其外露的表面上使用塑料层压板。

---

1 作者：美国建筑木结构协会。
  加拿大建筑木制品制造商协会。
  木造业协会：《建筑木工标准》，第1版。

显露覆盖式构造通过装饰缝来突出门和抽屉之间的分隔。这种样式同样适用于木质或塑料层压板结构。

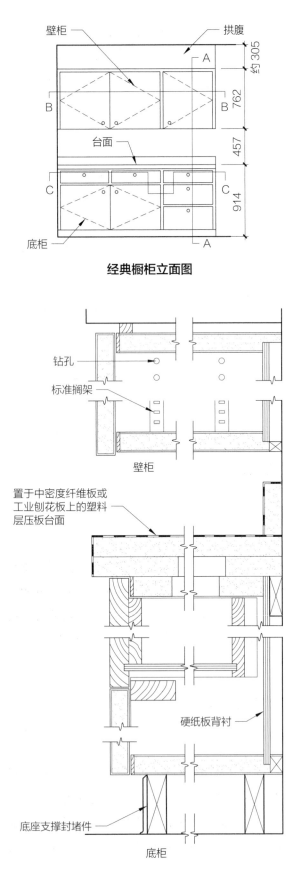

经典橱柜立面图

壁柜

平齐覆盖式构造——垂直剖面 A—A

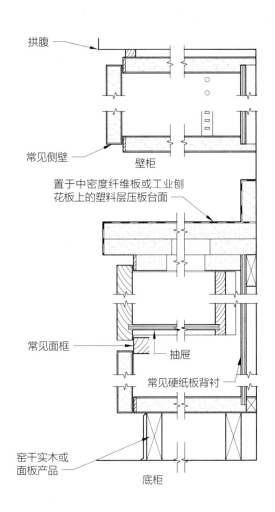

显露覆盖式构造——垂直剖面 A—A

平齐嵌入式构造是种功能强大的样式，它没有面框，可以使用不同厚度的门或抽屉前板。门和抽屉前板与橱柜的表面齐平。

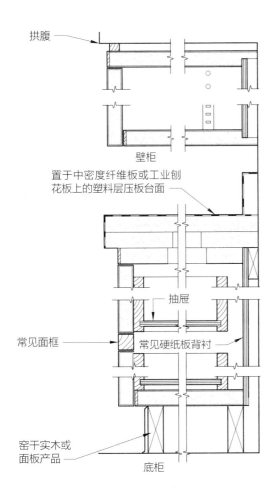

不带面框的平齐嵌入结构——垂直剖面 A—A

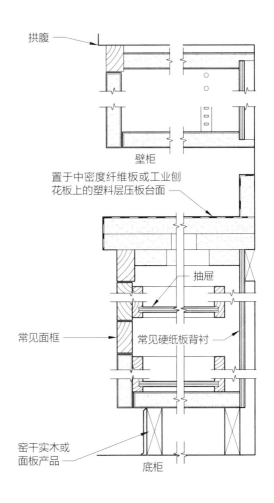

带面框的平齐嵌入结构——垂直剖面 A—A

橱柜细木工制品

常见的橱柜细木工制品有以下几种类型：

加腋榫卯接合通常用于组装镶板门或门扇边梃和冒头镶板。

常规的榫接通常用来组装方形表面，例如面框。

暗钉接合是一种可供选择的连接方法，其功能与常规的榫接相同。

燕尾接合是一种将抽屉侧面与正面或背面相连接的常规方法。通常只限于平齐式或唇式抽屉。

对接焊缝可用于人造板端部的装饰中，是一种经济节省的处理方式。

槽接接头通常用于组装箱体部件。护墙板通常用箱面框架隐藏。

暗钉接合正迅速成为行业内标准的组装方法，其定位销的间距通常为 32 mm。

螺纹接合可用于裸露的紧固件中。

橱柜铰链和门钩

当橱柜门的夹角在 28° 以内时，自闭合铰链弹簧会关闭柜门。当夹角超过 30° 的时候，自闭合不起作用，柜门保持打开状态。自闭合不需要门钩。对接铰链是所列出的唯一不具有自动关闭功能的铰链。

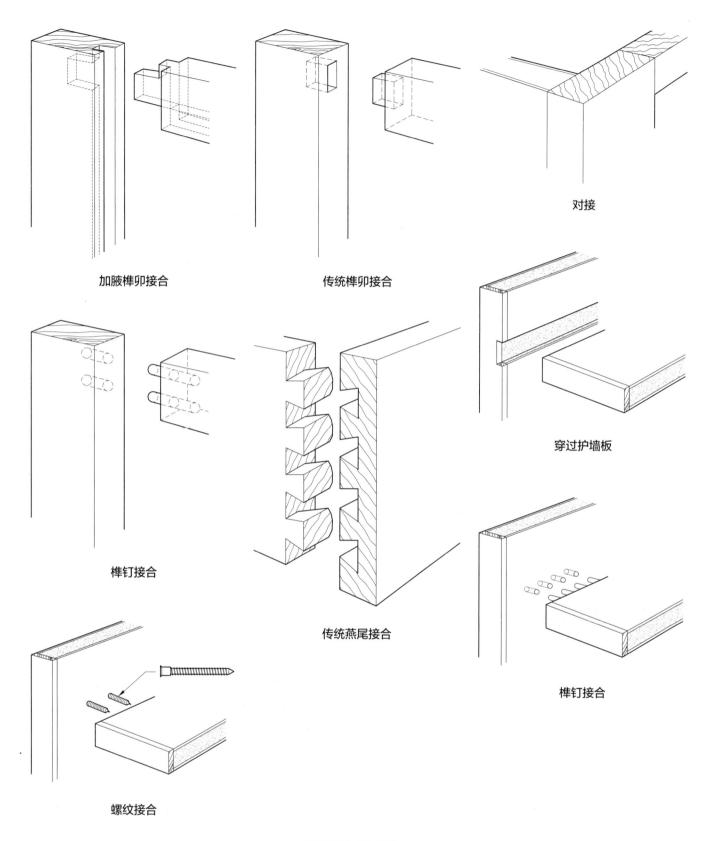

加腋榫卯接合

传统榫卯接合

对接

榫钉接合

穿过护墙板

传统燕尾接合

榫钉接合

螺纹接合

橱柜细木工制品 [1]

1　作者：美国建筑木结构协会。

橱柜铰链

	对接式	环绕式	枢轴式（刀型）	欧式（隐藏）	正面安装式
铰链类型					
橱柜前板高度					
门摆动幅度	180°	180°	180°	95°、125° 或170°	180°
力度	大	非常大	中等	大至中等	中等
需要榫接	是	偶尔	常常	是	否
铰链成本	低	中等	低	高	低
是否易于安装	中等	容易	中等	非常容易	容易
是否可调整	不可调整	一种方式	两种方式	三种方式	不可调整
安装后是否易于调整	否	否	否	是	否

资料来源：美国建筑木结构协会。

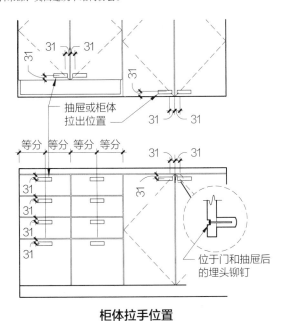

柜体拉手位置

31——抽屉或柜体拉出位置

等分 等分 等分 等分

位于门和抽屉后的埋头铆钉

抽屉滑轨 [1]

选择抽屉滑轨（或滑轨）时应考虑抽屉的质量，抽屉的深度和安装的要求。轻型滑轨能承受34 kg 的质量，通常用于家用橱柜。中型滑轨可承受54 kg 的质量，可用于重负荷的家用橱柜抽屉。重型滑轨的额定载荷为45~227 kg，可用于横向文件抽屉、大型储物抽屉和食品储物柜。专业滑轨可用于电视机插销和转环、砧板、抽屉式收纳和键盘托盘。

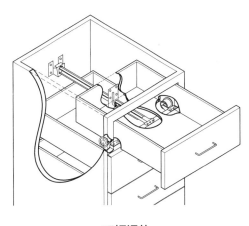

三辊滑轨

1 作者：美国建筑木结构协会。

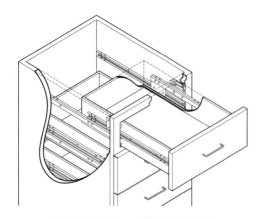

能进行四分之三延伸的侧装滑轨

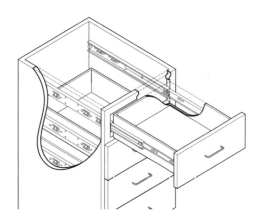

全伸型滚珠轴承滑轨

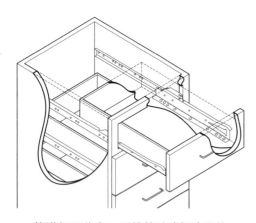

能进行四分之三延伸的欧式托底滑轨

标准底柜

底柜的四种基本类型如下：

· 标准底柜：包含一个带门的单个抽屉，下方有架子。

· 抽屉底柜：由三个或四个堆叠的抽屉组成。

· 星盆柜：在顶部，单个活底抽屉的前板可以向外倾斜，以存放清洁用品；在下方，单个抽屉覆盖一个开放空间。

· 转角底柜：此设计适合放在角落里，内部可能有旋转的圆转盘或架子。

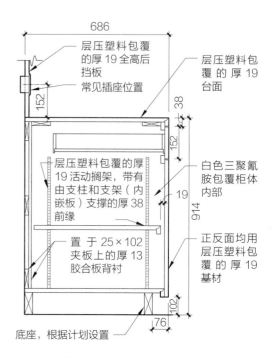

带铅笔抽屉和架子的底柜

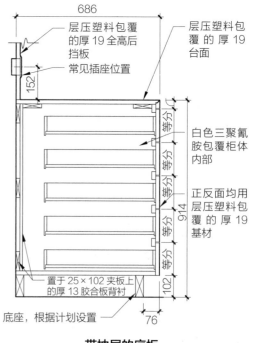

带抽屉的底柜

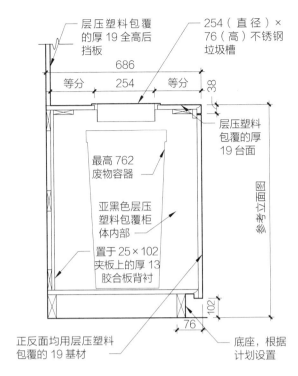

带垃圾槽的底柜

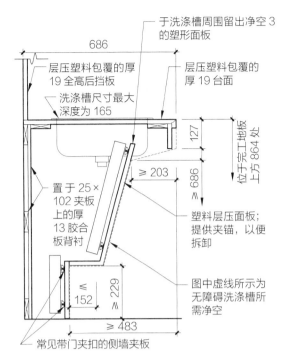

水槽底柜

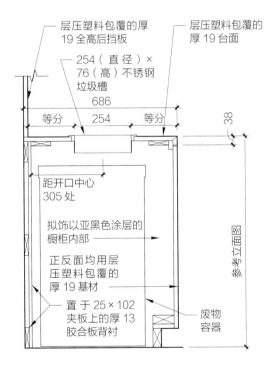

带垃圾槽的底柜（废物容器放置在地板上）

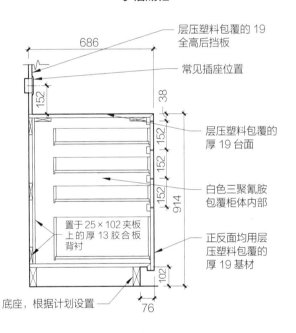

带铅笔抽屉和文件抽屉的底柜

标准壁挂式橱柜

壁橱通常为 305 mm 深。壁橱的高度要考虑天花板的高度和用户伸手可触及的范围。标准高度为 305 mm、381 mm、457 mm、762 mm 和 914 mm。壁橱通常安装在柜体底部距离地面 1372 mm 的位置处，一般比工作台面高 457 mm。

434

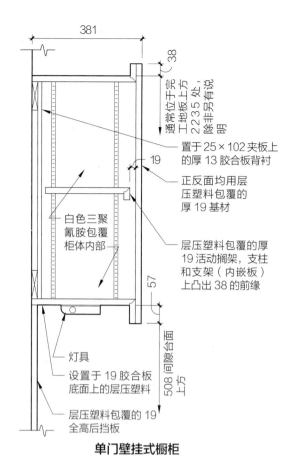

381

38

通常位于完工地板上方2235处，除非另有说明

19

置于25×102夹板上的厚13胶合板背衬

正反面均用层压塑料包覆的厚19基材

层压塑料包覆的厚19活动搁架，支柱和支架（内嵌板）上凸出38的前缘

白色三聚氰胺包覆柜体内部

57

灯具

设置于19胶合板底面上的层压塑料

508间隙台面上方

层压塑料包覆的19全高后挡板

单门壁挂式橱柜

381

127

置于25×102夹板上的厚13胶合板背衬

通常位于完工地板上方2314处，除非另有说明

19

正反面均用层压塑料包覆的厚19基材

层压塑料包覆的厚19活动搁架，支柱和支架（内嵌板）上凸出38的前缘

白色三聚氰胺包覆柜内部

57

灯具

设置于厚19胶合板底面上的层压塑料

台面上方508间隙

层压塑料包覆的厚19全高后挡板

壁挂式带凹圆暗槽灯橱柜

资料来源：史蒂芬·R.布鲁尔，美国建筑师协会（AIA），LEED认证专家（LEED AP），lauckgroup公司。

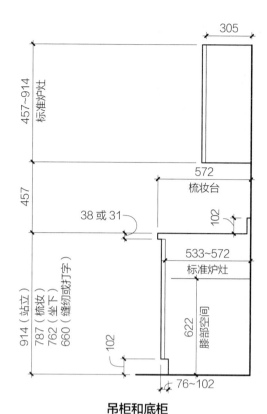

305

457~914 标准炉灶

457

38 或 31

914（站立）
787（梳妆）
762（坐下）
660（缝纫或打字）

102

572 梳妆台

102

533~572 标准炉灶

622 膝部空间

76~102

吊柜和底柜

资料来源：凯尔西·克鲁斯，美国建筑师协会（AIA），乔治·维斯联合股份有限公司。

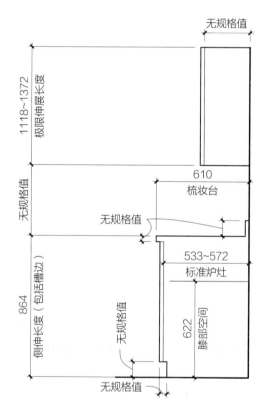

无规格值

1118~1372 极限伸展长度

无规格值

无规格值

864 侧伸长度（包括槽边）

无规格值

无规格值

610 梳妆台

533~572 标准炉灶

622 膝部空间

壁挂式橱柜和底柜

资料来源：美国建筑木结构协会，《建筑质量标准》，第7版。

壁橱和实用木架

　　壁橱、储藏区和其他公用空间使用的木架可以直接购买成品，也可以定制。基座、固定搁板和箱形框架系统都需要在墙内进行堵固。书架通常需得到地板的支撑。

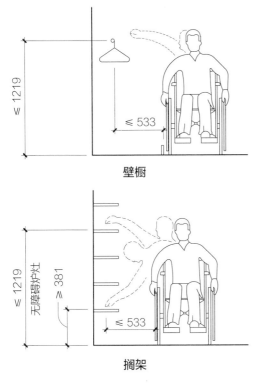

壁橱

搁架

平行 / 侧面伸展极限

木夹板　　　　　　　　　　顶部和底部木枕

夹板　　　　　　　　　　**木枕**

固定在搁架单元上的夹板　　　　　吊架箱

固定在墙立柱上的夹板　　　　　铰链横档

吊板　　　　　　　　　　**吊架**

书架墙的固定方法[2]

定制台柜

　　专业的设计人员提供图纸和规格，涵盖定制台柜所需的所有材料、装配、安装和规范要求。必须确保堵固和紧固的方法适合工程条件。有以下注意事项：

· 耐化学性或耐污性要求。

· 耐磨性要求。

· 由高大的墙壁或基础台柜在角落形成的无法使用的空间。

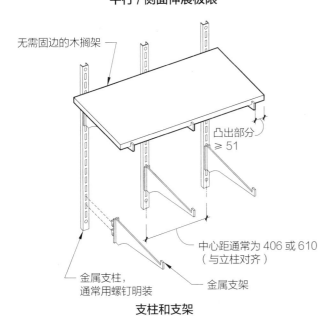

无需固边的木搁架

凸出部分 ≥ 51

中心距通常为 406 或 610（与立柱对齐）

金属支柱，通常用螺钉明装

金属支架

支柱和支架

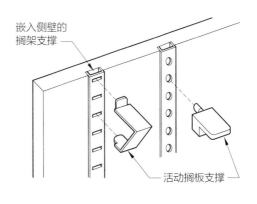

嵌入侧壁的搁架支撑

活动搁板支撑

支柱和夹具

标准货架系统[1]

1　所有橱柜必须在墙内进行堵固。
2　书架墙的固定方法包括吊架和横杆固定以及地板支撑。

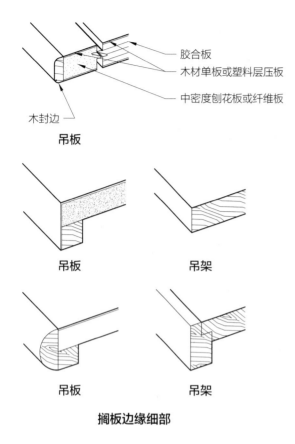

吊板

- 胶合板
- 木材单板或塑料层压板
- 中密度刨花板或纤维板

木封边

吊板

吊板　　　　　**吊架**

吊板　　　　　**吊架**

搁板边缘细部

- 成品搁板是一体的（标准的）还是特殊应用的。
- 踢脚板是一体的还是以独立的构件构造的。

台面

商用和家用台面由多种不同的材料和涂饰制成，这包括塑料层压板、复合固体表面、人造大理石和石英石、瓷砖、木头、不锈钢和天然石材。选择台面材料时，应考虑其功能、适用性、卫生性、可持续性、产品的安全性、经济性和美观性。

构造[1]

虽然大多数台面都由底柜进行支撑，但是也可以通过适当设计来安装独立式或支撑式台面。所有台面材料都需要某种支撑，例如底柜、支架、独立式支柱或悬臂式支撑。要考虑预期的负载，包括人坐在甚至站在台面上的可能性。

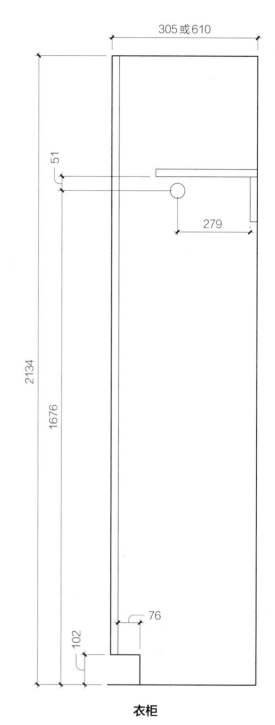

305 或 610

51

279

2134

1676

76

102

衣柜

台面的构造随所选材料的类型和需要支撑类型的变化而变化。某些台面材料，例如厚度25 mm 的石材或复合固体表面，可以直接放置在底柜或支撑系统上。其他材料，例如塑料层压板、瓷砖或厚度19 mm 的石材，需用基材进行支撑。

如果要保修，则许多产品（例如天然石材、人造石英石或人造大理石、复合固体表面或新型

1　作者：凯尔西·克鲁斯，美国建筑师协会（AIA），乔治·维斯联合股份有限公司。
　　赫尔穆特·根舍尔股份有限公司。
　　苏珊娜·辛普森，甘斯勒建筑事务所（Gensler）。
　　劳伦斯·G.佩里，美国建筑师协会（AIA）。

水泥基复合材料）都需有非常具体的制造标准。一些产品的保修不涵盖商业用途。选择能遵守正确制造标准的制造商是极其重要的，因为这些标准是材料的最佳范例。很多制造标准都可以从制造商或行业协会的网站上获得。

应用前缘

应用前缘可以是黏附在台面基材上的木材、金属或固体表面。根据细部构造，应用前缘可以保护塑料层压板的表面免受损坏。

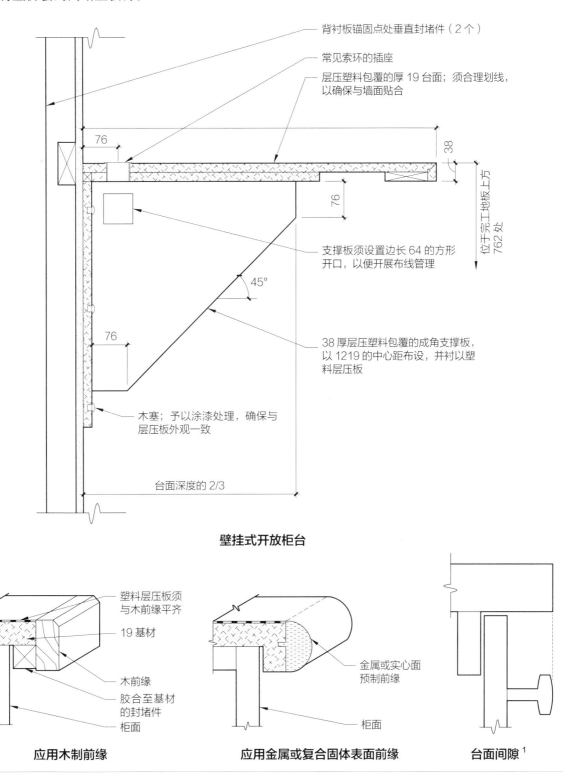

背衬板锚固点处垂直封堵件（2个）

常见索环的插座

层压塑料包覆的厚19台面；须合理划线，以确保与墙面贴合

76

38

76

位于完工地板上方762处

支撑板须设置边长64的方形开口，以便开展布线管理

45°

76

38厚层压塑料包覆的成角支撑板，以1219的中心距布设，并衬以塑料层压板

木塞；予以涂漆处理，确保与层压板外观一致

台面深度的2/3

壁挂式开放柜台

塑料层压板须与木前缘平齐

19基材

木前缘

胶合至基材的封堵件

柜面

应用木制前缘

金属或实心面预制前缘

柜面

应用金属或复合固体表面前缘

台面间隙[1]

1 台面应延伸至或超出橱柜手柄。

台面材料

台面的选择包括塑料层压板、复合固体表面、人造石材、天然石材、瓷砖、木材、水泥基复合材料、金属、环氧树脂和油毡。

台面材料比较

材料	特点	相关考量
混凝土	耐用； 能定制颜色； 能嵌入物体； 表面有触感； 使用会产生铜绿	须由专业的安装人员安装； 建议使用专业密封剂； 易变色和开裂； 热元素会损坏密封件
工程复合石材	无须密封； 无孔； 耐磨、耐污、耐冲击	不如天然石材耐热； 无树脂的触感和外观
环氧树脂	用于制作实验室台面； 极耐用； 抗化学品	昂贵； 须由专业人员安装
花岗岩（抛光、珩磨、燃烧）	耐用； 密封时耐污； 耐水、耐热； 具有天然石材特征	昂贵； 须由专业人员安装； 避免接触氨产品
塑料层压制品（高密度聚乙烯）	标准层压板的暗边； 防水、耐污； 易清洁	价格适中； 不耐热； 接缝线； 接头易损坏，分层划痕无法修复
釉面熔岩石（安山岩）	耐水、耐热	昂贵； 易刮花
石灰岩	优选白云石灰岩； 耐热； 颜色中性、柔和	像大理石一样多孔； 须密封； 须由专业人员安装
油毡	便宜的可持续性产品； 耐水、耐污、耐热； 表面抗菌	须修饰边缘
大理石（抛光或珩磨）	耐热； 具有天然石材特征； 珩磨饰面的触感	昂贵； 须由专业人员安装； 须密封； 易污
石英岩	彩虹色晶体外观； 冷白色； 耐水、耐热	须密封； 须由专业人员安装
板岩	可进行珩磨； 耐水、耐热； 防污抗菌	昂贵； 须由专业人员安装； 避免接触氨产品

材料	特点	相关考量
皂石	柔软光滑的触感； 耐水、耐热、耐污	每两个月进行一次油处理，防止脱落； 须由专业人员安装； 昂贵
复合固体表面	耐水、耐污； 可以擦拭掉轻微的污渍、划痕和焦痕； 一体式水槽	不耐热； 制造和安装成本高； 避免接触丙酮
不锈钢	耐水、耐热、耐污； 用于商业食品服务； 一体式水槽	易生水渍； 须由专业人员安装； 建议使用胶合板背衬，以减少噪声
陶瓷砖	耐热、耐污； 灌浆得当时，具备防水性； 耐用	昂贵； 砂砾可能会损坏釉面； 灌浆须维护； 瓷砖会因受到冲击而碎裂
仿石材瓷砖	比块石便宜； 耐水、耐热、耐污； 瓷砖形式的天然石材	需要多人安装； 灌浆须维护
石灰华	耐热； 推荐使用石灰华填充； 具有天然石材特征	须由专业人员安装； 须密封
木材（单板和实心层压板）	实心层压板： 表面宽大，刀不会被磨钝； 可以用砂纸磨去焦痕和浅色污渍	易受水害； 每月需要使用矿物油
锌	暖色调的金属外观； 锌层压板类似于塑料层压板； 有多种表面处理方式可供选择； 易于维护； 板尺寸大	须由专业人员安装； 防止被腐蚀材料腐蚀

塑料层压板

高压装饰层压板，通常称为塑料层压板，是最经济的台面选择之一。它具有多种颜色和纹理，耐用且易于制造、安装和维护。高压装饰层压板由经过三聚氰胺处理过的装饰纸板和浸渍有酚醛树脂的多层纸板芯层在高压条件下压制而成的。

有多种类型的高压装饰层压板可供选择：

HGS：最厚的常用塑料层压板材料。

CLS：用于制作纵向的薄板，通常用于台柜内部，该处磨损少。

衬板：用于制作台面底部的背衬板，能最大程度地减少由于湿度和温度的变化而导致的基材翘曲，衬板的厚度在0.508~1.219 mm 之间。

HPG：用于制作紧密弯曲的曲线，例如预成型的塑料层压板台面的边缘。

阻燃类型：具有阻燃特性的高压装饰层压板。这种类型在商业环境（包括公共建筑）中最为重要。

高磨损类型：这是一种通用的高压装饰层压板，具有更高的表面耐磨性。

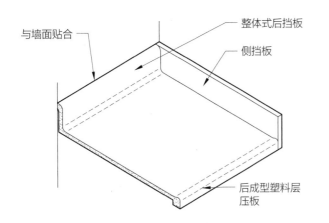

带后挡板和侧挡板的柜台

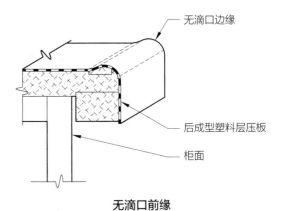

无滴口前缘

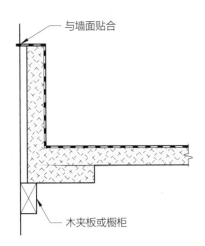

HPDL HGP 后挡板

瀑布式前缘

高压装饰层压板后成型加工前缘类型

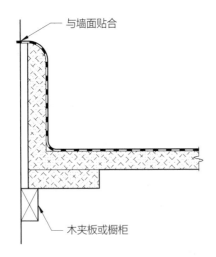

HPDL HGS 后挡板

高压装饰层压板台面

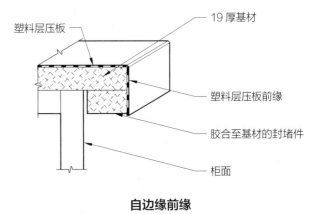

自边缘前缘

塑料层压板台面制作

　　塑料层压板台面是通过将塑料层压板黏附到适用的基材上制成的。如果有质量标准的要求，则要使用背衬板。边缘的处理各不相同，其中最常见的是自边缘、后成型加工和应用边缘。

· 自边缘：使用胶黏剂将高压装饰层压板窄带材粘在边缘上。

· 将后成型加工的边缘加热，沿着预设的弯曲前缘进行弯曲。

- 应用前缘可以是木压条、复合固体表面斜角插入条或用于覆盖台面前边缘和侧边缘的金属饰条。

复合固体表面

复合固体表面材料使用丙烯酸树脂或聚酯树脂、颜料和氢氧化铝阻燃剂（ATH）制造而成，填料基本都是精炼的铝土矿。该产品的主要优点在于定制简便，成本低，表面受损后可以复原，可以安装一体式水槽，可以无缝安装，用户保修时间长且其表面能防污。复合固体表面摸起来温暖光滑，非常适合放碗碟。

可使用木工制作中常用的硬质合金工具轻松地对复合固体表面进行加工，因此定制边缘的价格便宜。

复合固体表面的水槽可以粘到台面上，使用化学方法黏结到指定位置，然后打磨光滑，便得到一个无需填缝或维护的无缝水槽或台面接头。

三种可用于复合固体表面的饰面：亚光、缎面和高光泽。

- 亚光饰面最适合处理日常磨损。
- 缎面饰面使深色颗粒更明亮、更锐利，但是像陶瓷咖啡杯这样的磨砂性物品，可能会在高度抛光的表面上造成划痕。
- 高光饰面通常用于梳妆台，厨房也可以使用高光饰面，但是需要提醒用户定期进行重新抛光。

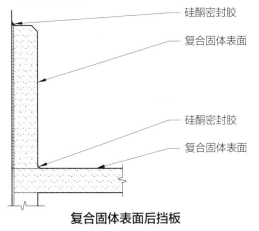

复合固体表面后挡板

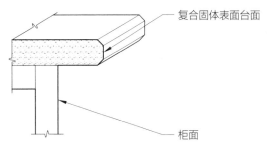

复合固体表面台面边缘

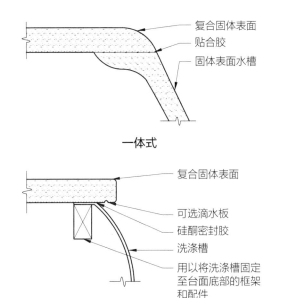

一体式

台下盆

复合固体表面水槽

人造石材

人造石材产品分为两种：人造石英石和人造大理石。

人造石英石通常以"石英"的形式出售，由聚酯树脂（占体积的28%~35%）和石英片组成。

市场上出售的大多数人造石英石与天然石材形成了竞争。人造石英石的主要优点是硬度均匀、表面气孔少、板块厚实（无裂纹或气孔），以及保修时间长。人造石英石摸起来要比天然石材温暖。

常见的人造石英板尺寸：19 mm 和 25 mm 厚，1.4 m（宽）×3 m（长）。不需要基板。

人造石英产品比塑料层压板或复合固体表面坚硬，但容易有划痕。

人造大理石材料使用聚酯树脂、颜料、大理石粉尘和大理石废料制成。该产品的主要优点在于定制成本低、片材之间的颜色一致，与天然大理石相比，其更坚固、成本更低。它是少数能很好地模仿天然石材的工厂制品之一。

人造大理石通常采用抛光处理，但其表面也可以轻松地进行亚光或缎面加工，且这两种方式都支持消费者自行维护。蚀刻、划痕和污渍通常可以擦掉。预计人造大理石会像天然大理石一样生成一层铜绿。

人造大理石有三种饰面可供选择：亚光、缎面和高光泽。

· 亚光饰面最适合处理日常磨损。

· 缎面饰面使深色颗粒更明亮、更锐利，但是划痕容易在抛光表面上显现。

· 高光泽饰面通常用于低流量区域。厨房中高光泽饰面的人造大理石须经常维护。

天然石材

天然石材的类型包括花岗岩、大理石、石灰岩、石灰华、滑石或以花岗岩名称出售的各种毛石。天然石材可制造出最漂亮的台面，但是其耐用性、易维护性和质量可能因石材和制造商而大不相同。

花岗岩

花岗岩的主要优点在于它的硬度和极具吸引力的美感。花岗岩的美来自孔隙度、晶体结构、裂纹、砾岩矿物成分的运动、纹理和颗粒。花岗岩是由熔融的岩浆或下沉的沉积岩在地球深处的巨大热量和压力下形成的。经打磨抛光后，因各种板坯的矿物质不同，所用石材也种类繁多，每块台面都是独一无二的。

花岗岩密度大、质量重。大型台面可采用大型板坯尺寸。世界各地的品种各不相同。

从山上开采花岗岩和其他天然石材时，会产生大量的废料堆。发展中国家采石场产生的废料率高达90%，而在台面制造过程中还会有35%

的废料率。石材通常在环境规范或工人安全法规不严格的发展中国家进行开采。然后由长途卡车运输到港口，再运往世界各地进行销售。产自美国的花岗岩较少使用，因为它们的外观不太吸引人。

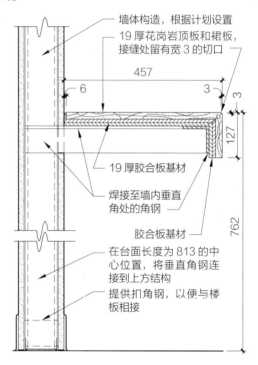

壁挂式花岗岩台面

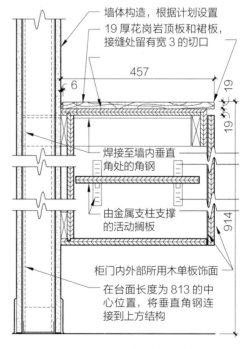

壁挂式书柜配花岗岩顶板

坚实花岗岩有三种饰面：抛光、珩磨和火烧面。

- 抛光花岗岩最受欢迎。用一系列越来越精细的金刚石颗粒对石材进行抛光。
- 珩磨花岗岩不如抛光花岗岩耐用。尽管专业人员有时会对表面进行重新处理，但修复划痕既困难又昂贵。
- 火烧面并不常见。使用高温炬管，将石材加热直到表面剥落，形成一个外观迷人而粗糙的表面。

花岗岩具有渗透性，水、饮料和食物颗粒会浸入石头中。并非所有的花岗岩都耐热。将热锅放到台面上使一部分花岗岩的温度升高时，热冲击会使大多数花岗岩开裂。

大理石

大理石由沉入海底的海洋生物的骨骼形成。方解石（碳酸钙的一种形式）是石材中的主要矿物质。碳酸钙在压力的作用下会转变为石灰岩或白云岩。然后大理石层沉积到地壳缝中，在那里，高温和高压会使石灰岩变成大理石。

大理石有白色、棕色、绿色、灰色、黑色、浅粉红色、雪松红色和蓝灰色。石灰岩在沉积时，由于存在黏土、淤泥、沙子、黑硅石或氧化铁，大理石会出现各种纹理和漩涡。一些石灰岩（如石灰华）会作为大理石进行销售。

大理石易碎，且其中含有的碳酸钙使其容易被蚀刻和染色。

大理石开采后，大量石材被浪费在采石场

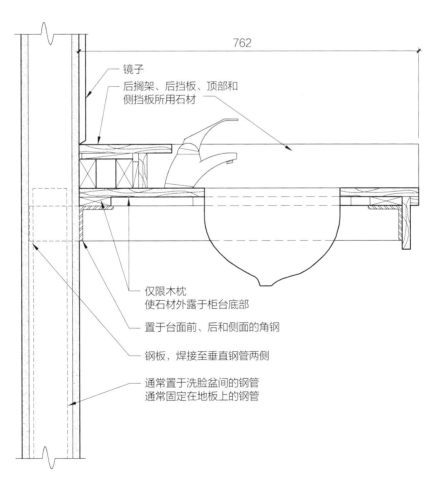

762

镜子

后搁架、后挡板、顶部和侧挡板所用石材

仅限木枕
使石材外露于柜台底部

置于台面前、后和侧面的角钢

钢板，焊接至垂直钢管两侧

通常置于洗脸盆间的钢管
通常固定在地板上的钢管

壁挂式带洗脸盆的石台面

上。在台面制造过程中，大约会浪费35％的石材。石材来自世界各地。

大多数大理石出售时都经过抛光处理，但也可将其表面打磨得更钝。密封大理石非常重要，因为大理石比大多数花岗岩更柔软，有更多气孔。这种石材会随着台面的老化而产生铜绿。

石灰岩

石灰岩由沉入海底的海洋生物的骨骼形成。方解石（碳酸钙的一种形式）是石材中的主要矿物质。碳酸钙在压力的作用下会转变为石灰岩或白云岩。石灰岩在沉积时，由于存在黏土、淤泥、沙子、黑硅石或氧化铁，会出现各种纹理和漩涡。

像大理石一样，石灰岩也有白色、棕色、绿色、灰色、黑色、浅粉红色、雪松红色或蓝灰色。质地比大理石柔软，除此之外几乎没有其他区别。

石灰华

当水流过石灰岩时，碳酸钙被溶解，随后又沉淀，形成石灰华。藻类、苔藓和细菌等有机物质会与其他碎屑包裹在其外面形成硬壳。石灰华的主要特征是孔隙度极大及表面有凹槽。孔槽填充或未填充的产品均可购买，例如瓷砖或台面板。石灰华能制造出具有特色的台面，但它易被染色。粗糙的纹理更适合用于制作瓷砖的后挡板、墙面或地板。

皂石

皂石由镁、白云石和滑石组成。真正的皂石比较柔软，拇指甲都足以刮擦其表面。浅灰色是

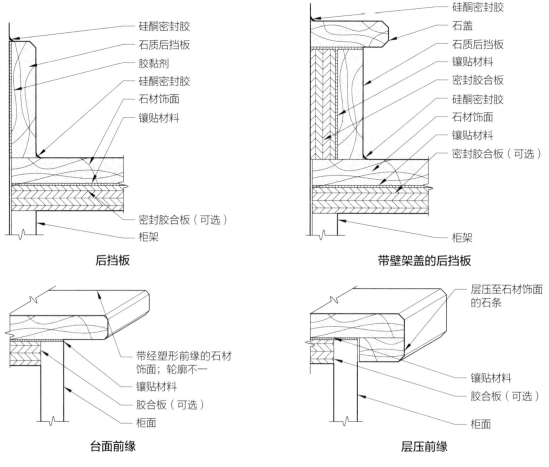

后挡板

带壁架盖的后挡板

台面前缘

层压前缘

石台面细部

其主要颜色，混合有绿色、黑色和白色条纹；一些采石场有绿色或黑色品种。浸油后，一些皂石会变黑。

尽管重金属污染径流相对较少，皂石也必须进行露天开采。采石场皂石的废料率与花岗岩的废料率相近，台面制造过程会额外增加35％的废料率。

皂石台面的维护成本低，但是可能会出现一些磨损和划痕。皂石无须密封；只涂抹矿物油会让石料看起来更暗，色彩更突出。皂石会随着时间推移产生铜绿，天然皮肤油脂和使用过程会使其自然变黑。

瓷砖台面

瓷砖产品分为几类：陶质砖、瓷质砖和萨利托瓷砖或赤陶瓷砖。这些产品的主要优点是：易于安装，材料成本低，可选择的品种、纹理和颜色多，表面耐热。

瓷砖的边缘可以用专门的镶边砖进行包裹，或者可以使用硬木封边条。如果须进行凹面焊缝，其阴角会形成特殊的凹面。虽然硬木封边条需要进行饰面维护，但是它比镶边砖更耐用。

瓷砖和石砖台面的安装

可用安装瓷砖的方式对瓷砖片和石砖片进行安装。瓷砖台面的镶贴方法有三种：传统的水泥砂浆厚贴法，更常见的薄贴法及胶合板基材黏附法。

- 厚贴法：将瓷砖放在厚实的砂浆床中，然后对接缝进行灌浆。
- 薄贴法：将瓷砖黏附到水泥背衬基板上，然后对接缝进行灌浆。
- 黏附法：将瓷砖黏附到基材上，然后对接缝进行灌浆。此方法适用于低水分、不易磨损的应用场所。

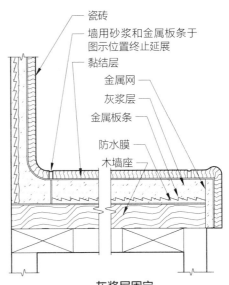

瓷砖
墙用砂浆和金属板条于图示位置终止延展
黏结层
金属网
灰浆层
金属板条
防水膜
木墙座

灰浆层固定

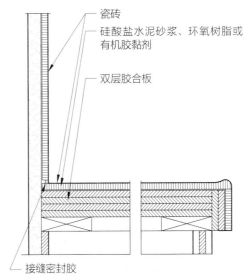

瓷砖
硅酸盐水泥砂浆、环氧树脂或有机胶黏剂
双层胶合板
接缝密封胶

薄贴固定

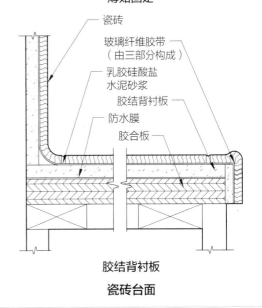

瓷砖
玻璃纤维胶带（由三部分构成）
乳胶硅酸盐水泥砂浆
胶结背衬板
防水膜
胶合板

胶结背衬板

瓷砖台面

混凝土台面

混凝土台面既耐用又便宜，并且相当耐热、耐污和耐磨，有整体式、现浇式或预制式。其外观会随着颜料和可能添加到混凝土混合物中的骨料类型的变化而变化。

现浇混凝土台面由水泥、砂、骨料、添加剂和水制成，并现场浇铸在防潮基材（如外墙胶合板）上。

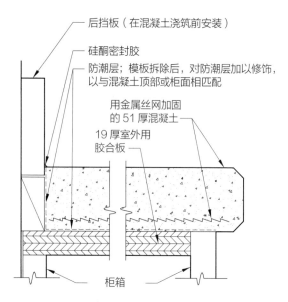

后挡板（在混凝土浇筑前安装）
硅酮密封胶
防潮层；模板拆除后，对防潮层加以修饰，以与混凝土顶部或柜面相匹配
用金属丝网加固的 51 厚混凝土
19 厚室外用胶合板
柜箱

现浇混凝土台面

预制混凝土台面通常由工厂进行制造。但由于制造条件的限制，大型台面需要一个以上的预制部件才能形成，而且接缝可能会非常明显。

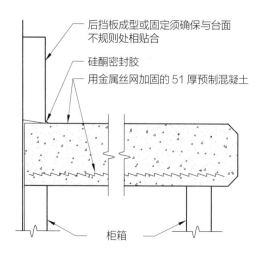

后挡板成型或固定须确保与台面不规则处相贴合
硅酮密封胶
用金属丝网加固的 51 厚预制混凝土
柜箱

预制混凝土台面

再生水泥基产品的主要成分：玻璃屑和水泥。

将板坯倒入标准尺寸的模具中，然后对其表面进行金刚石抛光。加入有色玻璃，并给水泥着上各种颜色；产品固化后，水泥也可以着色。

与任何混凝土类型的台面一样，沾污和刮擦是一个问题。须进行频繁且正确的密封。

金属台面

金属台面包括锡铅合金、铜、锌、青铜和不锈钢。金属台面的主要优点在于可以定制，片材之间颜色一致，表面耐热且耐用。通常金属台面由钣金车间制造完成。金属产品的接缝会很明显，所以须将顶部打磨光滑，沉入水槽或与水槽形成一体。

金属表面会被刮花，因此建议使用轨道磨砂饰面。可以使用原始的磨料和砂光机重新打磨划痕。金属板会因撞击产生凹痕，而且凹痕很难去除（即使可能）。

铜制台面

铜是柔软的，因此除了会产生一些刮擦和污渍外，当铜与指印、水和其他物质发生反应时，湿气还会使其表面产生杂色。铜顶部很难保持光泽，因为任何潮湿或微酸性的食物或饮料都会留下印记。使用几周后，台面可能会出现棕色的斑点，与旧硬币的颜色差不多。

不锈钢

不锈钢的等级和成分各不相同，其中304不锈钢是家用台面的理想选择。通常使用研磨抛光垫对材料进行打磨或抛光，从而产生划痕图案或纹理。

铅锡合金

铅锡合金是一种软金属，由锡、锑、铜制成，有时会加入铅。它的表面可以抛光成柔和的光泽，在法国通常用于制作小酒馆和咖啡馆的桌面。

饰面可以是光滑的抛光表面，也可以是缎面、亚光甚至无光泽的饰面。边缘可以采用焊接的精细浮雕设计，以形成无缝的外观。

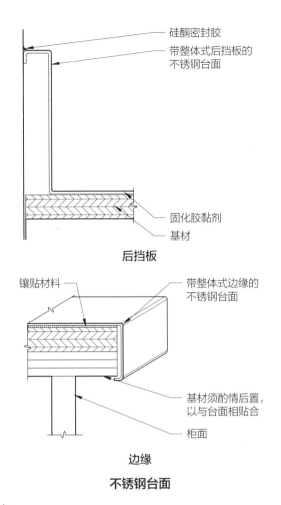

后挡板

边缘

不锈钢台面

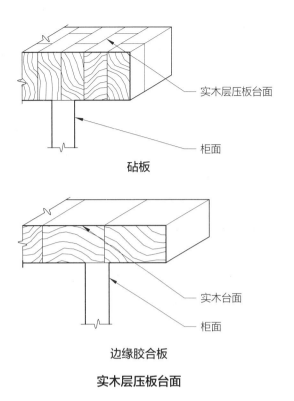

砧板

边缘胶合板

实木层压板台面

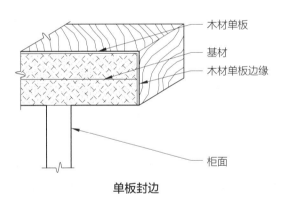

单板封边

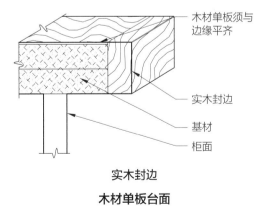

实木封边

木材单板台面

锌

　　锌是另一种用于制作台面的软金属。其颜色类似于不锈钢，但是随着老化，它会与环境发生反应，颜色从木炭色到白色，其中最常见的是嫩灰色。还会出现指纹、凹痕和斑驳外观。

青铜

　　青铜台面通常是亚光或铜绿饰面。青铜是铜和锡的混合物，但比铜、锌或锡制作的台面硬。它会随时间推移被氧化并产生铜绿。

实木台面

　　橡木、枫木、樱桃木、榉木、胡桃木、柚木和桃花心木都可用于制作木质台面。将木条层压在一起，会形成尺寸稳定的台面。对接接头或指形接头都可以用来制作长段。木质台面有三种类型：面纹、直木纹和端纹。端纹是最耐用的，常用作肉食店切肉的砧板；面纹最不耐用。

无障碍台面[1]

ADA 无障碍设计标准对无障碍台面作出了要求。明确了无障碍台面的整体高度，即台面应高于完工地板 711~864 mm。无障碍盥洗台面净高度最低必须为 737 mm。无障碍台面的要求可能会影响台沿的尺寸、台下的支柱以及在无障碍区域的设备安装高度。

无障碍酒吧和柜台

在高度超过 864 mm 的台面上提供食物或饮料给坐在凳子上或站在柜台前的顾客食用时，主柜台至少要有一条不短于 1524 mm 的无障碍路径，或者同一区域内无障碍餐桌须得到服务。

设有低座的欧陆式酒吧是实现无障碍的方式之一。可以降低调酒师区域的高度，或者将座位区设在可通过坡道进入的高台上。

销售、服务和信息柜台

登记柜台离完工地板的高度要求不超过 965 mm，过道侧边缘的保护装置不超过柜台上方 51 mm。

除了某些例外，销售或服务台面的无障碍部分要延伸至跟台面其余部分同样的深度。

平行轮椅要进入的话，一部分柜台表面至少须达到 91 mm 长和 915 mm 高，且须留有 762 mm × 1219 mm 的地板面净空，与 915 mm 长的柜台相邻。

轮椅要向前进的话，则需要一个留有膝部净空和趾部净空的 762 mm 长、915 mm 高的大型吧台。

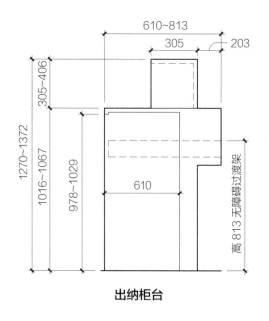

出纳柜台

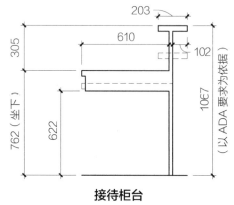

接待柜台

接待柜台台面

无障碍桌子和柜台的顶部高度应为 711~864 mm。可提供一种便携式餐桌垫，以用于较低餐桌。

如果在桌子或柜台前为轮椅使用者提供座位，则要留有至少 685 mm 高、760 mm 宽和 485 mm

A=1499~1676
B=940~991
C=559~610
D=432~635
E=457~610
F=711~813
G=686
H=102~203

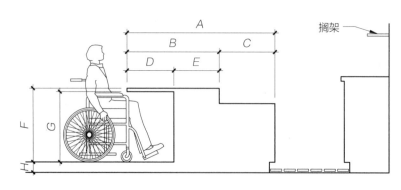

低柜台尺寸

1 作者：艾伯特·格哈特，固体表面联盟（Solid Surface Alliance）；史蒂芬·R. 布鲁尔，美国建筑师协会（AIA），LEED 认证专家（LEED AP），lauckgroup 公司；萨拉·巴德，甘斯勒建筑事务所（Gensler）；凯尔西·克鲁斯，美国建筑师协会（AIA），乔治·维斯联合股份有限公司；蒂姆·谢伊，美国建筑师协会（AIA），理查德·迈耶及合伙人建筑师事务所（Richard Meier Partners）；吉姆·约翰逊，赖特森、约翰逊、哈登和威廉姆斯公司。

深的膝部空间。

若食品或饮料供应柜的高度超过864 mm，应确保1524 mm长的主柜台部分满足无障碍要求，或将无障碍餐桌设在同一区域。

安全起见，桌子和台面边角应圆润光滑。

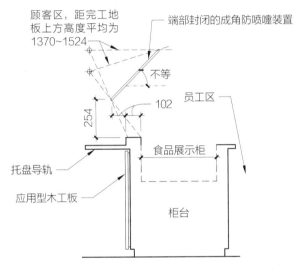

带防喷嚏装置的柜台

艺术品和配件

艺术品[1]

壁画

壁画可以烘托房间的气氛和格调，使室内装饰焕然一新、充满生机，并为客户提供品牌推广的机会。可以将壁画直接画在墙上；也可以在画室里把画画在画布上，再用墙纸挂架将其挂在墙上；还可以画在木板或美森耐复合板（纤维板）上，然后由木工进行安装，这种方式使其可以被移至别处重复使用。

壁画的创作通常是一个充满个性的过程，在此过程中，客户与画家协商合作。画家可以根据收集来的图像、客户口中的描述或特定的现有图像来进行设计。一般会制作壁画最终外观的草图，以确定特定元素在所指定空间的位置。

艺术品展示

用艺术丰富空间遵循了装饰物体和表面的

悠久传统。艺术品的选择和放置可以强调设计元素或改变对空间比例的感知。那些主要与家具进行搭配的艺术品缺乏能够引起人们额外关注的火花。

艺术品可能是从客户的藏品中选出的，也可能是为了收藏购买的，或是为了某个项目特别使用的。艺术顾问可以帮助设计师和客户找到并获得合适的作品。

除了油画、版画和照片外，设计师可能还会使用雕塑和工艺品，例如陶瓷、玻璃、金属和纺织艺术品。

框架和镜子

设计师经常为商用和家用项目的现有或新的艺术品选择框架。可以为酒店项目设计专有的画框形状。

对于镜子的摆放，要始终考虑到当人们经过时其会反射出什么。人们可能会喜欢看一会儿自己在镜中的映像，但是直接坐在镜子正对面可能会感到不太舒服。镜子不应直接反射光源。

五金挂件

从办公室到博物馆，有各种类型的五金挂件可供选择。

例如轨道安装的悬挂系统，该系统可以使用挂杆或缆索，将物体悬挂在上方，这样内墙就不会被钉子或其他五金挂件破坏。另一种方法是利用张拉式缆索系统，该系统用托脚或成对的上下轨道将缆索拉紧，使物体看起来就像飘浮在墙面上。

美术馆和博物馆使用的挂杆图片悬挂系统由可安装在墙壁或天花板上的轨道以及支撑艺术品的挂杆和挂钩组成。标准铝制轨道系统的轨道部分长度为2 m。将其安装在天花板上时，可以支撑近68 kg的质量；安装在墙上时，可以支撑近136 kg的质量。博物馆使用的重型系统可在全钢轨道上支撑近272 kg的质量，其挂钩和挂杆的质量是标准杆的两倍。

1　作者：珍妮特·B. 兰金，美国建筑师协会（AIA），里皮托建筑师事务所（Rippe-teau Architects）。
　　Cini-Little 国际有限公司。

商用的缆索悬挂系统类似于前述的挂杆系统，但是使用透明的尼龙绳或更坚固的不锈钢钢索代替挂杆。

铝质壁轨的点击式轨道悬挂系统具有隐藏式导轨安装件和透明尼龙绳或不锈钢钢索。尼龙绳最多可支撑 6.8 kg 的小件艺术品。每根不锈钢钢索的支撑质量最大为 20.4 kg，可加倍使用来支撑更重的艺术品。

张拉式缆索系统通常成对使用，用来支撑墙体前的物体。

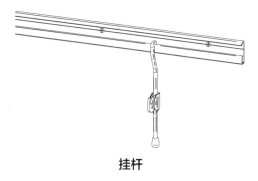

挂杆

资料来源：版权归 AS Hanging Systems 公司所有。

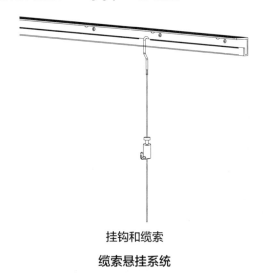

挂钩和缆索

缆索悬挂系统

资料来源：版权归 AS Hanging Systems 公司所有。

配件

选择和展示

附带配件包括建筑元素和家具。装饰配件包括艺术品和植物。配件的累积使用能使空间看起来有烟火气。有许多实用和附带的物件可以展示。配件能将建筑内部与人性化联系起来，并将个人、社交和公共空间区分开来。它们还能帮助识别空间的预期用途或用户的特征。配件反应了客户的个性和兴趣，相比商店里配套的配件能更好地加以展示。

设计师选择配件来支持一个空间的设计概念，并强化节奏、平衡、纹理、图案和颜色等设计理念。配件可以将设计元素融合在一起或起到焦点的作用。

可活动地毯和垫子 [1]

手工簇绒地毯

具体介绍可参见本书第 280 页相关内容。

手工簇绒地毯是为特定空间定制的，通常由羊毛制成，多用于酒店和高端住宅中。其中所用毛纱通常经过专门染色。

手工簇绒地毯是用簇绒枪将绒毛逐次插入背衬材料（通常是棉帆布）而制成的。手工簇绒不像机器簇绒或机织那般平行排列。手工簇绒定制地毯的背面一般涂有乳胶。需通过以下任一工艺对地毯表面进行处理：

- 剪尖地毯是通过切割突出地毯表面的不规则毛圈制成的。这一工艺可为水平处理的地毯表面增添纹理和视觉吸引力。
- 剪环地毯与单绒地毯一样，都需要进行连续簇绒处理。对拟割绒地毯表面做簇绒处理，以加深绒高，再切割至绒圈表面高度。
- 雕花地毯将三维设计融入地毯表面。簇绒过程结束后，使用电动剪刀在地毯表面切割图案。

东方地毯

东方地毯生产范围广泛，包括近东、东亚、印度和东欧部分地区。真正的东方地毯由天然纤维手工编织而成，并因其艺术性、图案和色彩备受推崇。图案通常为几何或花卉设计，并有醒目的底图和镶边图案。

1　作者：朱莉娅·普灵顿，美杜莎公司（Medusa）。
　　杰弗里·范德沃特，塔尔博特·威尔逊联合公司（Talbott Wilson Associates, Inc.）。
　　黄竞，休利特、贾米森，阿特金森和鲁伊公司。

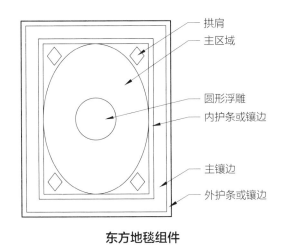

东方地毯组件

标注：拱肩、主区域、圆形浮雕、内护条或镶边、主镶边、外护条或镶边

地毯生产区域

现代东方地毯的来源地包括印度、巴基斯坦和中国的大型地毯生产地区。其他东方地毯织造中心位于伊朗（波斯）、土耳其（安那托利亚）、格鲁吉亚、亚美尼亚和阿塞拜疆（高加索），以及中亚的部分地区。

许多游牧民族群体以及大型地毯生产中心都在继续生产现代东方地毯。地毯制造的许多传统方式（例如使用天然染料、图案和花样）正在得到复兴。

材料

经纱通常由棉制成，纬纱通常由羊毛制成，但在某些地毯中，会使用蚕丝、骆驼毛和山羊毛。可以将蚕丝和羊毛组合起来。过去，质量优良的地毯有时候会使用银色和金色来突显线条。

制造技巧

东方地毯的制造原理是一致的：垂直线（即经纱）在织机架上延伸。一行行水平线（即纬纱）作用于经线上。

编织地毯图案有两种技术：手织或平织。

通过特殊的打结方式，将经纱和纬纱缠绕起来，可以制成带面绒但背部光滑的手织地毯。纬纱在整个地毯上来回交织，可以让结固定。

平织无绒地毯是由水平经纱和垂直纬纱按照图案编织在一起制成的。它们比手织地毯更容易生产，所以成本更低。

类型

开来姆毯是表面光滑的平织地毯，遍布整个东方地毯生产区，通常由羊毛制成。开来姆毯图案以几何形状为主。由于编织的特性，它们通常是可两面使用的。

苏麦克毯是用苏麦克编织方式编织而成的平织地毯，这种编织方式可形成人字形。苏麦克编织方式背面会出现许多松散的纱线。

印度手纺纱棉毯通常指印度东北部的棉质平织地毯。印度手纺纱棉毯最初应用于床和地毯的衬垫，后来在编织中加入了充满活力的设计和装饰。

粗毛地毯是一种来自印度的平织地毯，采用厚重的纬面平纹。

挂毯技术

挂毯是生产平织地毯时常用的技术。纬纱的松散末端被藏在地毯结构中，但是这一技术应用于编织彩色纵列时，挂毯上会产生缝隙。美洲原住民织布工解决此问题的方法是在相邻颜色之间共用一根经纱。

地毯结

东方编结地毯是通过将纱线缠绕在织布机的经纱上制成的。起绒织造中最常见的两种打结方式是土耳其式（或吉奥德式）打结和波斯式（或萨南达式）打结。

图案

地毯图案通常以生产它们的城镇或地区来命名。中央圆形浮雕形式是最常见的一种，但是，许多地毯在边界内部都有一个全场图案。东方地毯的图案、颜色和特征变化多端。一些地毯图案具有指引性，可以用作拜毯。不对称的图案在安装使用中可能更具挑战性。

密度

一般来说，经纱越细，地毯越密。绒毯的

密度通常由每平方英寸的结头或结数确定。第一个数值是水平结的数量，第二个数值是垂直结的数量，质量优良的地毯结数范围为10/20至12/24。

鉴别

可以从编织风格（比如波斯式）对地毯进行鉴别，从而鉴别生产地毯的部落或团体（比如阿夫沙尔）、最初生产地毯的地方（比如俾路支省）、其设计（比如生命之树）、用途（比如yastik，土耳其语，意思是枕头），或者其生产的时期（比如沙阿·阿拔斯时期）。

出口到美国的东方地毯必须贴有注册号、原产国和纤维含量的标签。如果地毯超过30年，则被视为半古；如果超过60年，则为古董。

家具

材料

各式各样的材料可用于制作家用和商用家具的框架、垫子、覆盖物和配件。制造商越来越多地采用可持续材料和制造工艺制造家具。有时在制造过程中会使用许多石化产品，同时一些合成产品也会释放挥发性有机化合物（VOC），其处置也是一个问题。

抗震考量

地震活动发生期间，应检查地震区建筑物中的家具是否存在潜在危险。

如果可能，应将带有抽屉或门的重大物件固定在墙上，从而尽可能减少家具的移动。一些规范要求对带抽屉的家具（例如文件柜）进行加重以防其倾覆。对于家具的摆放位置应确保其不会因地震活动而阻塞出口。

木框架家具

构造

实木是商用家具结构部件最常用的材料，因为它耐用、质量轻且易于加工。工艺细节决定着家具的使用寿命，影响着家具的成本。在评估一件木制家具的结构质量时，要考虑细木工方法、木材种类和饰面。

细木工方法

商用木质家具常用的细木工方法包括联锁接合和机械接合。胶水可以与其中一种正接合方法一起使用，但仅使用胶水并不足以固定商用家具的接缝。

联锁接合包括榫钉接合、榫卯接合、燕尾接合和槽接接合。榫钉接合不如榫卯接合牢固、稳定。榫卯接合用于高质量的家具构造中，可以将诸如冒头之类的部件连接到桌腿上。相较于高品质商用家具，住宅家具多使用联锁接合，比如燕尾接合和槽接接合。燕尾接合用于将抽屉的侧面和其正面、背面连接起来。槽接接合用于固定架子的末端。

机械接合：隐藏式机械紧固件用于加固其他木工接头。斜接缝用角块进行加固，这些角块用螺钉进行接合并机械固定。空气钉、卷曲金属紧固件或夹钉不够耐用，不能用作商用家具紧固件。

家具使用的合成材料

材料	特点	用途
丙烯腈－丁二烯－苯乙烯（ABS）	很硬，但是不脆，耐化学腐蚀，耐冲击	制作户外家具、抽屉里衬、椅子的底座和背板
纤维素制品	抗断裂	制作桌子边饰、软百叶帘杖、指示牌、店面装置
尼龙	高强度，低温下有韧性，有良好的耐磨性，低摩擦系数	制作纺织品和地毯的挤压纤维，椅子脚轮、滚轮和抽屉滑轨
聚乙烯	坚固、灵活、坚硬，具有优良的耐化学性，低摩擦系数，易加工	制作模制座椅、抽屉滑轨、门轨
聚丙烯	半透明或乳白色，耐化学腐蚀，高熔点	制作室内装饰织物、地毯衬底和室内外地毯的纤维

续表

材料	特点	用途
聚苯乙烯	易加工，清晰度高，坚硬	木纹图案的椅子部件和镜框
乙烯基	具有良好的耐冲击性和尺寸稳定性，耐用且易保养	制作纺织涂层、室内装修材料
聚氨酯	聚氨酯泡沫具有不同物理性能	模压成型的椅座或靠背、软垫泡沫板
硅酮	能够在温差范围大、紫外线辐射和恶劣天气条件下保持稳定	制作防水织物饰面

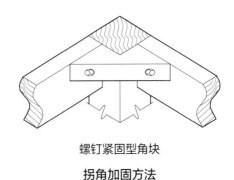

螺钉紧固型角块

拐角加固方法

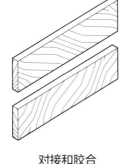 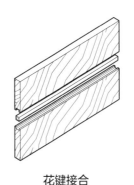 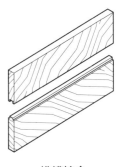

榫钉接合　　　　对接和胶合　　　　花键接合　　　　榫槽接合

连接板的方法

  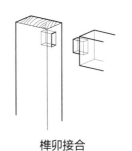 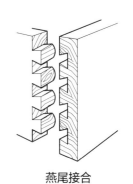

榫钉接合　　　　止动护墙板　　　　榫卯接合　　　　燕尾接合

联锁接合

木材饰面[1]

染色、填充和密封等方法虽然不是强制要求，但这些方法也经常用于改善饰面的外观以及性能。

染色即着色，不是指在木材上涂保护剂（这会使得木纹更加明显），而是改变木材的颜色甚至是仿制其他不同种类的木材。染色后，将木材填满并密封。水溶性染料或不溶解性染料均可作为染色剂进行染色，也可将染色剂保持为液态。

· 水性染色剂是指能够用水稀释调和的粉末状染料。这种染色剂不褪色、颜色清晰持久，但同时也是最难恰当使用的染色剂。

· 渗透油性染色剂是预先混合的，有多种颜色可供选择。这种染色剂易褪色并渗入其他面漆中，因此大多数场合中并不

1　作者：特德·米利根，罗德岛设计学院。

推荐使用。

- 颜料油性染色剂最容易着色，且不会使木纹显现。
- 不起毛染色剂以干燥快和颜色透明著称。这种染色剂应喷施。

填料可填补纹理和气孔，能在粗纹理或大气孔的木材上制作出光滑表面。填料的颜色可以与木材的颜色匹配或相衬。可以使用不同颜色的填料和染色剂来使木材外观色彩各异。

密封剂会渗透到木材的气孔中，这样外涂层漆就不会渗透到木材中，而是会黏附在木材的表面。密封剂的选择取决于所使用的外涂层漆类型。

外涂层漆可避免木材受潮和磨损。

渗透性饰面（例如用于家具的油和蜡）会浸入木材中，不会在木材表面形成保护层。

聚酯是最坚硬的一种外涂层漆。聚酯通常具有较高的光泽度，也可用于亚光饰面中。它具有塑料的特性，例如它对极端温度和碎裂有良好的抵抗力。

催化聚氨酯是最耐用的饰面材料之一，且比聚酯更易使用。它们被认为是商用木制家具饰面的首选。

标准亮漆，也称为非催化亮漆，最常用作家具外涂层漆。它易设置、抛光和修复，可永久保存，并能迅速干燥形成防尘表层。

催化亮漆的保存期限有限，且若饰面受损，很难修复。

转化清漆可使表面快速干燥且坚固耐用，同时可以抵抗大多数常见的化学物质的腐蚀，但是随着时间推移会黄化。

通常不建议使用水稀释性丙烯酸清漆作为饰面，但有时为了符合相关机构所制定的有关挥发性有机化合物（VOC）的排放控制标准，也会使用该种清漆。

软垫家具构造

带软垫的扶手椅、双人沙发或长沙发可以使住宅或商业内装变得温馨，您可以坐在上面放松身心。软垫座椅通常用在接待区和行政办公室，为房间增添舒适感和时尚感。评估软垫座椅时，必须考虑四个结构要素：框架、悬吊系统、垫子和软垫材料。

框架

框架为软垫部件提供了结构和形状。窑干硬木提供了尺寸稳定的框架基础。框架可以用螺钉、钉（栓）、空气钉和胶水进行组装，但是，通常会采用榫卯接合和双榫接头组合的方式来组装最耐用的座椅结构。

悬吊系统

正如弹簧垫对于支撑床垫的重要性一样，椅子的悬吊系统也为其衬垫提供了坚实的基础。几种类型的弹簧和织带系统结合在一起可以为座椅和靠背提供所需的支撑。

弹簧系统与织带结合使用，弹性更大，也更耐磨。有两种常见的弹簧系统，即螺旋弹簧和马歇尔弹簧，每种弹簧系统都由织带系统支撑。

常用于商业座椅的五种织带系统：编织装饰、织带、波纹钢、金属丝网和曲折弹簧。

垫子

聚氨酯泡沫是坐垫的首选材料。可将多种等级和密度的泡沫黏合在一起，创造出理想的舒适感。例如，可以将较软的泡沫压在较硬的泡沫上，这样在为坐垫提供柔软表面的同时也能为其提供坚固地支撑。可以用平纹细布或黏合聚酯纤维预装垫子，以延长软垫材料的使用寿命。

影响聚氨酯泡沫性能的三个基本特性：密度、压陷硬度和压缩模量。

软垫材料

座椅框架、悬吊系统和垫子构成软垫座椅的基础，这些均包含在软垫材料中。对于图案较大的织物，图案应位于每个坐垫或靠垫的中心，并向坐椅前端和四周扩展开来。相较于标准宽度

1372 mm 宽度的软垫材料，重复图案的织物或较窄的软垫材料所需材料更多。

客户自有材料和皮革

座椅制造商通常会为他们的椅子提供不同坐垫面料以供选择。所选面料通常已经在其座椅上做过测试，并且达到了令人满意的抗磨损、抗燃效果。

不由座椅制造商提供的坐垫材料称为客户自有材料（COM）或客户自有皮革（COL）。家具制造商必须验证该材料是否可用作软垫材料。

此处，"客户"是指下订单的一方，通常是指家具、室内陈设和设备承包商（FF&E）。客户自有材料与座椅分开购买，并提供给家具制造商使用。

使用向右或向上设置的螺栓是传统的软垫装饰应用的方法。

轨道装置的应用通常可使织物得以有效利用。配有镶边织物软垫的坐垫应与座椅自身坐垫边缘平行。

右转或向上栓接式应用

"轨道"式应用

软垫材料的应用

多种座位

固定长椅和长凳[1]

大多数长椅制造商都会给出多种款式、材料和饰面以供选择，许多人会让专业设计师定制专门的设计。长椅两端的设计显示了其风格，包括封闭式、半开放式、全开放式多种设计。跪垫是可以选择的，有些可与液压活塞一起使用，从而控制它们下降和上升时的速度（和噪声）。其他选择包括书本、卡片、铅笔和杯架。容纳一人的最小空间宽度是457 mm。

在规划固定长椅的地点时，应考虑在一些长椅的两端为轮椅使用者留出空间。应合理布局开放空间，并在某些地点预留空间，以便2~3个轮椅使用者可以坐在一起。

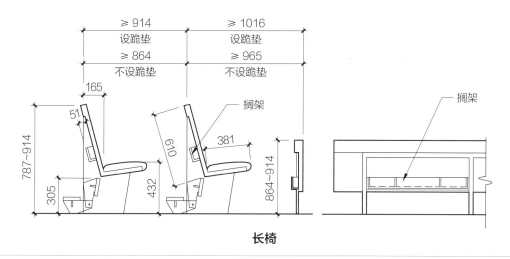

长椅

1 作者:《专业规范》，由 ARCOM 公司出版。
 罗伯特·赖特，美国室内设计师协会院士，Bast/Wright 室内设计公司。

便携式折叠椅[1]

体育场和竞技场在许多情况下都会使用便携式折叠椅，如各种音乐会、家庭表演和特殊活动。将椅子以各种各样的布局进行摆放，以满足不同演出或表演的需求。这些便携式折叠椅的座椅一般在人离开时，可以通过弹簧机制手动地或自动地返回到直立位置。

竞技场使用的便携式折叠椅通常由钢制框架制成，椅子框架的宽度约为457 mm。通常会用各种联结或锁定机制将椅子连接在一起，成排排列，以防椅子移位。相关法规规定了椅子间过道形成的间距、每排椅子的数量以及对无障碍座位的要求。一般来说，每排椅子前后相距305 mm；当每排椅子数量增多，超过设定的基本数量时，基于侧通道的数量，椅子间过道间距也应相应增大。

椅子的设计应尽量减少安装、拆卸和存放涉及的人工成本，这点很重要。同样重要的是，要考虑用于运输和存放椅子的存储推车类型，以便在椅子闲置时规划好椅子和存储推车的存储区域。

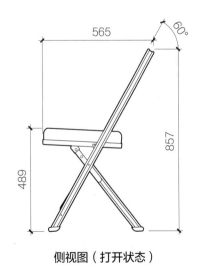

侧视图（打开状态）

曲型折叠椅

座位区大小

座位容量及观众区类型

座位容量	剧场类型
35~75 人	教室
75~150 人	演讲室、实验剧场
150~300 人	大型演讲室、小型剧场
300~750 人	教学背景下的普通剧场
750~1500 人	小型商业剧场、戏目剧院、演奏厅
1500~2000 人	大中型剧院、大型商业剧场
2000~3000 人	普通市民剧场、音乐厅、多功能音乐厅
3000~6000 人	超大型礼堂
6000 人以上	特殊集会场所

植物

环保考量

室内植物的繁盛取决于植物体的要求和室内环境条件的成功结合。通常来说，所选植物体必须能适应其放置的室内环境。但是，在一些项目中，植物是设计里的一个重要组成部分，或者有室内景观设计师参与设计的早期阶段，就可以调整环境条件以适应植物的需求。

支持植物室内生长的两个最重要的因素是光照和灌溉，其他重要环境因素有温度、湿度和种植方法。

光照

自然光和人造光的强度、持续时间和质量都会影响植物的生长。为了使植物生长繁荣，这三个属性必须处理得当。

光照强度

人们普遍会误认为一些植物种类在低光照的条件下也会繁荣生长，实际上，它们只是比其他物种更能容忍弱光。很少有物种能够在少于500 lx 的光线下长时间维持生命。

光照强度测量

光照强度的测量以勒克斯（lx）表示。

1 作者：大卫·库珀，美国建筑师协会（AIA），Ware Associates 有限公司。
莎拉·布雷纳德，Clarin Seating 公司。

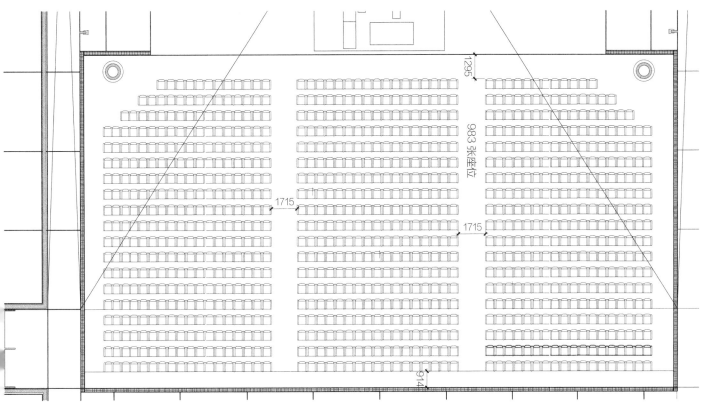

矩形座位布局[1]

勒克斯（lx）：每平方米1流明的相似照度单位。

因为1 m²约为10平方英尺，所以1尺烛光大约等于10 lx。

植物所需光照强度

植物品种	所需光照强度
低光照植物	350~1000 lx
中等光照植物	900~4000 lx
高光照植物	超过3000 lx

光照持续时间

与室外植物一样，室内植物也可吸收白天照射进来的日光。温带气候下冬季每天约有8 h的日光照射，夏季每天约有16 h的日光照射。仅通过天窗很难提供每天几小时的高强度光照。光照强度不足可以通过增加光照持续时间（反之亦然）得到一定程度的补偿，但是清晰明确的昼夜周期（或光周期）对于植物健康生长来说也是至关重要的。

光照质量

日光为室外植物提供全方位的光线，从红外线到紫外线，囊括整个可见光谱。室内植物是通过光谱有限的电源或透过玻璃产生变化后的日光得到光线的。人造光或透过玻璃的自然光提供的光谱均是不完整的。对植物而言，最佳光谱能量出现在蓝色和红色范围内的两个峰值频率（一个用于叶绿素合成，一个用于光合作用）。室内植物的理想照明可使用电灯或提供这些频率峰值的玻璃。

电灯

利于植物生长的电光源包括以下几种：

· 金属卤化物灯通常被认为是植物生长的最佳电光源。

1　作者：莎拉·布雷纳德，Clarin Seating 公司。

· 许多种类的荧光灯都能够为植物生长提供可接受的光谱质量，但是荧光灯及其固定装置的特性要求灯距植物的距离在457~2438 mm 之间。

· 卤素灯也有利于植物生长，尽管其光谱质量不如金属卤化物灯或荧光灯理想。

· 白光发光二极管（LED）光源具有良好的色温，因此可应用于植物生长照明。

日光

日光的光线范围是最理想的，但是它穿透玻璃时会发生变化。透明的单片玻璃最适合植物生长，但是，由于这种玻璃会吸热和散热，住宅一般不使用。透过中庭天窗中半透明（不是透明）玻璃系统的日光具有其他优点，它能消除热点（从而减少了得热量），使得每天进入空间的日照时间更长。

中庭光照强度

进入中庭空间后，日光强度会大幅下降，间接光的传播会有所减弱，而直射的日光只是稍微减弱。从天窗到中庭地面，直射日光仅损失3%的强度，而间接光损失了83%。

掺入玻璃纤维或其他类似于半透明材质的玻璃系统对于植物来说可能是非常有益的，因为光的分散会增加亮度却不增加热量。

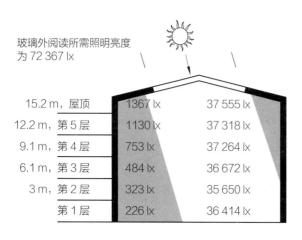

中庭光照强度

上照灯

地面安装的上照灯有时用于傍晚时分突出户外植物。为了植物的生长和健康，不建议对室内植物使用上照灯。

灌溉[1]

在室内，所有植物某种程度上都需要以手动、自动或半自动的输送系统进行人工灌溉。设计合理的灌溉系统可以显著降低维护成本，因为浇水是室内景观护理中最耗时的部分。

温度和湿度

室内植物在室温为20~22 ℃的条件下会茁壮成长。室内的温度也大不相同，最明显的是窗户旁或外门附近，在北部温带气候的影响下，冬季夜间的最低温度可能会低至10 ℃左右，而夏季白天的最高温度可能会超过38 ℃。在这样极端的温度下，植物会受损甚至死亡。

温室效应

带有天窗或玻璃侧墙的多层中庭空间会遇到一种异常的环境条件，即温室效应，可能对植物造成极大危险。光线充足的多层空间吸收的日光，使得较高层的空气温度比较低层升高得快。高温会严重损坏装有天窗的中庭一楼种植的高大植物，除非温暖的空气能够再循环到空间下部或者排除至室外。

湿度

实际上所有的植物都喜欢比一般室内环境更高的湿度。在北部温带气候的影响下，冬季室内空间的相对湿度通常低至10%~15%。而室内种植的大多数亚热带和热带植物都喜欢50%或更高的相对湿度。由于向室内空间引入更高的湿度存在潜在问题，例如滋生霉菌、冷凝、生锈以及引起人类不适，因此，理想的室内植物要能够适应较低的湿度水平。

人造植物和保鲜植物

随着人造植物和保鲜植物不断增加，设计师

---

1 作者：纳尔逊·哈默，德国雷瓦德景观建筑事务所（RLA），哈默设计组。

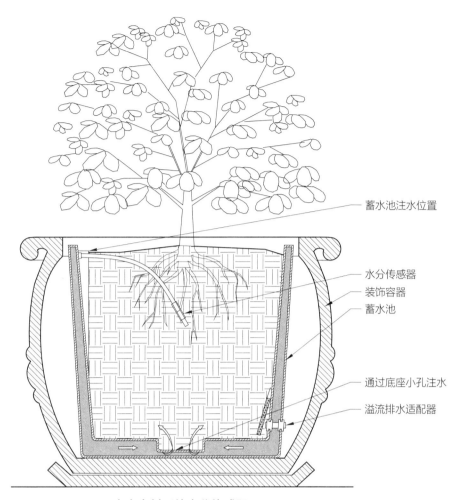

蓄水池注水位置

水分传感器

装饰容器

蓄水池

通过底座小孔注水

溢流排水适配器

真空密封系统水分传感器

资料来源：种植技术公司。

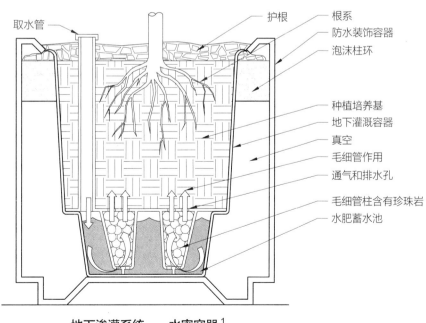

取水管

护根

根系

防水装饰容器

泡沫柱环

种植培养基

地下灌溉容器

真空

毛细管作用

通气和排水孔

毛细管柱含有珍珠岩

水肥蓄水池

地下渗灌系统——水密容器[1]

资料来源：Jardinier 种植系统公司。

1 如果地下灌溉花盆下方有不透水的浅碟，则可以将其放在装饰性、不漏水的花盆中。

可以为那些不适合种植活体植物的空间特别指定一些植物，这些空间由于光线不足，活体植物难以生存，或者结构设计不允许种植大而沉重的植物。保存完好的大型棕榈树模型或人造树比活的棕榈树价格贵，但其成本劣势却被其他许多因素抵消：它们无需定期浇水或使用农药喷洒器，没有特殊的排水要求，不需要照明设备或天窗刺激植物生长，也无需考虑特殊的结构或种植植物的重型设备。

人造植物由附着在塑料叶柄上的聚酯纤维叶子组成，而塑料叶柄又附着在实心或复合木枝和树干上。叶子通常会用活树叶的杂色和脉络以使其更加逼真。

花盆

装饰性花盆

装饰性花盆组成了室内景观装置的绝大部分。通过利用中庭空间或其他功能区域内置花盆中的植物，将植物摆放在花盆中成为商业、机构和住宅室内空间中引入活体植物的首选方法。

装饰性花盆的大小与其所容纳植物的形状有关。宽阔的植物不能放在狭窄的花盆里，因为需要宽阔的底座来平衡宽阔标本植物末端的树枝和叶子的质量。

阳台花盆

阳台轨道式花盆设计要注意细节，确保植物易于植入和养护。阳台种植的养护技术和时间安排应是简单便捷的。

如果花盆里装有方便用手移动或用特殊设计的挂钩移动的衬垫，那么养护技术人员就可以从花盆中取出衬垫，移出需要养护的植物。该方法的优点是：万一植物丢失、被虫害侵扰或设计变更，可以轻松地将一株或一组植物替换。将阳台花盆的部件提升到栏杆上方时，必须考虑部件意外掉落到下方空间的危险。

如果将植物种植在栏杆顶部，养护技术人员可以在不移动植物的情况下照料植物。花盆本身就可以充当阳台的栏杆。这种花盆可能会应用于辅助生活设施中。但是，栏杆上的植物更容易损坏，无论是故意的还是无意的。

带座花盆

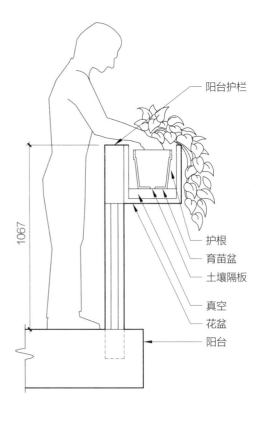

阳台护栏

护根
育苗盆
土壤隔板
真空
花盆
阳台

1067

阳台轨道式花盆（剖面图）

窗户饰品

窗户饰品可以控制光线和眩光，提供私密性，对声音起到缓冲作用，并能够进行个性化设计。窗户饰品在建筑物的能源性能中也起着重要作用，它必须与冷热负荷计算相协调。正确选择窗户饰品很大程度上决定了建筑物的能源效率及其居住者的舒适度。可以根据两种节能功能对其进行分类：夏季能遮挡太阳产生的热量，冬季能给建筑物保温。

节约能源

遮挡太阳热量

太阳辐射是商业建筑中的主要热量来源。当阳光照射到窗户上时，一些热能被反射，其余的则被玻璃吸收或传递到室内。

- 被反射的太阳辐射会从表面反弹，并且不会穿透玻璃。
- 被吸收的太阳辐射被玻璃吸收，并最终通过对流或传导进入室内消散。
- 传递的热能穿透玻璃，从而使建筑内部温度升高。

遮阳系数（SC）描述了窗户系统减少得热的能力。反射、吸收和透射这三个太阳能得热系数决定了窗户系统的遮阳系数。遮阳系数是整个窗户系统（包括窗户饰品）的函数。

窗户饰品能否有效阻挡太阳得热，取决于在入射太阳辐射转变为建筑物内的热能前，其可将入射太阳辐射通过窗户反射的能力。由于反射是窗户饰品减少得热最重要的属性，因此颜色选择是一个重要因素。深色易吸收热量，而浅色则会反射热量，因此，白色和浅色的窗户饰品是减少得热的首选。

低辐射玻璃

低辐射率与高反射率相对应。如果表面反射率高，则其辐射率低。低辐射率（low-E）表面允许可见光谱通过，同时反射大部分热辐射，这

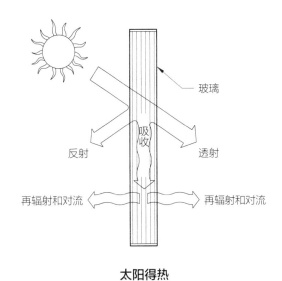

太阳得热

使得它们常被用作玻璃涂层。光通过时，大部分热量还没有通过。带有低辐射涂层的水平百叶窗板条和卷帘织物可提高窗户系统的能源性能。

天窗遮阳和眩光控制

天窗会引入过多不受控制的光线，尤其是在使用荧光屏和计算机的区域。天窗也会使得过多热量积聚。

应加入诸如百叶窗、格栅和遮光帘等遮阳装置以控制阳光直射。可移动系统，特别是能够全自动追踪太阳的系统，比控制眩光的同时最大程度提升采光的固定系统更有效。

避免热量损失

通过传导、对流或辐射，热能会从较热的物质转移到较冷的物质。大多数窗户饰品不能有效地防止热量散失，因为它们的保温性能差。

- 传导是热能在物质内部传递。玻璃是极好的导体，能快速或有效地传递热或冷。
- 对流是热能在空气中传递。人体热量的流失和增加主要通过空气的流通。
- 辐射不依赖物质或空气，而是通过不可见光波进行能量传输。辐射可能被其路径中的物体阻挡。

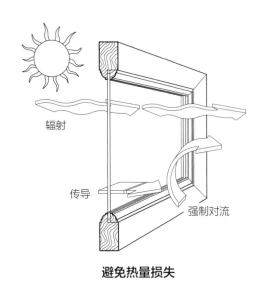

避免热量损失

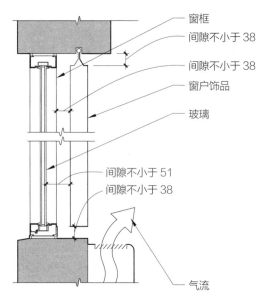

资料来源：北美玻璃协会，《北美玻璃协会玻璃设计手册》（*GANA Glazing Manual*）。

窗户饰品间隙

R 值

传导、对流和辐射决定了材料的热阻，被称为 R 值。R 值用来衡量材料的保温性能，即材料对热流的阻力。R 值越大，阻力越大，保温性越好。用来隔热保温的窗户饰品是否有效取决于其减少热量向内部传导的能力。

比如百叶窗和遮阳帘之类的窗户饰品的 R 值可能会很低。但是，在十分低的位置上，它们在窗户旁形成一个隔热的空气空间，这在某种程度上提高了窗户系统的 R 值。

窗户饰品间隙

必须悬挂帷幔和活动百叶窗或其他室内遮光设备，以便在顶部和底部或一侧和底部留出空间，从而允许自然空气在室内玻璃一侧移动。

百叶窗

百叶窗可使用水平或垂直板条，其类型和材料多种多样。穿孔的深色窗户饰品可最大程度地减少眩光，看起来也更加透明。

水平百叶窗

水平百叶窗是控制眩光的一种经济实用的传统方法。微型百叶窗的板条宽度比迷你百叶窗的窄，但微型百叶窗通常会重一些，因为相同尺寸的百叶窗需要更多的板条。增加的质量会导致

微型百叶窗的硬件寿命缩短。百叶窗板条通常由铝、聚氯乙烯（PVC）或木材制成。

窗户饰品标准

美国窗帘制造商协会（WCMA）对水平百叶窗的标准要求是：将绳扣统一安装在头部管箱的右侧，并将倾动机构（通常是一根棒子）安置在头部管箱的左侧。如果由于无法装入而需要装在其他位置，须说明操作百叶窗的硬件位置或在图纸上注明。

选择标准

如果未指定倾斜杆和提升绳的长度，制造商通常会认为窗台要比完工地面高出 914 mm。在可能涉及宠物或儿童的应用中，应考虑到由传统的端部回路和绳索均衡器引发的意外绞死问题。出于安全考虑，可采用突破式提升绳端部，施加作用力时，提升绳的连接端很容易分开。

穿孔板条可以在保持视野的同时减少眩光，节省能源并保护隐私。均匀分布的小孔允许光线通过，同时减少室内太阳得热。水平百叶窗的开放度通常限制为板条面积的 6%，这样板条的力度不会降低。

水平铝制板条百叶窗的最大推荐尺寸[1]

板条名义尺寸（mm）	最大宽度（m）	最大面积（m²）
15~16	3	6.5
25	3.6	9.2
50	3.6	12.5

垂直百叶窗

垂直百叶窗是最容易清洁和修复的窗户饰品之一。其叶片没有墙壁或其他垂直表面吸尘。垂直百叶窗板条叶片比水平百叶窗板条叶片更容易更换。与水平百叶窗不同，垂直百叶窗可以指定需要弯曲轨道应用的位置。与帷幔类似，如果完全打开百叶窗，露出整个窗户，那么必须考虑叠放尺寸（窗户饰品在窗户一侧完全打开时的宽度）。

商业用途的叶片材料包括织物、聚氯乙烯、反光聚酯薄膜和铝。织物叶片的纤维含量通常为聚酯，但也可以使用棉、腈纶、玻璃纤维和人造丝。

卷帘

增强日光的遮阳帘可以使窗子免受阳光照射，同时保持看向天空的视野，反射日光并减少眩光。精心设计的穿孔或悬挂的百叶窗和散热翅片能使它们保持同样的遮阳特性，还能将光线反射到空间中。穿孔的遮阳帘允许少量的光线穿透遮阳帘表面，使下方变亮，同时阻挡大部分太阳辐射。最有效阻止光线透过窗户进入室内的类型是浅色、不透明的卷帘。

平面卷帘按操作方法可分为两类：拉至顶部卷轴上的卷帘和从底部卷起来的卷帘。自下而上的遮阳帘在允许光线进入的同时可保护隐私。由珠链操作的遮阳帘更易于保持清洁，因为在操作过程中不会碰触到卷帘。当遮阳帘底部难以触及时，此类卷帘也是理想选择。

可以使用与墙面纺织饰物材料或家具装饰材料相同的材料制造卷帘。通常将不透光或半透明的材料层压到饰面织物的背面，以改变遮阳帘的外观和性能。昏暗的不透光遮阳帘一般由覆盖有聚氯乙烯薄膜的玻璃纤维制成。

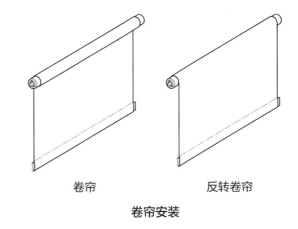

卷帘　　　　反转卷帘

卷帘安装

穿孔卷帘采用半透明的遮阳布，它可以使阳光穿透，并且看到外面，同时提供热量和紫外线（UV）防护。

常规卷帘的卷轴安装在卷帘的前面，反向卷帘的卷轴安装在卷帘的后面。印花遮阳织物应使用指定逆转卷轴，因为它只允许将饰面暴露在室内，而不是材料背部。

卷帘　　　　穿孔卷帘

卷帘类型

双层式罗马帘的垂直织物丰满度要求是平面罗马帘的1.5~2.5倍。双层式罗马帘的特点是可沿帘子的全高向下层叠，每个回折均有水平支撑，并固定在间隔带上。

平面罗马帘可以根据各种设计要求进行修改，例如成形的下摆卷边、窗台边额外的织物褶层、附着于帘子正面的铬或黄铜杆、倒缝或水平缝间距。

1　板条名义尺寸与括号中给出的实际标称不同。

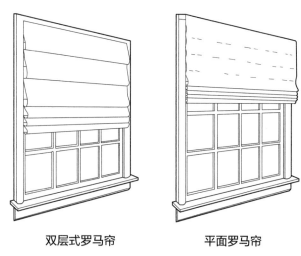

双层式罗马帘 **平面罗马帘**

罗马帘

奥地利帘未加衬里，可在垂直填隙带间快速下降。奥地利帘可以用作固定式顶部用品或帷幔。

奥地利帘

百褶帘通常由经过抗静电处理的聚酯纤维制成。

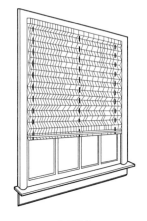

百褶帘

帷幔[1]

帷幔织物的选择应考虑对织物悬垂性（通常称为织物的手感）的评估。

窗扉是透明或半透明的织物，通常与活动的厚窗帘或固定的侧面板一起使用。可以用 2997 mm 的超宽织物 进行连接（纵向），从而消除透明材料固有的明显接缝。

衬里这种织物衬背，可以提高织物的悬垂性，增强窗户系统的能源性能或保护帷幔织物免受紫外线辐射。

遮光衬里可以使房间完全变暗。这种衬里在酒店或使用投影设备的会议室很受欢迎。

夹层可提升帷幔的使用性能或外观。例如，厚棉绒布的隔声夹层可以提高窗户饰品的吸声能力。夹层挂在帷幔饰面织物和衬里之间。

帷幔的操作方式

单向拉式操作指的是一块帷幔布面完全向一侧打开。单向拉包括完全向左或者向右操作，即你面对帷幔时它的堆叠方向。例如，如果你正对的一个打开的帷幔是在右边堆叠的，那么它就是完全向右拉的操作。

双向或两部分拉意味着帷幔布面在中心会合并可向任一侧敞开。

托架固定着帷幔末端，使其穿过架杆。对接设计的托架通常用于卷褶和叠褶帷幔。重叠设计的托架通常用于传统打褶悬垂帷幔。对于重叠设计的托架，其重叠标准是每个布面76 mm 宽，右侧布面与左侧布面重叠。

返回值是从横杆到墙的距离或凸起的深度。

堆叠空间尺寸（即堆叠后部）是完全打开时的帷幔宽度。

用于手动操作帷幔的手动轨道操作选项包括杆或拉索。

电气轨道操作使用电动帷幔控制装置来驱动单个或成组的窗帘。定时装置和温度感应控件可用于窗帘的自动操作。

丰满度是所使用的全部织物（减去侧边缝和接缝的余量）与成品帷幔宽度之比。例如，丰满度为100%的帷幔宽度比闭合状态的帷幔宽度要宽出100%，或者说是成品帷幔宽度的两倍。

双向抽拉布的成品帷幔布面宽度等于折返宽度加上叠放宽度再加上一半的窗口宽度再加上帷幔重叠部分。

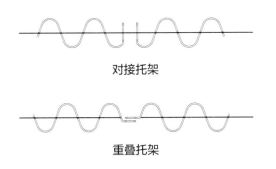

对接托架

重叠托架

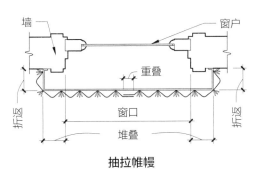

抽拉帷幔

帷幔托架

帷幔丰满度建议值

帷幔类型	最小值	均值	最大值
无衬里穿过帷幔	100%	150%	200%
衬里穿过帷幔	100%	125%	150%

传统打褶顶幔系统

打褶尺寸是打褶后帷幔的宽度。例如，1219 mm宽的织物打褶后为482 mm宽，即"打褶至482 mm"。

传统打褶帷幔的丰满度通常为225%，最高可达250%，是所有帷幔类型中叠放尺寸最大的。

浅型褶，有时也称为法式褶，通常间距为102 mm。对于大型窗户或更引人注目的外观，褶皱可以扩展到152 mm高。每个褶皱有三折，每个褶中的织物量取决于丰满度。

管形褶被制成圆柱状或桶状。褶皱的大小不同，直径为25~90 mm不等。由于构造的原因，堆叠比率要比给定的丰满度大得多。

箱形褶由结实的粗硬布制成，可以支撑更大的质量。由于箱形褶是平的，并且其丰满度可多达3倍，因此这种顶幔可以用于在空间有限的空隙中固定侧边布面。

铅笔褶顶幔柔软，同时均匀分布10 mm宽的褶皱，营造出结构感外观。铅笔褶顶幔使帷幔看上去比实际更为丰满。

打褶顶幔堆叠宽度　　　　　　　　　　　（单位：mm）

打开后大小	堆叠宽度			要求长度[1]	
	浅型褶	管形褶和箱形褶	铅笔褶	1828 长[2]	2590 长[3]
812	356	406	330	4600	6400
1372	508	610	457	6900	9600
1930	635	787	584	9100	12800
2489	762	965	685	8400	16000
3048	914	1168	812	13 700	19 200
3606	1041	1346	939	16 000	21 900
4165	1193	1524	1066	18 300	25 600
4724	1320	1701	1193	20 600	28 800
5283	1473	1905	1320	22 900	32 000

1　150%的丰满度，1372 mm宽的织物。
2　帷幔长至窗台。
3　帷幔长至地面。

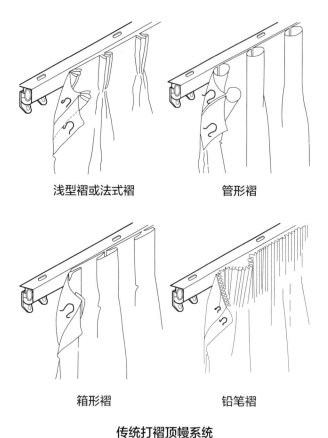

浅型褶或法式褶　　　管形褶

箱形褶　　　铅笔褶

传统打褶顶幔系统

低型轨道顶幔系统

低型轨道顶幔系统有时也称为建筑顶幔系统，从窗户的任一侧看去都是一样的，因此，不必为了美观而设计内衬。这些顶幔样式在安装后需要经常清洁的应用场所很受欢迎，例如医疗环境，因为它们可以机洗。安装在天花板低型轨道上，这些顶幔看起来就像直接挂在天花板上一样。

堆叠褶是通过将模制的加固件缝制到褶皱的顶部制成。顶幔呈轮廓分明的 V 形，堆叠宽度很小。

卷褶可提供柔软、圆润的打褶图案。这种帷幔类型由平面织物制成。

叠加式手风琴褶通过将模制褶皱缝制到褶皱的顶部，然后将其折合到轨道中的托架上制成。

手风琴褶给建筑顶幔系统提供了有效的堆叠率，但是该系统从前到后的堆叠深度最大。

花彩是悬挂在两点间的织物垂花饰，通常具有200％丰满度的深水平褶皱。褶裥是垂挂在垂花饰或挂布一边的褶饰或锥形织物片，通常自带衬里或衬有对比鲜明的织物，因为织物的背面是可见的。安装前，须将花彩和褶裥安装到挂布板上。

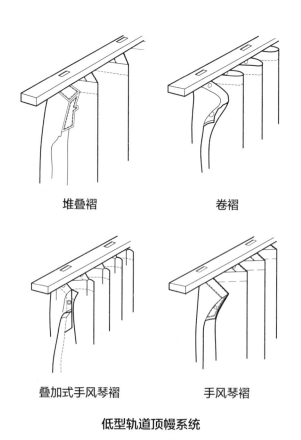

堆叠褶　　　卷褶

叠加式手风琴褶　　　手风琴褶

低型轨道顶幔系统

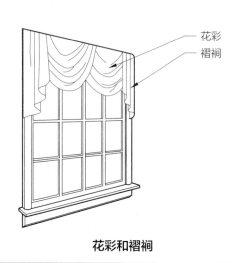

花彩
褶裥

花彩和褶裥

低型顶幔堆叠宽度

打开后大小（mm）	堆叠宽度			要求长度[1]	
	堆叠褶（mm）	卷褶和叠加式手风琴褶（mm）	手风琴褶（mm）	到窗台的长度[2]（mm）	到地面的长度[3]（mm）
813	203	203	178	4600	6400
1372	279	330	305	6900	9600
1930	356	445	432	9100	12 800
2489	406	584	559	8400	16 000
3048	483	699	686	13 700	19 200
3607	559	813	813	1600	21 900
4166	635	965	1067	18 300	25 600
4724	711	1092	1092	20 600	28 800
5283	787	1168	1372	22 900	32 000

室内百叶窗[4]

室内百叶窗由上冒头和下冒头、侧窗和典型的可活动百叶窗板组成。这种独具建筑特色的窗户饰品，关闭时可以阻挡几乎所有光线。

室内百叶窗主要有两种样式，如下所示：

- 传统风格的百叶窗，通常为19 mm厚，百叶窗板为31 mm宽。
- 种植园式百叶窗，通常为28 mm厚，活动百叶窗板较宽，约为64 mm宽。

室内百叶窗还设计有凸镶板、固定百叶窗板和垂直百叶窗板。

优质的室内百叶窗由透明的窑干硬木制成。用于百叶窗的木材种类包括椴木、橡木、枫木、杨木、雪松木、桤木和松木。也可以使用合成材料。

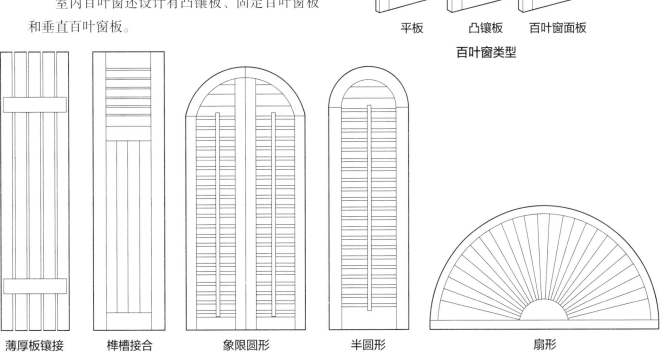

平板　　凸镶板　　百叶窗面板

百叶窗类型

薄厚板镶接　　榫槽接合　　象限圆形　　半圆形　　扇形

其他百叶窗类型

1　150%的丰满度，1372 mm宽的织物。
2　帷幔到窗台的长度为1829 mm。
3　帷幔到地面的长度为2591 mm。
4　作者：理查德·J. 维图洛，美国建筑师协会（AIA），橡树叶工作室（Oak Leaf Studio）。

第七章　室内设计项目类型

商业空间

办公室

替代性办公方式

为了适应不断变化的商务惯例和礼仪，以及不同人员的最佳工作方式，如何为每个员工分配专用的办公室空间这一问题也衍生出了各种各样的非传统工作方式。这些替代性方式为许多企业带来了显著收益，包括办公空间租金的减少、更高的入住率以及管理费用的减少。远程办公、旅馆式办公和虚拟办公室是用于描述这些替代性办公方式的一些术语。

远程办公是指员工在家使用计算机、电话和其他数字设备进行办公。它减少了企业的管理费用，使员工可以灵活地安排工作时间，并减少了通勤引发的费用和不便。

旅馆式办公是非指定的工作空间系统，工作人员可预定工作区，类似于旅馆。支持人员（称为旅馆服务人员）管理预定，确保当工作人员（来宾）到来时备好工作空间。旅馆式办公也称为非区域性空间，适合员工在客户办公现场花费大量时间的咨询业务。旅馆式办公应用可以给多个员工提供一个空间。空间类型应可支持多种活动类型，例如独自工作和合作工作。这类空间不是为员工个人设计的，相反地，可以提供储物柜存储员工材料。

虚拟办公室是另一种工作方式，员工可以在任何时间、任何地点进行办公。笔记本电脑、手机和其他便携式高科技工具的使用使得虚拟办公室对于知识型员工而言是可以实现的。

办公家具设计考量[1]

规划办公空间的布置时，须遵循以下准则：

- 办公室工作桌、工作台等表面的标准高度为 711~762 mm。
- 工作台面的深度通常在 457~1143 mm 之间，具体取决于所处理工作的类型和大小：457 mm 深度用于存储，762 mm 是标准的办公桌深度，1143 mm 能满足会议需求。
- 站立式工作台的高度在 914~1321 mm 之间。
- 工作台面上方的架空存储装置是标准配置，间距为 381~457 mm。
- 膝部空间对于桌子和工作台必不可少。为了服务轮椅使用者，膝部空间的净高度约为 686 mm。

办公空间尺寸

符号	数值（mm）
A	762~1067
B	1524~2134
C	457~711
D	610~762
E	584~737
F	≥ 914
G	2438~3200
H	762~1143
I	762~1118
J	254~356
K	508~762
L	102~406
M	508~762
N	203~406

1　作者：塔米·卡文和塔玛·达菲·达伊，帕金斯威尔建筑设计事务所（Perkins & Will）。
琼·布鲁门菲尔德和桑娅·杜夫纳，帕金斯威尔建筑设计事务所（Perkins & Will）。
卡伦·林德布拉德。
苏珊·哈迪曼。

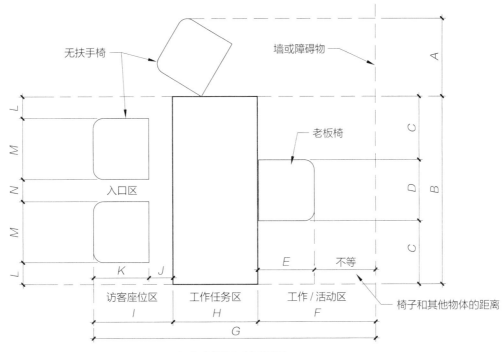

无扶手椅

墙或障碍物

老板椅

入口区

椅子和其他物体的距离

访客座位区　工作任务区　工作／活动区

办公空间尺寸平面图

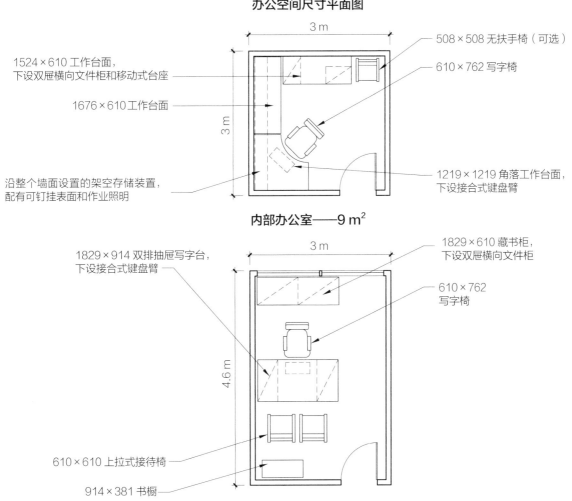

1524×610 工作台面，
下设双屉横向文件柜和移动式台座

508×508 无扶手椅（可选）

610×762 写字椅

1676×610 工作台面

沿整个墙面设置的架空存储装置，
配有可钉挂表面和作业照明

1219×1219 角落工作台面，
下设接合式键盘臂

内部办公室——9 m²

1829×914 双排抽屉写字台，
下设接合式键盘臂

1829×610 藏书柜，
下设双屉横向文件柜

610×762
写字椅

610×610 上拉式接待椅

914×381 书橱

边界办公室，传统布局（13.8 m²）

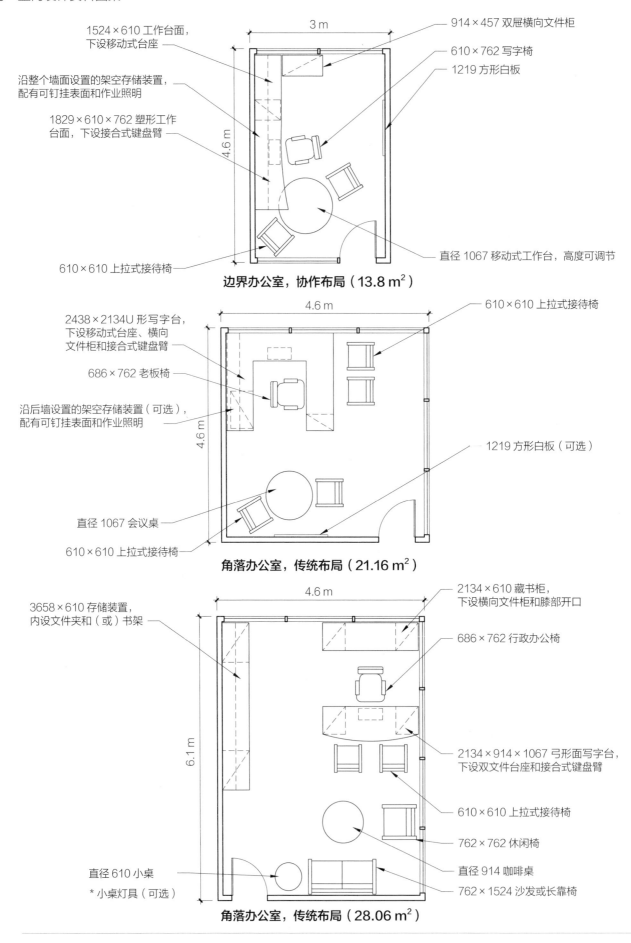

1524×610 工作台面，
下设移动式台座

沿整个墙面设置的架空存储装置，
配有可钉挂表面和作业照明

1829×610×762 塑形工作
台面，下设接合式键盘臂

610×610 上拉式接待椅

3 m

4.6 m

914×457 双屉横向文件柜

610×762 写字椅

1219 方形白板

直径 1067 移动式工作台，高度可调节

边界办公室，协作布局（13.8 m²）

2438×2134U 形写字台，
下设移动式台座、横向
文件柜和接合式键盘臂

686×762 老板椅

沿后墙设置的架空存储装置（可选），
配有可钉挂表面和作业照明

直径 1067 会议桌

610×610 上拉式接待椅

4.6 m

4.6 m

610×610 上拉式接待椅

1219 方形白板（可选）

角落办公室，传统布局（21.16 m²）

3658×610 存储装置，
内设文件夹和（或）书架

直径 610 小桌

* 小桌灯具（可选）

4.6 m

6.1 m

2134×610 藏书柜，
下设横向文件柜和膝部开口

686×762 行政办公椅

2134×914×1067 弓形面写字台，
下设双文件台座和接合式键盘臂

610×610 上拉式接待椅

762×762 休闲椅

直径 914 咖啡桌

762×1524 沙发或长靠椅

角落办公室，传统布局（28.06 m²）

系统家具

工作区

系统家具工作区可以同时采用传统和替代性办公方式。

工作区标准

设计师及其客户为工作区的规格和秩序制定标准。该标准确保工作区部件在整个公司环境中保持一致。制定工作区标准的注意事项包括：

- 工作区使用者：行政人员、经理、主管、专业或技术人员、文书。
- 工作台面的数量和大小：主要、次要、第三级。
- 电子设备的类型：视频显示终端、个人计算机、打印机。
- 工作区：分配给单个任务的空间量。
- 会议要求：需要的客椅数量。
- 存储要求：待存储材料的数量和类型或单位规格（信件或法律文件、计算机打印件、活页夹、大体积物品）和存储位置（台下或架空）。
- 工作台面构造：工作区的主要方向和开口。
- 电线管理：组件的类型和位置、基准线槽、皮带线槽、索环位置、夹子或托盘。
- 附件类型和数量：钉子表面、铅笔盒。

设计考量

使用系统家具设计空间时，请注意以下事项：

- 建筑规范限制：应查看当地的建筑规范，以确定系统家具的使用是否符合此类空间的规范要求。
- 根据使用类型、占用率和其他因素的不同，出口设置的要求也有所不同。

- 超过一定高度的面板可能被视为墙壁，因此由这些面板形成的过道或走廊必须符合其最小宽度要求。
- 由系统家具组成开放式办公空间的较大区域可能需要全高的额定隔断，以符合当地规范要求。

系统家具中使用的材料应达到或超过最低规范要求。

回收和再利用应注意以下事项：

- 规范和可持续发展目标要求减少垃圾填埋场中的废弃材料数量。
- 提升可回收材料的含量以及家具部件再利用的能力均有助于实现可持续发展目标。
- 再利用系统部件可减少资源的使用和浪费。

系统家具类型

系统家具有两种基本类型：面板支撑式和独立式。许多制造商将传统面板支撑式部件和独立式部件结合在一起。这些结合系统为工作场所的任务提供了灵活性和所需功能。

面板支撑式系统支持面板工作区、附件和其他家具部件，从而形成工作区范围。也可以使用壁挂式开槽标准件，以便能够将这些部件悬挂在传统的石膏墙板上。

独立式系统可以被面板包围，也可以安装在已建造墙壁的空间中。独立式系统独立于周围的面板，其功能类似于地板支撑的书桌。家具部件可以固定在工作台面上，也可以是独立的、可移动的。

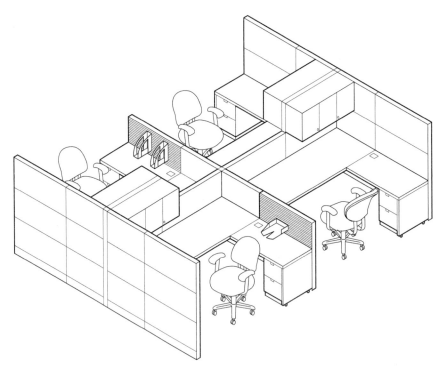

传统面板支撑系统

资料来源：斯蒂尔凯斯公司（Steelcase Inc.）。

面板

面板用于创建工作区，划分工作区域，并能够连接工作台面、存储装置和附件。面板必须进行支撑，可以通过布置形成一个稳定装置支撑，也可以使用独立式面板支撑脚支撑。面板尺寸因制造商而异，通常以标称尺寸进行描述。

主要制造商制作的常用面板宽度通常基于152 mm 的组件。

由于面板的厚度会随系统家具的特殊品系而变化，范围为51~152 mm，因此在规划系统家具的空间时应将其计入总尺寸中。一块宽102 mm 的面板通常用于还未确定特定系统前的总体规划中，因为它覆盖了市场上大约80％的产品。

常用面板尺寸

项目	尺寸（mm）
面板宽	305、457、610、762、914、1067、1219 及 1524
面板高	762、914、991、1067、1143、1194、1270、1346、1626、1829、1981 及 2159

低面板

低面板的高度在762~914 mm 范围内，可用作桌高围板，较高的面板会造成障碍，因为要进行视线交流和监管。1016 mm 高的面板可用于事务处理高度配置，通常会设置一个处理工作台面做补充。这对于接待台以及需要遮挡视线的工作区内部非常有用。面板高度在1372~1600 mm 范围内，可为在工作区就坐的人提供私密性；而面板高度在1727~2032 mm 范围内，可为站立的人提供私密性。

面板有多种选择，包括吸声表面、可粘表面、金属表面、玻璃表面和层压板表面。尽管吸声表面有一定的吸声效果，但声学方面的问题通常是通过遮蔽声音解决的而非铺贴瓷砖，面板高度起到的作用很小。用户通常会优先选择可粘面板。

模制面板

面板有四种基本类型：整体式、平铺式、环线式和可堆叠式。

整体式面板包括一个加工表面和一个滚道位置。这种面板类型最经济实惠，但最不灵活。

平铺式面板将堆叠的镶嵌瓷砖并入金属框架中。这种面板类型使得瓷砖槽类型、饰面和高度选择都具有灵活性。不同类型的瓷砖可以组合在一起，例如，底部的厚镶板和工作台面上方的视觉面板组合。

环线式面板便于在工作区高度安装电源、数据和电话插座。

可堆叠式面板用途广泛，可在连续的工位中随意改变面板高度，从而创建功能性强且美观的办公环境。

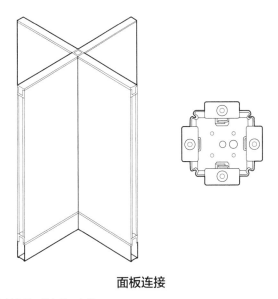

面板连接

资料来源：赫尔曼·米勒。

工作台面

水平工作台面有多种尺寸和形状。它们可以附着在面板悬挂系统的面板上，也可以由文件柜等独立式部件支撑。

工作台面深度通常为610 mm、762 mm或914 mm，长度通常为610 mm、762 mm、914 mm、1143 mm、1524 mm和1829 mm。工作台面可呈直线形、角形、曲线形和半岛形。工作台面边缘轮廓因制造商的不同而有所不同，但通常有平滑边缘、外圆角边缘、弧形边缘和直角边缘。

高度可调工作台面支持坐着及站着工作，能适应包括轮椅在内的各种椅子高度。它们一般是独立式部件。调节控件可以是气动、配重或电动的。

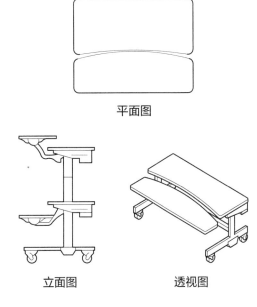

平面图

立面图　　　　　透视图

高度可调的双层工作台面

资料来源：Anthro 公司。

电力与通信

系统家具走线槽应能容纳两种承载信号的导体：电线和通信电缆。电线和通信电缆通常在走线槽内是独立的。通过系统家具将电线和电缆从基础建筑源头分配到工作台面设备。这可以通过在墙壁、地面或天花板上的连接来实现。

连接从基础建筑源头到工作台面设备的电线和电缆可以有多种方式，具体取决于基础建筑物的结构。系统家具面板通常由基本电源供电，基本电源通过地板设备接口（接线盒）或其他地面电源连接到建筑物里的电气和通信系统。可使用模块化活动地板灵活选择电源位置。当面板紧靠建筑隔断时，须使用墙面连接。电线杆可从天花板送电。

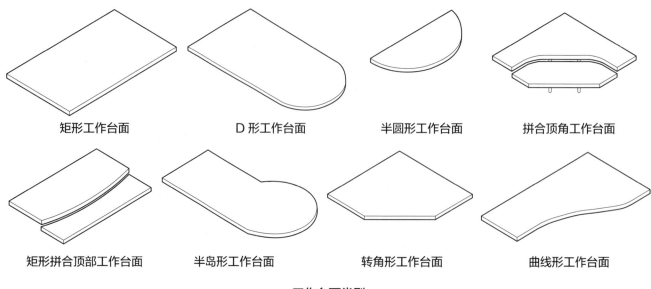

矩形工作台面　　　D 形工作台面　　　半圆形工作台面　　　拼合顶角工作台面

矩形拼合顶部工作台面　　　半岛形工作台面　　　转角形工作台面　　　曲线形工作台面

工作台面类型

资料来源：诺尔公司（Knoll, Inc.）。

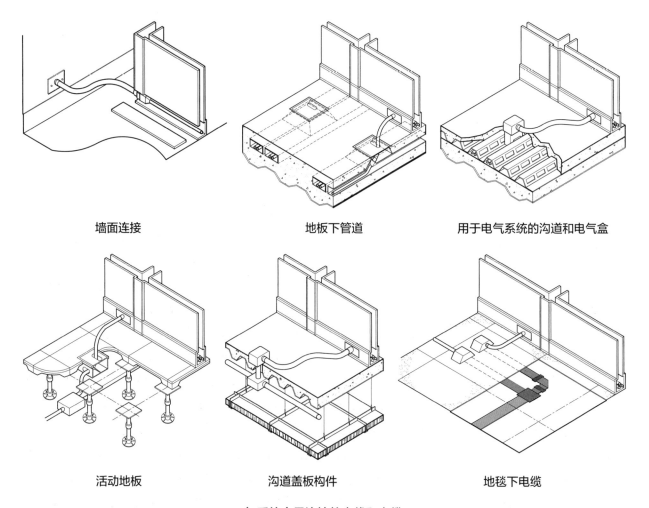

墙面连接　　　地板下管道　　　用于电气系统的沟道和电气盒

活动地板　　　沟道盖板构件　　　地毯下电缆

与系统家具连接的电线和电缆

资料来源：克里斯汀·皮奥特洛夫斯基和伊丽莎白·罗杰斯，《商业室内设计》。

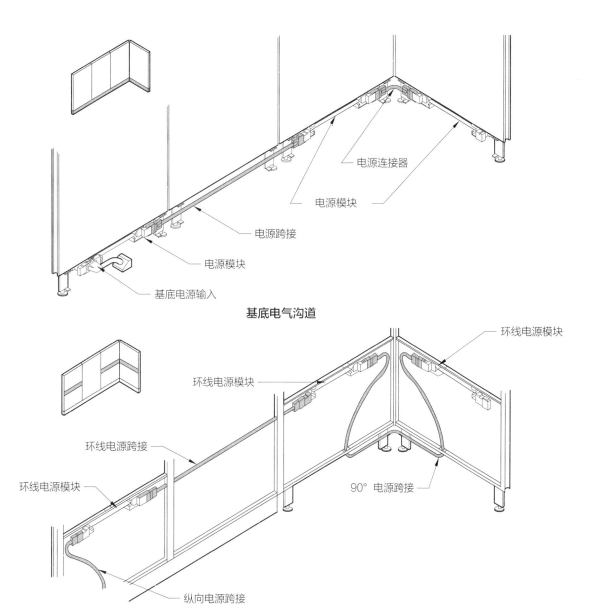

基底电气沟道

环线电气

电气沟道组件

资料来源：诺尔公司（Knoll, Inc.）。

桌子

膝部空间对于桌子和工作台面必不可少。家具必须提供能够容纳轮椅的膝部空间，轮椅使用者的腿要能完全置于水平台面之下，且他们的上身可靠近桌面的前边缘。

建议膝部空间的最小宽度为762 mm，须有大约1016 mm 宽的过道，以便大多数轮椅能轻松完成90° 转弯。

对于桌面下方的膝部空间，障碍物（例如桌腿）之间的最小宽度为762 mm，进场间隙应为1067 mm 宽。914 mm 或更大的膝部空间宽度应留有914 mm 宽的进场间隙。

在不考虑成本的情况下，人们会越来越多地使用高度可调工作台面。站立高度和可调节高度的工作台面不再为轮椅使用者专用，而是对所有的员工都大有益处。

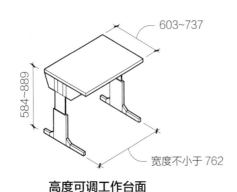

高度可调工作台面

资料来源：金姆·A. 比斯利和小托马斯·D. 戴维斯，美国建筑师协会（AIA），美国瘫痪退役军人协会建筑部（Paralyzed Veterans of America Architecture）。

办公室座椅

椅子被选为当代工作场所最关键的舒适因素。背部和手臂的酸痛、疲劳以及工作效率降低都与座椅设计不足有关。

椅子调整

现代办公椅是一种复杂的设备。它有两种方式适应用户的移动：传统的旋转或倾斜机制和同步倾斜机制。标准的旋转或倾斜使座椅在基座上旋转并向后倾斜以提供舒适感；对于同步倾斜椅子，靠背和座椅以不同的运动比率独立运行。

对所有椅子而言，最重要的特性就是可调节性。而独立的座椅和靠背组件可实现最大的可调节性。使用者可以对椅子进行四项基本的自定义调整：座椅高度、座椅倾斜度、靠背高度和靠背倾斜度。

符合人体工程学的工作椅可进行许多方面的调整，以适合每个使用者，例如座椅的高度和倾斜度。轮椅使用者向对角线方向移动时可以使用带扶手的椅子，而向平行位置移动时必须要使用没有扶手的椅子，才保证能够容易地从侧面通过。

座椅高度

可调的座椅高度能确保座椅距地面的高度合适，用户有足够的膝部空间，并且用户的眼睛和肘部位于工作台面的适合高度。双脚可用脚凳或地面支撑。座椅前部采用瀑布式边缘有助于促进大腿下部和腿部的血液循环。坐垫的瀑布式前端和膝盖后部空间的距离应为51~102 mm。

可以通过气动或机械棘齿调节座椅高度。

- 气压缸接合后，自动调节椅子会在使用者体重的作用下降低座椅的高度。
- 机械调节的座椅顺时针旋转可降低座椅高度，逆时针旋转则升高座椅高度。

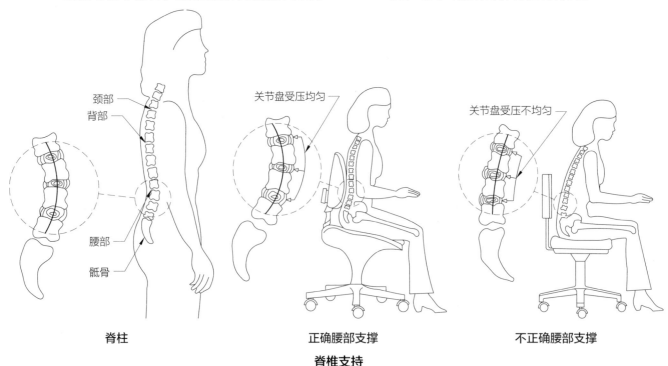

脊柱

正确腰部支撑

不正确腰部支撑

脊椎支持

座椅倾斜度

调节座椅，使得躯干和腿之间的角度大于90°。座椅倾斜与靠背倾斜共同作用，可在躯干和大腿之间保持最大角度135°。该角度可使下脊椎自然弯曲，压力均匀分布在腰椎上。

靠背高度

使用者可以调整靠背高度，以正确、舒适地支撑腰部区域。有些椅子可以通过向内移动靠背来调节座椅的深度。

靠背倾斜度

灵活的靠背倾斜允许使用者向后靠在椅子上伸展身体。肩膀应该保持放松的姿势。几乎直立的靠背能充分支撑腰椎曲度。腰部得到正确的支撑，可以保持下脊柱的自然弯曲。如果腰部支撑不正确，脊柱就会变平，对椎间盘施加过大压力。

靠背位置可稍微下弯支撑头部。建议使用90°~105°的可调节靠背。后倾张力通常是可调节的。使用前臂支撑将肘部和手腕保持在中间位置。

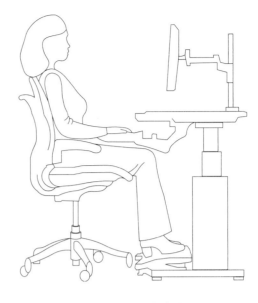

人体工程学电脑椅

无障碍座椅

为方便走动时难以保持平衡的人，椅子应足够稳固为其提供支撑。配有扶手的椅子可便于走动的人坐下和站起来，通常坐下去更舒适。椅子的腿部支撑和交叉撑条不应妨碍座椅下方脚蹬空间的使用。脚蹬空间可使坐在椅子上的人将脚放在身体下方，以便站起。

性能和设计标准

座椅功能应包括以下几个方面：

· 可调节的任务臂支撑使用者的前臂，扶手之间的距离至少为462 mm。

· 可调节的座椅高度范围为406~520 mm。

· 座椅深度可使腰部区域与座椅靠背接触。

· 坐垫宽度至少为462 mm。

· 采用90°或更大的固定背角，或90°~105°的可调节背角。

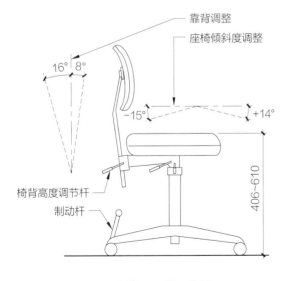

人体工程学工作椅

脚轮和滑行装置的选择

椅子底座一般使用两种类型的脚轮：双轮的和有罩盖的。脚轮由硬塑料或软塑料制成，通常为尼龙材质。应根据放置椅子的地板类型来选择脚轮材质。

软质脚轮用于坚硬或有弹性的地板上，以帮助控制椅子的移动。

硬质脚轮用于柔软的地板上，例如地毯或地毯砖。刚性脚轮的使用增强了椅子在地毯表面上的移动性。

通常需为不会反复移动或需要保持静止的椅子指定滑行装置。

办公室座椅类型

办公室座椅线条通常有几种设计变型。相同的视觉特征被合并到反映不同管理级别的各种样式中。用于描述这些差异的术语在制造商之间会有所不同，但具体类别通常包括无扶手椅或客椅、任务椅、管理椅和老板椅。

- 无扶手椅或客椅：这种类型的椅子通常放在办公室中，供来访者使用。它的设计预期是使用者坐下的时间会很短，并且不需要任何姿势支撑。无扶手椅没有脚轮或可调节的功能。
- 任务椅（有时称为秘书椅或操作椅）：用来支持打字和文书工作，使用者进行工作时上半身会有大量活动，例如整理文件。这种类型的椅子通常具有可拆卸的扶手和低靠背。
- 管理椅：这种椅子的靠背可高可低且设有扶手，还有比任务椅更宽更厚的座位。它旨在为中层管理人员办公提供支持，这些人一天中有一部分时间在办公桌或键盘前工作，另一部分时间在会议中度过。
- 老板椅：这是一种大尺寸且带扶手的椅子，它的座位更宽、更厚，靠背更高，以彰显权威。皮革是一种常见的装饰选择。

这样的椅子能支持电脑、会议和电话工作。它也适合在会议室和董事会室中使用。

会议室座椅

会议室的座椅选择标准需考虑功能（处理工作或休息）和构造。构造方面的考虑因素包括框架类型、坐垫、悬吊系统以及座椅脚部是否使用脚轮或滑行装置。

对于长时间会议来说，座位舒适度至关重要。会议室的座位类型可能会根据会议室的类型和功能而有所不同。相关或一致的一系列座位可统一会议场所的形象。选择会议座位时，请考虑以下因素：

- 人体工程学：可调整座椅高度、座椅倾斜度、靠背高度和位置以及倾斜姿势控件和扶手。
- 软垫座椅和靠背垫应结实且舒适。
- 椅子的形状和调节功能应适应身体的轮廓。
- 为了保持稳定性，椅子最少要有5个脚轮。脚轮类型应适合所用地板材料。
- 根据椅子的使用情况选择装饰材料。皮革是高端材料；羊毛和羊毛（天然）纤维混纺材料耐磨且能减少静电；聚酯纤维和其他合成纤维混纺材料耐用，适用于频繁使用。

文件柜

系统家具文件台座

系统家具文件台座可以悬挂在工作台面上，也可以是独立式固定的或可移动的装置，具有文件柜和抽屉组合的各种配置，还配有可选锁。

一些固定台座的文件柜组件安装在工作台面的底侧，构成该工作台面支撑系统的一部分。通常这些柜子没有文件架，并且不容易移动。其他固定台座的组件是独立式的，不会附着在工作台面底侧。它们可以轻松地进行结构变换，因为它们没有专门绑定到任何一个工位上。

三屉独立式台座

双屉独立式台座

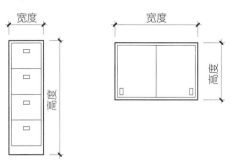
立式文件柜　　　　大型文件存储装置

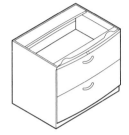
横向文件柜台座

悬挂式台座

三屉移动式台座

双屉移动式台座

文件柜

资料来源：诺尔公司（Knoll, Inc.）。

立式文件柜尺寸

类型	宽度（mm）	高度（mm）	深度（mm）	装载质量（kg）
五屉（信纸尺寸）	381	1524	737	183
五屉（法律尺寸）	457	1524	737	195
四屉（信纸尺寸）	381	1280	737	147
四屉（法律尺寸）	457	1280	737	111
三屉（信纸尺寸）	381	1041	737	117
三屉（法律尺寸）	457	1041	737	73
双屉（信纸尺寸）	381	762	737	73

大型文件储装装置尺寸

类型	宽度（mm）	高度（mm）	深度（mm）	装载质量（kg）
双屉（信纸尺寸以上）	762	660 或 940	737	77
双屉（法律尺寸以上）	914	737	737	140
三屉（信纸尺寸以上）	1092	737	737	171
三屉（法律尺寸以上）	1372	737	737	202

文件柜类型[1]

　　文件柜可以是立式的，仅可用于从前到后的归档配置；也可以是横向的，可用于从一边到另一边或从前到后的悬挂文件配置。

　　立式文件柜有1个抽屉宽、2~5个抽屉高。普通柜子的宽度有两种：一种用于放信纸尺寸[2]的文件，宽度为381 mm，另一种用于放法律尺寸[3]的文件宽度为457 mm。普通柜子的深度为737 mm。

　　横向文件柜的宽度比深度大。普通柜子宽度为762 mm、914 mm和1067 mm。还提供1219 mm宽的文件柜，通常用作系统家具组件。普通柜子深度为457 mm。

1　作者：金姆·A.比斯利和小托马斯·D.戴维斯，美国建筑师协会（AIA），美国瘫痪退役军人协会建筑部（Paralyzed Veterans of America Architecture）。Blythe & Nazdin 建筑事务所；联合空间设计公司（Associated Space Design, Inc.）。
2　信纸尺寸：是美国和加拿大常用纸的尺寸，它的尺寸约为216 mm×279 mm。这种尺寸的纸张通常用于打印信函、文件、报告和一般办公文件。
3　法律尺寸：是美国和加拿大常用纸的尺寸，它的尺寸约为216 mm×356 mm。这种尺寸的纸张通常用于法律文件、合同、法律文件副本以及其他需要较长纸张的文件。

标准

横向文件柜尺寸

类型	宽度（mm）	高度（mm）	深度（mm）	装载质量（kg）
五屉	762、914、1067	1626	457	277~382
四屉	762、914、1067	1321	457	238~327
三屉	762、914、1067	1016	457	182~251
双屉	762、914、1067	813	457	129~177

文件柜稳定性

联锁装置一次只能打开一个抽屉，以确保文件柜不会意外翻倒。

将文件柜固定在墙壁、地面或相邻的柜子（组合）上，可提高其稳定性。考虑到地震因素，要求将文件柜锚固。共享一张工作台的柜子应相互锚固。如果柜子相互锚固，应测验结构楼板荷载的极限，仅4~5个负载的组合式柜子的质量可能会超过地面荷载的极限。

防止倾覆[1]

对于顶部抽屉可能比底部抽屉更频繁使用的应用（例如与办公桌相邻的双屉横向文件柜），应考虑使用配重。有些柜子带有配重，有些则没有，应明确要求。如果文件柜组合在一起，则可能不需要配重。

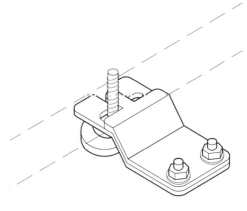

锚架

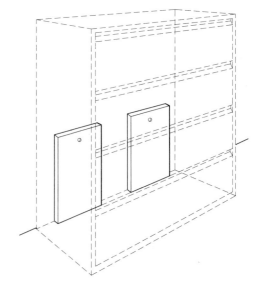

置于文件柜底部的配重

防止倾覆的方法

1 作者：Blythe & Nazdin 建筑事务所。
　　联合空间设计公司（Associated Space Design, Inc.）。

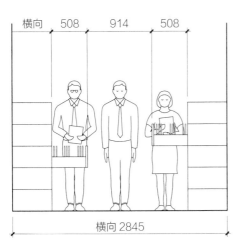

设有流通区的双人侧向使用通道

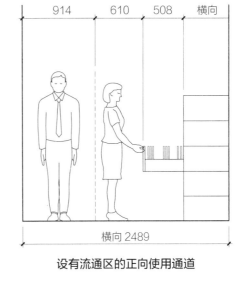

设有流通区的正向使用通道

设有流通区的单人侧向使用通道

仅限单人侧向使用的通道

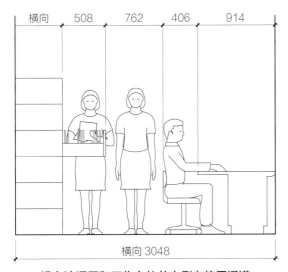

设有流通区和工作台的单人侧向使用通道

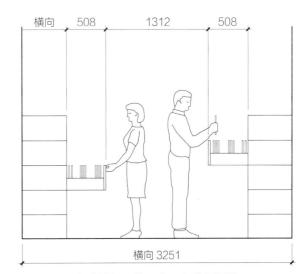

设有流通区的双人正向使用通道

文件柜通道[1]

1　作者:《专业规范》，由 ARCOM 公司出版。

办公搁架 [1]

搁架装置包括单面或双面、可调式和书店式搁架。可移动的高密度搁架可以在导轨上手动移动或机动移动。与静态系统相比，移动式搁架可节省多达45%的地面空间，但对其质量的设计应考虑结构因素。

搁架深度变化很大。随着装置高度的增加，深度可能变得更加有限。

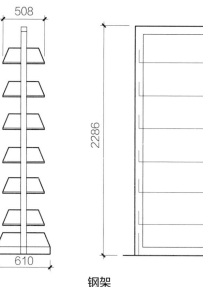

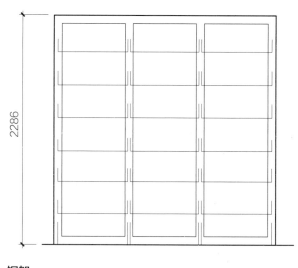

钢架

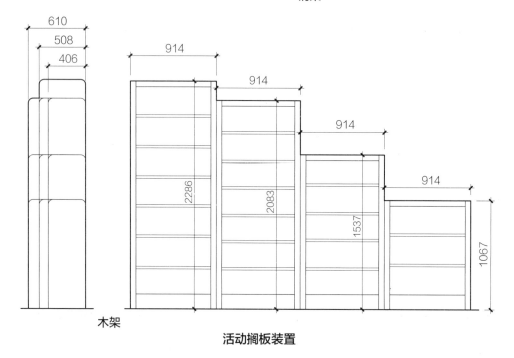

木架

活动搁板装置

办公定制式家具

对于定制办公桌的设计和规格都需要非常注意，并与制造商密切配合，仔细审核制件详图。材料组合及加工的精密度都会极大地影响成品质量。

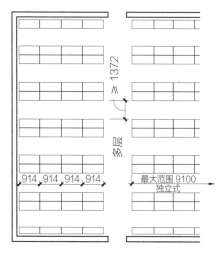

木制或钢制固定搁架平面图

1　作者：Blythe & Nazdin 建筑事务所。
　　联合空间设计公司（Associated Space Design, Inc.）。
　　沃尔特·哈特联合公司，美国建筑师协会（AIA）。

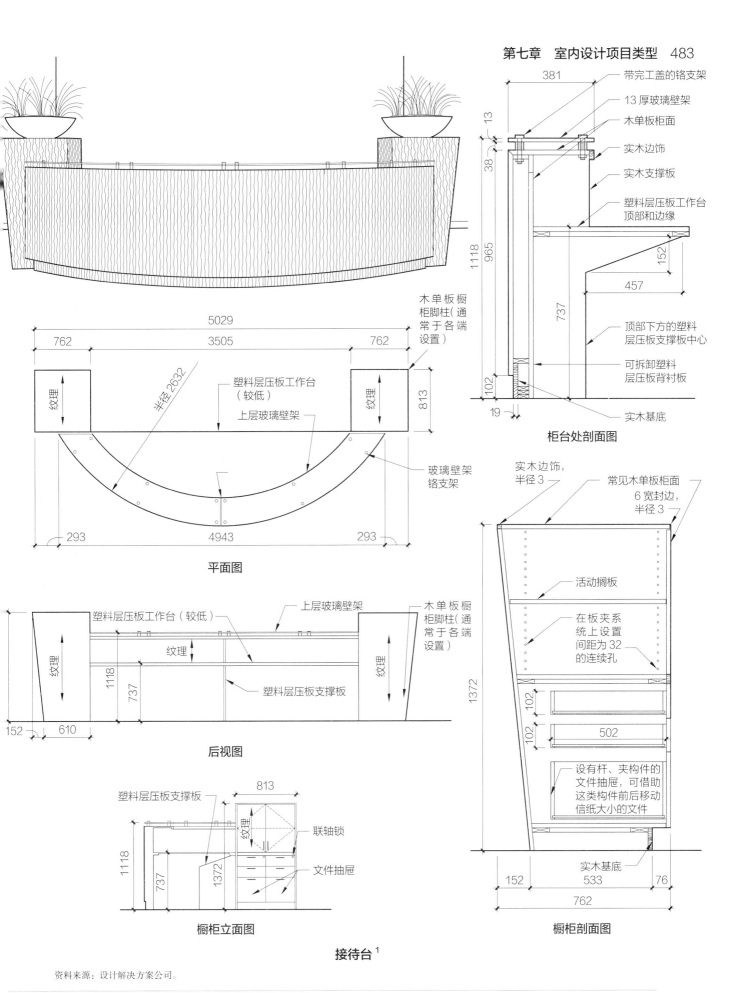

带完工盖的铬支架

13 厚玻璃壁架

木单板柜面

实木边饰

实木支撑板

塑料层压板工作台顶部和边缘

顶部下方的塑料层压板支撑板中心

可拆卸塑料层压板背衬板

实木基底

381

13

38

1118

965

737

152

457

102

19

柜台处剖面图

木单板橱柜脚柱（通常于各端设置）

5029

762

3505

762

813

纹理

半径 2632

塑料层压板工作台（较低）

上层玻璃壁架

玻璃壁架铬支架

纹理

293

4943

293

平面图

塑料层压板工作台（较低）

上层玻璃壁架

木单板橱柜脚柱（通常于各端设置）

纹理

纹理

1118

737

纹理

塑料层压板支撑板

152

610

后视图

实木边饰，半径 3

常见木单板柜面 6 宽封边，半径 3

活动搁板

在板夹系统上设置间距为 32 的连续孔

设有杆、夹构件的文件抽屉，可借助这类构件前后移动信纸大小的文件

实木基底

1372

102

502

102

152

533

76

762

橱柜剖面图

塑料层压板支撑板

813

纹理

联轴锁

文件抽屉

1118

737

1372

橱柜立面图

接待台[1]

资料来源：设计解决方案公司。

1　项目：密苏里州地球城，圣路易斯公羊队训练和管理大楼。
　　设计：密苏里州圣路易斯，O' Toole 设计事务所。
　　木工：密苏里州圣路易斯，经典木工。

办公照明

最常见的照明设计和照明设备可能都是为办公照明应用服务的。几乎所有的建筑类型都包含办公区域。办公照明方案会影响使用者的工作能力，也会对环境产生重大影响。

推动办公照明解决方案的因素有很多。为特定类型的办公区域进行设计通常并不重要，因为几乎所有的视觉任务基本上都是相同的。办公人员需要合适的光线操作电脑和阅读纸质文件。计算机显示器技术在过去十年里有了很大的进步，现在几乎每个人都使用低眩光的平板显示器。仅仅是这一项技术变革就彻底改变了我们看待办公照明的方式。早在20世纪80年代，计算机工作台成为常态时，拥有不会在显示器中造成干扰性反射的照明系统就已经极其重要。用低眩光百叶窗防止反射的"暗光"解决方案应运而生。遗憾的是，即便在桌面入射光充足的情况下，这种类型的照明解决方案也会形成一片黑暗的空间。这些系统的能源效率也非常低。如今的解决方案让空间看起来更明亮，对用户更有吸引力。

以下几个因素会影响到每个办公照明项目：

· 开放式办公区域与封闭式办公区域。
· 未来空间规划变化的灵活性，以及模块化空间规划。
· 室内净高。
· 私人办公区域或开放式工作台中的高架柜所需要的作业照明。
· 与其他系统（如机械、喷水灭火装置、吊顶天花龙骨）的整合。
· 能源规范限制和可持续性目标。
· 可用日光。
· 照明控制要求。
· 设计美学。

能源规范要求越来越严格。做任何与照明有关的决定之前，要了解什么是允许的、什么是必需的。可持续性设计目标（如LEED积分）也可能会影响项目。

要获得LEED基本认证，项目需要符合特定规范要求。需要额外的LEED积分的话，不同的节能级别有不同的积分要求，比如低于规范要求的15%和25%。遵守一些新法规的最低要求很难，承诺项目的进一步节能也很困难，有时甚至是不利于项目发展的。

充足的日光可以更容易实现这些要求。如果日光可用，那么设计师应该考虑如何整合日光采集系统。这可以简单到让用户能够关灯，也可以复杂到安装智能系统，在有足够的日光时自动调暗灯光。

一旦考虑到项目的技术要求，就应该开始研究规划和灵活性的问题了。开放式办公区域和私人办公区域有时可以使用相同的照明解决方案，但并非总是如此。私人办公区域无论是位于周边日光区还是集中在室内区域，都可以找到解决方案。

如果用户需要一个灵活的环境，可以让墙壁、办公区域和工作台的位置调整轻松便捷，以促进员工办公空间的重新组合，那么模块化规划的天花板和照明解决方案可以减少空间规划变化时移动灯具的需求。设计专业之间的仔细整合将创造出智能且有组织的综合解决方案。此类系统的最初成本通常较高，但如果用户经常改变空间规划，那么这些系统就会很快带来回报。

如果工作台有高架储物箱，则需要提供作业照明，以消除这些障碍物造成的阴影。如果作业照明是设计的一部分，那么可以降低环境光的水平，达到进一步的节能效果。即使项目没有高架储物装置，考虑作业照明也是可取的。这种策略能让用户对环境有更多的控制，通常可以减少环境系统，从而节省能源。

室内净高限制可能也是一个问题。在低于2.9 m的天花板上悬挂吊灯，很难不显得灯具挂得太低。

某些照明方案可能比其他方案更适合某种特定的设计美学。现代办公设计可采用悬垂式灯具或嵌入式灯具。传统设计的办公区域通常更适合使用嵌入式解决方案。有些系统的设计是中性的，可以驾驭不同的建筑风格。

　　重要的是照明解决方案要让空间看起来令人满意。这意味着大堂、接待区、客户区、会议室和流通区等专业区域应具有视觉吸引力，而且光线充足。墙壁和天花板上的优质材料应有适当光

照。装饰灯具可作为另一种设计工具，但必须有多样性。办公空间有相同的光线水平和照明类型，会让空间在视觉上显得平淡无奇。照明设计应能使使用者在流通区域看到不同的照明方案，在私人办公区域和开放空间以及专用区域感受到不同的照明。这种多样性会产生对比效果和视觉刺激。

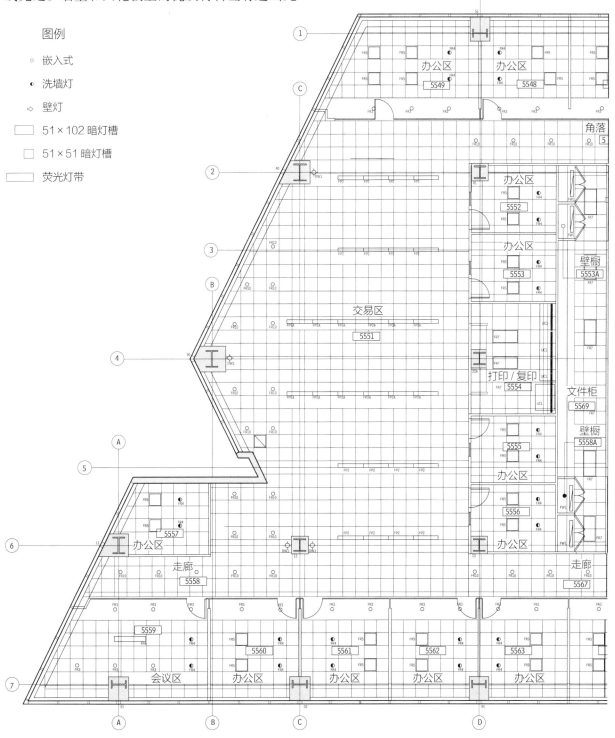

办公照明反射天花板平面图

资料来源：斯莱登·范斯坦集成照明（Sladen Feinstein Integrated Lighting）。

开放式办公区域声学效果

开放式办公区域可以为办公安排和工作流程提供极大的灵活性。然而，由于工作台或隔间没有全高隔断，噪声可能是一个主要问题。语音的干扰程度取决于它的清晰度。无意中听到的谈话可能会使人心烦或分心，但轻声低语可能不会。设计开放式办公区域时，应根据工作职能和实际分隔情况，评估工作台之间的交流需求。

开放式系统家具安装中的声学设计提出了独特的挑战。声音向四面八方传播，可能难以控制。使用吸声板在一定程度上能够改善吸声效果，但来自电话、谈话、设备和其他来源的噪声通常还是可以听到的。吸声天花板和地毯会吸收一些声音。声学工程师可以就如何控制噪声提出建议。采用利用白噪声的声音掩蔽系统越来越有必要。

开放式办公区域的语音清晰度和声学可以用清晰度指数（AI）来评估，它是对信号（周围人的声音或侵入性噪声）和稳定背景噪声（来自机械设备、交通或电子声音掩蔽的环境噪声）之间比率的衡量。需要交流时，例如在教室或电话会议室，最好为高 AI，以便人们能够听清楚。但办公环境中最好是低 AI，更有利于集中注意力。

AI 取值范围从接近 0 到接近 1.0。

· 接近 0：信号很弱，噪声相对较高，没有可理解性，或有良好的语音隐私。

· 接近 1.0：信号极强，噪声低，有极强的通信能力，或没有语音隐私。

开放式办公空间的低 AI 等级可以通过三种主要方式实现：阻隔声音、掩蔽（覆盖）声音和吸收声音。

阻隔声音

设置半高屏障或隔断是必要的，用来阻止工作台之间的直接声音传输。屏障必须足够高、足够宽，以阻挡声音源和接收人之间的视线。一个 1.2 m 左右的屏障高度对语音隐私没有明显帮助，1.5 m 的屏障高度是阻隔声音的最低要求，而 1.8 m 的屏障高度则是保护正常隐私的典型要求。

屏障应该至少能够阻挡声音以及声音在屏障上传播的路径，这意味着最低实验室传声等级（声学传输类别）值为 24。屏障或屏风应延伸至地面，或只在底部留下 2.54 cm 左右的空隙。相邻面板之间不应有开口间隙。屏障可能需要有吸声面，以减少对下一个工作台的声音反射。

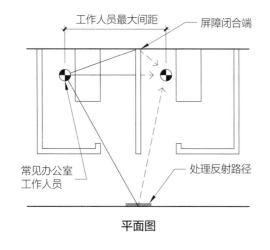

平面图

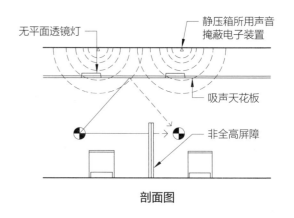

剖面图

开放式办公区域声音控制

掩蔽声音

背景声音的特征和水平可能是开放式办公区域最重要的声学设计考量因素。适度的背景声或环境声可以掩蔽或覆盖恼人的干扰声。掩蔽声既不能太大也不能太小，应介于45~50 dB之间。会议室和私人办公区域需要较低的背景噪声，应该配设静压箱，避免直接暴露在掩蔽声中。

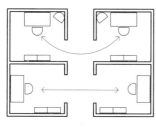

较差布局

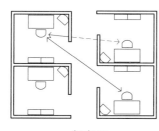

一般布局

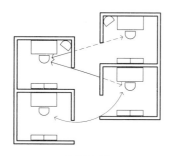

良好布局

开放式办公区域配置的声音隐私

声音掩蔽系统包括噪声发生器、适当塑造声谱的均衡器、放大器和隐藏在无障碍吸声砖天花板上方的扬声器。该类系统会产生宽频、悦耳、均匀分布的掩蔽噪声。静压箱中的声音通过天花板向下过滤，提供了一个均匀的声音覆盖层，可以掩盖来自周围人们的干扰声。

吸收声音

开放式办公区域的天花板是最重要的表面，应设置高效的吸声材料。玻璃纤维天花板通常有0.85或更高的NRC[1]/SAA[2]值，是开放式空间的首选材料。普通矿物纤维吸声板的典型NRC/SAA值为0.55~0.65。坚硬的声音反射材料（如暴露的结构物或石膏板）会显著减少声音隐私，并增加办公区域内恼人的声音水平。大多数天花板制造商会为产品提供广泛的NRC/SAA数据，并且有具备高吸声性的特殊产品，可用于开放式空间。材料的选择还必须考虑其反射光线的能力。

大多数吸声材料都是按照ASTM C 423 "用混响室法测定吸声及吸声系数的标准试验方法"在混响室中测量的，以确定它们的随机入射吸声系数。测量办公区域的声学性能，最有效的方法是将材料与平坦天花板成40°~60°的入射角，并在频率上加权以反映对语音清晰度的相对贡献后，测量材料吸收声音的能力。评估天花板材料吸声效果的一个有效工具是语音吸收系数（SAC）。

其他因素

以下因素会影响开放式办公区域的声学性能：

· 布置办公区域，错开入口，消除从一个工作台到另一个工作台的直接视线或穿过门缝的开阔视野。

· 工作台应相距2.4~3 m，这样声音水平就会因距离而充分降低。较高的天花板有助于减少噪声传播。

· 天花板平面上的灯具不应该有硬透镜，也不应该直接安装在隔断上方，因为灯具可以作为镜子，让声音穿过屏障。

· 一些屏障或反射表面（如墙壁、文件柜）可能需要使用吸声材料。

· 地毯有助于减少脚步声和冲击噪声，是开放式办公区域的一大优势。

· 声音水平应保持最低，即使是最好的声学处理也不能防止大声说话和使用扩音电话造成的干扰。

---

1 NRC：降噪系数。
2 SAA：平均吸声系数。

会议室

会议室以桌子为主，其大小和形状不一。不同配置会影响使用的灵活性和人际关系的质量。

会议室设计的考虑因素包括房间用途、房间大小和形状、便利性、容量、家具配置、秘密性和声音衰减、门内窗户或视觉面板的需求、活动隔断、暖通空调（HVAC）要求、照明和控制、附件和设备。

会议室类型

大多数会议室通常用于复杂的视听演示和电话会议功能。房间的大小和配置对某些类型的演示成功与否至关重要。

- 礼堂：礼堂设计用于容纳150人或150人以上，用于在剧院式的座位安排中进行正式演示，有倾斜的地面。
- 露天剧场：圆形剧场的特点是设有分层地面、内置工作台面，以及圆形或马蹄形座椅布置。
- 宴会厅：大容量的会议室和宴会厅。功能区设在附近。
- 董事会会议室：即一个升级的会议室，可容纳16~24人。每个座位3.7 m²，有高档装修和家具。
- 大型会议室：用于较正式的演示，不需要太多观众。面积通常大于139 m²，房间纵深通常超过15 m。房间可以用活动隔断隔开。
- 中型会议室：房间面积通常为93~139 m²，用于互动式团体项目。可以用活动隔断隔开。
- 小型会议室：房间面积通常为28~93 m²，用于互动式小组项目和小型讨论小组。
- 分组讨论室：一个小型讨论区或非正式会议空间。
- 教室（培训室）：空间大小不一，但面积一般在28~74 m²之间。
- 计算机培训室：工作台配置要求为每人2.8~ 3.7 m²。
- 强化战略室：较小的专用房间，具有高科技要求和计算机配置。

会议桌人体测量学

设计会议和培训区域时应考虑人体测量学。座位区和工作区，以及各种配置的舒适视线，提高了用户的舒适度。

会议室布局

剧院式座位提供的座位容量最大。教室、U形布局和带桌子的集群式布局提供了类似的座位容量，但用于各种演示和教学项目。座位容量因房间尺寸和布局而异。

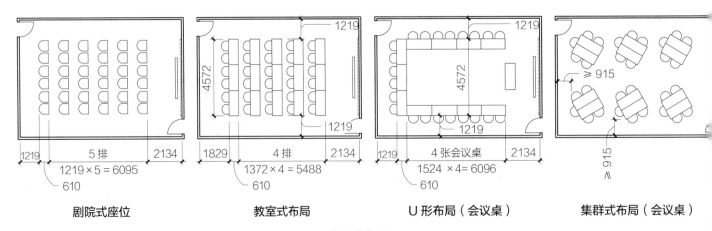

剧院式座位　　教室式布局　　U 形布局（会议桌）　　集群式布局（会议桌）

会议室布局

资料来源：理查德·H. 彭纳，《会议中心规划设计》。

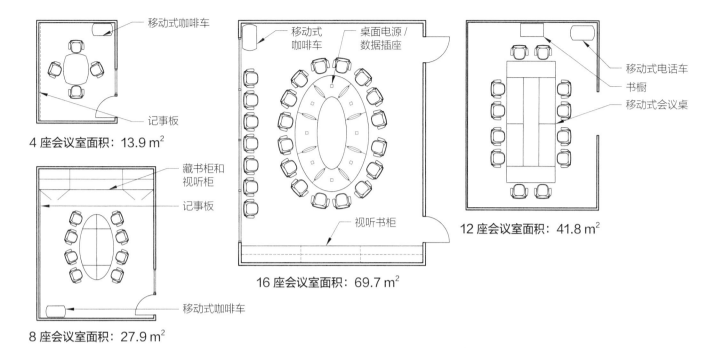

4 座会议室面积：13.9 m²

8 座会议室面积：27.9 m²

16 座会议室面积：69.7 m²

12 座会议室面积：41.8 m²

会议室布局方案

资料来源：lauckgroup 公司。

会议桌

　　会议室桌子的大小和配置会影响房间可利用空间的大小和使用者的舒适度。常见的标准桌子尺寸可用于大多数会议室，能提高房间布局以及家具存放和恢复的效率。

　　梯形或其他形状的桌子为非标准桌子布置提供了灵活性，对于视频会议等场合可能很有用。在会议室布局方面，模块化桌子比一张大桌子具有更大的灵活性。确定桌子的类型和样式时要考虑房间的用途和质量水平。

　　桌子的材料和饰面应反映出预期的会议或培训功能和质量水平。采用木质、石质和玻璃的定制桌子更适合高质量会议室。中层会议室和培训桌应该耐用舒适，提供适当的功能，并且经济实惠，易于存放物品。桌子饰面可以为塑料层压板、油毡、木材单板和其他材料。边缘材料（包括木材、橡胶和皮革）可提供额外的保护或舒适度。倾斜和缓和的桌子边缘比方形边缘更舒适，并且不易损坏。底面倾斜的桌子边缘为椅子扶手提供了更多空间。

会议桌和培训桌的设计准则包括以下内容：

· 每个人的最佳尺寸为 762 mm，可以容纳一把普通尺寸的椅子并在占用者之间留出空间，不会跨过桌腿。

· 两个人共用的桌子长度为 1524 mm。

· 常规培训桌尺寸为 762 mm 宽、1524 mm 长、737 mm 高。

· 桌子的高度应允许桌下的扶手不受影响。无障碍桌子高度必须适合轮椅，可能需要特殊的底座。

· 桌子的宽度应允许使用者舒适地工作，并有参考空间。常见的最小宽度为 610 mm。如果空间大小和功能允许并且人们坐在彼此对面，可以使用 762 mm 或更大的宽度。

· 桌子的底座应该稳定，最好是有支撑杆。

· 折叠式或翻盖式桌子为房间布局和使用提供了灵活性。

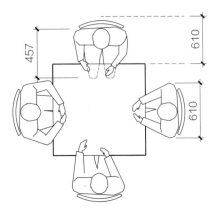

会客区——方桌，四人

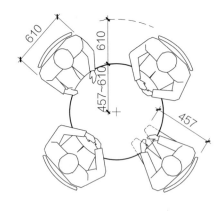

会客区——圆桌，四人

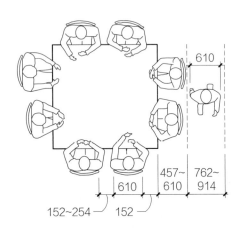

工作区和流通区——方桌

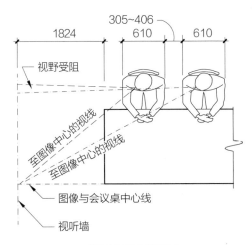

视听会议桌视线 1

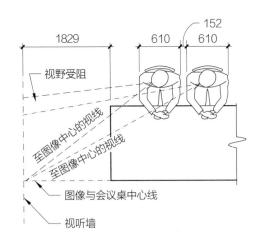

视听会议桌视线 2

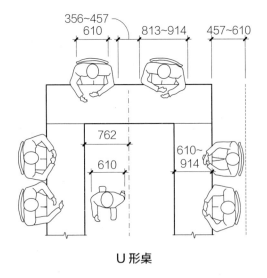

U 形桌

会议桌人体测量学

资料来源：朱利叶斯·帕内罗、马丁·泽尔尼克，《人体尺寸和室内空间》。

座位容量指南

座位容量指南——圆形桌面

直径 （mm）	大致容量 （人）	图示
1067	4	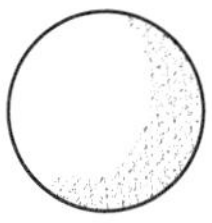
1219	5	
1372	5	
1524	6	
1676	6	
1829	7	
2134	8	
2438	10	
2743	11	
3048	12	

座位容量指南——环形桌面

直径 （mm）	宽度 （mm）	大致容量 （人）	图示
1829	914	6	
2438	1219	6	
3048	1219	8	
3658	1219	10	
3048	1524	10	
3658	1524	10	
4572	1524	12	
5486	1524	14	
6096	1524	16	

座位容量指南——长方形桌面

直径 （mm）	宽度 （mm）	大致容量 （人）	图示
1219	610	1	
1524	610	4	
1829	610	4	
2134	610	3	
914	762	4	
1219	762	4	
1524	762	6	
1829	762	6	
2134	762	6	
2438	762	8	
1219	914	4	
1524	914	6	
1829	914	6	
2134	914	6	
2438	914	8	
1829	1067	6	
2134	1067	6	
2438	1067	8	
2743	1067	8	
3048	1067	10	
1829	1219	6	
2134	1219	8	
2438	1219	8	
2743	1219	10	
3048	1219	12	

座位容量指南——船形桌面

直径 （mm）	宽度—中心 （mm）	大致容量 （人）	图示
1829	914	6	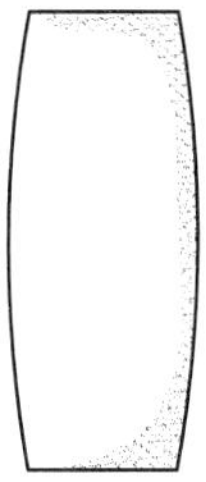
2134	965	6	
2438	1016	8	
3048	1118	10	
3658	1219	10	
4267	1321	12	
4877	1422	14	
5487	1524	16	
6096	1524	18	
6706	1524	20	
7315	1524	20	

资料来源：Vecta 公司。

会议室台柜

内置式书柜或搁架能提供额外的存储或服务空间，可以使会议室或培训室更加完善。内置式台柜增强了房间的视觉统一性，可以用来框住窗户和封闭对流罩。

会议室照明

会议设施已经成为办公环境的重要组成部分，而支持其功能的适当照明至关重要。照明系统必须提供一般照明、作业照明、周边墙面照明或重点照明，通常还提供视听演示支持照明，可能还需要额外的装饰性或建筑性增强照明。

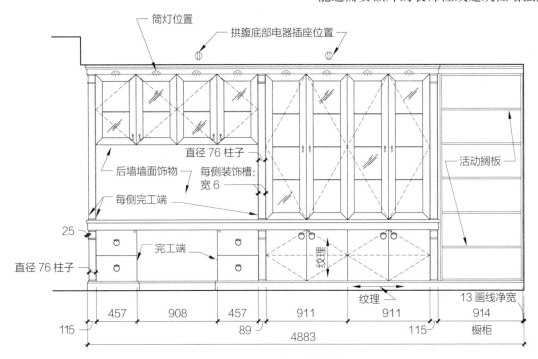

柜子立面图

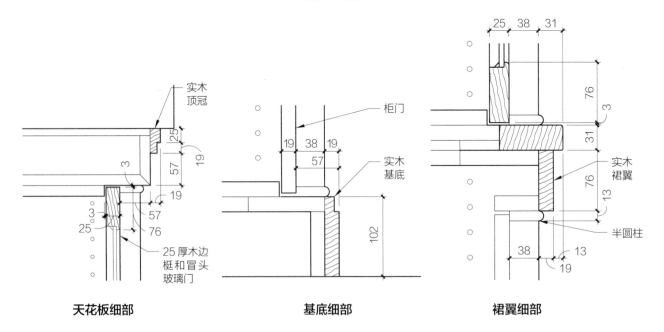

天花板细部　　　　基底细部　　　　裙翼细部

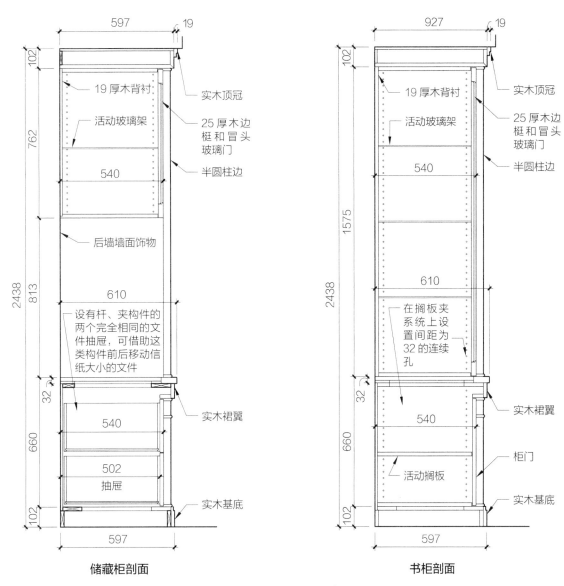

储藏柜剖面　　　　　　　　　书柜剖面

带柜子和书桌的书柜[1]

会议室里最好采用多种照明类型的组合。上照灯、凹圆暗槽灯或吊灯用于环境照明，而嵌入式筒灯用于照亮桌子。洗墙灯可以使用可调节的强光灯，照亮演示墙或艺术墙，灵活突出讲台和演示台。

传统上，视频会议在专用房间里举行，其设计类似于小型演播室。如今，视频会议几乎可以在任何会议室举行，但其照明应该精心设计，以适应这一功能。无阴影的面部照明和房间后面的墙壁照明是关键因素，这些都是摄像机可以拍摄到的。IES（美国照明工程学会）对这些类型的空间有具体的设计准则。面临的挑战在于如何将这些照明元素添加到精心设计的会议室或董事会会议室空间，而不是工作室空间。视频会议设备有了很大的改进，对于非专用视频会议照明系统比以前更加宽容。但仍然需要注意确保为这些功能设计适当的照明。

应尽可能采用照明控制，通过预设调光来协调各种照明条件。设置一个房间占用传感器也相当有用。这些房间没有人时，传感器会关闭灯光。

1　项目：圣路易斯公羊队训练和管理大楼。
　　设计：O'Toole 设计事务所。
　　木工：Classic Woodworking 公司。

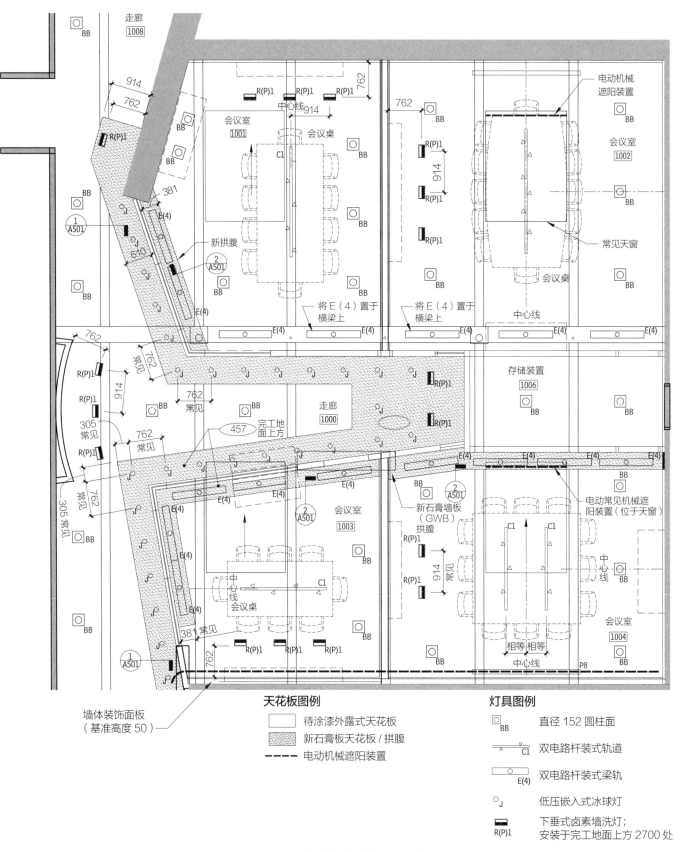

天花板图例

　□　待涂漆外露式天花板

　▨　新石膏板天花板 / 拱腹

　- - - -　电动机械遮阳装置

灯具图例

　◻BB　直径 152 圆柱面

　━C1　双电路杆装式轨道

　━E(4)　双电路杆装式梁轨

　○J　低压嵌入式冰球灯

　▬R(P)1　下垂式卤素墙洗灯；
　　　　安装于完工地面上方 2700 处

会议室照明反射天花板平面图

资料来源：斯莱登·范斯坦集成照明（Sladen Feinstein Integrated Lighting）。

住宅空间

厨房

一间规划良好的厨房，主要的组成要素是交通和工作流程、橱柜和存储空间、台面以及着陆空间。厨房器具的放置、使用和间隙空间是关键，还有房间、器具和设备的控制。厨房设计应考虑主水槽、冰箱、准备工作台和灶台或炉灶中心的关系。任何两个主要工作中心都不应被一个从地面延伸到壁柜顶部的全深度橱柜隔开。

工作过道是垂直物体之间的通道，两边是工作台或器具。单厨具厨房中的过道至少应为1067 mm宽，多厨具厨房中的过道至少应为1219 mm宽。

窗户或天窗面积应至少等于独立厨房总面积或包括厨房在内的总居住空间的10%。

厨房设计考量

住宅厨房的重要设计准则包括以下内容：

· 任何入口门、电器门或橱柜门都不应彼此干扰。

· 开放式台面的转角应修剪或倒圆，台面边缘应放宽，消除尖锐的边缘。

· 控制装置、把手和门或抽屉的拉手应该可以单手操作，且只需最小的操作力量，而不需要用手腕紧抓、捏或扭。

· 所有用于表面烹饪的主要器具都应有通风系统，风扇的额定功率至少为4.2 m³/min。

· 厨房的所有插座都应指定接地故障断路器。

· 灭火器应放在厨房的醒目位置，远离烹饪设备，距地面381~1219 mm。厨房附近应有烟雾警报器。

· 厨房的每个工作台都应该有适当的作业照明或普通照明。

活动中心

厨房一般有三个基本要素——水槽、炉灶和冰箱，但厨房通常包含更多的活动中心，包括服务中心、用餐区、洗衣区、家庭办公中心和媒体中心。

活动中心

名称	功能
主要清理水槽	房屋回收中心，收纳洗碗机，食物垃圾处理机
二级水槽	一般与食物制备中心有关，也可用于清洁功能
制备中心	一个连续长柜台，可以放在水槽和烹饪面之间或水槽和冰箱之间；多个烹饪者可以使用多个柜台
烹饪中心	以烹饪面为中心；不需要单独的内置式烤箱，除非包括微波炉
微波炉	由于使用频率高，应位于主要活动区域附近
食品储藏中心	用于储存食物，包括从地面到拱腹或天花板的储物柜；应位于食物制备区附近

工作区

对于封闭式配置的表面烹饪区，至少要留出距墙面76 mm宽的间隙，并使用阻燃表面材料。烹饪表面和相邻的台面区域应该是同一高度。

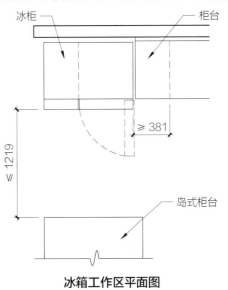

冰箱工作区平面图

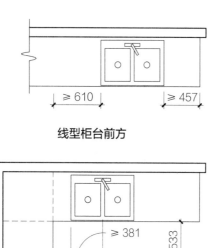

线型柜台前方

水槽工作区
邻角洗涤槽

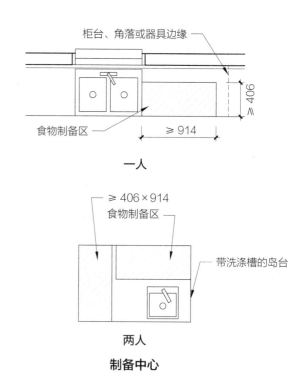

一人

≥ 406×914
食物制备区
带洗涤槽的岛台

两人

制备中心

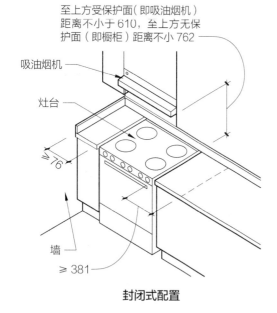

封闭式配置

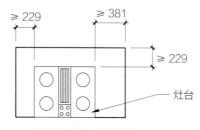

开放式（岛式）配置

表面烹饪工作区

厨房布局[1]

厨房布局可以根据每个用户的需要定制，可以有无尽的变化。一些比较常见的厨房布局包括以下内容：

- U形厨房：U形厨房通常被认为是最有效的方案，它可以节省操作步骤，因为烹饪者被连续的工作台和存储系统三面包围，交通自然地被引导到工作区周围。

- 工作中心位于相邻两面墙的L形厨房：形成一个自然的三角形，允许从工作区通行，并为烹饪者提供了大量的连续柜台空间。

- 带独立岛台的L形厨房：具有U形厨房的所有优点，更加开放、流动、自由。岛式设计允许烹饪者与客人和辅助者之间进行互动，允许多人在开放柜台周围工作。

- 走廊式厨房：为烹饪者在两面平行墙上的工作中心进行高效组合操作提供了优势。家庭成员可能会在该地区来回穿梭。走廊式厨房对两个烹饪者来说通常太小了，因此只适用于小公寓或高效单元。

1 作者：J.T.迪瓦恩和罗伯特·E.安德森，美国建筑师协会（AIA）
美国国家厨卫协会。
理查德·J.维图洛，美国建筑师协会（AIA），橡树叶工作室（Oak Leaf Studio）。

厨房工作三角区

工作三角区是指从每个三角形的中心前面开始测量的冰箱、主要食物制备水槽和主要烹饪灶台之间最短的步行距离。走道和交通模式不应干扰主要工作三角区，橱柜与任何一个三角区的边相交不应超过305 mm。三角区每条边的长度应在

1.2~2.7 m 之间，三条边的总和应小于7.9 m。

如果两个或两个以上的烹饪者同时烹饪，应该为每个烹饪者设置一个工作三角区。主三角区和副三角区的一条边可以共用，但两者不应相互交叉。厨房器具可以共用或分开使用。

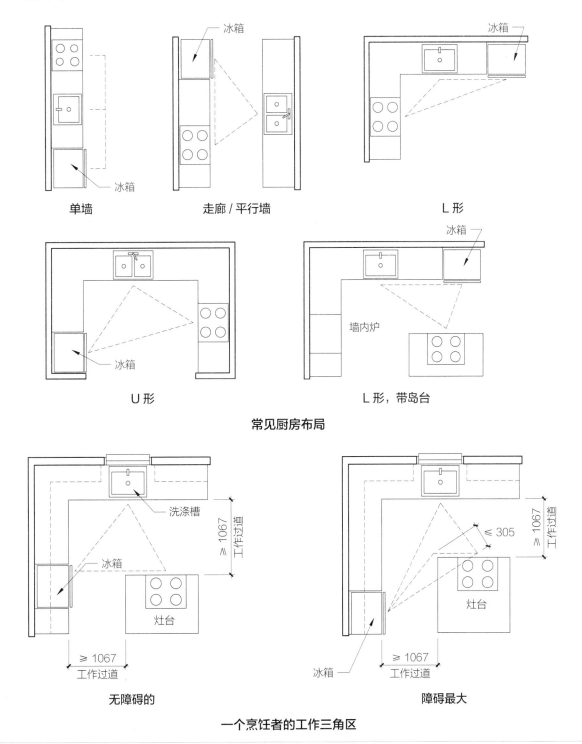

单墙

走廊 / 平行墙

L 形

U 形

L 形，带岛台

常见厨房布局

洗涤槽

冰箱

≥ 1067 工作过道

≥ 1067 工作过道

灶台

无障碍的

≤ 305

≥ 1067 工作过道

墙内炉

灶台

冰箱

≥ 1067 工作过道

障碍最大

一个烹饪者的工作三角区

走道是在通行方向上深度大于610 mm的垂直物体之间的通道，其中最多放置一个工作台或器具。走道应至少宽914 mm，不应穿过工作三角区。

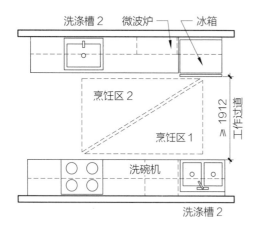

两个烹饪者的工作三角区

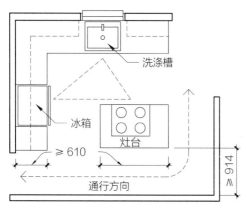

工作三角区附近的交通流量

无障碍[1]

无障碍空间中至少有5%的水槽符合地面净空、高度、水龙头、外露管道和表面的要求。

带两个入口的直通式厨房要有1016 mm的最小净宽。对于三面连续的U形厨房，厨房工作区域内相对的底柜、台面、电器或墙壁之间必须有1524 mm的最小净宽。没有两个入口的厨房必须有如前所述的1524 mm净宽。

将厨房水槽放在洗碗机旁不仅能达到无障碍要求，也有功能上的优势。水槽的膝部空间为轮椅使用者提供了便捷的通道，方便使用旁边的洗碗机。水槽本身应该很浅，配有易于操作的水龙头。还建议使用高出水口和拉出式喷雾附件。垃圾处理机必须偏移，以便在水槽下提供充分的膝部空间。

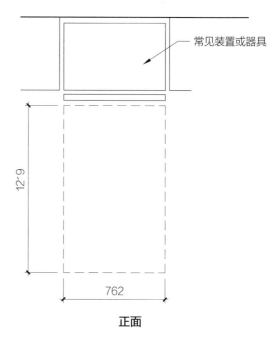

正面

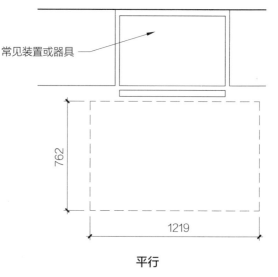

平行

装置或器具示意图

1 作者：J.T. 迪瓦恩和罗伯特·E. 安德森，美国建筑师协会（AIA）
美国国家厨卫协会。
理查德·J. 维图洛，美国建筑师协会（AIA），橡树叶工作室（Oak Leaf Studio）。

　　为轮椅使用者设计厨房储存空间，应使其能看到并接触到壁柜、底柜、抽屉和储藏室。例如，可以规定底柜包括拉出式搁架或抽屉，这便于取放存储在柜子后面的物品。同样地，储藏室门上的架子也让使用者更容易找到和拿到储存的物品。

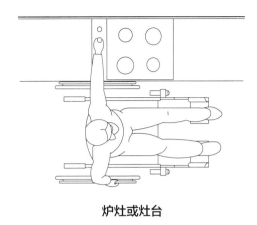

炉灶或灶台

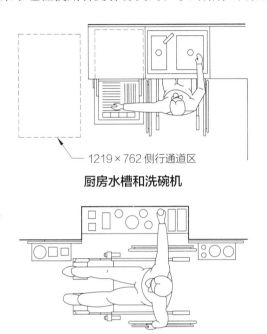

1219×762 侧行通道区

厨房水槽和洗碗机

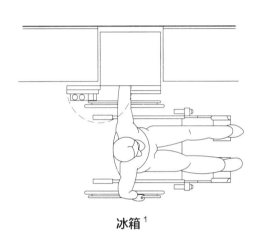

冰箱[1]

厨房储存

住宅厨房的地面净空和膝部空间要求 [2]

器具	通道（提供一种）	ADA/ABA 2004	ANSI 类型 A	FHAA/ANSI 类型 B
洗涤槽	平行	不允许	不允许	居中可允许
	向前，下方有膝部空间	允许	允许	居中可允许
炉灶 / 灶台	平行或向前，下方有膝部空间	允许	允许	居中可允许
工作区域	平行	不允许	不允许	不需要
	向前，下方有膝部空间	允许	允许	不需要
储存	平行或向前，下方有 / 无膝部空间	50% 的搁架空间触手可及	每种类型中至少有一种应具有触手可及的存储空间	不需要
冰箱	平行	允许	允许	居中可允许
	向前，下方无膝部空间	允许	不允许	居中可允许
洗碗机	平行或向前，下方无膝部空间	靠近敞开的门可允许	靠近敞开的门可允许	居中可允许
烤箱（自清洁）	平行或向前，下方无膝部空间	不允许	不允许	居中可允许
	向前，相邻工作台面下方有膝部空间	允许	允许	居中可允许
烤箱（非自清洁）	平行或向前，下方无膝部空间	不允许	不允许	居中可允许
	向前，相邻工作台面下方有膝部空间	允许	允许	居中可允许
垃圾压实机	平行或向前，下方无膝部空间	允许	允许	居中可允许
洗涤机 / 烘干机	平行	允许	必须居中	不需要
	向前，下方无膝部空间	不允许	允许	不需要

1　通常可移动的柜子可以临时安装在器具下面的膝部空间。如果使用向前通道，但器具下方没有膝部空间，则控制装置必须位于器具前方。
2　作者：劳伦斯·G.佩里，美国建筑师协会（AIA）。

炉灶或灶台应该有前置或侧置的控制装置，这样坐着的用户就不需要用手接触加热的表面。光滑的灶台表面允许锅底滑动，无须从燃烧器上提起又放下。独立的灶台和烤箱装置允许在烹饪表面下方提供膝部空间，尽管这种布置也会造成安全问题。

对开门式冰箱从底层到顶层的所有高度均为用户提供了冷冻室和冷藏室。对于许多轮椅使用者来说，上下两层式冰箱也是一个令人满意的选择。门较窄的型号更容易操作，如果冰箱门完全向后摆动180°，则更容易提供所需的平行入口。

灶台

灶台有标准炉灶和独立单元两种，可以是燃气的，也可以是电的。双燃料型配有密封气体燃烧器和电对流烤箱。住宅厨房设备的尺寸和特征因这些装置而异，具体的特征和尺寸请咨询制造商。

现在燃气灶通常为电点火，而不是浪费能源的长燃小火。大多数都有密封气体燃烧器，更容易保持清洁。燃气灶应该用外排风扇通风。

电炉灶通常需要220 V的接地电力服务。有些炉灶面具有模块化的开放式隔间，可容纳卤素、辐射或线圈元件盒或烤架组件。滑入式（相对于独立式）炉灶提供了坚固、流线型的外观，没有框架和缝隙。其他炉灶的选项包括煎锅和烧烤炉。

电灶台配有各种加热元件，要求锅与燃烧器有良好的接触，因此平底锅是必要的。

电灶台加热元件

元件类型	说明
裸露线圈	比其他类型的产品更难保持清洁
辐射元件	位于陶瓷玻璃下
	便于清洁
	升温速度比固体盘快，但比线圈慢
	比固体盘或线圈更节能
感应元件	将电磁能直接转移到平底锅
	非常节能，但十分昂贵
	移开平底锅后，灶台上只剩下极少热量
	只适用于黑色金属炊具，不适用于铝制平底锅

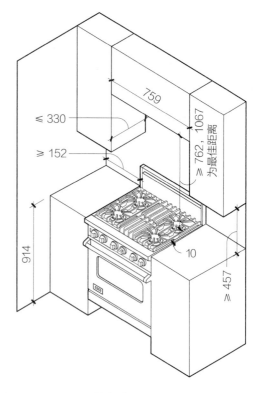

灶台表面净空

烤箱

烤箱有燃气和电两种，可以是传统型、组合辐射/对流型或微波型。

带自清洁功能的传统烤箱具有额外的保温功能，每月自清洁不超过一次的情况下可能更节能。

对流烤箱有一个专用的第三元件（除了顶部和底部元件），围绕着烤箱后部的对流风扇，使加热的空气在整个烤箱内均匀循环，消除任何温度不均匀性。它们通常比传统烤箱更节能。

住宅厨房有时还包括商业设备。这些设备体积较大，加热输出量增加，对水电和通风的要求也更高。

微波炉有台面式、超大容量式、柜台式和内置式。它们可以减少能源使用和烹饪时间，特别是小分量的烹饪。

其他烹饪器具

有各种辅助烹饪器具可供选择，但应考虑能

源消耗和实用性。

・保温抽屉将内容物保持在32~107 ℃之间。托盘和抽屉均可拆除。

・住宅用电转烤肉架需要电气和燃气连接，以及一个排气罩。

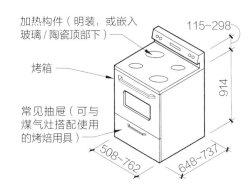

加热构件（明装，或嵌入玻璃/陶瓷顶部下）

烤箱

常见抽屉（可与煤气灶搭配使用的烤焙用具）

115~298

914

508~762　648~737

带烤箱的独立式炉灶

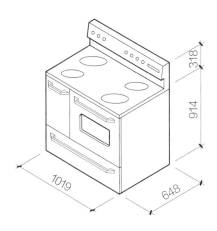

318

914

1019　648

带大小烤箱的独立式炉灶

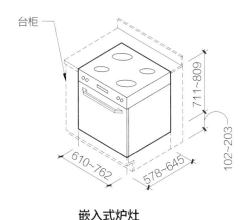

台柜

711~809

102~203

610~762　578~645

嵌入式炉灶

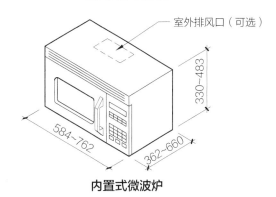

595~794

603~824　540~648

内置式单壁炉

嵌入式向下通风装置（可选）

嵌入弹出式向下通风装置（可选）

51~178

483~521

584~902　508~565

常见风扇构件

嵌入式炉灶灶台

室外排风口（可选）

330~483

584~762　362~660

内置式微波炉

冰箱和冰柜 [1]

较新的冰箱隔热性能更好，门密封更紧密，线圈表面积更大，压缩机和电机更好，能源效率更高。冰箱越大，使用的能源就越多，但一台大冰箱比两台同等容量的小冰箱使用的能源要少。对开门式冰箱的能源效率比冷冻室在顶部的型号要低。内置式冰箱有时比独立式冰箱消耗能源更多。自动制冰机和直通式饮水机耗能也更高。

从顶部装载的柜式冰柜比直立的前置式冰柜效率高10%~20%，但更难整理。

1　作者：美国国家厨卫协会。
　　理查德·J. 维图洛，美国建筑师协会（AIA），橡树叶工作室（Oak Leaf Studio）。

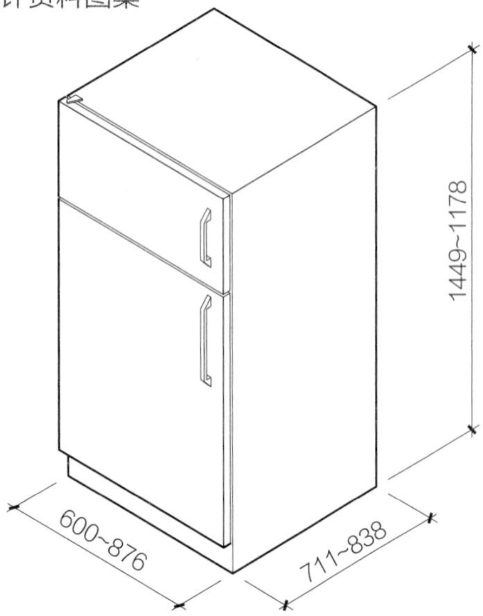

1449~1178

600~876

711~838

顶部带冷冻室的冰箱

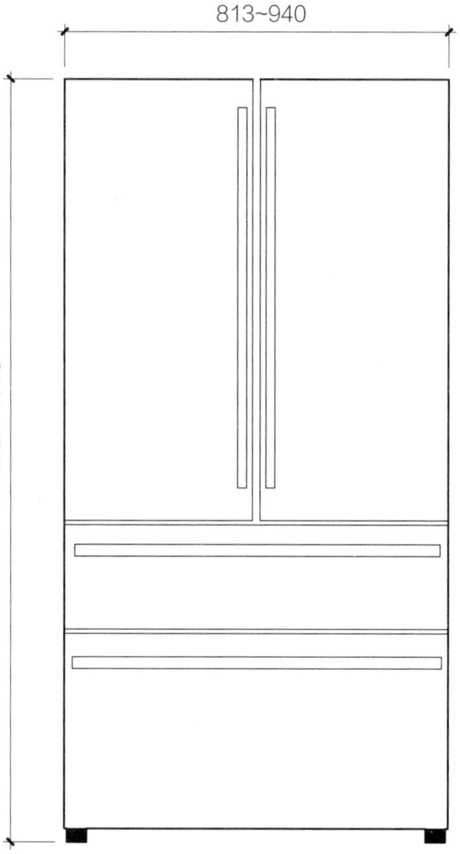

813~940

1727~1778

法式门冰箱

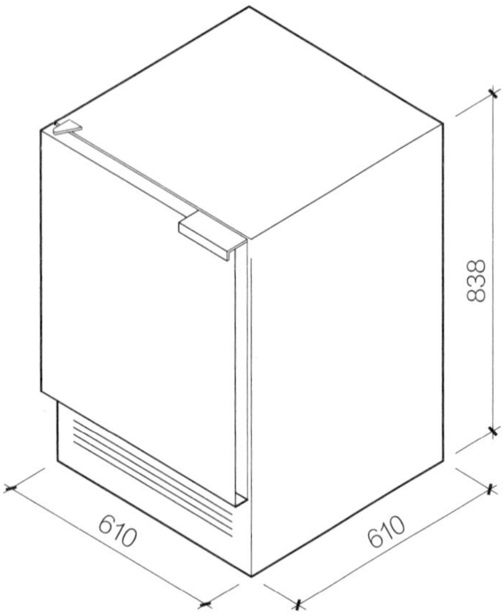

838

610

610

台下冰箱——单门

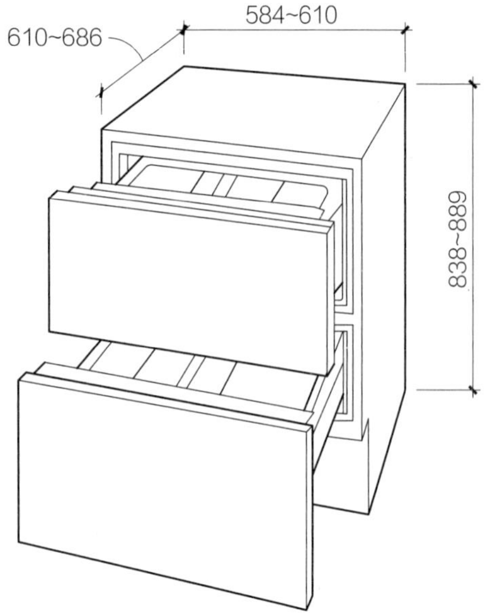

610~686

584~610

838~889

冰箱抽屉

2134

914~1219

610

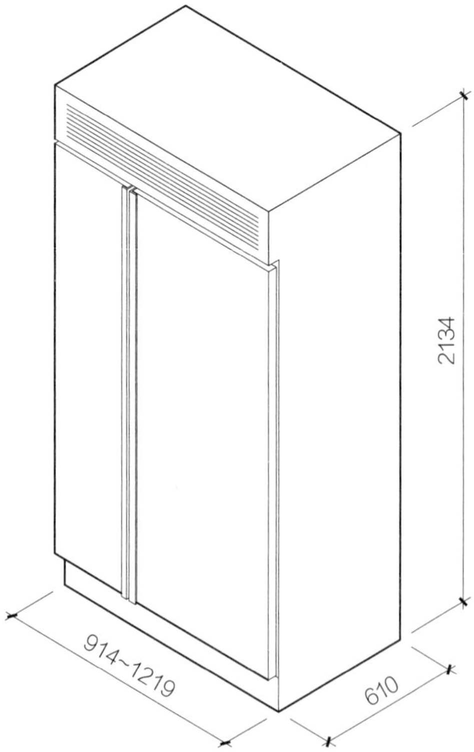

内置对开门式冰箱 / 冰柜

洗碗机

　　加热水占自动洗碗机能源消耗的80%，所以少用水可以节省能源。辅助加热器将来自主热水器的凉水温度提高到最佳的60~62 ℃。无加热烘干通过风扇让室内空气循环到洗碗机中，而不是使用电热元件；将门打开也能达到同样的效果，且能耗更低。内置传感器的"能源之星"洗碗机可以确定清洗周期和清洗餐具所需的水温。快速清洗周期可将清洗时间缩短30 min，高性能电机可无声运行。

　　洗碗机需要将供水和排水连接。洗碗机通常放置在离水槽不超过3 m远的地方，以利于正常排水。鉴于洗碗机排出的热量，不应将洗碗机安装在冰箱附近。

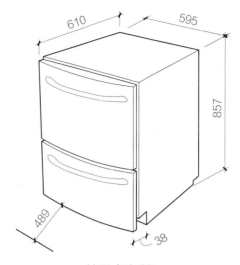

抽屉式洗碗机

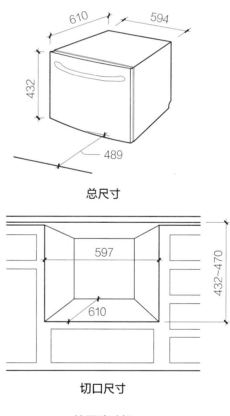

总尺寸

切口尺寸

单屉洗碗机

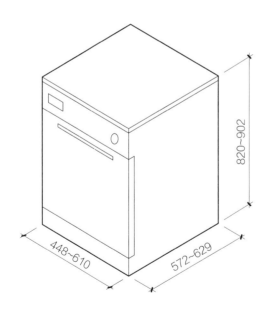

内置式洗碗机

家具和设备

无障碍设计

轮椅使用者的梳妆台和衣柜的位置应确保前面有一个大约 1067 mm 宽的无障碍通道。大而宽的抽屉比小的抽屉更难操作。

橱柜、桌子、架子和其他带门的家具应该有相对狭窄的叶扇，这样在打开时摆动的弧度会很小，门扇更容易操作，在开门时无须移动轮椅。

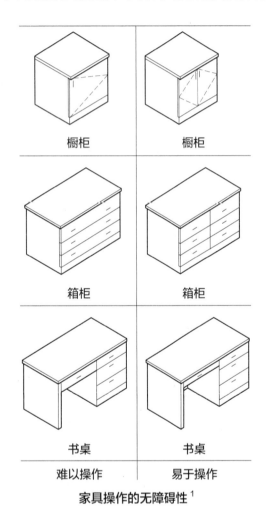

家具操作的无障碍性[1]

无障碍抽屉拉手

卧室家具

床垫的厚度差别很大。标准样式和旧样式平均厚度为 229~305 mm。较新的枕头套样式的厚度为 356~ 406 mm 或更厚。

床垫尺寸的名称各有不同。除了下表中的尺寸外，其他尺寸包括：奥林匹克大号双人床，尺寸为 1676 mm × 2286 mm；加长双人床，尺寸为 1346 mm × 2032 mm；病房单人床，尺寸为 914 mm × 2032 mm。

常见床垫尺寸

床垫类型	床垫尺寸（mm）	床单尺寸（mm）
婴儿床	711 × 1321	—
单人床	991 × 1905	1670 × 2430
加长双人床	991 × 2032	1670 × 2590
大双人床	1372 × 1905	2050 × 2430
双人床加大	1524 × 2032	2286 × 2590
特大双人床（标准式或东方式）	1930 × 2032	2743 × 2590
特大双人床（加利福尼亚式或西方式）	1829 × 2134	2743 × 2590

住宅衬垫

大多数住宅衬垫的标准款是聚酯织物包裹的聚氨酯泡沫衬垫。标准衬垫由聚酯纤维填充。可以指定衬垫使用更高密度的聚氨酯泡沫和质量更好、更柔软的聚酯双层包装。

软垫家具的饰件和细部

绳索或线绳是由两股或多股纱线捻合在一起制成的一种装饰。线绳缝在接缝处，既起到加固作用，又可作为装饰。

滚边或贴边是将织物覆盖的线绳缝在接缝中。由与软垫家具相同的织物（自带衬垫）或对比织物（对比衬垫）制成。滚边用柔软的棉线填充。可以根据家具的形状进行调整。覆盖线绳的织物条通常按斜面裁剪，使其具有更大的伸展性，设置均匀，并符合衬垫的形状。

---

1 作者：美国国家厨卫协会。
　　理查德·J.维图洛，美国建筑师协会（AIA），橡树叶工作室（Oak Leaf Studio）。

镶边饰带（Gimp）是一种由丝绸、羊毛或棉花制成的狭窄装饰性边饰，一般用铁丝或粗绳穿过，使之变硬。其中通常有编织或扭曲的线。

流苏是一种装饰性边缘，由扭曲的线组成，松散地悬挂在软垫或家具细部边缘。金银流苏是指由金属或类似金属的线制成的类似装饰边，通常被用作沙发或休闲椅的裙底。

穗是一种装饰性挂件，将线、绳或其他纤维束缚或缠绕在成型的旋钮上制成。

箱式扶手沙发

齐本德尔式沙发

劳森沙发

槽式沙发

辊式扶手沙发

鞍式扶手沙发

塔克西多沙发

沙发样式[1]

1　作者：凯丽·麦考密克，美国室内设计师协会（ASID），Bast/Wright 室内设计公司。
　　罗伯特·赖特，美国室内设计师协会院士，Bast/Wright 室内设计公司。

住宅洗衣设备[1]

洗衣机

　　高效的洗衣机既能省水，又能省电，清洗剂的用量也较少，可以减少污水处理负荷。在大多数洗衣过程中使用冷水可以节省更多能源。

　　水平轴洗衣机通常是前置式，往往比垂直轴洗衣机更高效。由于旋转速度更快，水平轴洗衣机在衣服上留下的水更少，节省了干燥时间和能源。前置式洗衣机可以节省烘干机顶部的空间。

衣物烘干机

　　烘干机的门是下拉式而不是侧开式，可以接住散落的衣物。在有控制噪声要求的地方，可以提供隔声保护。

无障碍洗衣房[2]

　　无障碍洗衣设施的基本必需品是前置式自动洗衣机、烘干机、用品储存架、轻型蒸汽熨斗、熨衣板和折叠衣物的表面。

　　控制装置应该可以单手操作，无须用手腕紧抓、拧或扭。

　　无障碍洗衣区的控制和存储装置应置于较高的前方或侧面范围内。所有工作台面的舒适坐姿工作高度为737 mm，下方有膝部净空。

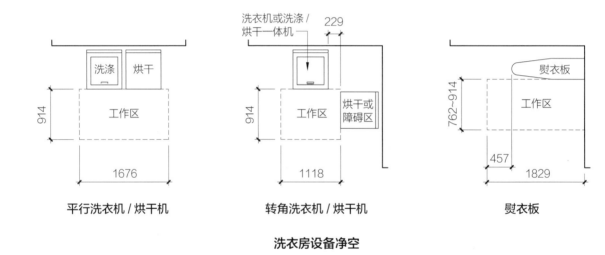

平行洗衣机／烘干机　　　　转角洗衣机／烘干机　　　　熨衣板

洗衣房设备净空

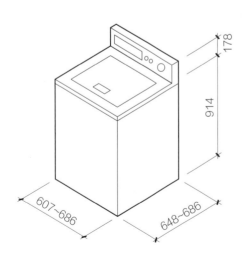

独立顶装式洗衣机

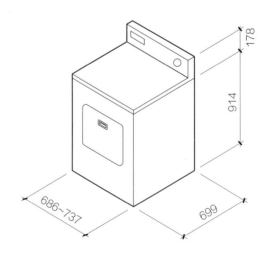

前置式烘干机

1　作者：理查德·J.维图洛，美国建筑师协会（AIA），橡树叶工作室（Oak Leaf Studio）。
　　R.E.波维二世和罗宾·安德鲁·罗伯茨，美国建筑师协会（AIA）。
2　作者：亚瑟·J.彼得里诺，美国建筑师协会（AIA）。
　　休·纽厄尔·雅克布森，美国建筑师协会会员（FAIA）。

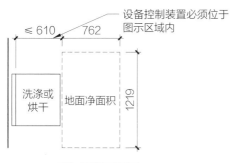

侧行通道平面图

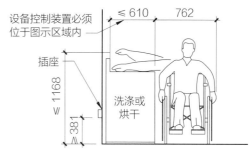

侧行通道剖面图

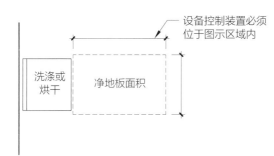

前行通道平面图

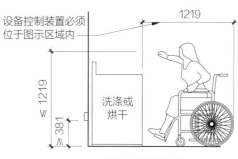

前行通道剖面图

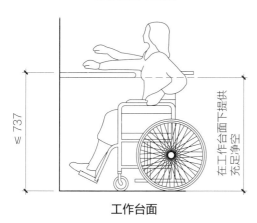

工作台面

洗衣房设备无障碍性

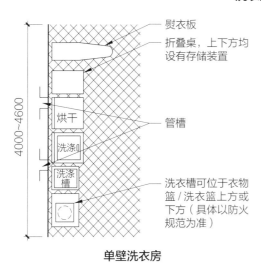

单壁洗衣房

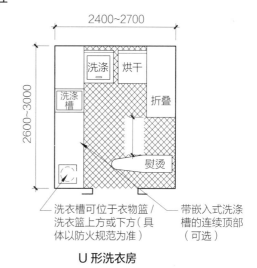

U 形洗衣房

常规洗衣房

衣柜和壁橱特别注意事项

壁橱系统可以由现场切割的预制材料组装而成，以适应现有壁橱的需要。壁橱系统通常由塑料层压板覆盖的实心刨花板或涂有乙烯基、聚氯乙烯或环氧树脂的钢丝构成。

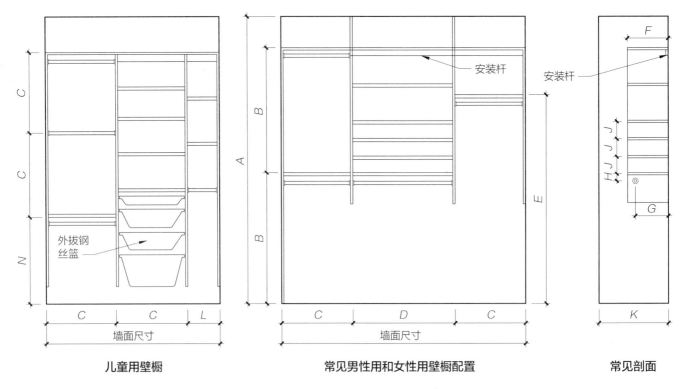

儿童用壁橱　　　　　　常见男性用和女性用壁橱配置　　　　　　常见剖面

常见壁橱布局尺寸

符号	尺寸（mm）	说明
A	2438	常规最小室内净高
B	1067	悬挂式储存，用于存放男女衬衫、夹克、裤子和裙子
C	610	抽屉和篮筐的标准宽度
D	914	存放三双男鞋或四双女鞋
E	1473	悬挂式储存，用于存放连衣裙、长袍和晚礼服
F	356	标准货架深度
G	305	支撑杆将从壁橱后面安装
H	102	从架子顶部到支撑杆中心线的距离
J	152	搁板之间的距离，便于存放鞋子
K	610	壁橱的常规最小净深要求
L	305	一叠衣服的搁架宽度
M	152	与地面的间隙，便于吸尘
N	762	儿童挂衣的标准高度

住宅照明[1]

住宅照明应该反映住户的选择和风格，同时考虑住宅规范以及功能问题和装饰灯具等细节。可利用最新照明技术实现日光的最佳整合，同时保持良好的隔热状况。在整合日光时，对于从天窗或窗户射入的阳光，应借助遮阳板、百叶窗或窗户等予以处理控制。应均衡布设一般照明、重点照明、作业照明和装饰照明，使住宅里的每个房间均达到最佳照明状态。一般（环境）照明旨在为住宅提供整体照明，可通过走廊筒灯或厨房直接或间接式吊灯来实现。作业照明实例包括厨房橱柜灯或浴室集成式镜灯等。重点照明可突显空间中的设计或装饰元素，例如，洗墙灯可用于照亮艺术品，而凹式聚光灯可突显墙柱或拱门。装饰照明通常需要通过灯具的合理陈列来实现，具体实例包括餐厅吊灯或走廊壁灯。装饰灯具的选择需以住户品味为依据。

1　作者：奥布赖恩 – 基尔戈公司（O'Brien-Kilgore, Inc.）。
　　斯蒂芬·马格里斯，美国照明工程学会（IES），国际照明设计师协会（IALD）。
　　艾玛·B. 邓吉兹，国际照明设计师协会（IALD），北美照明工程学会（IESNA），萨凡纳艺术与设计学院。

当代家庭照明中，将光线集中在垂直表面，并将光源融入建筑要素（如天花板、墙壁和拱门）的筒灯正在被取代。在采用开放式设计的当代家居设计中，不同功能的空间之间可能不再有清晰的界限，而是采用创新方法和灵活性的照明设计进行分区。例如，带有集成照明面板的滑动隔断，可以将卧室与半开放式浴缸分开，或者带有垂直的光滑内嵌式弧形轨道照明系统可以根据下方的桌子移动或打开进行调整，以便桌子能容纳更多的人。

间接影灯适合安装在厨房，尤其是使用橱柜下作业照明时。荧光灯可以隐藏在厨房橱柜上方；CRI（显色指数）为80、色温为3000 K的灯非常适合凹槽照明。布满筒灯的厨房天花板会产生刺目的阴影，不适合执行必要的厨房任务；轨道灯也可能出现类似的问题。

浴室水槽需要垂直照明来适当照亮个人面部。这可以通过壁灯或将灯集成到镜子中来实现，CRI接近100。

艺术品的墙面照明可以通过轨道灯或嵌入式灯来实现，洗墙灯或强光灯都可以。强光灯可以通过不同的灯光束模式对艺术品提供光点聚焦。另外，可以使用洗墙灯从地板到天花板提供平滑光线。这些灯具的间距可以根据室内净高、搁栅间距和灯具光度而变化。

将功能照明系统与装饰照明结合起来是很好的选择。例如，可以在餐厅桌子上安装一盏吊灯，在展示艺术品的主特色墙上安装洗墙灯。客厅可以有与家具组合相关联的落地灯和台灯，并对植物、画作、雕塑或壁炉设计重点照明。重要的是要避免光线直接照射到客厅里的人身上，例如沙发、椅子或座位上方的筒灯。

应能够单独控制住宅内的不同灯光组，可以根据一天中的不同时间或空间内的不同活动产生不同的效果。在每个空间集成定时器，不仅能节省能源，还可以实现灵活性，改变心情。有些控制系统允许用户为特定的房间创建预设场景，只须简单触摸一个按钮就可以解决。这些节能系统可以完全集成，控制整间住宅，包括自动窗帘系统。

法规允许的照明设备类型在不断变化。美国有些州要求灯具采用空气密封技术嵌入。这项技术可以防止空气在空间中通过灯具进入阁楼或天花板空腔。这些灯具需要非常大的外壳，并且通常受限于可用的功率。

可访问性[1]

可访问性运动（也称为基本住宅可及性运动）旨在改变几乎所有新住宅的建造惯例，以便行动障碍者在这类住宅内独立居住和接待访客。这种概念在英国得到了广泛应用。

可访问性运动的倡导者认为，在新住宅纳入基本的建筑无障碍设施是一项公民权利和人权，可以改善所有人的宜居感受。在短期内，该运动试图让轮椅或助行器使用者，抑或身体虚弱、肢体僵硬或难以维持平衡者顺利进入房间，并通过房间内门，从而实现新住宅的可及性。同时对因受伤或手术而暂时残疾者，以及须携带大件物品或小孩进入或穿过房间者而言，确保可访问性住宅可显著改善他们的生活，使其生活更为轻松。

改造现有房屋既昂贵又困难。但将基本的无障碍设施常规地整合到新的单户住房更具成本效益，还可以提高房屋价值，因此重点在于新住宅建设。

可访问性与完全无障碍和通用设计不同。完全无障碍包括支持行动不便的人长期使用的功能。通用设计提供了一系列广泛的功能，支持更多不同人群和能力的可用性、安全性和健康。

可访问性运动集中在三个要点上：

- 住宅前面、后面或侧面至少有一个无台阶入口。
- 所有主要楼层门，包括浴室，都有至少813 mm宽的净通道空间。
- 主楼层至少要有一个半浴室，最好是全浴室。

1 作者：德鲁·劳洛尔，美国室内设计师协会院士，德鲁·劳洛尔室内设计公司（Drue Lawlor Interiors）。迈克尔·A.托马斯，美国室内设计师协会院士，认证老年人适居专家。

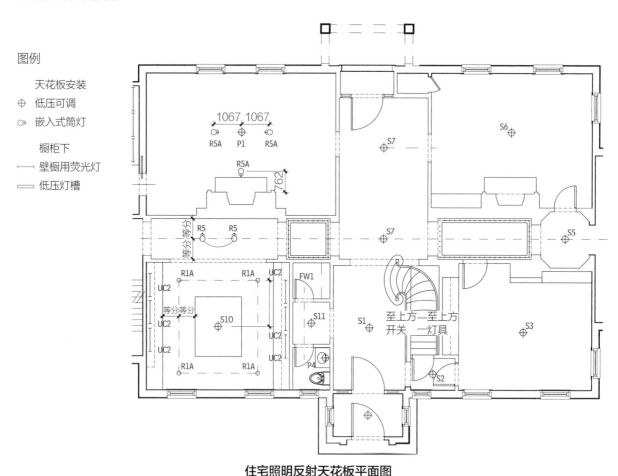

图例

天花板安装
⊕ 低压可调
◌ 嵌入式筒灯

橱柜下
── 壁橱用荧光灯
═ 低压灯槽

住宅照明反射天花板平面图

资料来源：斯莱登·范斯坦集成照明（Sladen Feinstein Integrated Lighting）。

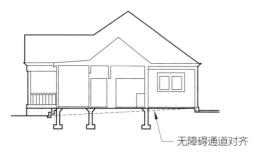

带无障碍通道的高架板建筑

无障碍通道对齐

　　建在带坡度平板上的建筑物可以直接应用无台阶入口，或者通过表面坚固、坡度不大于1：12的车道或公共人行道上的无障碍通道进入。这通常可以通过平整场地来实现，而不是建造斜坡。有地下室或窄小空间的房屋可以建造一个门廊，形成通往人行道的桥梁，在地基上开一个缺口以降低一楼的水平面，在侧面或后面的露台或门廊上连接一条小坡道，建一面小挡墙，或建一个从车库进入的入口。倡导者认为，只有1%~2%的新住宅有选址问题，使无台阶入口难以实现或无法实现。

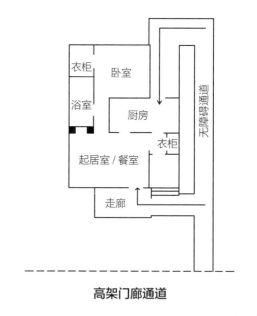

高架门廊通道

　　住宅浴室的门通常比较狭窄，轮椅使用者难以进入。他们可能需要离开轮椅，在地面上滑动，或转移到不太稳定的带脚轮的椅子上。使用

可访问住宅平面图

助行器的人在被迫侧身通过狭窄的门时可能有摔倒的危险。狭窄的门道让护理人员的工作更加困难和危险。

室内门可以以很低的成本安装在新住宅里。813 mm 开口留出的净通道空间小于 762 mm，这仅能满足最低限度的要求，但可能不适合所有用户；轮椅和人所需的尺寸不尽相同。864 mm 开口留出的净通道空间为 813 mm，效果良好。在空间允许的情况下，宽 914 mm 的门是一个很好的选择。

为了让住户在行动不便的情况下留在家中，应在主楼层设置一个全浴室和一间卧室（或可改成卧室的房间）。这是一个人口老龄化社会的强烈需求。

随着对新建筑中有限住宿的关注，一些房屋建筑商正逐渐接受可访问性。日益增长的消费者需求可能会推动可访问性作为一项自愿措施和法律要求而普及。

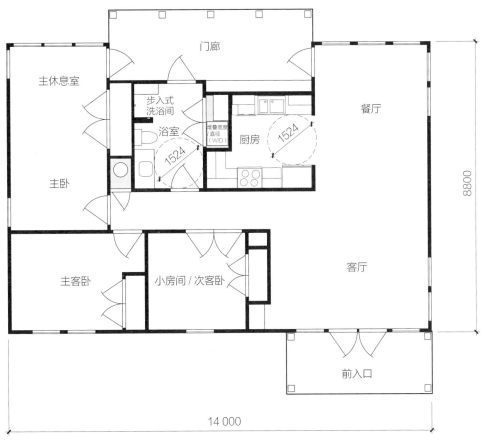

无障碍住宅平面图

居家养老

定义居家养老

　　适用于建筑环境的居家养老既是一种理念，也是一套原则，旨在促进所有生活环境类型的独立性和宜居性，无论居住者的年龄或能力水平如何。适当应用的居家养老可以让人留在自己选择的环境中，通常是自己在熟悉的社区里生活了多年的房子，并且房子归自己所有。设计原则支持这些重要的附件，以及身体上的便利、健康、安全和舒适。

　　居家养老设计的概念和原则中有许多组成部分。毫无疑问，它包含通用设计的原则，但也可以扩展到无障碍设计、适应性、可访问性和无障碍性等方面。不过，居家养老的设计范围更广。

　　从本质上来说，居家养老设计是创造提高生活质量的空间的能力，而不管老龄化过程中经常出现的身体或精神挑战。通过与个人合作，帮助他们尽早作出重要的住宿决定，可以选择改造住宅，尽量减少物理障碍和其他限制。

　　随着医疗保健的进步、生活方式的改变、环境条件和技术的发展，美国婴儿潮一代的寿命将比前几代人更长。根据美国室内设计师协会（ASID）的一项研究，随着婴儿潮群体的老龄化，将会产生一种动态需求，照顾、支持和容纳这一庞大群体。[1]

健康和衰老过程

　　为了设计和建造能够满足任何客户持续需求的功能空间，专业设计人员必须理解衰老过程及其对嗅觉、视觉、触觉、味觉和听觉以及平衡感、体力、敏捷度和认知技能影响的一系列因素。

　　佛罗里达州立大学佩珀老龄化和公共政策研究所在关于老龄化和感官的研究中确定，许多美国人的感官因老龄化过程受到损害。研究发现以下问题：

　　　·超过3800万40岁及以上的人存在严重的视力相关问题，包括330万失明者。眼部疾病和损伤是导致残疾和丧失独立性的重要原因。

　　　·25%的65—74岁人群以及50%的75岁及以上人群面临听力丧失问题，常常造成社会孤立，但它仍然是最容易纠正的问题之一。

　　　·50岁以后，嗅觉开始下降，功能性嗅觉感受器数量减少，到80岁时，嗅觉能力减少了大约一半。

　　此外，衰老会导致人更容易患慢性疾病，比如关节炎、骨质疏松症、糖尿病以及呼吸道和心血管疾病，这些疾病会限制行动能力和力量。事故造成的伤害可能会给老人带来毁灭性的永久后果，有时可能导致老人过早死亡。平衡感、身体质量、肌肉力量和灵活性的丧失会损害一个人的运动范围，特别是上半身。

　　美国老年住房研究所是国家老龄化委员会（NCOA）的一个成员组织，它在对老龄人口的研究中得出结论：未来许多老年人口可能不需要一系列辅助服务或长期护理，而是需要专门设计的住房来适应和容纳。[2]

　　美国住房建筑商协会（NAHB）在其手册《改造终生之家》中指出，随着个人从事日常生活活动（ADL）的能力下降，一个人"必须得到加强独立生活的行动支持。对许多人来说，居家养老的前景比选择昂贵的机构更受欢迎"。[3]

　　在满足这些需求时，安全性和流动性是需要考虑的关键问题，因为美国所有与伤害有关的死亡中，50%的是因为跌倒，这是55—79岁人口伤害有关死亡的第二大原因。对于80岁以上的人来说，跌倒更是常见。这些伤害通常与周围的障碍物或与照明不足有关。

室外无障碍建筑

　　人们往往把大量的注意力放在室内改造上，比如安装新的浴室或厨房橱柜、新的地板或墙面装饰，以及拓宽走廊和门道方便出入。但如果没有通往住宅的无障碍通道呢？

1　美国室内设计师协会，《居家养老：老龄化和室内设计的影响》。
2　美国国家老龄化委员会，《美国国家老龄化网络中的健康和支持性服务调查》。
3　美国住房建筑商协会，《改造终生之家》。

一旦在进入住宅的台阶或尺寸过小的主入口门道发生跌倒或受伤，这些不起眼的小要素很快就会变成大问题。其他潜在障碍包括几乎没有着落台的陡峭车道，门口有没有顶棚的人行道或门前有悬挂物，人行道表面不平整，室外照明不佳或不均匀，以及主入口门太窄。

外部无障碍性的一个基本要求是设计一条最短的明确路径，让所有人（无论是否有残疾）都能轻松通过，从街道上的汽车停放处、车道、或从车库或车棚直接通向无障碍入口。这个入口可以是房屋的主要正门入口，也可以是侧面的副门，或者是后门。

需要容纳使用轮椅或拐杖的住户或客人时，建筑的自然或人工坡度和轮廓可能需要安装一个坡道，提供进入房屋入口的通道。建议坡道的最小宽度为914 mm。坡道侧栏应以某种方式封闭。

门口应设计一个足够大的门廊或平台，确保足够宽的门完全打开，使个人能够进入，最好是在保持掩护的情况下进入。入口处应提供足够的照明，照亮门和门锁以及任何潜在的障碍。可考虑增加一个长凳座位和一个架子或凹陷区域，为人们进入住宅时提供一个放置包、钱包或行李的地方。

室内入口立面图

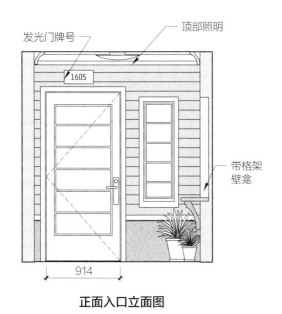

正面入口立面图

室内设计无障碍性

无障碍入口应该足够大，保证足够的空间来迎接客人，并轻松打开和关闭入口门。门应该尽可能宽，至少有914 mm的开口，最好是1067 mm或以上，并且在门的拉手一侧有至少457 mm的地面净空，以便使用者在开门迎接访客时能从门前移开。

建议整栋住宅都铺设水平地面，包括门槛处。装饰地毯只在大空间使用，并应与大型家具固定好，以防绊倒。最小宽度为1067~1219 mm的宽阔走廊，不仅给人宽敞的感觉，还为护理人员提供了协助空间，并留下足够的空间在房间之间移动家具。

另一种减少门口障碍的方法是安装口袋门，不用时可以滑到墙上或隐藏在墙洞中。为了让口袋门特别易于使用，应在门的每一侧安装多拉手柄或固定杆式手柄，而不是标准的凹进式手指拉手。使用表面把手的情况下，应加宽门洞，使口袋门可以伸入开口约51 mm，以便设置把手。

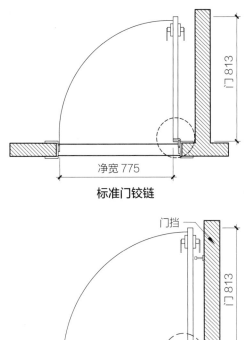

标准门铰链

偏移门铰链

门铰链

选择家具和饰面

选择合适的可移动家具对那些可能仍然行动自如并充满活力的老年客户意义重大。在他们的生活中，可能只须发生一次事故，就会导致他们严重丧失行动能力。在为他们的未来进行规划时，应选择与使用者相称的座位高度，通常是高于完工地面 432~508 mm。考虑选择扶手延伸到坐垫前缘的椅子和沙发，以及足够高的椅背，为站着或坐着的人提供稳定性。

带腿设计的椅子和沙发底座可以让坐着的人在准备站起来的时候，把脚放回座位下面一点，以保持稳定。需要注意的是，商业制造商的软垫座椅对于老年客户来说可能是更佳选择，它通常有更坚实的软垫，而且不像许多住宅座椅和沙发那样深。

避免使用低而深的椅子和沙发，因为这样坐着的人需要请求帮助才能起身。适合居家养老环

境的最佳座椅，面料和风格应与房间内其他家具相融合，但又应具有液压或电动"推举"装置。轻触某个按钮，椅子的坐垫和 / 或座椅就会上升，然后向前倾斜，轻轻地将坐着的人提升到几乎站立的位置，同时保持椅子本身的稳定。

躺椅对于老年客户来说通常又麻烦又困难；它们要么用杠杆操作，需要上半身的力量和牢牢抓握的能力，要么向下推动脚踏板，需要腿部力量。应指定使用遥控器操作的座椅，特别是通过绳索连接到升降机的座椅。

选择具有以下特性的软体家具面料是一种优势：

- 防水；
- 耐污；
- 抗微生物、抗真菌和抗细菌；
- 坚固；
- 透气。

流苏、吊穗、包扣、贴边和螺纹边饰等细节可能成为"碎屑捕捉器"，并给某些客户造成维护挑战。选择面料和颜色时，应注意颜色感知会受到进入房间的自然光水平和所使用的灯泡类型的影响。

应选择圆角平滑的桌子、控制台和箱子，减少因摔倒而受伤的可能性。

因为从明到暗的对比有助于识别座位或桌子的边缘，所以应该选择与地板和墙壁形成对比的家具饰面和颜色，弥补因衰老造成的视觉挑战。

选择家具时需考虑的其他要点包括：

- 对于重度使用的区域，指定使用至少具有三万次双倍摩擦的织物。
- 寻找 432~508 mm 的座椅高度，让椅子和沙发更容易进出；高度应与使用者的身高相适应。
- 结实的座椅后腿和脚蹬能让座椅更加稳定。
- 无论一个人的年龄或能力如何，在每个座位区旁边提供桌面都是一个关键的考虑因素，对于行动能力不强的人尤其重要。

指定住宅餐饮空间的家具时应仔细考虑。避免使用单基座的桌子，因为它们可能比双基座、四条或更多腿的桌子更容易翻倒。无论使用者年龄或能力如何，必须跨坐的餐桌都很尴尬；对于行动不便的人，这些桌子尤其麻烦。有完整扶手的坚固椅子更容易用来支撑人的身体，方便进出；这些椅子应该容易移动，最好没有脚轮，避免可能发生的事故。

选择能减少眩光和反射并易于维护的墙面处理方式。选择挥发性有机化合物（VOC）含量低的油漆和墙面材料，以提供更好的室内空气质量。考虑在墙上增加声学处理，为听障人士减少背景噪声。

地面覆盖物应仔细选择，以免造成危险。选择坚硬的表面材料，如具有防滑表面的瓷砖或石材。地毯和装饰地毯的绒毛应该平坦紧密，安装时尽量减少填充物，并尽可能固定在地板上。装饰地毯可以放在较浅的地板凹槽中，减少人摔倒的可能性。

窗户应提供足够的日光，同时保证安全和私密性。选择能够在需要时横移、倾斜或折叠的窗帘。对于可能失去上半身力量的客户来说或窗帘较大或较重的情况下，电动化窗帘不失为一种选择。

照明和照度

照明是设计过程中的一个重要部分，对留在家中的人能起到辅助作用，但往往被忽视。老年人进入或离开黑暗的房间比年轻人需要更多的时间来适应光线水平的变化。照明的突然变化可能很危险，容易导致跌倒或其他事故。应提供足够的光线。选择颜色合适的灯具很重要，因为某些类型的灯具会使颜色失真。

确定需要进行视觉作业的地方，并提高这些区域的光照水平。对老年人的眼睛来说，在视觉作业区域需要多出三倍的光线才能看到细微的细节（比如阅读处方），或低对比度的物体（比如蓝布上的黑线）。作业区的光照度应至少为5381 lx。

作业照明应选择为作业提供足够的光线，并且可以根据个人需要调整位置、方向和强度。与其为每个灯具提供高照度，不如使用更多低功率的灯具创造更舒适的环境，这叫作分层法。最强的光线应直接照射在作业区，但离作业区稍远的区域也应以作业区1/5~1/3的亮度得到良好的照明。其他区域的照明可能更低，但至少有作业区1/15~1/10的亮度。

考虑开关、插座和控制装置的位置和高度，使它们尽可能地无障碍。灯具开关应该降低，壁装插座应该凸出，以便坐着的人轻松触及。

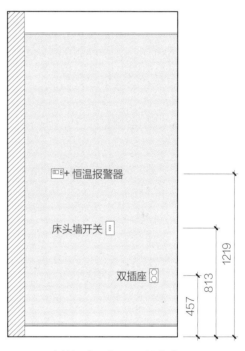

恒温报警器

床头墙开关

双插座

1219
813
457

壁装插座和灯具开关高度

指定环境照明时，要确保灯具设计为隐藏灯泡或灯管，避免直视，减少眩光。如果光源是隐蔽光源，洗墙灯或凹圆暗槽灯等间接照明会把光线导向天花板和墙壁，创造无眩光的环境照明。使用调光开关将大大延长灯泡的寿命，减少维护，因为它们不需要经常更换。调光还可以使房间内的光照度多样化。

荧光灯泡、荧光灯管和紧凑型荧光灯（CFL）寿命长，维护少，而且不会产生高热，这是一个安全特征，因为随着年龄的增长许多人的触觉会逐渐衰弱，可能在不知不觉中烧伤自己。发光二极管（LED）虽然价格稍高，但在不使用白炽灯时可作为紧凑型荧光灯的替代品。改造产品可以将标准嵌入式筒灯快速方便地转换为LED灯。

白色是最受欢迎的LED颜色。白光LED灯能发出柔和的白光，没有强烈的反射、眩光或阴影。蓝光LED光似乎是一种适合老年人眼睛的阅读的良好照明。老年人称，他们可以在蓝光下阅读数小时而不感到眼睛疲劳，但在白炽灯下不到30 min就会出现严重的眼睛疲劳。

厨房设计

厨房可能需要满足一个屋檐下多代家庭成员越来越多的标准，包括可能有个性化食物偏好的老年人和一些有特殊饮食要求的人。最重要的是，厨房空间需要保证自由移动，没有过长的通行距离、狭窄的通道或物理障碍。要求设计的功能性存储装置应方便使用和触及。家庭成员和朋友们聚集在厨房餐桌旁时，空间应足够确保交谈和互动。

厨房需要增加照明，并为食物制备专门设置作业照明，以确保新鲜食物看起来非常有食欲。照明不足还可能导致恶劣的卫生条件，因为食源性污染物可能不容易被发现并从表面清除。

设计师需要解决的其他挑战还包括使用者的身体不能长时间站立，或者上身力量丧失可能难以使用壁柜来储存重物。潜在解决方案有以下几种：

· 保持工作三角区占地面积更小，三条边的长度之和不超过7.9 m，每条边不小于1.2 m。
· 在柜台下提供至少一个膝部空间和/或在不使用时存放凳子的空间，改变柜台高度，让厨师在必要时能够站立和坐下。
· 降低上层橱柜底箱至离台面381 mm的高度，并为所有下层橱柜的存储指定全伸式抽屉滑轨和拉出式抽屉。
· 使用拉式硬件而不是旋钮，方便抓取。
· 地面、橱柜、台面等选择对比强烈的颜色，有助于视力障碍者烹饪。

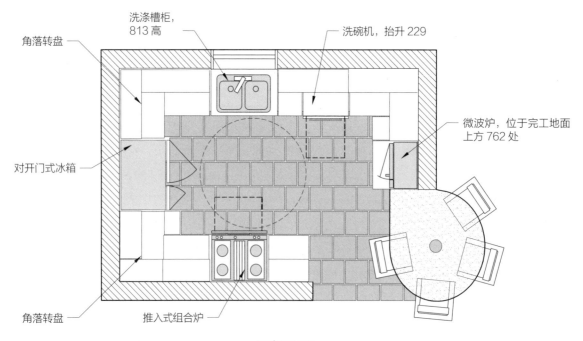

厨房平面图

使厨房空间更高效更实用的其他考虑因素包括将洗碗机抬高152~457 mm，使每个人都能便捷地使用。指定一个较小的冰箱或冰箱抽屉来存放早餐和零食，便于家庭中可能难以打开主冰箱的年幼和年长人员经常使用。

将微波炉安装在不需要搬动重物的高度。最好避免在灶台上使用微波炉，因为从高处举起热菜并越过可能很热的灶台会有危险。把微波炉放置在较低的高度并靠近着落点，可以安全地转移热容器。有多种类型的微波炉抽屉可供选择，还有带可翻转门的微波炉。

安全可靠的浴室

许多经验丰富的老龄专家建议，卫生间的门应该用铰链向外打开，而不是向卫生间内打开。这样如果有人在使用卫生间时摔倒在门边，试图帮助的人可以进入。

光滑或高度抛光的大理石、陶质砖或瓷质砖在潮湿时非常危险，可能使人摔倒受伤。应选择各种亚光、珩磨或有纹理材料，增加牵引力。随着年龄的增长，人体对凉爽或寒冷的表面更加敏感。对于较冷的气候区，地板辐射采暖是一个易于安装的选择，有许多类型和风格。

提供一个914 mm以及762 mm高的柜台，带长凳，可以满足各种用户的需求，无论是坐着还是站着，无论是高还是矮。

虽然坐便器和坐浴盆的选择通常基于个人，但坐便器的座圈高度是一个重要的考量因素。较高的坐便器座圈通常为两件套，座圈高度为432~457 mm。虽然较高的坐便器座圈更适合站立困难的行动人群，但对身材较矮的人来说可能会构成问题。

扶手杆是许多行动不便的人生活中的关键辅助装置，可以让人上厕所时安全移动，并在进出浴缸或淋浴时提供一个安全的抓握处。还可以协助人弯腰用毛巾擦身。扶手杆还可为其他可能在浴室滑倒的人提供帮助，防止发生事故。

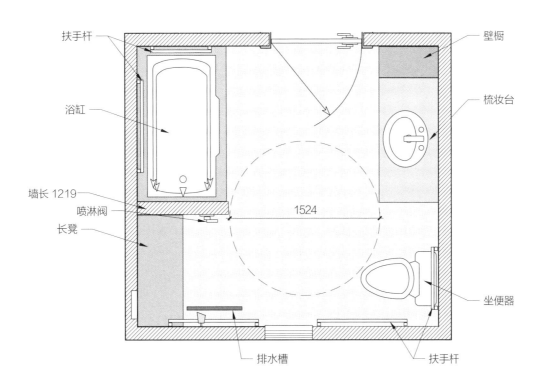

无障碍浴室平面图

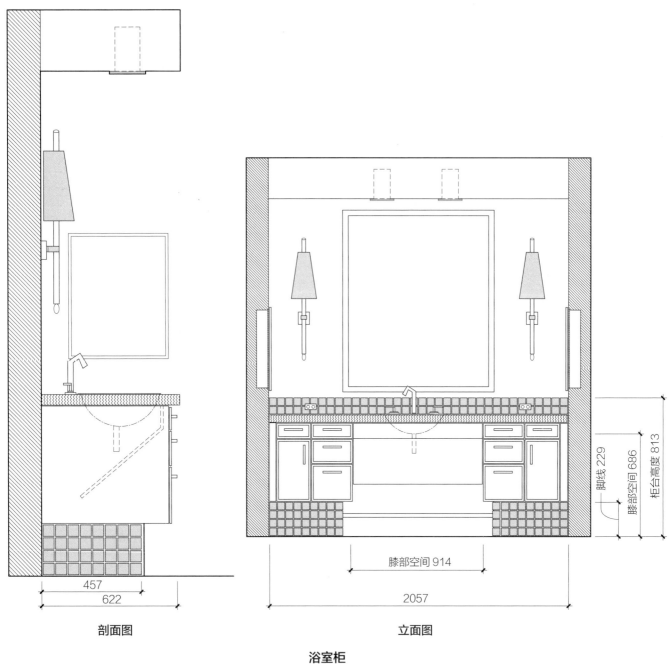

剖面图

立面图

浴室柜

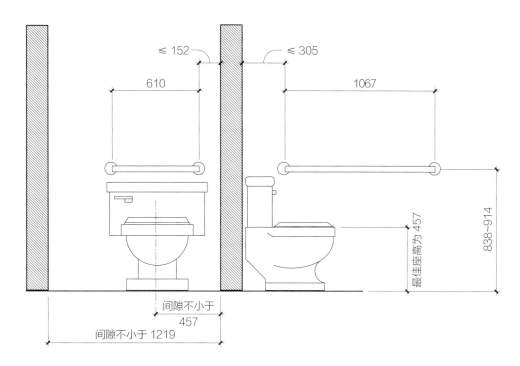

坐便器座圈高度

标准扶手杆必须直接牢固地安装在立柱上，或安装在用木质框架加固的墙壁上，也可以用至少19 mm的胶合板贴面。胶合板是首选的支撑材料，因为它允许大多数扶手杆沿墙放置，并根据使用者的个人喜好放置在多个位置。

在现有条件允许或在新建筑中，应为淋浴区设计零障碍入口，方便出入。计划将水的控制装置设在入口附近，而不是淋浴头下。应设置手持式花洒、扶手杆和座椅，以提供额外的安全、舒适度和保障。

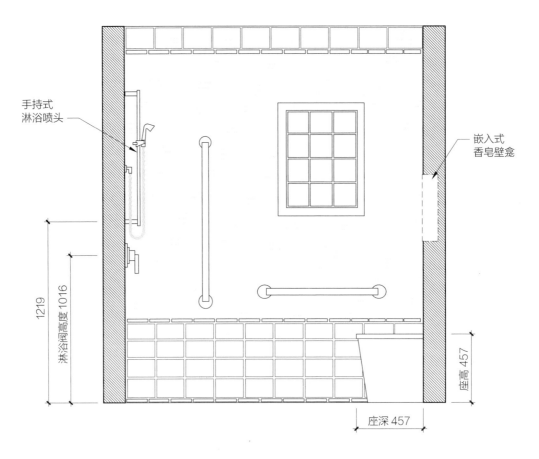

手持式
淋浴喷头

嵌入式
香皂壁龛

1219

淋浴阀高度 1016

座高 457

座深 457

淋浴间立面图

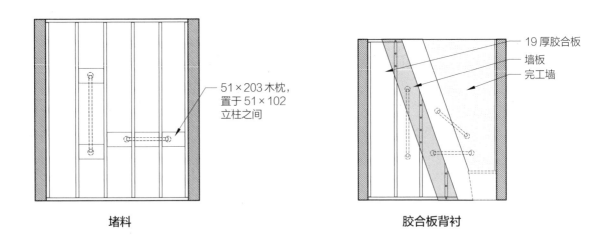

51×203 木枕，
置于 51×102
立柱之间

19 厚胶合板
墙板
完工墙

堵料

胶合板背衬

住宅扶手杆

持续护理退休社区

持续护理退休社区（CCRC）除了强调社会参与和社区生活，还为老年人提供住房和医疗保健。CCRC 的目的是为其居民的一生提供连续护理，使他们能够居家养老。它通过提供现场医疗、社会和居住服务来实现这一目标。CCRC 允许居民在行动比较自如时进入社区，然后在必要时享受更多的强化护理。

护理有三个主要阶段：

- 独立生活型单元（ILU）为老年人提供了一种独立生活的感觉，他们有能力完成日常生活中的基本家务，但可能偶尔需要他人的帮助。这类单元有多种形式，包括单间公寓、一居室和两居室单元，以及有完整厨房的大型单元。通常会提供家居服务，比如餐饮、家政和洗衣服务。

- 辅助生活型单元为有长期护理需求并在日常生活活动需要协助的居民提供帮助。辅助生活型单元介于独立生活型和专业护理型之间。它为有长期护理需求的居民提供帮助，不包括完整的 24 小时专业护理。辅助生活服务包括帮助居民洗澡、穿衣、服药和其他日常活动。辅助生活设施往往包括缩小的厨房。

- 专业护理型提供短期、长期或康复性护理。这个阶段的护理提供全天候的护理服务。护理可能位于 CCRC 内或附近的相关设施。一些 CCRC 为有特殊医疗需求的人提供护理或辅助生活单元，例如阿尔茨海默病患者。

衰老的影响

大多数 CCRC 都有最低年龄要求，最常见的是 65 岁。居民安全是一个重要的考虑因素，因为衰老会导致老年人肌肉力量下降和其他生理变化。这些变化将影响视觉、听觉、味觉、嗅觉、触觉、身体结构、力量、敏捷度、平衡感、活动能力以及记忆或精力。简而言之，身体正常有效运作的能力下降了。

肌肉力量下降的其中一个影响，就是居民不能像以前那样轻松地移动门。再加上关节炎让人敏捷度丧失，因此建议设计人员进行设计修改，以方便居民进入建筑物及其他设施。通常情况下，所有级别的 CCRC 都有扶手杆和受监控的紧急呼叫系统。

老年人可能会遇到平衡、精细动作和步态方面的障碍，因此设计决策中一个突出的安全要素就是解决这些问题，例如通过提供柔软的着陆面和安全的立足点来减少因平衡不佳而导致的跌倒风险，而地毯可以满足这两点需求。地面应该由防滑表面组成，平整，没有凸出的接缝、裂缝或接头。应避免使用可能被感知振动的图案，因为它们会使人眩晕、头晕和恶心。对行走时缺乏稳定性的人，支撑栏杆是宝贵的辅助工具。

运动技能下降直接影响老年居民在出行和进行简单日常生活活动方面的选择。因此，只要有可能，就应该用电梯和坡道代替楼梯。老年人出行还需要更多的空间，因为他们的身体普遍不稳定，还需要空间容纳出行辅助工具。老年人用的拉杆和杠杆类型应该比普通旋钮或某些种类的手指拉杆更容易抓握。橱柜最好采用零阻力或最小阻力的铰链。厨房和浴室的抽屉应该能够支持一个人的体重。公共区域应每隔一段距离提供椅子供人休息，而且看起来要像自然装饰。

老年人居住在群体环境中的一个关键理由是为了避免孤独，所以在环境中设计社交因素也很重要。人们聚集的休闲区应位于居民自然经过的地方。对一些老年人来说，邮寄东西和用餐是吸引他们走出私人生活空间的唯一活动，因此，如果人们愿意的话，邮箱应该放在可以社交的地方。同样重要的是，设计要包括私人空间，居民在该处可以优雅地避免社交参与，或旁观别人进行社交活动而非直接参与其中。把较小的社交室或阅览室放在较大的社交聚会点附近是有好处的，这样人们可以独自或与一两个同伴在一起，而不会感到孤立。

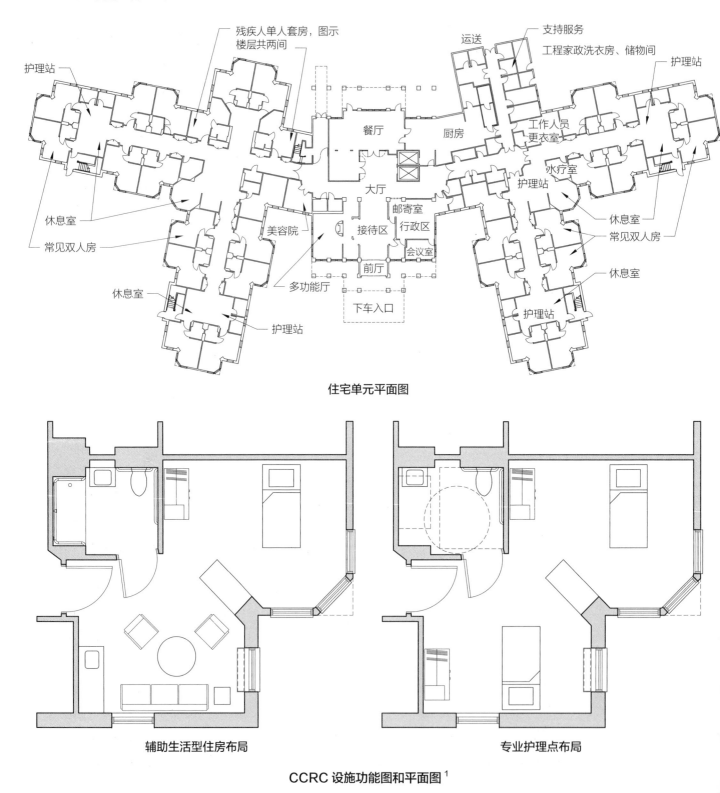

住宅单元平面图

辅助生活型住房布局

专业护理点布局

CCRC 设施功能图和平面图[1]

1 项目：子午线公司（The Meridian）。
  设计：希利尔（Hillier）集团。

空间功能和设计要点

空间	功能	要点
大厅	作为主要的流通空间，向居民和访客传达建筑的身份；应该位于电梯、洗手间和所有其他辅助区域附近，提供便利	明确定义空间，指明其中不同功能的区域方向；考虑声学、照明和通往洗手间设施的便利性
休息室/院子	设计灵活，可同时适应多种活动（如饮料服务、娱乐和社交聚会）	有实际的导向物引导居民和访客，并为空间内的不同功能提供视觉提示；提供各种座位区
中央餐厅	餐饮和社交	安装结实但易于移动的座椅；安装灵活的照明，增强氛围并提供视觉提示
独立生活型单元	每个单元的面积可能有所不同，但独立型生活单元的平均面积通常在 93~185 m² 之间，包括卧室、浴室、客厅区和小厨房/用餐区	为行动自如的或低龄的老年人设计独立的公寓单元；增强居民的独立性和个性
辅助生活型单元	通常设计成单人卧室的形式，为体弱年长的老年人服务；让居民拥有自己的私人公寓或共享生活空间；可能包括按比例缩小的厨房	协助个人保持尽可能多的独立性和自由，但在洗澡、穿衣、药物剂量、交通和类似需求等具体工作方面定期提供帮助
专业护理型单元	在一个公共服务共享的环境中，保持多人的生活质量和保健需求；通常提供私人（单人住）和半私人（双人住）房间	用有特殊功能的家具布置房间；每个单元由一间卧室和一个附属卫生间组成，卫生间通常包含淋浴设备，这取决于每个居民的能力（还应该有一个公共浴室）

独立性

以下设计考虑可增强居民的独立性：

· 提供无障碍设计，适应使用轮椅和步行辅助工具的人。

· 用不显眼的方式安装安全设施，如扶手和防滑表面。

· 使用图形、颜色或植物提供重复的视觉提示，帮助定位。

住宅特色和个人选择

为了让人感觉到这是一个真正的家而不是一个机构，需要考虑以下几点：

· 规模、材料选择、室内设计处理、家具和配件选择以及房间尺寸应与住宅环境相一致，而不是商业环境或机构环境。

· 避免强制性的餐饮服务。每个单元都应该有一个厨房，这样居民就可以选择个人用餐还是团体用餐。

· 提供各种类型的居住单元，如一居室或两

居室的独立公寓，并且集中安排。

· 允许居民根据个人喜好布置自己的住宅单元。

安全和保障

在各单元和建筑物内及周围的各个公共区域安装紧急呼叫系统。确保行人能安全进入邻里单元。

100%角落

建筑物内往往会有一个地方有机会建立强大的社会纽带，这个地方就是一个成功的100%角落，因为人们会被它与景观和活动的独特物理联系自然而然地吸引过来。它通常包含以下几个方面的组合：

· 提供有趣活动的外部和内部视角；

· 便于获得食物或零食；

· 靠近主要交流通道；

· 提供舒适的座位，适合坐着说话。

100%角落通常产生于独特的属性和活动群，这些属性和活动在不同时间有所不同。不同的群体可能会在这里阅读晨报、喝下午茶、等邮件、打牌或进行晚餐后的社交活动。

这种场所的创造涉及与建筑中其他人员和场所的物理及视觉联系。以下因素提高了100%角落的成功率：

- 向外的视角：最好是入口处的门廊、停车场或场地内的某个活动区域。
- 向主要交流通道的视角：应该是一条人流量很大的通道，此如从前门到电梯或从电梯到餐厅的交流路线。
- 方便到达公共卫生间：公共卫生间应位于7.5~10.5 m 的距离内。
- 方便获得零食：包括非正式提供的食物和饮料。
- 对邮箱的视觉接触和身体接触：有些居民希望在等邮件的时候有一个地方可以坐坐。
- 良好的照明：照明应该足够用于阅读和打牌。
- 观察工作人员活动的视角：包括护士、护理人员、活动主管和执行行政人员的活动。
- 观察任何内部居民活动的视角：包括大楼活动室、图书馆、休息室或户外进行的活动。
- 有一张桌子，周围还有几张舒适的椅子：应该在一个足够大的空间里，可以坐6~8人。
- 方便获得存储和供应：附近的储存柜应包含纸牌、桌面游戏、拼图或其他娱乐设施。

社会向心空间

社会向心空间是一个向内的共享区域，可以从周围的房间进入。

CCRC 通常设计为每个居民房间都有一扇门，可以通向一个大的中央空间，在这里举办一系列的社交和治疗活动，包括用餐、锻炼和社交互动。中庭和马槽式的封闭街道可以吸引居民，他们走过这些中心位置的空间时会相互交际。

直径1219 mm 左右的圆形箱式凳周围的软垫椅是社交性家具布置的典范。老年居民坐在这里的时候，可以把脚放在箱式凳上放松，相互交谈。环境上的物理亲近性，以及人们可以在轻松的氛围中私下交谈，这些因素都刺激了社交互动。

走廊

通常情况下，长期护理设施以走廊为主。居住室或社交室如果是从走廊打开，通常是由一扇门连接的独立空间。这种走廊和房间的模式缺乏层次感，既无聊又容易令人迷失方向。尽量减少这些狭窄黑暗通道的影响，是这种类型的建筑获得成功的必要条件。

开放式设计的好处是能以多种方式定义房间的范围。正是空间范围的模糊性往往让它变得有趣。视觉上彼此相连的房间提供了视觉刺激，同时也可帮助老年人预览下一个空间。在公共环境中，将一个房间与另一个房间在视觉上联系起来的能力甚至更有价值，例如，在辅助生活型单元中，预览空间活动可以让居民对自己的环境有更大的掌控感。在看到开放式房间的时候，他们会感受到多层次空间，这与养老院常用的"所见即所得"餐厅形成了鲜明的对比。

走廊宽度

走廊应该有不同的宽度，而不是单一尺寸。如果宽度相同的走廊长度超过10.6~12 m，就会显得单调。相比之下，如果走廊的宽度增加到3.6~4.2 m，就会使其在外观和视感上更像一个房间，而不是走廊。走廊的宽度不一定要相等或两边对称。事实上，它越是不对称，就越显得随意。

走廊里的座位可以让居民休息，同时为自发性交谈提供机会。走廊应该有扶手，或者最好有至少90 mm 深的倾斜栏杆，帮助身体稳定。在数以百计的安装中，倾斜栏杆被证明是非常有效的，而且在视觉上比扶手更有吸引力。

走廊长度

因为老年居民必须从住所走到餐厅，所以尽量缩短走廊的距离是很重要的。从最远单元的门户到电梯的最大长度不应超过30 m。

走廊里的家具应至少留出1.5 m长的通道，可以增加三维感的趣味性。每隔10.6~12 m应设置长凳或椅子供居民歇脚，使其有体力继续走到电梯前。

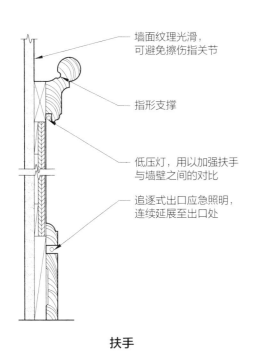

墙面纹理光滑，可避免擦伤指关节

指形支撑

低压灯，用以加强扶手与墙壁之间的对比

追逐式出口应急照明，连续延展至出口处

扶手

颜色

辅助生活环境内部应用的颜色和图案应基于人的品位和生理学因素。从生理上讲，在正常的衰老过程中，眼睛晶状体会变黄，因此需要更多的光线和更大的对比度获得视觉清晰度。创造对比是设计师在增强视觉功能上能做到的最简单的事情。一般来说，浅色让房间看起来更大，而深色则让房间看起来更小。深色背景上的浅色字母通常最容易阅读。

需要注意的是，每个人对颜色的感知是不同的，除了年龄因素，还受文化和背景影响。颜色和图案对每个人具有不同的象征和文化意义。一般来说，红色、橙色、黄色范围内的暖色会让空间充满活力，而蓝色、绿松石色、绿色范围内的冷色则令人感到舒缓。冷色调通常与宁静和满足感联系在一起。角膜发黄会让蓝色变成灰色，白色变成黄色。紫色也显得更灰暗，而蓝色和绿色往往变得不那么明显，容易混在一起。柔和的颜色常常较难辨识，尤其是蓝色、淡紫色和粉红色，因此，有时较明亮的颜色是最好的。最容易阅读的颜色是红色、橙色和黄色。

色彩感知也受到灯光颜色的影响。在白炽灯下，织物看起来更黄。这通常比荧光灯要好，因为荧光灯通常有蓝绿色的投影。然而，全光谱荧光灯产生的反射更像白炽灯和自然光。

创造对比的另一个方法是选择色环两边的颜色。选择绿色地毯的设计师可以选择红色的家具或织物。

天花板应该有70%~90%的高反射率。墙面应该偏浅，反射率在40%~60%之间，地面可以更暗，在30%~50%的范围内反射率类似密度较低的木材。

图案

花纹织物和墙面饰物可以为原本平淡无奇的环境增加多样性，但它们也可能会给人压迫感。墙面饰物的精巧图案，其颜色从浅黄色到浅棕色范围通常是安全的。织物图案要丰富，并与房间规模相匹配。椅背上的大图案在大餐厅里可能会很好，但在小办公室里就不太合适。

地板选择

除了降低噪声，柔软的地毯表面比硬表面的地板覆盖物对跌倒更能有效地起到缓冲作用。在用餐区和入口处前庭，食物溢出和灰尘会造成问题，圈绒地毯通常比割绒地毯更适用，因为它更结实，也更容易清洁。消防楼梯经常被忽视，但工作人员通常需经由它们赶往住户的房间，所以为了安全起见，在这里铺设地毯非常有意义，因为人们有摔倒的风险。

在一些用餐区，比如有记忆障碍的居民使用的区域，弹性地板表面有时是更好的选择。带弹性背衬的乙烯基板有各种吸人眼球的图案。油毡是一种更环保的可持续性替代品。浴室地面应铺设防滑的弹性地板，便于清洁。现在有许多类似住宅应用的瓷砖图案。允许吸烟的房间和电梯楼层通常不铺设地毯更好。

个性化空间

将居民单元入口附近的区域个性化是一种常见策略。通常是通过加入艺术品或陈列柜来实现，以帮助住户找到自己的房间，并便于工作人员了解住户背景和生活经历。

住户通常会将个人照片和画作挂在单元附近走廊墙壁上。这使得走廊更加有趣，因为它反映了居民的生活方式、品位和兴趣。用于实现入口个性化的物品可以包括：

- 用于展示物品的绿植架或包装架；
- 门环；
- 邮箱；
- 通往走廊的窗户；
- 定制的装饰门；
- 安装在门附近的壁灯或罐灯；
- 姓名标签；
- 房间号；
- 陈列柜或记忆墙。

其他考量

大多数专业护理环境中，家属抱怨最多的是令人讨厌的气味和噪声。还有一个问题是眩光，这对于有视力问题的老年居民可能特别麻烦。

异味

尿液的气味是最大的异味问题。幸运的是，

如今已经有一些产品和做法来解决这个问题，包括以下几种方法：

- 座椅的防潮织物，以及当今可用的防潮方案和产品，防止尿液浸入家具覆盖物。
- 附有弹性背板的抗菌地毯和混凝土密封方案也减少了地毯的吸收问题。
- 通风系统在正压下向公共空间和走廊持续引入新鲜空气。这些空气通过各个单元，然后经浴室的通风井排出建筑。系统以这种方式设计时，它会不断地把污浊空气从最有可能被客人注意到的公共区域排出。
- 个人失禁产品也适当解决了尿液溢出的问题。

噪声

人们对机构环境的另一个主要抱怨是噪声大，这通常与普遍使用的大量硬表面材料有关，因为这些材料易于清洁。墙壁、地面和天花板通常也很坚硬，并经常涂有反光的半光漆。

有些噪声源可以简单地避免。例如，使用公共广播系统在旧的护理设施中很常见，会产生令人厌恶的噪声。

有些房间有非常柔软的吸声材料。家具织物也可以起到一定的作用。在餐厅里，如果椅子需要乙烯树脂座椅，可以在椅背上加垫，并用厚重的窗帘织物吸收噪声。

由于地毯的安全性，它通常被用作整个设施的主要地面材料。带有集成垫的高质量圈绒或割绒地毯仍然是降低建筑物内噪声最经济、有效的方法。

眩光

对 CCRC 的居民来说，眩光尤其是自带可见灯丝的透明灯泡的眩光非常讨厌。磨砂球或灯罩可以把光的强度分散到更大的表面，减少眩光，降低对比度。衰老的眼睛因为存在角膜硬化和变黄，更容易受到眩光的影响。白内障在老年人中很常见，也加剧了由眩光引起的问题。

眩光通常是由房间之间的亮度对比，或深色墙面与窗墙的对比造成的。增加房间内的光量或照亮墙面可以有效地平衡光线，从而减少眩光。位于房间最黑暗部分的天窗可以引入大量的光线，有助于平衡外部的窗墙。

CCRC 的家具

CCRC 的设计应考虑以下家具布局和规划问题：

- 家具之间的距离应增加到标准空间规划尺寸的 1/4~1/3，以适应有身体差异的人，特别是视力下降和有行动障碍的人。

- 家具的颜色应该与地面和周围其他颜色形成对比。

- 镜面处理的表面或玻璃面会产生眩光，并与周围环境融合，这对视力下降的人来说是一种危险。

- 家具抽屉需要水平的 C 形手柄或拉手，可以用微闭的手来操作，帮助灵活性下降的人。

- 家具腿不应该伸出座椅或顶面，以免绊倒视力下降的人。

一把舒适的椅子应该可以让使用者双脚平放在地面上。坐着的人大部分质量应该放在臀部，大腿和座椅前缘之间应该有空间。大腿后长时间有压力会加重血液循环问题。

座椅深度：座椅越深，靠背就需要越倾斜，以获得舒适度。座椅和背部之间具有开放空间通常会更加舒适，因为它为臀部提供了额外的空间。座椅的高度应该始终离地面 430~457 mm，并且前后应相对水平。座椅的宽度不应小于 405 mm，深度不小于 381 mm。椅背应该在座椅表面上方 203~330 mm 范围内可调节。座椅的高度可能需要在完工地面上方 345~525 mm 之间调整。座椅和靠背的角度也应该可以调节。

圆润的座椅边缘和圆角不会产生限制血液循环的压力点，可以增加舒适度。椅子设计中，通常会在座椅与椅背和扶手之间留出碎屑空间，以方便清洁。

稳定性：椅子不应该太容易前后倾斜。腿部应该有较大的间距，有助于平衡能力下降的人稳定身体。如果使用者的脚塞在座椅底下，要想推开，低支撑物会妨碍人从椅子上站起来。可以用脚蹬代替支撑物，提供支持，稳定椅子，以便人从轮椅上离开。

扶手：带扶手的椅子允许使用者自然地靠在扶手上。它们能给人一种安全感，并在人从椅子上站起来时提供支持。扶手应该设在高出座椅表面 205~229 mm、低于桌子挡板 25~51 mm 处，以免夹伤手指。扶手稍微超出座椅前缘，可以为坐下和起身提供更好的杠杆作用。宽大的扶手更容易握住。

坐垫：在脊柱与座位相接的地方放置坐垫是很有帮助的，适当的缓冲可以防止皮肤溃烂。坐垫必须牢固又舒适。软坐垫会防止人从轮椅上滑动。牢固安全的坐垫有助于坐着的人起身时保持身体稳定。

允许皮肤呼吸和防止滑动的软垫面料也会让椅子更加舒适。有褶皱的纹理织物会产生更多的摩擦。尼龙软垫可提供耐磨性，聚丙烯耐污且耐晒（但不耐高温或拉伸），而羊毛具备透气性和舒适度。椅子上的乙烯基和塑料覆盖物可能会变热、变滑，让人很不舒服，不应用于有人长时间坐在上面的软垫。

深度倾斜躺椅必须提供头部支撑。可设置一个可调节的垫子。从座椅到头枕的高度为 699~864 mm。头枕对在椅子上打盹的老人是有益的。

在家具上锁定脚轮方便重新布置房间，人们可以使用婴儿车、行李轮或移动辅助设备将家具推开。一个足够高的脚踏板可以让膝盖弯曲到略高于腰部的高度，对背部有问题的人很有帮助。

老年人座椅

资料来源：贝里安·拉什科，《残疾人和老年人住宅室内设计》。

座位类型

CCRC 有以下四种常见座位：

- 摇椅便于在摇晃过程中转移质量，使长时间坐着的人更加舒适。

- 转椅让人在集体场合中更容易保持眼神交流和理解肢体语言。
- 高背椅可以防止穿堂风，增加安全感。轻巧的开放式椅子通常占用地面空间较少，也更容易移动。
- 相比折叠式淋浴椅，带扶手的淋浴椅更舒适、更安全。

床

较短的床为使用婴儿车、行李轮或移动辅助设备的人提供了额外空间。许多老年人认为 1675 mm 的青年床很舒适。单人床的宽度较窄，可以让使用者抓住床垫的边缘作为杠杆，帮助自己在床上翻身。

电动调节高度的床增强了独立行动能力。低高度便于进入，解除了轮椅使用者的限制。高高度有助于人离开床，也让护理人员易于靠近。

卫生保健设施

规范和条例[1]

由于所服务人群的性质，医院受到的监管更多。人们认为医院里的病人没有自我保护能力，因此，相比有自我保护能力的环境，医院需要更多的生命安全措施。

就地防御

由于人们认为医院的病人在没有援助的情况下没有能力避险或能力有限，因此制定了就地防御或水平疏散的生命安全方法。在就地防御的生命安全方法中，病人并没有完全从建筑中撤离，而是转移到邻近的无烟隔间，或穿过一个水平出口，该水平出口是一个用耐火 1 h 或耐火 2 h 隔断隔开的临近隔间。在这个概念中，医院被分成若干个隔间，以限制火灾和烟雾的蔓延。

医院建筑类型

为了理解医疗环境中人与空间和设备之间的复杂关系，有必要熟悉医院建筑的类型及其内部空间。

初级护理——社区

和家庭医生一样，社区医院是许多人与医疗护理系统的第一次接触。医院初级护理在明确界定的有限地理区域内提供一般治疗和诊断服务。住院病床的数量可以从小型农村医院的 25~50 张到发达地区医院的 100~150 张不等。

1 作者：维克多·雷尼尔，《辅助生活设计：身体和精神虚弱者的住房指南》，第70~109页。
简·毕肖普，美国建筑师协会（AIA），伊丽莎白·尼德兹维茨基，美国建筑师协会，希利尔（Hillier）集团。
诺琳·麦克金，西郊区医疗护理机构（West Suburban Health Care）。
孙英权和苏普洛伊·潘尼奇，罗德岛设计学院。

地区转诊医院

相比初级护理医院，转诊医院服务范围更大，地理区域界定较为模糊，不仅提供基本护理，还提供更多专业护理。住院病床的数量150~350张或更多。

三级护理——教学

由于很多三级护理教学医院享有世界级声誉，并提供极其专业的服务，因此有可能吸引来自世界各地的患者。这些机构不仅提供医疗保健，还力求为医学研究和教育提供环境（和病例）。

三级护理医院可能与医学院的基础科学和临床研究实验室、学术办公室、教室和大型门诊设施相关联。住院病床的数量为400~900张或更多。

专科医院

专科医院，如癌症医院、心脏病医院、康复医院、精神病医院和儿科医院，只治疗一种病人。虽然专科医院包含标准医院的大多数治疗和诊断领域，但它们还有特殊的设计需求：保护患者隐私、规模适当、控制感染、打造安全和无威胁的环境。

住院医院

住院医院是极少数全年365天、全天24小时都在运营的医院类型。因此，即使规模再小，这也是一个复杂的组织结构。医院所需的系统让这类组织结构变得复杂。要理解这种复杂性，可以把医院划分为层次分明的组成部分。医院组织结构中最基本的部门是住院部护理部门和附属部门。

住院护理

患者楼或患者单元由各种区域组成，患者在其中接受护理团队的护理。最近，私人病房已经成为常态，是目前新建筑的一项要求。未来的趋势是向普通病房发展。这是一种足够大的私人病房，可以容纳重症监护室中常见的设备，因此可以容纳各种类型的患者。

医院病房

普通急症护理

病房必须可以无障碍进入、易于维护并足够宽敞，可以容纳高科技生命支持和监测设备。病床必须在外部窗户的视野之内。入口门宽度应至少为1219 mm。病床下部应保持高1219 mm的净空区域。

病房应配备基本便利设施，如病人椅、探视椅、电视机、存放长外套和行李的衣柜、存放衣服和个人物品的抽屉，以及摆放鲜花和卡片的台面。

病房应该包括卫生间设施。无障碍卫生间的门必须提供至少宽812 mm的净开口。普遍预防措施要求在每个病房内或入口附近提供一个卫生间，以及一个存放手套、口罩和防护服的地方。可能需要为电子设备提供空间，例如患者数据终端和打印机。半私人病房应包含隔间窗帘，以保护视觉隐私。

重症监护

重症监护室的病人要接受持续观察。每个房间都应在护士站或配备工作人员的走廊工作站的视线范围内，并且必须包含持续监测的设备。每张病床都应配备护士呼叫铃及其他各种通信和监控设备。

门的宽度应至少为1219 mm，在紧急情况下，应使用可拆卸滑动门进入房间。每个重症监护室要为需要隔离或隔开的患者提供至少一个单独的房间或隔间。每个床位区都应提供卫生间以及准备药物的水槽和工作台面。静脉注射轨道和检查灯通常放置在每张床上方。

由于这里的病人病情严重，滚动式生命支持设备通常会占据床边和床脚空间。因此，每张床的三面都应保持至少宽1219 mm的空间。公用设

HKS公司的美国建筑师协会会员：罗恩·戈弗、托德·格里奇、杰森·施罗尔、克里斯托夫·蒙代尔。其他成员：珍妮·埃文斯，注册护士，特里·里奇，注册护士，工商管理硕士，贝其·伯格，医院管理学硕士。
珀金斯 & 威尔公司（Perkins & Will）的美国建筑师协会会员：约翰·L.霍格海德、约翰·埃里奇、莱莎·哈迪奇；其他成员：玛西娅·奈特，注册室内设计师（RID），黛比·海兹曼、卡特里娜·埃文斯、雷伊·佩雷斯和约瑟夫·费恩。

施栏允许在患者周围进行360°探视。

应为访客提供床边空间，并设置窗帘为患者遮挡隐私。此外，病床必须在外部窗户的视野之内。

饰面和床头墙

病房的饰面应经久耐用且易于维护。环氧漆有时可用于潮湿区域或药物准备区。请查阅相关法规，了解病房饰面相关限制。根据病房类型，床头墙可以装设护士呼叫按钮、阅读灯开关、房间灯开关、电视机控制开关、电源插座和中央监

控功能，以及抽吸、真空和各种医用气体插座。床头墙可以是预制单元，也可以嵌入隔断。

病房配置

病房有多种配置方式。每种配置都有各自的优势和挑战，具体取决于医院如何提供护理以及便利设施的优先级。因为卫生间的位置对护理人员和患者的满意度影响很大，所以大多数初级病房的配置都是根据卫生间位置来描述的。主要的病房配置包括内侧、外侧、嵌套和同侧。

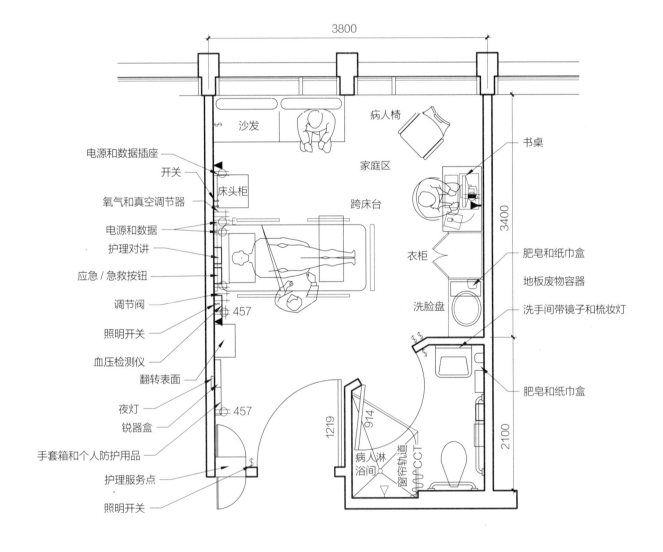

普通急症护理病房布局

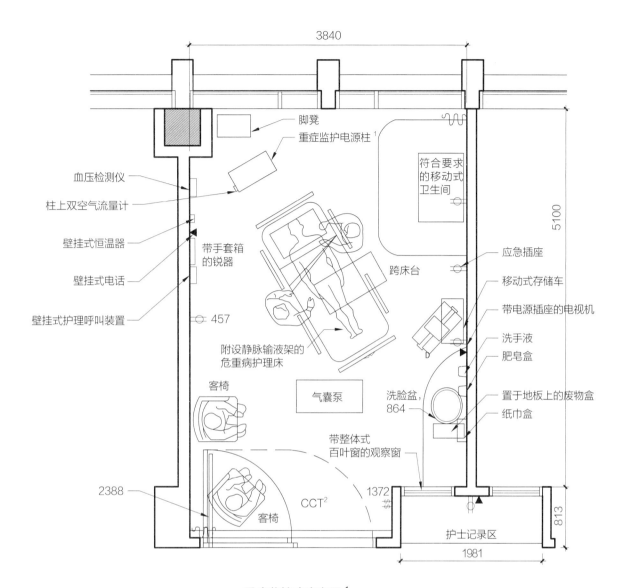

血压检测仪
柱上双空气流量计
壁挂式恒温器
壁挂式电话
壁挂式护理呼叫装置

脚凳
重症监护电源柱[1]

带手套箱的锐器

符合要求的移动式卫生间

应急插座
移动式存储车
带电源插座的电视机
洗手液
肥皂盒
置于地板上的废物盒
纸巾盒

457

跨床台

附设静脉输液架的危重病护理床

气囊泵

洗脸盆，864

客椅

带整体式百叶窗的观察窗

2388

客椅

CCT[2]

1372

护士记录区

1981

813

5100

3840

重症监护病房布局[1]

医疗护理住院病房卫生间

急症护理病房必须提供卫生间，卫生间和水槽不能超过两个病房共用。沐浴设施可在单元内集中提供。

常见的卫生间位置包括以下三种：

· 内侧：位于走廊墙旁边。

· 外侧：位于外墙旁边。

· 嵌套：位于两个房间之间，一个房间在内侧，一个房间在外侧。

重症监护室和普通病房通常需要外侧卫生间，这样可以最大程度地观察患者，但这种方法会减少日光的射入和外面的视野范围。普通急症护理室可以选择任何一种方案。沿着床头墙设置卫生间可以减少跌倒的情况，因为患者不需要穿过开放的地面空间。

病房门的净宽要求为至少813 mm，但建议使用更大的门来容纳人员和设备，如静脉注射杆。病房门必须向外摆出或配备双向作用五金件，以

---

1 包括病人监护仪、多种医用气体、灯具的开关以及电源插座和应急／急救按钮。
2 带天花板轨道的隔间窗帘。

允许紧急通行。在某些管辖区，允许使用不占用地面空间的折叠门或滑动门来提供更大的开口。入口处的门槛应平滑，以尽量减少跌倒情况并容纳设备。

应特别考虑地板材料和排水系统，以减少滑倒和跌倒的发生。应提供充足的照明，包括夜灯。病房内必须提供可从地面触及的急救护士呼叫设备（通常是拉绳）。除扶手杆外，所有房间还需要设置患者辅助杆。

坐便器可以是落地式，也可以是壁挂式，通常配备便盆垫圈。如果提供淋浴器，淋浴器可以是插入式装置，也可以是使用瓷砖或固体表面材料的内置式装置。

病人卫生用品必须放在柜台上或柜子里。便盆、测试用品和卫生纸等物品必须存放起来。须提供手套箱、纸巾盒、给皂器、卫生纸架和病人辅助杆。水槽下不允许存放物品。

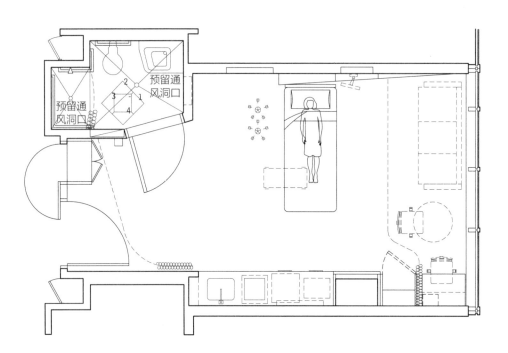

病房卫生间平面图

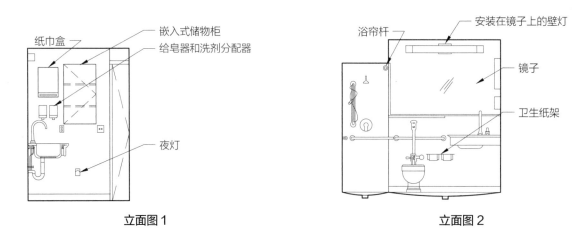

立面图1   立面图2

病房卫生间立面图

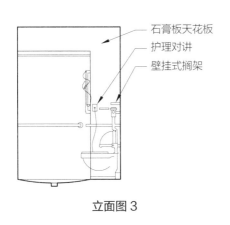

石膏板天花板
护理对讲
壁挂式搁架

立面图 3

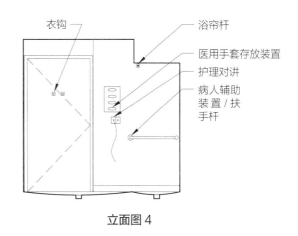

衣钩
浴帘杆
医用手套存放装置
护理对讲
病人辅助装置 / 扶手杆

立面图 4

病房卫生间立面图（续）

附属部门

医院组织结构内的其他主要组成部分是附属部门。附属部门分为以下三个主要部分，可视为医院"城市"内的一个社区：

·公共和行政部门；
·诊断、介入和治疗部门；
·后勤和支持部门。

公共和行政部门

公共和行政区域主要由办公空间组成。为了提高业务效率和人员的交叉利用率，这些空间通常被组合在一起。这些空间通常包括公共大厅、行政办公室、公共关系、人事、入院、商业和财务服务、医疗记录、数据处理、资源中心、教育、零售和通信等的空间。

诊断部门[1]

影像室

影像区可能位于许多地方，包括医院内的传统放射科、流动护理设施或独立设施。

影像或放射科包含使用 X 射线和其他手段的设备，无需手术即可查看身体内部。其中最典型的是放射摄影、荧光透视、计算机断层扫描（CT）、核医学、超声波、磁共振成像

（MRI），以及在某些情况下的正电子发射断层扫描（PET）。

影像部门的支持空间通常包括以下区域：

·等待区和接待区；
·门诊病人更衣等候区；
·病人卫生间；
·保证质量的影像工作站；
·查看和咨询区；
·胶片文件区或数字存储区；
·清洁用品室和盥洗室；
·员工储物柜和设备存储装置。

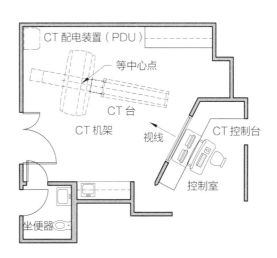

CT 配电装置（PDU）
等中心点
CT 台
CT 机架
视线
CT 控制台
控制室
坐便器

常规计算机断层扫描室平面图[2]

1　作者：卡米·梅兹，美国建筑师协会（AIA），蔡氏 / 科布斯事务所（Tsoi/Kobus & Associates）。
2　磁场因磁体和制造商而异。

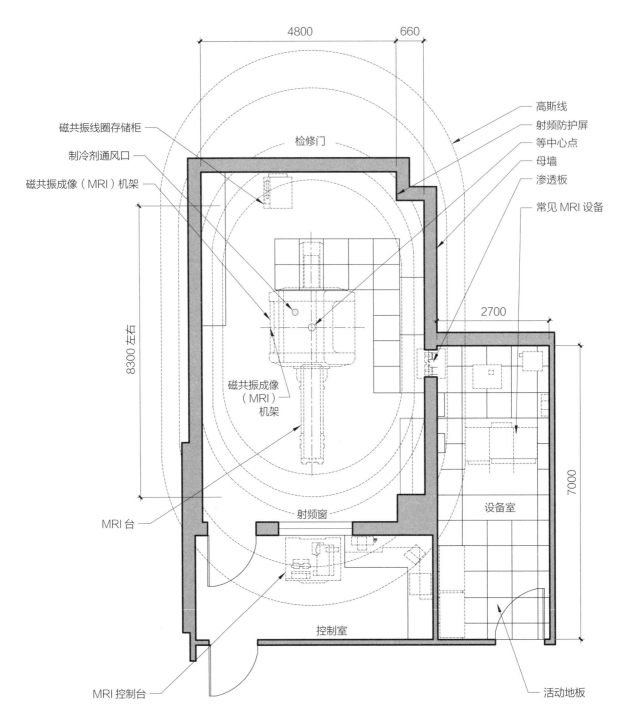

常规核磁共振扫描室平面图

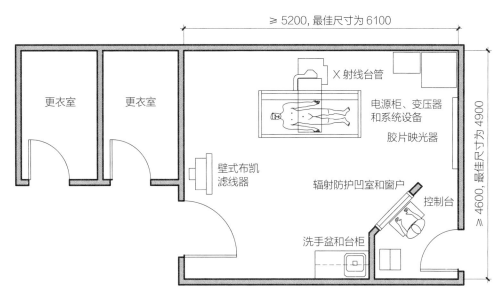

常规放射摄影室平面图

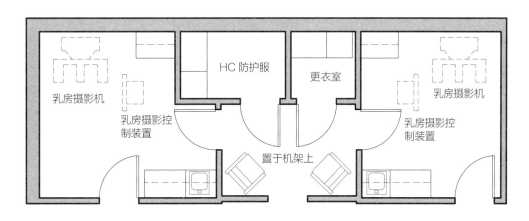

乳房摄影室平面图

急诊科

急诊科（ED）为因受伤或突发疾病需要立即治疗的患者提供诊断和治疗。患者或通过机动车辆／步行到达无障碍入口，或到达救护车入口。

急诊科区域通常包括公共步入式入口和接收处理区、临床治疗区、辅助支持区以及行政和工作人员支持区。公共入口和接收处理区还面临着一个特殊的内部设计挑战，那就是减少患者和访客的焦虑。这个区域需要特别注意解决寻路、安全、感染控制、保护病人尊严和病人流动等问题。

其中的照明、积极视觉干扰、声音缓解和座位选择都能发挥重要作用。

每个区域的治疗室大小可能不尽相同。创伤室需要非常大的空间，其设计类似于外科手术室。其他治疗室可能类似于医生办公室或医疗诊所的诊断室。临床治疗区的饰面应平滑耐用，并尽可能无缝。所有接触率高的表面都应考虑使用抗菌涂层。在可行的情况下，还应考虑使用自动式或无接触式装置。

实验室

关于人体健康的主要信息来源是临床实验室及其相关的病理学服务。对体液和组织的分析可以揭示致病因子或化学失衡的存在。24小时核心临床实验室主要包括：

- 化学；
- 血液学（血液研究）和凝血；
- 尿液分析；
- 免疫学（免疫系统）；
- 血库（血型和交叉配血）；
- 微生物学（微生物的存在）。

解剖病理学侧重于研究身体组织的疾病和状况。病理实验室包括：

- 外科病理学（大样本检查）；
- 组织学（用显微镜检查一薄层组织）；
- 细胞学（检查液体细胞是否异常）；
- 冰冻切片（手术过程中对标本进行实时病理检查）；
- 验尸（尸体剖检）。

介入部门

外科手术室

手术过程可以分为三个不同阶段：术前活动、手术活动和术后活动。

手术室区域主要包括普通手术室和专科手术室（OR）、术前等候和准备区、术后恢复室和麻醉恢复室（PACU）、消毒供应中心、门诊术前/术后储藏室和工作人员或外科医生更衣室。许多手术可以在一般手术室进行。

在小型医院，所有房间都可以被视为普通手术室，以便于灵活安排。大型医院有更复杂的外科手术形式，可以提供专门用于特定类型手术的专科病房，如心脏、神经和矫形服务。

由于外科手术对空间的要求千差万别，以及外科工作人员的个人偏好不同，通用手术室必须具有灵活性。手术室的平面应大致呈正方形，没有柱子，手术台应大概位于房间的中心位置，保证在设备和人员的定位上可以提供最大的灵活性。目前普通手术室的最小面积限制在37.16 m²，不包括个案工作，并要求所有内置设备周围最小有6 m的空间。

手术室的完工天花板高度不应低于2.7 m，上方要提供足够的天花板空间作为服务空间。

对于手术室饰面应首先考虑清洁问题。地面应使用无缝材料，并有一个易于维护的完整基础。墙面应使用可擦洗的环氧树脂基涂料，或使用玻璃瓷砖和抗菌浆料。天花板饰面应为石膏或石膏板。嵌入式台柜、台面、水槽和类似物品应采用不锈钢材质。

使用易燃气体的手术室必须设置防静电地板，以避免产生可能导致爆炸的火花。整个手术室的饰面应为浅色、中性颜色，以避免肤色出现任何扭曲。

产科、分娩和妇女服务

产科主要致力于孕妇产前和产后护理以及新生儿护理。当前很多机构将全面的妇女保健服务整合在一起，包括围产期服务、生育计划、遗传咨询、儿科、乳腺健康和教育，以及待产、分娩、恢复和产后住宿等，通称妇女服务。

待产和分娩包括不同的病房类型，有以下几种：

- 待产和分娩室（LDR）：LDR病房也称分娩室，通常只用于分娩过程。
- 待产、分娩、恢复和产后病房（LDRP）：当LDR病房和产后病房合并为一个单间产科护理概念时，这个房间被称为LDRP。
- 产后病房：用于产后立即恢复。
- 产前病房：是指分娩开始前孕妇接受监测的地方。

在上述四种类型中，产后病房和产前病房的大小和结构与普通急诊病房相似。所有产房都必须足够大，保证能够容纳母亲和婴儿的医疗设

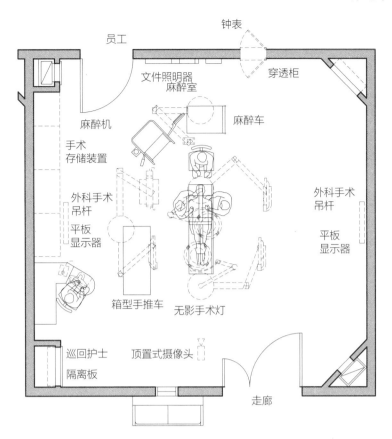

普通手术室

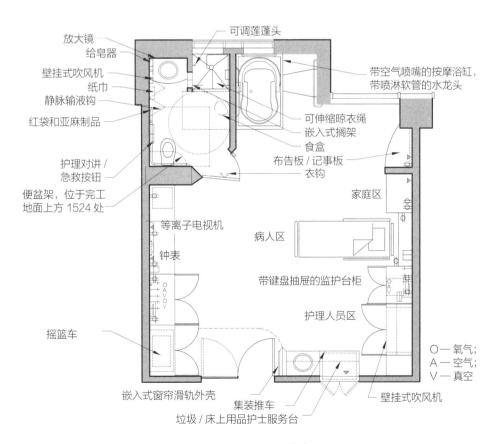

LDR 病房

备，并应注意保护患者的隐私。产房应包含一个洗手间、一个指定用于婴儿复苏的空间以及一个放置其他相关设备的橱柜或壁龛。生产室也应包含特殊的天花板照明。

为了给内部活动提供足够的空间，LDR 病房和 LDRP 病房的最小净面积为 27.9 m²，最小净尺寸为 4 m。LDRP 病房的设计还必须平衡对于特种空调、医用气体出口和监测能力的需求，以及营造家居氛围的愿望。

治疗部门

物理医学与康复

物理医学与康复为身体残疾或行动能力受损的人提供最大限度恢复日常生活中正常活动的机会。这些服务包括物理治疗、职业治疗、语言病理学和听力学，以及由修复术和矫正术或其他生物医学工程服务支持的专业项目。物理医学与康复区域可位于各种环境，包括医院、流动护理设施、医疗办公楼和专业康复中心。

虽然物理医学与康复区域通常属于大型开放空间，可以进行各种身体活动和锻炼，并允许工作人员观察，但它们也有较小的封闭房间，用于私人治疗和心理治疗。其他空间可能包括接待处和等候处、病人卫生间、轮椅储藏室、后勤壁橱、会议室、行政工作区、清洁用品储藏室、盥洗室、病人更衣区和储物柜、水疗中心、设备储藏室和中央开放工作空间。

肿瘤学

肿瘤学针对的是癌症患者的治疗，最常见的治疗形式是化疗和放疗。化疗是以静脉注射攻击癌细胞的化学物质，而放疗是将癌细胞暴露在辐射中。许多癌症治疗方案同时包含这两种方式，所以医疗机构中这两个治疗室往往相隔不远。

化疗通常在对患者友好的非技术性空间进行，患者坐在专用区域内的躺椅上。这个过程可能会有压力和创伤，并且时间很漫长。期间对病人舒适度的敏感性以及提供积极的干扰是很重要的，比如观看自然景色的视野。

放疗是在一个由专业人员操作的高技术性空间进行的。这种疗法很可能由位于拱顶室或房间内的线性加速器进行，这种加速器具有显著的辐射屏蔽，在患者治疗期间将辐射限制在空间内。期间对患者压力的敏感性很重要，这通常可以通过采用可调节的照明、柔和的材料和舒缓的颜色来解决。

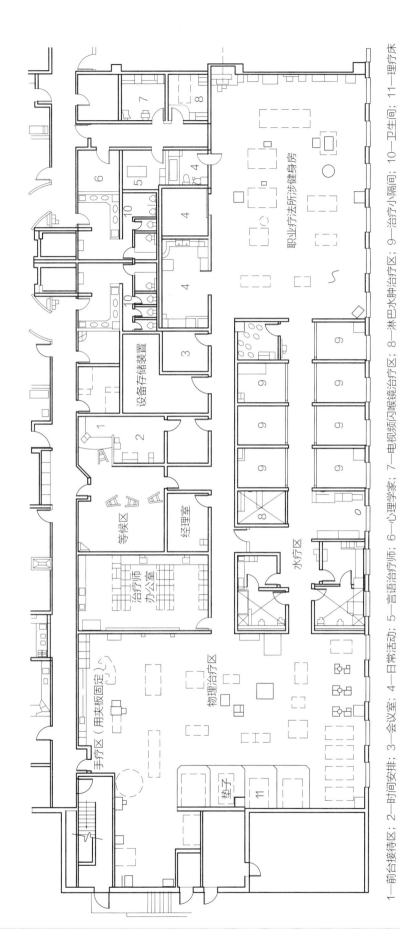

康复室平面图

1—前台接待区；2—时间安排；3—会议室；4—日常活动；5—言语治疗师；6—心理学家；7—电视频闪喉镜治疗区；8—淋巴水肿治疗区；9—治疗小隔间；10—卫生间；11—理疗床

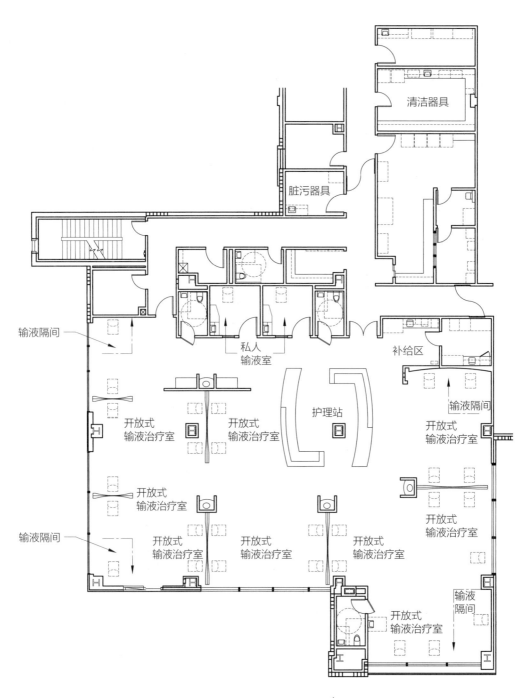

灌注化疗室平面图 [1]

1　作者：罗恩·戈弗，美国建筑师协会（AIA），杰森·施罗尔，美国建筑师协会，戴夫·文森特，美国建筑师协会，安德鲁·耶格尔，美国建筑师协
　　会，穆克什·帕特尔，美国建筑师协会，劳拉·蒂伦，国际室内设计协会，HKS 公司。
　　约翰·L.霍格海德，美国建筑师协会（AIA），约翰·埃里奇，美国建筑师协会，莱莎·哈迪奇，美国建筑师协会（AIA），玛西娅·奈特，注
　　册室内设计师（RID），黛比·海兹曼，卡特里娜·埃文斯，雷伊·佩雷斯和约瑟夫·费恩，珀金斯 & 威尔公司（Perkins & Will）。

餐饮服务部门

餐饮服务部门负责医疗机构中涉及食品服务、营养和饮料的所有活动，包括经营餐饮设施和提供饮食，以及为病人提供自动售货和用餐服务。设计师通常会与餐饮服务顾问合作设计厨房和烹饪区。这些区域的各个空间都需要耐用且可清洁的表面。用餐区应便于从公共场所进入。设计时通常要考虑到接待问题，为家属和工作人员提供休息和分散注意力的机会。

流动护理设施

门诊护理需求的增长刺激了独立门诊护理设施的发展，即由医院、医院系统、医师团体或卫生保健组织运营的门诊中心。

流动护理设施为流动患者的诊断和治疗提供了一个成本较低的简单环境。与住院处相比，门诊中心相对简单，因为没有患者护理楼层、食物制备区域或高需求材料的管理要求。

因为没有患者卧室，所以在手术室旁边为患者提供了一些术前或术后临时安置室或隔间。也会根据患者的康复水平为其配备担架或躺椅。

急诊中心是独立设施，不会像家庭医生一样对待病人，通常无须预约。为了与独立急诊中心竞争，医院开始在自己的急诊科附近建立急诊中心；分诊护士可以引导前来就诊的患者在医院接受适当的治疗，但是要在治疗强度较低的非紧急情况下进行。

医疗办公大楼

建造医疗办公大楼（MOB）通常是为了支持医院、健康维护组织或私人医生诊所对医生办公空间的需求。

常规的医疗办公大楼为个体医生、医生团体和流动辅助服务提供办公空间，这些服务或是对医院所提供服务的补充，或是医院本身通常不提供的服务。MOB 可以与医院有实际的联系，尽管它们通常是单独的或独立式建筑。

虽然 MOB 可以满足流动医疗服务提供者的空间需求，但它们并不属于医疗建筑或机构建筑。根据相关建筑法规，医疗办公大楼通常被认为是商业建筑。

医疗办公大楼通常包括多个 74~139 m² 的小型医疗室、多个 278~557 m² 的大型医疗室，或小型和大型医疗室皆有。所有这些都将影响最终的建筑布局。常规的 MOB 房间类型包括：

- 带接待区的等候室；
- 身高 / 体重测量站；
- 诊断室；
- 手术室；
- 临时安置室；
- 护理站；
- 患者卫生间；
- 内科医生办公室；
- 清洁用品放置室和盥洗室。

行政和支持范围包括行政或业务办公室、医疗记录、技术支持，有时还包括成像、紧急护理、实验室、药房和中央供应。

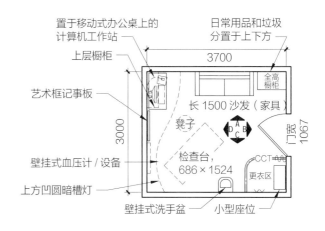

诊断室平面图

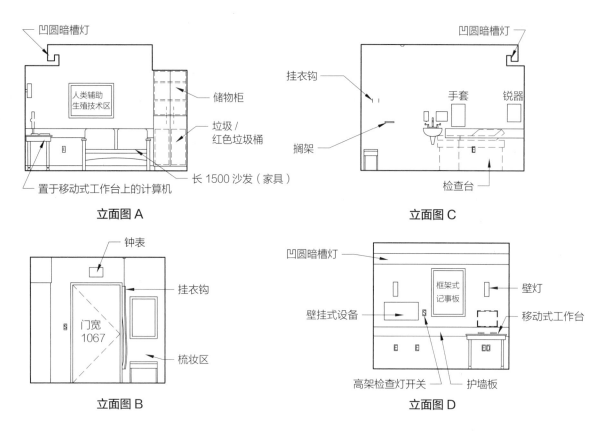

立面图 A

立面图 C

立面图 B

立面图 D

诊断室立面图

医疗护理台柜[1]

大多数单元都有接待 / 迎宾区，单元秘书在此提供行政支持。复印机、扫描仪、护士呼叫站和气动导管站等办公设备通常位于此处。配有计算机工作站的文件区通常分散在整个单元和床边，为多学科护理团队提供广泛的选择和保密的协作空间。

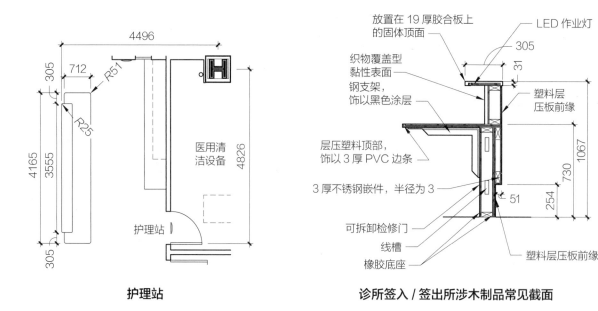

护理站

诊所签入 / 签出所涉木制品常见截面

---

1 作者：罗恩·戈弗，美国建筑师协会（AIA），杰森·施罗尔，美国建筑师协会，HKS 公司。
约翰·L. 霍格海德，美国建筑师协会，约翰·埃里奇，美国建筑师协会，莱莎·哈迪奇，美国建筑师协会 V，玛西娅·奈特，注册室内设计师（RID），黛比·海兹曼，卡特里娜·埃文斯，雷伊·佩雷斯和约瑟夫·费恩，珀金斯 & 威尔公司（Perkins & Will）。
罗纳德·E. 戈弗，美国建筑师协会（AIA），美国大学健康协会会员，美国绿色建筑委员会，HKS 公司。

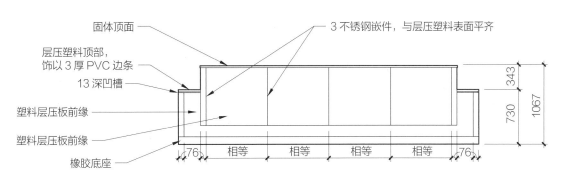

固体顶面

层压塑料顶部，
饰以 3 厚 PVC 边条

13 深凹槽

塑料层压板前缘

塑料层压板前缘

橡胶底座

3 不锈钢嵌件，与层压塑料表面平齐

343
730
1067

76　相等　相等　相等　相等　76

护理站立面图（正视图）

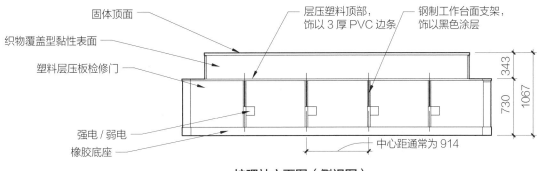

固体顶面

织物覆盖型黏性表面

塑料层压板检修门

强电 / 弱电

橡胶底座

层压塑料顶部，
饰以 3 厚 PVC 边条

钢制工作台面支架，
饰以黑色涂层

343
730
1067

中心距通常为 914

护理站立面图（侧视图）

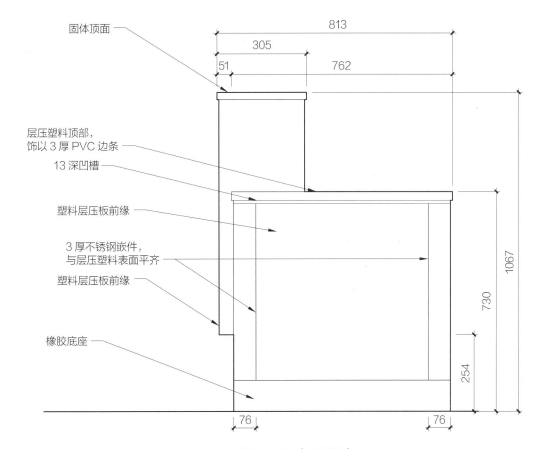

固体顶面

层压塑料顶部，
饰以 3 厚 PVC 边条

13 深凹槽

塑料层压板前缘

3 厚不锈钢嵌件，
与层压塑料表面平齐

塑料层压板前缘

橡胶底座

813
305
51
762

1067
730
254

76　76

护理站立面图（后视图）

医疗护理家具

医疗护理家具的设计和功能在不断发展，力求满足医疗保健设施多方面的需求。虽然相关机构出于清洁和耐用性方面的考虑，越来越多地要求使用塑料臂盖或金属框架，而不是木材，但这似乎并不符合营造温暖宜人氛围的趋势。然而，如果应用适当，美学设计也可以满足功能需求。制造商越来越多地把住宅美学融入医疗产品，同时保持医疗设施所需的临床元素。

各种各样的家具装饰图案和颜色仍然可供选择，可以满足清洁过程的需要，例如含10%漂白剂的溶液。带有纺染纤维的室内装饰用纺织品和乙烯基织物正在研制中，它们具备高耐磨性。具有抗菌、耐污和防潮性能的织物也在研制中。正在研制的乙烯基和聚氨酯装饰材料具有"擦除"特性，可使用湿布和酒精擦除圆珠笔墨水和污渍。

医疗护理家具的使用并不局限于病房。医院园区本身可看作一个独立的城市，必须在等候区、诊断室或急诊室、病房、用餐区、办公室和其他区域使用符合个别区域必要要求的家具。

等候区

等候区可以配置招待性行业的休息室座位，高容量区域可以配置组合式座位。为了适应肥胖人群，组合式座位的单座单元应包含若干无扶手的座椅或肥胖座椅，宽度为813~1067 mm，所占比例至少为10%。帮助病人进出病房的座椅，关键在于支撑人体重量的扶手以及适当的高度，高度通常为457 mm或483 mm。

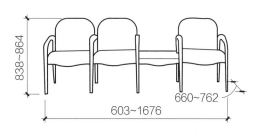

带桌子的多个座位

用餐区

虽然用餐区已满足许多用户的需求，如工作人员、患者、家属和访客，但座位必须满足所有人的需求，包括肥胖人群和老年群体。桌椅的配置应考虑到大小团体，并保证足够宽的轮椅通道。

诊断室

诊断室可以提供一把客椅，质量轻，便于移动，可以是金属材质，便于清洁，宽度为864 mm，可供肥胖者使用，或容纳带孩子的父母。

员工休息室和办公室

员工休息区可以采用没有扶手的轻型金属堆叠椅，病人和访客的椅子应配备扶手，并考虑到肥胖者的需求。

办公空间的规划可以包括多用途系统家具和独立的单人办公家具。系统家具可以为大容量办公空间提供多种选择，同时使用吸声板增强吸声效果。无论是金属还是高压层压板，耐用的产品都可以通过适当的饰面处理实现精致的美学效果。制造商提供了广泛的选择，饰面处理的选项经常更新。符合人体工程学的工作座椅、铰接式键盘托盘和其他符合人体工程学的物品是员工办公室的关键元素。

病房[1]

医院病房通常配有病床、跨床台、病人椅、访客椅、床头柜、衣柜、抽屉柜，有时还有桌子。选择病房家具的考虑因素主要包括患者的舒适度以及家具的可移动性和可清洁性。

材料

高压装饰层压板可制作耐用且易于消毒的床头柜顶和桌面。匀质的实木边缘为单板提供卓越的耐磨性，易于维护和修复。圆角或斜角边比尖角边更容易保持外观。

床头柜

床头柜可以配备模制塑料抽屉插件，便于清洁，还可以使用软橡胶包裹边缘和配备抽屉拉手，

---

1 作者：简·克拉克，美国建筑师协会（AIA），齐默冈苏尔弗拉斯卡合伙企业（Zimmer GunsulFrasca Partnership）。
娜塔莎·杰立卡，罗德岛设计学院。
吉姆·约翰逊，赖特森、约翰逊、哈登和威廉姆斯公司。

以及设置由高压层压板或固体表面材料制成的防溢出顶部，提高耐用性。在患者需要完全接触床的情况下，床头柜的脚轮应当能够快速轻松地移动。

床头板和床尾板

床头板和床尾板通常可以与其他病房家具相匹配，并可适应正在使用的病床。

座位

安全、舒适和卫生是选择病房座位的主要设计考量。病人座位的设计目的是为了帮助康复中的病人尽快下床，并尽可能地延长其下床时间。下床活动可以振奋精神，促进血液循环，降低褥疮（床疮）发生的风险。

病人和家属都可以使用的躺椅，可以选择向下折叠的扶手或侧板，便于从轮椅上转移，并配设导尿管钩、静脉注射杆、移动锁定脚轮、垂头仰卧位（仰卧，脚高于头），还可以倾斜成平整表面，供家属休息或睡觉之用。

椅子座位

使用网状座椅和带靠背的病人椅可以缓解压力点并促进血液循环。带圆边和圆角的座椅不会产生压力点或限制血液循环。如果血液循环不畅，病人的腿可能会麻木，从椅子上站起来时有摔倒风险。瀑布式座椅边缘能够降低膝盖后部的压力，有助于患者的血液循环。一把轻微摇动的椅子能够提供些许锻炼的机会，有助于驱散焦虑。摇晃提供了身体重量的转移和重新分配，可以促进血液循环并带来舒适感。

如果座位太低、太深或太软，起身和坐下都会很困难。供部分残疾或体弱者使用的椅子必须易于进出，并维护患者的尊严。摆动式或下拉式扶手可以让人更方便地坐下或转移到轮椅上。升降椅可以帮助使用者起身或坐到座位上。椅子前部下方的地面空间必不可少，以便使用者在准备站立时能够把脚放在重心下方。高度较高的座位（通常约为 508 mm）可供髋关节置换患者使用。

座椅稳定性

护理座椅必须稳定，以防座椅倾斜或从坐着的人下方滑出。但座位不应太大或太重，这样才可以轻松移动，而不损坏地面饰面。椅背顶部内置的把手或横档可以方便移动椅子。使用移动脚轮或防滑滑轨可以保护地面饰面。延伸到椅背之外的后椅腿可以保护墙面不受损坏。

座椅扶手

座椅扶手必须能够支撑站立或坐着的人的质量。当病人坐下时，椅子的扶手应该是全长的，以支撑其整个前臂，并减轻其肩膀承受的质量。扶手应该足够高，以提供最佳的杠杆作用和安全的抓握。延伸到座位前部并向上倾斜的扶手可为正在起身的人提供额外支撑。

座椅靠背

病人椅需要高靠背和高倾斜度，以帮助病人保持正确的姿势，辅助康复。带有弯曲靠背的病人椅可以促进肌肉的使用，帮助恢复。支撑性椅背可以增加患者的舒适感和安全感。座椅应该确保病人的安全，因为患者在半清醒的睡眠状态下可能会摔倒。座椅还必须有足够的腰部和脊柱曲度支撑，以减少久坐造成的压力和疲劳。

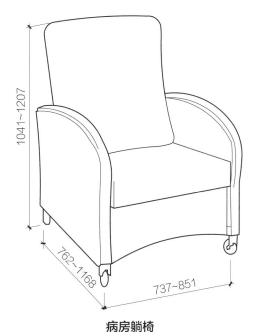

病房躺椅

卧铺椅和沙发床

单人病房通常需要为家属提供一张卧铺椅或沙发床。这些家具在白天时可以让人坐在上面，拥有可伸展或拉出的表面，用于睡觉。空间有限时，一些型号还允许将靠垫向下翻转供人睡觉之用。

很多病房的卧铺椅都是侧向伸展，而不是伸展到病房中间。侧向伸展可节省房间中央宝贵的地面空间，医护人员在护理患者时可能需要占用这些空间。

在地区各异，但为肥胖症人群和老年群体服务的需求日益增长是一个普遍现象。家具选择应充分满足这些人群的特殊需求。

适合大个子的座椅产品包括休闲椅、沙发和双人椅，带不带扶手都有。座位宽度大约为610 mm，深度约为559 mm。宽度为864 mm的椅子，既可用于肥胖者，也可容纳带孩子的父母。高度为483 mm的座椅，老年人和行动不便的人也可以很方便地使用。

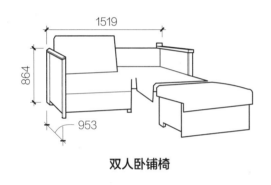

双人卧铺椅

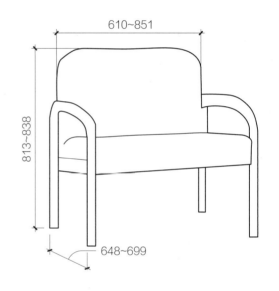

肥胖座椅

肥胖座椅

肥胖病学是医学的一个分支，专门研究肥胖的起因、预防和治疗。每个医院或临床设施都必须对客户的需求做出反应，还可以基于过往经验建立偏好或家具标准。虽然每个机构的客户与所

零售空间

零售设计与其他类型的室内设计不同，因为设计决策基础主要是创造销售额。成功的销售规划可以创造出有凝聚力的设计宣言，对商品以及零售商的品牌形象起到补充作用。用吸引人的方式展示商品是大势所趋。

了解目标顾客的购买行为和人口统计数据、商品类别（例如时尚与日用品等），以及不同类型的零售空间和零售照明的要求（包括普通空间照明和陈列照明），是成功零售设计的关键要素。

从本质上来说，购买行为要么是有计划的，要么是冲动的。

大多数冲动型购买可以归类为基于情感的购买或一种娱乐形式。冲动型买家享受购物体验的程度可能等于他们购买的商品数量。适合冲动型购买的商品必须暴露在潜在客户面前，而且要放在容易接触到的地方，便于挑选。

按计划购物的顾客甚至可能并不喜欢购物。这类顾客通常很匆忙，所以适合其购买的商品必

须很容易找到。高效的流通、醒目的标志和充足的照明对按计划购物的顾客来说很重要。

零售空间类型

零售空间的三种主要类型分别是购物中心、百货商店以及精品店和零售专卖店。大卖场作为第四种类型通常是类似仓库的折扣中心。

购物中心是放松和娱乐的中心，也是最成功的销售场所。购物中心依靠刺激（通常是舞台表演）来吸引定期和季节性消费者。它通常包含服务和娱乐场所，以鼓励顾客悠闲地逗留较长时间。

百货商店依靠流通模式和标志来吸引顾客。硬地板过道（被称为"硬过道"）提供了一条主要的流通路径。陈列商品通常位于铺有地毯的区域，以吸引顾客逗留和浏览，同时享受脚下的舒适感。整个百货商店都需要有连续性，即使每个部门可能被单独设计，以呈现一系列精品店的外观。

专卖店需要最新的设计形象来吸引消费者。这些空间主要依赖橱窗展示、室内装修、照明和声音（通常是背景音乐）来吸引顾客进入。

固定设施放置

为了有效地设计商品销售设施布局，设计师必须了解零售商的商品容量和数量要求。固定装置摆放太近会导致顾客难以查看商品，并且可能不符合相关要求。固定装置之间或周围的过道宽度不应小于1100 mm，包括吊架宽度。

零售展示台柜

化妆品和珠宝陈列柜通常由专门的家具制造商为特定的零售商制作，主要是百货商店和珠宝店。细节是定制设计的，涉及大量工程和细节精度。由于商品贵重，照明和安全是两大重要设计要素。

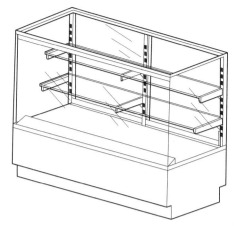

典型化妆品展示柜——顾客侧

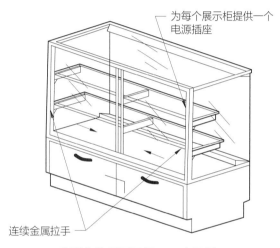

为每个展示柜提供一个电源插座

连续金属拉手

典型化妆品展示柜——店员侧

零售设备

这里描述的零售设备包括：

· 传统结账设备；

· 自助结账设备；

· 售货亭；

· 购物车；

· 自动售货机和冷藏展示柜。

传统结账设备

收银机和销售点（POS）终端有多种尺寸和配置，二者都可以使用条形码扫描仪系统，而POS系统则可以通过外部设备选项定制，包括显示屏（触摸或非触摸）、打印机、键盘和现金抽屉。具体尺寸和选项请咨询制造商。有关无障碍设计的要求，请参考适用的规范、标准和法规。

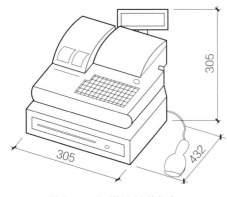

带条形码扫描仪的收银机

自助结账设备

顾客自助结账是零售机构中日益增长的一种趋势。这项服务为客户缩短了排队时间，结账更快捷，零售商也可以受益于更低的劳动力成本和更高的运营效率。小型设备非常适合在远程客户站购买或占地面积有限的零售商快速购买。基于传送带的较大系统便于任何尺寸商品的购买。

设备必须放在商店里，以鼓励顾客使用，并且必须张贴如何使用的清晰标志。具体尺寸和选项请咨询制造商。

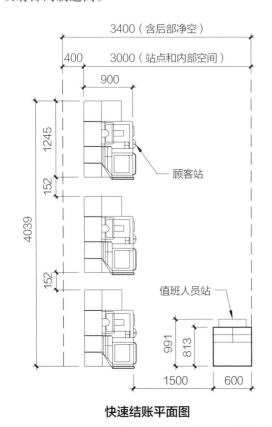

快速结账平面图

旋转式自助结账平面图

零售照明[1]

零售机构的照明必须能增强顾客的体验感，恰当地照亮商品，并满足所有技术和节能法规规定。不同类型的商店有不同的照明要求。百货商店或大卖场的照明要求与小型精品店的有很大区别。

大型零售商已经将大量的精力集中在使用日光和日光采集系统上。当有充足日光时，日光采集系统会调暗电灯。这非常适合荧光照明系统。日光采集也可用于金属卤化物灯系统，但其调光范围有限。通常情况下，大型零售商店有一个一般环境照明方案，并带有与特定的重要展示相关的补充重点照明。大多数商品都处于环境照明条件下，因此具有良好显色性的光源能让商品看起来十分吸引人。

大型零售商正在考虑将 LED 技术用于多种应用。食品冷藏箱是这种光源的完美应用，它在寒冷的环境中茁壮"成长"，使用寿命长，维护需求低。

1 作者：吉尔·惠勒，甘斯勒建筑事务所（Gensler）。
斯蒂芬·马格里斯，美国照明工程学会（IES），国际照明设计师协会（IALD）。

小型零售商更关心营造适宜的氛围以提升购物体验。这种氛围可能因出售的商品而异。在新的陶瓷金属卤化物光源下，食物看起来非常诱人，而衣服在全光谱卤素光源下最好看。

如果没有某种高效的环境照明系统，很难满足当今的能源法规要求。环境照明可以通过天花板上的凹圆暗槽灯、洗墙灯或装饰灯具来提供。

仅采用重点照明是一种非常低效的空间照明方式。将轨道灯用于商品照明也变得越来越困难，即使并未满负荷使用，这种技术在能源规范计算中必须计算其总负载能力。轨道限流器装置可让轨道照明更灵活，但限制了商店和能源规范计算中的负载量。

大型百货商店面临着许多不同类型的照明挑战，而大卖场和小零售店的挑战则可以在整个商店中找到。较大的商店也面临大量的维护问题，选择使用寿命长的同种类型灯具是一种可取的方案。

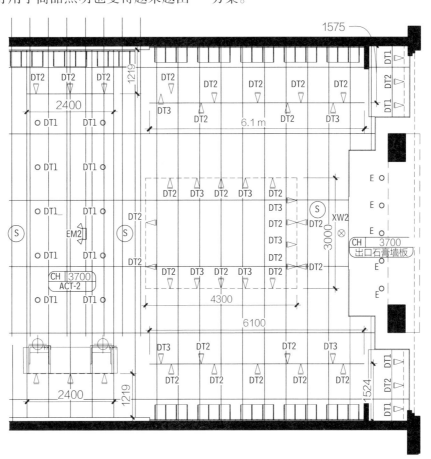

图例

DR1○　嵌入式

E○　保留现有嵌入式筒灯；根据需要更换灯具

DT1　链轨式洗墙灯在首层安装于搁栅底部，
▽　在第二层安装于完工地面上方 3700 处

DT2　链轨式泛光灯在首层安装于搁栅底部，
▽　在第二层安装于完工地面上方 3700 处

DT3　链轨式聚光灯在首层安装于搁栅底部，
▽　在第二层安装于完工地面上方 3700 处

FP1　天花板悬吊在绷带包扎和换药室上方，
　　　灯具底部位于完工地面上方 2400 处

XW2　顶置式 / 端置式出口标识，应用单面拉丝铝制成，
⊗　并用红字标明

EM2　顶置式应急灯，黑色

Ⓢ　1 个悬挂式扬声器
　（电压：70 V；颜色：黑色；功率：32 W）

零售照明反射天花板平面图

资料来源：斯莱登·范斯坦集成照明（Sladen Feinstein Integrated Lighting）。

招待性空间

酒店

　　酒店空间的主要设计考量包括主大厅和流通区域、客房和浴室及走廊、食品和饮料销售点以及多功能厅。

主大厅规划设计

　　主大厅是客人的导向点。酒店的所有功能都是从大厅辐射出去的，客人和访客的流通从这里开始，也在这里结束。总的流通布局应是分离客人、工作人员和维护人员。

　　登记台应该可以无障碍进入，从入口就能清楚地看到，电话、助理经理台、礼宾台和领班台也一样。

招待性行业台柜

　　酒店接待处非常显眼，必须能够提供高效服务。材料和细节在向客人传达酒店形象和创造积极预期方面至关重要。

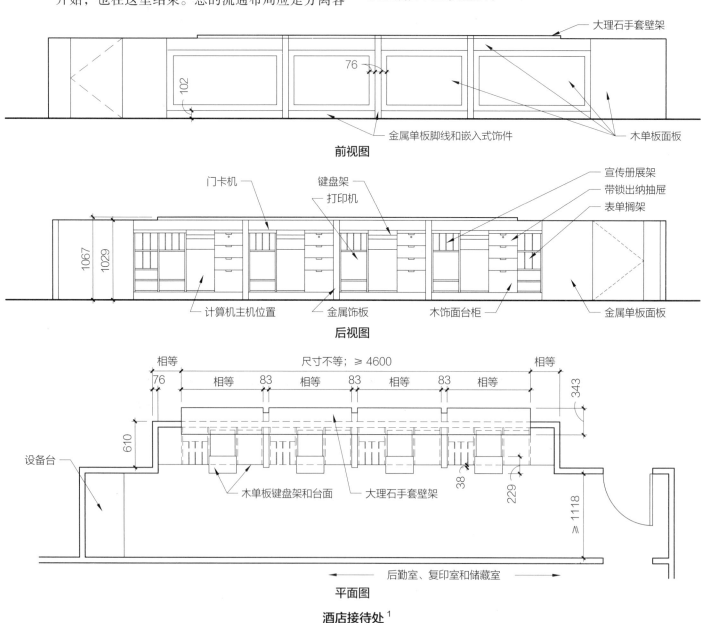

酒店接待处[1]

1　作者：SOM建筑设计公司。

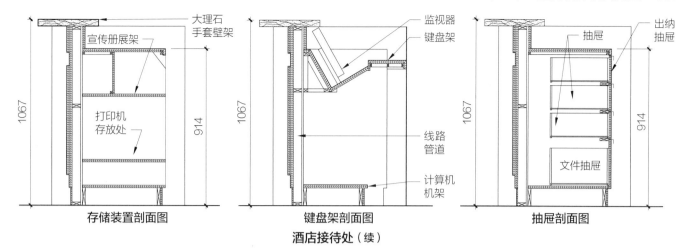

| 大理石 |
| 手套壁架 |

存储装置剖面图   键盘架剖面图   抽屉剖面图

酒店接待处（续）

客房

客房设计直接受到建筑和酒店运营成本的影响。室内净高的增大、更大的门厅或更大的浴室可以营造一种宽敞的感觉。精心选择饰面和家具也是客房装饰的必要条件。

客房尺寸和配置

双人入住的最小客房宽度为3.6 m；平均宽度在3.75~4.2 m。宽度超过4.20 m的客房被视为豪华客房。一个普通房间的总进深（包括浴室和门厅）在7.5~9 m。

客房尺寸[1]

酒店	平均最低			平均最高			豪华型		
类型	面积（m²）	宽度（m）	长度（m）	面积（m²）	宽度（m）	长度（m）	面积（m²）	宽度（m）	长度（m）
房间	18	3.7	5.2	22	4.1	5.5	24	4.6	5.5
浴室	4	1.5	2.4	4.5	1.8	2.5	5	1.8	2.7
客房	27	3.7	7.6	34	4.1	8	36	4.6	8.2
系数	7	—	—	8	—	—	9	—	—
每层总面积	35	—	—	42	—	—	45	—	—

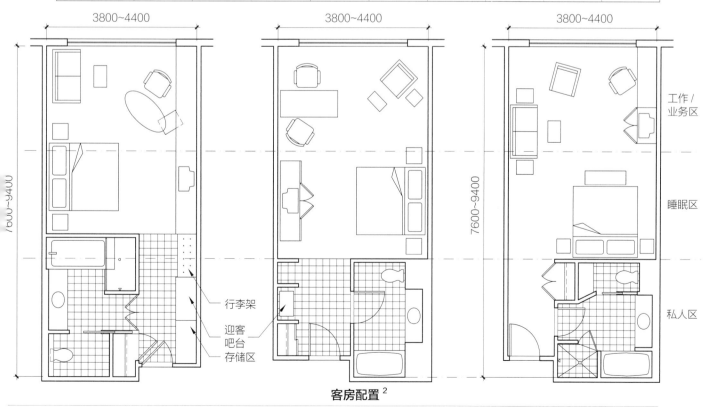

客房配置[2]

---

1   a. 室内尺寸的宽度和长度已注明。
     b. 房间大小适合两张单人床。
     c. 如果是四件套浴室，则增加1.1 m²。
     d. 为单荷载走廊增加额外的走廊系数。
2   作者：SOM建筑设计公司。

两居室豪华套房

客房家具

酒店客房的家具通常必须适合狭小的空间。对服务于商务和旅游市场的美国最大酒店运营商的客房需求进行对比时发现，客房的面积和尺寸都处在狭小的范围内。双人入住的最小客房宽度为 3.7 m，平均宽度在 3.8~4.2 m。宽度超过 4.2 m 的客房被视为豪华客房。一个普通房间的纵深（包括浴室和门厅）在 7.5~9 m。

必须为每种类型的住宿提供无障碍客房（包括单人房、双人房、套房、观景房、吸烟房、无烟房等）。

客房家具的布局必须符合酒店业主制定的尺寸模数。床在家具布置中占主导地位。

对于能够在床和椅子之间独立移动的轮椅使用者来说，床的高度应该便于他们以坐姿来回移动。如果床垫顶部与他们的轮椅座位高度大致匹配，通常为 457~508 mm，那么这个高度对轮椅使用者来说是最方便的。

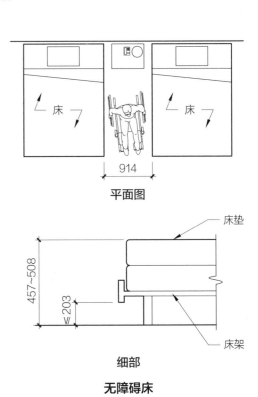

平面图

细部

无障碍床

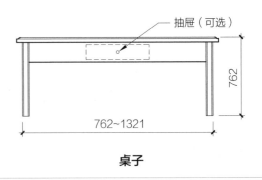

桌子

常规床尺寸

床类型	长度（mm）	宽度（mm）
普通双人床	1905~2032	1372
中号双人床	2032	1524
大号双人床	2032	1930

客房浴室 [1]

对于许多酒店来说，客房浴室是决定酒店豪华程度的重要因素。对于高端酒店，其浴室可能是干湿分离的，把坐便器和浴缸分开。应考虑将以下内容融入浴室设计：

· 耐用的硬件和饰面。

· 充足的梳妆照明和一面大镜子。

· 足够的柜台／搁架面积，用于存放化妆品。

· 充足的头顶照明，允许在浴缸中阅读。

固定装置数量

客房浴室用固定装置的数量可以如下设置：

· 三个固定装置：坐便器、洗手池和浴缸。常见于美国客房浴室。

· 四个固定装置：坐便器、洗手池、淋浴间和浴缸。常见于美国豪华浴室。

· 四个固定装置：坐便器、坐浴盆、洗手池和浴缸。常见于欧式和中东式套房。

豪华套房有大型浴室，带有定制设计的浴缸和两个洗手池，偶尔会提供独立的淋浴间、桑拿或蒸汽浴室。

浴缸的长度通常为1524 mm，而长度为1676 mm的浴缸在一流酒店很受欢迎。所有浴室设备都应有便于维护的单独截止阀。台面长度至少应为1219 mm，与所有相邻墙壁之间都设有后挡板。

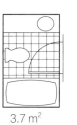 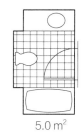 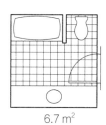

3.7 m² · 5.0 m² · 6.7 m²

三件套浴室

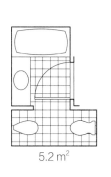 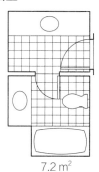

5.2 m² · 7.2 m²

 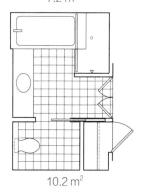

8.9 m² · 10.2 m²

四件套浴室

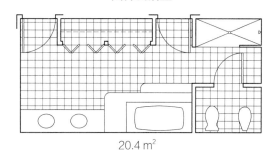

20.4 m²

五件套浴室

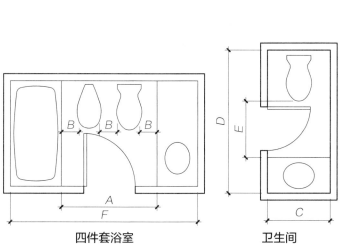

四件套浴室　　卫生间

浴室尺寸

浴室尺寸说明

符号	最小尺寸（m）	舒适尺寸（m）	理想尺寸（m）
A	1.25	1.32	1.37
B	0.18	0.2	0.25
C	0.81	0.91	0.91
D	1.78	1.98	2.03
E	0.46	0.56	0.61
F	2.62	2.69	2.77

1　作者：SOM 建筑设计公司。
　　迈克尔·L.布兰肯希普和梅·索福诺帕尼奇，罗德岛设计学院。

客房走廊设计

客房模块和走廊的尺寸要求决定了客房楼层结构开间的深度，对于双向板的楼层，深度约为18 m，对于单向板的楼层，深度约为9 m。双荷载客房楼层是最高效的布局，但由于中庭方案的流行，通常也会规划单向板走廊方案。

走廊通常限制在最小宽度和高度。大型机械管道通常在公共走廊的天花板空间中运行，并将室内净高限制在至少2130 mm。对于双向板走廊，最小走廊宽度通常为2440 mm。

可以运用各种设计元素打破长走廊的同质性。门的组合和位置可以变化，以创造不同的节奏。重复的门凹槽、不同的室内净高、壁柱、重复的灯具，以及地毯图案、墙面装饰和配色方案的变化都可以增添双荷载长走廊的趣味性。

酒店餐饮服务设备

餐厅、酒吧和夜总会是酒店收入的主要来源，所以餐饮项目必须与预期顾客和酒店位置相适应。菜单、室内设计说明和酒店内经销店位置之间的关系必须得到同等的考量。

食品服务设备和厨房服务用品的协调至关重要。管道、电气和燃气服务的接头必须精确定位，确保设备的正确放置及其与饰面材料的协调。

宴会厅（如果主厨房不提供服务）需要一个全方位服务的茶水间。会议室需要小型茶水间或咖啡服务设施，而董事会议室和私人餐厅则需要相邻的茶水间。展览区可能偶尔会有内部餐饮服务。一般来说，自动售货机由独立公司提供和经营。

酒店餐饮服务

酒店的餐饮服务设施与餐馆类似，但涉及一些特殊考量：

- 流通通道的宽度须满足行李和大堂流通需求。
- 正式餐厅通常需配备装饰景观、奢华饰面以及会话隐私保障区。
- 相比正式餐厅，休闲餐厅的餐桌间距应更小，服务也应更高效。
- 菜单应清晰可见，以便点餐。
- 通风应适当充足，以确保用餐舒适度。

多功能厅

宴会厅

宴会厅可用作正式的招待、宴会和会议场所。德艾可（décor）通常是以高质量饰面、地毯和装饰照明为特色的正式宴会厅。德艾可宴会厅常配设相邻前厅。大家可以聚在前厅品尝鸡尾酒，也可将前厅用作会议登记处。

宴会厅须具有宽敞的无柱空间，以便随时可将这类空间以三分之一或三分之二的比例分成两至三个房间。

宴会厅的跨度视其面积而定，其席位要求为每人1 m²。宴会厅室内净高为1.5~3.1 m。

宴会厅尺寸[1]

人数	面积（m²）	长度 × 宽度（m）
200	210	21 × 10
400	420	30 × 14
600	648	36 × 18
800	861	41 × 21
1000	1080	45 × 24
1500	1653	57 × 29

1　基于2:1的比例（宽度为净跨距）。

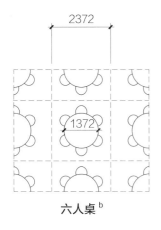

2372

1372

六人桌[b]

2718

1524

八人桌[c]

3048

1829

十人桌[d]

宴会席位模块[1]

会议室

会议室为半正式空间，多用于演讲和会议，偶尔也用于鸡尾酒会。可以将主大堂和客房直接连通会议室。会议室与宴会厅的内部联系也很重要。良好的内部联系有利于提高规划会议及分组会议的灵活性。

会议室应尽可能灵活规划，以容纳规模各异的会议分组，人数在30~200人不等。大型会议室须配设前厅走廊，以便宾客在会议开始前集合。

照明[2]

酒店须平衡各类照明元素，为顾客营造舒适氛围。门厅照明尤其重要，因为门厅代表酒店在顾客心目中的第一印象和最终印象。可适当利用对比和阴影来增加空间的吸引力。灵活性是会议室、前厅空间和宴会厅照明的关键，因为这类空间将用于多种不同功能和目的。客房应设有多个照明区域，顾客应可结合其自身需求轻松调整照明度。另外，就酒店设施管理而言，照明光源的低维护需求也很重要。

酒店以下区域应充分确保照明的灵活性：

· 门厅、接待区、大堂和休息区；

· 大/小会议室、前厅和宴会厅；

· 特殊区域、餐厅和吧台。

以下区域应确保部分照明的灵活性：

· 客房和公共走廊；

· 健身房、泳池、图书馆和室内外露台。

酒店区域应采用组合光源，包括卤素灯、LED灯、紧凑型荧光灯和荧光灯。在选择适用光源时，需考虑寿命、色彩还原和调光等关键因素。一般而言，照明装置的设置应可避免眩光，空间氛围应是亲切、放松的。

可利用色彩赋予空间一些有趣特征，如可在下午和晚上将光源色调设置成"暖色"（琥珀色），而在早上设置成"冷色"（黄色/白色或暖白色）。这种效果可通过混合光源来实现，例如将可调光荧光灯与彩色凝胶或红–绿–蓝（RGB）LED光源搭配使用。

声学

以下准则适用于可对客房声学质量造成影响的设计决策：

· 将客房与电梯井、冰和饮料自取室以及主管槽相隔离。

· 在客房与噪声源之间设置清洁服务区、存储区和楼梯间等缓冲空间。

· 避免将客房设在吧台或生活（经扩充）娱乐空间上方。

客房传声等级不应低于50级。客房声学设计需考虑以下几点：

· 将电视机置于橱柜内，使其与隔壁实现更好的隔声效果。

· 走廊门隔声等级至少须达到标签所示B级标准。

1　a. 宴会席位模块须以每人0.9 m^2为标准。
　　b. 宴会模块：2360 mm × 2360 mm。面积：5.6 m^2。
　　c. 宴会模块：2720 mm × 2720 mm。面积：7.4 m^2。
　　d. 宴会模块：3050 mm × 3050 mm。面积：9.3 m^2。
2　作者：斯蒂芬·马格里斯，美国照明工程学会（IES）、国际照明设计师协会（IALD）。

· 为浴室配备实心门。

· 地面铺设地毯，以控制冲击噪声。

会议室和宴会厅与类似空间和客房之间应做隔声处理。以下是相关设计考量：

· 用传声等级达55~60级的隔断来封闭会议室和宴会厅。

· 使用带框架密封件的重型门。

· 用走廊来缓冲会议室和来自厨房的噪声。

· 可移动隔断传声等级应达到52~55级，如果需要保障谈话隐私，则应避免安装手风琴式隔断。

· 铺设指定地毯，特别是在过于拥挤的会议室或宴会厅。需要时可在地毯上设置便携式舞台。

· 若天花板吸声面积在其总面积中占比50%或以上，则可将干墙、木材、玻璃纤维增强石膏构件和吸声板混用于这类天花板。

· 建议将天花板最低平均吸声系数设为0.60。

· 可在墙面敷设覆以吸声织物的玻璃纤维板（平均吸声系数可达0.80），以减少活动期间混响噪声累积量。

· 可用吸声板处理20%~50%的可用墙面。出于美观考虑，面板之间可留出适当的间隔。对低于门楣高度的面板，可选用指定抗冲击构造。大多数面板制造商均可提供这类构造的面板。

· 暖通空调（HVAC）平均吸声系数不应超过35。

餐厅

设计师可通过在餐厅内创造一种独特的就餐环境，以强化餐厅概念。在全服务餐厅，服务员须为就座顾客提供全方位服务。全服务餐厅既涵盖休闲餐饮场所，也涉及一些高档精致餐厅。舒适度、精致度和服务水平均可反映餐厅类型。在构成方面，全服务餐厅一般由吧台、私人用餐区和宴会设施构成，有些可能还设有生活娱乐区域。相比家庭式休闲餐厅，高档餐厅所用材料和饰面的维护需求可能会更高，餐桌也可能会更宽更大。单人用餐时间预计超过1小时的餐厅往往会配备舒适的扶手式餐椅。

规划设计

餐厅规划设计一般从制定餐厅运营方案开始。餐厅理念是餐厅设计类型和运营方式的决定因素。理念或期望达到的用餐体验、菜单、顾客类型、营业时间和运营问题等都是餐厅设计成功与否的关键因素。

餐厅运营方案包含一些主观设计标准。这类标准可能会对空间分配和设计造成影响。例如，许多餐厅喜欢设置一个小型候餐区。当候餐区人满时，会给人一种餐厅很受欢迎的印象。此外，充满活力的喧闹餐区通常会设置相对安静的私人用餐区，以作平衡。餐厅席位数会对盈利能力和厨房空间需求造成影响。

餐厅餐饮服务及设备

前台和后台

前台（顾客所用区域，如入口区、候餐室、餐室和吧台）必须与后台设施（厨房、食品和饮料存储间、办公室以及垃圾清除设施）相协调。后台通常由食品设备顾问设计。顾客区域的设计必须支持服务区域的功能，而服务区域必须贯彻顾客区域的理念。

服务台

服务台一般置于前台和后台之间，也可以置于用餐区。餐厅空间的尺寸和配置决定服务台或销售点终端（POS）的数量。

服务台应由不锈钢或其他可清洁材料制成，通常配有相关设备和用品以及精选饮料等。根据餐厅经营者的运营偏好，许多服务台都会设置POS机，用于计算顾客账单和处理信用卡收据。

服务台可使厨房主要区域的交通流量最小化。服务台常采用一种多功能桌来存储各种餐杯（包括玻璃杯），以及制备软饮料、咖啡、茶和其他饮料等。小型冷柜装置也可安装在服务台内，用于存储和陈列。

无障碍和规范要求

建筑规范将餐厅定义为一种集会场所。餐厅须符合当地建筑规范的要求，包括卫生器具数量等方面的要求。

《美国残疾人法案》（ADA）无障碍设计标准对无障碍构造和家具作出了要求。具体包括：

- ·为残障人士特别提供的卫生间辅助设施；
- ·柜台、吧台和餐饮服务线的临界尺寸；
- ·家具间隙要求；
- ·通道最小尺寸。

当地卫生部门会定期检查餐厅是否符合食品处理和适当存储方面的一般性卫生规定。地板、墙壁和天花板表面须采用易清洁材料，餐厅设备应干净卫生、可清洁。餐饮服务顾问通常负责设计后台不锈钢设备，并对其安装方法作出说明。

声学因素

大型公共餐厅通常可保障声音隐私。隐秘式宴会厅和私人餐室可单独分开设置，以更好地隔阻视线和声音。可通过合理设计厨房入口或利用前厅、双入口门或蛇形分段区等设施来隔阻厨房噪声。有些餐厅故意设计得很喧闹，以促使顾客快速用餐离开，提高餐桌周转速率，从而增加利润。

邻接设计

餐厅邻接设计通常遵循既定流程，将公共前台区与功能性后台区隔开。同时需考虑候餐区与就餐区和吧台区之间的交通流量、卫生间位置以及服务人员在整个餐厅内的流动等因素。

在后台，应将食物制备区与污物清理区隔开。食物制备线与污物清理区及洗碗区之间不得设置流通通道。需考虑接待区与后台之间的邻接和流通，食物及相关用品的输送和存储不应妨碍工作人员的流动。

空间分配

餐室和吧台必须有效规划，以确保潜在收益。高档餐厅通常需在餐桌之间留出更多空间，以保护隐私。餐厅理念、菜单和运营风格等因素均会对空间分配造成影响。

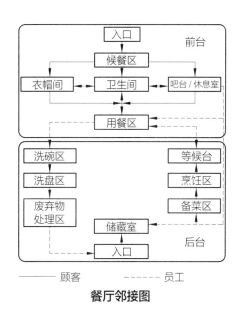

餐厅邻接图

厨房面积一般占餐厅总面积的30%~45%，具体取决于餐厅类型和菜单。

室内装饰

餐厅前台区域（就餐区及向公众开放区）与后台区域（厨房和配套空间）在室内装饰及所用材料方面的要求各不相同。公共区域室内装饰及所用材料应满足与餐厅理念相符的质量水平和维护需求。

室内材料通常要求具有阻燃性。室内装饰的选择与所用材料的耐用性均取决于餐厅理念及产品预期寿命。因为餐厅理念可能会陈旧过时，且饰面也可能破旧污损，餐厅室内装饰通常会以五年为周期进行重新设计或翻新。

食物处理区所用装饰材料必须卫生、易清洁且耐用。具体参考当地卫生部门要求，一般包括：

- 地板应防渗防滑。
- 地板基底应做内凹处理或按当地卫生部门的规定处理。
- 墙面应采用经食品药品监督管理局（FDA）批准的玻璃纤维增强塑料（FRP）板或其他合适材料，如瓷砖或其他防渗产品。
- 天花板应采用可清洁的乙烯基面板等。

照明 [1]

在开始照明设计前，有必要了解项目拟用色彩、纹理和材料，以确保灯光设计与整体设计相兼容。不同类型的餐厅需要不同的照明方法。

照明设计应灵活设置多个灯光层，以分别满足早、中、晚的照明需求。餐厅不同区域的光级变化有利于增强视觉趣味，营造氛围。可特意对外露式酒品展示架或艺术品等焦点进行照明。可独立使用一种或结合使用多种照明光源，包括卤素灯、LED 灯和荧光灯等。

可结合餐厅尺寸及复杂程度采用不同的调光配置。

- 小型餐厅（10~15 桌）：局部调光器。
- 大中型餐厅（15 桌以上）：带远程局部控制装置的主调光板。

重点考虑天花板、墙壁和地面这三个因素。天花板常用灯具包括嵌入式、可调式、明装式和悬垂式等类型。墙面处理涉及壁灯、镜画灯和灯槽等元素。地面常用灯具包括落地灯、嵌入式上照灯和台灯。

餐桌照明尤为重要；餐桌应配备直接或间接式光源，以便顾客翻阅菜单。

除厨房、衣帽间、浴室和储藏室所用光源外，其他光源均应支持充分调光。

餐厅顾客区

就餐和吧台区

家具布局应符合餐厅疏散方面的规范要求。吧台数量和餐桌席位数也受当地建筑规范影响。

主餐室和吧台区通常构成顾客对餐厅的第一印象。餐厅理念可具化成多种空间类型，包括开放式或多层用餐区、隐蔽式凹室、私人餐室或烹饪展示区等。席位与餐桌类型的合理搭配、适当充足的通道和服务区以及精挑细选的材料和光源等，所有这一切可合力营造一种舒适、诱人的用餐环境。

用餐空间的灵活性可视为餐厅的一项资产。可通过设置私人用餐区以及对主用餐区合理分隔，在不破坏整体用餐区的情形下满足各类用餐群体（人数可多可少）的需求。

吧台区可与用餐区相通，也可单独设置，同时可采用不同于主用餐区的设计美学。运营时间、吸烟区（若允许）和音响效果都会对吧台位置及其与用餐区的邻接性造成影响。

---

1 作者：斯蒂芬·马格里斯，美国照明工程学会（IES），国际照明设计师协会（IALD）。

用餐区面积

餐饮服务场所	每位顾客建议用餐空间（m²）
宴会设施	3~3.4
快餐厅	3.4~4.3
全服务餐厅	4.6~5.5
自助餐厅	1.8~5.5
高档美食餐厅	5.2~6.7

卫生间

卫生间位置设置应以方便顾客使用为标准。考虑到异味和噪声问题，建议将卫生间置于远离入口和候餐区处。可考虑将卫生间入口与用餐区隔开。

卫生间设计与用餐区设计同样重要。卫生间应足够干净，维护良好，且足以满足高峰时段的需求，使顾客放心使用。建筑规范规定了卫生器具的最低数量，但最好酌情增添卫生器具，以满足高峰时段的需求。

家具

餐桌

可利用不同尺寸和形状的餐桌来灵活安排座位。餐桌尺寸常用桌面数来表示，如双桌面和四桌面餐桌等，可反映餐桌类型及其座位数。餐桌尺寸如何搭配取决于目标客户和菜单等因素。双桌面餐桌可提高座位使用效率，因此在城市区域颇受青睐；914 mm 长的方桌是双人用餐的理想选择，但其占地面积相对较大。

服务类型和风格会对餐桌类型及其安排造成影响。具体考量因素包括服务车和高脚椅的使用，以及为残障人士提供的无障碍设施等。

餐桌长度取决于每张座位所需周长，通常为每人 305~610 mm。对于鸡尾酒餐桌，每人 457 mm 即可。

对宽度为 914 mm 或以上的餐桌，每侧至少须安排一张座位。

酒水桌尺寸通常小于正式餐桌。带中间底座的餐桌比四腿餐桌更适合成组排列。

圆桌常用于四人或四人以上用餐场景。

有时可通过翻转桌角或桌边来增加餐桌尺寸或改变餐桌形状（方桌变圆桌）。

设计餐桌布局时要考虑餐厅类型；一般来说，高档餐厅的餐桌间隔要宽于休闲式全服务餐厅。可将流通空间置于门和餐饮服务区附近。足量提供各类餐桌，以便灵活设置座位。

圆桌

人数	直径（mm）
4~5	914~1067
6~7	1067~1372
7~8	1372~1524
8~10	1676

长方桌

人数	长度（mm）	宽度（mm）
2（一侧）	1067~1219	762
6（每侧 3 人）	1778~2134	762~914
8（每侧 4 人）	2286~2743	914~1067

方桌

人数	长度或宽度（mm）
2	610~762
4	914~1067

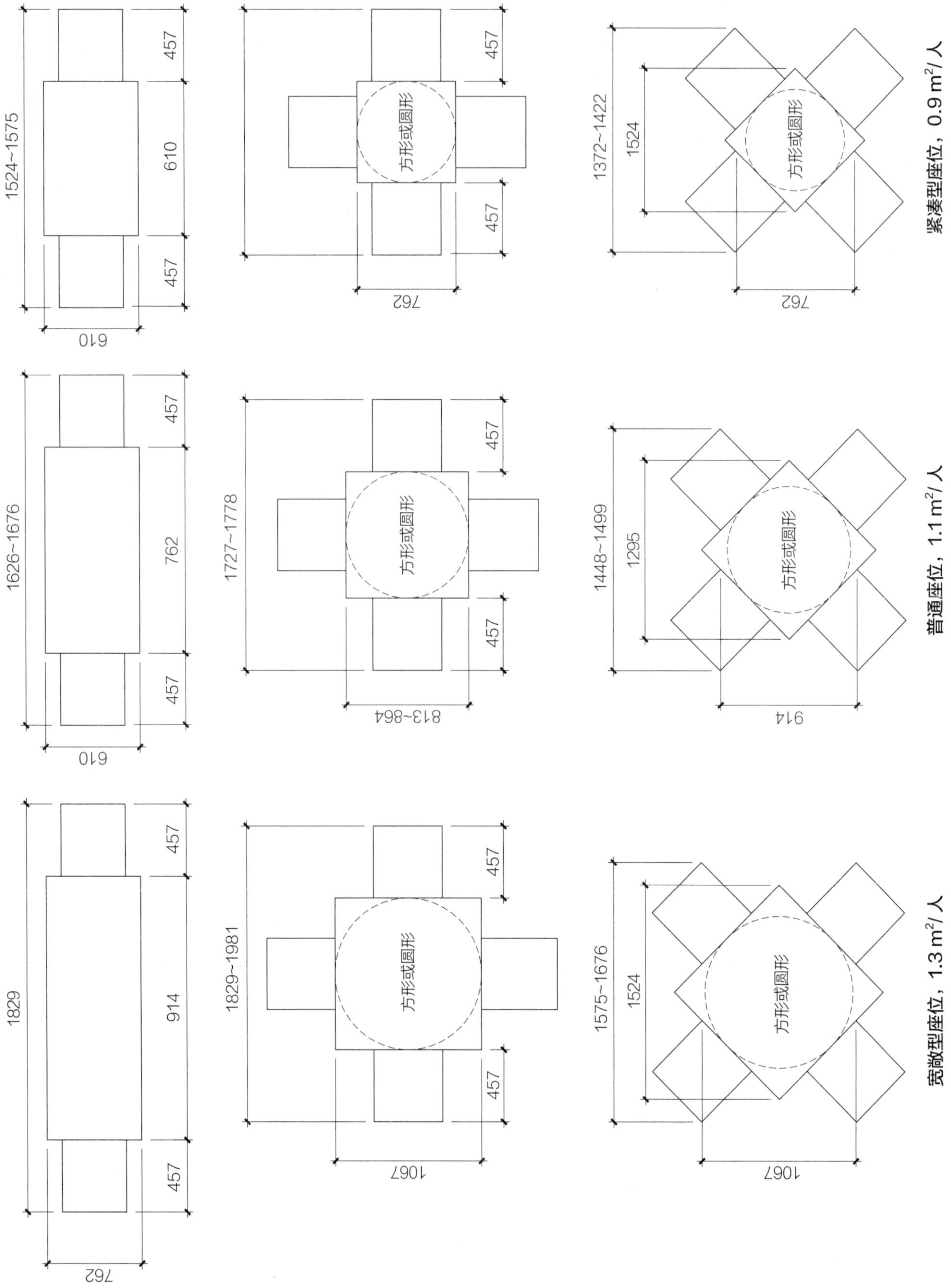

方形或圆形

457
610
457

1524~1575

610

457
762
457

方形或圆形

762

紧凑型座位，0.9 m²/人

457
762
457

1372~1422

1524

方形或圆形

762

457
762
457

1626~1676

762

610

457
762
457

方形或圆形

1727~1778

813~864

普通座位，1.1 m²/人

457
914
457

方形或圆形

1448~1499

1295

914

457
762
457

1829

914

762

457
914
457

方形或圆形

1829~1981

1067

宽敞型座位，1.3 m²/人

457
1067
457

方形或圆形

1575~1676

1524

1067

餐桌类型和尺寸 [1]

1　作者：罗伯特·史泰博，史泰博查尔斯有限公司（Staples & Charles, Ltd.）。

餐椅[1]

餐椅选择方面，餐厅类型不同，所需餐椅的舒适程度也不同。快餐店可能会提供硬面且无软垫的餐椅，以防用餐者长时间逗留，而全服务餐厅则可能会提供舒适的软垫餐椅。

餐椅尺寸

座位类型	总深（mm）	座深（mm）	宽度（mm）
大型	559	457	457~508
普通	483~508	406	406
小型	432~457	381	356

卡座和长沙发

长沙发可满足座位安排的舒适性和灵活性需求，同时可提供中等高度的隐私屏障。可通过将餐桌连接或分开布置来变更长椅区的餐桌尺寸组合。例如，可将双桌面餐桌组合成一张可供四人或更多人用餐的餐桌。卡座可满足舒适性、隐私性和亲密性需求。

卡座座位可有效利用角落空间。须设置一条至少914 mm宽的无障碍通道，用以连接入口、无障碍固定座位和卫生间。

卡座餐桌的端部应当是圆形的。餐桌通常比卡座短51 mm。

卡座尺寸需要依据建筑规范来制定。

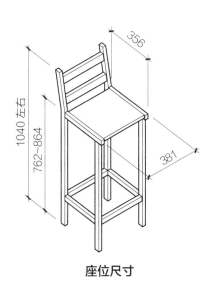

座位尺寸

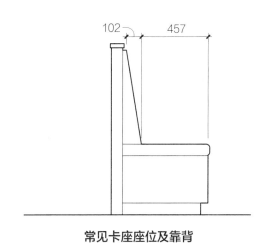

常见卡座座位及靠背

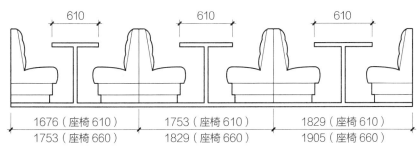

卡座区

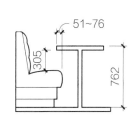

卡座尺度

1　作者：大卫·肯特·布莱斯特，美国建筑师协会会员（FAIA），建筑研究咨询（Architectural Research Consulting）。
鲍勃·皮洛，Pielow Fair 联合事物所。

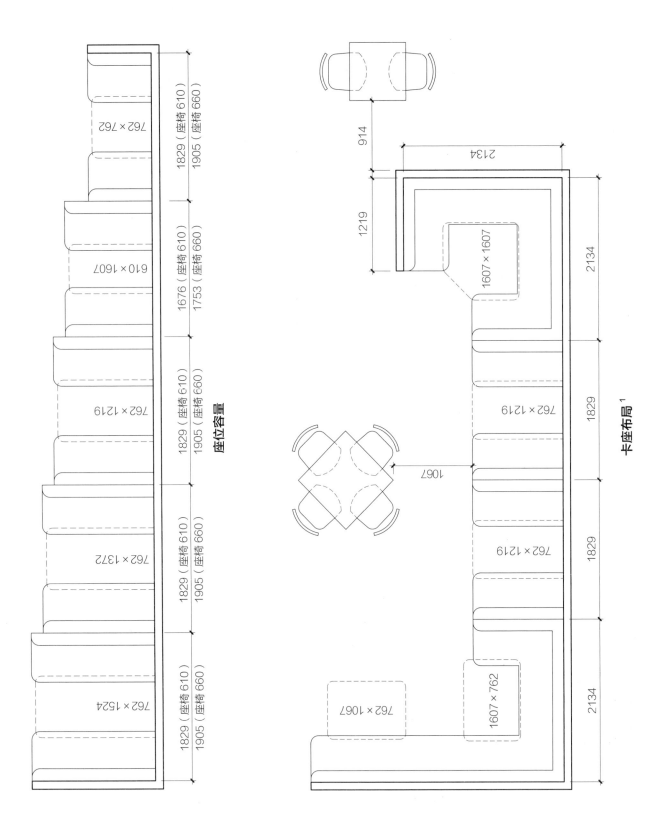

座位容量

卡座布局[1]

1829（座椅610）
1905（座椅660）
762×762

1676（座椅610）
1753（座椅660）
610×1607

1829（座椅610）
1905（座椅660）
762×1219

1829（座椅610）
1905（座椅660）
762×1372

1829（座椅610）
1905（座椅660）
762×1524

914

2134

1219

1607×1607

2134

762×1219

1829

762×1219

1829

1607×762

2134

762×1067

1067

1　卡座长度可能不尽相同，但通常比餐桌长51 mm。

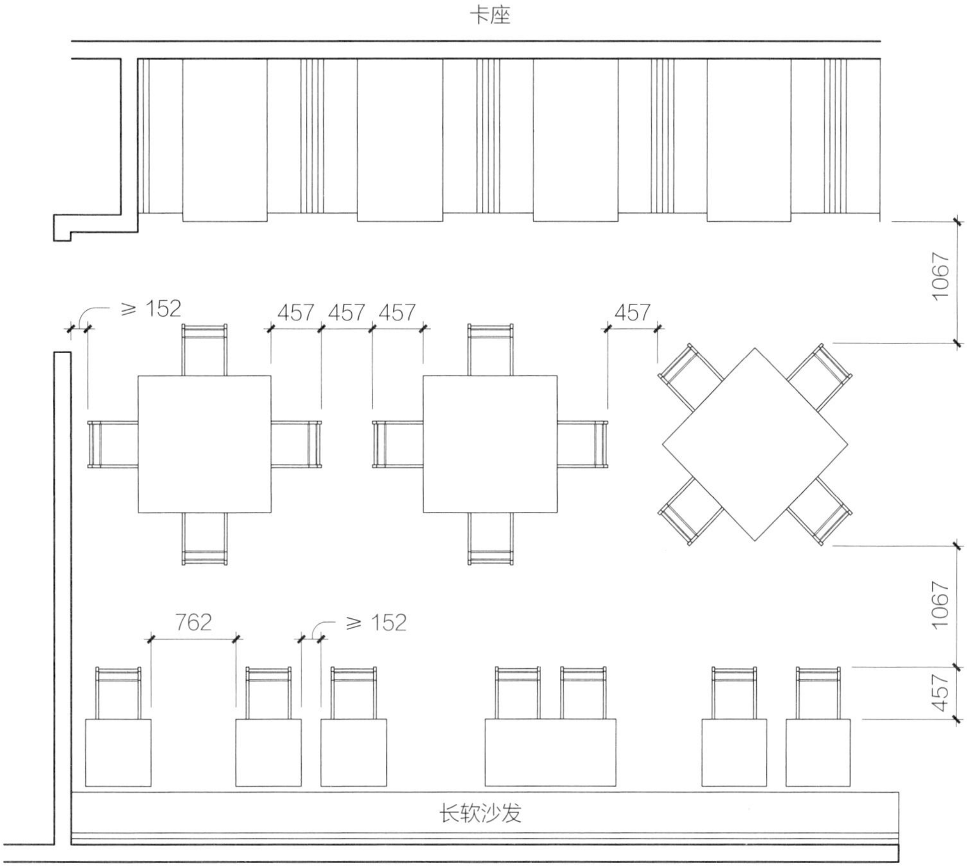

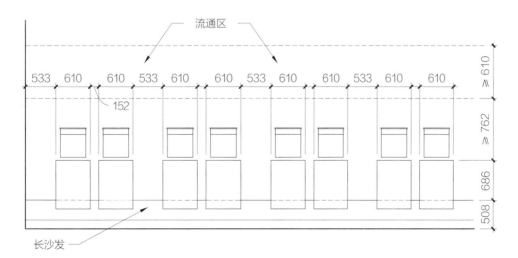

卡座

≥ 152　457　457　457　　457

1067

762　≥ 152

1067

457

长软沙发

卡座和长沙发 [1]

流通区

533　610　610　533　610　610　533　610　610　533　610　610

≥ 610

152

≥ 762

686

508

长沙发

长沙发座位

1　152 mm 及以下的间隙不允许通行，457 mm 的间隙允许有限通行。

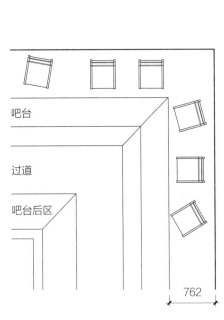

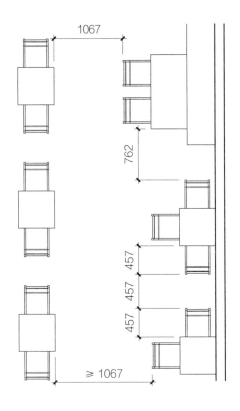

吧台座位

过道

对出口通道区所有经占用部分，若其包含座位、餐桌、家具、陈列品或其他类似固定装置或设备，须依规设置过道。服务人员集中区（餐桌座位区除外）的过道必须符合《国际建筑规范》（IBC）的相关规定。

对餐桌座位区过道，其宽度至少应为305 mm，若其长度超过3.7 m（从距通道最远处座位的中心部位开始测量），每超305 mm，其宽度须额外增加13 mm。

服务性过道：

· 对于平行放置的座位，餐桌间距至少应为1829 mm，以便留出762 mm宽的通道，可额外容纳两张以背靠背形式放置的餐椅。

· 对于对角线放置的座位，桌角间距至少应为914 mm。

· 对于靠墙座位，墙壁至座背间距至少应为762 mm。

· 须为公用推车和服务车留出至少762 mm宽的通道。

顾客过道：

· 可参阅当地规范了解出口要求。

· 须为无障碍座椅提供914~1118 mm宽的无障碍通道。

· 对于靠墙座位，墙壁－餐桌间距至少应为762 mm。

· 餐桌通道应留有地板面净空，且地板面净空与膝部净空之间的重叠不应超过483 mm。

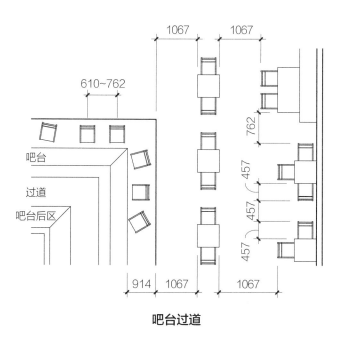

平面图 A

平面图 B

平面图 C

过道宽度[1]

标注文字：
305、通常 483、通常 483、过道、出口通道、餐桌两侧 ≥1219、餐桌一侧 ≥914、过道通道、过道与最远处座椅中心之间的距离、见备注[a]、≤1829、无要求[b]、1829~3658、至少留出305的净宽[c]

吧台和餐厅柜台

吧台设计

吧台设计必须在吧台与吧台后区之间留出充足间隙。结合吧台长度考虑是否需要配备多位调酒师，若需要，吧台后区的布局应为每位调酒师留出充足的工作空间。

吧台座位

在吧椅方面，吧椅间隙比中心线间距更重要，因为其须允许体型较大的顾客在不影响相邻顾客的情形下从一侧正常入座。对于90%的成年男性来说，以610 mm的中心距布设305 mm的吧椅通常是行不通的；762 mm的间距相对更为合理。还应考虑到，对业务繁忙的吧台，顾客经常站在吧椅后面或中间位置。

考虑到座椅、吧台高度和脚踏等因素，常见柜台和吧台配置通常不符合无障碍要求。传统

吧台过道

标注文字：610~762、1067、1067、762、457、457、457、914、1067、1067、吧台、过道、吧台后区

1　a　通道宽度：过道与最远处座椅中心之间的距离范围是3.7~9.1m。过道长度超过3.7m时，每超305mm，其宽度需额外增加13mm。
　　b　通道宽度：当通道到最远椅子中心线的距离不大于1829 mm，并提供给四个或更少的人时，无需特殊要求。
　　c　通道宽度：当通道到最远椅子中心线的距离在1829~3658mm之间时，需要提供至少305mm的空间。

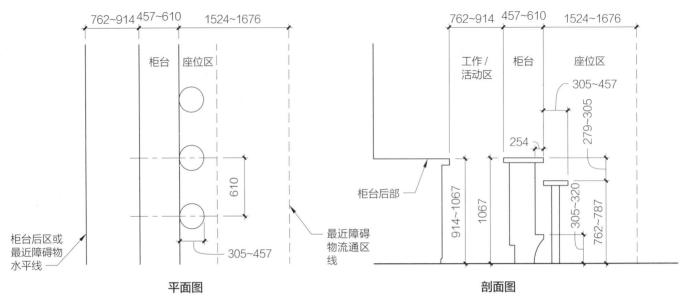

吧台座位

的低座位柜台是实现无障碍的方式之一。调酒师所在区域可调低（可能会影响调酒设备），或将座位区置于可通过坡道进入的上升平台上（可能会占用地板空间）。可在传统吧台座位区提供较低的餐桌，为轮椅使用者及其朋友提供无障碍座位。

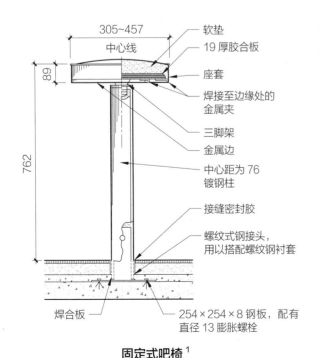

固定式吧椅[1]

无障碍设计

座位

无障碍座位至少须占所有座位的5%，并须按不同座位类型予以分配，以满足各类用餐群体的需求。轮椅可取代餐桌座椅，许多乘轮椅者可将轮椅滑入卡座就餐。可参阅相关规范、标准和法规条例了解无障碍座位及其布局相关要求。

设置固定或内置式座位区的餐厅至少须提供5%的无障碍座位或一个无障碍固定或内置式座位区。无障碍座位应设置在用餐区内。凸起和凹陷区域必须做无障碍处理。包厢亦须包含无障碍设计。

餐桌和柜台

无障碍餐桌和柜台设计包括以下内容：

· 无障碍餐桌和柜台顶部高度应为711~864 mm。可提供一种便携式餐桌垫，以用于较低餐桌。

· 若轮椅使用者的座位位于餐桌或柜台处，须为其提供至少686 mm高、762 mm宽、483 mm深的膝部空间。

· 若食品或饮料供应柜的高度超过864 mm，应确保1524 mm长的主柜台部分满足无障

1　作者：Chairmasters 有限公司。

碍要求，或将无障碍餐桌设在同一区域。

· 安全起见，餐桌和台面边角应圆润光滑。圆端餐桌的长度通常比卡座短51 mm。

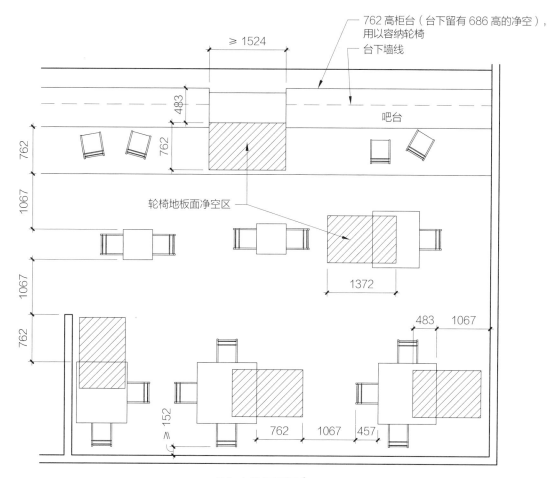

吧台座位平面图[1]

资料来源：妮特·B.兰金，美国建筑师协会（AIA），里皮托建筑师事务所（Rippeteau Architects）。

饮料设备

吧台设备

商业吧台设备包括以下内容：

· 冰箱：冰箱因具体用途而异。此外，它们在打开方式（铰链式或滑动式）、置物盘配置以及分冰器在冰箱中的放置等方面也有所不同。

· 机械玻璃清洗机：该设备可代替带滴水板的三格洗涤槽。

· 速冻机：速冻机可将其内部搁架上的马克杯、玻璃杯和盘子等冷冻。速冻机通常置于吧台前部下方。

· 瓶装饮料冷却器：瓶装饮料冷却器可将饮料冷却。

· 啤酒分配器：该设备可置于近处，通过直拉式机制直接配酒，也可置于相对偏远处。

1　a.所示尺寸为最小间隙，座位布局为一般性配置，不代表任何特定操作类型。
　　b.餐桌可由方形变为圆形，以增加座位容量。

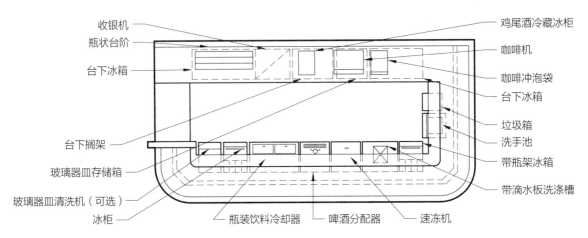

收银机
瓶状台阶
台下冰箱
台下搁架
玻璃器皿存储箱
玻璃器皿清洗机（可选）
冰柜
瓶装饮料冷却器
啤酒分配器
速冻机

鸡尾酒冷藏冰柜
咖啡机
咖啡冲泡袋
台下冰箱
垃圾箱
洗手池
带瓶架冰箱
带滴水板洗涤槽

吧台设备布局

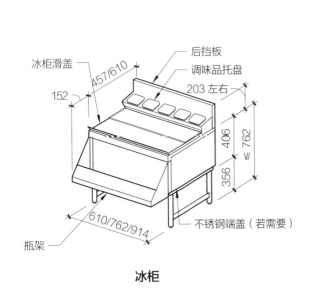

冰柜滑盖
后挡板
调味品托盘
457/610
203 左右
152
406
≤ 762
356
610/762/914
瓶架
不锈钢端盖（若需要）

冰柜

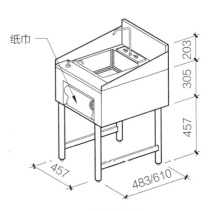

纸巾
203
305
457
457
483/610

吧台洗手池

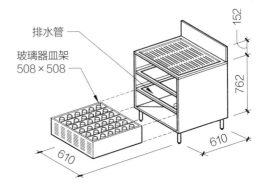

排水管
玻璃器皿架
508×508
152
762
610
610

玻璃器皿存储架

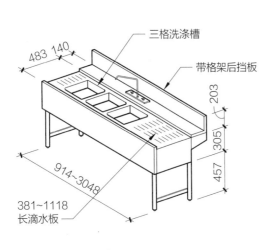

三格洗涤槽
带格架后挡板
483 140
203
305
457
914~3048
381~1118
长滴水板

带滴水板洗涤槽

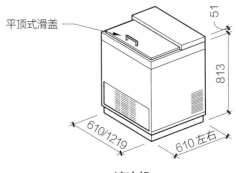

平顶式滑盖
51
813
610/1219
610 左右

速冻机

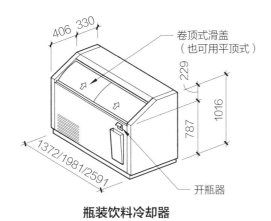

瓶装饮料冷却器

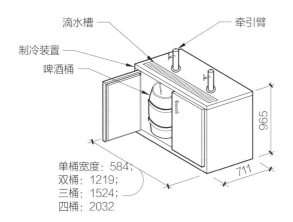

单桶宽度: 584;
双桶: 1219;
三桶: 1524;
四桶: 2032

啤酒分配器

制冰机[1]

制冰机类型多样，常见的有以下几种:

· 模块化制冰机: 该设备由一个带冷凝装置的制冰头和一个独立式贮冰器构成。

· 自助式制冰机: 自助式制冰机包含一个压缩机，多为酒店所用，可将冰直接放置于冰桶中。

· 独立式制冰机: 该设备将制冰机和贮冰器组合在同一装置中，有包括台下式在内的多种尺寸和样式可选，常用于小酒吧、咖啡馆和厨房中。

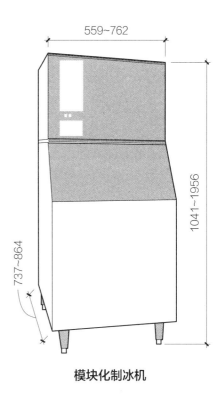

模块化制冰机

葡萄酒贮藏窖[2]

温度恒定对葡萄酒贮藏非常重要。建议将温度范围控制在12~14℃，以避免昼夜波动。

需要使用葡萄酒贮藏专用设备，因为标准商业冷藏设备的温度和湿度均过低。

较大型酒窖应可为单瓶和成箱葡萄酒提供多种贮藏选择。可通过以下公式估算一个酒窖容纳2000瓶葡萄酒所需的面积:

2000 瓶 ÷12=166.66 箱

总质量 =2631 kg

· 一个酒箱约须占用0.9 m² 的墙面积。

· 假设酒箱高305 mm，酒瓶堆高为1.5 m。因此，需要周长为10 m的空间（166.66÷5）。

· 假设贮藏架之间留出至少0.9 m宽的过道，可沿墙壁形成一个1.5 m（宽）×4.9 m（长）的酒窖。

1 作者: 亨利·格罗斯巴德和科迪·希克斯，Post & Grossbard 有限公司
　理查德·J. 维图洛，美国建筑师协会（AIA），橡树叶工作室（Oak Leaf Studio）。
2 作者: Cini-Little International 有限公司，餐饮服务顾问（混凝土板地板）。

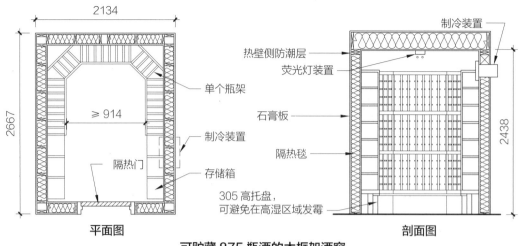

可贮藏 875 瓶酒的木框架酒窖

平面图　　　　剖面图

（图中标注：2134、2667、≥ 914、单个瓶架、制冷装置、隔热门、存储箱；制冷装置、热壁侧防潮层、荧光灯装置、石膏板、隔热毯、2438、305 高托盘，可避免在高湿区域发霉）

蓄冷设备

模块化面板制造

冷藏间通常由 102 mm 厚的预制隔热板构成。饰面板常采用压花金属饰面，以减少指纹痕迹。步入式冷藏室和冷冻室的高度通常为 2.4 m。

无地板冷藏间适用于温度高于冰点且地板下无空间或地下室的步入式冷藏室相关应用场合。

餐饮服务设备

餐饮服务设备通常由餐饮服务顾问指定。所有餐饮服务设备均须符合美国国家卫生基金会（NSF）国际部的卫生和构造标准。

大多数设备都位于后台，但亦有一些餐饮服务展示装置位于公共用餐区以及沙拉自助柜等区域。开放式食品展示区须配备防喷嚏装置，也需配备冷藏装置来存储和供应易腐食品。

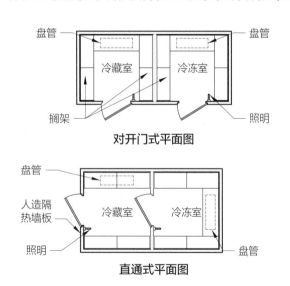

对开门式平面图

（图中标注：盘管、盘管、冷藏室、冷冻室、搁架、照明）

直通式平面图

（图中标注：盘管、人造隔热墙板、冷藏室、冷冻室、照明、盘管）

常见步入式装置

设备材料[1]

有一些商用厨房和设备使用的主要材料，以下是其中最常用的几种：

· 不锈钢是商用厨房所有区域最常用的材料，虽然价格相对昂贵，但非常耐用。冷轧钢板可受压成型，焊接连接仅用于设备内部；螺栓连接用于连接设备组件。

· 木材通常仅用于餐厅餐桌或面包店烘焙用桌。这类桌具常使用硬岩枫切割面。木材不应用于非烘焙的食品制作，因为木材表面的裂缝可能会藏匿细菌。

· 塑料层压板不适用于需做切割、砍削或雕刻等相关处理的场合。塑料层压板是一种相对廉价的不锈钢替代品，常用于非食品生产或装饰性台面（应符合规范要求）。

· 镀锌铁和钣金常用于设备下部支撑，也可用作支柱、桌和室内搁架等所用不锈钢的廉价替代品。

· 其他材料，包括玻璃、瓷砖、铜和黄铜，可用于餐饮服务设备，但须确保与食品或食品处理人员接触的所有表面均是光滑、无孔的，且不会因频繁使用而剥落或磨损。其表面还需能抵抗盐、食物酸和油等的腐蚀。

1　作者：亨利·格罗斯巴德和科迪·希克斯，Post & Grossbard 有限公司
约翰·伯奇菲尔德，伯奇菲尔德食品系统公司（Birchfield Foodsystems Inc.）。
蒂姆·谢伊，美国建筑师协会（AIA），理查德·迈耶及合伙人（Richard Meier & Partners）。
Cini–Little International 有限公司，餐饮服务顾问（混凝土板地板）。

　　管状金属工作台件应焊接、拱合，并用砂纸打磨光滑。可在桌面底部使用一层软木隔音材料，并涂饰铝漆。可根据相关规范了解允许使用的漆料类型。

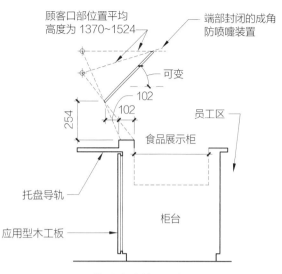

带防喷嚏装置的柜台

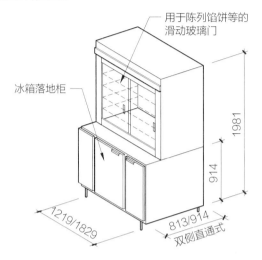

陈列用大型冷柜

服务台柜台

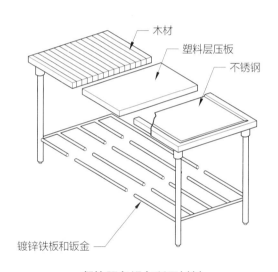

餐饮服务设备所用材料

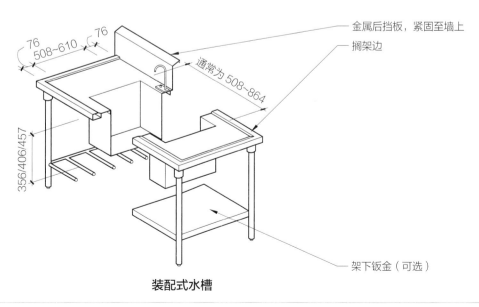

装配式水槽

壁挂桌

直径 31 管状金属交叉支撑

57

57
通常为 203

45°

金属后挡板（用于壁挂桌）

76~115 宽金属槽
（间距最大为 762）

无孔桌——顶部
（通常采用 1.9 厚不锈钢）

独立桌

通常
254

通常为 762

直径 41 管状金属腿，
直径 51 用于重型餐桌

152

直径 25 管状金属底架

钣金底架（可选）；
可为固定式或移动式

可调子弹脚（或脚轮）

装配式工作台

存放和装盘区 [1]

食物存放和装盘区为厨房核心区域，冷 / 热食物通常在该区域装盘待取。为便于厨房工作人员和服务员通行，该区域内的餐桌通常采用岛式配置。该区域相关设备包括以下几种：

·直通式制冷装置：通常置于桌端或服务区与厨房之间的隔墙上；

·移动式宴会厅橱柜：用于对预装盘食物进行保温；

·台下冰箱或冰柜装置；

·速冻装置。

步入式冰箱和冰柜

装配和定制的步入式冰箱和冰柜在指定用途方面有所不同。这类装置种类繁多，尺寸和形状也各不相同。

烹饪设备

烹饪设备因所制备食物类型而异，通常由餐饮服务顾问与餐厅所有者和厨师一起指定。然而，设计师通常需在初步设计图纸中展示厨房设备的布局，所以熟悉设备类型和尺寸定然是有帮助的。

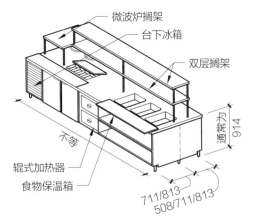

微波炉搁架

台下冰箱

双层搁架

通常为
914

不等

辊式加热器

食物保温箱

711/813
508/711/813

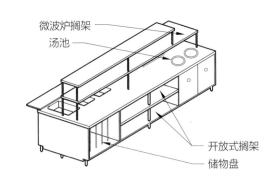

微波炉搁架

汤池

开放式搁架

储物盘

存放和装盘区

---

1 作者：约翰·伯奇菲尔德，伯奇菲尔德食品系统公司（Birchfield Foodsystems Inc.）。

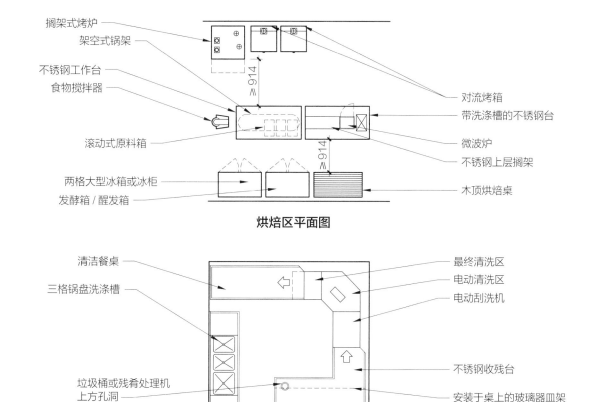

烘焙区平面图

搁架式烤炉
架空式锅架
不锈钢工作台
食物搅拌器
滚动式原料箱
对流烤箱
带洗涤槽的不锈钢台
微波炉
不锈钢上层搁架
两格大型冰箱或冰柜
发酵箱 / 醒发箱
木顶烘焙桌

清洁餐桌
三格锅盘洗涤槽
垃圾桶或残肴处理机上方孔洞
大型玻璃器皿架
最终清洗区
电动清洗区
电动刮洗机
不锈钢收残台
安装于桌上的玻璃器皿架
倾斜落地区

商用洗碗区

教育设施

幼儿及幼儿园教育

　　幼儿教育学校的设计始终致力于为幼儿提供一种融舒适性、支持性和适应性为一体的学习环境，帮助幼儿从其熟悉的游戏和实践活动中学习知识，以实现寓教于乐的目标。创建适宜的过渡环境时，应考虑与家庭和学校相关的特定因素。了解更多公共和私人空间的类型和尺寸是合理设计和规划的基础。

　　须特别注意以下常见构件的尺寸和高度：

·窗、门以及门把手和拉手；

·洗涤槽和厕所；

·柜台；

·家具；

·镜子；

·台阶；

·搁架和存储装置；

·照明开关；

·纸巾盒和其他配件。

　　应提供私人区域，以允许儿童偶尔独处。除使用吸声材料以降低噪声外，还应使用地毯、靠垫或摇椅等柔软构件，以使儿童感到舒适。

幼儿教室设计

　　所有幼儿及幼儿园教育项目均应致力于实现以下目标：

·营造一种视觉效果丰富、有趣且令人倍感新奇的环境；

· 为儿童作品提供展示空间；

· 为儿童正在创作的作品提供各种辅助设置；

· 为大、小年级组的儿童引入各种社交环境；

· 加强室内外环境的关联性，尽可能多地使用日光；

· 连接不同空间以促进交流、明确定位以及提高规划和人员配置的灵活性；

· 增强空间的灵活性，以适应不断发展的教学实践；

· 建造独具特色、令人愉悦的入口。

儿童家具

为儿童提供数量充足、种类丰富且经久耐用的适用材料和设备，并将其置于足够低的开放式搁架上，以便儿童独立使用。应为儿童提供个人空间来存放其个人物品。

须提供坚固耐用的家具，为无法独立走路的儿童提供支撑，使其能自己站立或在走路时保持平衡。

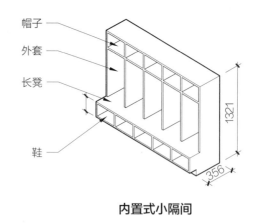

内置式小隔间

学校用装饰件和台柜

天然木材常用于提高空间质量，且可为涂漆饰件和橱柜提供一种维护需求较低的耐用型替代品。枫木和橡木因其耐用性和经济适用性而成为常用木材品种。许多制造商利用枫木或其他轻型木材（如桦木或榉木）来生产儿童家具。在确定饰件和台柜等的颜色和美观性时，不妨考虑使用这类木材。工厂用聚酯或乙烯油漆涂料耐用性较好，且易清理，是涂漆橱柜的理想选择。但这类

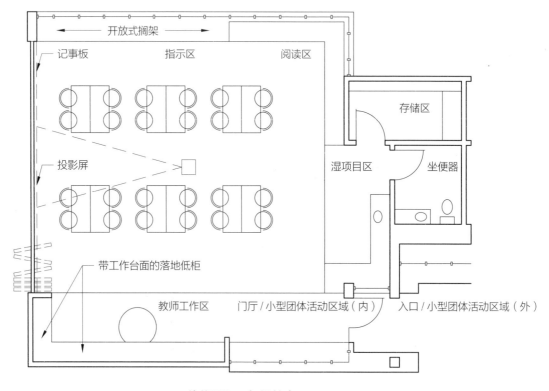

幼儿园和一年级教室

涂料的颜色通常仅限于白色或杏仁色。塑料层压板的台面非常实用，但橱柜面板、门和较低橱柜的抽屉面板可能会随时间推移而剥落脱层。三聚氰胺材料仅可用于隐蔽式表面。

学校建筑所用材料应可服务于学校的教育方案和目标。儿童需在舒适的空间活动，应选择有助于提高空间舒适度的材料。例如，托幼儿童一天中大部分时间都在地板上开展分组活动或集体活动，有必要通过铺设地毯等方式为其提供柔软的活动表面。在高中科学教室中，学生们通常需开展相关实验工作，用到的化学物质可能会对某些材料造成损害，因此实验室应设有坚硬、光滑的工作台面，地板表面应易于清洁，且具有耐化学性。

托儿中心地板

地板是托儿中心的重要家具之一，温暖且颇具吸引力的地板对儿童身心健康大有益处。

可利用地毯赋予儿童空间以柔软感（衡量托儿中心质量的主要指标）。高质量厚密地毯比低质量薄地毯更耐用、更易清洁。割绒地毯在外观方面比圈绒地毯更具家居感。

带乙烯基背衬的即剥即贴式地毯可清洗，是儿童集体活动室的理想选择。方块地毯比片状地毯更易于更换严重污染部分。若无需安装整块地毯，可使用大量地毯残余物或边角料来划分安静和活跃区域。

可使用 25 mm 方形陶瓷马赛克瓷砖，为潮湿游戏区铺设防水防滑表面。305~356 mm 长的大型瓷砖用在潮湿区域会比较滑，但非常适用于交通量较大的入口和走廊区域。刻花彩色混凝土同样耐用、防滑，适用于定制式艺术处理。

宜选择杂色或饰以斑点的地毯砖，因为纯色会暴露污渍、划痕和磨损痕。柔和的图案和色彩比鲜明的几何设计更可取。

无障碍指南

儿童空间应配备以下设施：

· 自动饮水器和水冷却器；
· 坐便器和卫生间隔间；
· 洗脸盆和洗手盆；
· 用餐以及作业或游戏设施。

对以儿童为主要使用者的建筑物或设施，建议在原有扶手基础上布设第二组扶手。该组扶手的高度（从斜坡表面或梯级凸缘处至抓握面顶部）最大可为 710 mm，上下扶手之间至少留出 230 mm 的间隙。

儿童可及范围

前伸或侧伸长度	3—4 岁	5—8 岁	9—12 岁
高（最大）（mm）	915	1015	1120
低（最小）（mm）	510	455	405

对供儿童使用的无障碍卫生间隔间，其最低宽度和深度应分别为 1525 mm 和 1500 mm。扶手杆需水平安装于完工地板上方 455~685 mm 处（从地板面测量至抓握面顶部）。

儿童卫生间隔间的趾部净空应为 305 mm，高于成人卫生间隔间。若儿童卫生间隔间的深度大于 1650 mm，则无须在前隔断处留出趾部净空。

供 3—12 岁儿童使用的坐便器

规格	3—4 岁	5—8 岁	9—12 岁
坐便器中心线（mm）	305	305~380	380~455
坐便器座圈高度（mm）	280~305	305~380	380~430
扶手杆高度（mm）	455~510	510~635	635~685
纸筒高度（mm）	355	355~430	430~485

对主要供 6—12 岁儿童使用的洗脸盆和洗手盆，应留出距地面至少 610 mm 的膝部净空。对 5 岁及以下儿童，可预留平行通道。

对儿童用自动饮水器，可设置平行通道，确保出水口位于完工地板上方 760 mm，且和装置前缘之间的最大距离为 90 mm。

空间 [1]

每名儿童保育设施建筑面积要求

区域	最小（m²）	适当（m²）	极佳（m²）
集体活动室	5.1	6	6.7
辅助区	1.4	1.9	2.2
流通 / 服务区	1.7	2.3	2.7
总建筑面积	8.2	10.2	11.6
室外游戏区	7	11.6	18.6

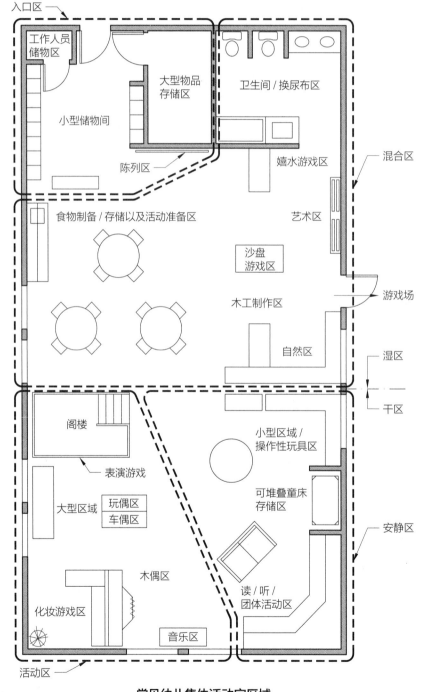

常见幼儿集体活动室区域

1 作者：杰弗里·R.范德沃特，塔尔博特·威尔逊联合公司（Talbott Wilson Associates, Inc.）。
ISD 有限公司。
皮特·格林柏格，格林柏格设计公司（Greenberg Design）以及史密斯马兰建筑师事务所（Smith Maran Architects）。

小学和初中

小学

在美国，小学通常被定义为包含1~5年级（有时也包括六年级）的教育阶段。小学教育通常也涵盖学前和幼儿园教育。

小学设施通常涉及以下三个主要构件：

· 教室：包括一般用途教室和特殊教育教室；

· 专业设施区：音乐室、科学室、美术室、电脑室、体育馆、餐厅、礼堂和图书馆；

· 行政及资源区：总务处、校长办公室、辅导室、医务室、教务室、资料室和整改专业资源区。

教室

一般用途教室，通常每间教室容纳约28名学生。教室面积通常为69.6~92.9 m²。

小学阶段的学生须使用单独或组合式桌椅。教室内需要设置项目区，其中可能包括科学区、计算机集群区和其他设备密集型空间。此外，必须为教室材料和学生物品留出充足的存储空间。还应为衣服、公文包、钱包和背包等物品的存储留出适当空间。小学学校大多不在走廊设置储物柜，因此必须在教室内设置储物区。

初中

初中设施通常涉及以下四个主要构件：

教室：包括一般用途教室、教学楼和特殊教育教室。

学生资源中心：技术中心、音乐教学区、弹性实验室空间、艺术教学室、体育馆、食堂、礼堂、图书馆、专用会议室和俱乐部会议室以及视频技术和展览空间。

教师支持区：会议室、普通教职员（团队教学）计划和工作室、教职员餐厅、成人用卫生间等。

学校管理：总务处及等候区，校长及副校长室，指导、护理和托管办公室，以及修复或整改专用资源室。

为应对财政和其他方面的限制，许多学校的教学计划还纳入一些大型公共区域。这类区域可赋予单一空间灵活性和多功能性。体育馆、礼堂和食堂通常会以某种方式结合在一起（有时仅其中两者结合在一起）。对因结合而形成的多功能空间，其因此而节约的建筑成本须与其所需功能的最终饰面、声学性能、照明和功能规划等方面相权衡。

教室

每间教室允许的最大学生人数不同。教室计划采用支持多种配置的集成技术，以实现模拟研究和流媒体视频教学。小型集体活动室通常设计为整所学校所共用的小组讨论室。

高中

空间要求

高中阶段开设了许多课程，因此需要更多更为专业的教室，以及更大、更灵活的空间。其中一些教室或空间的设备需求比较高。

艺术教室和存储空间

每500名学生至少应配设一间面积为111.5 m²的艺术教室。必须为窑炉、电脑及其他特殊设备提供所有必要的电气设施。也需为洗涤槽和清洁区域配设管道。在高中阶段，一般为特定艺术课程分别提供相应的艺术教室，如绘图和绘画教室、陶瓷和陶器区教室、摄影教室和珠宝制作教室等。每种艺术教室均有自己独特的要求。此外，还需为学生提供空间来创作二维焦点类艺术项目。

家政与职业教室

对于家政与职业教室，每500名学生至少应配设面积为111.5 m²的空间。这类教室通常设有完整的住宅厨房；因此，必须特别注意管道、天然气和电气要求。通常在厨房区域外设置单独教学区，也可以另设一间教室，具体取决于学校课程安排。

一般性教室[1]

一般性教室的面积至少为71.5 m²，建议将面积定为83.6 m²。教室应合理规划，以确保所用集成技术可支持多种配置。

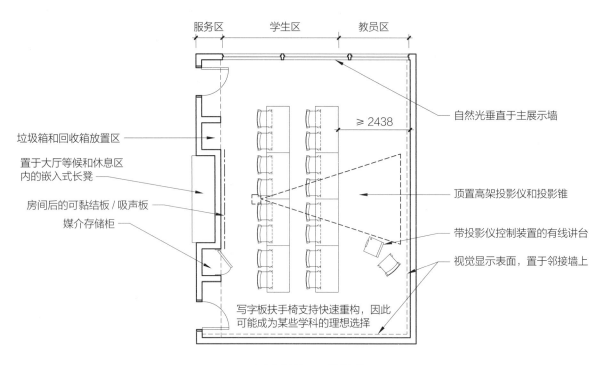

垃圾箱和回收箱放置区
置于大厅等候和休息区内的嵌入式长凳
房间后的可黏结板 / 吸声板
媒介存储柜

服务区　学生区　教员区

≥ 2438

自然光垂直于主展示墙
顶置高架投影仪和投影锥
带投影仪控制装置的有线讲台
视觉显示表面，置于邻接墙上

写字板扶手椅支持快速重构，因此可能成为某些学科的理想选择

环境布置——讲授式

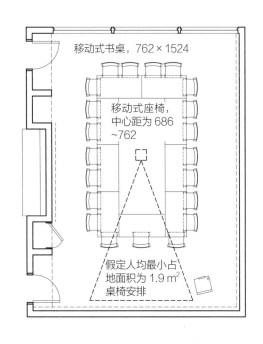

移动式书桌，762×1524
移动式座椅，中心距为686~762

假定人均最小占地面积为1.9 m²
桌椅安排

研讨式——桌椅布置

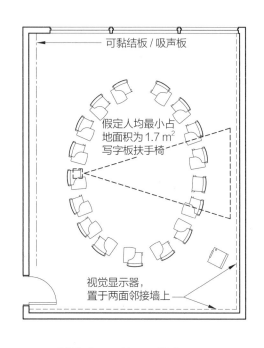

可黏结板 / 吸声板

假定人均最小占地面积为1.7 m²
写字板扶手椅

视觉显示器，置于两面邻接墙上

讨论式——扶手课椅布置

1　作者：J.T. 迪瓦恩，美国建筑师协会（AIA），罗伯特·E. 安德森建筑师事务所（Robert E. Anderson Architects），美国建筑师协会（AIA）。雷蒙德·C. 博德维尔，美国建筑师协会（AIA），彼得·布朗，美国建筑师协会（AIA），凯蒂·尔布雷希特，帕金斯威尔教育设施规划和研究集团（Perkins & Will, Educational Facilities Planning and Research Group）。

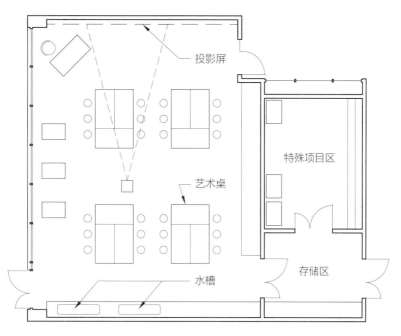

视觉艺术空间

化学教室

化学教室教学空间（每间面积至少 111.5 m²）在内部陈设方面通常比地球科学和生物学教室更为精细。

在理想的教学空间中，学生通常坐在课桌前，而老师在黑板或实验台旁进行教学。这类教学空间一般与实验室空间（主要用于学生实验室作业和各种实验）相分隔。地板、台柜和台面应使用能抵抗化学品和火焰伤害的耐用材料。

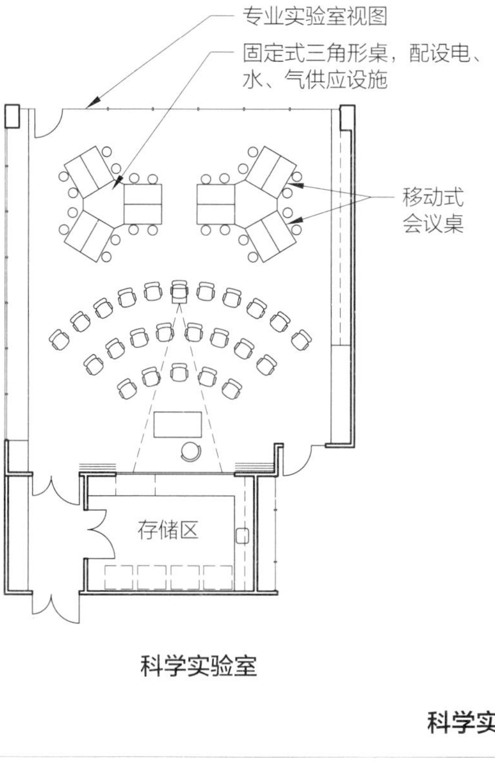

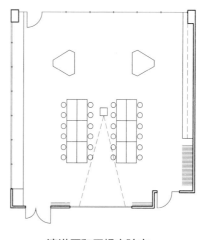

科学实验室　　　　　　　　　　　**演讲厅和干燥实验室**

科学实验室选项

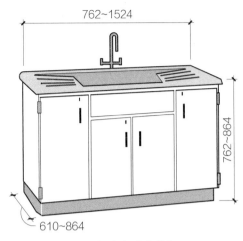

化学实验室洗涤槽柜

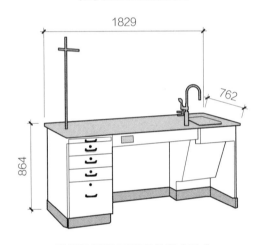

带洗涤槽的无障碍化学实验台

乐器和乐队空间[1]

出于声学方面的考量，建议为乐器和乐队设置面积最小为130 m²的空间，并配设邻接空间，这一点很重要。通常利用单独侧翼区或专门区域来打造一个涵盖音乐教室、乐队室、礼堂、合唱团室和音乐练习室的综合音乐区。

充足的日光虽不是必须的，但还是建议选择有日光照射的位置。有时也需要使用分层式地板，但若如此，可能会导致空间不够灵活，同时增加每个学生的用地面积。

应根据乐器尺寸和类型在音乐室留出大量存储空间。一般来说，在音乐室中，每名学生应有1.4 m²的空间。每500名学生应配设这样一个音乐室。

学校图书馆和阅读区

图书馆空间要求各不相同，具体取决于现有书籍和其他期刊的数量以及这类资料的预期增长态势。库存期刊和平装书的数量也应考虑在内。若学校将计算机实验室、教学及集会区（主要用于小组教学）、独立式工作空间和私人办公室合并至图书馆空间，将需要为其配置各种不同的设备。

体育馆

体育馆必须制定特殊规定，以保护相关设备，如火灾报警器、频闪灯、记分牌、时钟、照明装置和扬声器等。可用钢丝网覆盖这类物品，以保护其不受篮球、排球等的伤害。应特别注意保护照明装置，以防止因装置受损而导致玻璃碎片落至地板或人身上，进而造成意外伤害。所有照明装置均应配备防碎安全防护罩。

淋浴区天花板应采用瓷砖或其他防潮材料。更衣室天花板应用防潮和防破损材料进行隔声处理。

礼堂

根据一般设计规则，座位固定式礼堂的人均占地面积约为6 m²。提供固定座位的空间将专用于特定用途礼堂、演讲厅或用作大型团体的集会空间。这类空间一般会设置一个舞台，采用带固定座椅的倾斜式地板便于观众观看。

座位可移动式礼堂的人均占地面积约为1.4 m²。这类空间通常不采用倾斜式地板，可通过添加折叠式隔断来提高其灵活性。若其用于多种场合，须特别重视声学设计问题。

学校卫生间设施

在各种学校设施中，卫生间设施往往监管最为薄弱；因此，卫生间所用所有材料和设备均应具有抗破坏性。应结合对天花板使用程度的预期指定其构件，金属立柱天花板、石膏墙板天花板以及带固定夹具的吸声砖天花板均是常见选择。卫生间须特别注意通风问题。

1　作者：雷蒙德·C.博德维尔，美国建筑师协会（AIA），彼得·布朗，美国建筑师协会（AIA），以及凯蒂·尔布雷希特，帕金斯威尔教育设施规划和研究集团（Perkins & Will, Educational Facilities Planning and Research Group）。

家具

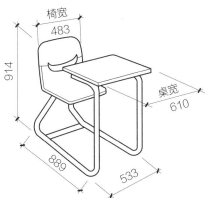

组合式书桌

开放式桌椅

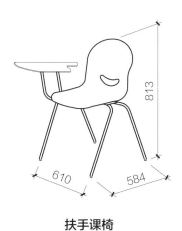

扶手课椅

带座位折叠桌

折叠式桌子的座位容量

桌面长度尺寸 （m）	标准座位 （张）	大于标准尺寸的座位 （张）
2.4	8	—
3	12	—
3.7	16	12

学校选材[1]

如何承受数十年的学生和各类教育教学活动的磨损，应当是其材料选择的首要考量因素。学校建筑所用材料应经久耐用，且易于维护，同时能持续营造有利于学习的氛围。

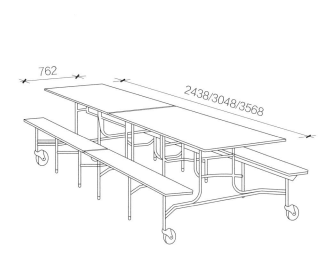

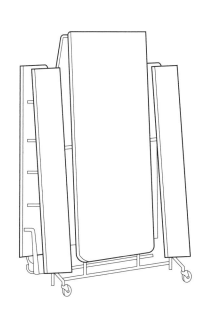

折叠式桌椅

1　作者：皮特·格林柏格，格林柏格设计公司（Greenberg Design），以及史密斯马兰建筑师事务所（Smith Maran Architects）。
雷蒙德·C.博德维尔，美国建筑师协会（AIA），彼得·布朗，美国建筑师协会（AIA），以及凯蒂·尔布雷希特，帕金斯威尔教育设施规划和研究集团（Perkins & Will, Educational Facilities Planning and Research Group）。
杰弗里·R.范德沃特，塔尔博特·威尔逊联合公司（Talbott Wilson Associates, Inc.）。
ISD有限公司。

考虑到预算问题，一般会使用石膏板做墙壁，但这种材料并不具备理想的抗冲击能力。标准石膏制品易刮伤、凹陷，且边角易受损，必须加强保护。使用高强度石膏制品（一般在公共住房建设项目中使用）或至少在 1219 mm 高度上增加一层硬灰泥，有助于提高墙壁耐用性。涂漆或磨面混凝土砌块是石膏板制品的一种常见替代品。

墙壁保护

开口和角落保护问题始终是主要考量因素之一，若保护得当，将有利于保持设施外观。建议在主要受冲击区使用防撞护角，并考虑颜色经精心挑选且与周围环境完美协调的嵌入式护角。

天然木材常用于提高空间质量，且可为涂漆饰件和橱柜提供一种维护需求较低的耐用型替代品。枫木和橡木因其耐用性和经济适用性而成为常用木材品种。许多制造商使用枫木或其他浅色木材来生产儿童家具。在确定饰件和台柜等的颜色和美观性时，不妨考虑使用这类木材。工厂用聚酯或乙烯油漆涂料耐用性较好，且易清理，是涂漆橱柜的理想选择；但其颜色通常仅限于白色或杏仁色。塑料层压板的台面非常实用，但橱柜面板、门和较低橱柜的抽屉面板可能会随时间推移而剥落脱层。三聚氰胺材料仅可用于隐蔽式表面。

儿童保育适用墙饰面选择指南

- 通过添加木材、灰泥、石头、地毯、软木和砖来强化所选墙壁的颜色和触感。
- 适当使用玻璃和玻璃砖墙，此类墙壁隔声较好，且不会阻挡视线。
- 可在墙壁上设置纹理，以帮助控制声音扩散，并帮助指路和界定区域（如同在地板上设置的纹理和颜色变化）。
- 混凝土砌块墙因其易磨损性、未修饰感和程式化外观而无法成为理想选择。
- 可融入曲面墙或墙壁弯曲部分等元素，以打破直线的单调，进而吸引人们进入空间，这在走廊、楼梯间、入口和拐角处等

公共区域尤其有效。但矩形家具可能不易与曲线相匹配，使用曲面墙时也应谨慎考虑。

- 可在外凸或独立式墙柱等建筑构件中添加木材、地毯或手织小地毯以及镜子和马赛克瓷砖等元素，以使其更柔和、更具趣味性。
- 考虑将各种形式的木材用于墙面、踢脚板、保险杠防撞块和扶手。
- 可在墙壁和地板接缝处添加凹圆座，增强设计感。颜色和材料选择应与墙壁相匹配，以减少空间的程式感。
- 儿童空间内的半墙和隔断可打造成平台、桌椅、植物壁架、展示面和游戏表演幕墙等。隔断必须结构稳定，不易燃，且不会阻挡任何疏散设施。有的地区要求用螺丝或其他方式将隔断固定在地板上。有些隔断还具有隔声效果，可优先选用。
- 墙面涂漆，油漆价格低廉，易于涂施和更换。乙烯基覆盖墙表面耐用性略强于涂漆墙，但其成本更高，环境影响更大，灵活性也更低。
- 可用油毡、软木、钩环带、可黏合或钉合织物等材料来覆盖大部分墙面或整面墙，以在集体活动室和走廊中提供展示空间。
- 安装与儿童身高相匹配的钢化玻璃镜而非塑料镜，因为前者更耐刮擦，也更不易起雾。

学校防破坏保护

建筑产品和设备的耐用性直接关系到维护人员工时支出和建筑系统后续生命周期成本。设计师须结合对破坏、涂鸦和重度使用等的预期来指定建筑产品。建筑设计应确保可使内部工作人员（成年人）尽可能轻松地开展相关监督工作。设计规划涉及解决视线这类简单的问题，以及在整个建筑内提供成人使用区、员工会议室和教育资

源区等相对复杂的问题。合理定位员工使用区
（如靠近教室）可缩短成年人到达这类空间所需
的时间，并确保学校每个区域内或附近始终有成
年人负责相关监督工作。这类安排可强化监督工
作，降低学校遭受破坏或不当使用的可能性。

地板

学校地板选材

应考虑在教室和大型游乐区使用地毯材料，
以提高声学质量，同时减少因地面光滑、表面坚
硬而造成的伤害。许多学校均使用可移动、易更
换和快速清洁的装饰地毯。应使用带整体式防潮
背衬的纺染产品，以满足保色性需求并确保易于
清除污垢和溢出物。

在卫生间、艺术品展示区、潮湿或脏乱活动
开展区，应考虑使用弹性卷材地板产品，如油毡
等。一些产品可利用1.8 m宽的板材提供美观的
木地板表面。这类板材可焊接密封，并可配设闪
光凹圆座等细部，以实现防水目的。

学校建筑所用材料应可服务于学校的教育方
案和目标。儿童须在舒适的空间活动，应选择有
助于提高空间舒适度的材料。例如，托幼儿童一
天中大部分时间都在地板上开展分组活动或集体
活动，有必要通过铺设地毯等方式为其提供柔软
的活动表面。在高中科学教室中，学生们通常需
开展相关实验工作，用到的化学物质可能会对某
些材料造成损害。实验室空间应设有坚硬、光滑
的工作台面；地板表面应易于清洁，且具有耐化
学性。

天花板

学校每个设计区均应考虑声学效果。须在大
多数区域使用吸声天花板，并尽可能铺设地毯。
天花板吸声砖不适用于大面积玻璃墙或硬瓷砖地
板等硬表面区域，应考虑使用吸声墙处理方法，
如嵌入织物包裹面板等。注意不要将这类面板置
于高冲击区域，此类区域通常延伸至地板上方

学校地板选材相关考量

区域	考量
行政区	采用软地板，以确保舒适性和隔声性
办公室	耐用性
护理区	无孔硬面地板
	卫生条件
	抗细菌环境
	易于清洗和消毒
	防渗材料
图书馆	安静环境
教室	易清洁地板
	硬地板，可选配小地毯
	在洗涤槽和卫生间周围铺设防水地板
厨房	无孔防滑硬地板
	遵守卫生规定
	可承受化学药品和消毒剂日常清洗作业
	地板表面耐油和烹饪残留物
	使用可防止细菌滋长的光滑表面
自助餐厅	无孔硬面地板
	使用可防止细菌滋长的光滑表面
	使用可用消毒剂清洗的饰面
体育馆	弹性地板表面，可承受剧烈的弹跳运动
更衣室	无孔防滑地板
	可承受重度清洁
	防水、防潮材料
礼堂	座位区下方应易于清洁
	在行走表面设置软地板饰面，以抑制噪声
	弹性舞台地板
技术区	防静电材料
科学区	坚硬、可清洁地板表面
	耐化学和耐酸材料
艺术区	可清洁地板，最好无缝
	光滑硬地板
	耐火窑区
	防水地板

1.2 m处。

天花板设计是其所用场所内在气质的重要体
现。避免使用带610 mm×1219 mm网格的悬吊式
天花板，因为这类天花板多是程式化的，缺乏新
意。可通过天花板高度的变化来表明不同的空间
用途，体现不同的亲密程度，提供多样性和区域

界定依据，以及改变光和声音的质量等。在狭窄走廊和小房间内使用高天花板，可弱化受困感。集体活动室可选两至四种不同的天花板高度，分别与不同的活动水平相对应。

可对天花板进行塑形，以帮助界定下方空间。拱形天花板可为在其下方开展的活动提供中心和边界，且有助于漫射声扩散。

可选用不同材料用作天花板，如石膏、木材、马赛克瓷砖、灰泥和彩色玻璃等。在儿童（婴儿）躺下仰视的场合，天花板处理尤为重要。尽管硬质声反射材料可提高噪声级，但其可用区域有限。

考虑同时改变天花板高度和天花板材料，这有助于营造一种独特的场所感。

考虑到成本问题，或可创造性地使用条幅来改变天花板高度，并提供审美情趣。轻型条幅对吸声水平影响很小。垂吊式吸声板可增强视觉趣味性，提高吸声性。

照明[1]

良好的照明设计不仅可为学校提供合适的照明，还可营造一种令人倍感愉快且颇具吸引力的环境，进而帮助师生充分融入课堂，提高教学效率。在照明设计方面，必须考虑以下因素：

- 照明与建筑的融合：灯具外观、照明配置和智能控制等因素均须协调。
- 活动适当性：特定区域的照明均匀度、适用光级、灵活性和色彩增强等均因活动类型而异。
- 照明维护：灯具清洁、更换及其耐用性在预算受限的情况下至关重要。
- 能效：灯具寿命和照明控制装置（如调光器、日光传感器和占用传感器）可提高性能并降低成本。
- 整体照明成本：考虑预算限制非常重要。

照明设计必须考虑到不同房间的特定功能，如教室、图书馆、食堂、健身房、演讲厅和礼堂等。

教室照明

教室设计一直随新教学工具的出现而不断改进。大多数教学环境使用视听（AV）辅助装置来支持学习过程。教师通常借助正投影媒体来通过计算机图像传达想法。但正投影技术对环境光非常敏感，因此，谨慎控制来自日光和电气照明的环境光非常重要。电气照明须做分区处理，使投影屏幕前的照明最小化，进而清晰显示投影图像。此外，教师也会通过黑板或白板书写这一更为传统的方式向学生传输知识。此类书写面或显示墙通常需要单独照明，以确保其有效性。建议为所有显示墙面提供照明，这样可使观众清晰观看显示墙所显示的内容。可根据环境照明系统决定是否建立单独的墙壁照明系统。

采光

规模较小的教室（40人或更少）应可利用日光。规模较大的教室（超过40人）也可利用日光，但这不是必须的，因为这类教室大部分时间均使用视听投影进行教学。有日光射入的教室可配设电动或手动遮阳板或遮光板。所有遮阳板均可连接至适用于整栋建筑的控制系统，同时本地手动超控须与本地视听控制系统相连接（若适用）。

电气照明

电气照明应由不同照明层构成，所有照明层均可独立控制。照明光源可为嵌入天花板内并带有眩光控制镜头的线性荧光灯装置，或悬吊于天花板上的直接或间接照明装置。水平书写面所用照明装置可同时提供一般环境照明。

照明控制

照明应便于教师控制，前显示墙的照明应可切换，所有其他电气照明均应可调光。规模较小的教室可使用壁箱调光器和开关。规模较大的教室可使用与视听控制系统相连接的预置式调光系统，以允许用户对系统重复进行相关设置。提供

---

1 作者：美国国家公园管理局，《展览保护指南》，美国自然保护部。

带手动开启、自动关闭功能的占用传感器，以确保灯具不用时可自动关闭。自动收集日光（若适用）亦应视为一种可用以节约能源和利用日光的方法。

教室照明层

照明层	照度（lx）	均匀度比
房间前显示墙照明	墙面：300	4:1（任何可书写表面）
营造明亮感的其他墙壁和天花板所用一般环境照明	墙面：150 天花板：100	10:1
学生座位区水平书写面照明	水平表面：300	5:1
大教室（40人以上）讲台/舞台重点照明	扬声器表面垂直面：500；光线须聚焦，以免溢出至视听显示器上	重点照明须合理配置，以免在扬声器表面投下高反差阴影

食堂

学校食堂通常有多种用途。除提供食物外，这类空间还用于会议、聚会和演出。这类空间的使用要求会对照明和照明控制系统的类型造成影响。

最好提供多个可单独控制的照明系统，以便为不同任务营造适合的空间。座位区需要一般照明，而墙壁、天花板或其他建筑构件除一般照明外，还需要重点照明，以增强氛围，并提供所需所有功能性照明。

提供食物照明的灯具须配设防护镜片，以确保灯泡破裂时，玻璃碎片仍留在灯具内，这一点很重要。同样重要的是，食物照明需考虑最佳显色源，以使食物看起来更有食欲；卤素灯、荧光灯和陶瓷金属卤化物灯均适用于这种应用场合。

采光

食堂座位区应可接触日光。所有开窗布局均应配备电动或手动遮阳板。所有遮阳板均应连接至适用于整栋建筑的控制系统，同时须在所有房间设置本地手动超控。

电气照明

食堂座位区可综合使用嵌入天花板的筒灯、荧光灯、LED灯具以及装饰性照明元素来提供照明。这类灯具均隐藏在建筑灯槽内，可照亮天花板或墙壁。

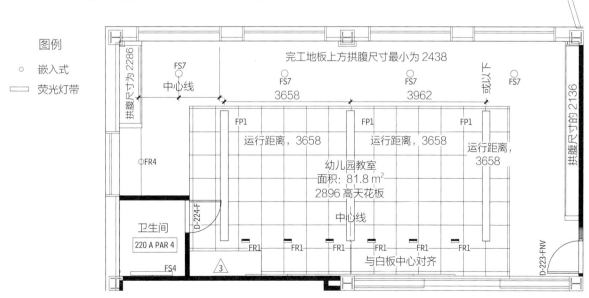

教室照明反光天花板平面图

资料来源：斯莱登·范斯坦集成照明（Sladen Feinstein Integrated Lighting）。

备餐区照明应与零售空间类似，食物陈列区、食物制备区和标识元素照明应更明亮，环境光光级则应相对较低。所有防喷嚏装置均应安装LED或荧光灯，为食物陈列区提供照明。

厨房区所有照明设备均应为配设眩光控制镜片的天花板嵌入式荧光灯具。灯具应做封闭处理，以免积存污垢或油脂。

学校计算机和通信规划[1]

一般性教室

一般性教室的面积至少为71.5 m²。教室面积随电脑使用和新技术所需空间的增加而不断增加。若经济允许，强烈建议将房间在最小面积基础上略作扩展，建议面积为83.6 m²。教室应合理规划，以确保所用集成技术可支持多种配置。

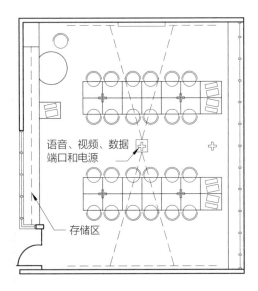

语音、视频、数据端口和电源

存储区

一般性教室

商务教室

由于技术设备的使用，商务教室通常比一般性教室大，其面积至少为92.9 m²。须特别注意学区要求及其对未来技术基础设施的规划。一些学区拟将计算机分散至整个学校，这样学生就可在多个地点使用计算机，而无须专门设置一间专用于商业学习的教室。职业和技术教育空间要灵活，以适应教学计划的变化。

计算机教室

计算机教室的最小面积同样为92.9 m²，其相关要求与商务教室类似。空调和通风等特殊机械要求，往往使这类教室的成本高于一般教室。虽无必要，但还是建议设置外部视图；在放置电脑时须格外小心，以免屏幕产生过度眩光。数字制作教室的课程活动包括高性能2D图形设计、3D动画和渲染。

业务实习教室的最小面积为78 m²，其相关要求与计算机教室类似。这类教室的学生人数通常较少，所以空间要求相对较低。

机械制图和计算机辅助设计（CAD）教室的最小面积为78 m²，其相关要求与计算机教室类似，同样因为其学生人数通常较少，空间要求也相对较低。因电脑使用频繁，上述空间须配备空调。

图书馆

一些学校将计算机实验室、教学及集会区（主要用于小组教学）、独立式工作空间和私人办公室合并至图书馆空间。许多学校会在图书馆提供空调，因为图书馆空间被越来越多地用作社区资源。

媒体中心应极具灵活性，以适应各种各样的用途。例如，可通过将媒体中心与用餐区邻接创造一个非正式的信息交流场所，使媒体中心成为类似于网吧的学生活动中心。

演讲厅和礼堂[1]

演讲厅音响效果

交流是整个教育过程的核心所在。对教室或演讲厅而言，良好的内部交流环境至关重要，因此，隔绝学习空间外部不必要的声音，确保空间隐私性成为教室或演讲厅设计的核心所在。

这样做的目的是隔阻外部声音，尽量减少干扰，以保持学生课堂专注力。教室之间以及演讲厅周围的声音传输等级（STC）不应小于55，建

1 作者：雷蒙德·C.博德维尔，美国建筑师协会（AIA），彼得·布朗，美国建筑师协会（AIA），以及凯蒂·尔布雷希特，帕金斯威尔教育设施规划和研究集团（Perkins & Will, Educational Facilities Planning and Research Group）。
简·克拉克，美国建筑师协会（AIA），齐默冈苏尔弗拉斯卡合伙企业（Zimmer Gunsul Frasca Partnership）。
莫拉·杜姆，罗德岛设计学院。
马克·A.罗杰斯，专业工程师，斯帕林公司（Sparling）。

议大于60。为达到这一等级，隔断必须延伸至上方结构楼层。建议采用门框密封条，尽量减少咬边。通常无须配设隔声门构件。

规模较大的演讲厅可将扩音装置用作视听演示系统的有效辅助。

混响

人类大脑将混响声视为噪声，因为其会掩盖或隐藏有用的语音（信号）内容；换言之，混响声会使人们更难理解其所听到的内容。

选用可有效吸声的天花板、地板和墙壁饰面，以将混响时间缩短至0.5~0.8s。混响区间与教室容量成正比。建议将天花板材料的平均吸声系数（SAA）定为0.75或以上，将吸声墙板的平均吸声系数值定为0.90或以上。调查发现，美国和加拿大大多数教室和演讲厅均存在过量混响。

室内净高
演讲厅

楼层高度是演讲厅设计所需考量的重要因素之一。分层式地板系统的立板高度越大，或倾斜式地板系统的坡度越大，楼层高度越大。坡度越大，视角越好，但房间高度也需随之增加，这必然会增加建筑成本。

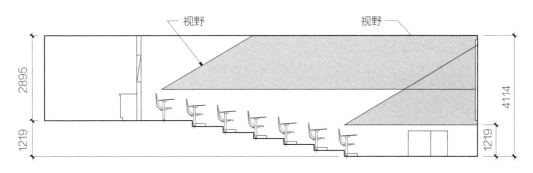

常见演讲厅剖面图

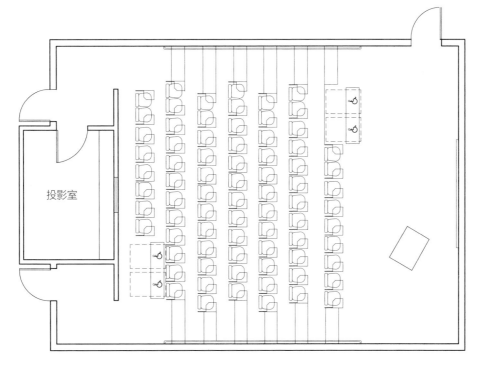

常见演讲厅平面图

吉姆·约翰逊、赖特森、约翰逊、哈登和威廉姆斯公司。
杰弗里·R.范德沃特，塔尔博特·威尔逊联合公司（Talbott Wilson Associates, Inc.）。
ISD 有限公司。
斯蒂芬·马格里斯，美国照明工程学会（IES），国际照明设计师协会（IALD）。

结构开间的尺寸随演讲厅宽度的增加而增加。一般来说，梁深也会随结构开间尺寸的增加而增加，以保证柱间宽度。而梁深增加则会导致楼层高度增加或演讲厅整体室内净高降低。这既取决于结构构件的尺寸，也取决于机械系统和天花板空间内其他构件所需要的梁下净空。设计师应与结构工程师、机械工程师和视听顾问密切配合，共同确定演讲厅的整体高度。

演讲厅电源与数据

演讲厅前方应配备足量的电源和数据插座，以供演讲者及必要设备使用。设计师应注意插座位置，以免人员被电源线绊倒，同时尽可能使插座便于演讲者使用。学生所用设备也可提供电源和数据插座。

演讲厅地板（分层和倾斜式）

对演讲厅而言，分层或倾斜式地板可比平板地板提供更好的视角。倾斜式地板整体踏步高宽尺寸由所需视角决定。大多数建筑规范规定，对设倾斜式地板的演讲厅，其斜坡通道垂直高度与水平宽度的比例应为1:8（即坡度为12.5%）。坡道须设置防滑表面。

大多数建筑规范规定，对分层式地板，其过道台阶高度最低可为102 mm，最高可为203 mm。过道同一梯段的所有台阶的高度必须相等。如需增加层高以获得更好视角，可在每层添加次级踏板。这种情况下，踏板深度可低至279 mm，但在过道上下行走时，305~457 mm深的踏板可提供更为舒适的通行体验。每排座位所对应的台阶均应平行置于每层前缘而非排末（即垂直于层缘），以免离开该排座位时发生绊倒危险。座椅规格将影响台阶和踏板在分层式地板上的配置方式。

过道

坡道须设置防滑表面。阶梯式通道须在梯级凸缘处设置对比鲜明的标记条纹，以确保人们在沿通道下行时清楚看到踏板。大多数建筑规范规定，标记条纹应25~51 mm宽，并沿梯级凸缘整个长度延展。

当为阶梯式通道旁墙设置墙座时，设计师可依据通道台阶的高宽尺寸为墙座设置台阶，以获得统一的墙座高度。此外，设计师也可使墙座顶部倾斜，以改变墙座在不同台阶上的高度。

扶手

大多数建筑规范要求在两侧通道以及有两个或两个以上邻接台阶的阶梯式通道中设置壁挂式扶手。中间通道亦须设置扶手。《美国残疾人法案》（ADA）无障碍设计标准和大多数建筑规范规定，扶手直径应为38 mm，且扶手与墙壁之间至少应留出38 mm的净空。扶手延伸至所需通道宽度中的部分不得大于89 mm。扶手应安装在地板或梯级式通道踏板上方865~965 mm处（从梯级凸缘边开始测量）。扶手在梯级式通道梯段末端外的延伸长度应为305 mm与一个踏板深度之和，而其在倾斜式通道斜坡末端外的延伸长度应为305 mm。在梯段顶部，扶手在分层式地板顶部立板外或倾斜式地板坡道顶部外的延伸长度应为305 mm。对分层式地板，应在其轮椅空间立板前缘处设置扶手、路缘石或固定式凸出物，以防发生坠落危险。

座位

礼堂座位

礼堂是面向学生和社区的多用途表演空间。学生可在这类空间中练习表演、表达和公开演讲技巧。

座位固定式礼堂的尺寸各不相同，但根据一般设计规则，该类礼堂的人均占地面积通常为0.6 m²。提供固定座位的空间将专用于特定用途礼堂、演讲厅或用作大型团体的集会空间。这类空间一般会设置一个舞台，采用带固定座椅的倾斜式地板便于观众观看。

应注意在防火、座位容量、座位放置以及过道宽度和长度等方面符合建筑规范的要求。一些礼堂可能还设有楼座，楼座的设置也要进一步参考现有规范要求。

灵活性需求较大的学区可选用座位移动式礼堂。这类礼堂尺寸不一，相关要求与座位固定式礼堂相同或相近。根据一般设计规则，这类礼堂的人均占地面积通常为 1.4 m²。这类空间通常不采用倾斜式地板，可通过添加折叠式隔断来提高其灵活性。

演讲厅座位

直线形房间可为每单位净占地面积提供最佳座位数。在建筑平面布局中，直线形房间亦比其他形状的房间更易排列在一起。然而，与扇形平面相比，直线形平面中的座位数越多，最后一排座位就离演讲者越远。

相比直线形演讲厅，扇形演讲厅更有利于开展课堂对话或辩论，因为学生更容易看到彼此。扇形演讲厅通常将座位布置在前面，可为学生提供最佳视野。但扇形演讲厅不太容易在建筑平面内合理排列。

对设阶梯或倾斜式地板的演讲厅，建议配置固定式座位而非移动式座位。固定式座位可为扶手写字板或柜台座位。每张座位均单独配设书写面（写字板）的学生座位称为扶手写字板座位。沿每排前方配设连续固定式台面的学生座位称为柜台座位。选用柜台座位或扶手写字板座位通常依据课程材料而定。柜台座位表面积较大，足以摆放学习资料或笔记本电脑；而扶手写字板座位的表面积则相对较小，仅适用于做笔记。这两种座位均可为学生电脑配备数据和电源连接，但柜台座位可为各种尺寸的笔记本电脑提供空间。扶

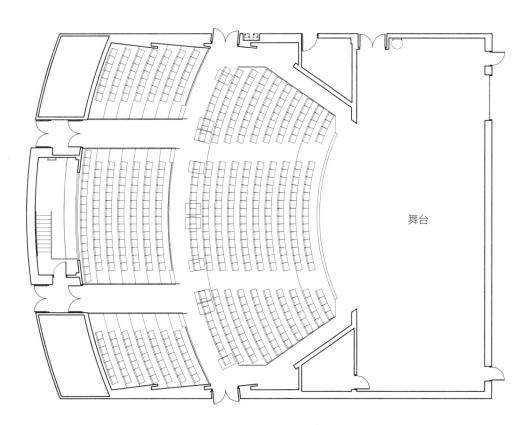

礼堂（500 张座位）

手写字板座位的间距要小于柜台座位，因此，相比于配设柜台座位的演讲厅，配设扶手写字板座位的演讲厅可在单位净占地面积内容纳更多的座位。

扶手写字板座位

写字板可采用以下三种配置方式：固定在适当位置；向上摆动以嵌入座椅；或向上摆动而后旋回，垂直放置于座椅之间。最后一种配置方式最便于使用者离开座位。

写字板尺寸不一，可书写表面亦不相同，同时支持左手向和右手向配置。带左手向写字板的座位应占总座位数的5%~10%。建议将左手向写字板置于每排座位的末端，这样使用者左肘就会朝向过道，而非邻座。

可将扶手写字板座位单独安装在座柱上，或将数个座位系统安装在同一钢梁上。钢梁式座位下部更易清洁，但钢梁也会在座位间传递振动。

柜台座位

柜台座位比扶手写字板座位的书写表面更大。柜台座位为许多演讲厅所青睐，但其成本相对较高，且需占用更多空间。

座位可单独安装在座柱上，或成对安装在柜台下的中心柱上。若选择成对安装，每张座位应均可在其接头上旋转，直至摆离台面。旋转的座椅可为用户落座或离座提供便利，且适用于多种体型的用户。

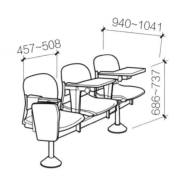

梁固式演讲厅座位

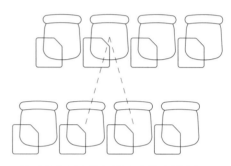

扶手写字板座位与等距座位交错布置

交错式座位

阶梯式座位

对配设阶梯式地板的演讲厅，其台阶配置将因其所用座位类型（扶手写字板座位或柜台座位）而异。若使用柜台座位，首层台阶须与上升层平齐布置，以与台面对齐。若使用扶手写字板座位，首层台阶须置于上升层前面，以使踏板和座位排对齐。

轮椅空间

相关无障碍设计标准规定了集会区域轮椅空间的最低数量。

对轮椅使用者来说，直行所需最小空间为838 mm（宽度）×1219 mm（长度），侧行所需最小空间为838 mm（宽度）×1524 mm（长度）。轮椅空间的视线应与一般座位同样开阔。

对因规模过大而需在前后方或多个位置设置入口的演讲厅，所有入口处均应设置轮椅空间；

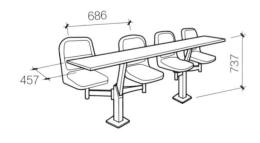

摆离式演讲厅座位

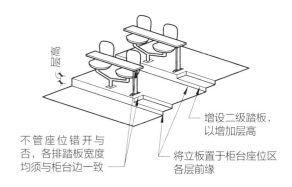

不管座位错开与否，各排踏板宽度均须与柜台边一致

增设二级踏板，以增加层高

将立板置于柜台座位区各层前缘

柜台座位区台阶

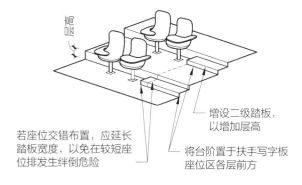

若座位交错布置，应延长踏板宽度，以免在较短座位排发生绊倒危险

增设二级踏板，以增加层高

将台阶置于扶手写字板座位区各层前方

扶手写字板座位区台阶

阶梯式座位

事实上，相关标准规定，座位容量超过300个的房间必须在多个位置设置轮椅空间。轮椅空间应提供书写表面，这类书写表面是可供轮椅使用者使用的移动式书桌或固定式柜台。

集会区轮椅空间数量

座位容量（人）	轮椅空间数量（个）
4~25	1
26~50	2
51~150	4
151~300	5
301~500	6
501~5000	6个，每增加150张座位（不足150的按150计算，但总座位数在501~5000范围内）增设1个
5001及以上	36个，每增加200张座位（不足200的按200计算，但总座位数须大于5000）增设1个

照明

演讲厅/礼堂

面积两倍于演讲厅的礼堂配置方式与教室类似，且须为表演提供适当照明。这类空间须配设与教室相同的视听教育工具和书写表面，可能还需在多个位置单独配设专业舞台照明和追光灯（详见"舞台照明系统"一节）。讲台和前方空间照明可采用建筑重点照明设备，如轨道式或嵌入式强光灯等。

礼堂高度通常高于教室，适于将灯光融入天花板和墙壁设计。礼堂进行的项目会有远程学习和直播需求，因此照明系统可能需要充分照亮观众席，以满足相关需求。

采光

采光往往对礼堂空间不利，因此除非迫不得已，否则应尽量避免采光。

电气照明

观众座位区和室内照明的设计应以突显空间建筑特色为主要目的。照明设计应突出特色饰面，并准确呈现特殊建筑形式。照明可能包括由嵌入天花板的卤素筒灯以及隐藏在建筑构件中的洗墙灯、荧光灯或LED灯提供的照明，以及专为空间设计的装饰性照明，照度为200~400 lx。通道低光灯可内置于靠近通道或楼梯立板的座椅支架上，其应可保证10 lx的照度以及10∶1的均匀度比。在舞台上还应单独设置一个由线形荧光灯或HID（高强度的电灯）构成的照明网格，用于设置和分解饰景元素。声光控制室应使用可调光卤素灯或天花板嵌入式LED筒灯，照度须达300 lx。

照明控制

所有灯光均须可调光，且应连接至舞台调光系统。控制室也应提供与舞台调光系统相连接的本地开关。

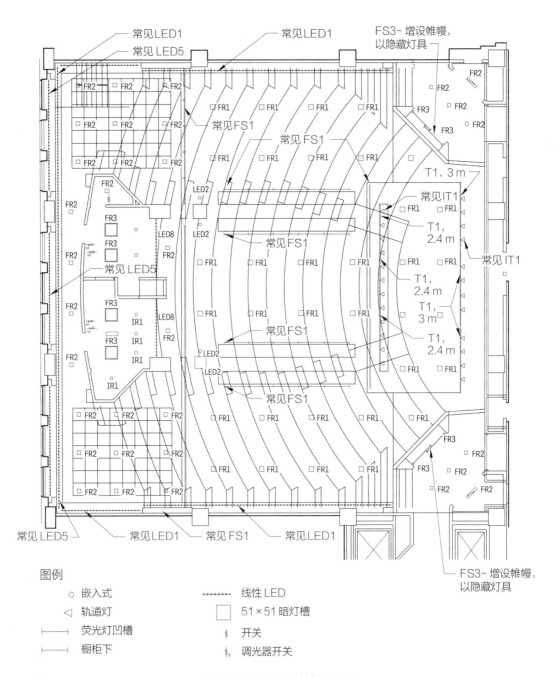

图例

○ 嵌入式 　　　　　　 ‥‥‥‥ 线性 LED

◁ 轨道灯 　　　　　　 □ 51×51 暗灯槽

⊢―⊣ 荧光灯凹槽 　　　 ⌇ 开关

⊢―⊣ 橱柜下 　　　　　 ⌇ₒ 调光器开关

演讲厅照明反光天花板平面图

资料来源：斯莱登·范斯坦集成照明（Sladen Feinstein Integrated Lighting）。

图书馆

计划空间

登记借出区

登记借出区是图书馆资料流动以及访客进出的中心点。除为访客提供资料借阅登记台外，该区域还负责解答访客疑问并向其提供图书馆初始导航信息。规模较大的图书馆可将登记借出区与控制或查询区分开，以使人员流通更为顺畅。

儿童区

对社区图书馆来说，增设儿童区将会激发孩子们的阅读热情，并为图书馆的阅读计划提供支持。儿童区应置于登记借出台附近，以便在图书馆工作人员和该区域之间建立视觉连接。卫生间也应就近设置。理想情形是，图书馆访客可从大厅看到儿童区。

儿童用图书馆设备

为儿童提供数量充足、种类丰富且经久耐用的适用材料和设备，并将其置于足够低的开放式搁架上，以便儿童独立使用。应为儿童提供个人空间来存放其个人物品。

儿童印刷材料用悬臂式钢质书架容量

图书类型	建议书架标称深度（mm）
儿童传记	254
儿童简易读物	254
儿童绘本	305
儿童参考书	305
青少年传记	254
青少年小说	254
青少年非虚构文学	305
青少年平装书	203~254

资料来源：厄尔·西姆斯和琳达·德默斯，《图书馆书架与货架》，图书馆设计项目，由美国博物馆和图书馆服务协会支持。

编目查询

如今，大多数图书馆都将馆藏编目保存在数据库中，访客可通过计算机终端查看。一般来说，编目查询区应位于登记借出区附近，以便工作人员为访客答疑解惑，但若附近有工作人员服务台，也可单独设置，以便访客寻求帮助。有些图书馆在书库内提供目录终端机。

设计考量

结构构件

对图书馆存储系统应仔细规划并提供结构支持。结构柱的网格布局应与书库和通道布局相关联。

有两种方法可使存储空间最大化：一是降低书库区的楼层高度，二是使用高密度滑动存储系统。

书库区楼层高度可低于公共区域。高密度书架系统的存储容量几乎是常规书库系统的两倍，因此其经常用于增加图书存储容量。这套系统有多种用途，包括对期刊或非常用物品进行归档等。在一些大型图书馆中，将高密度滑动存储系统用于书库虽然可取，但可能会超过结构系统的设计活荷载。高密度滑动书架系统仅供训练有素的图书馆工作人员使用，不向公众开放。

将6.8 m×6.8 m的柱间距与标准书架相结合是一种合理布置。但这可能会降低其左侧（或右侧）书架的存储效率，具体取决于布局情况。为了解清楚大型图书馆任一模块的使用情况，必须考虑设置多个结构开间。

声学

需基于空间布局示意图酌情对空间进行隔声处理，以将噪声较大的活动与较安静的活动隔开。大厅、礼堂、登记台、儿童区和卫生间等相对开放的区域须与参考书、期刊区、阅读区以及书库等相对私密的区域隔开。

过道

与书库平行的通道称为区间过道，而与其垂直的通道称为横向过道。为满足相关无障碍设计标准的要求，无障碍通道的最小宽度应为914 mm，但最好是1066 mm，以便为轮椅及步行者留出充分的通行空间。

在某些情况下，建筑规范要求设置1117 mm的出口过道，这取决于这类过道是否对公众开放及其预期占用者荷载。

区间过道的宽度通常为最小所需宽度，以实现书库布局效率最大化，而横向过道的宽度则相对较大，以处理区间过道的支流荷载。无论何种情况，设计师均应与当地规范负责机构一起确定书库最小过道和出口净空。

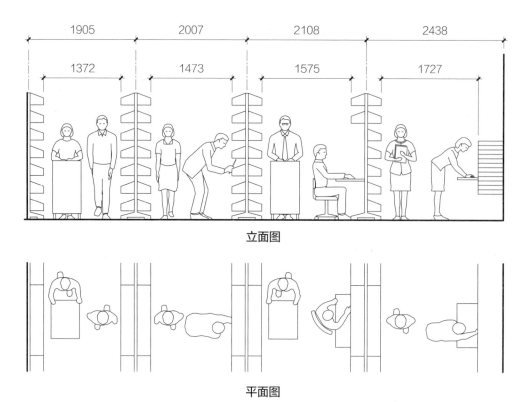

立面图

平面图

标准过道宽度

书架[1]

　　书库所用书架取决于图书馆馆藏资料的尺寸。在美国，书架标准深度通常为177 mm、228 mm和279 mm（实际尺寸），或203 mm、254 mm和304 mm（标称尺寸）。超大型馆藏资料可采用尺寸更大的书架。人造金属书架因其模块性、易调整性和成本效益而颇受新建图书馆青睐。这类书架有多种配件可选，如实心或铁丝书档、期刊用倾斜陈列架以及标语牌支架等。

悬臂式钢质书架尺寸（mm）

标称单位高度	标称单位深度	单面实际单位深度	双面实际单位深度
1067~1143、1676、1981、2134或2286	203	239	419
	254	289	521
	305	340	622
	406	454	876

资料来源：厄尔·西姆斯和琳达·德默斯，《图书馆书架与货架》，图书馆设计项目，由美国博物馆和图书馆服务协会支持。

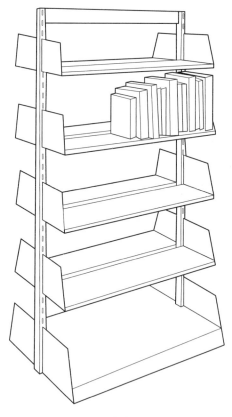

双面悬臂式书架

资料来源：厄尔·西姆斯和琳达·德默斯，《图书馆书架与货架》，图书馆设计项目，由美国博物馆和图书馆服务协会支持。

1　作者：雷蒙德·C.博德维尔，美国建筑师协会（AIA），彼得·布朗，美国建筑师协会（AIA），以及凯蒂·尔布雷希特，帕金斯威尔教育设施规划和研究集团（Perkins & Will, Educational Facilities Planning and Research Group）。

标准木质书架尺寸（mm）

高度	单面深度	双面深度
1067、1524、2083 或 2438	203	406
	254	508
	305	610
	406	813

资料来源：厄尔·西姆斯和琳达·德默斯，《图书馆书架与货架》，图书馆设计项目，由美国博物馆和图书馆服务协会支持。

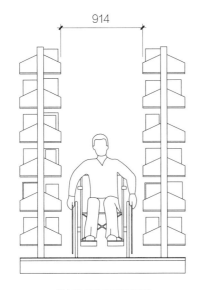

914

书架过道标准宽度

照明[1]

大多数图书馆均须特别考虑书库图书照明和阅读区照明。室内净高条件、书库间距模块、美学和能源规范限制通常为照明设计方向的决定性因素。若室内净高低于2.9 m，与书库平行的嵌入式线形荧光灯装置通常是最佳方案。若室内净高超过3 m，可采用悬垂式照明，或垂直于书库的嵌入式照明。

阅读区适合采用作业照明或环境照明。这意味着须配设一种嵌入式或悬垂式天花板照明系统，同时对研习间和阅览桌辅以作业照明，从而为作业（阅读）区提供低水平环境照明和高水平作业照明。

采光

图书馆须注意控制日光。过多日光会对电脑使用者造成令人不适的眩光，也会导致图书馆珍本藏书褪色。可利用手动或自动遮阳板适当阻挡日光。

接待区

接待区照明应以凸显空间建筑特色为主要目的，照明设计应突出特色饰面和建筑形式。

照明光源可能包括嵌入天花板的金属卤化物或LED筒灯和洗墙灯，以及隐藏在建筑构件中的荧光灯或LED灯。如果使用轻型饰面，该类空间通常需要200 lx的照度。

阅读区

阅览室内研习间所用照明光源可为嵌入天花板内并带有眩光控制镜头的线性荧光灯装置，或悬吊于天花板上的直接–间接照明装置。这类光源应可为研习间提供光照度为300 lx、均匀度比为5：1的照明，并为墙壁提供100 lx光照度、均匀度比10：1的照明。研习间和阅览桌中的作业照明可提供适当光照度。

书库

书库内照明应采用直接/间接悬垂式或嵌入式线性荧光灯装置，为完工地板上方762 mm处的书库表面提供200 lx的垂直照明。所用灯具应合理分布，以确保最底部书架上的图书也清晰可见。

照明控制

图书馆照明控制与其他各类空间类似，可使用自动调度控制，以确保闭馆时灯具可自动关闭。感应技术可能会比较复杂，特别是在书库照明方面。为进一步节约能源，公共空间和阅览区应考虑采集日光。

1　作者：斯蒂芬·马格里斯，美国照明工程学会（IES），国际照明设计师协会（IALD）。

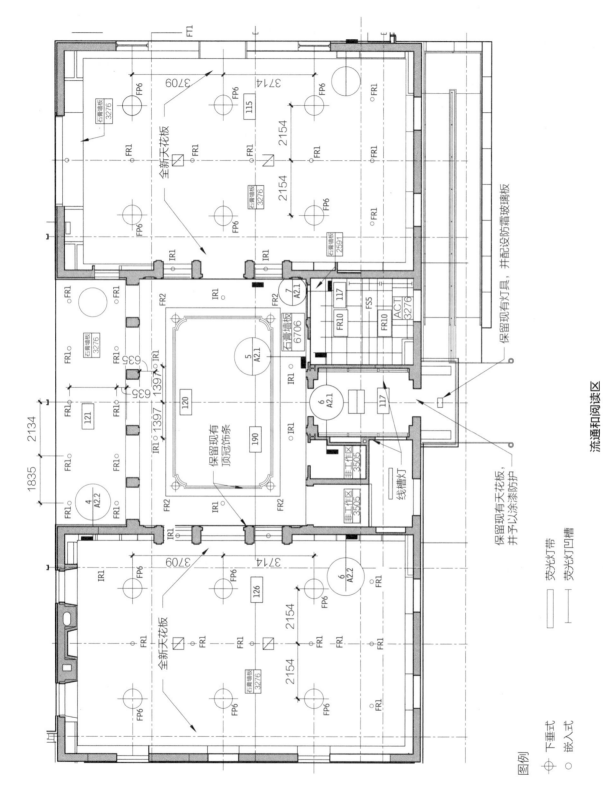

流通和阅读区

图书馆照明天花板反射平面图

图例

下垂式　　荧光灯带

嵌入式　　荧光灯凹槽

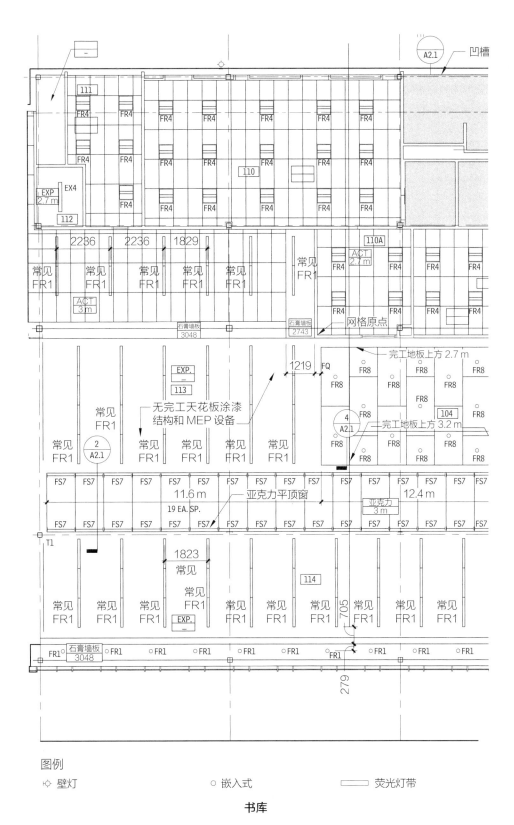

图例

➥ 壁灯　　　　　　○ 嵌入式　　　　　▭ 荧光灯带

书库

图书馆照明天花板反射平面图（续）

资料来源：斯莱登·范斯坦集成照明（Sladen Feinstein Integrated Lighting）。

图书馆安全设备[1]

　　登记借出区的中心位置可设置视觉观察点，以便观察进出图书馆的访客。有些电子安全装置可借助射频识别设备来检测图书馆资料上的编码标签，此装置通常位于图书馆出口处。当标签在该装置指定范围内出现时，其会发出听觉和（或）视觉警报，从而可防止未经授权取走图书馆资料。图书馆工作人员会在登记借出台解除标签的感应，这样访客就可在不触发警报的情况下离开。

图书馆家具

　　耐用性、功能性和舒适性是优质图书馆家具的基本特征。

座位

　　舒适柔软的座位，如软垫椅和沙发，通常是非正式阅读区或休息区的最佳选择。带金属或木质扶手的上拉椅通常用于阅览桌和研习间。

书桌

　　阅览桌和研习间的尺寸应足够大，以确保读者可将其所用资料分散开来，特别是在尺寸超大型资料阅览区。研习间隔断应足够高，建议至少高出地板 1320 mm，以保障内部隐私。

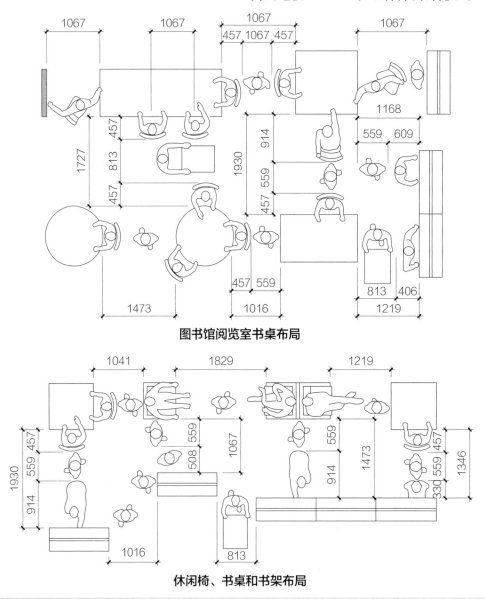

图书馆阅览室书桌布局

休闲椅、书桌和书架布局

1　作者：简·克拉克，美国建筑师协会（AIA），齐默冈苏尔弗拉斯卡合伙企业（Zimmer Gunsul Frasca Partnership）。
　　娜塔莎·杰立卡，罗德岛设计学院。
　　吉姆·约翰逊、赖特森、约翰逊、哈登和威廉姆斯公司。

表演空间

规划标准

有些剧院的用途比较单一，但一般而言，同一所剧院需要容纳多种表演风格。观众视线、剧院布局、座位容量、过道、出口、表演区大小和类型以及声量指南等因素均会对剧院室内设计构成一定程度的限制。对剧院而言，音响和照明最为重要。此外，还需考虑为长时间（可能长达数小时）欣赏表演的观众提供膳宿服务。

剧院必须提供位置显眼、导航明确的流通通道。公共空间，包括大厅和礼堂，须与表演区和后台区域隔开。剧院系集会场所，必须重视紧急疏散和一般性生命安全问题。

剧院座位[1]

标准座位材料

标准剧场座位框架包括铸铁或钢框架，一般安装在立板或地板上。此外，座位框架也可借助连续支撑梁安装在基座上，悬臂式框架和折叠式扶手写字板也可使用。

座椅扶手可采用软垫织物、木材、塑料或金属等材料。椅背可由塑料、模压胶合板或轧制冲压金属制成，也可采用软垫前衬或背衬。可增高椅背或增长底部延伸段，为座椅提供磨损保护。座椅可装配软垫，或由胶合板、塑料、金属盘、线圈、蛇形弹簧或聚氨酯泡沫塑料制成。

排间距标准

可参阅当地规范了解所需最小排间距。规范一般会对空座椅与其前排座椅背之间的最小净铅垂线距离作出规定，该最小距离通常如下：

- 多过道座位：813~838mm。
- 经改进欧陆式座位：864~940mm。
- 欧陆式座位：965~1067mm。

为确保落座舒适，通常需留出充足的放脚空间，以下是放脚空间相关准则：

- 813 mm：膝盖会碰到椅背，不舒服。
- 864 mm：最小舒适间距。
- 914 mm：最理想的舒适间距。
- 965 mm 或以上：观众凝聚力可能会受到影响。

通行舒适性

座位间距须合理，以确保可在已落座观众前方空间舒适通行，以下是座椅间距相关准则：

- 813~864 mm：已落座观众必须起身让行。
- 914~965 mm：部分已落座观众需要起身让行。
- 1016 mm 或以上：已落座观众无须起身让行。

表演区（m²）

用途	最小值	均值	最大值
演讲（单人演讲）	13.9	22.3	46.5
歌舞剧、夜总会	32.5	41.8	65.0
舞台戏剧	23.2	51.1	92.9
舞蹈	65.0	88.3	111.5
音乐剧、民谣歌剧	74.3	111.5	167.2
交响乐演唱会	139.4	185.8	232.3
歌剧	92.9	232.3	371.6
露天表演	185.8	325.2	464.5

表演剧院和排练厅音响设计

现代剧院最初为社交礼仪和娱乐场所，旨在为空间中呈现的各类表演提供支持。

---

1 作者：约书亚·达克斯、朱尔斯费舍尔联合公司（Jules Fisher Associates Inc.），戏剧顾问。

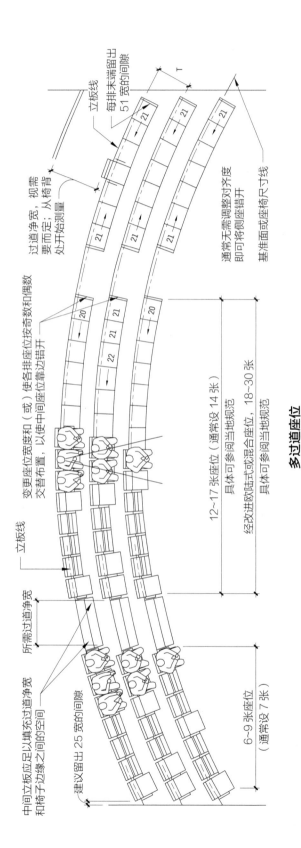

多过道座位

资料来源：改编自 J. 迈克尔·吉列，《戏剧设计及制作》。

对剧院而言，音响尤为重要。音响顾问通常也会参与到剧院项目设计中。须对剧院音响设计性能进行建后测试，这对确保声学计算结果与实际空间相符至关重要。

室内构造

盒中盒构造通常用于包含大厅、画廊和步道等构件的重要空间，作为内部围护结构和外部建筑表皮之间的缓冲区。若室外构造传声等级可达50级或以上，室内构造应尝试达到60级或以上。为避免噪声传播，卫生间不得置于表演区或任何声闸附近。

相比轻型大跨度钢结构，重型混凝土和砌体结构往往更能耐受噪声和振动传递问题。剧院隔声效果在很大程度上取决于是否有足够厚实的结构和隔断系统。

剧院视角和音响设计

对座椅或座椅排合理定位，以使观众直面表演区活动中心，从而最大限度地缓解观众头部扭转酸痛问题，并使其尽情欣赏节目。人类眼睛视野可向周边扩展约130°。前排座椅的视角将决定最大表演区域的外部限制。看向舞台的视线与接收舞台声音的角度类似。

相遇角由指挥点处单个表演者的视野周边扩幅（约130°）来限定。坐在相遇角范围外的观众不会与表演者产生眼神接触。可在满足上述参数的前提下使表演者与观众之间的距离最小化，以增强两者视觉和声音交流的效果。

在音乐会表演大厅，舞台和观众座位区应视为一体。在多功能大厅，可通过坚硬的音响反射板来实现这一点。该音响反射板需可拆卸，以便充分利用舞台布景。为满足音响要求，音响反射板在天花板上的反射面可延伸至观众席上方。舞台口将舞台与观众席隔开。

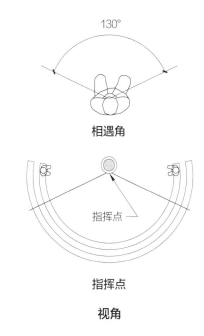

资料来源：改编自 J. 迈克尔·吉列，《戏剧设计及制作》。

演出音响

对剧院和其他表演空间而言，良好的听觉体验可谓至关重要。表演空间的设计通常需征询音响顾问的意见。

演讲者或音乐家发出的声音应可有效投射至观众席，并留滞在空间中。空间声音发送端（即舞台）应具有较强的声学性能。表演者附近墙壁应呈一定角度或倾斜，以增强声音传送效果，并防止舞台出现颤振回声。观众区的墙壁和天花板可通过吸声处理来消除不良反射或聚焦，减少混响时间，以满足特殊项目需求。若无须吸声处理，则其墙壁和天花板应足够坚硬，以便声音反射。

良好的听觉环境应可使信噪比最大化。除正常投射期望信号外，还需消除不需要的噪声。为实现这一点，应确保来自机械设备的背景噪声非常低。隔音前厅可消除来自大厅的干扰噪声，并允许迟到者在不对演出产生声学干扰的情形下进入场内。过道铺设地毯有助于削弱脚步声。

空间感

由于人耳的横向构造，两只耳朵所接收的声音信号略有不同，这使听者能够听到一种具有"空间感"的音质。古典音乐特别追求这种音质。若在大厅内分布的声音得以扩散，从而使耳朵能够听到从侧墙和后墙多面反射的声音，便可增强"空间感"。这种扩散可通过侧壁上的凸起和成角度表面来增强。扩散对于其他音乐应用场合也很重要。有时"空间感"也称为"包围感"。

混响时间

可通过计算房间容积和吸收面积来预测混响时间（RT）。室内净高是对混响时间影响最大的设计因素。大厅容积和座位数量之间的关系通常近似于室内音质。

在室内净高较高的宽敞大厅里，管弦乐队中心处的座位常常接收不到早期反射。前排反射顶棚或阵列可为此座位区带来反射声，否则这些座位区内的观众将可能无法听清其所接收的声音。

包厢后面的座位通常不会遇到这个问题，而且此等座位往往有很好的音响效果。这使得矩形和菱形大厅成为声学层面的优先选择，因为这类大厅往往具有良好的音响效果。

每类房间的混响时间范围均受房间容积的影响：房间容积越大，距范围较长端就越近；房间容积越小，距范围较短端就越近。

清晰度

为便于观众理解其所接收到的语音和乐句，必须保证声音清晰度，而这在很大程度上取决于硬表面反射的声音，其往往比直接声音（通常先为听众所接收）迟50~80 ms。为增强大厅的声音清晰度，必须设计足够的表面来减少初始（直接）声音和早期反射声之间的时间间隔；初始延时间隔应小于50 ms。声音传输速度为341 m/s，因此，主要座位区的初始延时间隔不应超过15.2 m。

聚焦

聚焦指将声波集中在同一区域，进而产生声音更大或音质不自然的潜在问题。平面或截面上的凹面若不加以识别和处理，就会出现明显聚焦问题。应避免使用凹面墙壁和天花板。

软垫座椅

座位区是表演大厅内最大的吸声区域。当座位被占用时，其吸声性能会发生巨大变化，因为每个人可使每张座位的吸声量增加，这将显著影响混响时间。软垫座椅基本可消除空座位和经占用座位在混响时间方面的差异。厚重的软垫使设计师能够在落座率不同时提供更稳定的混响时间。

包厢

包厢可将部分观众带入表演空间，进而使其与表演者之间产生更亲密的关联，但若包厢悬挑过大，会影响包厢下方座位区对舞台声音的接收。根据经验，悬挑深度不应超过开口高度（若无现场音乐，两者之间的比例可酌情增加）。

乐池

乐池上表面应做倾斜处理，以将声音投射至观众区，但同时需可扩散声音，以将部分声能反射回舞台上的表演者。乐池前墙应可提供坚硬表面，使前排观众无法听到直接声音，进而将更多声能反射回舞台上的表演者。前后墙可能均需通过厚布帘来变更和控制其表面对声音的反射程度。也可使用其他音响材料，但成本可能相对较高。

音响系统

电子音响系统可用于放大或回放录制的资料。根据声源的不同，用于分散声音的扬声器应位于演讲者面前靠中间位置（用于放大语音）或演讲者左右两侧（用于播放音乐立体声或放大乐池乐声）。可在包厢下方或大厅后方增设扬声器，以覆盖上层包厢。声控位置必须位于扬声器所覆盖观众区域内。也可增设使用红外信号或调频无线电信号的发射机。

偏好容积 / 座位比率

容积 / 座位（m³）	空间音质
<6	非常静，适合演讲和播放电影
8~10	适合演奏音乐
>14	适合演奏风琴音乐；通常太过喧嚣，不适合演讲

演出设备

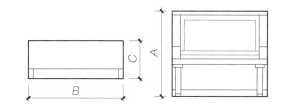

钢琴类型	A（mm）	B（mm）	C（mm）	净重（kg）
传统	1321	1499	635	227
专业	1245	1499	635	218

立式原声钢琴尺寸及净重

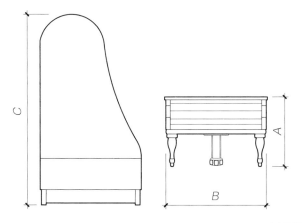

大钢琴类型	A（mm）	B（mm）	C（mm）	净重（kg）
音乐会	1016	1599	2693	449
音乐室	1016	1473	2108	345
客厅	1016	1473	1880	315
起居室大钢琴	1016	1473	1803	277
中型大钢琴	1016	1473	1702	254
小型钢琴	1016	1473	1599	245

大钢琴尺寸及净重

博物馆

博物馆设计考量

博物馆无障碍性[1]

需依据相关准则来提升残障访客和工作人员的博物馆体验，设计时需为残障访客提供以下设施，以满足其特殊需求：

- 坡道和电梯；
- 大字体标签和标识，确保良好的对比度和照明；
- 带字幕的电影和音视频。

坡道和电梯不易发生事故，是轮椅使用者、推婴儿车者以及老年人和行动不便者的理想选择。

将展品置于站、坐均可看清处。

大字体标签和字幕方便访客阅读信息文本，同时更便于视障访客阅读。音频解说也可帮助视障访客。

博物馆画廊[2]

地板、墙壁和天花板（理想情况下）应可借助紧固件支撑相当大的质量：

- 地板和墙壁应紧固于19 mm的榫槽接合式胶合板基材上。
- 榫槽接合式硬木地板、石材、水磨石或地毯均可用作地板材料。
- 6 mm或10 mm厚的干墙或松紧织物可用作墙壁材料。
- 天花板可为经粉刷干墙或吸声天花板。若地板材料为硬面材料，建议使用吸声天花板。

1　作者：阿比盖尔·坎特雷尔，AEC 音响设计公司（AEC Acoustics）。
　　约书亚·达克斯，朱尔斯费舍尔联合公司（Jules Fisher Associates Inc.），戏剧顾问。
2　作者：卡尔·罗森博格，美国建筑师协会（AIA），埃森泰克声学顾问公司（Acentech, Inc.）。

博物馆公共卫生间

博物馆和其他展览空间的卫生间应合理设计，以确保可容纳展览空间和观众席预期最大人数。卫生器具数量至少应满足相关规范的最低要求，但若有大型团队定期来访，则应酌情增加。卫生器具数量相关解释权归建筑规范官方机构所有。

博物馆陈列柜

博物馆文物大多置于防护性陈列柜中。这类陈列柜可确保文物安全，同时允许访客在封闭式展示环境中观赏。温度、相对湿度、污染物和外部化学污染物等均可在封闭式陈列柜内部予以控制。

陈列柜构造

陈列柜可用木材或金属制成。木质构造不如金属构造稳定，应用防蒸汽产品密封木材表面。金属陈列柜稳定性能强，它们可由钢或铝制成，同时须通过防护涂层来防止腐蚀。

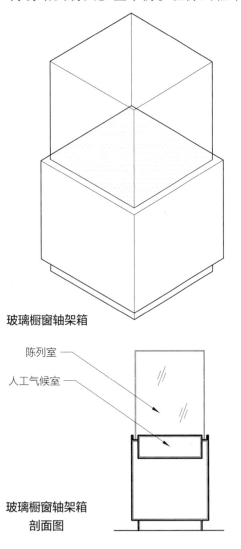

玻璃橱窗轴架箱

玻璃橱窗轴架箱
剖面图

陈列室
人工气候室

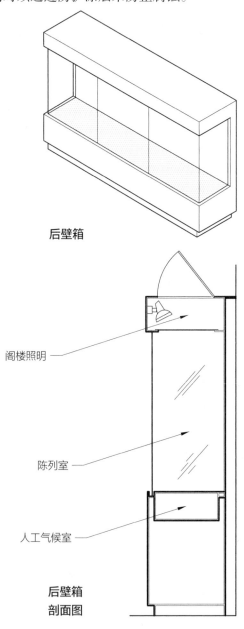

后壁箱

阁楼照明

陈列室

人工气候室

后壁箱
剖面图

博物馆照明[1]

博物馆公共区域的照明与画廊区域不同。运营时间可能会影响照明类型；夜间所需照明效果和亮度或与白天有所不同。公共区域通常不设展品，若其与画廊明显分开，也可使用自然光照明。应注意控制展览空间内的日光，以保护艺术品。

视觉适应

眼睛可对各种光线做出迅速反应。从入口到展品区，环境光可逐渐调弱，以确保在眼睛的感知中，受照物品始终是明亮的。这种方法还适用于低照度照明，以保护艺术品免受紫外线辐射。

艺术品照明

艺术品照明一般可分为均匀照明和非均匀照明。

- 对艺术品所涉所有垂直表面进行均匀照明，可允许观众自行选择焦点。可在不调整照明设备的情形下变更照明对象。
- 非均匀照明通常集中在单个物体上，而使周围物体处于相对黑暗的环境中，进而营造一种戏剧性氛围。照明对象变更时，照明设备须随之调整。

展品频繁变更且照明不均匀的空间适合选用相对灵活的照明系统。轨道灯具因易于定位和瞄准常被用于此类空间。

良好的显色性对提升展品观赏性至关重要。在连续性光谱和高显色性光源下，访客可在与艺术品创作时相应光谱分布条件类似的光谱分布条件下观赏艺术品。

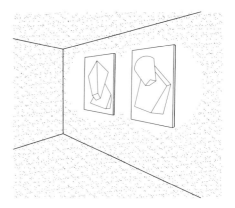

艺术品非均匀重点照明

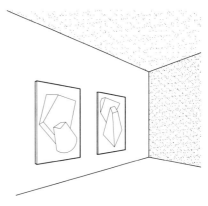

艺术品均匀泛光照明

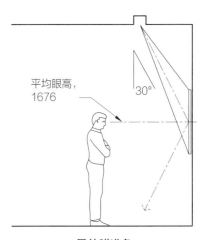

平均眼高，1676   30°

最佳瞄准角

画廊照明

资料来源：加里·戈登和詹姆斯·L.努克尔斯，《设计师室内照明》，第3版。

1 作者：道格拉斯·弗兰德罗，罗德岛设计学院。
　　塔姆·扬恰罗恩，罗德岛设计学院。
　　约翰·D.希尔贝里，美国建筑师协会（AIA），约翰·D.希尔贝里联合公司（John D.Hilberry & Associates, Inc.），建筑师和博物馆规划师。
　　美国国家公园管理局，《展览保护指南》，美国自然保护部。

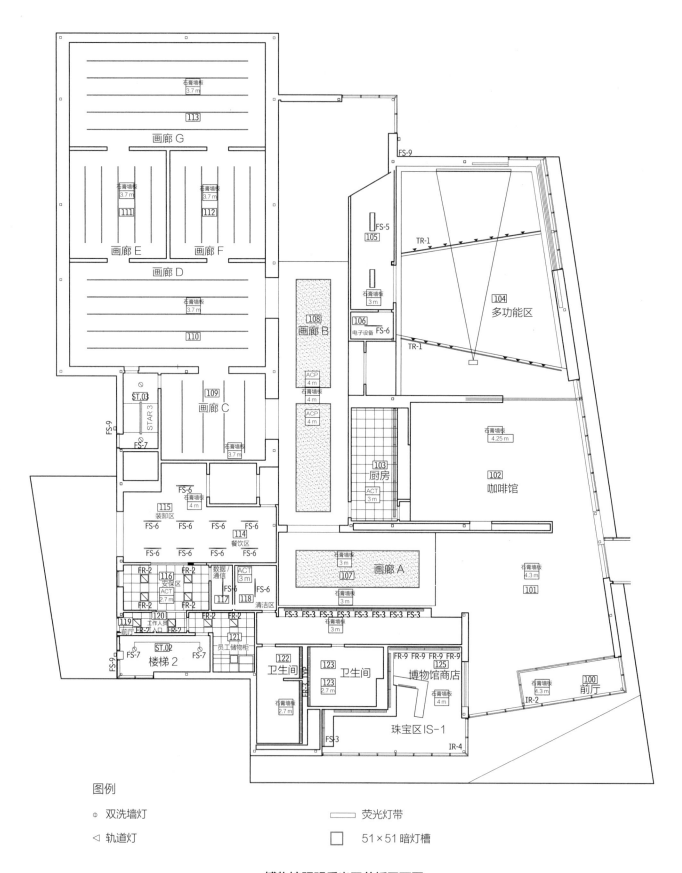

石膏墙板
3.7 m
[113]
画廊 G

石膏墙板
3.7 m
[111]
画廊 E

石膏墙板
3.7 m
[112]
画廊 F

画廊 D

石膏墙板
3.7 m
[110]

ST.03
STAR3
FS-9
FS-7

[109]
画廊 C

石膏墙板
3.7 m

FS-6
石膏墙板
4 m

[115]
装卸区
FS-6 FS-6 FS-6

[114]
餐饮区
FS-6 FS-6

FR-2 [116] FR-2
安保区
ACT
2.7 m
FR-2 FR-2

数据/
通信
[117] [118]
ACT
3 m
FS-6
FS-6
清洁区

FR-2 FR-2
[119] [120]
前厅 工作人员 FR-2
FR-2 入口
[121]
员工储物柜

ST.02
FS-7 楼梯 2 FS-7
FS-9

[122]
卫生间
石膏墙板
2.7 m

FR-3 TYP
[123]
卫生间
[123]
2.7 m

FS-3

FS-9
FS-5
[105]

石膏墙板
3 m

[106]
电子设备 FS-6

TR-1

TR-1

[104]
多功能区

[108]
画廊 B
ACP
4 m
石膏墙板
4 m
ACP
4 m

石膏墙板
4.25 m

[103]
厨房
ACT
3 m

[102]
咖啡馆

石膏墙板
3 m
[107]
画廊 A
石膏墙板
3 m

石膏墙板
4.3 m
[101]

FS-3 FS-3 FS-3 FS-3 FS-3 FS-3 FS-3
石膏墙板
3 m

FR-9 FR-9 FR-9 FR-9
[125]
博物馆商店
石膏墙板
4 m

珠宝区 IS-1

石膏墙板
4.3 m
IR-2

[100]
前厅

IR-4

图例

⊕ 双洗墙灯

◁ 轨道灯

▭ 荧光灯带

□ 51×51 暗灯槽

博物馆照明反光天花板平面图

资料来源：美国国家公园管理局，《展览保护指南》（Exhibit Conservation Guidelines），美国自然保护部。

博物馆安保

周密的安保规划、优质的锁闭和报警系统以及警惕性高的专业人员和安保人员是保障博物馆安全的几大利器。专业的博物馆安保顾问可协助博物馆工作人员和设计师解决安保问题。

应通过以下措施来保障博物馆建筑和展览空间的安全：

- 采用防物理损害构造。
- 设置电子系统，以阻止并监测盗窃和破坏行为。
- 确保始终有人负责安保工作或在警报触发时可迅速做出反应。

安保规划包括了解必须保持隔离状态的区域，以及公众、工作人员和物品在博物馆内移动的路径和方式。公众须通过易于监控的检查站进出画廊。非画廊公共设施（如礼堂、博物馆商店或卫生间）不应经由画廊进入。画廊关闭时，应可用作安全库保障展品安全。画廊紧急消防出口应采用最小尺寸，同时应配设警报，且易定位。

工作人员区应与画廊及公共服务设施明显隔开。运输、收货和工作人员入口均须严密监控，且易由安保人员控制。藏品库房应视作保险库，不应包含任何可能须因维护或在紧急情况下进入处理的机械或电气设备。机械风管网路和格栅必须合理设计，以防止窃贼进入已锁闭画廊或藏品库房。

报警系统

电子报警系统应由博物馆安保系统专业人员设计，锁闭系统方面亦应咨询这类专业人员。出于保密原因，报警系统通常不纳入总施工合同。最好可为报警系统配设备用电源。应与博物馆主管当局协同审查安保问题。

公众和工作人员通道

进出博物馆的公众和工作人员必须注意分流。博物馆通常仅设一个公众入口和一个工作人员或运输入口。公众区域和工作人员区域将在不同时段开放。当不开放时，应能保障每个区域的安全。公共服务区，如大厅、博物馆商店、卫生间和食品服务区等，在开放时段应易于进出。

理想情况下，公共服务区和画廊之间应仅设一个出入口。应严格限制公众进入工作人员区域，并予以严密监控。画廊关闭时，无须工作人员在其内执勤。工作人员入口和展品收发区须设置在一起，以便安保人员监控。

辅助空间

因运营时间与博物馆其他功能区不同，礼堂、剧院和餐饮服务设施在服务供应方面，可能会与博物馆安保和清洁需求相冲突。此类设施或可单独提供服务。

安检台

在大多数中小型博物馆中，中央安检台应置于服务入口处。安检台通常配设安全窗，面向室外区域、收发室以及工作人员入口处。在大型博物馆中，中央安检台所在位置可能会更安全。通常远离所有入口，并在其服务入口处设置一个运务员工站。

陈列柜构造和安全密封

陈列柜构造和饰面应采用不会排放任何化学物质的防护性材料。陈列柜可能须做通风和空气过滤处理，以清除柜中的污染物。须按要求为陈列柜供电，独立式陈列柜可能需要通过地板供电。

在选择安全构造、外壳材料、玻璃和锁闭系统之前，应与安保顾问讨论陈列柜的安全性。锁闭选项包括气动、电子和手动锁闭装置。对外露处，指定使用防破坏螺钉固定。可为安保需求较高区域配设电子探测传感器。

陈列柜可能需要密封，以维持内部环境。常用垫圈密封陈列柜所用玻璃。

运动和健身空间

运动室

装配式运动室系由模块化组件采用传统构造方法组装而成。它们不能轻易拆卸或重新配置。墙壁和天花板系由预制和预加工材料制成，且多为自撑式。

高尔夫俱乐部和运动设施

以下设计考量适用于高尔夫俱乐部和运动设施所用地毯：

· 采用割绒而非圈绒地毯。绒高至少为11 mm。

· 地毯构造须足够致密。纤维质量和纤维密度至少为56 kg/m³和3850 kg/m³。

· 可咨询制造商，以确认产品是否适用于可使用软钉鞋的场合。具体来说，一定要选择通过测试的产品。

· 若担心因日光或化学物质而导致褪色，可选择纺染纤维以保证色牢度。

· 室外地毯应可抵抗紫外线褪色和降解。

球场、保龄球道以及溜冰场

短柄墙球、手球和壁球

壁球和短柄墙球场是最常见的运动场地。短柄墙球和手球场地尺寸基本相同；但手球场可设置在室内或室外，且可配设一面、三面或四面墙。

对于标准单墙手球场，墙壁在两边线外缘之间的长度应为6 m，高度应为4.9 m（包括任何顶线）。对于三墙手球场，边墙长度应为13.4 m，但球场长度应为12.2 m。

墙壁

玻璃幕墙系统的材料和安装必须符合由主管体育协会、制造商和当地建筑规范共同确立的墙体安全和性能标准。

地板

地板配置可能略有不同，将榫槽接合式枫木地板构件置于枕木上是最常见的配置方式之一。弹性垫起缓冲作用。

合成运动地板日益为壁球场所青睐，尽管通常不允许在正式比赛中使用这类地板。

玻璃

若球场须配设供观众看球的走廊空间，球场后墙应采用13 mm厚的钢化玻璃，并用硅树脂密封胶结构予以支撑。

天花板和照明

壁球双打场地的天花板高度不应低于7.3 m，且应在同一高度设置照明装置。

充足的照明对球场来说至关重要。荧光灯具最为常用，金属卤化物灯具也越来越受欢迎。无论使用何种灯具，均须配备高强度透镜，以降低灯碎造成的危险。

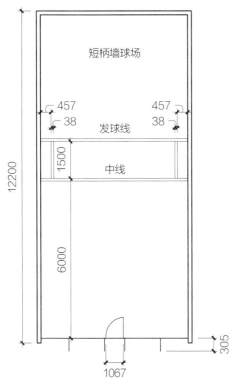

常见壁球场平面图

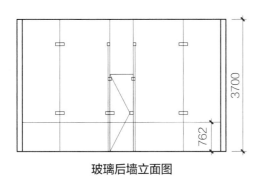

玻璃后墙立面图

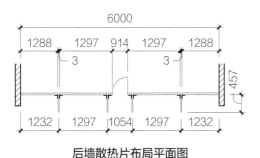

后墙散热片布局平面图

玻璃后墙细部立面图

室内网球场

以下是室内网球场相关准则：

· 将灯具置于比赛线外，最好与球道线平行。

· 高反射性天花板表面和间接照明可减少阴影，并提供最均匀的照明条件。

· 为在球场、背景和球之间实现最佳颜色对比，球场两侧2.4 m处及后方3.6~4.2 m处的颜色最好为中深色。此区域最好采用白色或亚光饰面。

· 周界幕墙和分隔网也可用作球场背景物，以降低干扰，并防止球进入相邻场地。背景物的颜色通常为黑色或绿色，其分隔物顶部通常位于板面上方3.6 m处，底部固定在球场表面上方13~51 mm处。

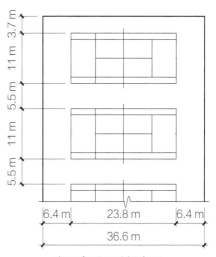

常见多重网球场布局

保龄球

住宅和商业建筑中均可安装保龄球道。在住宅环境中，保龄球道建议长度（包括座椅和用于定球器维护的后通道服务区）为29~30.5 m。单球道宽度建议为2.3~3 m，双球道宽度建议为4~4.9 m。

商业保龄球设施的球道长度应在定球器后方长度（1.2~1.5 m）的基础上加上25.4 m（球道、定球器和进场区所涉长度）。不同设施在球道宽度方面差异很大，一般每增设一条球道，宽度随之增加3.4 m。

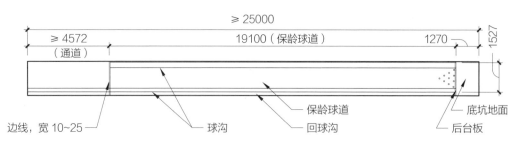

保龄球道平面图

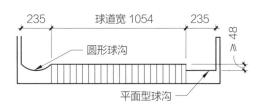

保龄球剖面图（穿过球道）

自由体操垫平面图

冰球场设计规划

冰球场有季节性和全年运营两种运营模式。冰球场的设计、细部、地板下供暖和保温等均须以其预期运营情况为依据。

冰球场尺寸

冰球场类型	长度（m）	宽度（m）
美国国家冰球联盟（NHL）	61	26
奥林匹克运动会	61	30
美国全国大学体育协会（NCAA）	61	26
大学与高中	61	26

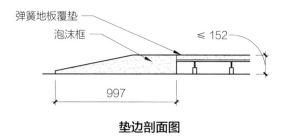

垫边剖面图

体操器械[1]

建议在各器械之间留出 1.5~1.8 m 的间隙，包括相应垫区或其他装置、墙、柱等障碍物之间。每个竞赛区均须配设不与其他竞赛区重叠的专属物理空间。自由体操场地不得出现任何障碍物。须为安装、拆卸和拱顶结构区留出空间。

与地板饰面顶部平齐安装的波纹板，可用于将单杠和吊环架等固定在地板上。此种板材须与环首螺钉附件搭配使用。

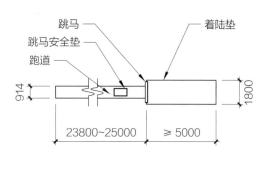

跳马跑道

1 作者：理查德·J.维图洛，美国建筑师协会（AIA），橡树叶工作室（Oak Leaf Studio）。
迪恩·科克斯，美国建筑师协会（AIA），Collins Rimer Gordon 建筑事务所。

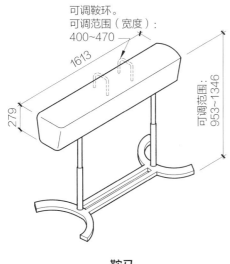

可调鞍环。
可调范围（宽度）：
400~470

1613

279

可调范围：
953~1346

鞍马

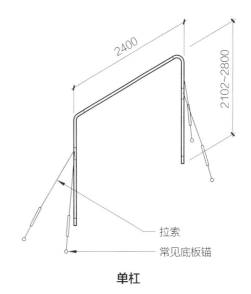

2400

2102~2800

拉索

常见底板锚

单杠

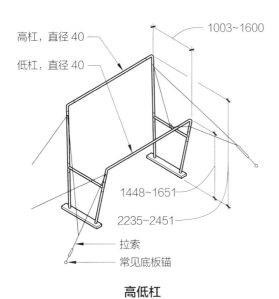

1003~1600

高杠，直径 40

低杠，直径 40

1448~1651

2235~2451

拉索

常见底板锚

高低杠

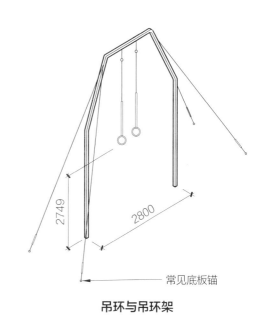

2749

2800

常见底板锚

吊环与吊环架

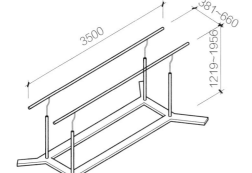

3500

381~660

1219~1956

双杠

5004

1003~1213

102

平衡木

桌上项目和飞镖

台球、落袋式台球和斯诺克台球

　　台球是一种在覆以台布的矩形桌上开展的球类运动。传统台球桌重约680 kg，共设8条桌腿。地板须始终保持平整，且可承受集中荷载。

　　照明不可产生高反差阴影，但允许对台球做相关造型处理，应避免直接或反射眩光。真彩色渲染对斯诺克台球很重要。每张球桌均须用整体式强光予以照明，自然光线不是必须的。

　　台球区须做隔声处理，以防止外界干扰。

球桌尺寸

球桌类型	台面（m）		球桌尺寸（m）	
	宽度	长度	宽度	长度
英国（斯诺克）	2.2	4.4	2.5	4.7
标准（2.7 m）	1.3	2.5	1.6	2.8
标准（2.4 m）	1.1	2.2	1.4	2.5
标准（2.1 m）	9.6	2	1.3	2.2
大型（2.4 m）	1.2	2.3	1.5	2.6

乒乓球

　　乒乓球是一种用球拍和轻质空心球在桌上拍打的球类运动。以下是乒乓球相关设计准则：

· 地板应平整，并略有弹性；不要使用防滑材料。

· 墙壁应可提供均匀的深色亚光背景，且与周围空间形成鲜明的色彩对比，以便于追球。

· 照明通常因比赛标准而异，但桌面高度的照明水平可为150~500 lx。不要使用荧光灯或自然光，最好使用卤钨灯。

· 组合式球桌在不使用时应竖立存放。

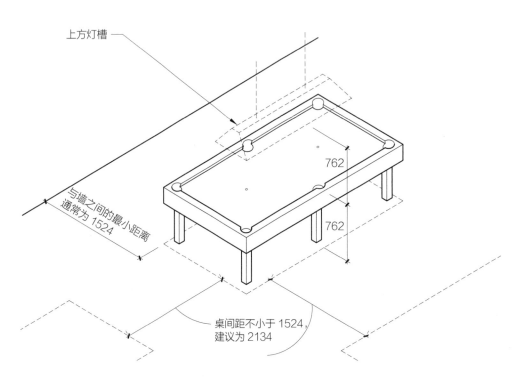

上方灯槽

与墙之间的最小距离通常为1524

762

762

桌间距不小于1524，建议为2134

台球桌和斯诺克球桌

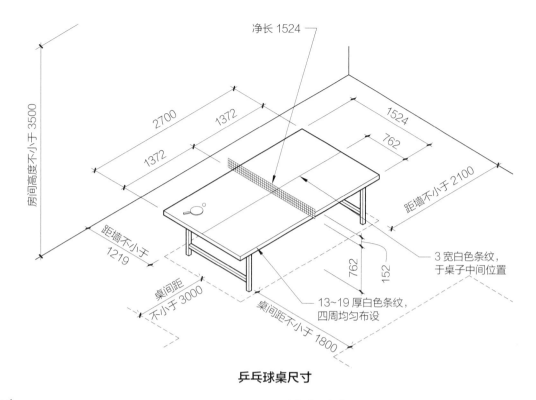

乒乓球桌尺寸

飞镖[1]

　　飞镖运动指向挂在墙上的圆形靶标（飞镖靶）投掷尖锐的飞镖。它是酒吧等场所颇受欢迎的业余活动，也是一项职业运动。

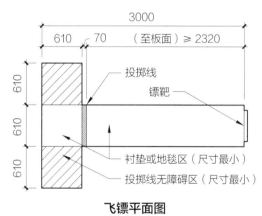

飞镖平面图

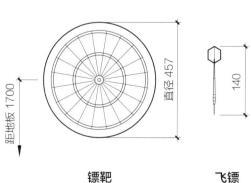

镖靶　　　　　　　　**飞镖**

健身空间

健身设备

　　运动和健身设备因制造商和类型的不同而存在很大差异，此处所示尺寸仅供一般参考。

有氧运动和负重训练设备

　　有氧运动设备包括椭圆训练机、健身脚踏车、爬楼机和跑步机。这类设备有多种款式和尺寸可选。在规划健身空间时，其流通和开放空间至少要与设备相应空间相同。同时，要为设备安装和拆卸留出充足空间。

　　力量训练设备包括多站式综合训练器、力量训练器和一系列用于增强特定肌肉群的设备。可咨询制造商了解力量训练设备的相关规划数据和尺寸。

1　作者：理查德·J.维图洛，美国建筑师协会（AIA），橡树叶工作室（Oak Leaf Studio）。
　　凯萨琳·欧梅拉，OM建筑公司（OM Architecture）。
　　美国网球场与跑道营造者协会。

常见有氧运动设备空间规划数据

设备	面积（m²）
跑步机	27
健身脚踏车	9
爬楼机	9~18
划船机	18
椭圆训练机	27

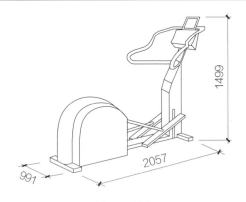

椭圆训练机

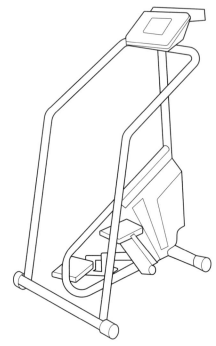

爬楼机

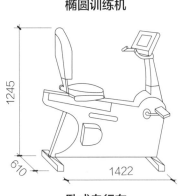

卧式自行车

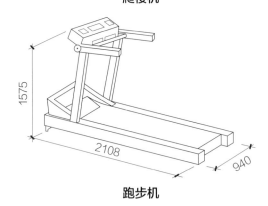

跑步机

摔跤和举重[1]

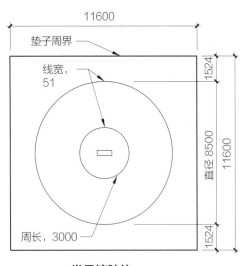

常见摔跤垫

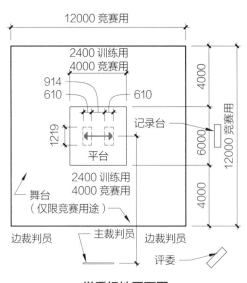

举重场地平面图

1　作者：理查德·J.维图洛，美国建筑师协会（AIA），橡树叶工作室（Oak Leaf Studio）。
　　迪恩·科克斯，美国建筑师协会（AIA），Collins Rimer Gordon 建筑事务所。

有氧运动健身室

有氧运动健身室若设计得当，可保证至少0.5 m²的人均占地面积。还应提供一面全高镜。可在镜墙内安装一根拉伸杆。储物柜或内置式壁柜是存放设备的理想选择。若有氧运动健身室有可能对邻近房间产生噪声干扰，则应选择适当隔断、地板和天花板构件予以隔声。天花板设计应包括立体声扬声器、吊扇以及充足的照明和通风。

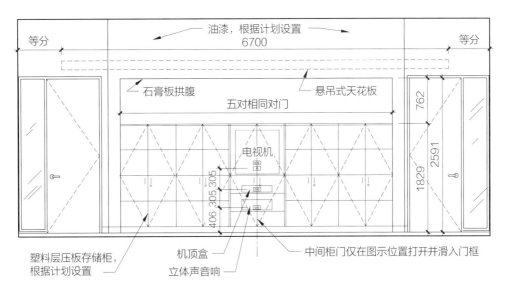

立面图

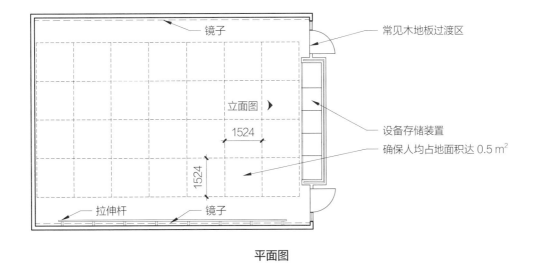

平面图

有氧运动健身室示例

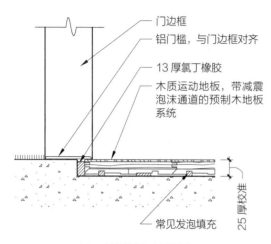

门口处过渡区的地板

图中标注：
门边框
铝门槛，与门边框对齐
13厚氯丁橡胶
木质运动地板，带减震泡沫通道的预制木地板系统
常见发泡填充
25厚校准

桑拿和汗蒸房[1]

桑拿是一种在隔热良好的房间中进行的干热浴，用火成岩加热未经处理的窑干软木使房间温度升高。蒸桑拿旨在排汗，通过清除体力活动积聚的杂质和乳酸来清洁皮肤毛孔。

桑拿套房可通过室内外冷却区提供完整的加热和冷却循环。

桑拿空气较为干燥（平均湿度25%），因此沐浴者可承受其所产生的较高温度。在桑拿浴室里，通常躺着比坐着更好，沐浴者躺下时，热量可均匀分配至其全身。桑拿应该位于淋浴间附近，以便适时冷却降温。

桑拿房多配设长椅，长椅设计宽度为610 mm（适合单人落座），长度为1829 mm（适合单人斜倚）。

空气须能自由进出桑拿房，每小时须换气四到六次。新鲜空气通过上升气流机制提供，该机制包含一进风口和一出风口。进风口位于加热器正下方的桑拿墙上，出风口比进风口高610 mm，与天花板相距至少152 mm。门下方的通风空间也可使用。

汗蒸房

蒸汽浴的效果与桑拿浴相似，但环境条件不同。不同于桑拿的干热环境，蒸汽浴（或罗马浴）是在温暖、潮湿的环境中进行的，湿度接近100%。和桑拿浴一样，蒸汽浴起作用的关键亦在于对沐浴者做冷热交互处理。

墙壁、天花板、地板和长椅必须完全覆盖防水表面，如瓷砖、大理石或亚克力表面等。不建议使用外露石膏板或灰泥。所有接缝处均须填充防水密封胶。地板应防滑，并配置地漏，用以排放冷凝水和清洁用水。

蒸汽发生器必须与建筑材料和汗蒸房容积相匹配。蒸汽发生器控制装置可安装在室内或室外。

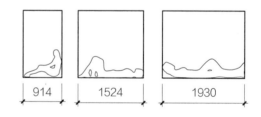

914　1524　1930

桑拿房配置长椅长度

1 作者：谢莉·罗奇，lauckgroup 公司。

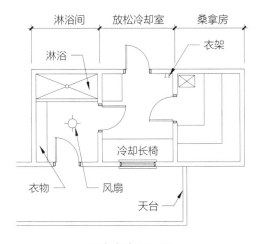

桑拿套房平面图

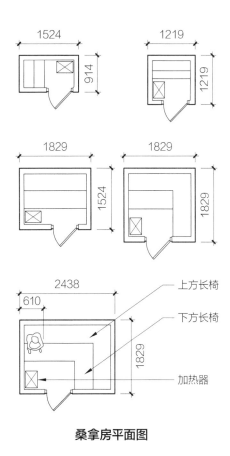

桑拿房平面图

动物护理设施[1]

总体设计理念

在过去几十年，伴侣动物的地位发生了巨大变化，它们已成为人类社会的一员。第一代动物收容所（或流浪狗收容所）已不再适用。今天的收容所必须扮演更多角色，而不仅仅是收留无家可归的动物。它们必须真正成为动物的避风港，为动物提供高质量护理，并使安乐死率最小化。它们必须为动物提供无异味且光线充足的健康栖息地，同时为公众提供与动物互动的机会，使其进一步了解动物对社会的价值。访客、工作人员和被收容动物之间应可建立一种无缝关联。动物收容所还应发挥社区中心作用，欢迎并吸引各年龄段人群来关注动物，同时提供一系列有益于动物的计划。

动物收容所必须提供许多不同功能，具体包括：

· 领养；
· 接收（引入）；
· 复归原主；
· 动物住房；
· 兽医护理；
· 教育。

动物住房

犬舍必须精心设计，以承受日常清洁和活动所造成的持续磨损。犬舍设计特色应包括：

· 使用快速排水和超大型排水管道的倾斜地板；
· 耐用地板和墙壁饰面；

1　作者：玛莎·森，美国建筑师协会会员（FAIA），Jackson & Ryan 建筑事务所。

- 良好照明和自然光线；
- 可快速闩锁的舍门；
- 日常清洗时将狗移出犬舍的有效方式。

犬舍的清理

若采用包含清洁隔间的大型犬舍，工作人员可将狗前后移动，以便清理。白天，可将闸门升高固定，为狗留有更多空间。

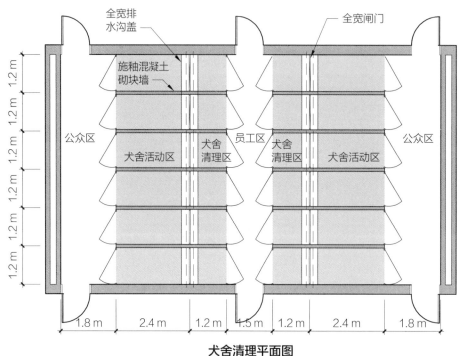

犬舍清理平面图

犬舍清理剖面图

室内 / 室外犬舍

可结合具体气候条件选用室内或室外犬舍。须特别注意消声、太阳能控制和空气流动等问题。室外犬舍通常与景观庭院相关联，庭院可设置运动场和"熟悉"区。

背靠背犬舍

配设有盖排水沟的背靠背犬舍可显著提升空间利用效率。背靠背犬舍一般通过中央闸门连接，尺寸为普通犬舍的两倍。白天可将闸门升起，以容纳两个犬舍的狗。

中央管槽犬舍

这类犬舍后部底座上设有一带线形槽口的中央管槽。该管槽既可作为冲洗物接收槽，也可作为排气井。可将狗左右移动，以便清理。

可用作长期住房的犬舍

对长期饲养的狗，应为其提供更大的栖息地，以便与其他狗进行社交互动。吊舱式设计可使狗接触到室内和室外的刺激。

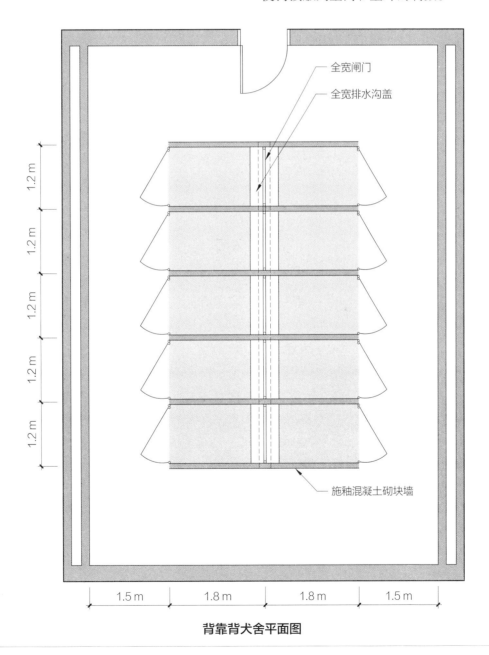

背靠背犬舍平面图

犬舍门墙

犬舍门墙均须由耐用材料制成，以承受狗的推、抓和啃嚼等破坏行为。门闩应能迅速、轻松打开，以便工作人员移入/移出大型犬。确保混凝土砌块（CMU）墙始终可将环氧薄浆用于平整接缝，以防接缝积水或滋生细菌。

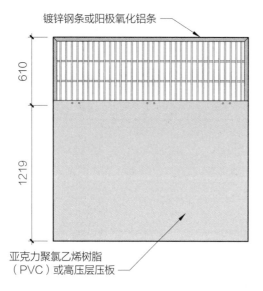

镀锌钢条或阳极氧化铝条

610

1219

亚克力聚氯乙烯树脂（PVC）或高压层压板

条形顶板犬舍墙

猫笼

市场上有许多专用于猫和幼猫的人工笼。这类人工笼具有以下特征：

- 全圆角，便于清洁。
- 带排气口的隐蔽式猫砂盆隔间。
- 传送门，猫咪可自由行走至邻笼。
- 高位搁架。
- 由高密度层压板、工程石或不锈钢制成，有多种颜色可选。

考虑到上呼吸道病毒会通过打喷嚏传播，千万不要将猫笼彼此面对面放置。双面猫笼可使工作人员在清理时减少与猫的接触，从而减轻压力，降低患病可能性。

辅助区

最好使食物制备区和工作区紧邻动物居住区，或置于动物居住区内。这种近距离部署可缩短工作人员在饲养室之间的通行时间，也可避免工作人员携带肮脏垫料或设备穿过不同动物饲养室的情形，以降低疾病传播的可能性。由于工作环境潮湿，工作室应选用不锈钢台面和搁板。这类台面通常可置于不同动物的活动范围之间，作为动物之间的视觉屏障。

辅助区涉及以下设备：

- 商用级台下式洗碗机，清洁周期短，可将饲料碗和便盆快速消毒。
- 梳洗盆、拖把盆和通用型洗涤槽。
- 中央增压清洗系统，通常配有可分置于每个饲养区或工作室的遥控站。
- 可轻松处理固体废物的冲洗装置。
- 冰箱、计算机站、秤和其他有助于提高工作效率的设备。
- 商用洗衣机和烘干机，可处理大量衣物。

应提供专门梳洗区，以对动物进行清洁，并为其领养做准备。宠物梳洗设施包括专用型宠物清洗站，可为各种体型的动物提供梳洗清洁服务。

领养设施

领养大厅通常是公众进入的首个房间，决定了公众对收容所的第一印象。因此，其应是宽敞、色彩丰富且无气味的，同时要便于观察待领养动物。领养大厅通常设有接待处和领养咨询站。大厅附近通常会设置一间大型多功能房间，该空间可供公众使用，同时可提供工作人员和志愿者培训、教育项目和狗驯养课程等服务。

受零售设计理念的影响，新收容所实际上旨在"移动商品"，或者为每一只待领养宠物找到一个家。领养中心必须温暖、友好，使人们乐于参观。通过创造性设计方案，领养体验可给人一种发现和探索感。受零售流通模式的启发，可将不太可能被领养的动物（大型成年犬）置于更受欢迎的动物（幼犬）前面。精心设计的领养中心会对每个区域内的动物数量加以限制，并为每个空间进行暖色调和创造性元素设计。

除在一长排犬舍外，也可在配设家具的大房间内饲养一或两只狗，这有助于更好地展示这些动物，使其更容易被领养。配设特殊饰面和舞台照明的大型犬舍可使外观普通的狗看起来更具吸引力。对可与其他猫和谐共处的健康猫，可将其安置在社区动物群居室中，使其可以自由行走，并为其提供攀爬设施。这类房间可与封闭式门廊相连，以使猫在天气状况良好时感觉更为舒适。在保证适当监督的前提下，许多收容所鼓励领养者到上述环境中探视动物，不必再将动物转移至其他探视房间，这可减轻动物压力。

受成功的零售理念启发，将可领养动物置于玻璃后面。距离产生美，"无法接触"会使动物更具吸引力。此外，玻璃屏障也可防止公众被咬伤或抓伤，降低在笼间传播疾病的可能性。

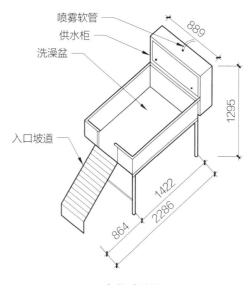

宠物清洗间

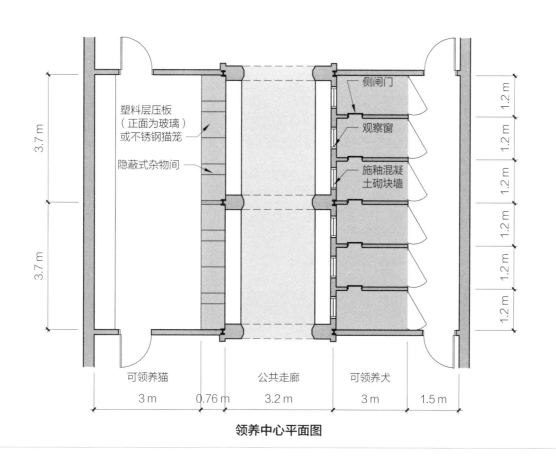

领养中心平面图

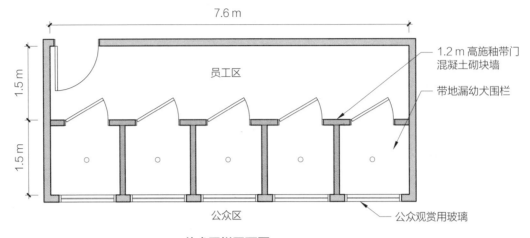

幼犬围栏平面图

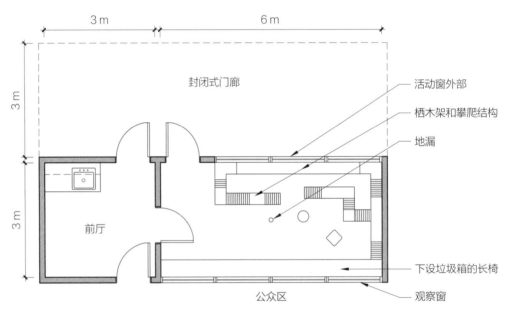

猫群活动区平面图